普通高等教育“十一五”国家级规划教材
普通高等教育农业农村部“十三五”规划教材

观赏园艺学

第二版

陈发棣　郭维明　主编

中国农业出版社

内 容 提 要

本教材分总论和各论两篇 17 章。其中总论部分共 8 章，内容涉及观赏植物种质资源及分类、生长发育与环境因子、繁殖、栽培技术、栽培的设施及设备、应用、产后技术与原理、病虫害防治。各论部分共 9 章，从学名、英文名、别名、科属、形态特征、产地与分布、习性、繁殖与栽培、观赏与应用 9 个方面对 309 种（属）常见、重要草本和木本观赏植物进行了详述，同时还对较常见的 366 个种（属）观赏植物列表进行了简介，为了便于学习和掌握，各种（属）按科和笔画进行了排列。该教材融会了“花卉学”、“观赏树木学”、“观赏植物栽培养护学”等课程的主要内容，具有科学性、创新性、应用性及与产业化结合的实用性等特点。教材图文并茂，同时还附有观赏植物拉、英、中名对照及英、中专业名词对照，使用方便。

本教材适用于高等院校园艺、园林、林学等专业本科生，也可供其他有关专业师生及科研工作者或花卉爱好者学习和参考。

第二版编审人员

主　编　陈发棣　郭维明

副主编　义鸣放　范燕萍　房伟民

编　者（按姓氏笔画排序）

义鸣放（中国农业大学）
王　健（南京农业大学）
包志毅（浙江林学院）
包满珠（华中农业大学）
李保印（河南科技学院）
吴铁明（湖南农业大学）
何小弟（扬州大学）
沈　漫（北京农学院）
陈发棣（南京农业大学）
范燕萍（华南农业大学）
郑成淑（山东农业大学）
房伟民（南京农业大学）
赵梁军（中国农业大学）
胡惠蓉（华中农业大学）
夏宜平（浙江大学）
郭维明（南京农业大学）
潘远智（四川农业大学）

主　审　陈俊愉（北京林业大学）

审　稿（按姓氏笔画排序）

向其柏（南京林业大学）
费砚良（中国科学院植物研究所）

第一版编审人员

主　编　郭维明　毛龙生
副主编　陈发棣　房伟民
编　者（按姓氏笔画排序）
马锦毅（南京农业大学）
毛龙生（南京农业大学）
包满珠（华中农业大学）
陈发棣（南京农业大学）
周　军（江苏省农林厅）
房伟民（南京农业大学）
赵梁军（中国农业大学）
胡惠蓉（华中农业大学）
夏宜平（浙江大学）
郭维明（南京农业大学）
主　审　陈俊愉（北京林业大学）
审　稿（按姓氏笔画排序）
孙自然（中国农业大学）
邹惠喻（南京林业大学）
陈端生（中国农业大学）
郝日明（江苏省中国科学院植物研究所）
鲁涤非（华中农业大学）
熊济华（西南农业大学）

第二版序

观赏园艺是一门日趋重要而尚未定型的学科。观赏园艺有相当悠久的历史、广泛的种质基础和丰富多彩的文化内涵。由于人们对美化环境、向往自然、维护生态平衡和走可持续发展之路等愿望日趋强烈，深感发展观赏园艺是最廉价、最易行，解决环境污染、治理多种“现代病”的有效途径。于是，观赏园艺在国内外都日益高歌猛进，并处于不断的进步之中，同时，各地、各国在不同时期，观赏园艺的内容和重点又常有些差异，对此，我曾在2001年为《观赏园艺概论》写序时具体介绍过。所以说，观赏园艺是一门尚未定型的学科。粗略地说，观赏园艺有广义和狭义之分。广义的观赏园艺，探讨观赏植物的分类、繁殖、栽培、育种、用地及设施等；然后是观赏植物各论；接着是花卉装饰各个环节和较小规模的园林绿地规划设计、施工与管理；以及有关开发、推广工作；等等。狭义的观赏园艺，则以观赏植物为主要对象，研讨其资源、分类、原产地、习性、繁殖、栽培、设备与设施、产（采）后技术与应用等。本书内容基本定性为狭义的观赏园艺，以便与其他课程有所分工。

修订版的特点在于适当提炼压缩原有“总论”部分，充实并扩大各论部分，全面提高全书的科学性、创造性、先进性与实用性。经过几年来编著者的不懈努力，这些目标业已基本达成。《观赏园艺学》即将以新面貌展现于读者、专家和广大花卉爱好者面前。同时，趁此新版公开发行之际，我谨提出两项建议：①全书的核心是观赏植物，而其栽培应用更是重点。故对每种（类）花卉的原产地要确切提出，因为原产地是习性的基础，而习性又是栽培应用的根据。②在各论中，种（类）的选择还可再作推敲，适当调整，如增加桔梗（*Platycodon grandiflorus*）等国产花卉，并对各地野生地被植物予以足够重视，予以适当增补，等等。

总之，《观赏园艺学》第二版成绩显著，这是主编和参编人员以及出版部门共同努力的成果。由于观赏园艺是一门处于发展中的重要学科，因此切望各方共同努力，让观赏园艺不断与时俱进，更好地为国家和人民服务。

北京林业大学教授、博士生导师
中国园艺学会常务理事
中国工程院资深院士
国际园艺学会梅品种登录权威

2009年1月31日于北京

第二版前言

《观赏园艺概论》问世以来，总体上满足了观赏园艺课程教学及实践教学的需要。但随着近年来花卉产业日新月异，观赏园艺教学科研发展迅速，部分内容已与产业发展存在差距，如原教材虽注重体现少而精的原则，但部分常见以及流行种或品种已发生变化；与产业接轨并体现我国特色的设施、栽培方式及应用的新理念、新技术、新成果等不断涌现。为此，由南京农业大学主持对《观赏园艺概论》进行了修订，使其在科学性、创新性、应用性及与产业结合的实用性上均有所提升、加强，在我国农业产业结构调整不断深化、花卉业成为朝阳产业并与国际接轨的新形势下，成为“观赏园艺”教材百花园中的集综合性、先进性和实用性及“少而精”特色（原编写初衷）的使用面更广的修订版教材。同时，鉴于修订版教材在知识结构上的调整，更名为《观赏园艺学》。

全书分总论和各论两篇，共17章，具体修编分工如下。总论部分：绪论（陈发棣）；第一章（胡惠蓉、包满珠）；第二章（房伟民）；第三章（沈漫）；第四章（义鸣放）；第五章（王健、赵梁军）；第六章（陈发棣）；第七章（胡惠蓉、包满珠）；第八章（郭维明）。各论部分：第一章（房伟民）；第二章（陈发棣）；第三章（夏宜平）；第四章第一节（吴铁明），第二节至第四节（包志毅），第五节至第八节（李保印）；第五章（范燕萍）；第六章（房伟民）；第七章（郑成淑）；第八章（何小弟）；第九章（潘远智）。

全书由陈发棣、房伟民和郭维明统稿。南京农业大学管志勇、滕年军和陈素梅三位老师及刘思余、李娜、孙艳妮、夏胜军等研究生在资料和图片收集等方面做了大量工作。

全书由北京林业大学陈俊愉院士、南京林业大学向其柏教授和中国科学院植物研究所费砚良研究员审稿。陈俊愉院士在百忙中再次为修订稿作序。教育部高等教育司、中国农业出版社和南京农业大学教务处等对修订版给予了积极支持。在此一并表示衷心感谢！

修订版由于参编的单位和人员较多，统稿工作难度较大。另外，修编者多数是比较年轻的一线教师，经验与知识积累均有限，书中缺点和不足在所难免。恳请广大师生在使用过程中及时提出宝贵意见，以便再版时改进。

编　者

2008年12月

第一版序

园艺乃是一门古老而又年轻的大学科，观赏园艺则是其中一个尚未定型的部门。园艺乃一以园艺植物（果、蔬、花等）为对象，研究其分类、栽培、育种、生产、应用及经营管理等理论与技艺的综合性学科。观赏园艺则是传统园艺的组成部分之一。观赏园艺有其相当悠久的历史和广泛的种质基础以及丰富多彩的文化内涵。由于人们对美化环境、向往自然、维护生态平衡，走可持续发展之路等愿望日趋强烈，因此，观赏园艺正在迅猛发展，并不断进步之中。

观赏园艺的主要内容：观赏园艺的意义，观赏植物与环境条件的关系，观赏植物的分类、繁殖、栽培、育种、用地及设施等；观赏植物各论；花卉装饰与应用、生产与经营管理、较小规模的园林绿地规划设计、施工与管理以及有关展览、开发、推广、交流等。

本学科性质：以自然科学为主，兼及应用艺术及社会科学的综合性学科，以观赏植物为主要工作研究对象，并多涉及小规模的园林规划设计等内容。观赏园艺的特点：①科学与艺术的结合和内容之广泛性与群众性；②学科发展迅速而不平衡；③在不同国家、院校单位等有不同认识，出现较多的变化。

国内外在较早历史时期，即已有观赏园艺实践。但作为一门独立学科，则出现很迟。如前苏联在1950年出版了土林策夫(В. Г. Тулцицев)《观赏园艺学》(周家琪等译，1958中文版)，由花卉学、观赏树木学、居民区绿化三部分组成。美国的《观赏园艺学》通用教材，系麦克丹尼尔（G. L. McDaniel等，1979版)，侧重于探讨观赏植物规模生产与经营中的理论与实践，市场经济气氛正浓。在我国，则1991年由陈树国等主编《观赏园艺学》问世，内容以观赏植物繁殖、栽培、管理与应用（含花卉装饰等）为主，园林规划设计、园林经营管理为辅。

本教材（《观赏园艺概论》，以下简称《概论》）是国内第一部以狭义观赏园艺为基本内容（即不包括园林规划设计等部分）的面向21世纪课程教材。全书最大特点是以观赏植物及其生产应用为对象的系统工程。总论从观赏植物种质资源与分类，到生长发育与环境因子，繁育栽培与设施，直至应用与装饰以及（生）产后（切花、球根等）原理与技术，最后以全国花卉区划、管理与流通为终结；各论包括一二年生、宿根及球根花卉，观赏树木、观叶植物，兰类、仙人掌及多浆植物，水生花卉，草坪与地被植物等计500余种。《概论》做到了有舍有取，舍的是园林规划设计，取的是观赏植物各方面知识务必包罗齐全。这样，该书就以其全面而系统的新面貌出现。符合21世纪教材“减少门类、拓宽知识面”的要求。可以说，该书基本做到了全面而不烦琐、系统而不铺张。较之国内外原有同类教材而言，系统全面而相当突出。

其次，《概论》的实用性为创新和开发服务的特长，也很值得称道。面对加入世界贸易组织及国内农业结构调整中观赏植物产业化、规模化等需要，介绍了国际经验，指出了差距和发展方向，补充并增强了设施园艺及花卉业区域布局、管理与推销等内容。这一特长不仅促使中国观赏园艺更加充实且成龙配套，加速与国际接轨，更可让中华传统名花在新时代扬长避短、改造提高，加强宣传推广，为国内外人民更好地服务，在世界市场上也香飘万里，从而做出“园林之母”的全新贡献。

再次，该书面向新时代，解决新问题，其时代性十分鲜明。如介绍了观赏园艺不同环节中的新观点、新成就与新设想，像设施栽培及其环境控制如温控、喷灌、滴灌等，穴盘育苗及其种子处理类型，无土栽培，连作障碍之减免，产后生理与技术，种苗脱毒与快（速）繁（殖）等。这样比较全面反映观赏园艺新进展的教科书，在国内外实不多见，因而是难能可贵的。故该书的第三个特长，就是它的先进性与时代精神。

最后，该书比较精简扼要，附表与索引等参考附件既多且全，便于查阅参考。全书概括了“花卉学”、“观赏树木学”、“园林植物栽培学”和“园林植物产后生理及技术”四门教材的基本内容，是国内已出版同类教材中篇幅较小的。这样一部新颖、全面、内容丰富、查阅便捷、可读性强的观赏园艺教材，初步体现了“面向21世纪课程教材”的新风格。

总之，《概论》的成绩显著，这是主编与参编人员以及出版部门等共同努力的结晶。由于《概论》开始编撰时间较晚（2000年初），书中还存在一些缺点和不足，例如有些观赏植物原产地与其习性和栽培应用之间的关系还分析得不够透彻，我国古代花卉技艺优良传统介绍较少，不同种类的标准化设施栽培技术尚待补充、提高，文字加工也比较粗糙。如何促使本书更为完善，请专家与读者多多指正，不胜感幸。

北京林业大学教授、博士生导师
中国园艺学会副理事长
中国工程院资深院士

2001年4月16日于北京

第一版前言

《观赏园艺概论》（简称《概论》）是教育部“面向21世纪高等农林教育教学内容和课程体系改革计划”项目的成果。经教育部高教司批准的全国高等教育“面向21世纪课程教材”，由农业部1998年度中华农业科教基金资助编写。《概论》由南京农业大学观赏园艺与风景园林系主持，并邀请华中农业大学、中国农业大学、浙江大学农学院及江苏省农林厅等具有多年教学、科研与管理经验的专家、教授共同编写完成。《概论》以1999年教育部新调整专业目录中的园艺专业本、专科生为主要对象，兼顾园林及城建等其他专业。《概论》根据21世纪教材“减少课程门类、拓宽知识面”的要求，以“少而精”为原则，将“花卉学”、“观赏树木学”、“园林植物栽培与养护”、“观赏植物产后生理和技术”等核心课程及专业必修课程汇编而成。包括总论及各论。着重体现教材的科学性、系统性、先进性、实用性及地区可选性，并反映我国在农业结构调整及面临加入世贸组织（WTO）与国际接轨的形势下，观赏园艺及其产业化的新进展和新技术，如穴盘育苗、无土栽培、设施环境控制、脱毒快繁、草坪建植、产后生理及技术，以及区域布局和管理营销；其他如花色与花香、连作障碍、栽培品种、国际登录及新品种保护均是初次收入观赏园艺总论。各论涉及从草本到木本共214个有代表性的重要（种类）、常见（种类）及新潮且有发展前景（种类）的详述种和近1倍数量的简述种，均兼顾了地区可选性。并附有拉丁名、中文名对照及英、中专业名词对照，增加了《概论》的实用性。

全书文字部分50余万字，附图141幅，计划100～120学时。

《概论》编写人员分工如下：

郭维明　总论：绪论，第一章第一节三（二），第二章，第八章。

毛龙生　总论：第一章第二节，第四章第一节，第七章第一节；

各论：第四章。

陈发棣　总论：第四章第四、五节，第六章；各论：第二章，第七章。

房伟民　总论：第三章第四节，第四章第二节，第七章第二、三、四节；各论：第一章，第六章。

胡惠蓉　总论：第一章第一节，第三章第一、二、三节；各论：第五章，第八章。

赵梁军　总论：第五章。

夏宜平　各论：第三章。

周　军　总论：第九章。

马锦毅　总论：第四章第三节；各论：第九章。

其他编写人员：丁绍刚、陈素梅、管志勇（南京农业大学）；孔云（中国农业大学，总论第五章）；柳骅（浙江大学农学院，各论第三章绘图）。

全书最后由郭维明、毛龙生统稿。

初稿完成后分别经北京林业大学陈俊愉教授、中国农业大学孙自然教授和陈端生教授、西南农业大学熊济华教授、华中农业大学鲁涤非教授、南京林业大学邹惠喻教授及江苏省中国科学院植物研究所郝日明研究员审阅，提出了宝贵的修改意见，特别是中国工程院资深院士陈俊愉教授百忙之中带病为《观赏园艺概论》撰写了“序”。此外，浙江大学喻景权教授还提供了参考书。在《观赏园艺概论》出版之际，对为本书编写、审阅、编辑、出版付出了艰辛劳动的专家、教授，南京农业大学的有关研究生、本科生等全体工作人员，农业部科教司及教学指导委员会的专家，中国农业出版社教材出版中心，南京农业大学教务处等对教材出版给予的积极支持和鼓励，表示深深的敬意及感谢。

《观赏园艺概论》是团结协作、辛勤劳动的结晶。但是编写组深知，作为第一本适用于园艺等专业的《观赏园艺概论》的全国统编教材，仅仅是叩响新世纪的敲门砖，因受知识、信息及时间所限，教材的不足、疏漏甚至错误均在所难免。希望同行师生使用过程中不吝赐教，提出批评和建议，以待再版时修正、更替、充实、完善与提高。

编　者

2001年4月

目　录

总　论

各 论

绪　论

我国是具有丰富观赏植物资源、悠久栽培历史及瑰丽花文化传统的文明古国，是世界上观赏植物原产地八大分布中心之一，也是世界观赏植物栽培种和品种的三个起源中心之一。我国既拥有热带、亚热带、温带、寒温带花卉，又有高山、岩生、沼泽及水生花卉，以丰富的观赏植物种质资源及栽培品种资源为世界观赏园艺事业作出了突出贡献。正如英国植物学家 E. H. Wilson（1929）于其著作《China，Mother of Garden》（《中国——园林之母》）中所赞誉"中国的确是园林的母亲"、"应该说，欧美园林中无不具有来自中国的代表性植物——它们总是乔木、灌木、藤本和草本中最优秀的"。

一、观赏园艺学的定义及效益

（一）观赏园艺学的定义

观赏园艺学（ornamental horticulture）是以观赏植物为对象，阐明其资源与分类、生物学特性及生态习性、繁殖与栽培、设施与设备、装饰与应用、采（产）后技术等理论与应用的综合性学科，也是园艺学科的重要分支。

观赏园艺学是多学科交叉的综合性学科，其理论体系建立在生命科学、环境科学及造型艺术的基础之上，涉及植物学、植物生理学、植物生态学、植物遗传育种学、植物营养学、土壤肥料学、设施园艺学、农业气象学、植物保护学等，同时又与园林美学、园林艺术、文学及历史等学科相互渗透及密切结合。其宗旨是不断提高观赏植物的栽培水平和综合应用水平，以观赏植物为主体材料，塑造出高质量、可持续发展的环境和文化氛围。

观赏植物是具有一定观赏价值、应用于园林及室内植物配置和装饰、改善与美化生活环境的草本和木本植物的总称。《中国农业百科全书·观赏园艺卷》指出，观赏植物与花卉是同义词。虽然就字义而言，"花"表示花卉植物，"卉"表示草，狭义上的花卉为草本花卉，但广义上花卉与观赏植物一样，泛指有观赏及应用价值的草本及木本植物。观赏植物的观赏性十分广泛，包括观花、观果、观叶、观芽、观茎、观株、观根、观势、观姿、观韵、观色、观趣及品其芳香等。在园林应用中，植物配置及造景则是在科学的基础上，将乔木、灌木、藤本、草本、草坪及地被植物巧夺天工地进行艺术结合，构成能反映自然或高于自然的人工植物群落，创造出优美舒适的环境。

（二）观赏园艺学的效益

观赏植物不仅应用于城镇绿化及园林建设，还具有多方面的功能和作用，如环境效益、社会效益及经济效益在内的综合效益。

1. *环境效益——体现人与自然的和谐共存* 花卉是自然界色彩的来源，其“姿、色、香”及完美的结合“韵”，是环境艺术和大地园林化的基础，所以“无树不绿、无花不美、无草不净”。花卉还通过生长发育的昼夜及季节节律，构成了环境特有的节奏感及动态感，体现了生命的自然旋律。如牵牛花凌晨开放、酢浆草正午开放、紫茉莉傍晚开放、昙花夜间开放，组成了具有自然情趣的生物钟。春兰、夏荷、秋菊、冬梅，则是四季交替的生动写照。

观赏植物在绿化、美化、彩化、香化环境的同时，还具有净化及保护环境的功能。如调节环境温度、湿度，减少太阳辐射；吸收二氧化碳，释放氧气，从而净化大气；防风、固沙、护坡，防止水土流失，以防止水涝、沙尘暴等灾害，保护城市生态及水资源；吸滞粉尘、吸滞有害气体、防止大气污染，并可作为大气污染物的指示植物，如百日草对二氧化硫敏感，唐菖蒲对氟化氢敏感，矮牵牛对臭氧敏感，成为监测这些大气污染物的“警示器”。此外，观赏植物还可以杀菌及减少噪声污染；观赏植物的绿色可保护视力、消除现代快节奏工作的紧张和疲劳，使精神得以放松。随着城市化进程的加快，以观赏植物作为载体，拉近了人与环境的距离，促进了人与自然的和谐及环境与生态的可持续发展，推动了绿色城市的建设。

2. *社会效益——推动了精神文明与物质文明建设* 观赏园艺从一个侧面反映出国家的历史、文化、艺术传统及科学技术和经济水平，它与社会进步及文明建设息息相关。观赏植物缤纷鲜艳、芳香怡人，赏心悦目中还可陶冶情操、增进健康，因此是美好幸福、繁荣昌盛、安定团结及和平友谊的象征。在节日庆典、会议洽谈、博览展示、社会生活及国际交往中，花卉又是沟通理解和情感交流的桥梁，也是跨越国界的和平友好的使者。

观赏植物被人们赋予不同的“性格”及“花语”，并成为“世界语”。如梅花傲雪凌霜，兰花幽容典雅，竹子节格刚直，松树高风亮节，荷花出淤泥而不染，牡丹祥和，红豆相思，康乃馨象征母爱，月季表示爱情。梅、兰、竹、菊喻为四君子，松、竹、梅喻为岁寒三友等，通过咏花抒怀，陶冶情操，构成了精神文明组分之一——花文化的丰富内涵。栽培花卉还可增进科学知识，提高文化素养。

总之，花卉已渗透到现代化城镇、社区、机关、学校、工厂和部队，激励人们热爱祖国、热爱自然、保护环境。对促进物质文明和精神文明建设起到了积极作用。

3. *经济效益——成为具有活力的新兴产业和新的经济增长点* 花卉业是高投入、高产出、高效益农业的重要组成部分，是农业结构调整中具有发展前景的新兴产业。由于其市场大、经济价值高，已成为新的经济增长点。

二、世界花卉产业概况

（一）生产与消费现状

花卉业是世界各国农业中唯一不受农产品配额限制的产业，也是21世纪最有希望的农业产业和环境产业，被誉为“朝阳产业”。近年来，世界花卉业以前所未有的速度增长，并远远超过世界经济发展的速度，花卉业成为很多国家和地区农业创汇的支柱，显示了“效益农业”的作用和发展潜力。根据2007年的不完全统计，荷兰、美国、德国、中国等45个主要花卉生产国的花卉产值超过260亿欧元。

由于各国花卉科研、生产、流通和消费水平不同，花卉业发展水平差别很大，发达国家仍处于绝对优势地位。荷兰、哥伦比亚、以色列、肯尼亚等都是花卉生产和贸易的先进国，其中以荷兰的生产和出口最强，素有“欧洲花园”美誉，花卉品种已超过11 000个，每年花卉出口额达40多亿美元。在花卉种源上，发达国家占据了大部分知识产权，如荷兰的郁金香、月季、菊花、香石竹；日本的菊花、百合、香石竹、月季；哥伦比亚的香石竹；以色列的唐菖蒲、月季；泰国、新加坡的热带兰等。荷兰凭借其悠久的花卉产业发展历史，在种苗、球根、鲜切花、自动化生产方面占有绝对优势，尤其是以郁金香为代表的球根花卉，已成为荷兰的象征；美国则在草花和花坛植物育种及生产方面走在前列，同时在盆花、观叶植物方面也处于领先地位；日本凭借“精准农业”的基础，在育种和栽培上占有明显优势；丹麦则集中全国的力量，从荷兰引进全套盆花生产技术，并进行大胆革新，在盆花自动化生产和运输方面处于世界领先地位；其他如以色列、西班牙、意大利、哥伦比亚、肯尼亚等则在温带鲜切花方面实现了专业化、规模化生产；而泰国的兰花实现了工厂化生产，每年大约有1.2亿株兰花销往日本，占日本兰花市场80%的份额。20世纪90年代以前，世界花卉生产还主要集中在西欧、北美和亚洲的日本等一些发达国家。如今，由于土地、劳动力等生产成本的大幅上升，花卉生产已转向自然气候条件优越、劳动力价格比较低廉的发展中国家和地区，刺激了肯尼亚、哥伦比亚、厄瓜多尔等国家的花卉业发展，形成了一批新兴的世界花卉产地。哥伦比亚的花卉95%出口，占世界花卉出口量的12%。自然资源丰富、劳动力便宜、交通运输方便的国家和地区逐渐成为生产区域，而经济发达、有着良好花卉消费习惯的国家和地区逐渐成为消费区域，呈现出产销分离的发展趋势。从栽培面积来看，中国、印度、日本、美国、荷兰分列前5位；而欧盟、美国、日本则形成了花卉消费的三大中心，占世界花卉贸易产品进出口的99%。总体而言，发达国家继续保持产业领先，发展中国家生产规模扩大，国际花卉生产布局基本形成。

（二）主要特点

1. 市场竞争日趋激烈，着力发展合作经营 伴随着经济全球化，花卉贸易范围越来越广，至今约有65个国家和地区参与国际花卉市场的竞争。全球四大花卉批发市场包括荷兰的阿姆斯特丹、美国的迈阿密、哥伦比亚的波哥大、以色列的特拉维夫决定着国际花卉的价格，引导着花卉消费和生产贸易的潮流，国际花卉市场的开放程度将越来越高。荷兰首先占领了欧洲市场，每年花卉出口额达40多亿美元，而德国是世界上最大的花卉进口国，其进口市场的85%为荷兰控制。作为发展中国家的哥伦比亚，是典型的花卉发展后起国家，在20世纪60～70年代，哥伦比亚在世界花卉出口国排名榜上还不见其名，而如今却一跃成为世界第二大花卉出口国。2007年，哥伦比亚花卉种植面积已达4 200多公顷，年产鲜花50多亿支，创汇4亿多美元。哥伦比亚花卉业已进入成熟期，花卉在其国民经济中占有重要地位，出口仅次于咖啡、石油和煤炭，居第四位；生产的花卉95%供出口，出口花卉量已占到世界市场的11%，在美国市场占有65%的份额，是仅次于荷兰的第二大鲜切花生产和出口国。亚太地区随着经济的发展，花卉需求迅速增长，市场潜力巨大。作为世界上三大花卉消费中心之一的日本，每年鲜切花销售额达130亿美元，占世界鲜切花销售规模的1/10左右。由于日本国内花卉生产水平较高，又注意市场保护，进口花卉只占全国消费量的5%～7%，并集中在一些国内无法生产的花卉品种上。随着国内需求的旺盛增长，中国已成为世界花卉生产面积最大的国家，中国花卉市场已成为21世纪花卉商

家的必争之地。

随着花卉商品国际化程度提高，发达国家许多公司都意识到只有取长补短、加强合作，才能共同谋取到更大的利益，在国际市场竞争中立于不败之地，这已成为现代花卉企业的发展方向。合作经营或联合经营，主要表现为生产上的合作和贸易上的合作两方面。如荷兰的CAN和IBC等合作组织，吸纳农民加入，该组织可高额投资购置大型设备，为农民提供生产加工的场地和生产花卉必需的设备。在经营和贸易上的合作，可以实现利益共享，风险共担，最大限度地保护了生产者和经营者的利益。另一方面，随着花卉业的日趋兴旺，一些实力雄厚的贸易公司或实业公司涉足花卉业，使世界花卉业的发展更添生机。如日本麒麟啤酒集团通过数次跨国并购花卉企业，现已基本形成一个有影响的国际花卉企业；日本丰田公司在爱知县建立了5hm^2的花卉生产基地，主要生产种苗和花坛植物。另外，一些发达国家正在寻求与花卉生产成本低的国家进行合作经营，以求在世界花卉业的竞争中立于不败之地。目前，荷兰、美国、日本的一些花卉公司已经在哥伦比亚、危地马拉、巴西、印度、马来西亚及中国等地建立了大型花卉生产基地，以降低成本，扩大国际市场的销售份额。

2. 科研投入不断加大，新品种、新技术日新月异　目前，花卉科研首先是优质品种选育。将传统的育种方法与先进的生物技术相结合，加快育种步伐，培育市场所需的多种花色、抗性强及带有香味的畅销品种，并利用生物技术规模化批量生产种苗。如荷兰园艺植物研究所和荷兰花卉研究中心，多年来研究花卉新品种的遗传规律，开展抗逆性和适应性杂交育种工作，每年都能推出郁金香、彩色马蹄莲、花烛等许多名优花卉的新品种。以色列在新品种选育上主要以引进国外野生资源进行杂交，改良品质为主，选育了月季、香石竹、百合等花卉许多新品种。美国主要进行花卉新类型的研究，然后加以改良，育成了袋鼠花、草原龙胆、虎眼万年青等。最新发展的基因工程及其他生物技术手段，给花卉育种带来了革命性的突破，如耐贮耐插的香石竹品种已经商品化，蓝色月季已经问世等。其次，加强高产、高效、优质的花卉种植设施研究。包括玻璃连栋温室结构及其内部配套的自动化技术、加热设备、排灌系统及组装、透光好的复合膜及活动栽培床等设施研究，荷兰、以色列、西班牙、美国在此领域领先。三是配套栽培与产后技术研究。包括机械化栽培技术、无土栽培技术、快速种苗（球）扩繁技术和产后处理与保鲜技术等。

世界切花品种从过去的四大切花为主导变为以月季、菊花、香石竹、百合、唐菖蒲、郁金香、非洲菊等为主要种类，盆栽植物以球根秋海棠、印度胶榕、凤梨科植物、龙血树、杜鹃花、万年青、一品红等最为畅销。近年来，一些新种类或品种如翠雀花、乌头属、风铃草属、羽衣草属、熊耳草属、石竹属、丁香属花卉以及在南美、非洲和热带地区开发的观赏植物种类在市场上备受欢迎，花卉种类或品种日新月异。

在新技术应用方面，一是花卉生产向温室化、自动化发展。由于温室设备的高度机械化，微电脑自动调节温度、湿度和气体浓度，花卉生产在人工气候条件下实现了工厂化的全年均衡供应。二是种苗生产高度专业化。由于花卉生产的社会化分工，种子、种苗、种球等由专业化的公司生产，保证了生产者的高效和新品种不断推出，也形成了公司加农户的生产经营模式。三是新的生产技术普及。包括节能型的材料、设备和品种，以及无土栽培技术、组织培养技术、激素和化学物质在花卉生产中被广泛应用。四是花卉采收、采后处理、包装、销售纳入现代化管理轨道。通过减压冷冻、真空预冷设备及技术的推广，保证了花卉产品采后的低温流通和商业保鲜；

发达的空运业促进了花卉的远距离外销，形成了国际化的花卉市场；花卉集散地、拍卖市场、批发中心、连锁花店、全球快递等营销形式应运而生。

在经济全球化的新形势下，世界花卉业正在发生变化，形成了多元化的新格局。亚洲、非洲、拉丁美洲的一些发展中国家利用天然的气候优势、低廉的劳动力及成本，花卉业正在迅速崛起。如非洲的肯尼亚、津巴布韦、南非、摩洛哥，南美洲的哥伦比亚、厄瓜多尔、波多黎各，亚洲的泰国、新加坡、印度、马来西亚等，已经成为世界花卉业发展最有潜力的国家，积极参与了国际花卉市场的竞争。当今的世界花卉业呈现出百花齐放、百舸争流的新格局。目前，世界花卉生产正向专业化、现代化、工厂化发展，花卉产品向优质化、高档化、多样化发展，科研向系统化、应用化发展，销售向国际化发展。

三、我国观赏园艺发展历程及花卉产业概况

(一) 我国观赏园艺的发展历程

我国花卉业是一个古老而又新兴的产业。谓之古老，因商代甲骨文中已出现“园”、“圃”、“树”、“花”、“草”等字，其后经历了以下几个阶段：

1. *始发期*　距今两三千年的周秦朝代，我国花卉、果木已有栽培，且栽培水平已较高。3 000多年前的《诗经》记载了130多种植物及其生境，其中不少是花卉，如“摽有梅”、“山有佳卉”、“隰有荷花”、“彼泽之陂，有蒲与荷”、“杨柳依依”、“松柏芃芃”等。屈原在《楚辞·离骚》中记载，“余既滋兰之九畹兮，又树蕙之百亩”，意指种约7.2hm^{2}佩兰，6.7hm^{2}藿香。楚灵王植茶与海棠，吴王夫差建梧桐园，广植花木。秦始皇建阿房宫，大种花木，其上林苑种植的花木、果树种类相当多，说明当时栽培技术已有较高的水平。

2. *渐盛期*　公元前206—公元589年的汉、晋、南北朝时期，由于国力的强大，生产力的发展，花卉已从单纯种植转向以观赏为主。如汉武帝刘彻公元前138年重修秦代上林苑方圆一百多千米，广种奇花异草，并建葡萄宫、扶荔宫，引种亚热带花、果达3 000余种；西晋《南方草木状》描述了1 600多年前我国南方热带、亚热带植物81种；东晋《竹谱》记载了70余种竹子；南朝宋整修都城建康（南京）桑泊（玄武湖），盛植荷莲，呈自然山水盛景；北魏贾思勰《齐民要术》（约公元500年）是世界上园林树木砧穗组合关系的首次记载，表明了我国植物驯化、栽培技艺的高水平。

3. *兴盛期*　581—1279年的隋、唐、宋时代，花卉事业相当繁盛，种及品种不断增加，应用于寺庙、园林及游览地。梅、菊、牡丹等东传日本；纯林、植物造景、水景、大树移植、野生资源利用及亚热带植物引种均有记载。张峋《洛阳花谱》（1041—1048）、苏颂《本草图经》（1061年，著录300多种植物）、刘蒙《菊谱》（1104）、陆游《天彭牡丹谱》（1178）、范成大《范村梅谱》（约1186）、王贵学《兰谱》（1247）、陈景沂《全芳备祖》（1256年，收录花、果、草、木267种，可称古代花卉百科全书）等相继问世，成为古代珍贵花卉文库中的瑰宝。

4. *起伏停滞期*　1368—1949年的明、清、民国时代，明、清封建社会的没落，民国政府的腐败，民不聊生，使花卉业处于停滞及衰退状态。虽有国外花卉传入我国，但也有大量栽培及野生资源外流欧美。西方采集家蜂拥而至，月季、翠菊、菊花、牡丹、玉兰、紫藤、山茶花、珙

桐、报春花、杜鹃花、绿绒蒿、王百合等名花及良种大量流入西方，被并作为亲本，培育出现代月季等许多全新的异花奇卉。因海禁渐通，国外栽培技术、定向杂交育种也逐渐传入我国。明代迁都北京，造园栽花渐盛，有关花卉专著甚丰，如《茶花谱》、《艺菊谱》、《兰谱》、《瓶花谱》、《荔枝谱》、《牡丹史》、《花史》、《琼花谱》、《梅谱》等，袁宏道的《瓶史》（1599）是我国第一部插花专著，徐霞客（1587—1641）日记被后人编成的《徐霞客游记》记载的植物有130种，王象晋《群芳谱》（1621），文震亨《长物志》，陈继儒《月季新谱》（1757），清代康熙、乾隆年间的《扬州画舫录》、《花镜》（1688），汪灏《广群芳谱》（1708年，为检索便利的花木专著），杨钟宝《瓨荷谱》（1808年，第一部荷花专著，共记叙了33个荷花品种）。特别是吴其濬（1789—1847）耗时7年完成的《植物名实图考》，记载植物1 714种，是我国古代第一部最大的区域性植物志，受到国内外重视，1880年传入日本，1890年译成日文出版，现在许多国家图书馆均有收藏。

清代以后，南方花卉生产又复兴旺。1853年上海第一家花店及1900年外国人在上海开设的第一家花店问世。民国年间，一些植物园及教学、科研院所进行了花卉生产及引种驯化研究。此间有《观赏树木学》（陈植，1924）、《花卉园艺学》（章君瑜，1933；童玉民，1933）、《Mei Hua：National Flower of China》（曾勉，1942）、《巴山蜀水记梅花》（陈俊愉，1947）等专著出版。

5. *起伏发展和新兴期* 20世纪50年代初期，国家发出了“绿化祖国”、“实现大地园林化”的号召，明确了花卉生产化、大众化、多样化、科学化的发展方向，我国花卉业开始恢复与发展。20世纪60～70年代的“文化大革命”，使刚刚发展的花卉业又滑至低谷，遭到摧残与破坏。自1978年改革开放以来，我国花卉业以前所未有的速度持续发展，已成为世界上花卉生产面积最大的国家和世界花卉产业十大强国之一。

（二）我国花卉产业的发展现状

近年来，我国花卉业得到了跨越式的发展，在“以发展为主题、以市场为导向、以结构调整为主线、以质量为核心、以科技为动力、以提高效益为根本出发点”思想指导下，生产规模迅速扩大，龙头企业快速崛起；基地栽培设施得到很大改善，科技含量不断提高，产品产量和品质大幅上升；花卉流通领域发展迅速，扩大了内需和出口，初步形成了由批发、零售和拍卖市场组成的专业化流通体系。

1. *生产快速发展，出口稳步提高，产业链获得延伸* 2007年，我国花卉种植面积为75万hm^2，其中观赏苗木占53.8%，食用、药用花卉占12.2%，盆栽植物占10.3%，切花切叶占5.7%，其他占18%，总面积比上年增长3.9%，已成为世界第一花卉生产国。年销售额613.7亿元，其中观赏苗木占46.8%，盆栽植物占29.2%，切花切叶占11.4%，其他占12.6%。花卉生产企业由2000年的2.2万个增加到2007年的5.47万个，其中生产规模在3hm^2以上或年营业额在500万元以上的大中型企业达7 825家，在北京、江苏、浙江、广东、云南等地涌现了一批千亩以上的大型龙头企业，花农、从业人员、专业技术人员分别为1 194 385户、3 675 408人、132 214人。

花卉销售出口从“十五”历年的统计数据看，我国花卉对外贸易呈逐年上升趋势，到2005年达到了1.54亿美元，比2000年增长5.5倍，出口额中切花切叶占63%，盆栽植物占25%，观赏苗木占3%，其他占9%。“十五”后期出口增幅较快。2007年比2005年出口额增加了1.7

亿美元，增幅达110.0%。花卉产品已出口到80多个国家和地区。

近几年，各地还对观赏植物资源进行了多元开发，一是利用新技术研究开发天然干花产品；二是利用纯天然观赏植物原料经手工工艺制作艺术压花作品；三是开发药用、食用、美容等多用途花卉；四是建设以观赏植物为主题的生态旅游景点。花卉产业链的不断延伸，为花卉业的持续发展注入了新的活力，也为地方创造了可观的经济效益。

2. 区域化布局初步形成，信息与流通网络日趋完善　从全国花卉生产布局看，云南鲜切花生产位居第一；广东、福建是全国最大的观叶植物生产中心；江苏、浙江、四川、河南、河北等地已成为绿化苗木和观赏树木的供应基地。从花卉销售看，已形成以北京为中心的华北市场，以沈阳为中心的东北市场，以广东为中心的华南市场，以上海为中心的华东市场，以郑州、武汉为中心的中原市场。

全国花卉生产区域化布局日趋合理，形成了以云南、江苏、浙江、广东、广西、海南为重点的热带、亚热带花卉产区；以江苏、浙江、上海为重点的长江三角观赏苗木产区；以北京、山东、河北、河南为主的北方花卉产区；以辽宁为中心的东北部花卉产区。其次，我国花卉业的区域特色主导产品突出。经过逐步调整和提高，全国特色名牌产品发展良好，具有地方特色的主导产业初具规模，在品种上基本形成了云南的鲜切花，上海、浙江的种苗，广东、海南的观叶植物，广州、上海、北京的盆花，江苏、浙江、河南、四川的观赏苗木，还有东北的君子兰、福建的水仙等。随着“中国花木之乡”、“全国花卉生产示范基地”、“全国重点花卉市场”的出现，进一步推动了当地花卉业的发展。

目前，我国拥有花卉信息网站300多个，加上其他涉及花卉信息的网站，网上可以查询到大量有关花卉的信息。2005年，我国有各类花卉市场2 586个，零售花店2万多个，形成了以鲜切花为主的昆明斗南花卉市场、以观叶植物为主的广州芳村花卉市场、以盆花为主的北京莱太花卉市场。此外，还形成了网上直销、超市零售、连锁经营、依托大型花卉市场的企业卖场模式、经纪人模式等营销方式。

3. 科研教育发展迅速，从业队伍发展壮大　依靠科技进步、提高质量效益是我国发展花卉业的长期战略。从1981年北京林业大学设立园林专业以来，已有50多所国家和省属院校设置了园林专业，全国有省级以上花卉科研单位100多家，有48所高校或科研院所设置了硕士点，培养了一批急需的花卉技术和管理人才。目前，我国已有花卉专业技术人员13万余人，花卉从业人员440万余人，花农125万多户。此外，全国有250个科研单位设立了花卉科研项目，我国花卉工作者在野生花卉资源的开发利用、传统名花的新品种选育与商品化、利用组织培养加快花卉快速繁殖、花期控制、保鲜贮运等领域，以及国外花卉栽培先进技术的引进和消化等方面做了大量研究，取得了可喜的成就。一些观赏植物病虫害防治、切花生产与保鲜、快繁等实用技术研究也取得了新突破。花卉企业主动与科研单位紧密合作，共同开展科技攻关，合作开发新产品，增强了企业的活力和后劲。

4. 新品种保护体系初步建立，花卉认证与标准体系建设初见成效　国际与花卉有关的认证形式可分为对企业或种植者进行的ISO9000、ISO14000或HACCP认证，还有专门针对花卉的MPS认证、有机认证和GAP认证。2005年，国家认证认可监督管理委员会与荷兰MPS基金会签署了《中国国家认证认可监督管理委员会与MPS合作备忘录》，目前我国已有几十家花卉企

业成为认证试点单位，该认证体系的启动不仅有利于降低花卉生产者对环境的破坏，如减少农药使用等，还有利于花卉生产员工的安全和健康。认证体系的普及和有效实施对推动我国花卉产品出口将发挥重要作用。

2000年国家技术监督局发布了7个花卉标准，即《主要花卉产品等级第一部分：鲜切花》、《主要花卉产品等级第二部分：盆花》、《主要花卉产品等级第三部分：盆栽观叶植物》、《主要花卉产品等级第四部分：花卉种子》、《主要花卉产品等级第五部分：花卉种苗》、《主要花卉产品等级第六部分：花卉种球》、《主要花卉产品等级第七部分：草坪》，每个标准规定了产品等级划分原则、控制指标和质量检测方法，这些标准已从2001年4月开始实施。各地还根据主导花卉产业制定了许多地方标准，如云南省质量技术监督局2003年发布了《鲜切花质量等级标准》、广东省质量技术监督局2006年发布了《蝴蝶兰盆花质量标准》等。国家和地方标准的实施有效提高了花卉产品品质，确保了市场的有序性。

我国1999年加入《国际植物新品种保护公约》，成为该公约第39个成员国，组建了植物新品种保护办公室、植物新品种复审委员会、新品种测试中心和分中心等管理机构，建立了植物新品种审查、测试等工作体系，组织制定了菊花、月季等80种植物新品种测试指南和部分新品种DNA快速检测技术标准。截至2008年3月，农业部共受理品种权申请4 881件，其中2007年受理品种权申请816件，授予品种权518件，年均增长速度40%。2007年，国家林业局共受理国内外品种权申请61件，授予品种权78件，其中授予国外申请人45件，林业植物新品种权总数达到199个。受理的品种权申请中包括菊花、香石竹、月季、牡丹、一品红、杜鹃花等观赏植物。我国植物新品种保护制度开始获得国内外育种者的认可和拥戴。

花卉品种国际登录权威我国已被任命了2个，即1998年中国梅花蜡梅协会（对内称：中国花卉协会梅花蜡梅分会）及陈俊愉院士接受了梅（*Prunus mume*，含梅花和果梅）品种国际登录权威的任命，至今已登录了382个品种，登在全球发行的15本《梅品种国际登录年报（双年刊）》上。接着在2004年国际园艺学会通知中国花卉协会桂花分会和向其柏教授为木犀属*Osmanthus*（含桂花*O. fragrans*）植物品种国际登录权威。2008年出版《中国桂花品种图志》，介绍了122个桂花品种。

我国现代花卉业经过20多年的发展，基本走完了发达国家近一个世纪的历程，但同时也存在研究水平较低、产品质量参差不齐、营销体系不规范、缺乏专业物流等不足，必须采取各种措施和政策保证产业运行的有序与稳定。从“世界园林之母”到“全球花卉王国”，这是中国工程院资深院士陈俊愉教授对我国观赏园艺事业的发展前景和目标作出的精辟展望，有理由相信，这一目标无疑将以最快的发展速度及最短的时间实现。

总论

第一章 观赏植物种质资源及分类

第一节 观赏植物种质资源

一、种质资源及其自然分布

种质资源（germplasm resource）是指能将特定的遗传信息传递给后代并有效表达的遗传物质的总称，包括具有各种遗传差异的野生种、半野生种和人工栽培类型。目前，地球上已发现的植物约50万种，其中近1/6具有观赏价值，野生观赏植物中，综合性状优良的种质资源可通过引种驯化，直接丰富花卉市场，满足人类的需要；而在某些重要性状上表现优异的野生观赏植物资源则是重要的育种原始材料，从根本上决定着现代育种的成效。

野生观赏植物资源广泛分布于全球五大洲的热带、温带及寒带。以温度与降水两个生态因子为主要依据，Miller与冢本氏将野生观赏植物的原产地按气候型分为七个大的区域，在每个区域内，由于其特有的气候条件又形成了不同类型的自然分布中心。

（一）中国气候型（大陆东岸气候型）

本区的气候特点是冬寒夏热，雨季多集中在夏季。根据冬季气温的高低又分为温暖型与冷凉型。

1. 温暖型（又称冬暖亚型，低纬度地区） 包括中国长江流域以南、日本西南部、北美洲东南部、巴西南部、大洋洲东部及非洲东南角附近等地区。本区主要是喜温暖的一年生花卉、球根花卉及不耐寒宿根、木本花卉的自然分布中心，如中华石竹（*Dianthus chinensis*）、一串红（*Salvia splendens*）、矮牵牛（*Petunia hybrida*）、麝香百合（*Lilium longiflorum*）、唐菖蒲（*Gladiolus hybridus*）、非洲菊（*Gebera jamesonii*）、堆心菊（*Helenium autumnale*）、山茶属（*Camellia*）、杜鹃花（*Rhododendron simsii*）、紫薇（*Lagerstroemia indica*）、南天竹（*Nandina domestica*）等。

2. 冷凉型（又称冬凉亚型，高纬度地区） 包括中国华北及东北南部、日本东北部、北美洲东北部等地区。本区主要是较耐寒宿根、木本花卉的自然分布中心，如菊花（*Dendranthema morifolium*）、芍药（*Paeonia lactiflora*）、随意草（*Physostegia virginiana*）、蛇鞭菊（*Liatris spicata*）、牡丹（*Paeonia suffruticosa*）、贴梗海棠（*Chaenomeles speciosa*）、丁香属（*Syringa*）、蜡梅（*Chimonanthus praecox*）、广玉兰（*Maglonia grandiflora*）、北美鹅掌楸（*Liriodendron tulipifera*）、巨杉（*Sequoiadendron giganteum*）、刺槐（*Robinia pseudoacacia*）等。

（二）欧洲气候型（大陆西岸气候型）

本区的气候特点是冬暖夏凉，雨水四季都有。属于这一气候型的地区包括欧洲大部、北美洲西海岸中部、南美洲西南角及新西兰南部。本区是较耐寒一、二年生花卉及部分宿根花卉的自然分布中心，代表种类有大花三色堇（*Viola tricolor* var. *hortensis*）、勿忘我（*Myosotis silvatica*）、雏菊（*Bellis perennis*）、紫罗兰（*Mattiola incana*）、羽衣甘蓝（*Brassica oleracea* var. *acephala* f. *tricolor*）、霞草（*Gypsophila elegans*）、宿根亚麻（*Linum perenne*）、香葵（*Malva moschata*）、铃兰（*Convallaria majalis*）、毛地黄（*Digitalis purpurea*）、耧斗菜（*Aquilegia vulgaris*）等。

（三）地中海气候型

本区的气候特点是冬不冷、夏不热，夏季少雨。属于这一气候型的地区有地中海沿岸、南非好望角附近、大洋洲东南和西南部、南美洲智利中部、北美洲加利福尼亚等地。本区由于夏季干燥，故形成了夏季休眠的秋植球根花卉的自然分布中心，代表种类有水仙属（*Narcissus*）、郁金香（*Tulipa gesneriana*）、风信子（*Hyacinthus orientalis*）、香雪兰（*Freesia refracta*）、网球花（*Haemanthus multiflorus*）、葡萄风信子（*Muscari botrioides*）、雪滴花（*Leucojum vernum*）、地中海蓝钟花（*Scilla peruviana*）、银莲花（*Anemone cathayensis*）等。

（四）墨西哥气候型（热带高原气候型）

本区气候特点是四季如春，温差小；四季有雨或集中于夏季。属于这一气候型的地区包括墨西哥高原、南美洲安第斯山脉、非洲中部高山地区及中国云南等地。本区是不耐寒、喜凉爽的一年生花卉、春植球根花卉及温室花木类的自然分布中心，著名花卉有百日草（*Zinnia elegans*）、波斯菊（*Cosmos bipinnatus*）、万寿菊（*Tagetes erecta*）、旱金莲（*Tropaeolum majus*）、藿香蓟（*Ageratum conyzoides*）、报春花属（*Primula*）、大丽花（*Dahlia pinnata*）、晚香玉（*Polianthes tuberosa*）、球根秋海棠（*Begonia tuberhybrida*）、一品红（*Euphorbia pulcherrima*）、云南山茶（*Camellia reticulata*）、月季（*Rosa chinensis*）、香水月季（*R. odorata*）、鸡蛋花（*Plumeria rubra* cv. Acutifolia）等。

（五）热带气候型

本区气候特点是周年高温，温差小；雨量充沛，但分布不均。属于本气候型的地区有亚洲、非洲、大洋洲、中美洲及南美洲的热带地区。本区是一年生花卉、温室宿根、春植球根及温室木本花卉的自然分布中心，代表种类有鸡冠花（*Celosia cristata*）、彩叶草（*Coleus blumei*）、凤仙花（*Impatiens balsamina*）、紫茉莉（*Mirabilis jalapa*）、长春花（*Catharanthus roseus*）、牵牛花（*Pharbitis indica*）、虎尾兰（*Sansevieria trifasciata*）、蟆叶秋海棠（*Begonia rex*）、竹芋科（Marantaceae）、凤梨科（Bromeliaceae）、美人蕉（*Canna indica*）、大岩桐属（*Sinningia*）、朱顶红（*Amaryllis vittata*）、五叶地锦（*Parthenocissus quinquefolia*）、番石榴（*Psidium guajava*）、番荔枝（*Annona squamosa*）等。

（六）沙漠气候型

本区气候特点为周年少雨，属于本气候型的地区有阿拉伯、非洲、大洋洲及南北美洲等沙漠地区。本区是仙人掌及多浆植物的自然分布中心，常见观赏植物有仙人掌属（*Opuntia*）、龙舌兰属（*Agave*）、芦荟属（*Aloe*）、十二卷属（*Haworthia*）、伽蓝菜属（*Kalanchoe*）等。

（七）寒带气候型

本区气候特点为冬季长而冷，夏季短而凉，植物生长期短。属于这一气候型的地区包括寒带地区和高山地区，故形成耐寒性植物及高山植物的分布中心，常见有绿绒蒿属（*Meconopsis*）、龙胆属（*Gentiana*）、雪莲（*Saussurea involucrata*）、细叶百合（*Lilium tenuifolium*）、点地梅属（*Androsace*）等植物。

二、我国观赏植物种质资源在世界园林中的地位

植物在地球上的分布是不均匀的，有些地区特别丰富，如东南亚；有些地区则比较贫乏，如非洲干旱地区、北美洲。我国幅员辽阔，地跨寒带、温带、亚热带三个气候带，自然生态环境复杂，形成了极为丰富的植物种质资源。如我国西南山区的植物种类比毗邻的印度、缅甸、尼泊尔等国山地多4～5倍。我国的中部和西部山区及附近平原被前苏联植物学家瓦维洛夫认为是栽培植物最早和最大的独立起源中心，有极其多样的温带和亚热带植物。

我国被誉为“世界园林之母”，其丰富、优质的种质资源为世界园林做出了重要贡献。在已栽培的观赏植物中，按初步统计，原产我国的约有113科523属数千种之多，而且其中将近100属有半数以上的种产自我国（表1-1-1）。目前在世界园林中广泛应用的许多著名观赏植物为我国特有，如银杏属（*Ginkgo*）、金钱松属（*Pseudolarix*）、水杉属（*Metasequoia*）、水松属（*Glyptostrobus*）、珙桐属（*Davidia*）、观光木属（*Tsoongiodendron*）；百合属、龙胆属、绿绒蒿属、萱草属（*Hemerocallis*）及兰属（*Cymbidium*）的多个种；梅花（*Prunus mume*）、桂花（*Osmanthus fragrans*）、菊花、荷花（*Nelumbo nucifera*）、中国水仙（*Narcissus tazetta* var. *chinensis*）、牡丹、黄牡丹（*Paeonia lutea*）、芍药、月季花、香水月季、栀子（*Gardenia jasminoides*）、南天竹、蜡梅、金花茶（*Camellia chrysantha*）、翠菊（*Callistephus chinensis*）等。这些优良的观赏植物资源在19世纪大量流传到国外，仅英国爱丁堡皇家植物园中目前仍有从我国引种的活植物1 500种。曾先后5次来华采集我国植物标本达18年之久的美国博物学家威尔逊（E. H. Wilson）盛赞我国拥有优质的观赏植物资源，并称我国为“园林之母”。在北美、意大利、德国、荷兰、日本，我国的花木在其园林中均占据着重要的地位，因此在欧美流传着“没有中国的植物就不能称其为庭园”的说法。除了直接应用于园林绿化，我国的观赏植物由于具有早花种类多、芳香种类多、四季开花的种类多及抗逆性强的种类多等特点，被广泛应用于观赏植物新品种的培育，进一步发挥着其在世界园林中的重要作用。

表1-1-1　中国产观赏植物种类与世界种类总数的比较

（吴征镒，1991）

属　名	学　名	世界产种数	中国产种数	中国产种数占世界产种数的百分数（%）
翠菊属	*Callistephus*	1	1	100
蜡梅属	*Chimonanthus*	4	4	100
结香属	*Edgeworthia*	4	4	100

（续）

属　名	学　名	世界产种数	中国产种数	中国产种数占世界产种数的百分数（%）
秤锤树属	*Sinojackia*	4	4	100
四照花属	*Dendrobenthamia*	12	12	100
棣棠属	*Kerria*	1	1	100
铃兰属	*Convallaria*	1	1	100
桔梗属	*Platycodon*	1	1	100
石莲属	*Sinocrassula*	9	9	100
沿阶草属	*Ophiopogon*	35	33	94.3
刚竹属	*Phyllostachys*	40	37	92.5
猕猴桃属	*Actinidia*	54	52	96.3
连翘属	*Forsythia*	8	7	87.5
金粟兰属	*Chloranthus*	15	13	86.7
木犀属	*Osmanthus*	30	26	86.7
山茶属	*Camellia*	220	190	86.4
油杉属	*Keteleeria*	11	9	81.8
绿绒蒿属	*Meconopsis*	45	37	82.2
溲疏属	*Deutzia*	60	52	86.7
杜鹃花属	*Rhododendron*	800	650	81.25
蚊母树属	*Distylium*	15	12	80
报春花属	*Primula*	500	380	76
石蒜属	*Lycoris*	20	15	75
槭属	*Acer*	200	150	75
檵木属	*Loropetalum*	4	3	75
蜘蛛抱蛋属	*Aspidistra*	12	9	75
蜡瓣花属	*Corylopsis*	30	23	76.7
卫矛属	*Euonymus*	176	125	71
桃叶珊瑚属	*Aucuba*	7	5	71.4
含笑属	*Michelia*	50	35	70
李（樱）属	*Prunus*	200	140	70
紫藤属	*Wisteria*	10	7	70
石楠属	*Photinia*	60	40	66.7
丁香属	*Syringa*	30	20	66.7
爬山虎属	*Parthenocissus*	15	10	66.7
草绣球属	*Cardiandra*	3	2	66.7
苹果属	*Malus*	35	22	62.9
金莲花属	*Trollius*	25	17	68
栒子属	*Cotoleaster*	90	60	66.7
紫荆属	*Cercis*	8	5	62.5
蓝钟花属	*Cyananthus*	30	19	63.3
菊属	*Dendranthema*	30	17	56.7
绣球花属	*Hydrangea*	80	45	56.25
绣线菊属	*Spiraea*	100	50	50
忍冬属	*Lonicera*	200	100	50
牡丹属	*Paeonia*	33	15	45.5

三、品种资源的发展与新品种保护

（一）品种资源的发展

观赏植物种质资源除野生种、半野生种外，也包括人工栽培类型，即人工创造的种质资源——品种资源。品种是人类为满足自己的需要，挑选野生植物，经过杂交、诱变及长期培育、选择，使其遗传性向着人类需要的方向变异，产生新的特征性状，适应一定的自然和栽培条件的产物。品种资源同野生资源一样，品质优良的可直接应用于园林生产，具个别突出性状的是育种的理想原始材料。

随着社会的进步，人们对观赏植物的需求越来越高，在不断挖掘野生资源的同时，希望能培育出更多新颖、独特的花卉品种。目前，在国际花卉市场上，观赏植物以原种作商品的比例甚微，95%以上是栽培品种，而各国乃至各大花卉公司在花卉市场上竞争力的大小直接取决于其所掌握的品种资源的优劣和多少。因此，观赏植物品种资源的研究（主要是育种）受到普遍重视。

品种资源的发展应考虑现有的经济状况、生态条件及生产技术水平，同时要预见其近期发展趋势，从而选育适宜的优良品种。

1. *从观赏到抗逆*　野生花卉多数花小且为单瓣，色彩、花型单一，故最初的观赏植物育种，主要重视提高其观赏品质，随着全球环境污染的加重，生态条件的恶化，提高观赏植物抵抗逆境，包括抗污染、抗不良生态因子、抗病虫的能力成为当务之急。

2. *从耗能到节能*　在花卉业国际化的20世纪60年代初期，为满足花卉的周年供应，荷兰不惜消耗占全部生产费用30%的能源进行优良品种的生产；随着能源短缺的威胁，培育既能较高地利用能源且生育期短，又具有正常标准的产量和质量的节能品种已成为今后花卉育种的主要任务之一。

3. *从室外到室内*　园林绿化作为观赏植物应用的一种形式是最先受到花卉工作者重视的，故初期的花卉育种较重视花坛、花境花卉品种的选育。随着工业的发展、建筑及居住形式的变迁，花卉的室内装饰成为另一种重要的应用形式，这就要求选育适宜切花或室内盆栽的观赏植物新品种。

（二）新品种保护

1. *新品种保护的重要性*　观赏植物品种国际登录体系与新品种保护及专利是涉及栽培植物品种交流的三个方面，它们之间既需要联系与配合，又存在侧重点的差异。观赏植物品种国际登录（International Cultivar Registration of Ornamental Plant Cultivars）即观赏植物品种名称为登录机构所承认并被登录入册的程序，其侧重于保证观赏植物品种名称的正确性、一致性、准确性和稳定性。新品种保护是对育种者的新品种权或专利权给予保护，即依法授予（观赏植物）新品种培育者在利用其新品种——如使用该品种的繁殖材料进行生产、出售及销售等商业目的中排他性的独占权利。保护权方式包括品种权及专利权。品种权与专利权均属于知识产权，与商标权、著作权等具有某些共性，品种权较多侧重于强制执行和行政、经济措施，而专利权是具显著实效的保护加奖励制度。

观赏植物育种投入大、周期长，需花费少则几年，多则十几年、几十年甚至毕生心血才能完成。植物的特点是较易繁殖，如对其新品种缺乏相应有效的知识产权法进行保护，育种者的投入得不到应有的回报，将不利于提高育种者培育新品种的积极性，进而不利于观赏植物种质资源（含品种）的更新与利用。我国花卉产业正面临大流通、大生产与国际花卉业接轨的新形势，新品种登录及保护更具有重要的意义。

2. 新品种保护的途径

（1）栽培品种国际登录。国际园艺学会（International Society for Horticultural Science，ISHS）及其所属的命名与登录委员会（Commission Nomenclature and Cultivar Registration，CMNR）建立了各种园艺植物的品种登录制度，它对确认并统一符合《国际栽培植物命名法规》（1995年版）的园艺植物品种名称，提供其主要性状、有关历史来源等信息及有关研究、推广、生产与交流等资料，都产生了显著而广泛的功效。

ISHS还主持审批分设于各国的不同园艺植物种类的国际品种登录权威（International Cultivar Registration Authority，ICRA），目前，全世界有16个国家（地区）、86个国际品种登录权威在正常工作。86个ICRA中北美洲占40个（美国37个）、欧洲30个（英国23个）、大洋洲10个、亚洲4个、非洲2个。北美、欧洲和大洋洲占全球ICRA总数的93.02%，绝大部分花卉品种的国际登录权威已属西方国家所有，如菊花、兰花、杜鹃、莲类由英国登录；牡丹、芍药、月季由美国登录；山茶由设在澳大利亚的国际山茶协会登录等。中国花卉协会梅花蜡梅分会（简称CMFWA）会长陈俊愉院士1998年8月被CMNR批准为梅（含梅花和果梅）品种的ICRA，开创了中国学者作为观赏植物品种国际登录权威的先河。2004年2月南京林业大学向其柏教授被CMNR批准为木犀属（桂花属）植物栽培品种的ICRA。截至目前，我国十大传统名花，除梅和桂花外，其他8种均已由其他国家取得国际登录权威。品种登录即由每一专门ICRA接受申请人申请，按《国际栽培植物命名法规》审慎认定后，于该《国际登录年报》登录出版（包括品种名、来源、性状、保存单位及有关资料），表明已取得了学术界的公认。

（2）品种审定和新品种保护。通过新品种申请及审定，育种人即可获得法定审批机构授予的品种权，并在规定期限内享有该品种被保护权。国际上由总部设于瑞士日内瓦的植物新品种保护联盟（International Union for the Protection of New Varieties of Plants，UPOV）依据《国际植物新品种保护公约》（1978年文本）主持新品种保护工作。我国已于1999年4月23日正式加入该公约，成为UPOV第39个成员国，并由农业部、国家林业局分批列入申请保护种类名单。公约规定，在缔约国本国法律均予认可的前提下，同一个品种只能被依法授予专门保护权或专利权中的其中任一种保护方式。由于种种原因，我国现行专利项目中尚不包括动植物新品种在内，故不利于鼓励育种者的积极性及国外优良新品种的引进，亟待尽快创造条件实施新品种专利制度。

我国于1997年10月1日施行了与国际接轨并符合国情的《中华人民共和国植物新品种保护条例》（以下简称《条例》），《条例》规定农业、林业行政主管部门（即审批机关）分工共同负责新品种权申请受理及审查，并对符合条例规定的新品种授予新品种权。在有关观赏植物审定中，农业部侧重草本观赏植物、草类等；国家林业局侧重林木、竹藤、木本观赏植物等。其中隶属农业部的全国农作物品种审定委员会下属的花卉专业委员会于1997年成立，负责起草以草本及草坪为主的花卉品种审定标准，新品种的认定或审定，监督、指导品种区域试验和生产试验及对品种推广、应用和合理布局提出建议，经审定合格的品种将颁发证书。在实施全国品种审定立法的基础上，一些省市级品种审定委员会等相应组织也因地制宜进行了地方性补充立法，各级品种审定立法均为育种工作者提供了指导。《条例》还规定了育种者品种权的保护期限，如一般不少于15年，藤本、观赏树木、林木等，包括其根茎，保护期为20年（国际公约为18年）。国家林业局1999年、2000年首先公布的两批林业植物新品种保护名录计25个种或属，其中有梅、牡丹、木兰属、蔷薇属、山茶属及银杏（*Ginkgo biloba*）、杜鹃花属、桃、紫薇、榆叶梅、蜡梅和桂花等。

其他与《条例》有关的重要保护法规规定，生产、销售和推广被授予品种权的新品种，应遵照国家有关种子的法律、法规，即于2000年12月1日起施行的《中华人民共和国种子法》的规定，目的是保护和合理利用种质资源，进行示范品种选育和种子生产、经营及使用等行为，维护品种选育者和种子生产者、经营者、使用者的合法权益，提高种子质量水平，推动种子产业化，以促进种植业和林业的发展。

第二节　观赏植物分类

通过对观赏植物亲缘关系的鉴定、生物学习性的归纳、观赏特性的探讨、栽培方式的划分、应用形式的总结来对观赏植物进行分类。观赏植物分类可为观赏植物的识别、生产和应用提供依据，对快速学习和掌握相关知识并进一步深入研究有指导性意义。

一、植物自然分类系统

（一）系统分类

植物分类是一门古老的学科，早期研究是以利用为目的，因而出现了各种各样以经济性状为依据的人为分类。后来随着生产力的发展，在达尔文《物种起源》（1859）发表以后就开始了以探讨亲缘关系为目的的分类系统，这就是自然分类系统，或称系统发育分类系统，它力求客观地反映出生物界的亲缘关系和演化发展。

1. *系统分类方法*　长期以来，分类学家以进化论为依据，根据植物形态、结构、生理、生化、生态以及分子等方面的论证，结合古植物学证据，对植物进行分类，并力图建立一个自然分类系统，以说明植物间的演化关系。迄今已发表20多个分类系统，但由于有关植物演化的知识和证据不足，到目前为止，还没有一个为大家公认的完整系统。下面仅就其中两个影响最广的学派略作介绍，以供参考。

（1）恩格勒系统（Engler & Prantl System）。该系统由德国植物学家恩格勒（A. Engler）和柏兰特（Prantl）提出。他们认为被子植物的花由单性孢子叶球演化而来，只含有小孢子叶（或大孢子叶）的孢子叶球演化成雄性（或雌性）的柔荑花序，进而演化成花。即该系统认为被子植物的花不是一朵真正的花，而是一个演化了的花序，这种学说称为假花说。该系统认为：

①无被花类（核桃科、杨柳科、壳斗科等）在被子植物中最原始。因为它们全是木本，单性花，风媒传粉，有些植物仅有一层珠被等，这些特征与裸子植物很相似。

②整齐花、两性花由无花被单性花逐渐演变而来。因此，把多心皮目的木兰科、毛茛科等看

成是较进化的高级类型，排在无被花、单性花的后面。

③单子叶植物较双子叶植物原始，所以把单子叶植物排在双子叶植物前面。1964 年已作调整，并把被子植物由原来的 45 目 280 科增至 62 目 344 科（其中双子叶植物 48 目 290 科，单子叶植物 14 目 54 科）。

（2）哈钦松系统（Hutchinson System）。该系统由英国植物学家哈钦松（J. Hutchison）在 1925 年和 1934 年公布。该系统主要观点有：

①认为离瓣花较合瓣花原始；花各部螺旋状排列比轮状排列原始；两性花比单性花原始。因此，认为木兰目（Magnoliales）和毛茛目（Ranunculales）为被子植物中最原始的类型，是被子植物演化的起点。所以排在系统的最前面。

②认为被子植物的演化分为木本及草本两大支，木本支起于木兰目，草本支起于毛茛目。

③认为单被花及无被花由后来演化过程中蜕化而成。

④认为单子叶植物起源于双子叶植物的毛茛目，因此将单子叶植物排在双子叶植物的后面。双子叶植物有 82 目 348 科，单子叶植物有 29 目 69 科，合计 111 目 417 科。

目前多数人认为哈钦松系统较为合理，而恩格勒系统则忽视了木麻黄科、杨柳科等雌蕊都是合生心皮的进化特征。我国华南、西南采用哈钦松系统者较多，《广州植物志》、《海南植物志》等即是。

此外，还有塔赫他间（A. Takhtajan）系统、日本的田村道夫系统和美国的克朗奎斯特（A. Cronquist）系统等。

2. *系统分类阶层*　为了将各种植物进行分门别类，就需要有一个等级高低、从属关系的顺序，分类学的主要等级为界、门、纲、目、科、属、种，这些等级称为分类阶层（taxon）（表1-1-2）。

表 1-1-2　主要分类阶层及中外文对照表

中　文	英　文	拉丁文	学名字尾形式
界	kingdom	regnum	无
门	phylum	divisio	-phyla
纲	class	classis	-opsida 用于藻类-phyceae 菌-mycetes
目	order	ordo	-ales
科	family	familia	-aceae
属	genus	genus	无
种	species	species	无

植物分类学设有严格的分类等级和分类单位，将数量庞杂的植物种类，按其类似的程度和亲缘关系作合理的安排而形成分类系统，也就是将植物界中亲缘相近的植物分为若干大群，大群之内又分为若干中群，中群之内再分成若干小群，直到种为止。

分类学以种（species）作为基层等级或基本单位，同一种植物，以它们所特有的相当稳定的特征与相近似的种区别开来。把彼此近似的种组合成为属（genus），又把相类似的属组合成科

(family)，依据同样的原则由小到大，依次组合成目（order）、纲（class）和门（phylum），而后统归于植物界（vegetable kingdom）。在每一等级内，如果种类繁多，也可根据主要分类依据上的差异，再分为亚门（subphylum）、亚纲（subclass）、亚目（suborder）、亚科（subfamily）和亚属（subgenus）。有时在科以下除分亚科以外，还有族（tribe）和亚族（subtribe）；在属以下除亚属以外，还有组（section）和系（series）各等级。在种以下，也可细分为亚种（subspecies）、变种（variety）和变型（forma）等。这种由大到小的等级排列，不仅便于识别植物，而且还可以清楚地看出植物间的亲缘关系和系统地位。

例如，小月季 *Rosa chinensis* Jacq. var. *minima* Thory.

界：植物界 Kingdom Plantae

门：被子植物门 Angiospermae

纲：双子叶植物纲 Dicotyledoneae

目：蔷薇目 Rosales

科：蔷薇科 Rosaceae

亚科：蔷薇亚科 Rosoidea

属：蔷薇属 *Rosa*

种：月季 *R. chinensis* Jacq.

变种：小月季 *Rosa chinensis* Jacq. var. *minima* Thory.

(1) 种（species，sp.）。种是植物分类鉴定和命名中的基本单位。遗传学或生物学对种有一种简单的解释，认为同一物种的个体间可以进行交配，交换基因，产生能生育的后代，因此同一物种的全部个体就是一个能自己交配繁殖的群落；而不同种之间不能交配，或者交配也只能产生不能再繁殖的后代。换句话说，不同种间存在生殖隔离。因此，归纳起来种具有以下特点：①有相似的形态，并在特征、特性上易与其他种相区别；②有一定的分布范围，要求相似的生存条件和分布地区；③有相对稳定的遗传特征；④种内可相互配种，且能产生完全能生育并和亲代相似的正常后代。

(2) 亚种（ssp.）、变种（var.）和变型（f.）。根据《国际植物命名法规》（1971）第四条规定，在种下可设立亚种、变种、亚变种（subvariety）、变型、亚变型（subforma）诸等级，它们都是“依次从属的等级”。有些植物分类学者十分强调种以下的层次级别，试图区别出种的全部等级。但分类学上通常只采用亚种、变种和变型三个等级。

亚种和变种两个等级沿用的历史较久且广泛，历来为许多世界性植物专著和地方性植物志广泛使用，但它们的界限一直比较模糊，一个学者认为是亚种，而另一学者认为可能是变种，相反亦然。亚种、变种和变型三者的关系是：①亚种是种内的变异类型，它除在形态构造上有显著的特征外，在地理上也有相当范围的地带性分布区域；②变种也是种内的变异类型，但在地理上没有明显的地带性分布区域；③变型是指形态变异比较小的类型，比如毛的有无、花的颜色等，其分类位置未必都在亚种、变种之下，有时可以紧接在种名之后。

总之，整个分类学的发展史反映了人们对种的认识过程，目前所确立的各级分类单位标志着现代分类科学所达到的水平。

3. 植物的命名法规　命名是植物分类学的一个重要组成部分。每一种植物都有它自己的名称，包括中文名和国际通用的拉丁名。

（1）植物拉丁名的由来及其作用。1753年瑞典植物学家林奈（C. Linnaeus）发表了《植物属志》，用拉丁文记载、描述了当时所知的世界植物，并首创了二名法（又叫双名法）给每种植物命名。二名法即每种植物的学名由两个拉丁词组成，第一个词是该植物的属名，第二个词是种加词，一般又简称为拉丁名。林奈的二名法早经国际植物学大会讨论通过，并在历次同类大会上有所修正，日臻完善。它既能反映植物界中若干相近种所组成的植物群体间亲缘关系，又便于国际的科学交流，所以早已成为世界各国共同遵守的法定形式。

（2）国际通用的植物命名法要点。①一种植物只能有一个学名，此学名由双名合成，即属名+种加词，最后附以命名人的姓氏。②属名第一个字母必须大写，种名则以小写开始，排印时用斜体。命名人的姓氏，第一个字母也要大写，一般采取缩写形式，排印时用正体。③两种植物不得使用同一个学名，同属植物必须用同一个属名。历史上造成的重复现象以最先发表并合乎命名法规者为有效学名，这就是《国际植物命名法规》所授予的优先律。但不得早于1754年5月1日，即林奈《植物属志》第五版所涉及的学名。④从某个种、群中废弃掉的学名（拉丁名），不能再用于另一植物。⑤畸形植物的学名一律取消，不予承认。⑥合法的学名必须用拉丁文描述，并经正式刊物发表，且永远不可更改，即使存在某种错误，也将永远与命名人的名字相连。

（3）属名的造词。属名通常限用名词。书写时第一个字母必须大写。在罗列同属许多种时，如需简写，可将第一字母大写，右下加以“.”即可。但位于最前边的即第一个种的属名必须写全。属名的前2个字母为双辅音时，在简写时必须将双辅音同时写出，第一字母大写，并在第二字母的右下方加以“.”，例如*Ch.*、*Ph.*、*Rh.*、*Th.*。古代的植物属名缺乏统一规定，有的显得繁杂、冗长，因此，在1754年5月1日以前发表的属名，均以林奈《植物属志》第五版订正的为有效。今后制定新属名要避免与其他植物的属名重复，同时尽量勿用人名为属名。概括过去的属名造词有如下特点：根据产地命名，如*Fokienia*，福建柏属，福建；根据原产地俗名或方言直译而成，如*Ginkgo*，银杏属，中国广东方言或与日本方言相似；根据主要的形态特征或生态习性命名，如*Primula*，报春花属，花期最早，*Salix*，柳属，喜水，*Osmanthus*，木犀属，香花；纪念某些人士，如*Tsoongiodendron*，观光木属（宿轴木兰属），纪念钟观光教授。

（4）种加词。种加词通常用形容词或名词所有格。书写时全部小写（人名、地名均不例外）。种加词不可与属名相同，但同一个词可以用于不同属的植物。种加词的意义如下：表示用途或形态特征，如*Paeonia suffruticosa* Andr.，牡丹，灌木状；表示颜色，如*Myrica rubra*（Rehd.）Sieb. et Zucc.，杨梅，红色；表示风味或气味，如*Hovenia dulcis* Thunb.，枳椇，甜的，*Styrax odoratissima* Champ.，野茉莉，极芳香的；表示原产地或采集地点，如*Hypericum chinensis* L.，金丝桃，原产于中国；纪念人名（法规建议今后不用人名作为种加词，我国也做出相应规定），如*Cercis chingii* Chun，黄山紫荆，纪念中国秦仁昌教授。

（5）命名人。确定属名或种名的作者统称命名人。命名人除原词短少或属于单音字外，通常都应缩写。命名人做姓氏经缩写后必须附以缩写符号“.”，不可省略。种以下的分类单位，如亚种、变种、变型的命名人的姓氏，也按上述规定处理。但栽培品种的命名人无需附后。单音节和中国作者的姓通常不便缩写。例如Hu（胡先骕），Cheng（郑万钧），Feng（冯国楣），Chen（陈封怀），Zhou（周太炎），Shan（单人骅），Wu（吴印禅），Yu（俞德浚），Ye（叶荫民），

Liang（梁畴芬），Chun（陈焕镛），Liou（刘慎谔），Zhong（钟补求），Chien（钱崇澍），Ching（秦仁昌）等，上述以姓氏代人的写法已成惯例。但与上述同姓的作者，为避免混淆，应连名字缩写。1977 年 8 月联合国第三届地方标准化会议正式通过我国提出的关于采用汉语拼音作为中国罗马字母拼音法的国际标准的提案。经国务院批准，今后我国科技工作者在为动、植物制定学名而涉及我国的人名、地名时，一律采用汉语拼音法拼写；但过去已采用惯用拼音法命名的可以不改。据此，在命名人中久已存在同姓人而拼音字母不同者，仍可继续沿用。如陈（Chen，Chun）、刘（Liou，Liu）、赵（Zhao，Chao）、张（Chang，Zhang）、郑（Cheng，Zheng）等。如果命名人对新种建立的名称归错了科、属分类位置，或是将新种降为变种，另人经过大量、深入研究后，可以对其进行订正。但是原作者的种加词或变种加词仍需沿用（优先律），并需将原命名人的姓氏加以括号，置于订正人的姓氏之前。如 *Buxus sinica*（Rehd. et Wils.）Cheng，瓜子黄杨；*Cedrus deodara*（Roxb.）Loud.，雪松；*Cunninghamia lanceolata*（Lamb.）Hook.，杉木。

（二）栽培品种

为保证植物品种名称的统一、稳定和科学，全世界对各种观赏植物栽培品种的名称进行规范。2004 年出版了《国际栽培植物命名法规》第七版，对品种、品种群之加词的使用，名称的发表与建立的程序，如何进行国际登录等均进行了明确规定。我国育种工作者应严格按照新法规的要求进行植物品种名称整理和命名，积极开展品种登录工作，加快与国际接轨。

栽培品种（cultivar）并不属于自然分类的基本等级，它是通过人工培育获得的特殊生产资料。目前种植业所使用的种子或苗木，如农业、林业、牧草、果树、蔬菜、花卉、观赏树木等，许多均为栽培品种，它的基本特征是：①不是植物分类上的“sp.”、“ssp.”、“var.”、“f.”等，如月季（种）、小月季（变种）均非栽培品种。但过去常把变种、变型和品种混为一谈，栽培植物品种的应用极其混乱。②具有符合人们所需要的经济性状，如产量、质量、色、香等。③具有地区性，能适应一定的自然环境和栽培条件。④具有稳定的遗传性状，通过实生繁殖或无性繁殖，能保持上述经济、观赏性状原有特征。⑤原有品种经过继续杂交、选育，或突变出显著差异后，可另外命名，作为新品种看待。⑥1959 年 1 月 1 日以后制定的品种名称可用现代语言命名。品种名称紧接在学名之后，加以单引号，但品种名称的第一个字母必须大写。如‘四季’石榴写成 *Punica granatum*‘Nana’。⑦制定品种名称要遵守下列原则：同属内不要重复；不用属种的名称，也不用双亲拉丁名的组合字；不用数字编号；不用夸大词，文字力求简明，少用三字以上；品种名后不附命名人的姓氏。

二、生物学习性分类

（一）一二年生花卉

一二年生花卉（annual and biennial flower）从种子到种子的生命周期在 1 年之内完成。其中包括春季播种秋季采种的一年生花卉，及秋季播种翌年春末采种的二年生花卉。根据其耐寒性，可分为耐寒、半耐寒及不耐寒三类。不耐寒者在北方多为春播，但在南方多作秋播或冬播。耐寒及半耐寒者在北方多作秋播，但在南方多作春播，如百日草、凤仙花、半支莲、三色堇、金盏菊等。另外，有些多年生草本花卉，如雏菊、金鱼草、石竹、一串红等常作一二年生栽培。

（二）宿根花卉

宿根花卉（perennial flower）指根系能够存活多年且地下部分不发生肥大的多年生草本花卉，其中包括主要原产温带、冬季地上部分枯死、翌年春暖后重新萌芽生长的多年生草本花卉，如菊花、芍药、蜀葵、耧斗菜、落新妇等；及主要原产热带、地上部分保持常绿的多年生草本花卉，如花烛、鹤望兰、非洲菊、香石竹、君子兰等。

（三）球根花卉

球根花卉（bulbous flower）指地下部分肥大呈球状或块状的多年生草本花卉。按地下部形态特征不同将其分为五类。

1. 鳞茎类（bulb） 地下茎短缩为圆盘状的鳞茎盘（bulbous plate），其上着生多数肉质膨大的鳞片（scale），整体呈球形。根据鳞片排列的状态，通常将鳞茎又分为有皮鳞茎（tunicated bulb）［或称层状鳞茎（laminate bulb）］和无皮鳞茎（naked bulb）［或称片状鳞茎（scaly bulb）］。有皮鳞茎的鳞片呈同心圆层状排列，于鳞茎外包被褐色的膜质鳞皮（tunic），以保护鳞茎，如郁金香、风信子、水仙、石蒜、朱顶红、文殊兰等大部分鳞茎花卉。无皮鳞茎则不包被膜状物，肉质鳞片沿鳞茎的中轴呈整齐的抱合状着生，如百合属、贝母属等。

依鳞茎的寿命分为一年生和多年生两类。一年生鳞茎每年更新，母鳞茎的鳞片生育期间由于贮藏营养耗尽而自行解体，由顶芽或腋芽形成的子鳞茎（bulblet）所代替，如郁金香、葡萄风信子等。多年生鳞茎的鳞片可连续存活多年，生长点每年形成新的鳞片，使球体逐年增大，早年形成的鳞片被推挤到球体外围，并依次先后衰亡，如百合、水仙、风信子、石蒜等。

2. 球茎类（corm） 地下茎短缩膨大呈实心球状或扁球形，其上着生环状的节，顶端有顶芽，节上有侧芽，顶芽和侧芽萌发生长形成新生的花茎和叶，茎基则肥大而形成下一代的新球，母球由于养分耗尽而萎缩，在更新球茎发育的同时，其基部发生的根状茎先端膨大而形成多数小球茎（cormel）。

球茎花卉在生育过程中，往往在新球茎形成初期，于新球茎底部发生粗壮的牵引根或称收缩根（contractile root），其目的在于牵引新球茎不远离母体，并不使之露出地面。常见的球茎花卉如唐菖蒲、香雪兰、番红花、观音兰等。

3. 块茎类（tuber） 地下茎变态膨大呈不规则的块状或球状，其上具明显的芽眼，往往呈螺旋状排列，但块茎外无皮膜包被，如马蹄莲、花叶芋、晚香玉等。在块茎上方不能直接产生根，主要靠形成的新块茎进行繁殖。

块茎类花卉也包括块状茎（stem tuber），如仙客来、球根秋海棠、大岩桐等。其芽着生于块状茎的顶部，须根则着生于块状茎的下部或中部，块状茎能多年生长并膨大，但不能分生小块茎（tubercle），因此需用种子繁殖。

4. 根茎类（rhizome） 地下茎呈根状肥大，具明显的节与节间，节上有芽并能发生不定根，其顶芽能发育形成花芽而开花，而侧芽则形成分枝。根茎往往横向生长，又称为根状茎。根茎的形态和生长特性存在差异，有些膨大明显，似根状，地下分布较深；有些则较为纤细，地下分布较浅。如美人蕉属、鸢尾属、姜花、荷花、睡莲、红花酢浆草、铃兰等。

5. 块根类（tuberous root） 与上述四种变态茎不同，块根为根的变态，由侧根或不定根肥大而成，其中贮藏大量养分，块根无节、无芽点，发芽只能在根颈部的节上。典型的块根类花卉如大丽花类、薯蓣属、花毛茛、欧洲银莲花等。

（四）木本观赏植物

木本观赏植物（woody ornamental）分为落叶木本植物和常绿木本植物。

1. *落叶木本植物*　本类植物大多原产于暖温带、温带和亚寒带地区，随着温度的降低、日照的缩短，秋冬落叶。按其性状不同可分为以下三类。

（1）落叶乔木类。地上部有明显的主干，侧枝从主干上发出，植株直立高大，通常在 6m 以上，如鹅掌楸、银杏、金钱松、悬铃木、樱花等。

（2）落叶灌木类。地上部无明显主干，多呈丛状生长，植株高度通常在 6m 以下，如月季、牡丹、迎春、绣线菊、麦李、山麻杆、紫荆等。

（3）落叶藤本类。地上部不能直立生长，茎蔓攀缘在其他物体上，如葡萄、紫藤、凌霄、木香、爬山虎等。

2. *常绿木本植物*　本类植物多原产于热带和亚热带地区，也有一小部分原产于暖温带地区，有些呈半常绿状。在我国华南、西南部分地区可露地越冬，有些在华东、华中地区也能露地栽培。在长江流域以北地区则多作温室栽培。按其性状不同可分为以下四类。

（1）常绿乔木类。四季常青，树体高大，又分阔叶常绿乔木和针叶常绿乔木。阔叶类多为暖温带或亚热带树种，针叶类在温带及寒温带有广泛分布。前者如白兰花、橡皮树、棕榈、广玉兰、桂花等，后者如白皮松、华山松、雪松、五针松、红松、油松、圆柏等。

（2）常绿灌木类。地上茎丛生，或没有明显的主干，多数为温暖地原产，许多植物还需酸性土壤，如杜鹃花、山茶花、含笑、栀子、茉莉、黄杨、海桐、夹竹桃等。

（3）常绿亚灌木类。地上主枝半木质化，髓部常中空，寿命较短，株型介于草本与灌木之间，如八仙花、天竺葵、倒挂金钟等。

（4）常绿藤本类。株丛多不能自然直立生长，茎蔓需攀缘在其他物体上或匍匐在地面上，如常春藤、络石、美国凌霄、龙吐珠等。

3. *竹类*　竹类（bamboo）是园林植物的特殊分支，它的形态特征、繁殖习性等与树木不同，竹类在园林绿化中的地位及其在造园中的作用也非树木所能取代。根据其地下茎的生长特性，有丛生竹、散生竹、混生竹之分。常见栽培的有佛肚竹、凤尾竹、孝顺竹、茶秆竹、紫竹、刚竹等。

（五）兰科花卉

兰科花卉（orchid）按其性状原属于多年生草本花卉，因其种类多，在栽培中有其独特的要求，为了应用方便，将其单独列出。兰科植物因其性状与生态习性不同可分成以下两类。

1. *中国兰花（又称国兰）*　原产于我国亚热带及暖温带地区，为草本丛生性植物，主要有墨兰、建兰、春兰、蕙兰等地生类型和虎头兰、蝉兰、台兰等附生类型。

2. *西洋兰花（又称洋兰）*　多原产于热带雨林，植株呈攀缘状，常以气生根附生在其他物体上生长，属附生类型，如卡特兰、蝴蝶兰、万带兰、文心兰、石斛兰等。

（六）仙人掌及多肉植物

仙人掌（cacti）及多肉植物（succulent）原产于热带半荒漠地区。它们的茎部多变态成扇状、片状、球状或多形柱状，多数种类的叶则变态成针刺状。茎内多汁并能贮存大量水分，以适应干旱的环境条件。按照植物学的分类方法，大致可分为以下两大类型。

1. 仙人掌类　均属于仙人掌科，用作花卉栽培的主要有仙人柱属、仙人掌属、昙花属、蟹爪属等植物。

2. 多肉植物类（多浆植物）　除仙人掌外的其他科的多肉植物之统称，分属于景天科、番杏科、萝藦科、大戟科、菊科等十几个科。从广义上讲，仙人掌和仙人球也是多肉植物。在花卉栽培中，常把仙人掌科植物列入多肉植物类。

（七）水生花卉

水生花卉（aquatic flower）多数为多年生宿根草本植物，生长于浅水或沼泽地，地下部分常肥大呈根茎状，除王莲外，多数为落叶种类，如荷花、睡莲、千屈菜、石菖蒲、凤眼莲等。

（八）草坪与地被植物

从广义的概念上讲，草坪植物也属于地被植物的范畴。但按照习惯，常把草坪单列为一类。随着园艺事业的发展和人们对园林艺术欣赏水平的提高，草坪和地被植物已成为现代园林建设中不可缺少的组成部分，在绿化和美化城市、保护和改善环境、为人们创造良好的生活环境方面发挥着重要而不可替代的作用。

1. 草坪植物（lawn，turf grass）

（1）按形态特征不同分类。

①宽叶类：茎粗叶宽，生长健壮，适应性强，多在大面积草坪地上使用，如结缕草、假俭草等。

②狭叶类：茎叶纤细，呈绒毯状，可形成致密的草坪，要求良好的土壤条件，不耐阴，如红顶草、早熟禾、野牛草等。

（2）按对温度的要求不同分类。

①冷地型草坪（又称寒季型或冬绿型草坪）：主要分布于寒温带、温带地区。生长发育的最适温度为15～24℃。其主要特征是：耐寒冷，喜湿润冷凉气候，抗热性差，春、秋两季生长旺盛，夏季生长缓慢，呈半休眠状态，生长主要受季节炎热强度、持续时间以及干旱环境的制约。这类草坪茎叶幼嫩时抗热、抗寒能力均比较强，通过修剪、浇水等栽培措施可提高其适应环境的能力。如匍茎翦股颖、草地早熟禾、小羊胡子草等。

②暖地型草坪（又称夏绿型草坪）：主要分布于亚热带、热带，生长最适温度为26～33℃。其主要特征是：早春开始返青，入夏后生长旺盛，进入晚秋，一经霜打，茎叶枯萎褪绿。性喜温暖、空气湿润的气候，耐寒能力差。如结缕草、马尼拉草、细叶结缕草（天鹅绒草）、野牛草等。

2. 地被植物（groundcover plant）　地被植物是指覆盖在裸露及其他地面上的低矮植物，包括草本、低矮匍匐灌木和蔓性藤本植物。

（1）按生态型不同分类。

①木本地被植物：包括矮生灌木类，这类植物一般枝叶茂密，丛生性强，观赏效果好，如铺地柏、鹿角柏、爬行卫矛等；攀缘藤本类，这类植物具有攀缘习性，主要用于垂直绿化，覆盖墙面、假山、岩石等，如爬山虎、扶芳藤、凌霄、蔓性蔷薇等；矮竹类，竹类中有些种类茎秆低矮、耐阴，是极好的地被植物，如菲白竹、箬竹、倭竹等。

②草本地被植物：这类植物在实际应用中最为广泛，其中又以多年生宿根、球根地被植物最受欢迎。一二年生地被植物繁殖容易，自播能力强，如紫茉莉、二月兰等；球根、宿根地被植物可多年生长，如鸢尾、麦冬、吉祥草、玉簪等。

③蕨类：自然界中，蕨类植物常在林下附地生长，如贯众、铁线蕨、凤尾蕨等，是林下地被的好材料。

（2）按应用范围不同分类。可分为空旷地被植物、岩石地被植物、坡地地被植物、林缘及林下地被植物。

三、栽培应用方式分类

1. 露地花卉（outdoor flower）

（1）行道树。冠大荫浓，以遮阳功能为主，抗逆性较强，耐修剪，多整齐种植于道路两旁的一类乔木树种。如世界五大行道树种，包括悬铃木、七叶树、银杏、欧洲椴树、北美鹅掌楸；中国北方五大行道树种，包括杨、柳、榆、槐、椿。

（2）庭荫树。有一定的冠幅和遮阳功能，兼具一定经济或观赏价值，无污染、无危害，种植于庭园中的一类乔木。如枇杷、柑橘、桃、桂花、柿树、樱桃、垂丝海棠等。

（3）园景树（公园树、孤植树）。树形优美，综合观赏价值较高，通常独立或三五成群种植于草坪中央，成为局部绿地观赏主体的一类乔木树种。如世界五大公园树种，包括雪松、金钱松、日本金松、南洋杉、北美巨杉（世界爷）。

（4）风景树。通常具有优美的叶色，宜群植以观赏群体美的一类乔木。如楠竹、水杉、池杉、白桦、黄栌、枫香等。

（5）绿篱树。耐修剪、萌发力强的灌木，通常紧密、规则种植成带状。如小叶女贞、大叶黄杨、紫叶小檗、火棘、法国冬青、夹竹桃等。

（6）花丛花卉。植株直立，花色或叶色鲜明，适合丛植观赏的花卉。包括灌木花丛和草本花丛，前者如榆叶梅、珍珠梅、黄刺玫、丁香、紫玉兰、绣线菊、火棘、南天竹、金叶风箱果等，后者如郁金香、风信子、水仙、葡萄风信子、花贝母等。

（7）垂直绿化花卉。茎干不能直立，必须依附于其他物体向上攀缘的一类花卉，多用于各种立面的绿化。包括木质藤本和蔓性草本，前者如紫藤、凌霄、爬山虎、五叶地锦、络石、薜荔、常春藤、长春蔓、浓香茉莉、探春、迎春、金叶素馨、西番莲、木通等，后者如牵牛花、茑萝、小旋花、风船葛、酸浆等。

（8）地被花卉。植株低矮或耐强修剪，用于地面覆盖的花卉。包括灌木地被，如小叶黄杨、亮绿忍冬、菱叶忍冬、龟甲冬青、平枝栒子等；藤本地被，如扶芳藤、南蛇藤等；草本地被，如沿阶草、麦冬、白三叶、酢浆草、地丁、马蹄金、过路黄、细叶美女樱、佛甲草、垂盆草、中华景天、费菜等。

（9）花坛草花。花色或叶色鲜艳，植株直立或低矮或整齐匍地的一类花卉，主要用于规则式园林重点地段的气氛渲染。主要为一二年生草本花卉，如半支莲、一串红、三色堇、五色苋、彩叶草、羽衣甘蓝、地肤等。

（10）花境草花。可自然配置于规则带状绿地的花卉。主要为宿根花卉，如芍药、萱草、鸢尾、射干、松果菊、宿根天人菊、桔梗等。

（11）水生花卉。喜水湿，可布置于沼泽、水岸、水面、水底等水景园的一类花卉。如荷花、黄菖蒲、花菖蒲、芦苇、蒲苇、菰、水葱、雨久花、梭鱼草、再力花、睡莲、萍蓬、荇菜、凤眼莲等。

（12）岩生花卉。喜光、抗旱、耐瘠薄土壤的一类花卉。主要是宿根花卉和多浆植物，如龙胆、报春、绿绒蒿、乌头、垂盆草等。

（13）草坪花卉。适宜覆盖地面的以禾本科、莎草科为主的草本植物，如结缕草、狗牙根、高羊茅、黑麦草、早熟禾、羊胡子草、薹草等。

2. 温室花卉（indoor plant）

（1）盆花（potted flower）。

①低温温室盆花：要求保证花不受冻害，夜间最低温度维持在5℃即可，如藏报春、报春花、仙客来、香雪兰、文竹、鹅掌柴、吊竹梅等亚热带花卉。

②中温温室盆花：室内夜间最低温度在10℃以上，如大岩桐、玻璃翠、红鹤芋、扶桑、橡皮树、大花蕙兰、兜兰类、石斛兰类等。

③高温温室盆花：室内夜间最低温度在15℃以上，如凤梨类、变叶木、卡特兰、文心兰、蝴蝶兰等。

（2）切花（cut flower）。

①大棚及低温温室切花：包括龙船花、寒丁子、香石竹、百合、香雪兰、满天星、月季、非洲菊、球根鸢尾、马蹄莲、鹤望兰等。

②暖温室切花：包括六出花、嘉兰、红鹤芋、帝王花、针垫花等。

第二章 观赏植物的生长发育与环境因子

观赏植物的多样性决定于遗传特性，即受原产地生态因子影响而形成的不同形态及生长发育特性。这些生态因子包括温度（气温和地温）、光照（光强度、光周期和光质）、水分（空气湿度及土壤水分状况）、土壤因子（土壤类型、特性、营养及土壤微生物）、气候因子、地形、地貌因子（水域、湿地、坡地、高山等）、大气因子、生物因子（病虫害、他感作用），以及甚至超过上述因子影响的人为因子（如品种改良及选育、栽培管理技术等）。

环境因子并非孤立地对植物生长发育起作用，在一定的时空或生长发育阶段，某一个或某几个因子可能起主导或限制作用。例如，低温是金盏菊、金鱼草等花卉春化作用的限制因子，而秋菊的花芽分化在短日照的同时还需要一定的温度，同时存在两个限制因子。观赏植物个体发育过程对环境变化可产生不同的适应性，因此，其与环境间体现了相互制约与相互统一的关系。掌握观赏植物的生长发育特性，可以控制最适环境及应用科学的栽培技术，如花期促控、轻基质与新型肥料、无土栽培、穴盘苗生产、喷滴灌等设施环境调控及病虫害防治等，最终生产出优质、高产的观赏植物产品。

第一节 观赏植物的生长发育特性

观赏植物虽然生长发育特性不同，但均具有某些类似的规律性，学习和掌握这些规律，是观赏植物栽培和应用的理论基础。

一、生长与发育的关系及其规律性

（一）生长大周期

生长大周期（grand period of growth）是最普遍的生长规律之一，包括贯穿整个生活史过程的大周期、昼夜周期性和季节周期性。表现为整株植物（或器官）累计生长量的S形曲线和生长速率的单峰曲线形式。一二年生花卉在一个生长季完成其生长大周期，宿根花卉可持续多年，观赏树木持续期更长。生长速率也因种（或品种）而异，如竹、柳生长速率快，苏铁、龙柏等生长速率慢，表现出不同的生长节律类型。生长大周期规律与环境因子密切相关，生产中根据夜间生长快于白天及黎明时茎伸长随温度升高而增加的昼夜周期特性，通过适当加大昼夜温差（day night temperature difference，DIF）或适当降低黎明时的气温，可以分别达到提高生长速率以促进生长或降低生长速率使植株矮化的目的。

（二）生长相关性、向性及感性

生长相关性（correlation of growth）包括根、茎的顶端与侧芽生长（即顶端优势，apical dominance/terminal dominance）、地上部与地下部（即根冠比，root top ratio 或 R/T）以及营养生长与生殖生长的相关等；向性（tropic movement）包括向光性、向重力性、向水性、向化性；感性（nastic movement）包括感夜性（如合欢、含羞草叶片的夜间闭合）、感震性（如含羞草小叶闭合、跳舞草叶片感震运动）等。生长相关性规律已成为控制植物均衡生长、开花繁密度、株型及促进扦插与移栽成活、球根生长发育等一系列栽培技术的基础，与之有关的栽培技术有摘心、修剪、疏花、疏叶、环控（光、温、水等）和施肥等。生长相关性、向性和感性还与某些姿、形、韵、趣等可供观赏的特殊生长特性的形成有关。

（三）休眠

种子成熟后虽处在适宜的条件下也不能立即萌发的现象，即为休眠（dormancy）。芽［包括种球、莲座枝（rosette）］、根等延存器官在生长过程中也会因环境条件及生理原因出现生长的间隙——休眠现象。这些休眠特性都是植物系统发育过程形成的特定规律。

1. 种子休眠（seed dormancy）　观赏植物种子休眠分为强迫休眠、胚休眠等类型。强迫休眠（forced dormancy）也称种皮限制性休眠（coat - imposed dormancy），通常由胚以外的一种或几种原因引起，包括：①种皮（或果皮）坚硬、致密，存在机械阻力，如蔷薇、梅、桃的内果皮及丁香、白蜡的种皮；②种皮不透水，如莲子及多种豆科植物（如红三叶草、羽扇豆、刺槐、相思豆等），种皮具有角质层、马氏细胞明线等不透水层，可形成硬实。其他还常见于锦葵科、毛茛科、百合科、旋花科、美人蕉科的一些种类；③种皮不透气，限制了氧气与二氧化碳的交换，如结缕草、深山含笑、香樟等；④种皮或果皮含有抑制剂，如鸢尾、蔷薇、水曲柳等。通过不同物理或化学方法可以解除这类种子休眠，如机械损伤、晒种、热水或硫酸浸种等。

胚休眠（embryo dormancy）通常因种子采收时胚未分化完全，需经过一段时间继续发育以完成形态和生理上的变化，才可真正成熟并具备发芽能力。其原因有：①一些种子胚分化发育不完全，需进行后熟（after - ripening），如兰花、银杏、冠状银莲花种子离开母株时，胚均未发育完全；一些种子如月季、蔷薇以及垂丝丁香等，胚虽发育完全，但仍需经过生理后熟才能正常发芽，否则形成矮性苗；还有一些种子表现为部分胚休眠，如芍药、牡丹、荚蒾、百合等具有上胚轴休眠，而大花延龄草表现为上胚轴及胚根的双重休眠等。②许多种子胚（或胚乳）存在萌发抑制剂，如脱落酸、香豆素等，因而不能萌发，如鸢尾、牡丹、梅、桃、金缕梅、红松、美国白皮松等，通常需经历一定的温度条件（低温、高温或变温）才能完成后熟而解除休眠。③缺乏必需光照（即使是短暂的闪光）导致的由光敏素调控的需光种子休眠，如多种杜鹃花属植物、月见草、水浮莲、秋海棠、连翘等都属于此类光感休眠型。

种子休眠原因可能由单一因素引起，也可能由两种以上的因素引起，如蔷薇、紫藤等均是兼具种皮限制性休眠和胚休眠的综合休眠类型。

2. 芽休眠（bud dormancy）　芽休眠（包括莲座枝休眠等）是由环境因子和生理原因（或暂时内部因子）引起的暂时性或持续时间较长的生长间歇现象。

自然条件下，多数原产温带、寒带等的观赏树木、二年生花卉及宿根花卉等在短日照诱导下停止生长，形成芽并逐步进入不可逆休眠状态，通常需要经历足够长时间的低温，即达到一定需冷量（chilling requirement）才能解除，待春季环境适宜时再恢复生长。进入自然休眠期的植物，即使转移到适宜条件下，生长也不能恢复。解除休眠后若仍处于不适宜的低温，芽仍不能萌动，这种休眠称为强迫休眠。花卉栽培中，为恢复及促进已解除自然休眠的二年生花卉或宿根花卉的生长，可以暂时移入温室。如宿根花卉桔梗通常于11月上旬挖出，假植于1～3℃温度条件下处理30d后进行加温栽培，则可解除自然休眠并很快恢复生长。此外，夏季暂时的高温及干旱也会使一些花卉进入暂时性的强迫休眠。

许多花卉如丝石竹、菊花等，夏季高温季节植株基部的侧枝生长势逐渐下降，在秋季短日照及低温诱导下形成莲座枝越冬休眠，通过足够低温后解除休眠，并在长日条件下恢复营养生长。

3. 种球休眠（bulb dormancy）　球根花卉的地上部分枯萎时，标志着生长阶段结束，进入休眠期。球根花卉分为两类：春植球根花卉，通常春季栽植，夏秋开花，冬季休眠，如唐菖蒲、百合等，需要5℃左右低温解除休眠；秋植球根花卉，通常秋季栽植，秋冬生长，春季开花后球根于夏季高温下休眠，如香雪兰、球根鸢尾等需要30℃左右高温解除休眠，而郁金香、风信子、水仙等经高温休眠后需再经低温打破休眠。休眠期温度处理不仅用于解除休眠，也是促进花茎伸长的必要条件。因此应根据种及品种的不同温度需求分别进行调控。

二、花芽分化

花芽分化（flower bud differentiation）是具备一定生理年龄的植物，由叶芽的生理和组织状态向花芽的生理和组织状态转化的过程，是植物从营养生长向生殖生长过渡的标志。包括成花诱导（floral induction）、信号转导（signal transmission）、花的发端（flower initiation，即生长点完成向花芽转化的生理分化过程）及花（或花序）的形态建成（morphogenesis）等过程。

花芽分化受外因及内因的影响。在自然条件下，成花诱导的环境条件主要受温度和光周期影响。其中成花的低温诱导也称春化作用（vernalization），多见于秋播花卉，如金盏菊、雏菊、三色堇等。春化作用感受低温刺激的部位是分生组织，如茎尖生长点和正在发育的幼胚等，低温可直接调节生长点包括基因表达在内的成花诱导过程。春化一般于种子萌发至苗期进行，分为种子春化（即萌动期进行低温诱导，如香豌豆）和绿体春化（即绿色幼苗期感受低温，如紫罗兰等多数二年生花卉）。

成花的光周期现象（photoperiodicity）即光周期诱导（photoperiod induction）或光周期反应（photoperiod response），由感受光周期的器官（叶片）和反应器官（茎生长点）共同完成，其反应类型详见第二节。多数木本观赏植物成花对春化及光周期诱导均不敏感。

花的形态建成阶段，圆锥形的生长点逐渐变成拱圆形，这是花或花序形态分化的开始。其后，可由生长点直接形成单花（如梅、郁金香、马蹄莲等），或顶端生长点不再伸长，但不断分化花芽形成花序（如水仙的伞形花序），或生长点不断伸长，在侧面不断分化小花原基而形成花序（如唐菖蒲的穗状花序）等。

控制花芽分化特别应注意其成花诱导阶段的环境条件，主要是温度及日照长度，即春化作用和光周期的调控。通常作一二年生栽培的多年生草花如三色堇、雏菊、紫罗兰等，成花诱导需要相继经过低温春化及长日照；多年生花木如紫薇、月季等，其花芽分化多在夏季长日照及高温下于当年新梢上发生；夏季休眠的球根花卉如郁金香、水仙等，当营养体达到一定大小时，在较高温度下分化花芽；许多秋季开花的草本、木本花卉，其花芽分化需在短日照条件下进行，如一品红、菊花、叶子花等。

一些花卉花芽分化后很快就开花，如一年生花卉及多数仙人掌科花卉。但许多在休眠期完成花芽分化的多年生花木，需解除休眠至花器官生长的适宜条件相继到来时才能开花。如牡丹、连翘、梅、玉兰等通常在夏季进行花芽分化后在翌春开花，期间需要冬季低温的刺激以打破休眠。

因此，花芽分化决定于花卉的种或品种特性、环境条件（温度、光照、水分等）及年龄等。园艺上可以归纳为如下类型。

1. *夏秋分化类型* 花芽分化一年一次，通常于6～8月高温季节进行，秋末完成分化，后进入休眠状态，于早春或春季长日照下开花。这类花卉包括许多春花类木本花卉，如牡丹、梅、榆叶梅、桃、樱花、杜鹃花、山茶花、紫藤、垂丝海棠等，还包括夏季休眠期分化花芽的秋植球根花卉、夏季生长期分化花芽的春植球根花卉。

2. *冬春分化类型* 原产温暖地区的某些木本花卉多属此类，其花芽分化至开花时间短并连续进行，如柑橘类于12月至次年3月完成花芽分化。其他一些二年生花卉和春季开花的宿根花卉在春季温度较低时进行花芽分化。

3. *当年一次分化类型* 多为当年夏秋开花的种类，在当年枝的新梢或花茎顶端形成花芽，如紫薇、木槿、木芙蓉等木本花卉及夏秋开花的一年生及宿根花卉，如鸡冠花、翠菊、萱草等。

4. *多次分化类型* 一年中多次发枝，每次发枝均能分化花芽的类型，如茉莉、月季、香石竹等四季开花的花卉。这些花卉在花芽分化和开花过程中，营养生长通常仍在继续进行，营养生长达到一定大小，即可在温度适宜的较长时间内多次形成花蕾和开花，开花迟早依所在地区环境条件及播种出苗期等确定。

5. *不定期分化类型* 每年不定期一次分化花芽，达到一定叶面积即可开花，主要决定于个体养分的积累程度，如凤梨科、芭蕉科、棕榈科的某些种类。许多一二年生花卉在不同日照长度及温度共同影响下也可不定期分化花芽。如万寿菊在高温、短日照下或在12～13℃、长日照下均可分化开花；报春花在低温下无论长日照或短日照均可开花；但高温下仅在短日照下开花；另如叶子花可在高温及短日照下花芽分化，但15℃下无论长日照或短日照也均可分化花芽。

第二节 环境对观赏植物生长发育的影响

一、温度对观赏植物生长发育的影响

温度是影响观赏植物分布及生长发育最重要的环境因子之一。

（一）温度对观赏植物分布的影响

观赏植物原产地因纬度、海拔高度、降水量、地形以及季节特点等条件不同，温度条件也不同。以纬度而论，随纬度提高，太阳辐射量减小，温度也逐渐降低。纬度增加1°（距离约111km），年平均温度下降0.5～0.9℃（其中平均1月份下降0.7℃，6月份下降0.3℃）。因此，随纬度增加，温带及寒温带的耐寒性花卉分布增加；随纬度降低，亚热带及热带花卉的分布增

加。如百合类绝大部分分布在北温带，气生兰类及仙人掌类大部分分布于热带、亚热带，其中仙人掌类多分布在干旱地区沙漠地带。

温度还随海拔高度而呈规律性变化。随海拔升高，虽然太阳辐射增强，但因大气层变薄、密度下降，导致大气逆辐射下降、地面有效辐射增多，因此温度下降。平均海拔每升高 100m，气温下降 0.5℃左右。因此，高海拔处多分布耐寒的高山花卉，如雪莲、各种龙胆、绿绒蒿、杜鹃花、报春花等。

温度也因地形而异。如阳坡（南坡）气温、土温明显高于阴坡（北坡），而西南坡因蒸发耗热少，滞留于空气和土壤中的热量大，其土温甚至比南坡更高。因此，南坡、西南坡多以阳性、喜温、耐旱花卉分布为主，而北坡则以耐阴花卉分布为主。

温度的季节变化及昼夜变化即温周期现象（thermoperiodicity）明显影响着花卉的生长发育。我国大部分地区属亚热带和温带地区，春、夏、秋、冬四季分明，一般春、秋季平均气温在10～22℃之间，夏季平均气温高于 22℃，冬季平均气温多低于 10℃，形成了中国气候型特有的四季名花如春兰、夏荷、秋菊、冬梅的特色分布。此外，不同地区均存在温度变化的昼夜周期性，即日出前气温最低，随日出气温逐渐上升，正午 13：00～14：00 达最高点后再逐渐下降至最低点。因此，温度变化的季节及昼夜周期性均影响着花卉的生长及分布。

（二）观赏植物对温度适应性的类型

根据观赏植物对不同气候带不同温度（气温和土温）特点的适应性程度（如耐寒性与耐热性），可将其分为如下三类。

1. 耐寒花卉（cold tolerance flower）　多为原产寒带或温带，抗寒性强或较强的花卉。一般可以忍耐－5℃以下的低温，在我国北方大部分地区可以露地自然越冬。如二年生草本花卉中的三色堇、二月兰、雏菊、矢车菊、金鱼草、蛇目菊等；多年生花卉如菊花、滨菊、荷兰菊、蜀葵、玉簪、耧斗菜、一枝黄花及郁金香、风信子、雪滴花等；观赏木本植物如连翘、榆叶梅、丁香、紫藤、凌霄及白蜡、白桦、毛白杨、红松、油松、白皮松、云杉、侧柏等。

2. 半耐寒花卉（cold semi - tolerance flower）　多为原产温带南部或亚热带，耐寒性介于耐寒和不耐寒之间的花卉。通常能忍受轻微霜冻，在不低于－5℃条件下（如长江流域）一般能露地越冬，但也因种或品种而异。部分种类在长江或淮河流域以北不能越冬，而有些种类或其部分品种在华北地区仍可越冬。常见种类有金盏菊、紫罗兰、桂竹香、鸢尾、石蒜、水仙、酢浆草、葱兰等草本花卉；木本花卉如夹竹桃、栀子、桂花、梅、结香、南天竹、冬青、枸骨、香樟等。此类植物在北方引种时要注意选择较抗寒的品种，需进行品种比较试验，并选择适宜的小气候，特别是冬季要加强保护。

3. 不耐寒花卉（cold non - tolerance flower）　多为原产热带及亚热带，生长期间要求高温的花卉。不能忍受 0℃或 5℃甚至更高的低温，低于这种温度则停止生长或受冷害甚至死亡。该类花卉中的一年生种类，通常在一年中的无霜期完成生长发育，即春季晚霜后播种，秋末早霜到来时死亡，其中部分草本、球根和宿根花卉的根系不能露地越冬，入冬前需挖出地下部分，置于室内贮藏。常见种类包括一年生或多年生作一年生露地栽培的花卉，如鸡冠花、凤仙花、一串红、万寿菊、紫茉莉、翠菊、麦秆菊、百日草、千日红等，以及春植球根花卉如唐菖蒲、美人蕉、大丽花、晚香玉等。

属于该类的还有一些原产热带、亚热带及暖温带的二年生花卉、多年生常绿草本花卉或木本花卉，需要在保护地越冬，因限于温室栽培，亦称为温室花卉（greenhouse flower）。根据温室花卉对越冬温度的不同要求，可分为以下三类。

（1）低温温室花卉。为大部分原产于暖温带南部，少数原产于亚热带的半耐寒花卉，生长期温度宜保持在5℃以上，大于0℃不至于产生寒害。低温温室温度范围在1～10℃，6℃较为适宜。这类花卉在淮河以北基本不能露地过冬，在长江以南有些可以露地越冬，如春兰、一叶兰、八角金盘、桃叶珊瑚、山茶花、杜鹃花、含笑等，有些则需在大棚或不加温温室越冬，如香石竹、马蹄莲、倒挂金钟、瓜叶菊、报春花、香雪兰、五色草、文竹、苏铁等。但加温与否应视地区气候而定。需注意的是，如冬季温度过高，这类花卉生长反而不良。

（2）中温温室花卉。大多原产于亚热带及对温度要求不高的热带，生长期温度以8～15℃（夜间最低温在8～10℃）为宜，冬季温度保持在5℃以上通常不易受到寒害。如秋海棠、天竺葵、仙客来、一品红、五色梅、冷水花、扶桑、白兰花、橡皮树、龟背竹、棕竹等。这类花卉在华东南部、华南地区大多可以露地越冬。中温温室温度范围在12～26℃，20℃较适宜。

（3）高温温室花卉。大多原产热带，冬季生长期要求10～15℃以上温度，也可高达30℃左右，不能忍受0℃以下低温，一些种类甚至在5～10℃下即会死亡。低于10～15℃时通常生长不良、落叶，甚至死亡。高温温室温度范围在18～32℃，25℃较适宜。常见种类如变叶木、凤梨类、热带兰、花烛、王莲、龙血树、朱蕉等。

观赏植物的耐寒性通常与耐热性（heat endurance）相关，耐寒性强的种类耐热性均较弱，耐寒性弱的种类则耐热性均较强。但也有例外，如秋植球根花卉香雪兰、水仙等耐寒性较差，但耐热性也差，通常在夏季高温下进入休眠期，以度过不良的高温环境。

在无四季之分的赤道及温度高、光照弱的热带雨林和热带高山地区，夏季光照时间比温带及暖温带短，其夏季最高温可能低于温带及暖温带的某些地区。因此，原产这些热带地区的花卉，也往往经受不住我国大部分地区的夏季酷热，而不能正常开花，甚至进入强迫休眠，需采取防暑降温措施，否则会受害死亡。

在各类花卉中，耐热性最强的是水生花卉，其次为一年生草花和仙人掌类植物，以及能在夏季连续开花的扶桑、夹竹桃、紫薇等。春季或秋季开花的牡丹、芍药、菊花、大丽花、鸢尾等耐热性较差，耐热性最弱的除秋植球根花卉外，还有许多原产热带及亚热带高海拔地区的花卉，如仙客来、倒挂金钟、马蹄莲等，它们多在春、秋两季或冬季于温室中开花，夏季必须防暑降温，否则常因受热而休眠甚至死亡。

（三）温度对观赏植物生长发育的影响

1. 生长的温度三基点　不同种类（或品种）花卉的生长发育对温度都有一定的要求，即温度的三基点（temperature three cardinal points）：最低温、最适温和最高温，分别指观赏植物开始生长的最低下限温度、协调生长的最适温度（非指生长速度最快，而是指生长快而健壮，不徒长）及停止生长的最高上限温度。由于原产地气候型及种和品种不同，观赏植物的温度三基点也不同。

花卉生长的温度范围一般为4～36℃，但因花卉种类和生长阶段不同，对温度三基点的要求也不同。通常在最低温至最适温的范围内，随温度升高呼吸及光合速率提高，温度系数（temperature coefficient，以 Q_{10} 表示，即温度增加 10℃，反应速率增加的倍数）通常为 1～2。超过最高温度，同化和异化的平衡破坏，花卉生长受抑直至死亡。由于温度是生长昼夜节律的主要影响因子，不同花卉的昼、夜最适温度不同（表 1-2-1），不同气候带植物的适宜昼夜温差也不相同，如热带植物为 3～6℃，温带植物为 5～7℃，仙人掌类为 10℃或 10℃以下。

此外，不同花卉及同一花卉的不同生长阶段对温度也有不同要求。一二年生花卉种子萌发都需要较低温度，但通常春播一年生花卉幼苗期所需温度较二年生花卉高，因为二年生花卉需要较低温度通过春化及解除休眠。先花后叶的梅花，花芽生长的温度低于叶芽生长的温度。同一种球根花卉生长与休眠的温度也不相同。

土壤温度也影响花卉的生长。许多温室花卉播种及扦插繁殖常于秋末至早春在温室或温床中进行，此时温室气温高而土温低，使一些种子难以发芽，一些插穗只萌芽而不发根，结果水分、养分很快消耗而使插穗干萎死亡。因此，提高土温能促进种子萌发及插穗生根。

表 1-2-1　部分花卉的昼、夜最适温度

（鹤岛久男，1996）

种　类	白天最适温度（℃）	夜间最适温度（℃）	种　类	白天最适温度（℃）	夜间最适温度（℃）
杜鹃花	17～27	13～18	百日草	16～23	13～18
凤仙花	18～23	13～18	花叶芋	19～22	10～12
香石竹	19～22	10～12	麝香百合	18～21	16～18
长寿花	21	16	矮牵牛	15～21	10～16
荷包花	12～15	9～10	八仙花	18～20	13～16
菊　花	18～20	16～17	月季	21～24	16～17
金鱼草	16～18	10	倒挂金钟	18～24	13
一串红	16～23	13～18	一品红	24～25	16～17
仙客来	16～20	10～16	三色堇	8～13	5～10
香豌豆	17～19	9～12	彩叶草	23～24	16～18
翠　菊	20～23	14～17	非洲紫罗兰	23.5～25.5	19～21

2. 温度与花芽分化和发育　温度是影响花芽分化和发育诸多因子中的重要因子。通常需要低温春化的秋播二年生花卉对低温要求严格，0～10℃才能通过春化，而春播一年生花卉花芽分化所需温度则相对较高。花芽分化对温度的要求大致可分为两类。

（1）高温下花芽分化。包括许多在 6～8 月 25℃以上分化花芽的春花类花木；某些一年生草花，如凤仙花、鸡冠花、牵牛花、半支莲等；夏季生长季分化花芽的春植球根花卉，如唐菖蒲、晚香玉、美人蕉等；秋植球根花卉也多在夏季休眠期花芽分化，但其分化温度并非很高，如郁金香为 20℃左右。

（2）低温下花芽分化。温带、寒温带及高山地区的一些花木，多在春、秋两季较低温度下分化花芽。此外，还有三色堇、雏菊、矢车菊等秋播花卉及秋菊、八仙花等宿根花卉。

温度对分化后花芽的发育也有很大影响。较高温度下分化花芽的郁金香、水仙、风信子等，它们的花芽发育分别在 2～9℃、5～9℃和 9～13℃的较低温度下完成，必要的低温期为 6～13 周，之后于 10～15℃下发根生长。

也有一些花卉无明确的花芽分化临界温度，只要适宜生长的温度都可进行花芽分化，如大丽花、香石竹、月季等。另外一些花卉则分别需要在临界温度以上（如郁金香、水仙等）或临界温度以下（如麻叶绣球、珍珠梅等）才能分化花芽，后者虽类似春化作用，但无春化作用的累积低温效应，即短期掺入高温会导致出现畸形花或花的败育。

温度还影响花色。随温度升高和光强减弱，花色变浅。蓝白复色的矮牵牛品种，在30～35℃高温下花瓣呈蓝或蓝紫色，15℃下呈白色，介于二者之间的温度下呈蓝白变色。大丽花在炎夏花色暗淡，秋凉后会变得鲜艳。

3. 温度胁迫对花卉的伤害

（1）低温胁迫。主要有冷害（0℃以上低温）、冻害（0℃以下低温）、霜害、冻旱害（因土壤结冰，吸水小于蒸腾，引起地上部干枯）及冻拔害（土壤结冰，体积反常膨胀使苗木被动上拔，解冻后根系裸露，易倒伏死亡）等。热带、亚热带花卉北移，遇到暂时的0℃以上低温还能恢复生长，若持续时间长，则会发生冷害，主要影响叶色和花色。冬季急剧降温以及不耐寒一年生和多年生草本花卉及部分花木遭遇早霜及晚霜时易受冻害和霜害。通常早春多风干旱的北方及冬季气温低、含水高的地区则易遭受冻旱害及冻拔害。因此，通过品种选育和栽培措施，提高观赏植物的抗寒性非常重要。如秋季到来时，加强抗寒锻炼，增施磷、钾肥，少施氮肥，减少灌水，避免徒长以及温室花卉出圃前注意通风，采取适应性降温措施（如仙客来、一品红冬季上市一周前，温室夜间降低温度5℃左右，可提高抗寒性），春季适时早播等，均有利于提高对低温胁迫的抗性。

（2）高温胁迫。高温胁迫下通常会引起饥饿、氨中毒、蛋白质变性及膜脂液化等生理生化变化而使观赏植物受害。我国西北及长江流域以南等地区的太阳暴晒，西北、华北的干热风均可能造成高温胁迫。通常植物在35～40℃条件下生长缓慢甚至停滞，45℃以上，除少数原产热带干旱地区的仙人掌科及多浆植物外，大多数种类会受伤害甚至死亡。高温下温室观叶植物的叶片褪绿或出现褐斑；观花植物花期缩短，花瓣焦萎，花蕾不能开放。檫树、金钱松等树种因树皮较薄易受日灼损伤，银杏、槭树类叶片高温日灼下边缘易焦黄枯死。秋植球根花卉多在夏季高温时地上部枯死，以地下部休眠越夏，而二年生花卉则全株枯死。

二、光照对观赏植物生长发育的影响

光照通过光质、光照度及光周期影响着观赏植物的生长发育，光照也是花卉栽培中重要的环控因子之一。

（一）光照度对观赏植物生长发育的影响

光照度与观赏植物生长发育密切相关，表现在：①光照度影响组织器官的形态建成。在适宜光照度下，栅栏组织发达，叶绿体完整，叶片、花瓣发育良好，外观大而厚。②光照度抑制细胞及茎、根的伸长，但植株生长健壮。在充足的光照下，花卉节间变短，茎木质化程度增加，根冠比增加。③光照度通过不同碳同化途径，如C_3、C_4途径和景天科酸代谢（CAM）途径，直接影响光合强度及光合效率。观赏植物多数为C_3途径，但其中也有不少光合效率高的C_4类型，如禾本科、藜科、苋科和菊科等一些植物。观赏植物中具CAM途径的有凤梨科（如光萼凤梨、姬凤梨、果子蔓、艳凤梨等)、百合科（如芦荟、虎尾兰等)、龙舌兰科（如丝兰等)、兰科（如卡特兰、蝴蝶兰、石斛兰等)、景天科（如长寿花等）及仙人掌科的大部分植物。

一般植物的最适需光量（optimum light requirement）为全日照的 50%～70%（夏季正午全光照约 10 万 lx)。在一定范围内，光合速率随光照度的增加而增加。当光照度增加至光合速率与呼吸速率相等时，此时的光照度称为该植物的光补偿点（light compensation point)，而光照度增加到某一特定值，即光合速率不再增加时，此时的光照度称为该植物的光饱和点（light saturation point)。不同观赏植物光补偿点与光饱和点不同，这与其叶片厚薄、解剖结构、生理特性及生态习性有关，也与对原产地生态环境的长期适应结果有关。栽培条件下光照度大小直接影响观赏植物的质量。

光照度可影响花蕾开放时间。如酢浆草强光下开放，日落后闭合；牵牛花凌晨开放，午前闭合；紫茉莉傍晚开放，日出闭合；昙花近午夜开放，午夜后闭合。除受光照度影响外，也有认为花朵开放与黎明和傍晚的光谱成分有关，不同花卉的绽放对光谱的反应不同。

光照度还影响叶色和花色。光照充足可促进叶绿素的合成，使叶色浓绿，反之叶色变淡及黄化。许多红、紫色花的花青素必须在强光下才能产生，也与光质有关。多数观叶植物在强光下可合成较多的胡萝卜素（橙或橙红色）及叶黄素，而且因种及光照度不同，叶片呈现出黄、橙、红等不同的色彩，如红桑、红叶朱蕉、彩叶草、南天竹、红枫等。而金边瑞香、金心黄杨、金边吊兰、金边龙舌兰、变叶木等可在叶片不同部位分布不同色素。彩叶芋叶片常呈现大小不同的白色斑块，与该部位栅栏组织内白色体缺乏转化成叶绿体的能力有关。

（二）观赏植物对光照适应性的类型

观赏植物因生态习性不同，对光照的要求也不同，可大致分为阳性、阴性和中性三种类型。

1. **阳性植物**（sun plant，heliophyte）　也称喜光植物。喜强光，通常在全光下才能正常生长的原产热带、暖温带、高原、高山阳坡及岩石间的许多花卉均属此类。常具有较高的光补偿点（相当于全光照的 3%～5%）和光饱和点（相当于全光照的 100%)，不耐荫蔽。如光照不足，则生长减慢、发育受阻，造成茎细弱、徒长、分蘖减少；叶片小而薄，叶色变淡、黄化；花朵小而少，香味不浓，花色变淡；根冠比下降，出现严重的生长不良，失去观赏价值。阳性花卉包括多数一二年生草花、宿根花卉及球根花卉，如半支莲、一串红、百日草、鸡冠花、凤仙花、紫菀及大丽花、芍药、唐菖蒲、向日葵、荷花等；仙人掌科、景天科和番杏科等多浆植物；大部分观花观果木本花卉，如丁香、紫薇、月季、蔷薇、扶桑、夹竹桃、石榴等；以及松柏类观赏树木等。

2. **中性植物**　较为喜光，在适度荫蔽下也生长良好。生长期间，特别是夏季光照过强时，适当遮光有利其生长。多原产于热带、亚热带，如草本花卉紫罗兰、三色堇、毛地黄、花毛莨、菊花、桔梗、耧斗菜、香雪球、紫茉莉、翠菊等；木本花卉蜡梅、女贞、七叶树、三角枫、鸡爪槭等。

3. **阴性植物**（shade plant，sciophyte）　也称喜阴植物。需光量少，喜漫射光，不能忍受强光照射。多原产于林下、林缘阴坡等生境，具有较强的耐阴能力。其光补偿点低，相当于全光照的 1%，一些耐阴性强的植物甚至更低。在气候干旱或夏季生长季内，阴性植物通常要求 50%～80%的庇荫条件，大多生长于热带雨林下或林下、阴坡，如蕨类及兰科、苦苣苔科、凤梨科、姜科、秋海棠科、天南星科植物等。

花卉对光照度的需求通常还受植物发育阶段及土壤、温度等其他因子的影响。如幼苗期和营养生长期较为耐阴，成熟期及花期对光照度需求相对有所增加。干旱、冷凉、土壤瘠薄条件下也相对更需要光照，温度、水分、营养条件适宜则更耐阴。

（三）光周期对观赏植物生长发育的影响

日照长度与开花密切相关，根据花芽分化对日照长度的反应，通常可以将观赏植物分成以下类型：

1. 长日植物（long day plant，LDP） 大于某一临界日长（或小于某一临界夜长）才能开花的植物，即为长日植物，通常要求14～16h的日照。属于长日植物的花卉大多分布于暖温带和寒温带，自然花期多在春末和夏初，如唐菖蒲、丝石竹及许多春花类花卉如金盏菊、雏菊、紫罗兰、大岩桐等。冬季温室栽培中，通过补充光照来促进开花的技术已广泛用于切花生产，如唐菖蒲、丝石竹等。

2. 短日植物（short day plant，SDP） 小于某一临界日长（或大于某一临界夜长）才能开花的植物，即为短日植物，通常要求8～12h的日照。该类植物多分布于热带、亚热带，自然花期在秋、冬季，如菊花、波斯菊、一品红、长寿花、蟹爪兰等。它们在超过其临界日长的夏季只进行营养生长，随秋季来临，日照缩短至小于临界日长后，才开始花芽分化。生产上多采用电照法（即夜间照光间断暗期的方法）来延迟菊花、一品红等短日植物的花期或遮光处理促使提早开花，以达到周年生产的目的。

3. 日中性植物（day-neutral plant） 通常对日照长度不敏感，只要温度适合，一年四季中的任何日长下均能正常开花。常见种类如月季、非洲菊、天竺葵、美人蕉、香石竹、扶桑等。

除诱导开花外，日照长度还影响根、茎的营养生长与休眠。如落地生根属一些种类叶缘芽的产生、虎耳草匍匐茎的发育均需在长日照下进行。大丽花、美人蕉、唐菖蒲、晚香玉及秋海棠等球根的发育在短日下被促进，水仙、石蒜、郁金香、仙客来、香雪兰等球根在长日下休眠。许多原产温带的二年生或宿根花卉，以及许多木本花卉则表现为长日照促进营养生长，而短日照诱导休眠。

（四）光质与花卉的生长发育

太阳光波长范围在150～4 000nm之间，辐射到地球表面的太阳光波长范围为300～800nm，其中可见光在400～700nm之间，占太阳辐射总能量的52%。其他不可见光中，红外线占43%，紫外线占5%。

可见光波长范围内，植物光合作用及生长的有效光为640～660nm的红光部分，在直射光中红光只占37%，而在散射光中占50%～60%，已可满足耐半阴及弱光下生长的花卉的需要。蓝紫光（430～450nm）的光合效率仅为红光的14%。紫外光可抑制茎的伸长，因直射光的紫外光比例大于散射光，故直射光对防止观赏植物的徒长及促进矮化有利。紫外光还可促进花青素的形成，如热带及高山植物，因受较强紫外线照射，通常花色艳丽。

此外，光质还影响与光周期现象及种子需光性密切相关的光敏素的光转化，通常电照法催延花期及需光种子萌发时白炽灯较荧光灯更有效。因红光（＞660nm）可促进非活性光敏素（Pr）向活性形式（Pfr）转化，通常报春花、秋海棠等需光种子播种时只需轻度覆土；而仙客来、喜林芋属（*Nemophila*）等忌光种子则需较多覆土。

三、水分对观赏植物生长发育的影响

水是植物体的重要组成部分，也是生命活动的必要条件。

不同观赏植物含水量有很大不同，水生花卉（如凤眼莲、金鱼藻等）含水量达鲜重的90%以上，草本花卉70%～85%，木本花卉低于草本花卉，干旱环境下的低等植物（如地衣、苔藓类）仅占6%左右。

地球表面有70%以上是水域，淡水只占6%（其余均为海水），其中仅有1%可为植物利用（其余为冰川及地下水），因此水分是决定观赏植物地理分布的重要生态因子之一。由于不同生境下植物可利用水源的匮乏程度不同，以及不同观赏植物对生境的适应性不同，形成了对水分适应性的不同类群。

（一）观赏植物对水分适应性的类型

由于原产地生态环境（主要为降水量、地形、地貌等）的影响，观赏植物在形态及生理特性上表现了对水分的不同适应程度。依据观赏植物对水分的需求可大致分为五种类型。

1. 旱生花卉（drought flower）　这类观赏植物能忍受土壤或空气长时期的干旱而存活，其形态解剖及生理特性具有适应干旱的典型特征，如叶片小或退化，肉质化，质地硬而呈革质，具厚茸毛等；气孔下陷，叶脉致密，保卫细胞灵敏且干旱时能迅速关闭；叶片渗透势低；根系发达，根冠比大等。这些特征有利于降低蒸腾、增强吸水以适应干旱。此类花卉多原产于沙漠及半荒漠地带，草本植物如仙人掌科、景天科、番杏科、萝藦科、大戟科等多肉多浆植物及许多高山和岩生花卉，木本植物如壳斗科的栎类以及柽柳、旱柳、黑松、夹竹桃等。此类植物养护时如土壤水分过大，会烂根、烂茎而死亡，应掌握宁干勿湿的灌水原则。

2. 半耐旱花卉（drought semi-tolerance flower）　叶片多呈革质、蜡质或被有茸毛，细胞液渗透势较低，如冬青、橡皮树、天竺葵、樱花、梅花、柑橘、文竹、天门冬等花卉，还包括一些松、柏科常绿针叶树种类，栽培中应掌握干透浇透的灌水原则。

3. 中生花卉（neutrophilous flower）　对土壤水分需求大于半耐旱花卉，以干湿适中的环境为宜，过干过湿均不利其生长。但也因种类而有所不同，其中有一些喜中性偏干环境，如兰花喜土壤湿度较低但空气湿度较高的环境，养护时宜多喷雾；另一些喜中性偏湿环境。绝大多数观赏植物属于该类型，如木本观赏植物月季、扶桑、茉莉、花石榴、丁香、桂花、悬铃木、马褂木、棕榈、苏铁等；多数一二年生和多年生宿根花卉及球根花卉。通常需保持60%左右的土壤含水量。

4. 湿生花卉（wetland flower）　耐旱性较差或极差，在原产地多生长于湖泊、溪流边或热带雨林下，需要很高的土壤湿度和空气湿度，在干燥及中等湿度下常发育不良或枯死。此类花卉通气组织较发达，渗透势较高，叶片薄软，根系少。常见种类有热带兰、蕨类、秋海棠类、湿生鸢尾类、凤梨类、天南星科植物等。养护中应掌握宁湿勿干的灌水原则。

5. 水生花卉（aquatic flower）　要求饱和的水分供应，通气组织发达。其中，可在沼泽和积水低洼地上生长的有菖蒲、水葱等；必须在浅水中生长的有荷花、睡莲、凤眼莲、王莲、香蒲、萍蓬草等。

需要注意的是部分水生花卉也有较高的耐旱能力，如千屈菜、黄菖蒲、花叶芦竹等，既能在浅水区生长，也能在陆地生长。

（二）水分与观赏植物的生长发育

1. *生长发育阶段与水分需求* 花卉生长发育的不同阶段，对水分有不同的要求。如播种后种子萌发需要较充足的土壤水分，以利于胚乳或子叶营养物质的转化、胚根和胚芽的萌动及幼苗根系的生长，故播种时需表土适度湿润。成苗后为防止徒长、烂根并促进均衡的生长发育，应适当降低土壤湿度。开花期土壤水分过多会提前授粉及衰败，故观花花卉应在此时适当少浇水以延长花期。观果花卉在果实发育期则仍应供给充足水分，以满足果实发育的需要。植株在冬季休眠及半休眠状态时，因生长缓慢、需水量低，加之土壤蒸发量小，应少灌水，以防烂根及寒害。

水分是决定许多花卉花芽分化迟早和能否分化的重要影响因子。在适宜的温度及日长条件下，过于干旱或长期阴雨，花芽都难以分化。因此，栽培实践中通过适当控水来控制营养生长，以促进花芽分化。例如梅花的"扣水"，就是减少灌水，土壤的适度干燥使叶片干卷，新梢顶端自然干梢并停止生长，从而转向花芽分化；而盆栽金橘通常在7月份控水以促进花芽分化及达到花果繁茂。适当降低球根含水量，也可使花芽分化提早，为此，成熟球根掘起前应控制灌水。球根鸢尾、百合、水仙、风信子、郁金香等花卉球根采收后即置于30～35℃的高温下处理，目的之一即是使其脱水而提早进行花芽分化。

水分还影响已分化的花芽发育及开放。水分缺乏时花芽发育通常受阻，造成绽开度减小、花色变浓（如蔷薇和菊花）、花期缩短甚至花蕾或花朵脱落，观赏品质下降。

2. *土壤水分状况与花卉的生长发育* 土壤水分状况通常可用土壤含水量表示，包括：①质量分数：土壤水重（即湿土重－烘干土重）/烘干土重×100%；②体积分数：土壤水分容积/烘干土壤容积×100%；③相对含水量：土壤自然含水量/土壤田间持水量×100%，或土壤自然含水量/土壤饱和持水量×100%；④贮水量深度：一定厚度土层内土壤含水量折算成贮水量深度（以mm表示）等。

花卉栽培过程若灌水不及时，叶片、叶柄常皱缩下垂，叶片较薄的花卉，正午易出现暂时萎蔫，严重时下层叶片萎蔫、脱落。多数草本花卉缺水时木质化加速，鲜嫩的叶面变得粗糙，花芽小，花径小，花色晦暗，观赏品质下降。水分过多时，根系吸收功能因通气不良而下降，根系生长受抑，容易倒伏及感病。特别是秋季灌水过多秋梢徒长，还易发生冷害及冻害。因此，适宜的灌水是获得高品质花卉的重要保证。

四、土壤及营养对观赏植物生长发育的影响

植物根系从土壤中吸收生长发育所需要的营养和水分。只有当土壤理化性质能满足观赏植物生长发育对水、肥、通气及温度的要求时，才能获得最佳品质。

（一）土壤理化性状与观赏植物栽培

1. *土壤物理性状* 土壤物理性状指土壤质地及结构决定的土壤通气性、透水性、保水性及保肥性。常用指标有土壤容重（soil volume weight），即单位容积土体（包括土粒间孔隙）的烘干重，大体在1.0～1.8g/cm^3之间；土壤孔隙度（soil porosity），即土壤中孔隙容积占土体容积

的百分数，在36%～60%之间。

(1) 土壤质地。通常将土壤质地分为沙土、壤土和黏土三类。

①沙土（sand soil）：粒径为0.2～2mm。质地较粗，土粒间隙大，通气性极好。但养分易流失，保肥性差，肥劲强而肥力短，土壤昼夜温差大。适用于培养土的配制及作为黏土改良的组分之一，也可作扦插、播种基质及耐干旱花木的栽培。

②壤土（loam）：粒径介于0.002～0.2mm。含一定的细微沙粒及黏粒，并依比例不同分为沙壤土、壤土及黏壤土。通气排水良好，能保水保肥，土温较稳定。适合于大多数观赏植物的生长和发育。

③黏土（clay）：粒径在0.002mm以下。多含黏粒及微沙，结构致密，保水保肥力强且肥力持久。但通气透水性差，土壤昼夜温差小，特别是早春黏土升温慢，不利于幼苗及花木的生长。除少数喜黏土种类外，绝大部分观赏植物不适应黏土，需与其他土壤或基质混配使用。

不同土壤结构中，团粒结构（granular structure）因其疏松、肥沃、保水、保温且酸碱度适中，最适宜观赏植物的生长。

观赏植物种类及生长发育阶段不同，对土壤性状要求也有所不同。露地花卉中，一二年生夏季开花的种类忌干燥及地下水位低的沙土，秋播花卉以黏壤土为宜。宿根花卉幼苗期喜腐殖质丰富的沙壤土，而第二年后以黏壤土为佳。球根花卉更为严格，一般以下层沙砾土、表层沙壤土最理想，但水仙、风信子、郁金香、百合、石蒜等则以黏壤土为宜。

盆栽花卉因受盆土限制，更需富含腐殖质、松软透气、保水且排水良好的培养土。

(2) 土壤通气（soil aeration）。土壤通气与不同质地土壤的孔性及土壤气体成分有关。由于根系及土壤微生物呼吸要消耗大量氧气，故土壤氧气含量低于大气，在10%～21%之间。通常土壤氧含量从12%降至10%时，根系的吸收功能开始下降；氧含量低至一定限度时（多数植物为3%～6%），吸收停止；再低则已积累的矿质离子从根系排出，通常此种情况不致发生。

土壤二氧化碳的含量远高于大气，可达2%或更高，但过高浓度的二氧化碳和HCO_3^-离子对根系呼吸及吸收会产生毒害，严重时根系窒息死亡。

土壤水分与通气相互制约，水分过多则通气不良、严重缺氧，并因二氧化碳排放不畅及高浓度积累使根系溃烂、叶片失绿及植株萎蔫，土壤黏重情况下尤易发生。夏季暴雨导致通气不良时，若雨后又值阳光暴晒，会因蒸腾加剧而根系吸水不利产生生理干旱。一些情况下，适度缺水并保持良好的通气反而可使根系发达。

2. 土壤化学特性　主要包括土壤酸碱度、土壤阳离子置换容量、土壤盐浓度及土壤有机质等。

(1) 土壤酸碱度（soil acidity and alkalinity）。土壤pH多在4～9之间。土壤酸碱度影响土壤养分的分解和有效性，因而影响花卉的生长发育。如在酸性条件下，磷酸可固定游离的铁和铝离子使之成为有效形式，而与钙形成石灰盐沉淀，成为无效形式。因此，在pH为5.5～6.5的土壤中磷酸及铁、铝离子均易被吸收。以下是pH对不同离子吸收程度的影响。

氮：pH为5.5～8.0时易吸收，再低则不易吸收。

磷：pH为5.0～7.5时易吸收，过高、过低呈不溶性则不易吸收。

钾：pH在8以下吸收较好，再高则不利于吸收。

钙：pH 在 7 以上易吸收。

镁：pH 为 4.5～8.5 时较易吸收，过高或过低均不易吸收。

锰：pH 在 5.0 以下吸收多，5.0～7.5 时吸收少。

根据观赏植物生长发育对土壤酸碱度的适应程度，可分为三类。

①喜酸性花卉（acid flower，acidophilic flower）：土壤 pH 在 6.8 以下生长发育良好，但因种及品种不同存在一定差异。喜酸性花卉包括大多温室花卉，如凤梨科植物、蕨类植物、兰科、八仙花、紫鸭跖草、秋海棠类、山茶花、杜鹃花、栀子等。

②中性花卉：要求土壤 pH 为 6.5～7.5 之间，绝大多数花卉属于该类，如香豌豆、金盏菊、紫菀、风信子、水仙、郁金香、四季报春等。

③耐碱性花卉（alkaline flower，alkalophilic flower）：适应 pH 7 以上的土壤，如石竹、紫穗槐、柽柳、侧柏、刺槐等。

土壤酸碱度还影响某些花卉的花色变化。如八仙花的蓝色与不同土壤 pH 条件下对铝和铁的有效吸收有关，pH 为 4.6～5.1 时，花瓣中铝和铁含量很高，使花瓣呈深蓝至蓝色；pH 为 5.5～6.5 时，铝含量较低，呈紫色至红紫色；pH 为 6.8～7.4 时，铝含量极低，呈粉红色。

由于花卉对 pH 要求不同，栽培时依种及品种需要，应对 pH 不适宜的土壤进行改良。如在碱性或微碱性土壤栽培喜酸性花卉时，每 $10m^2$ 可施用硫黄粉 250g 或硫酸亚铁 1.5kg，施用后 pH 相应降低 0.5～1.0，黏重的碱性土用量需适当增加。盆栽花卉如杜鹃花，通常施用硫酸亚铁等水溶液，如每千克水加 2g 硫酸铵和 1.2～1.5g 硫酸亚铁的混合溶液。也可用矾肥水浇灌，配制方法是将饼肥或蹄片 10～15kg 及硫酸亚铁 2.5～3kg 加水 200～250kg 后，放入缸内于阳光下暴晒发酵，夏季需 1 个月左右，冬、春季可相应延长，腐熟后取上清液加水稀释即可施用。

当土壤酸性过高时，根据土壤情况可用生石灰中和，以提高 pH。

（2）土壤阳离子置换容量（cation exchange capacity，CEC）及土壤盐渍化危害。土壤粒子带负电，可以吸附 Ca^{2+}、Mg^{2+}、K^{+}、Na^{+}、NH_4^{+}、H^{+} 等阳离子，并可在土粒间及土壤溶液中与其他阳离子交换。NH_4^{+} 和 K^{+} 被土粒吸附，即可保持土壤肥料三要素中氮与钾的组分。土壤能吸附及交换阳离子的容量称阳离子置换容量（CEC），可通过电导度（EC）测定。CEC 值越大的土壤，保肥力越强。土壤中黏土比例越大，CEC 越高。因此，露地花卉施以堆肥及腐叶土，不仅能改良土壤物理性状，也可提高土壤保肥能力；盆栽花卉以腐叶土及泥炭土栽培为好。

土壤盐浓度影响土壤溶液的渗透势，一些地区由于土壤盐渍化而不利于观赏植物的生存。盐碱土包括盐土（NaCl 和 Na_2SO_4 为主，不呈碱性，滩涂地带常见）和碱土（Na_2CO_3 和 $NaHCO_3$ 为主，呈强碱性，常见于少雨、干旱的内陆），盐碱土的离子浓度越高，土壤水势越低，根系吸水阻力也越大。盐浓度过高时，造成根系失水，植株枯萎、死亡。一般落叶树含盐量达 0.3%时会引起伤害，常绿针叶树受害浓度更低，为 0.18%～0.2%。因此，盐碱地绿化时，既要注意土壤改良，也要选择一些耐盐碱性强的植物种类，如柽柳、紫穗槐、刺槐、海桐、白蜡、马蔺、萱草等。通常以电导度（electrical conductivity，EC）作为土壤溶液盐浓度的指标，特别是在自动滴灌系统的温室或大棚等设施条件下，EC 指标更为重要。不同花卉种类、不同栽培条件下，适宜的土壤 EC 值（单位为 mS/cm）也不同，如香石竹为 0.5～1.0mS/cm，菊花为 0.5～0.7mS/cm，月季为 0.4～0.8mS/cm。多数花卉 EC 值超过 1.5mS/cm 时会产生危害，可通过减少施肥、休耕时灌水、更换表土等方法加以控制。此外，施入腐熟的堆肥可以增加土壤中阳离子置换容量的缓冲能力。

在温室栽培花卉时，因使用化肥多，又缺乏雨水淋溶，常会产生次生盐渍化（secondary salinization）而影响大多数花木的生长，故可采用离地的种植床及经常更换基质或进行无土栽培，以防止次生盐渍化发生。

（二）观赏植物的必需营养元素及其对生长发育的影响

1. 必需营养元素及其利用　植物体正常生长所必需的大量营养元素有碳、氢、氧、氮、磷、钾、钙、镁、硫等，占干重的93%以上。微量元素有铁、锰、硼、铜、锌、钼、氯等，含量仅占百万分之几到十万分之几。其中氢、氧来自于水，碳来自大气，可以通过灌水及二氧化碳施肥来补充。氮来自大气，其被固氮生物固定到土壤后，与土壤中所有其他的矿质元素一起被植物吸收。通常植物需氮量较大，而土壤中氮有限，需要施用氮肥。其他大量元素补充与否，则视植物需要及存在于土壤中的数量和有效性决定，还受土壤性质和水质的影响。除沙质碱土和水培外，微量元素一般在土壤中已有充足供应，不需要另外补充。

分析植物体养分的含量，有利于了解植物对不同养分的吸收、利用及分配状况，并可作为施肥标准的参考，即测叶配方施肥。大量元素的含量及分配大致表现为氮的含量在叶片中最多，磷及钾则在花中最多而在叶及根中最少。

2. 主要营养元素对观赏植物生长发育的影响

（1）氮（N）。氮也称生命元素，植物以无机氮铵态氮（NH_4^+-N）及硝态氮（NO_3^--N）形式和有机氮如尿素等形式吸收氮素。氮是构成蛋白质的主要成分，占蛋白质含量的16%～18%。氮也是核酸、磷脂及叶绿素的组成成分。施氮促进蛋白质及叶绿素的合成，促进光合作用，延长叶片功能期，表现为叶大而鲜绿、生长健壮、枝繁叶茂、花多、产量高。缺氮产生缺绿症，叶片黄化，特别是下部叶片枯萎、生长不良。但氮肥过多会造成徒长、木质化不足、抗病虫能力下降及开花数量减少、花期延迟等。通常植物对铵态氮吸收优于硝态氮，尿素较易吸收。

（2）磷（P_2O_5）。通常以 $H_2PO_4^-$ 形式被吸收。磷主要参与磷脂、核苷酸、核蛋白组成，是原生质和细胞膜的主要成分。磷促进花芽分化，提早开花结实，使茎坚挺，促进根系发育，并可提高植物抗逆性及抗病虫能力。缺磷时叶小、叶色暗绿并提早脱落，植株生长发育迟缓。

（3）钾（K_2O）。以 K^+ 离子形式吸收。为多种酶的辅因子及活化剂。主要集中于生理活跃的生长点、形成层和幼叶。钾充足时茎秆坚韧、抗倒伏，并可促进块茎、块根等的发育。缺钾时老叶叶缘枯焦、落叶，易倒伏，抗逆性下降，生长缓慢。钾过量则植株低矮，节间缩短，叶片发黄皱缩。

（4）钙。以 $CaCl_2$ 等盐类中 Ca^{2+} 形式吸收。主要存在于叶片或老熟器官和组织中，是构成细胞壁中胶层果胶酸钙的成分。钙与有机酸（主要为草酸）结合，可避免植物的酸中毒。缺钙时，细胞壁形成受阻，分生组织最早受害，严重时根尖、茎尖溃烂坏死，根系死亡。如一品红缺钙时形成浓绿小叶，叶片及苞叶生长不良，节间变短。Ca^{2+} 过多时，抑制对 P_2O_5 的吸收。通常有效 Ca^{2+} 以交换方式被吸收，故降雨、灌水易造成土壤中钙的淋溶而使土壤变酸。尤在施用含 SO_4^{2-}、NO_3^- 的肥料后，使 Ca^{2+} 的淋溶度增加。故酸性土壤及设施栽培的混合基质中，特别是在化肥施用较多的情况下，补充施用钙是很重要的。

（5）其他营养元素。镁的需要量也较多，特别是在酸性土壤中。镁参与叶绿素的组成、酶的活化，镁与磷的吸收及移动有关。其主要集中在生长旺盛部位。缺镁时，镁可从下部叶片迅速转移到上部叶片，使老叶叶脉间黄化甚至呈黄白色至白化。镁也可与其他元素颉颃而难以吸收，特别是在大量施钾使土壤 pH 高于 7 的情况下，影响对镁的吸收。

铁为酶的重要组成成分，并为合成叶绿素所必需。由于铁在体内难以移动，因此缺铁使幼叶黄化，常见于杜鹃花属、山茶属、八仙花属、报春花属植物及矮牵牛、非洲菊等。通常在栽培温度低、土壤 pH 高，以及石灰、P_2O_5 及硝态氮施用较多时易产生缺铁症。

此外，大量元素硫及微量元素锰、硼、铜、锌、钼和氯也很重要。包括参与细胞结构物质组成（硫是含硫氨基酸及蛋白质的组分）、作为酶的辅因子或活化剂（如硫、锰、锌、铜、钼等）、参与离子平衡、胶体稳定和电荷中和等，通常视植物需要、土壤中存在的数量及有效性决定补充与否。

（三）观赏植物的他感作用及连作障碍

他感作用（allelopathy）即植物种间（或植物与微生物、植物与动物间）的克生现象。种内自身引起的克生现象称为自毒（autointoxication），是连作障碍（failure or injury by continuous cropping）的原因之一。他感作用普遍存在于自然界或栽培条件下，通常因根系分泌物、地上部淋溶物（雨露、浇灌等引起）、植株挥发物及分解的枯落物中存在的他感化合物（或自毒化合物）引起，可对种间或自身生长发育产生抑制作用或促进作用。如结缕草属生长受蒿属抑制，多年生黑麦草根系的分泌物抑制红三叶草种子萌发和生长。

在花卉栽培中，经常发生连作障碍（或忌地性）。许多花卉连作会导致生长受抑、病虫害多发而影响产量或品质。

连作障碍的原因主要有：①根系分泌物、淋溶物、枯萎茎叶、残茬等产生的自毒化合物，如酚类、醇、醛、有机酸、不饱和内酯、黄酮类、萜烯类、生物碱等，抑制了自身的生长发育。根残留物如苹果的根皮苷、桃的苦杏仁苷、无花果的补骨脂内酯，均抑制自身种苗生长，造成忌地性。翠菊及紫菀（根均分泌酚类、萜类）、香豌豆、一枝黄花（根分泌 2-顺脱氢母菊酯）、杜鹃花（根分泌酚类）、菊花等也均存在明显的连作障碍。②土壤微生物及害虫与植株之间的化学他感作用导致的连作过程线虫、螨类及土壤病原菌等密度增加，可严重危害植株。经常发生于非洲菊、百合、唐菖蒲、香雪兰等的连作中。③连作过程造成的土壤中氯化物与硫酸盐的过剩，微量元素的不断下降至缺乏或失去平衡，也会导致植物生长不良及品质下降。

克服连作障碍，应分析具体产生原因并采取相应对策。栽培中可通过更换床土、施用有机肥、一定间隔期的轮作及彻底的土壤消毒来克服。无土栽培中需监测及更换营养液，加入活性炭，介质培中可采用具有杀菌及吸附作用的介质，如在日本采用柳杉、日本扁柏等树皮为介质，抑制了无土栽培过程的某些病害。

五、环境污染对观赏植物生长发育的影响

随着工业化和城市化进程的加快，工、农业及城乡生活排放到环境中的污染物日益增加，大大超过了包括大气、水系和土壤在内的生态系统的自然净化能力，造成的环境污染不但危害人类

的健康和安全，而且危害观赏植物等各种植物及环境，造成的损失是巨大的。治理环境污染已成为全球关注的课题。环境污染可分为大气污染、水污染和土壤污染。其中以大气污染和水污染危害更广，也易于转变为土壤污染，使其加剧。

（一）大气成分对观赏植物生长发育的影响

空气中的气体成分复杂，按体积计算，氮气约78%，氧气约21%，二氧化碳约0.03%，其他为氩、氖、氦、氢和臭氧等。高速发展的工业及交通排放的废气、烟尘等造成的大气污染日趋严重，可不同程度地危害观赏植物。因此，克服不同大气成分对观赏植物生长发育产生的影响，关系到栽培质量的提高、环境保护及生态平衡。

1. 大气正常成分与观赏植物生长发育

（1）氧气（O_2）。空气中 O_2 含量足以满足植物呼吸作用的需要。但在花卉栽培中，当土壤板结、通气不良时，CO_2 大量聚集在板结层下会造成土壤缺氧，根系无氧呼吸增加而使其生长受阻，新根不能形成；同时，嫌气有害细菌的增加及乙醇等发酵产物积累还会使根系中毒，甚至腐烂死亡。因此，经常松土、防止土壤积水，才能保证花卉正常生长。

氧气也是观赏植物种子萌发的条件。不同种子萌发时对氧气含量要求不同，只需少量氧气即可发芽的如睡莲、荷花、王莲等；积水下香石竹、含羞草等种子只能小部分萌发，因为其需氧量明显超过上述水生花卉。

（2）二氧化碳（CO_2）。CO_2 是光合作用的原料，空气中0.03%的 CO_2 含量对光合作用来说并不充足，特别是在光强度最高的正午前后，温室或大棚内的 CO_2 常成为光合作用的限制因子。多数 C_3 植物 CO_2 补偿点为30～70mg/L，C_4 植物为0～10mg/L，CAM植物为0～5mg/L（暗中），因此，充足的光照下在一定范围内增加二氧化碳含量（如提高10～20倍），可有效促进光合作用，但 CO_2 浓度超过2%～5%时，光合作用将受到抑制。为克服空气流动性较小的温室及大棚内二氧化碳的相对不足，需进行 CO_2 施肥（CO_2 injection）。一般采用固态 CO_2（干冰）、液态 CO_2（饱和 CO_2 钢瓶）及丙烷气（C_3H_8）燃烧的方式供给，通常施放量以阴天500～800ml/L、晴天1 300～2 000ml/L为宜。

2. 大气污染物对观赏植物的危害及克服对策

（1）主要大气污染物对观赏植物的危害。来自燃烧废气、其他工业及交通废气的大气污染物种类很多，直接产生危害的主要污染物有二氧化硫（SO_2）、氟化氢（HF）、氯气（Cl_2）、氨（NH_3）、乙烯（C_2H_4）、一氧化氮（NO）、二氧化氮（NO_2）等。而汽车废气中的一氧化氮及烯烃类碳氢化合物，在紫外线作用下发生光化学反应形成的 NO_2、过氧乙酰硝酸酯（PAN）、臭氧（O_3）、醛类（RCHO）等污染物危害更强，称为二次污染物，因其主要通过光化学作用形成，故称光化学烟雾（photochemical smog）。大气污染物对观赏植物的危害因种类而异，一些对大气污染物极为敏感的植物可作为指示植物（indicate plant）。如牵牛花是十分敏感的指示植物，在PAN 0.008～0.007 mg/L浓度下几小时就可产生急性危害，其中白色品种更敏感，甚至0.002mg/L浓度下，就开始受害；向日葵则在PAN 0.09mg/L浓度以上产生危害症状。大气污染物的危害还决定于危害浓度的持续时间，处于高浓度下短时间可通过气孔对其周围的叶肉细胞产生急性危害，使叶片出现伤斑或枯萎、脱落，甚至整株死亡；较低浓度下长时间也可产生危害，使叶片褪绿、生长发育受抑等；更低浓度下长时间则可形成不可见危害，即虽无可见症状，但已产生生理障碍。

①二氧化硫（SO_2）：SO_2 是含硫石油和煤燃烧时大量排放到大气的污染物。SO_2 是还原性很强的酸性气体，进入叶肉组织后可生成毒性很大的亚硫酸，使叶绿素变成去镁叶绿素，光合作用受抑，膜系统破坏。0.05～10mg/L 浓度下，持续一定时间就可能出现危害症状：开始时叶片略失去膨压，叶片褪绿，叶脉间有暗绿色斑点，然后变成褐斑，叶缘干枯，直至叶片脱落。敏感植物有悬铃木、马尾松、白桦、合欢、梅花、大波斯菊、玫瑰、月季、中国石竹、天竺葵等；抗性中等的有桃、水杉、白蜡树、女贞、三角枫、紫茉莉、万寿菊、鸢尾等；抗性强的有刺槐、侧柏、桂花、银杏、丁香、海桐、合欢、黄杨、夹竹桃、冬青、仙人掌、美人蕉、鸡冠花、凤仙花、菊花、石竹、晚香玉等。

②氟化氢（HF）：HF 是氟化物（HF、SiF_4、H_2SiF_6、F_2 等）中排放量最大和毒性最强的污染物。主要来自磷肥厂和炼铝厂的含氟磷矿石及冰晶石，毒性比 SO_2 大 30～300 倍。HF 从气孔进入植物，沿输导组织移动至叶缘和叶尖。HF 抑制酶反应及叶绿素形成，破坏叶片的结构。当氟化氢含量为 1～5μg/L 时，较长时间即可使植物受害，症状与 SO_2 危害不同，叶尖、叶缘会出现褐色伤斑，受害组织与正常组织间形成明显界线（有时呈红棕色），未成熟幼叶及茎尖均易受害致使新枝茎尖枯死。针叶树对 HF 特别敏感，通常从针叶先端开始危害。敏感植物有梅花、唐菖蒲、玉簪、仙客来、鸢尾、郁金香、风信子等；抗性中等的有水杉、桂花、柑橘、山茶花、天竺葵等；抗性强的有桧柏、侧柏、柳、木槿等。

③氯气（Cl_2）：主要来自化工厂、农药厂。较高浓度氯气、氯化氢等进入叶片后很快破坏叶绿素，叶脉间产生褐色伤斑。通常成熟叶片更易受害，其受害症状与 SO_2 相似，但受伤组织与健康组织间常无明显界线。植物叶片能吸收部分氯气，但吸收能力因种而异。如女贞、美人蕉、大叶黄杨等吸氯量高，占叶片干重的 0.8%以上仍未出现受害症状；而龙柏、海桐对氯的吸收能力差，占叶片干重 0.2%时，即产生严重伤害。不同花卉对氯的抗性也不同，而且与吸收氯的能力并不一致。对氯气敏感的植物有水杉、枫杨、樟子松、赤杨、紫椴、木棉、向日葵等；抗性中等的有女贞、月季等；抗性强的有广玉兰、银杏、柽柳、海桐、夹竹桃、紫薇、龙柏、桧柏、丁香、木槿、侧柏、凤尾兰、矮牵牛等。

④光化学烟雾：汽车废气中的一氧化氮和烯烃类经紫外线照射即可形成光化学烟雾。其中 O_3 占 10%左右，是其中最主要的污染物，其他如 PAN、NO_2 及少量乙醛共占 10%。这些污染物氧化性极强，严重危害植物生长。

⑤臭氧（O_3）：大气 O_3 浓度达 0.1mg/L 延续 2～3h 即会对植物产生伤害。一般出现于新展开的叶片，伤斑可能为红棕或褐色，叶片褪绿，或叶上表皮变白，严重时扩展到叶背，出现叶两面坏死，褪成白色，叶缘、叶尖干枯，最终叶卷曲。敏感花卉有藿香蓟、紫菀、秋海棠、倒挂金钟、香石竹、菊花、万寿菊、大丽花、三色堇、矮牵牛、一串红等。

⑥过氧乙酰硝酸酯（PAN）：主要抑制纤维素的形成，使吲哚乙酸氧化及抑制光合作用。空气中 PAN 达 20μg/L 以上就会伤害植物。初期叶背面呈银灰或古铜色斑点，后期叶背凹陷，叶片向下弯曲成杯状，出现皱缩及扭曲，呈半透明状。严重时叶两面坏死，出现水渍斑，干后变成白色或浅褐色的坏死带，横贯叶片。伤害症状与其他污染物有显著不同。敏感植物 15～20μg/L 延续 4h 就会受害，如紫菀、香石竹、大丽花、倒挂金钟、凤仙花、矮牵牛、报春花、月季、一

串红、金鱼草、向日葵、非洲紫罗兰等。

大气污染物中，对氮氧化物敏感的花卉有杜鹃花、鸢尾、矮牵牛、木槿等；对乙烯敏感的花卉有蒲包花、香石竹、万寿菊、凤仙花、热带兰、月季、金鱼草、香豌豆等。

主要大气污染物还有粉尘，工厂排放的烟尘除碳粒外，还有汞、镉等金属粉尘。植物叶面的皱褶或分泌的油脂可吸附粉尘，过量时可抑制生长，引起伤害。

(2) 减轻大气污染危害的对策。

①抗大气污染品种的选育：观赏植物对大气污染物的抗性存在种及品种间的明显差异。如不同花色的矮牵牛品种对PAN的受害率及最大受害叶片的受害指数可变动于0～100%。因此，可以通过生物学、形态解剖及生理指标选择抗性种类及品种，其中包括生物学抗性（biological resistance），表现在植物地上部分受害后恢复和再生的能力；形态解剖抗性（morphological and anatomical resistance），指叶片在结构上可阻止或减少有害气体进入，如肉质、革质化叶片，角质层厚，叶多茸毛，气孔凹陷等；生理学抗性（physiological resistance），如细胞内水溶物氧化力低、pH高、P/O高等。对氧化性极强的O_3、PAN等光化学烟雾污染高发区域，如高速公路及主要交通干道隔离带及两侧的绿带，可选择抗性强的品种进行配置和应用。聚乙烯塑料大棚或温室中在施氮肥较多的情况下，也宜选择对NO_2等抗性强的种及品种。

②利用可以减轻大气污染物危害的生理活性物质：即选择可抑制或吸收花卉污染源的物质，抑制污染物在体内的转移、破坏，以减轻污染物危害。可视污染程度每隔1、2或3周用石灰溶液喷洒唐菖蒲叶片，石灰可固定部分氟，使受害率降至1.9%（对照为15.5%）；OED类界面活性剂散布叶面可以减少污染物进入；磷、硼、抗坏血酸（0.01～0.05mol/L）喷施柑橘幼苗2～3次，可以减轻O_3危害，而且叶内抗坏血酸含量提高2.5～3.3倍，还可增加对PAN等光化学烟雾的抗性；此外可用B_9、醇草定（ancymidol，即嘧啶醇）、CCC等生长延缓剂减轻危害，这类延缓剂在春播花坛用草花育苗时，还用于防止徒长。

③选择对污染物非常敏感的指示植物进行大气污染的公害监测：如山毛榉可作为光化学烟雾的指示植物；万寿菊可作为O_3、SO_2和乙烯的指示植物；大丽花可作为O_3、PAN的指示植物；唐菖蒲、郁金香、鸢尾类对HF，美人蕉对HF及SO_2均十分敏感，可分别作为HF及SO_2的指示植物。

（二）水和土壤污染对观赏植物的危害

1. 水污染　水污染主要因工业废水及城镇生活污水大量排入水系造成。污染水系的污染物相当多，如金属污染物（汞、铬、砷、锌、镉和镍等）、有机污染物（酚类、氰化物、苯类、醛类及石油等）和非金属污染物（硒、硼等）。环境污染中的五毒及其危害浓度分别指氰、酚（均为50mg/L）、汞（0.4mg/L）、砷（4mg/L）和铬（5～20mg/L）。酚通过损伤植物原生质膜而影响代谢，使叶片黄化，根系变褐、腐烂，结果生长受抑。氰化物抑制呼吸及多种酶的活性，使植株矮小、分枝少，根短而少，甚至干枯死亡。汞使光合受抑，叶片黄化，分蘖受抑，根系发育不良，植株矮化。高浓度铬还间接影响植物对Ca^{2+}、K^{+}、Mg^{2+}、P_2O_5的吸收。砷使叶片变为绿褐色，叶柄基部出现褐斑，根系变黑，至全株枯萎。因此，需注意对灌溉水的监测及净化。

水生花卉如凤眼莲（即水葫芦）、浮萍、金鱼藻等可吸收水中的五毒。水面种植凤眼莲还可抑制水中的藻类生长，使水澄清，并提高景观效果。原因是凤眼莲通过遮光、竞争养分，可抑制其他植物生长，同时凤眼莲根系还可分泌抑制藻类生长的物质。但凤眼莲已成为一种入侵植物，应用时应特别注意。

2. 土壤污染　污水灌溉及大气污染随雨雪飘落于土壤会造成土壤污染，农药残留也会污染土壤；此外，混作（间作、套作）及轮作过程植物种间及种内产生的他感及自毒化合物，微生物及昆虫的滋生繁殖及其代谢产物均会污染土壤。

注意灌水的清洁，更换及消毒被污染的土壤，防止病虫滋生危害均可减轻及消除土壤污染。

第三章 观赏植物的繁殖

观赏植物的繁殖是采用各种方法增加观赏植物个体的数量，以扩大其群体并延续其种群的过程与方法。观赏植物繁殖也是保存种质资源的手段，只有将种质资源保存下来，扩大到一定数量，才能满足园林应用和生产的需要，并为观赏植物选种、育种提供条件。

不同观赏植物各有其不同的适宜繁殖方法和时期。根据观赏植物不同选择正确的繁殖方法，可以提高繁殖系数（propagation coefficient）和种苗质量。观赏植物繁殖的方法较多，依繁殖体来源不同，通常可分为有性繁殖和无性繁殖两大类。有性繁殖（sexual propagation）即种子繁殖（seed propagation）或称实生繁殖；无性繁殖（asexual propagation）又称营养器官繁殖（nutrition-organ propagation），即利用植物营养体的再生能力，通过根、茎、叶等营养器官在人工辅助下，培育成独立新个体的繁殖方式，包括分生、扦插、压条、嫁接及组织培养等方法。

此外，对蕨类植物（fern）来说，除采用无性繁殖的分株方法外，常采用蕨类特有的孢子繁殖（spore propagation）方法。这种繁殖方法有别于有性繁殖和无性繁殖，本章不作论述。

第一节 有性繁殖

有性繁殖是经过减数分裂形成的雌雄配子结合后，产生的合子发育成的胚再生长发育成新个体的过程。近年来也有将种子中的胚取出，进行体外培养以形成新植株，称为胚培养的方法。

有性繁殖具有简便易行、繁殖系数高、实生苗根系强大、生长健壮、适应性强、寿命长且种子便于流通等优点。但有性繁殖易产生变异，对母株的优良性状不能全部遗传，易丧失优良种性，F_1 代种子发生性状分离。

大部分一二年生草花和部分多年生草花常采用种子繁殖，这些种子大多为 F_1 代种子，具有优良性状，但需要每年制种，如翠菊、鸡冠花、一串红、金鱼草、金盏菊、百日草、三色堇、矮牵牛等。一般适宜采用种子繁殖的观赏植物通常应具备以下条件：能产生大量种子，且容易获得；种子自身或催芽后易于萌发，生长迅速，且幼年期较短；实生苗基本能保持母本的特性或杂交组合所决定的特性。

一、种子采收、加工与贮藏

（一）种子的采收与处理

种子有形态成熟和生理成熟两方面。生产上所称的成熟种子指形态成熟的种子。生理成熟的种子指已具有良好发芽能力的种子。大多数植物种子的生理成熟和形态成熟是同步的，形态成熟的种子已具备了良好的发芽能力，如菊花、报春花属花卉。但有些观赏植物种子的生理成熟和形态成熟不一定同步，如禾本科植物、蔷薇属等许多木本花卉。

种子采收前，首先要选择适宜的留种母株，只有从品种纯正、生长健壮、发育良好、无病虫害的植株上才可能采收到高品质的种子；其次要适时采收，种子达到形态成熟时必须及时采收并处理，以防散落、霉烂或丧失发芽力。采收过早，种子贮藏物质尚未充分积累，生理上也未成熟，干燥后皱缩成瘦小、干瘪、发芽力低并不耐贮藏的低品质种子。理论上，采收的种子越成熟越好，故种子应在已完全成熟，果实已开裂或自落时采收最佳。

1. 干果类　包括蒴果、蓇葖果、荚果、角果、瘦果、坚果等。

对于大粒种实，可在果实开裂时立即自植株上收集或脱落后立即由地面上收集。但对小粒、易于开裂的干果类和球果类种子，一经脱落则不易采集，且易遭鸟虫啄食，或因不能及时干燥而易在植株上萌发，从而导致品质下降。生产上一般在果实将开裂时，于清晨空气湿度较大时采收。对于开花结实期长，种子陆续成熟脱落的花卉，宜分批采收；对于成熟后挂在植株上长期不开裂、亦不散落者，可在整株全部成熟后一次性采收；草本花卉可全株拔起采收种子。

干果类种子采收后，宜置于浅盘中或薄层敞放在通风处 1～3 周使其尽快风干。种子成熟较一致且不易散落的花卉，如千日红、桂竹香、矮雪轮等，可将果枝剪下，装于薄纸袋内或成束悬挂在室内通风处干燥。种子经过初步干燥后，及时脱粒并筛选或风选，清除发育不良的种子和其他杂物，最后再进一步干燥使含水量达到安全标准（8%～15%）。如果在多雨或高湿季节则需要加热促使快干，含水量高的种子烘烤温度不超过 32℃，含水量低的种子也不宜超过 43℃。干燥过快会使种子皱缩或裂口，导致贮藏力下降。

2. 肉果类　肉质果成熟时果皮含水多，一般不开裂，成熟后自母体脱落或逐渐腐烂，常见的有浆果、核果、柑果等。

有许多假果的果实本身虽然是干燥的瘦果或小坚果，但包被于肉质的花托、花被或花序轴中，也被视为肉质果实。君子兰、石榴、忍冬属、女贞属、冬青属、李属等有真正的肉质果，蔷薇属、无花果属是干果的假肉质果。肉质果成熟的标志是果实变色、变软。肉质果要及时采收，否则过熟会自落或遭鸟虫啄食。若果皮干燥后才采收，会加深种子的休眠或霉菌侵染。

肉质果采收后，先在室内放置几天使种子充分成熟，腐烂前用清水将果肉洗净，并去掉浮于水面的不饱满种子。将果肉短期发酵（21℃条件下 4d）后，果肉更易清洗，果肉必须及时洗净。洗净后的种子干燥后再贮藏。

（二）种子的寿命与贮藏

1. 种子的寿命　种子寿命的终结以发芽力的丧失为标志。生产上将种子发芽率降低到原发芽率 50%的时间段判定为种子的寿命。观赏植物栽培和育种中，有时只要可以得到种苗，即使发芽率很低，也可以使用。

（1）种子寿命的类型。在自然条件下，观赏植物种子寿命按其长短可分为三类。

①短命种子（short - life seed）：寿命在 3 年以内。常见于以下几类植物：原产于高温高湿地区无休眠期的植物；水生植物；子叶肥大、种子含水量高的植物；种子在早春成熟的多年生观赏植物，如棕榈科、兰科、天南星科、睡莲科（荷花除外）、天门冬属等。有些观赏植物的种子如

果不在特殊条件下保存，则保持生活力的时间不超过 1 年，如报春花类、秋海棠类种子发芽力只能保持数月，非洲菊种子寿命更短。

②中寿种子（middle - life seed）：寿命在 3～15 年间。大多数观赏植物种子属此类。

③长寿种子（long - life seed）：寿命在 15～100 年或更长。常见于以下几类植物：豆科植物；硬实种子，如莲、美人蕉属植物；部分锦葵科植物；寒带生长季短的植物等。

（2）影响种子寿命的主要因素。种子寿命的缩短由种子自身衰败（deterioration）引起，衰败也称为老化。这个过程不可逆转，既受种子内在因素（遗传和生理生化）的影响，也受环境条件，特别是温度和湿度的影响。

①内在因素：种子含水量是影响种子寿命的重要因子。种子的水分平衡（moisture equilibrium）首先取决于种子的含水量与环境相对湿度之间的差异。不同贮藏方法都有一个安全含水量，不同观赏植物种子又有差别，如翠雀花的种子在一般贮藏条件下寿命是 2 年，充分干燥后密封于－15℃条件下，18 年后仍保持 54％的发芽率；另外一些花卉种子，如牡丹、芍药、王莲等，过度干燥时则会迅速失去发芽力。常规贮藏过程，大多数种子含水量在 5％～6％时寿命最长。

②环境因素：影响种子寿命的环境因素主要有：空气湿度，对大多数观赏植物种子来说，干燥贮藏时，相对湿度维持在 30％～60％为宜；温度，低温可以抑制种子的呼吸作用，大多数花卉种子在干燥密封后，贮存在 1～5℃的低温下为宜；氧气，可促进种子的呼吸作用，降低氧气含量能延长种子的寿命。

2. 种子的贮藏　种子贮藏（storage）的基本原理是在低温、干燥的条件下，尽量降低种子的呼吸强度，减少营养消耗，从而保持种子的生命力。贮藏的方法依据种子的性质不同主要有以下几种。

（1）干藏法（dry storage）。通常分为：

①室温干藏：将耐干燥的一二年生草花种子，在自然风干后装入纸袋、布袋或纸箱中，置于室温下通风处贮藏。适宜次年就播种的短期保存。

②低温及密封干藏（low temperature storage，sealed dry storage）：将干燥到安全含水量（10％～13％）的种子置于密封容器中于 0 ～5℃的低温下贮藏。容器中可放入约占种子量 1/10 的吸水剂，常用的吸水剂有硅胶、氯化钙、生石灰、木炭等。该法可较长时间保存种子。

③超干贮藏：采用一定技术将种子含水量降低至 5％以下，然后真空包装后存于常温库长期贮藏，是目前国内外种子贮藏的新技术。

（2）湿藏法（wet storage）。通常有：

①层积湿藏（stratification）：将种子与湿沙（含水 15％，也可混入一些水苔）按 1∶3 质量比交互作层状堆积后，于 0 ～10℃下低温湿藏。适用于生理后熟的休眠种子及一些干藏效果不佳的种子贮藏，如牡丹、芍药的种子。

②水藏（water storage）：某些水生花卉的种子，如睡莲、王莲等必须将种子直接贮藏于水中才能保持其发芽力。某些其他花卉种子也可密封于一定深度的水中进行贮藏。

③顽拗种子贮藏：根据种子的贮藏特性，可将种子分为两类：正常种子（orthodox seed），通常低温干燥下可长期保存；顽拗种子（recalcitrant seed），含水量低于一定值（12％～31％）

则发芽率迅速下降的种子，其特点是千粒重大于500g，个别可大于13 000g，成熟时含水量较高(40%～60%)，具有薄而不透性的种皮，不耐低温，不易干燥。只要干燥程度适宜，可短期贮藏。属于顽拗种子的植物有橡皮树、红毛丹、榴莲、龙眼、木菠萝、南洋杉、芒果、佛手瓜以及柑橘属等。

二、播　种

(一) 种子萌发条件及播种前的种子处理

一般观赏植物的健康种子在适宜的水分、温度和氧气条件下都能顺利萌发，仅有部分观赏植物的种子要求光照感应或打破休眠才能萌发。

1. 种子萌发条件

(1) 水分。种子萌发需要吸收大量水分，使种皮软化、破裂，呼吸强度增大，各种酶活性也随之加强，蛋白质及淀粉等贮藏物质进行分解、转化，营养物质被输送到胚，使胚开始生长。

种子的吸水能力随种子的结构不同差异较大。如文殊兰的种子，由于胚乳本身含有较多的水分，播种后吸水量就少。播种前的种子处理很多情况就是为了促进吸水，以利于萌发。常见的播种用土含水量要比花卉正常生长高3倍。但土壤水分过多，埋土深度不当，常使土壤通气不良而造成种子霉烂。

(2) 温度。种子萌发需要适宜的温度，依观赏植物种类及原产地的不同而有差异。通常原产热带的花卉需要温度较高，而亚热带和温带花卉次之，原产温带北部的花卉则需要一定的低温才易萌发。如原产美洲热带的王莲在30～35℃水池中经10～12d才萌发。而原产南欧的大花葱是一种低温发芽型的球根花卉，在2～7℃条件下较长时间才能萌发，高于10℃则几乎不能萌发。

一般观赏植物种子萌发适温比其生育适温要高3～5℃。原产温带的一二年生花卉萌芽适温为20～25℃，如鸡冠花、半支莲等，适于春播；也有一些花卉的萌芽适温为15～20℃，如金鱼草、三色堇等，适于秋播。

(3) 氧气。从生理上讲，种子在萌发过程中的呼吸作用最强，需要充足的氧气。因此，播种用土一定要疏松，排水透气良好，播种后覆土不能过厚。但对于水生花卉来说，只需少量氧气就可以满足种子萌发的需要。

(4) 光照。大多数观赏植物的种子只要有足够的水分、适宜的温度和一定的氧气，都可以萌发。但有些观赏植物种子的萌发受光照影响。

①需光性种子 (light seed)：又称喜光性种子，指必须在有光的条件下发芽或发芽更好的种子，多为小粒种子。这类种子发芽靠近土壤表面，幼苗能很快出土并开始进行光合作用，但没有从深层土中伸出的能力，因此播种时覆土要薄，如报春花、毛地黄、瓶子草类等。

②嫌光性种子 (light-inhibited seed)：指必须在无光或黑暗条件下才能发芽或发芽更好的种子，如雁来红、仙客来、福禄考、蔓长春花等。

大多数观赏植物的种子萌发对光不敏感。因此，直接播于露地苗床的应采取避光遮阳措施，播于各种容器的应把容器置于无光处，待出苗后逐渐移到有直射光的地方。

2. 播种前的种子处理　种子播前处理的目的是保证种子迅速、整齐地萌发。处理方法主要有以下几种。

（1）浸种。发芽缓慢的种子使用此种方法。一般采用温水（30℃以下）浸种24～48h，使种子吸水膨胀，稍阴干后再播，可使发芽迅速整齐，如月光花、牵牛花、香豌豆等。

（2）刻伤种皮。用于种皮厚硬的种子，如荷花、美人蕉等，可挫去部分种皮，以利吸水。

（3）其他种子处理。种子细小或种皮结构特殊的种子，如种子被毛、翅、钩、刺等，易相互粘连，影响均匀播种，为了提高播种效率和质量，常进行适当处理，以满足不同播种需要。

①适于机械播种的种子处理：用于自动播种机的种子，可采用以下处理方法。

脱化处理：指经过脱毛、脱翼、脱尾处理细、长、卷曲、扁平、具尖锐边沿或毛刺等不规则种子，如罂粟牡丹、藿香蓟、毛茛、万寿菊等。

包衣处理（coated seed）：在种子外部喷上一层较薄的含杀菌剂、杀虫剂、植物生长调节剂及荧光颜料，但不改变种子形状的涂层，使种子在播种机中更易流动，在穴盘中更易检查发芽效果，如凤仙花、万寿菊、大丽花、毛茛和罂粟牡丹等。

球形处理（spherical seed）：指在种子外部包裹一层带凝固剂的黏土料，其他涂料同包衣处理，以改变种子形状，增加小粒种子或不规则种子的大小和均匀度，并提高畸形种子的流动性，如矮牵牛、秋海棠、草原龙胆、雪叶莲等。

水化处理（hydrated seed）：指对已机械加工的种子渗透性调控处理，即用渗透液激活发芽有关的代谢活动，同时防止种子生根。生根前要干至水化前状况再播种，如三色堇、石竹、美女樱、凤仙花、蔓长春花、金鸡菊、雪叶莲、大丽花和球根秋海棠等。

②适于人工播种的种子处理：一般可用细沙掺和，使种子分开。对于微粒和小粒种子也可采用细沙拌种的方法，提高播种的均匀度。

（4）药物处理。药物处理可产生以下作用：

①打破上胚轴休眠：牡丹的种子具有上胚轴休眠的特性，秋播当年只生出幼根，必须经过冬季低温阶段，上胚轴才能在春季伸出土面。若用50℃温水浸种24h，埋于湿沙中，在20℃条件下，约30d生根。把生根的种子用50～100mg/L赤霉素涂抹胚轴，10～15d可长出茎。除了牡丹外，芍药、天香百合、加拿大百合、日本百合等也有上胚轴休眠现象。

②代替完成生理后熟要求的低温：用赤霉素处理，有代替低温的作用。如大花牵牛的种子，播种前用10～25mg/L赤霉素溶液浸种，可以促其发芽。

③改善种皮透性，促进发芽：种皮坚硬的芍药、美人蕉可以用2%～3%的盐酸或浓盐酸浸种到种皮柔软，用清水洗净后播种。结缕草种子用0.5%氢氧化钠溶液处理，发芽率显著提高。

④打破种子二重休眠：铃兰等的种子具有胚根和上胚轴二重休眠特性，首先要在低温湿润条件下完成胚根后熟作用，然后在较高温度下促使幼根形成，再在二次低温下使上胚轴后熟，促使幼苗生出。

（5）沙藏（层积处理）。具体操作与前述种子层积湿藏法相同，但通常对种子的标准含水量不要求。对要求低温和湿润条件下完成休眠的种子，如蔷薇、牡丹、芍药等，在入冬前将种子与湿沙均匀混合，置于冷室保存，次年取出播种。也可采用室外层积沙藏法（图1-3-1）。层积后的种子脱落酸等发芽抑制物的含量明显降低，而促进发芽物质如赤霉素与细胞分裂素的含量明显上升。

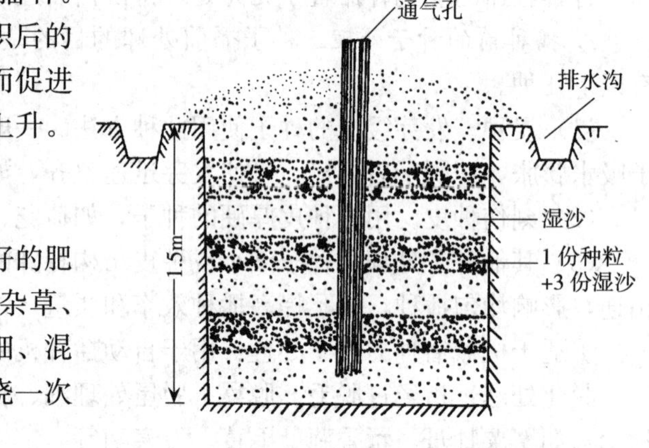

图1-3-1 种子室外层积沙藏法

（二）播种方法

1. 露地苗床播种（bed seeding）

（1）苗床准备。选择通风向阳、排水良好的肥沃土壤设置苗床。土壤翻耕后，去除残根、杂草、砖砾等杂物，施入适量腐熟的有机肥，再耙细、混匀，整平、作畦。最好在播种前一天将苗床浇一次透水。

（2）播种期和播种方法。播种期应根据不同观赏植物的生长发育特性、计划供花时间及环境条件而定。保护地栽培下，可按需要时期播种；露地自然条件下播种，则依种子发芽所需温度及自身适应环境能力而定。一般来说，一年生露地花卉、宿根草本花卉和水生花卉多采用春播，二年生露地花卉多采用秋播。木本花卉种子大部分要经过低温催芽处理，春播者较多。

播种方法主要有撒播、点播和条播三种方式。

①撒播法：小粒种子或量大的种子适于此种方法，即播种时将种粒均匀散布在土面上。对于细小的种粒可以混合等量的细沙后进行散布，以求均匀。撒播后用细土覆盖床面。

②点播法：种粒较大或种粒量较少时采用。播种时，先按一定株行距开穴，每穴内投入2～4粒种子，再覆土压实。

③条播法：即按一定行距开挖浅沟，将种子均匀撒入沟内，然后覆土压实。

（3）覆土。播种时应特别注意覆盖土的厚度，原则上以种粒直径的2～3倍为宜。

（4）播后管理。覆土后用细孔喷壶充分喷水，在苗床上均匀覆盖一层稻草或其他覆盖物，以保湿防晒。要注意通风。待幼苗出土后，应及时撤除覆盖物，以免幼苗徒长。

2. 室内盆播（pot seeding） 用于细小种子、名贵种子及温室花卉种子的精细播种。

（1）盆、土准备。播种盆宜浅，一般高10cm，直径30cm。播种用土要求疏松、肥沃，多用富含有机质的沙质壤土。配制好的培养土需经消毒方可使用。具体操作是：将培养土堆放在光照充足的场地上，以单位体积土壤$2L/m^3$的0.075%福尔马林灌注、搅拌，压实，再用薄膜封闭熏蒸2d，然后去除薄膜，暴晒至福尔马林完全挥发（约需2周）为止。

（2）播种。消毒后的培养土粗筛，装盆，注意上细下粗且表面平整，并留出1～2cm的盆沿。上细是为了保证种子以及长出的幼根能与土壤紧密结合，保证其对水分、营养的充分吸收。下粗是为了排水透气。一般采用点播或撒播，前者用于大粒、名贵的种子，后者用于小粒、量多的种子（图1-3-2）。其他操作同床播。

（3）浇水。可用细嘴喷壶喷水，也可采用浸盆法，使水由排水孔渗透至整个土面湿润为止。

（4）播后管理。根据种子对光的需求不同，分别在盆面覆以玻璃、塑料薄膜或报纸。注意维持盆面湿润。幼苗出土后逐渐移到日光照射充足之处。

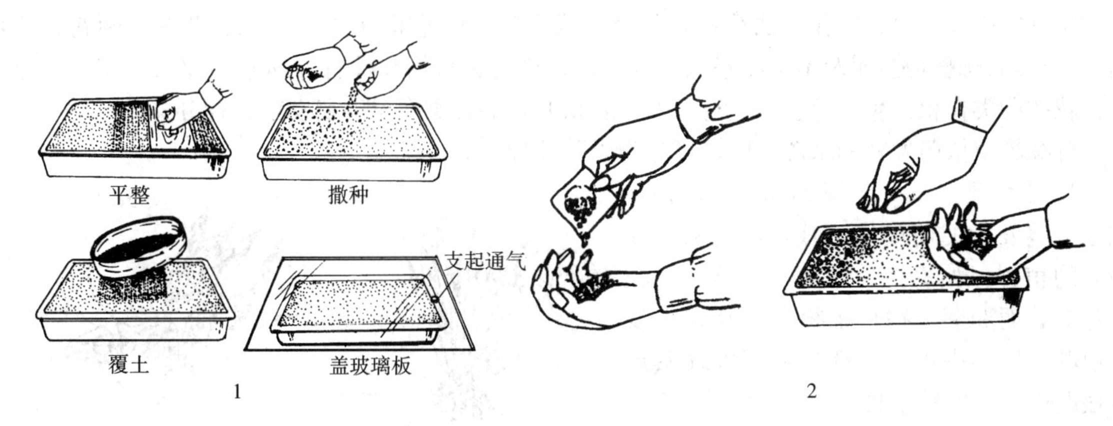

图 1-3-2　常用播种方法
1. 撒播法　2. 点播法

第二节　无性繁殖

无性繁殖（营养繁殖）即利用植物营养体（根、茎、叶等）的一部分进行的繁殖。由于很多植物的营养器官具有细胞全能性，无性繁殖由体细胞经有丝分裂的方式重复分裂，可产生与母细胞完全一致的遗传信息的细胞群，进而发育成新个体，因而保持了母株的全部特性。

用无性繁殖产生的后代群体称为无性系（clone）或营养系，在观赏植物生产中具有重要的意义。一些高度杂合的观赏植物栽培物种，如菊花、大丽花、月季、唐菖蒲、郁金香等，只有采用无性繁殖才能保持其品种特性。还有一些不结种或种子不易获得的观赏植物，如香石竹、重瓣矮牵牛等，必须用无性繁殖才能延续后代。

与有性繁殖相比，无性繁殖可直接获得较大植株，且植株开花结果较早，育苗快速而经济。但无性繁殖的繁殖系数小，木本植株后代的根系较浅（实生嫁接苗除外），适应性不强，寿命较短。

无性繁殖的类型主要有分生繁殖（division）、扦插繁殖（cutting）、嫁接繁殖（grafting）、压条繁殖（layering）、组织培养（in-vitro propagation）、孢子繁殖（spore propagation）。

一、分生繁殖

分生繁殖是利用某些植物的植株基部、根部产生萌枝或特殊变态器官的特性，人为地将植株的营养器官的一部分与母株分离或切割，另行栽植和培养而形成独立的新植株的繁殖方法。分生繁殖的特点是简便，容易成活，成苗较快，新植株能保持母株的遗传特性。常应用于多年生草本花卉和某些木本花卉。

依植株营养器官的变态类型和来源不同，可分为分株繁殖和分球繁殖两种。

（一）分株繁殖

分株是将根部或茎部产生的带根萌蘖（根蘖、茎蘖）从母体上分割下来，形成新的独立植株的方法（图1-3-3）。操作方法简便，新个体成活率高。宿根花卉如兰花、芍药、菊花、萱草属、玉簪属、蜘蛛抱蛋属及木本花卉如牡丹、木瓜、蜡梅、紫荆和棕竹等通常用此法繁殖。一般早春开花的种类在秋季生长停止后进行分株；夏秋开花的种类在早春萌动前进行分株。

分株繁殖依萌发枝的来源不同，可分为以下几种。

1. 分根蘖（sucker division） 由根际或地下茎发生的萌蘖切下栽植，使其形成独立的植株，如春兰、萱草、玉簪、一枝黄花等。而蜀葵、宿根福禄考可从根上发生根蘖。生产中可采用砍伤根部促使其产生根蘖以增加繁殖系数。

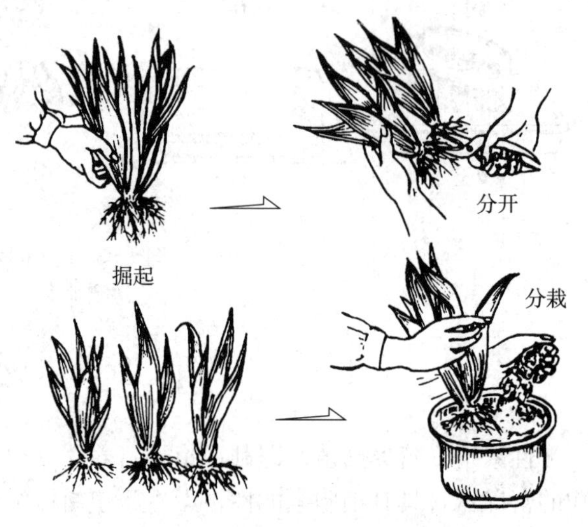

图1-3-3 多年生草本花卉分株

2. 分根颈（crown division） 由茎与根交界处产生分枝，草本植物的根颈是植物每年生长新枝条的地方，如八仙花、荷兰菊、玉簪、紫萼和萱草等，单子叶植物更常见。木本植物的根颈产生于根和茎的过渡处，如蜡梅、木绣球、夹竹桃、紫荆、棣棠、结香、麻叶绣球等。

3. 分走茎（runner division）和短匍匐茎（offset division） 走茎是指从叶丛抽生的节间较长的花茎，在其顶端及节的部位于花后长叶、生根，形成小植株。将走茎上的小植株分离下来，即成一独立个体（图1-3-4）。常见观赏植物有吊兰、虎耳草等。短匍匐茎是侧枝或枝条的一种特殊变态，但节间稍短，非花茎，多年生单子叶植物茎的侧枝上的蘖枝即属于此类，在禾本科、百合科、莎草科、芭蕉科、棕榈科中普遍存在，如竹类、天门冬属、吉祥草、沿阶草、麦冬、万年青、蜘蛛抱蛋属、水塔花属和棕竹等。

图1-3-4 吊兰的走茎

4. 分吸芽 吸芽为一些植物根际或近地面叶腋自然发生的短缩、肥厚呈莲座状的短枝，其上有芽（图1-3-5）。吸芽的下部可自然生根，可自母株分离而另行栽植。如多浆植物中的芦荟、景天、拟石莲花等在根际处常着生吸芽；凤梨类的地上茎叶腋间也生吸芽，均可用此法繁殖。园艺上常用割伤其根部的方法促其发生吸芽来增加繁殖系数。

图1-3-5 玉树的吸芽

5. 分珠芽（bulblet）和零余子（tubercle） 一些观赏植物具有特殊形式的芽，如百合属卷丹、沙紫百合等的珠芽在叶腋处着生（图1-3-6）；葱属的大花葱、天蓝花葱、紫花葱等的珠芽在花序上长出；薯蓣类的特殊芽呈鳞茎状或块茎状，称零余子。珠芽和零余子落地可自然生根，故可在成熟之际及时采收，并立即播种。采用珠芽繁殖，至开花一般需2～3年，比播种繁殖快，且能保持母本特性，繁殖系数也明显高于分球法。

（二）分球繁殖

分球繁殖是指利用具有贮藏作用的地下变态器官（或特化器官）进行繁殖的方法。一些球根花卉如唐菖蒲、水仙、百合等，其母球能分生出新球，或长出新球及多数小球（子球），可利用球根自然分生的能力，将其分离，重新栽种长成新株。而有些球根花卉自然分球率低，需要人工繁殖，母球切割后一般需晾干，或在切口涂抹草木灰或硫黄粉，以防病菌感染，然后栽植。

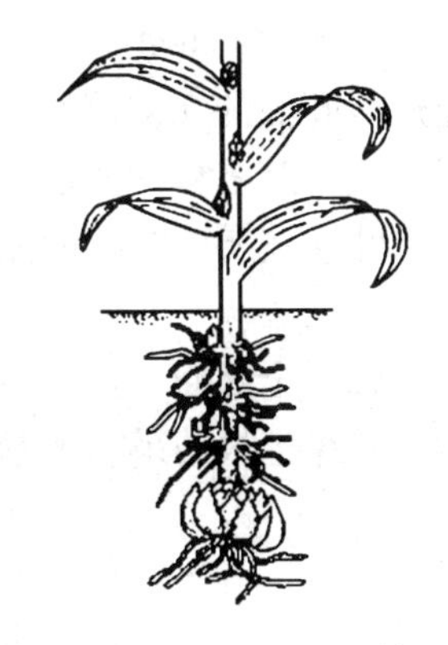

图 1-3-6 卷丹的鳞茎和珠芽

1. 鳞茎 鳞茎的顶芽抽生真叶和花序，腋芽则自然形成许多子鳞茎。自然分球繁殖时，将子鳞茎从母球上掰下即可。采收的子鳞茎经过休眠后可春植或秋植。春季开花的球根花卉一般夏季休眠，秋季种植，如水仙、郁金香、风信子、球根鸢尾、雪滴花等；夏秋开花的一般冬季休眠，春季种植，如百合、朱顶红、石蒜、葱兰等。百合常用鳞片繁殖，可将母鳞茎上的鳞片分开，在适宜的生长条件下，鳞片基部长出小鳞茎，每个鳞片可发育出 3～5 个小鳞茎。

2. 球茎 老球茎萌发后在基部形成新球，新球旁又生子球。新球、子球和老球都可作为繁殖体另行栽植。同时，因球茎上具多数侧芽，可将母球切割数块，每块附 1～2 个芽点，单独栽植。常见球茎类的球根花卉有唐菖蒲、香雪兰、番红花等。

3. 块茎 块茎繁殖可用整个块茎进行，也可通过带芽切割母球的方法来增殖。仙客来、彩叶芋、马蹄莲、晚香玉、大岩桐、球根秋海棠等用此法繁殖。仙客来不能自然分生子球，用切割母球法繁殖操作比较困难，故常用种子繁殖。

4. 根茎 将根茎带 2～3 个芽进行分割栽植，即可形成新的植株（图 1-3-7）。常见的根茎类球根花卉有美人蕉、铃兰等。宿根花卉中也有地下具根状茎的，虽不肥大，但也可用相同的方法繁殖，如鸢尾、一叶兰、香蒲、紫菀、萱草、铁线蕨等。

5. 块根 块根在繁殖时必须带有根颈部，根颈部一般有多个芽，故可将块根分割成带 2～3 个芽的小块，分别栽植。大丽花、银莲花、花毛茛等常用此法繁殖。

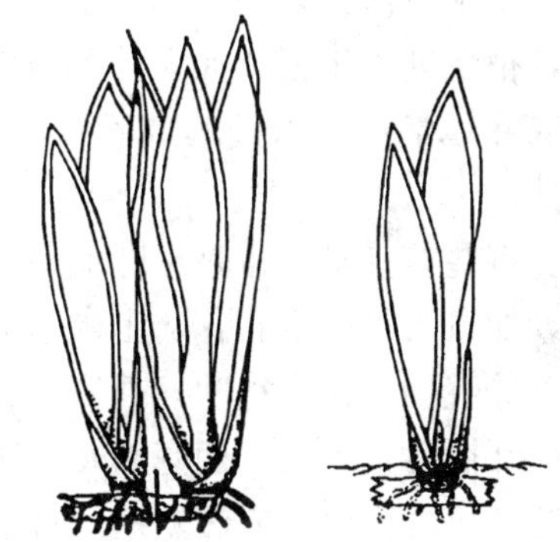

图 1-3-7 虎尾兰根茎繁殖示意图

二、扦插繁殖

扦插繁殖是利用植物营养体（根、茎、叶）的再生能力，将其从母株上切取，在适宜的条件下，促使其产生不定芽或不定根，成为新植株的方法。与分生繁殖相比，扦插繁殖的繁殖系数更大，但有些种类不易生根。

（一）扦插的种类与方法

根据插条所取部位的不同，扦插可分为叶插、芽叶插、茎插（枝插）和根插等类型。

1. 叶插（leaf cutting） 以成熟的叶片作为扦插材料，自叶上能产生不定芽及不定根。凡能进行叶插的观赏植物，多数具有粗壮的叶柄、叶脉或肥厚的叶片，如虎尾兰属、秋海棠属、景天科、苦苣苔科、胡椒科的许多种类。叶插通常在生长期进行。

叶插按所取叶片的完整性，可分为全叶插和片叶插；按叶片与基质接触的方式，可分为平置法和直插法。

（1）全叶插。全叶插以完整叶片为插穗，生根的部位有叶脉、叶缘及叶柄之别。通常自叶脉、叶缘生根的采用平置法，叶柄生根的采用直插法，故又称叶柄插法（图1-3-8）。

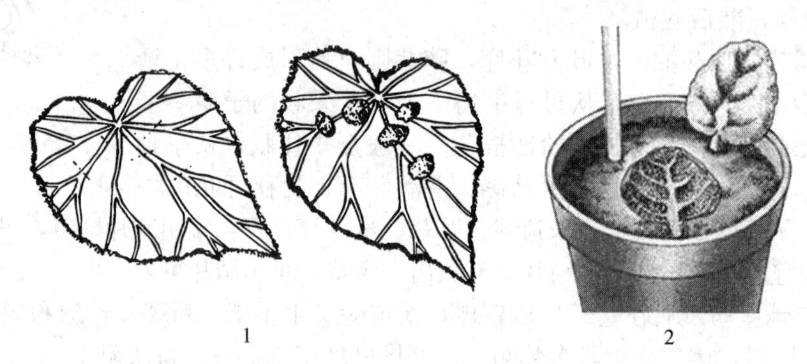

图1-3-8 全叶插示意图
1. 平置法 2. 直插法

①平置法：切去叶柄，将叶片平铺于沙面上，以铁针或竹针固定，保证叶片与介质的紧密接触，很快就可生根。如大叶落地生根从叶缘处产生幼小植株；蟆叶秋海棠和彩纹秋海棠易从叶脉处或叶片基部生根；蟆叶秋海棠叶片较大，在各粗壮叶脉上用小刀切断，切断处可产生幼小植株。

有些花卉虽然也是于叶柄切口处生根，但其叶片肥厚、叶柄很短或无叶柄，也采用平置法扦插，如景天科的宝石花、玉米景天等。

②直插法：也称叶柄插法。将叶柄插入沙中，叶片立于沙面上，叶柄基部发生不定芽。如大岩桐叶插时，先在叶柄基部发生小块茎，之后发生根与芽。虎尾兰、非洲紫罗兰、豆瓣绿、球兰等花卉也可用此种方法繁殖。百合的鳞片也可扦插。

（2）片叶插。片叶插通常采用直插法，首先将叶片分切数块，每块需带有主脉（具掌状脉的纵切，其余种类横切），并剪去叶缘较薄的部位，以减少蒸发；然后分别插入基质中使之生根长芽（图1-3-9）。叶脉生根及叶柄生根的均可采用此方法，如蟆叶秋海棠、大岩桐、虎尾兰等。片叶插要注意不可使叶片上下颠倒，虎尾兰尤其如此，否则影响成活。

2. 叶芽插（leaf-bud cutting） 以一叶一芽及其着生处茎或茎的一部分作为插穗的扦插方法。主要用于叶插易生根，但不易长芽的温室花木类繁殖，如菊花、杜鹃花、八仙花、山茶花、橡皮树、龟背竹、春羽等。叶芽插由于使用的是茎的一部分，所以更像是茎插，由于只带一个芽，故又称单芽插（图1-3-10）。

叶芽插比较节省插穗，但成苗较慢。叶芽插在生长期进行；选取叶片成熟、腋芽饱满的枝条，削成每段只带一叶一芽的插穗，直插基质中，露出芽尖或将插穗平插基质中只露出叶片。用

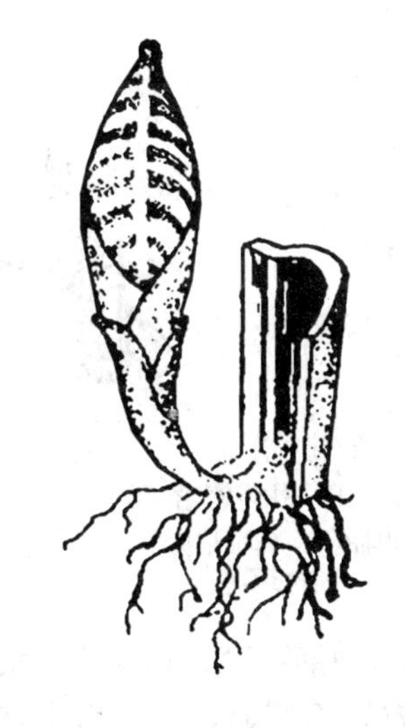

图 1-3-9　虎尾兰片叶插示意图

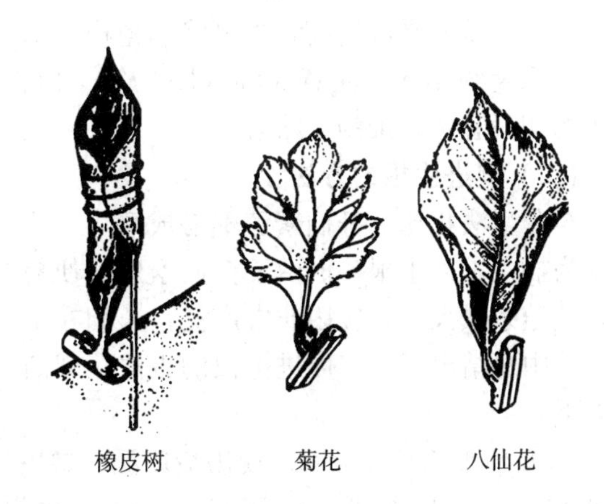

图 1-3-10　叶芽插（直插法）

于平插的插穗一般将芽对面茎段的皮层略削去一点，以扩大生根面。

3. 茎插（stem cutting）　指以带 2～4 个芽的枝条（茎）为插穗的扦插方法。这是应用最广泛的一种方法。根据扦插的时间以及枝条木质化程度的不同，可分为软枝扦插、半硬枝扦插和硬枝扦插。

（1）软枝扦插（softwood cutting）。选取当年生发育充实的嫩枝扦插，多用于宿根草本花卉。软枝扦插在生长期进行，通常切成 5～10cm 的茎段，每段带 3 个芽，剪去下部叶片，仅留顶端 2～3 片叶，插入基质，深度为插穗的 1/3～1/2。注意所选枝条以老熟适中为宜，如果过于柔嫩则易腐烂，过于老熟则不易生根。插条叶片若全部剪去则不易成活，不剪则水分容易散失。插条剪取后要注意保湿或尽快扦插。多汁液的植物应使切口干燥半日至数天后扦插，以防腐烂。

（2）半硬枝扦插（semihardwood cutting）。选用当年生半木质化的枝条作为插穗的扦插方法，多用于常绿、半常绿的温室木本花卉，如米兰、茉莉、栀子、山茶花、杜鹃花、月季等。半硬枝扦插也在生长期进行，方法与嫩枝扦插基本相同。半硬枝扦插的深度一般为插条的 1/3～2/3。

（3）硬枝扦插（hardwood cutting）。选用 1～2 年生完全木质化的休眠枝条作插穗的扦插方法，多用于落叶木本及针叶树。一般选取 1～2 年生的成熟枝条，剪成长 10～20cm 带 3～4 个芽的插穗，扦插深度为插穗的 2/3。春季采穗需立即扦插，秋季采穗在南方温暖地区亦可立即扦插，在北方寒冷地区可先保湿冷贮，至翌春再扦插。具体做法是：将剪好的插条捆扎成束，埋藏于露地非冻土层，或用沙或锯木屑保湿，保存于 5℃左右的室内。常用硬枝扦插的观赏植物有罗汉松、刺柏、花柏、玉兰、叶子花等。其中常绿针叶树的插条宜于秋季采取并立即扦插，采用高浓度生根剂以及高空气湿度、高地温条件下以保证其成活。

4. 根插（root cutting）　有些宿根花卉，如福禄考、垂盆草、芍药、紫菀、凌霄、紫藤、海棠、丁香、泡桐等，能从根上产生不定芽形成幼株，可以根作插穗来扦插繁殖。这类花卉大多具有粗壮的根，于休眠期（晚秋或早春）选取较粗大者，切成 5～15cm 的根段，直插基质中，顶端与基质平或略高，也可将插穗横埋基质中，深度约 1cm，注意保湿（图1-3-11）。根粗的切段宜长，细的可略短。

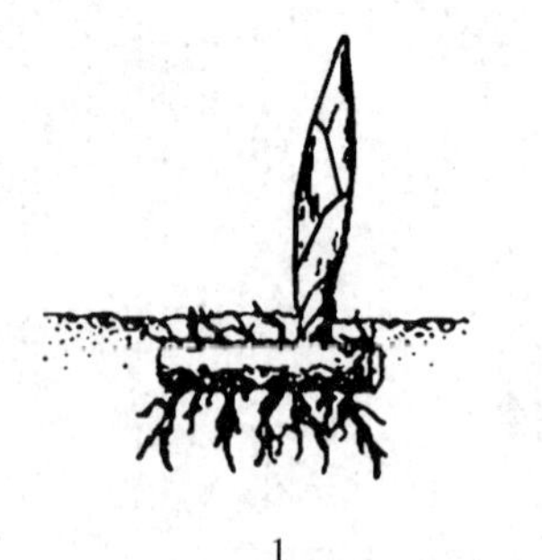

图 1-3-11　根插繁殖
1. 全埋根插　2. 露顶根插

（二）促进生根的方法

与分生法相比，扦插繁殖不易成活，主要表现为插条难以生根。但由于扦插繁殖简便易行，繁殖系数大，其应用非常广泛，人们在生产实践中总结出了许多促进生根的方法，现简介如下。

1. *植物生长激素处理*　使用最广泛、常用的有吲哚乙酸（IAA）、吲哚丁酸（IBA）、萘乙酸（NAA）及 2，4-D 等，对于茎插均有显著效果，但对根插和叶插效果不明显，处理后常抑制不定芽的发生。能促进不定芽产生的激素是细胞分裂素，调节好它同其他生长素间的平衡是叶插、根插成活的保障。常用的细胞分裂素有 6-苄氨基腺嘌呤（6-BA）和激动素等。

生长素的应用方式较多，有粉剂处理、水剂处理、酯剂处理。花卉繁殖中以粉剂处理和水剂处理为多。采用粉剂处理时，将插条下端蘸上粉剂，再插入温床。混入的生长素的浓度视扦插的种类、扦插材料而异，吲哚乙酸、吲哚丁酸、萘乙酸等应用于易生根的插条时，浓度为 500～2 000mg/L，此浓度适于软枝扦插和半硬枝扦插。对生根较难的插穗，浓度为10 000～20 000 mg/L。配制试剂时应将生长素先溶解于 95%的酒精，然后再加水定容到工作浓度。

2. *物理方法处理*　物理方法的处理很多，包括机械处理、软化处理、干燥处理、温度处理、高温静电处理、超声波处理等。常用的有：

（1）机械处理。有环状剥皮、刻伤或缢伤等方法，用于较难生根的木本植物的硬枝扦插，即在生长后期采插条之前，先环割、刻伤或用麻绳捆扎枝条基部，以阻止枝条上部养分向下转移运输，从而使养分集中于受伤的部位。到休眠期，再由此处剪取插穗进行扦插，则易生根，而且苗木生长势强、成活率也高。

（2）软化处理。又称黄化（etiolation）处理、白化处理。即在剪取插条之前，用黑布、不透水的黑纸或泥土等封裹枝条，经过约 3 周的生长，遮光的枝条就会变白软化，将其剪下扦插，较易生根。这是因为黑暗使枝条内所含的营养物质发生了变化，如抑制愈伤组织形成和根发生的色素、油脂、樟脑、松脂等的含量降低，而促进生长的生长素含量增高；同时，黑暗还可以延迟芽组织的发育，促进根组织的生长。采用软化处理要注意的是：软化处理只对部分种类有效；软化处理只对正在生长的枝条有效。

（3）提高地温和喷雾处理。密闭插床和间歇喷雾插床由于较好地解决了扦插的高空气湿度与低基质湿度要求之间的矛盾，目前在生产上得到广泛应用。密闭插床通过薄膜对扦插床密封保湿，可提高空气湿度，同时结合遮阴及通风降温。由于较低的气温可在一定程度上抑制芽的生长，从而减少插条的养分消耗和水分散失，较高的插床温度则可促进生根，提高插床地温的方法有电热丝加温和热水管加温等。

三、嫁接繁殖

嫁接是将需要繁殖的植物营养器官的一部分移接到另一植物体上，使之愈合生长在一起，形成独立新个体的方法。在新个体上发育成枝、叶、花、果等器官的部分称为接穗（scion），发育成根系的部分称为砧木（stock）。

嫁接繁殖具有保持接穗的优良特性，提早开花结实，砧木根系强壮，适应性强等特点。由于借助了砧木的根，所以嫁接苗也被称为“他根苗”。但嫁接繁殖对技术的要求高，操作较复杂，且接口处易形成瘤状，影响观赏，故其应用受到一定限制。

嫁接繁殖在草本花卉中应用不多，主要用于一些不宜用其他方法繁殖的木本花卉，如桂花、梅花、白兰、山茶花、樱花等；亦用于仙人掌类中一些必须依赖绿色砧木生存的不含叶绿素的紫、红、粉、黄色品种或适应性差、生长势弱但观赏价值较高的品种。嫁接也常用于花卉的特殊造型以提高观赏性，如以黄蒿作砧木的塔菊培养；直立砧木上垂枝桃、龙爪槐、蟹爪兰、仙人指等下垂品种的造型；一株砧木上进行多个花色品种的嫁接造型；对古树名木的树形、树势进行恢复补救等。嫁接还可用于提高观赏植物的抗逆性，如切花月季常用强壮品种作砧木促使其生长旺盛。

（一）嫁接原理

嫁接的过程实际上是砧木与接穗切口相互愈合的过程（图 1-3-12）。嫁接通过砧木、接穗结合部位形成层的再生、愈合，使导管、筛管互通，从而形成新的个体。嫁接后，砧木、接穗接口处的形成层薄壁细胞开始分裂，分别形成愈伤组织，两种愈伤组织互相连接，通过胞间连丝，把彼此的原生质互相沟通起来。另一方面，形成层细胞不断分裂形成新的木质部和韧皮部，把砧木和接穗的输导组织连接起来，从而恢复嫁接时被破坏的水分和养分平衡，使之上下沟通，新植株开始正常生长。

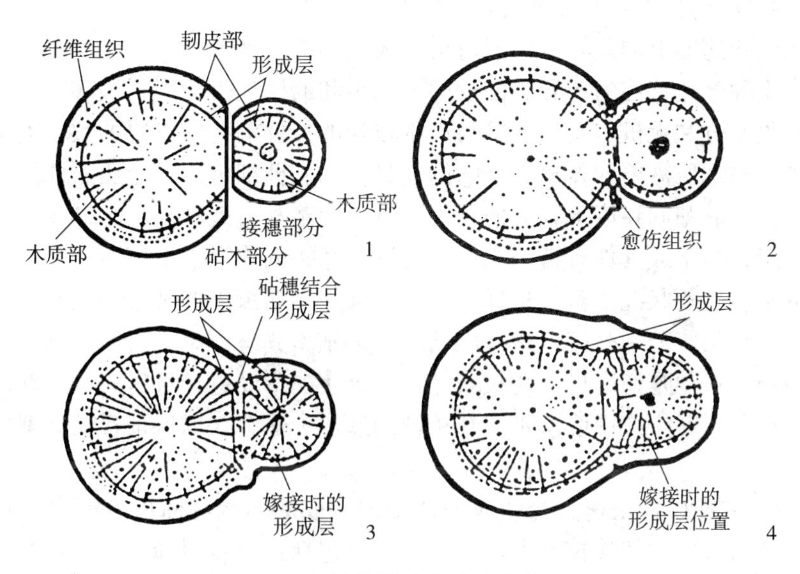

图 1-3-12　嫁接繁殖中砧穗愈合的过程

（二）影响嫁接成活的因素

1. 植物内在因子　砧木与接穗之间的亲和力及两者的营养生长状况是影响嫁接成活的主要因子。嫁接亲和力（graft affinity）是指砧木和接穗经嫁接能愈合并正常生长的能力，即指砧木和接穗内部组织结构、遗传和生理特性的相识性，通过嫁接能够成活以及成活后生理上相互适应。嫁接能否成功，亲和力是其最基本的条件。亲和力越强，嫁接愈合性越好，成活率越高，生长发育越正常。影响砧穗亲和力大小的因素包括砧穗间的亲缘关系、砧穗间细胞组织结构的差异、砧穗间生理生化特性的差异等。

（1）砧穗间的亲缘关系。通常亲缘关系越近，亲和力越强，嫁接越易成活。同品种或同种间的亲和力最强，成活率一般也最高；同属异种间因属种而异，多数亲和力好，易于成活，如蔷薇属、李属、苹果属、木兰属、柑橘属、山茶属、杜鹃花属的各种间等；同科异属间亲和力一般较小，但也有成活的组合，如仙人掌科的许多属间，柑橘亚科的各属间，桂花与女贞间，菊花与黄蒿、青蒿及白蒿间等。不同科之间由于亲缘关系太远，很难成功，在生产上尚无应用。

（2）砧穗间细胞组织结构的差异。由于愈伤组织是通过砧穗形成层薄壁细胞的分裂而形成的，因此砧穗间形成层薄壁细胞的大小及结构的相似程度直接影响砧穗的亲和性及亲和力大小。如果差异大，有可能出现完全不亲和；差异小，则可能形成生产上所谓的“大脚”（即愈合处砧木端较粗）或“小脚”（即愈合处砧木端较细）现象（图 1-3-13）；差异最小时亲和力最大，嫁接处可自然吻合。虽然最后一种情形是最理想的，但栽培中常见“大、小脚”现象，只要生长表现正常，并不影响生产。除砧穗间细胞组织结构差异外，砧穗生长速度上的差异也可能造成“大、小脚”现象的产生。

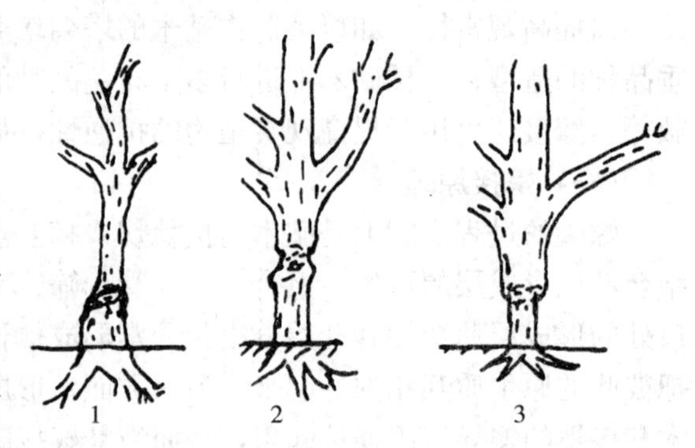

图 1-3-13　嫁接亲和不良的表现形式
1. 大脚　2. 环缢　3. 小脚

（3）砧穗间生理生化特性的差异。砧穗间影响亲和的生理生化因子很多，主要表现在：①提供根系的砧木吸收水分和无机养料的数量与产生枝叶的接穗消耗所需要的数量间的差异，同样接穗制造有机养分与砧木所需要的养分数量间的差异。②砧穗细胞的渗透压、原生质的酸碱度和蛋白质种类等的差异。砧穗间在以上各方面的差异越小，亲和力就越高。③砧穗在代谢过程中若产生不利愈合的松脂、单宁或其他有害物质，也会影响嫁接的成活。

（4）砧穗的营养生长状况。营养良好、生长健壮、无病虫害的砧木与发育充实、富含营养物质和激素的接穗，其细胞分裂旺盛，嫁接成活率高。砧木具有根系，一般生活力都较强，切口处都能长出愈伤组织。接穗是切离母株的枝或芽，且嫁接前常经过较长时间的运输和贮藏，其生活力的差异很大。因此，在生产中应特别注意接穗的选取和保存，以保证接穗旺盛的生活力，提高嫁接的成活率。

2. 技术因子　要使砧穗快速愈合，应该使砧穗形成层的接触面尽可能大，且接合良好。要做到这一点，必须有成熟的嫁接技术保证。技术要点包括：嫁接刀锋利，操作快速准确，嫁接削口光滑平整，砧穗切口形成层相互吻合，砧穗接合紧密，绑扎牢固密闭等。

3. 环境因子　环境因子对砧穗愈伤组织的形成影响很大，主要因素有温度、湿度、氧气和光照等。

（1）温度。植物生长的最适温度一般就是愈伤组织形成的最适温度，为 20～30℃。夏秋芽接时，温度一般能满足。春季枝接时，可根据各类植物萌动、生长的早晚来确定进行的次序。

（2）湿度。湿度是影响嫁接成活的主导环境因子。因为除靠接外，接穗在切离母体至与砧木愈合前，其水分平衡只有靠足够的环境湿度来维持，其次愈伤组织内的薄壁细胞柔嫩，生长本身需要较高的环境湿度。嫁接中常采用培土、套塑料袋、涂蜡、包裹保湿材料如泥炭藓等方法保湿。

（3）氧气。愈伤组织的生长需要充足的氧气，而较高的湿度就意味着氧气的不足。生产上用培土保湿时要根据土壤含水量的高低来调节培土的多少，或用透气而不透水的聚乙烯膜封扎嫁接口和接穗。

（4）光照。光照对愈伤组织的生长有明显抑制作用，黑暗条件下愈伤组织形成多而嫩，砧穗容易愈合，而在光照条件下，愈伤组织形成少而硬，砧穗不易愈合。

（三）砧木与接穗的选择、培育与贮藏

1. 砧木的选择与培育　砧木的选择主要依据以下条件：①与接穗具有较强的亲和力；②对栽培地区的环境条件适应能力强；③对接穗优良性状的表现无不良影响；④来源丰富，易于大量繁殖；⑤1～2 年生、1～3cm 粗、生长健壮的实生苗。

砧木多选用实生苗，故采用播种繁殖，其优点是易大量繁殖、根系强壮、抗性强且寿命长。培育 1～2 年生、粗度达 1～3cm 的实生苗最为适宜。对于小灌木及生长慢的种类，砧木可稍细，也可用 3 年生以上的苗木为砧木，或采用摘心方法促进其增粗生长。若需芽接或插皮接，为使砧木“离皮”，可采用基部培土、加强肥水等措施促进形成层的活动，不仅便于操作，也有利于嫁接成活。靠接的砧木需单独盆栽，使茎干倾斜，靠近盆沿，以方便操作。对于种子来源少、不易种子繁殖的植物也可用扦插、分株、压条等方法繁殖苗木作为砧木。

2. 接穗的选择与贮藏　采穗母株要求品种纯正，表现优良，观赏价值高且性状稳定。接穗应选取母树树冠外围，尤其是向阳面的生长旺盛、发育充实、无病虫害、粗细均匀、节间短的一年生枝条或当年生枝条，以树冠中上部枝条为佳。二年生以上枝条成活率低，但常绿针叶树接穗应带有一段二年生发育健壮的枝条，以提高成活率，并促进生长。

接穗的采取依嫁接时期和方法不同而异。芽接宜在生长季树液流动旺盛的夏秋季进行，采取当年生新梢作接穗。此时接穗腋芽发育充实饱满，且砧穗易离皮，宜随采随接。采取地点较远时不可一次采集过多。采回的接穗要立即剪去嫩梢，摘除叶片（保留叶柄），注意保湿。若不能及时使用，宜放阴凉处或冷藏。枝接一般在休眠期进行，以春季芽尚未萌动、树液已开始流动、细胞分裂活跃时最适宜，采取一年生枝条作接穗，此时可随采随接。若嫁接数量大，亦可在秋冬结合修剪采穗。沙藏方法与插穗相同，注意保持低温、适宜的湿度，并防止萌芽。而采用蜡封冷藏（0～5℃）接穗，可有效保持其嫁接成活率，并延长嫁接时间，生产上广泛使用。

（四）嫁接技术

根据接穗的不同，嫁接方法可分为枝接（scion grafting）、芽接（budding）和根接（root grafting）三大类。

1. 枝接　以枝条为接穗的嫁接方法，包括切接（splice grafting）、劈接（cleft grafting）、腹接（side grafting）、舌接（whip grafting）、皮下接（bark grafting）、靠接（inarching，approach grafting）、桥接（bridge grafting）、楔接（wedge grafting）和锯缝接（sawkerf grafting）等。现将常用的几种介绍如下。

（1）切接。普遍用于各类植物，适于砧木较接穗粗的情况。先将砧木在距地面5cm处去顶、削平，然后在砧木一侧直径1/5～1/4处略带木质部垂直下刀，深2～3cm；接穗也在一侧切削2～3cm长的平行切面，对侧基部削一短斜面，接穗上要保留2～3个完整饱满的芽。将削好的接穗插入砧木切口中，使形成层对准，再扎紧密封（图1-3-14）。

（2）劈接。适用于大部分落叶树种，砧木粗度为接穗的2～5倍。接法类似切接，砧木去顶后在横切面的中央垂直下刀；接穗下端则两侧均切削成2～3cm长的楔形。接穗插入砧木时使一侧形成层对准，可一次插入2个接穗（图1-3-15）。

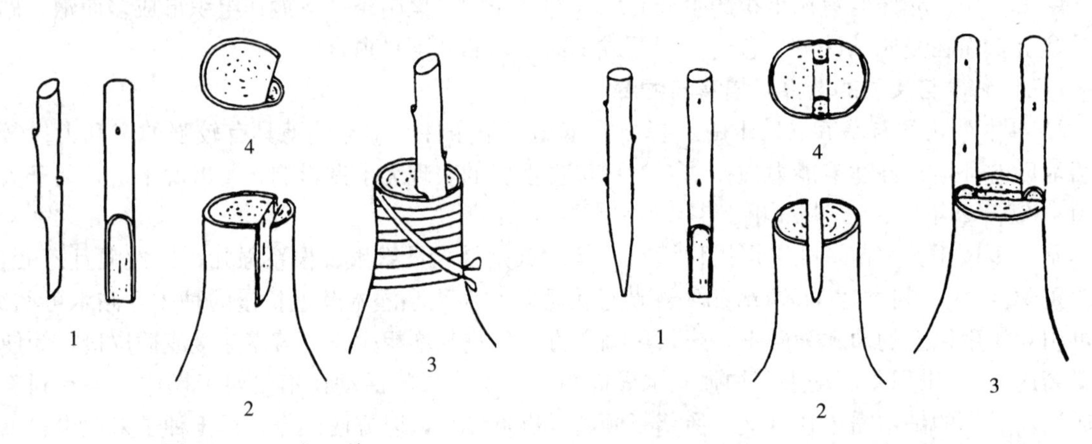

图1-3-14　切　接
1. 接穗切削侧、正面　2. 砧木切法
3. 砧穗接合、捆扎　4. 形成层接合断面

图1-3-15　劈　接
1. 接穗切削侧、正面　2. 砧木劈开
3. 双穗插入正面　4. 形成层接合断面

（3）腹接。适用于针叶树及砧木较细的种类，其特点是砧木不去头，在其腹部进行枝接，待成活后再剪砧去顶。从砧木侧面斜切一刀，深至砧木直径1/3，长2～3cm，接穗切法同切接；或将砧木横切一刀，竖切一刀，呈T字形切口，深至皮下即可将接穗插入，绑紧即可（图1-3-16）。前者为普通腹接，后者为皮下腹接。腹接的优点是嫁接一次失败后可及时补接。

（4）皮下接。又称插皮接，适用于砧木粗大，直径在15cm以上的种类。砧木在距地面5cm处去顶削平；接穗一侧削成长3～5cm的斜面，余同切接。将大斜面朝向木质部，插入砧木皮层中，皮层过紧时可先纵切一刀，将接穗插入中央，注意接穗切口不可全部插入，应留0.5cm的伤口在外，即“留白”以利愈合（图1-3-17）。

（5）靠接。用于亲和力较差，嫁接不易成活的树种，砧穗粗度宜相近。在距地面相同高度，且侧面均较光滑的树干上，将作为砧木和接穗的植株各削下一段略带木质部的树皮，切削的长度、大小、深度均尽量相同，然后使切口相接，紧密捆绑。待愈合后再削去砧木的头，剪下接穗的根（图1-3-18）。由于愈合过程中接穗未离开母体，故成活较容易。

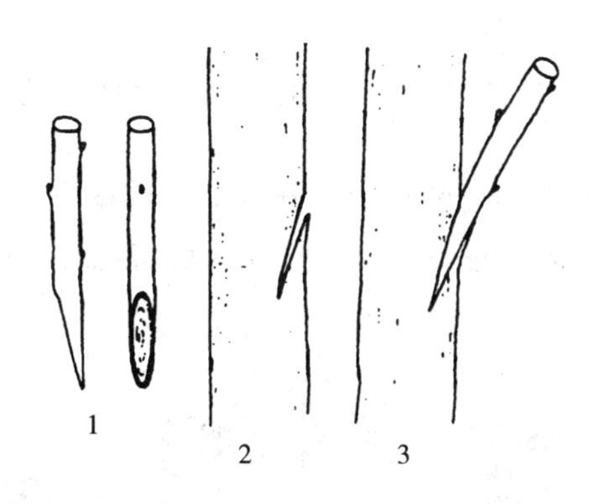

图 1-3-16　腹　接

1. 接穗切削侧、正面　2. 砧木劈开　3. 砧穗接合

图 1-3-17　皮下接（插皮接）

（6）舌接。一般适宜砧径 1cm 左右，且砧穗粗细大体相同的嫁接。在接穗下芽背面削成约 3cm 长的斜面，然后在削面由下往上 1/3 处顺着枝条往上劈，劈口长约 1cm，呈舌状。砧木也削成 3cm 左右长的斜面，斜面由上向下 1/3 处顺着砧木往下劈，劈口长约 1cm，和接穗的斜面部位相对应。把接穗的劈口插入砧木的劈口中，使砧木和接穗的舌状交叉起来，然后对准形成层，向内插紧（图 1-3-19）。如果砧穗的粗度不一致，形成层对准一边即可。

图 1-3-18　靠　接

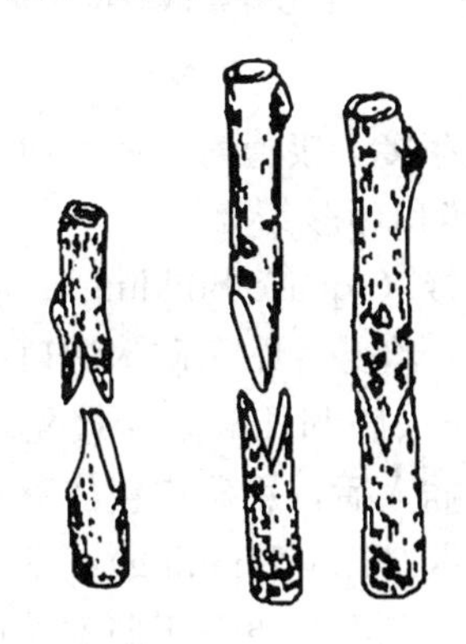

图 1-3-19　舌　接

2. *芽接*　用芽作接穗的嫁接方法。芽接与枝接的区别是接穗为带一芽的茎片，或仅为一片不带木质部的树皮，或仅带部分木质部。常用于较细的砧木嫁接。

按芽是否带木质部分为盾形芽接（shield budding）和贴皮芽接（bark budding）两类。

（1）盾形芽接。将芽作接穗削成带有少量木质部的盾形芽片，再接于砧木不同形状的切口上的方法。采当年生的新鲜枝条后，去叶留柄，选择发育充实的腋芽，切取长 2～3cm，宽 1cm 左右的盾形芽片，芽位于芽片的正中略偏横切口处。依砧木切口的形式不同，又可分为 T 形芽接、倒 T 形芽接和嵌芽接。

①T 形芽接（T-budding）：这是最常用的方法。在砧木上选光滑部位作 T 字形切口，将芽片插入切口，使其上部与砧木的横切口对齐，然后用塑料条将切口包严，将柄留在外边，以便检

查成活情况（图 1 - 3 - 20）。

②倒 T 形芽接（inverted T - budding）：砧木作成“⊥”形，芽片也采用自上而下的切取方法，芽片插入切口后使其下部与横切口对齐。

③嵌芽接（chip budding）：适用于砧木较细或树皮剥离的情况。芽片取法同倒 T 形芽接，砧木则自上而下平行切下，不能全部切掉，下部留 0.5cm 左右，将芽片插入后将此部分贴到芽片上绑牢（图 1 - 3 - 21）。类似于皮下腹接。

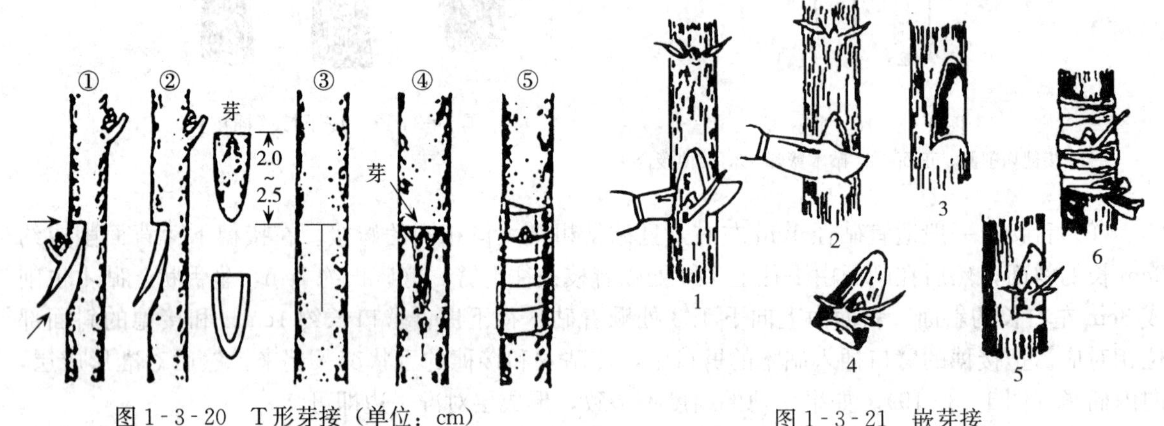

图 1 - 3 - 20　T 形芽接（单位：cm）

图 1 - 3 - 21　嵌芽接

1、2. 削接穗　3、4. 取芽片　5. 贴芽片　6. 绑缚

（2）贴皮芽接。接穗为不带木质部的芽，贴在砧皮被剥去的部位。依砧木切口形状分为方形芽接、I 形芽接和环形芽接。

①方形芽接（square budding）：将砧木上切掉一块方形树皮，接穗中取同样大小的芽片，芽位于芽片中央，将芽片贴于砧木切口中绑紧即可（图 1 - 3 - 22）。

②I 形芽接（I - budding）：接穗取法同方形芽接，砧木上削成 I 字形切口，将砧皮往两边撬开，将芽片插入后，用砧皮包住芽片，再行绑扎。

③环形芽接（ring budding）：砧穗等粗时，可在砧穗上各取等高的一圈树皮，将接穗上与芽相对一侧的树皮割开，再贴于砧木切口上，并绑扎。也可将砧木去顶，在切口下割取树皮，则接

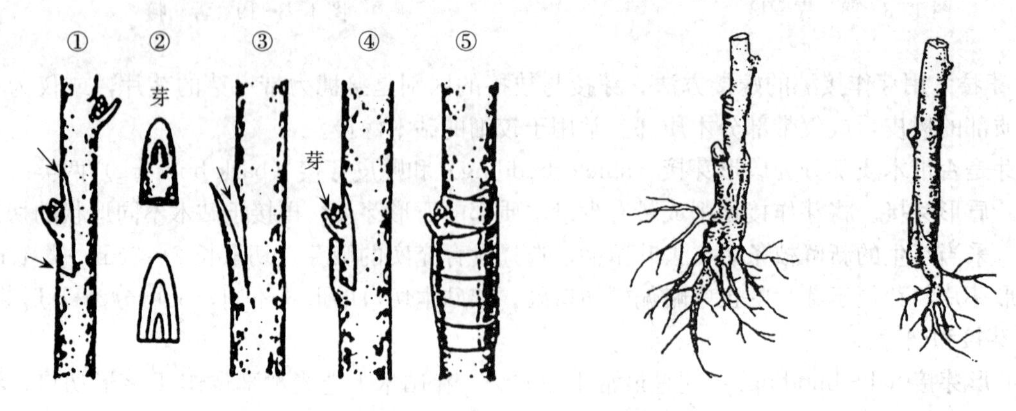

图 1 - 3 - 22　方形芽接

图 1 - 3 - 23　根　接

穗可保持一圈完整树皮，直接套于砧木切口处，且不需捆绑。

3. *根接*　以根系作砧木，在其上嫁接接穗。用作砧木的根可以是完整的根系，也可以是一个根段。如果是露地嫁接，可选生长粗壮的根在平滑处剪断，用劈接、插皮接等方法。也可将粗度0.5cm以上的根系截成8～10cm长的根段，移入室内，在冬闲时用劈接、切接、插皮接、腹接等方法嫁接。若砧根比接穗粗，可把接穗削好插入砧根内；若砧根比接穗细，可把砧根插入接穗（图1-3-23）。接好绑缚后，用湿沙分层沟藏，早春植于苗圃。

嫁接后要检查成活率（芽接后7～14d，枝接后20～30d），及时解除绑扎物或松土，并注意剪砧去蘖，保证成活接穗的正常生长。

四、压条繁殖

压条繁殖是在枝条不与母株分离的情况下，将枝梢部分埋于土中，或是把空中枝条包裹在能发根的基质中，促使枝梢生根，然后再与母株分离成独立植株的繁殖方法。

压条繁殖方法的优点是能在茎上生根，许多扦插难生根的观赏植物采用压条则可获得自根苗，且容易成活；能保持原有母株的特性。其缺点是繁殖系数较低。仅有一些温室花木有时采用高压法繁殖，如叶子花、扶桑、变叶木、龙血树、朱蕉、露兜树、白兰、山茶花等。

压条繁殖的原理与扦插繁殖中的枝插法相似，只需茎上产生不定根即可成苗。压条通常在早春发芽前进行，也可在生长期进行。常用的方法有单干压条（simple layering）、多段压条（compound layering）、埋土压条（mound layering）和空中压条（air layering）。

1. *单干压条*　将接近地面的一根枝条在埋入土中部位的下部刻伤或环剥1～3cm宽，然后将其埋入土中，留顶部于空气中，并设法固定即可。这是最简易的压条方法。

2. *多段压条*　适用于枝梢细长、柔软的灌木或藤本，如迎春、叶子花、蜡梅、紫藤、金银花、凌霄、铁线莲、常春藤等。将较长的枝条或藤蔓作蛇曲状引至地面，一段刻伤或环剥压埋入土中，深度约15cm，另一段露出土面，待埋入土中部分生根后，将其剪断，便形成一株新苗。一般灌木种类每根枝条只能弯曲一次，而蔓生或藤本种类一根枝条可呈波浪式压条，产生多株压条苗（图1-3-24）。

3. *埋土压条*　此法适用于根蘖较多的直立性丛生灌木，如月季、贴梗海棠、日本木瓜等。将较幼龄母株在春季发芽前于近地表处截头，促生多数萌枝。当萌枝高10cm左右时，先将其基部刻伤，并培土将基部1/2埋入土中，生长期可再培土1～2次，培土共15～20cm，以免基部露出。至秋季休眠后挖开堆土，将生根的枝条与母株剪断，另行栽植。母株在次年春季又可再生多数萌枝供继续压条繁殖。

4. *空中压条*　通称高压法，因在我国古代早已用此法繁殖石榴、葡萄、柑橘、荔枝、龙眼、树菠萝等，所以又叫中国压条法。

空中压条适用于大树或枝条较硬而不易弯曲埋土的观赏植物，如杜鹃花、山茶花、桂花、米兰、蜡梅等。此法技术简单，成活率高，但对母株损伤重。

空中压条在整个生长季节都可进行，但以春季和雨季为好。选择充实的2～3年生枝条，在适宜部位进行环剥，环剥后用5g/L的吲哚丁酸或萘乙酸涂抹伤口，以利伤口愈合生根，再于环剥处敷以保湿生根基质（水苔、泥炭藓等），用聚乙烯塑料薄膜包紧，两端扎紧。一般植物2～3个月后即可生根（图1-3-25）。

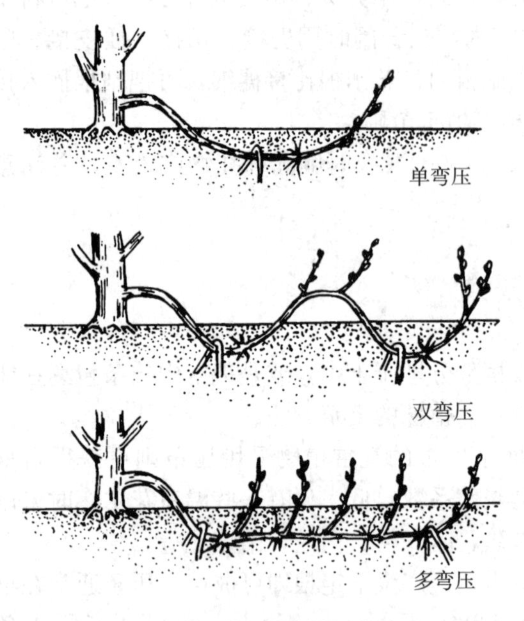

图1-3-24　波浪式压条法

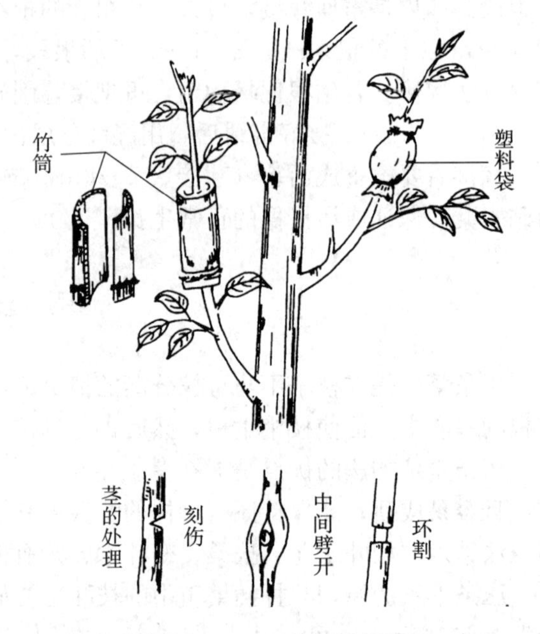

图1-3-25　空中压条法

生根的压条苗切离母株的时间依植物生根难易程度而定。蜡梅、桂花、金花茶要到第二年切离，而月季、结香、米兰、白兰等则当年即可。最好在植物进入休眠后再将生根的压条苗从母株上剪离另行栽植。

五、组织培养

组培繁殖是把植物体的细胞、组织或器官的一部分，在无菌的条件下接种到人工配制的培养基上，于玻璃容器或其他器皿内在人工控制的环境条件下进行培养，从而获得新植株的方法。由于培养的对象脱离植物母体，在试管中进行培养，所以又叫离体培养。主要是营养体的组培繁殖，但也有胚珠、胚、子房、种子及孢子的组培繁殖。

营养体组培繁殖的优点是快速、量大，不仅可以保留原品种的优良性状，而且通过茎尖、根尖分生组织的培养可获得脱毒植株。目前已在观赏植物生产中得到广泛应用，有良好发展前景。

（一）组织培养的途径

观赏植物的细胞、组织或器官经由组织培养获得完整植株，其再生有四种途径。

1. 顶芽和侧芽的发育　采用顶芽（apical bud，terminal bud）、侧芽（lateral bud，axillary bud）等茎尖（stem apex）或带有芽的茎切段作为外植体（explant），在离体培养条件下诱导出多枝多芽的丛生苗；将丛生苗转接继代，可迅速获得大量嫩茎；将嫩茎再转接到生根培养基上，就可获得完整的小植株。有些植物顶端优势（terminal dominance）明显，可加适量细胞分裂素促进侧芽的分化，形成芽丛。若芽仍不分枝，只长成一条茎，则采用切段法，对侧芽进行单独培养，以实现增殖。这种途径由于不经过愈伤组织阶段，而是器官直接再生，故能真正保持原品种的特性。

在顶芽培养中，还可以采用极其幼嫩的茎尖分生组织为材料进行脱毒苗（virus - free seedling）的培养。一些观赏植物，如兰花、香石竹、菊花、大丽花、水仙等，由于长期无性繁殖，致使病毒积累，观赏品质严重下降，出现花小、色暗、花少的现象。在感染病毒的植株体内，病毒并不是均匀分布的，由于分生区内无维管束，病毒扩散慢，且细胞不断分裂增生，致使在茎尖生长点的小范围区域内病毒含量少，甚至没有。因此，切取 0.1～0.3mm 的茎尖或根尖进行培养，可获得去病毒（同时也去除了真菌、细菌和线虫等的寄生）的幼苗，进而扩繁以满足生产。

2. *不定芽的发育*　植物的许多器官都可以作为诱导不定芽（adventitious bud）产生的外植体，如茎段（鳞茎、球茎、块茎、根状茎）、叶、叶柄、花茎、花萼、花瓣、根等。不定芽在这些外植体上的发生有两种途径：一种是先从外植体上诱导产生愈伤组织，将愈伤组织继代增殖后再诱导出不定芽，最后在生根培养基上培育成完整植株；另一种途径是不经（或较少经过）愈伤组织阶段，不定芽直接从外植体表面受伤的或没有受伤的部位分化出来，同样将不定芽发育的苗丛进行继代，再经生根培养，长成完整植株。显然，不经过愈伤组织而直接形成不定芽的途径更易保持品种的特性。

3. *胚状体的发育*　胚状体（embryoid）由体细胞形成，具有类似于生殖细胞形成的合子胚发育过程的胚胎发生途径。胚状体可由愈伤组织表面细胞、愈伤组织经悬浮培养后的单个细胞、外植体表皮细胞产生或内部组织细胞以及胚性细胞复合体的表面细胞等五种途径产生。

胚状体一旦产生，极易继代增殖，且由于类似独立的微型植株，不需生根诱导，在经过一定的发育后，可直接用人工合成的营养物和保护物包裹起来，做成"人工种子"（artificial seed）。胚状体的发生虽然具有普遍性，但比例并不高。

4. *原球茎的发育*　在兰科等植物的组织培养中，常从茎尖或侧芽的培养中产生原球茎（protocorm like body，PLB），原球茎本身可以继代增殖，再经分化培养出小植株。原球茎最初是兰花种子萌发过程中的一种形态学构造，可理解为缩短的、呈珠粒状的、由胚性细胞组成的类似嫩茎的器官。

以上四种途径中，应用较多的是前两种，即顶芽和侧芽的发育、不定芽的发育。原球茎的发育多用于兰科花卉的组培，胚状体的发育则由于规律性不明确，实际应用较少。

（二）组织培养的程序

1. *无菌培养物的建立*　包括外植体的选择、采样、灭菌与接种三个环节。

（1）外植体的选择。外植体指的是从植物体上切取下来用于组织培养的部分。外植体的选择根据植物种类和组培的途径来进行。

再生能力较弱的木本植物、较大的草本植物通常以茎段为外植体，可在培养基上促其侧芽萌发、增殖。对一些比较容易繁殖，或本身短小、缺乏显著茎的草本植物，则可采用叶片、叶柄、花托、花萼、花瓣等作为外植体。通过顶芽和侧芽的发生进行组培，其外植体宜用顶芽、侧芽或带芽的茎段；通过不定芽的发生进行组培，宜选择容易产生不定芽的器官作外植体，如大岩桐与秋海棠的叶片、百合与水仙的鳞片、玉簪的花等；通过胚状体的发生进行组培，常用胚、分生组织或生殖器官作外植体；兰科植物原球茎的发生是从茎尖或侧芽的培养中获得的。

（2）外植体的采样。外植体采样时要注意选取较干净、无病虫害、生长健壮、发育充实的植株。具体措施包括：喷杀虫剂和杀菌剂或室外套袋采新枝；采摘前加强肥水管理，给予充足营养，久晴之后采摘距地面较高部位、暴露在阳光下的枝条等。

（3）外植体的灭菌与接种。取回的外植体应尽快进行表面灭菌处理：剪除多余部分，用自来水冲洗 30min 以上，在 70%的酒精中迅速浸泡 30s 左右，再用灭菌剂（2%～10%次氯酸钠溶液）浸泡 3～15min，取出后用无菌水冲洗 4～5 次，在无菌的条件下接种到已备好的培养基上。

2. 外植体生长与分化的诱导

（1）诱导芽。通过顶芽和侧芽的发生进行再生的，为促进侧芽分化生长，常在培养基中添加 0.1～10mg/L 的细胞分裂素及少量生长素（0.01～0.5mg/L）或 0.05～1mg/L 的赤霉素。常用的细胞分裂素有 6-苄氨基腺嘌呤（6-BA）、细胞激动素（KT）和玉米素（ZT）。常用的生长素有萘乙酸（NAA）、吲哚乙酸（IAA）、吲哚丁酸（IBA）。诱导外植体产生不定芽所用的激素种类相同，其中生长素浓度应低于细胞分裂素浓度。

（2）诱导胚状体。一部分植物种类在培养初期，要求必须含适量生长素类物质（多用 2，4-D），以诱导脱分化、愈伤组织生长和胚性细胞形成，后期则必须降低或完全去掉生长素类物质才能完成胚状体的发生，如金鱼草、矮牵牛等。另一部分植物则在只含细胞分裂素的培养基上可诱导胚状体，如檀香、红醋栗、山岭麻黄等。大多数植物在生长素和细胞分裂素同时添加的培养基上可诱导出胚状体，如彩叶芋、海枣、山茶花、泡桐等。此外，还原态氮化物（如 0.1 mmol/L的氯化铵）及有机氮化合物（如氨基酸、酰胺）等也对胚状体的诱导有利。

（3）诱导原球茎。原球茎的诱导比较容易，只需用 MS 基本培养基或提高 NAA 浓度 0.1～0.2mg/L 即可。

诱导的环境条件依培养对象的种类而有所不同。一般要求在 23～26℃的恒温，每天 12～16h，1～3klx 的光照条件下进行培养，另外培养室要求清洁卫生，以减少污染。

3. 中间繁殖体的继代培养　在第二阶段诱导出的芽、胚状体、原球茎等一般被称为中间繁殖体。将中间繁殖体在人为控制的最好的营养供应、激素配比和环境条件下进一步培养增殖，即转接继代，组培快繁的优势才能充分发挥出来。具体做法是：配制适宜继代的培养基，将中间繁殖体不断地接种其上，在培养室继续培养。注意继代工作必须及时，否则中间繁殖体的老化会影响其进一步增殖。

4. 生根与壮苗培养　中间繁殖体增殖到一定数量后，即开始进行生根与壮苗培养。

将最后一次继代培养的中间繁殖体在未发黄老化或出现拥挤前及时转移至生根培养基上，转移的同时进行苗丛、胚状体或原球茎的分离。较低的矿物元素浓度、较低的细胞分裂素含量及较高的生长素含量有利于生根，故此时一般采用 1/2 或 1/4 的 MS 培养基，全部去除细胞分裂素或减至极少量，加入适量 NAA 的方法。对于容易生根的种类可直接在培养室外进行嫩茎的扦插或延长其继代培养瓶中生长的时间，均可生根，形成完整植株。壮苗则可通过减少培养基中糖含量和提高光照度来实现。

5. 试管苗的出瓶与移栽　试管苗是在培养室中无菌、有营养与激素供给、适宜的光照、恒定的温度和 100%的相对湿度下生长的，非常娇嫩，要适应外界环境必须逐步过渡。

先在培养室中去掉瓶盖，继续培养锻炼 1～2d。再创造一个较高温度与湿度并略加遮阴、卫生的环境，将培养基洗净后种植于已消毒灭菌、疏松透气的介质中。最后进入田间栽培。

第三节　容器育苗

观赏植物种苗生产中常用的育苗容器有穴盘、育苗盘、育苗钵、纸盆、花盆等。

一、穴盘苗生产

穴盘育苗（plug propagation）是现代化、集约化种苗生产新技术，是花卉等园艺作物产业化生产的重要环节。20世纪80年代美国首先开始推行穴盘育苗。由于其特有的优越性和显著的经济效益，现已被广泛应用于蔬菜、花卉等种苗生产。

（一）穴盘育苗的特点

1. 适于规模化生产，操作简单　穴盘育苗从催芽、填料、播种、移植操作、传送及喷雾、光、温等环境控制过程均可利用机械自动完成，操作简单、快捷，适于规模化生产。

2. 种苗生长一致，苗壮质优　种子分播均匀、播种苗的统一管理使商品苗生长发育一致，成苗率高，标准化程度高，种苗品质好。

3. 病虫害少　穴盘中每穴内种苗相对独立，既减少了病虫害的传播，又减少营养竞争，根系能充分伸展、发育良好。

4. 高产高效，成本低廉　育苗密度增加，便于集约化管理，提高了温室利用率，降低了生产成本。种苗自动化起苗、移栽，简捷方便，不损伤根系，定植成活率高，缓苗期短。

5. 销售范围大　穴盘苗便于贮放、运输，扩大了销售范围。

（二）穴盘苗的生产条件及工艺流程

1. 穴盘育苗的生产条件　穴盘育苗自动播种所需的生产流水线可概括为“三库、二室、一穴”，即穴盘库、基质库、种子库、催芽室、育苗温室及播种生产线。分别进行基质粉碎、过筛，种子精选加工以及穴盘处理、催芽、播种及温室环境管理。有关设施设备详见第五章。

2. 穴盘育苗的工艺流程　如图1-3-26所示。

（三）穴盘苗的生产及苗期管理

1. 穴盘　穴盘多由塑料制成，有正方形穴、长方形穴或圆形穴等，规格多样，从32穴到512穴不等，尤以32、72、128、288、392及512穴等较为常见。此外，还有专用于木本观赏植物育苗的加高、加厚穴盘。穴盘的长宽常见为540mm×280mm，穴盘的容量分别为72穴4.1L，128穴3.2L，288穴2.4L，392穴1.6L等，由此可计算出所用基质量。

2. 基质选配与填料　适用于穴盘育苗的基质应结构疏松、质地轻、颗粒较大、可溶性盐含量较低、pH宜在5.5～6.5之间等。使用前，应测试基质的颗粒大小、总孔隙度、阳离子置换容量（CEC）及持水量等。适宜的基质应有50%的固形物、25%的水分和25%的空气，一般干基质的容重应在0.4～0.6g/cm^{3}之间。常用的基质有泥炭、蛭石、珍珠岩、岩棉等。

基质可根据种子不同进行混配，并加入增湿剂和营养启动剂，增湿剂用于消除基质表面的张结度，提高适水性，以保证种子的发芽率和生长的整齐度。也可选用育苗用商品基质。使用时，

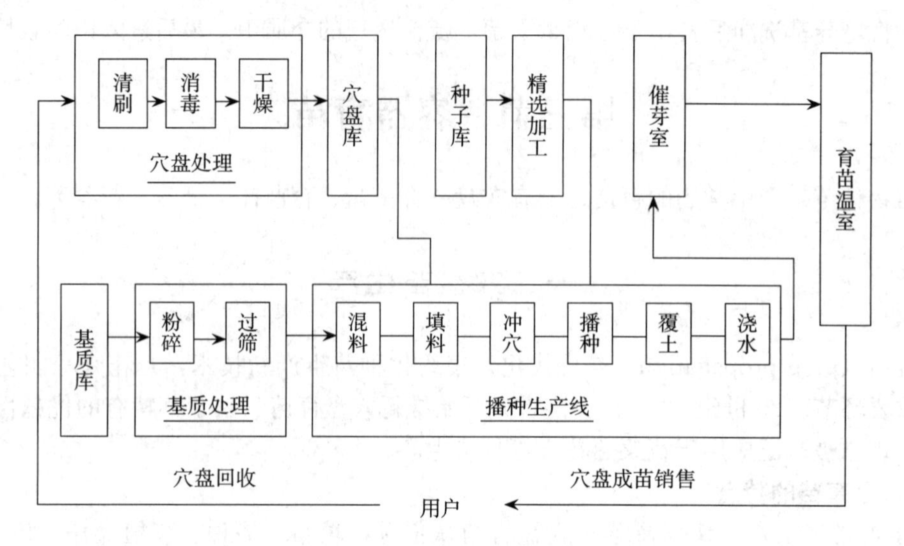

图 1-3-26　穴盘育苗工艺流程

先将基质加水增湿，以手抓后成团、但又不挤出水为宜。基质增湿，既可使其不易从穴盘排水孔漏出，又不至因太干而在填料后下沉，造成透气性下降。增湿后基质通过填料机填料，并应使每穴孔填充量相同，最后扫去余料，否则会在苗期出现穴孔干湿不均的现象。

填料时穴孔均应留下一定空间，以便播种和覆料，尤其是大粒种子播种时。

3. 播种与覆盖　填料后的穴盘宜及时播种。可根据种子类别选择适宜的播种机、播种方法及其有关内部配件，如播种模板、复式播种接头或滚筒等及其他配套设施，如打孔器、覆料机、传送系统等。播种时要保持播种环境的适宜光照、通风条件及便于操作人员检查播种精度。播小粒种子时，需注意空气湿度，以免种子黏机或相互粘连。

多数种子播种后，都需要用播种基质或其他覆料进行盖种，以保证其正常萌发和出苗。大粒种子如新几内亚凤仙、三色堇、万寿菊、翠菊等，由于种子较大，覆盖后种子四周要保证有充足的水分，才能顺利萌发。还有一些只有在黑暗条件下才能萌发的花卉种子，需要深度覆盖，以达到完全遮光的程度，种子才能正常萌发，如仙客来、福禄考、蔓长春花等。此外，有些花卉如三色堇、天竺葵、万寿菊等，因其根系对光照敏感，覆盖种子后有利于促进幼苗根系的生长，而在有光条件下，幼根不能顺利扎入育苗基质，会影响其后期的生长。

覆料时应注意厚度。覆盖过少则不起作用；覆盖太多，种子被埋得过深，易引起种子腐烂。此外，覆料应均匀一致，如厚薄不均，易使出苗不整齐，种苗大小不一，不利于苗期管理，也影响整批苗的质量。覆料视条件而定，最好用专门的覆料设备，也可人工操作，目前有较多的中高档播种机都有覆料功能。

选择合适的覆盖材料也很重要。最常用的覆盖材料除了播种基质外，还有蛭石、沙子等，也可选用塑料薄膜。粗质蛭石因其质地轻，保湿性、透气性好，应用较多。

4. 发芽室催芽　种子播好浇水后放在发芽架上进入发芽室，根据花卉种类不同，设定适宜的萌发条件，如加光或不加光、适宜温度等。大部分一二年生花卉种子的发芽温度为 22～25℃，喜冷凉花卉如花毛茛、仙客来、蒲包花、福禄考等种子的发芽温度为 15～18℃。除美女樱等少数种类，大部分种类种子都喜高湿，故发芽室中可用喷雾方式进行加湿。由于不同种类或品种的发芽时间不同，因此，当种子胚根开始突出种皮后，即需每3～4h观察1次，至50%种苗的胚芽开始露出基质而子叶尚未展开时，及时移出发芽室，过迟可能导致小苗徒长。一些萌发和生长迅速的品种，应在天黑前甚至夜间及时检查出芽情况，如有相当部分苗已顶出基质，应立即移出发芽室，以免隔夜后苗已徒长。此外，发芽室应定期清洗，视条件可使用紫外灯或药物定期杀灭病虫，以防止发芽室内发生病虫害。

5. *种苗的管理*　幼苗从发芽室移出即进入育苗温室，由于种苗长势尚弱、适应能力差，应加强温室管理，注意调节光照、湿度、温度及通风情况。

光照应视种苗类别、苗龄、季节等情况进行调控。大多数种苗除夏季育苗期外，其他季节可不遮阴或少遮阴，以免幼苗徒长。

空气及基质湿度管理是苗期管理极重要的一环，若植株缺水，会使幼苗叶色变浅，卷曲，幼苗老化甚至提早开花；若浇水偏多，植株会徒长，茎软化，叶大而薄嫩，并且易感染病虫害。一般温室应注意维持较高的空气湿度，可利用自走式喷灌机进行水分管理，并视种苗大小及生长季节的不同，选用不同规格的喷头，控制喷灌次数、时间等，以适合种苗的生长。自走式喷灌机不但可以均一、适时、适量浇水，而且可以省水、省工。

二、其他容器育苗

1. *育苗盘*　育苗盘也叫催芽盘，多由塑料铸成，也可以用木板自行制作。用育苗盘育苗有很多优点，如对水分、温度、光照容易调节，便于种苗贮藏、运输等。

2. *育苗钵*　育苗钵是指培育小苗用的钵状容器，规格很多。按制作材料不同，可分为两类。

（1）塑料育苗钵。制作材料是聚氯乙烯和聚乙烯，多为黑色，个别为其他颜色。钵体的上口直径6～15cm，高10～12cm。外形有圆形和方形两种。

（2）有机质育苗钵。以泥炭为主要原料制作，还可用牛粪、锯末、黄泥土或草浆制作。这种容器质地疏松透气、透水，装满水后能在底部无孔的情况下，40～60min内全部渗出。由于钵体能在土壤中迅速降解，不影响根系生长，移植时育苗钵可与种苗同时栽入土中，不会伤根，无缓苗期，成苗率高，植株生长快。

3. *纸钵*　纸钵仅供培养幼苗用，特别用于不耐移植的植物种类，如香豌豆、香矢车菊等，在定植露地前先在温室内纸钵中进行育苗。

4. *花盆*　花盆是花卉栽培中广泛使用的栽培容器，也可用于小规模育苗，种类很多，常见的种类详见第五章。

第四章 观赏植物的栽培技术

观赏植物的生命活动过程是在各种环境条件综合作用下完成的，在其生产与园林养护等过程中需要采取一系列栽培管理措施，以满足其生长发育的需要，从而获得优质高产的产品或保持良好的观赏效果。

第一节 观赏植物的露地栽培管理

一、草本观赏植物的栽培管理

（一）整地作畦

在露地草本观赏植物（又称草本花卉或草花）栽培中，整地作畦是首先要做好的一项土壤准备工作。

整地（farmland preparation）是草花播种及栽植前的一项重要任务，包括翻耕、整平、去杂等。通过整地，可使前作根系的分泌物得以分解，减少其对新栽草花的影响，有些草花如香石竹、翠菊等不宜连作，通过整地，可以改善土壤的物理性状，使水分、空气得以流通，提高土壤保水保肥能力，促进土壤熟化和微生物活力，使可溶性养分增加，减少越冬的病虫害。翻耕是整地的基本内容，一般在秋冬进行。一二年生草本花卉可翻耕20～30cm，而球根、宿根花卉根系较深较大，可深翻40～50cm。在翻耕时，可结合施以腐熟的基肥，把肥料撒施然后深翻于地底。

作畦（listing）的目的主要是利于浇水和排水。作畦的高低依气候情况、地势高低、土壤性质、草花种类及栽培目的而定。作畦是在翻耕整地的基础上进行的，先将翻耕好的土地整细、敲碎、耙平、拉出畦沟、筑出畦面。畦面宽一般为1.2～1.5m，畦高约30cm，畦的走向为南北向。畦面要求平整，畦的侧埂要踏实压紧。

（二）种植

种植（planting）包括移植和定植。定植是种植后不再移动，而移植则在定植前进行，是为适应植物生长需要，改变种植间距的不同栽培措施。

1. 移植（transplantation） 移植是为了扩大各类规格苗的株行距，使幼苗获得足够的营养、光照与空气。移植时由于切断了幼苗主根，可使苗株产生更多侧根，形成发达的根系，有利其生长。

移植之前，播种的幼苗一般要间苗（thinning），除去过密、瘦弱或有病的小苗，也可将间下来的幼苗另行栽植。

地栽苗在4～5枚真叶时作第一次移植。盆播的幼苗，常在出现1～2枚真叶时开始移植。移植的株行距视苗的大小、苗的生长速度及移植后的留床期而定。

幼苗移植苗床的准备与播种苗床基本相同。移植时的土壤要干湿得当，一般在种植的前一天浇水，待土粒吸水涨干后不黏手时移植。土壤过分干燥易使幼苗萎蔫；土壤过湿，不仅不便操作，且在种植后土壤易板结，不利幼苗生长。移植时不要压土过紧，以免根部受伤，待浇水时土粒随水下沉，可与根系密接。

移植以无风阴天为好，如果天气晴朗、炎热，光照较强，宜在傍晚移植。

2. 定植（field planting，field setting）　定植指将移植后的大苗、盆栽苗，经过贮藏的球根以及宿根花卉种植于不再移动的地方。

定植前，根据植物的需要，改良土壤结构，调整酸碱度，改良排水条件。一般植物都需要肥沃、疏松而排水良好的土壤。肥料可在整地时拌入或在挖穴后施入穴底。定植时所采用的株间距离，应根据草花植株成年期的大小或配植要求而定。

挖苗时一般应带护根土，土壤太湿或太干都不宜，带土多少视根系大小而定。

多年生草花定植时要开穴，穴应较种苗的根系或泥团稍大稍深，将苗茎基提近土面，扶正入穴。然后将穴周土壤铲入穴内约2/3时，抖动苗株使土粒和根系密接，然后在根系外围压紧土壤，最后用松土填平土穴使其与地面相平而略凹。种后立即浇水两次。

一二年生草花苗种植后，次日要复浇水。宿根、球根花卉种植初期一般不需浇水，如果土壤过于干旱，则应浇一次透水。

大株的宿根花卉定植要同时进行根部修剪，剪去伤根、烂根和枯根。

（三）灌水

小面积种植多用喷壶浇水，幼苗阶段特别是在苗床多用细孔喷壶。大面积种植可用胶管或管道喷灌。灌水（irrigation）应以清水为好，污浊的水或含碱的水不利于观赏植物生长。夏季灌水宜在早晚进行。夏日的中午，烈日当空，植物呈萎蔫状态，土温过高，灌水后根系遇到凉水，会使根际周围的温度骤然下降，影响根系吸水，导致草花死亡。冬季灌水宜在中午进行。

新移植的幼苗，因移植时一部分根系受损，吸水力减弱，一般应连续灌3次水，即移植后立即灌水一次，3d后灌第二次水，再过5～6d灌第三次水，灌水后进行中耕松土。地面灌透水后还要进行喷水，增加空气湿度。灌水量依草花种类、土壤、气候、季节、生长发育阶段不同而异。耐旱的草花可少灌水，植株大、叶面积大的草花多灌水；春天气候干旱需多灌水；生长旺盛和进入花期的草花可多灌水；种子成熟阶段要控水，休眠期少浇水。

（四）施肥

施肥（fertilization）分施基肥和追肥。基肥（base manure，base fertilizer）以有机肥料为主，常用的有厩肥、堆肥、饼肥、骨粉、粪干等。如以厩肥、堆肥作基肥，应在早春或晚秋结合耕翻土地混入土中。如以粪干、豆饼、腐叶肥、颗粒肥作基肥，可在播种或移植前沟施或穴施。

追肥（top dressing，top application）是补基肥的不足，以满足观赏植物不同生长发育阶段的需求，常用化学肥料、人粪尿、饼肥水等。在生长旺盛期及开花初期，可进行灌施和叶面喷施，但化学肥料的施用浓度一般不宜超过1%～3%，进行叶面喷施时，浓度要更小，一般为0.1%～0.3%。

另外，要根据不同草花的不同发育时期进行追肥。一二年生露地花卉在其生长期，一般可20～30d施一次肥；在幼苗期，可少施些氮肥，以促进茎叶生长，以后可多施磷、钾肥，促进茎秆生长和开花。多年生露地宿根花卉和球根花卉，追肥次数不宜多，一般在春季开始生长时追施一次，开花前追施一次，花谢后追施一次，对花期较长的美人蕉等，花期可追施一次。

（五）中耕除草

1. 中耕（cultivation） 中耕是在花木生长期间疏松植株根际土壤的环节。通过中耕可以疏松表土，减少水分蒸发，提高地温，增强土壤透气性，促进土中养分的分解。

在阵雨或大量灌水后以及土壤板结时，应予中耕。在苗株基部宜浅耕，株行间可略深。香石竹等浅根植物为避免切断根系，一般不中耕；植株长大被覆土面后也不需中耕。对不中耕的土面覆盖树皮、碎稻麦草等覆盖物，可起到中耕的作用。

2. 除草（weeding，weed clearing） 除草的目的是除去田间杂草，使它不与种苗争夺水分、养分和阳光。杂草往往又是病虫害的寄主，因此一定要彻底清除，以保证观赏植物的健壮生长。

除草方式有多种，可采用手锄或机具锄。近年多施用化学除草剂（herbicide，weed killer），如使用得当，可省工、省时，但要注意安全，根据植物的种类正确使用适合的除草剂，使用浓度、方法和用药量应根据说明书确定。除草剂可分为：

（1）按作用方式分。

①灭生性类：对所有植物不加区别，全部杀死，如五氯酚钠、百草枯等。

②选择性类：对杂草有选择地杀死，对作物的影响也不尽相同，如2，4-D。

（2）按作用途径分。

①触杀型：除草剂只杀死直接接触的植物茎叶，不能在体内运输，对未接触的部位无效，不能根除多年生杂草，主要用于防除一年生杂草，如百草枯、除草醚等。

②内吸型：这种除草剂可通过杂草的茎、叶运输到根系，或通过根部吸收到体内。起到如破坏输导组织结构、破坏生理平衡，或抑制光合、呼吸作用，抑制核酸、蛋白质合成，破坏叶绿素等作用，从而使植物死亡。由茎、叶吸收的如草甘膦；通过根部吸收的如西玛津。

③土壤残效型：通过根系作用于植物，能杀死多种杂草，并能在土壤中保持一段时间药效，如敌草隆等。

常见的化学除草剂有除草醚、草枯醚、五氯酚钠、扑草净、灭草隆、敌草隆、绿麦隆、2，4-D、草甘膦（又名镇草宁）、百草枯、茅草枯、西玛津等。

（六）整形修剪

1. 摘心 摘心（pinching）是指摘除正在生长的嫩枝顶端，以促使分枝性弱或因花顶生而分枝少的草花萌发侧枝，增加开花枝数，抑制枝条徒长，使植株矮化，株型圆整，开花整齐；也有提早开花或推迟开花的作用。单花或大花序种类、球根花卉及兰科花卉等不需摘心。

2. 剥芽与疏蕾

（1）剥芽（disbudding）。将枝条上部发生的幼小侧芽从芽基部剥除。其目的是减少过多的侧枝，以利通风透光和养分供给，使保留的枝条生长茁壮，提高开花的质量。

（2）疏蕾（flower bud thinning）。在花蕾形成后，为保证主蕾开花的足够营养，剥除过多侧蕾及弱蕾，以提高开花质量。有时为了调整开花速度，使全株花朵整齐开放，可分几次剥蕾，花蕾小的枝条早剥侧蕾，花蕾大的晚剥蕾，最后使每个枝条上的花蕾大小相似，开花大小也近似。

3. *束缚*　某些草花茎秆柔软，易于弯曲或倒伏；或茎秆细长质脆，容易被风吹折；或需调整枝型和观赏位置，在生长期间需要给予支撑，即为束缚（或绑扎，tieing）。支撑的材料用细竹、竹签或硬塑料棒，结扎材料用棕线、棕丝或尼龙丝等。束缚的方法有两种。

（1）支柱。将整株或枝条绑缚于支柱上，如独本菊的培养。

（2）支撑网。在栽培畦的两端设立支柱，然后用绑扎材料组成纵横网络，网孔10～15cm，使草本观赏植物的枝条在自然生长中伸出网孔；待网上枝长25～30cm时，再增加一层，一般需3层，多用于切花栽培。也可用预制的尼龙网代替，随植株生长增至4～5层。此法工作时更为省工。

（七）防寒越冬

露地二年生草本花卉和某些多年生宿根花卉，必须采取防寒措施才能安全越冬。常用的防寒方法有：

1. *覆盖法*　在霜冻到来之前，浇透封冻水，然后在畦面上覆盖蒿草、落叶、马粪、草帘等。

2. *培土法*　冬季地下部分全部休眠的宿根花卉，如芍药、鸢尾、玉簪等，在封冻前把枯死的地上部分剪掉，浇透封冻水，培土20～30cm成土丘状防寒，可安全越冬，待翌春发芽前将土扒开。

3. *利用阳畦、风障防寒*　将二年生草本花卉移入有风障的阳畦中越冬，翌春3月再移植于露地。阳畦的规格一般长6m，宽1.7m，南帮高0.4m，北帮高0.5m。两畦之间的南北距离为6.7m，东西距离0.3m。

按规格建好阳畦后，将二年生草花在入冬前紧密地依次囤入阳畦，花苗之间的空隙以土壤填实。入畦的草花应根据天气变化，采取相应的防寒措施。天气冷时，上面可用塑料薄膜覆盖，塑料膜上再盖蒲席。天气晴朗时，可于9:00打开蒲席，16:00盖上。阴天或下雪天应不拉开蒲席。如果风雪过大，要及时清雪以防压坏。翌春变暖，要逐渐拉开蒲席，逐步撤掉塑料膜及防风障，进入正常管理。

二、木本观赏植物的栽培管理

木本观赏植物定植后，必须进行细致的养护管理，及时浇水、施肥、中耕、除草、防病、治虫、整形、修剪，才能促进生长，提高观赏效果，增加绿化效益。

（一）木本观赏植物栽植的季节及栽前的准备

栽植季节依树种而不同，可在春季、雨季和秋季进行，最佳季节是春季。所有的树种都适宜春季栽植，因为此时树木还在休眠，树液尚未流动，栽植后最利于成活。时间在3月上旬至4月上中旬的30d左右。栽植宜早不宜晚，早栽的苗木扎根深，发芽早，易成活。秋季栽植只限于部分较耐寒的落叶树，如国槐、栾树、毛白杨、小叶白蜡等，秋季栽植一般是在树木已经落叶，严冬到来之前进行，在10～11月份。秋季栽植后，经过冬春的冻化，根系容易和土壤紧密接触，因而早春吸水快，一般先扎根，后长叶，易成活。

栽植之前，必须做好准备工作。首先要定点画线，挖掘树坑，对于庭园中不宜栽植观赏树木的土壤，要提早换土。有条件时可在冬季挖好树穴，多蓄积雪，使土壤进一步风化。

绿化过程，在树穴备好后，要按照设计要求及树坑数量落实苗木来源、树种、苗木的规格及质量，准备好水源，落实人力、材料和机械，制定出切合实际的栽植方案，以使植树施工能顺利进行。对于按照设计需要栽植的珍贵树种及常绿树种的大苗，如银杏、水杉、雪松、龙柏、白皮松等，还要事先准备好支柱及辅助材料（如麻绳等）。

（二）木本观赏植物栽植技术要求

为确保树木成活，提高绿化效果，首先要选择生长强健、发育充实、无病虫害的苗木。对于落叶乔、灌木可实行裸根栽植，在挖掘苗木时，首先保证苗木根系不受损伤，切口要平滑，栽植前，将裸根苗的断根、劈裂根、过长根剪去；对于常绿乔、灌木及一些珍贵树种，移栽必须带土坨，土坨的直径可按树高的1/3来确定。土坨要完好、平整，形似苹果，土坨底不应超过土坨直径的1/3，用蒲包将其包严，用草绳捆绑紧，底部不露土。栽植时，要根据深浅要求放于树坑内，然后剪断草绳，取出蒲包。

树木栽植时，根系要舒展，不得窝根，树要立直，对准栽植位置后，先把好土填入下面，当填到树坑的1/2处时，将苗木轻轻提几下，使坑土与根系密接，然后继续填埋，并随填随踏实。对于带土坨的树木，在剪断草绳，取出蒲包后，扶正填土踏实，在踏实坑土时，要尽量踩土坨外环，不要将土坨踩散。对较大的常绿树和大乔木，要在树干周围埋3个支柱形成三角形支架，以防倒伏。支柱与树干相接部分要垫上蒲包片，以免磨伤树皮。

栽植原则可总结为“深深的、浅浅的、结结实实、暄暄的”，即栽植坑要深而大，树木栽植要浅，与原栽深度等同或略深2～3cm，栽后要踏实，使根系与土壤充分密接，树坑底部的土壤要暄，就是把风化的疏松土壤填入底层，以利根系深扎。为确保成活，还应对树木做到“随起，随运，随栽，随浇”。

（三）灌水与施肥

树木栽好后，沿树坑外缘开一灌水盘，深20～30cm，栽后立即灌一遍透水，待水渗下后，及时扶正、填土因灌水而歪斜的树木，2～3d后灌第二遍透水，过1周左右，再灌第三遍透水，之后视墒情而定。对于常绿树种，由于蒸腾量大，除地面灌水外还要进行叶面喷水，每天1～2次，以促进成活。对新栽植成活的树木，必须连年灌水，才能保证其正常的生长发育。一般落叶乔木最少要连续灌水3～5年，灌木5～6年，常绿树也要3～5年。对栽植在土质和保水能力差的土地上的树木，应延长灌水年限1～2年。每年应在3、4、5、6、9、11月各灌水一次。对于土壤条件差，生长不良，以及干旱年份，还应增加灌水2～4次，每次灌水均应灌透。园林中所植树木不论什么树种，开春的发芽水及封冻前的封冻水均必不可少。

树木栽植时，最好在栽前施入基肥，堆肥、厩肥均可。但必须深施，施肥后填土，然后再栽树，切勿使新植树木的根系接触到肥料，以防腐蚀伤口引起烂根，影响成活。栽植后对土质较差而生长不良或长势较弱的树木，除在秋冬施基肥（胸径8～10cm以上的大树，施肥量为25～50kg/株）之外，还可在生长季进行叶面追肥，以0.2%～0.3%的尿素为主，同时还可结合喷施除虫剂。以后树木施基肥的方法以坑状施肥为主，即每年在树木根系周围轮回挖深60～70cm的坑，将基肥施入埋严，然后灌水，使肥料溶解于土壤溶液中被根系吸收利用。施基肥切忌浅施，以免引起根系上翻。

（四）中耕除草

在整个夏季杂草生长季节，应多次中耕和除草。适合使用化学除草剂的可用除草剂，如25%

的除草醚，用量为3.75～11.25kg/hm^2，在地面均匀喷施，但是严禁将药液喷在树木的枝叶上。

（五）整形修剪

整形修剪是园林绿化树木养护的重要措施之一。通过修剪，可调节和均衡树势，使树木生长健壮，树形整齐，树姿美观，着花繁密。修剪还能提高新栽植树木的成活率。

应根据不同树种的自然树形及分枝习性、栽植用途和修剪后所要达到的效果来确定整形修剪的方法。如对圆柱形树冠（如蜀桧）或圆锥形树冠（如雪松）等中央领导枝强的树种，要保护和突出其主干，如主干被损，应及时培养，对于蜀桧、龙柏、白皮松等出现的与主干竞争的侧枝要及时回缩控制，以保持优良树形。

1. 行道树的修剪　对于胸径在5～10cm的落叶乔木，栽前应进行定干处理，干高可根据实际情况留高3～3.5m，以上枝条全部剪去，这样既利于成活，又能形成整齐的树冠，以后视情况逐年修剪。行道树可以整形成几大主枝自然开心形，如悬铃木、五角枫，也可以保持自然树形，但是要注意剔除下面萌蘖，如毛白杨、垂柳、樱花等。

2. 花灌木的修剪　栽植前为保证成活一般应进行重剪。如榆叶梅、碧桃，应保留3～5个主枝进行短截和疏枝，但要保持形成丰满的树冠。对于无主干的玫瑰、黄刺玫、珍珠梅、紫荆、连翘等，应选留4～5个分布均匀、生长健壮的枝条作主枝，其余的剪除，保留的主枝应短截1/2，并使其高矮一致。

花灌木生长多年后整形修剪可保持外形整齐美观，枝内通风透光。一般采用的方法是疏去衰老的主枝，利用强壮的枝条代替更新；短截突出树冠之外的顶尖，保持良好的树冠。对于在当年生枝条上开花的灌木，如木槿、紫薇、月季等，应重剪，即剪去枝条的1/2左右，促生新枝。对于早春开花的灌木，如榆叶梅、迎春、海棠、连翘、丁香、碧桃等，由于花芽都是在头一年形成，生长在头年生枝条上，应在花后轻剪，去掉枝条的1/5即可。对于夏季开花的灌木，如木槿、紫薇、玫瑰、月季、珍珠梅等，应在休眠期重剪，剪去枝条的2/3。修剪过程应疏去分生的枯枝、病虫枝、细弱枝。

3. 绿篱的修剪　绿篱的形状有圆顶形（绿篱上面呈圆弧形拱起）、矩形（绿篱上面剪平，与下面宽度一致）、梯形（绿篱上面剪平，下面比上面宽）等。为促进基部枝叶的生长，绿篱栽好后按同一高度剪去主尖，再用绿篱剪按规定形状进行修剪。

栽植后养护期间的绿篱修剪，一年最好修剪2～3次，以保持良好的形状。第一次应在春梢停止生长后，“五一”之前；第二次在夏梢停止生长后；第三次在秋梢停止生长后，“十一”之前。对于小叶女贞、大叶黄杨等生长较快的绿篱，更要定时修剪，控制上方枝条和侧上方枝条的旺长，以达到整齐美观的效果。

第二节　观赏植物的设施栽培管理

一、切花的栽培管理

1. 栽植地　设施内切花栽培一般采用栽植床或地栽。栽植床四周由砖或混凝土砌成，内填培养土，高出地面的称为高床。地栽是在地面直接作畦种植，怕积水的切花应采用高畦种植。栽植床和畦的高度依切花种类而定。种植前应进行翻耕整地、清除杂草杂物和施基肥，必要时要进行土壤消毒。栽植床和畦的大小应以方便操作为前提。

2. 土壤消毒　为了防止土壤中存在的病毒、真菌、细菌、线虫等的危害，通常应对栽植地进行消毒处理。土壤消毒方法很多，可根据设备条件和需要来选择。

(1) 物理消毒。物理法中常采用蒸汽消毒，即将 100～120℃的蒸汽通入土壤，消毒 40～60min，可以消灭土壤中的病菌，但蒸汽消毒的设施设备成本较高。对土壤消毒要求不严格时，可采用日光暴晒消毒方法，尤其是夏季，将土壤翻晒，可有效杀死大部分病原菌、虫卵等。在温室中土壤翻新后灌满水再暴晒，效果更好。

(2) 化学药剂消毒。化学药剂消毒具有操作方便，效果好的特点，但成本高，易造成污染。常用的药剂有福尔马林溶液，用 40%的福尔马林 $500ml/m^3$ 均匀浇灌，并用薄膜盖严密闭 1～2d，揭开后翻晾 7～10d，使福尔马林挥发殆尽后使用；也可用稀释 50 倍的福尔马林均匀泼洒在翻晾的土面上，使表面淋湿，用量为 $25kg/m^2$，密闭 3～6d 后，再晾 10～15d 以上即可使用。

氯化苦在土壤消毒时也常有应用。使用时每平方米打 25 个左右深约 20cm 的小穴，每穴注入氯化苦药液约 5ml，然后覆盖土穴，踏实，并在土表浇上水，提高土壤湿度，使药效延长，持续 10～15d 后，翻晾土 2～3 次，使土壤中氯化苦充分散失，2 周以后使用；或将培养土放入面积为 1m×0.6m 箱中，每 10cm 一层，每层喷氯化苦 25ml，共 4～5 层，然后密封 10～15d，再翻晾后使用。因氯化苦是高效、剧毒的熏蒸剂，使用时要戴乳胶手套和适宜的防毒面具。

此外，每公顷用 70%五氯硝基苯药粉 45～75kg，均匀撒于土表耕翻入土，也可防治病虫害。

3. 定植　切花生产大多采用苗床育苗或组培苗，之后按一定株行距定植到栽植地中。移栽时常切断主根，控制苗期旺长和促进分枝与开花。球根花卉按一定株行距直接定植。

4. 施肥　在切花种植前施以有机肥为主的基肥。为满足切花生产需求，在生长季进行若干次追肥，常用的有完全腐熟的人粪尿和化肥等，化肥使用的浓度一般为 1%～3%。也可采用根外施肥，亦称叶面喷肥。根外追肥方法简单易行，肥料用量小，吸收利用快，可用于矫治缺素症和提高肥效（防止土壤化学或生物固定）。但根外追肥作用时间短，只能起辅助作用，不能完全替代土壤施肥。切花根外施肥适宜的肥料浓度见表 1-4-1。此外，可结合防治病虫害的喷药进行根外追肥，但一定要注意肥料种类和药剂种类的酸碱性。

表 1-4-1　切花根外追肥使用肥料的浓度

肥料种类	浓度（%）	肥料种类	浓度（%）
尿素	0.1～0.2	磷酸二氢钾	0.1～0.3
硼砂	0.05～0.1	硫酸锰	0.03～0.08
钼酸铵	0.03～0.5		（加 0.1 熟石灰）
氧化锰	0.05～0.1	草木灰	1.0～2.0
柠檬酸铁	0.05～0.1		（浸提滤液）
硫酸钾	0.1～0.3	过磷酸钙	0.2～0.4
氧化锌	0.05～0.1		（过滤）
硫酸铜	0.01	环烷酸锌	0.008～0.015
硝酸钾	0.1～0.2	钼酸钠	0.001～0.015
硫酸铵	0.1～0.3	硫酸镁	0.05～0.1

（续）

肥料种类	浓度（%）	肥料种类	浓度（%）
硝酸铵	0.1～0.2	硝酸镁	0.1～0.4
硫酸锌	0.05～0.1	硝酸稀土	$2\times10^{-4}\sim4\times10^{-4}$
		高效复合肥*	0.1～0.3

* 高效复合肥含氮4%、磷48%、钾22%。

5. 修剪　切花生产过程中常会产生徒长枝、老弱枝及病虫枝，应及时进行修剪，以促进新梢和花枝的生长。另外，设施内的植株生长旺盛，可通过修剪调节生长、控制开花和更新复壮。切花修剪常用的方法有：①疏剪，从基部将病虫枝、枯枝、无用的凋谢花枝、过密枝等剪除；②摘心，摘除枝条的顶芽或顶端部分，促进分枝，增加花朵数量，摘心也用于花期的调控，如多头菊、多头香石竹的切花生产等；③抹芽和疏蕾，除去过多的萌芽和花蕾，控制分枝数量，使养分集中，枝壮而花大，常用于标准香石竹和菊花切花生产等。

6. 灌水、中耕、除草　设施内温度较高、水分蒸发量大，需要经常补充水分，国内外较现代化的栽培设施都有自动或半自动的微喷或滴灌等设备，适时地进行灌溉以保证植株的生长发育。灌水后易引起土壤板结，应结合除草进行中耕，中耕的次数和深度因切花的种类和生长期的不同而异，通常草本切花应多次浅耕。杂草的防除应在杂草生长的初期进行，并在杂草结籽之前清除干净。

二、盆花的栽培管理

（一）盆土配制与消毒

1. 盆土配制　露地栽培的观赏植物由于根系能够自由伸展，对土壤的要求一般不甚严格，只要土层深厚，通气和排水良好，并具一定肥力即可。但在盆栽时，由于根系伸展受限制，浇水频繁，易破坏土壤结构，养分易流失等因素，盆土成为植物正常生长发育的关键。

盆土的物理特性相对于营养成分更为重要，因为土壤营养状况可通过施肥调节，但土壤的物理性状如通透性，则难以调节。盆土应有良好的透气性，因盆壁与底部使排水及气体交换均受到限制，且盆底易积水，影响根系呼吸，所以对盆栽培养土的透气性要求较高。盆土还应有较好的持水能力，但因盆土体积有限，可供利用的水少，而壁面蒸发水量相当大，约占全散失水的50%，盆土表面蒸发20%，而植株蒸腾仅占30%，因此，对盆栽培养土的持水能力也要求较高。盆土通常由园土、沙、腐叶土、泥炭、松针土、谷糠及蛭石、珍珠岩、腐熟的木屑等基质按一定比例配制而成，园土一般取自菜园、果园、苗圃等表面土壤。对培养土要求因观赏植物的种类、栽种地区和栽培管理方法不同而难以统一。但总的要求是要降低盆土的容重、增加孔隙度、增加持水力及提高腐殖质的含量，一般混合后的培养土，容重应低于1g/cm³，孔隙度应不低于10%为好。

盆栽培养土除了以土壤为基础外，还可全部采用人工配制的无土混合基质，如腐熟的木屑或树皮、珍珠岩、砻糠、泥炭、蛭石、椰糠、造纸废料、中药渣等一种或数种基质按一定比例混合使用。如比利时杜鹃的栽培多采用腐熟消毒后的木屑，热带兰的栽培采用苔藓、陶粒、树皮等。

随着盆栽观赏植物专业化、规模化生产发展的需要，由于无土混合基质具有质地均匀、重量轻、消毒便利、通气透水等优点，越来越受到重视，尤其是在一些小型盆花（如杜鹃花、兰科植物、秋海棠类等）的生产中使用日趋广泛。

除良好的通气性和排水能力外，盆土还应含有丰富的腐殖质。腐殖质是植物残体及排泄物腐烂变化后的有机物质，具有良好的团粒结构。同时，腐殖质含量丰富的土壤在根系和微生物的共同作用下能分解出植物所需的各类营养元素。

酸碱度是盆土重要的化学特性，盆土酸碱度偏高会影响观赏植物对铁等元素的吸收，造成植物缺绿症，因此在盆土配制时，应尽量减免采用碱性土。

2. 培养土消毒　参照切花栽培管理部分。

(二) 上盆和换盆

1. 上盆　上盆（potting）是将幼苗从苗床或育苗容器中移出后，栽植到花盆中的操作过程。做法是，先按幼苗的大小或根系的多少选用相应规格的花盆，如选用瓦盆应用碎瓦片将盆底排水孔盖住，塑料盆可视排水孔大小用窗纱或遮阳网等盖住排水孔（孔小也可不用），其上填入一层培养土后，将幼苗置于盆中央深浅适当的位置，再将培养土填于根系的四周，用手指压紧或将花盆提起在地上蹾实，土面距盆口 2～3cm 或相当于盆高 4/5 距离，以便于浇水，俗称为水口，生产中根据施肥或覆土需要，水口常留得更为宽松。此外，上盆时应注意幼苗不能栽种过深，宜基本与苗上盆前的埋土深度相当。若埋土过深一则根颈部尚幼嫩，积水易烂；二则一些基生叶类的花苗生长点易被埋盖而腐烂，影响成活率。栽植完毕后，需用喷壶充分灌水，之后放于荫蔽处缓苗数日，待盆苗恢复生长后，逐渐放于光照充足处。

2. 换盆　换盆（repotting）是将盆栽观赏植物换到另一个盆中的操作过程。换盆有两个作用，一是为了更替、补充盆土营养，以适应植株不断生长的需要，即从小盆换到大盆；二是原有盆土物理性质变劣或已为老根所充满，此时换盆仅是为了修整根系和更换新的培养土，用盆大小可以不变，故也可称为翻盆。

换盆时应注意两个问题：一是应按植株生长发育的大小换到相应体积的盆中，若换盆过大会给管理带来不便，如浇水量不易掌握，造成缺水或积水现象，不利于植物生长；二是应根据观赏植物种类确定换盆的时间和次数，过早、过迟对植物生长发育均不利。一般春季开花的种类在秋季移入温室前换盆，如八仙花、天竺葵、含笑、杜鹃花、山茶花等；初夏和秋季开花的种类则在春季移出温室后换盆，如茉莉、扶桑、米兰、珠兰、白兰花等。当然，只要管理得当，并有较好的光、温、水控制，许多种类也可在夏季或冬季换盆，如天南星科、秋海棠科等的观叶植物，只要有较好的遮阴增湿条件，均可夏季换盆。

换盆时，分开左手手指，按置于盆面植株根颈部，将盆提起倒置，并以右手托盆边，将植株带土坨从盆内取出。如为宿根花卉，土坨取出后，应将土坨外围旧土去掉一部分，并剪除一些老根、枯根和卷曲根，然后放在新盆内，填入培养土蹾实；如为一二年生花卉，土坨可不加任何处理，即带原土坨栽植；木本花卉则视种类而异，一些种类可将土坨适当切除一部分，如棕榈宜剪除老根 1/3，一些种类则不宜修剪，如橡皮树。换盆后应立即灌水，第一次必须灌足水，以后灌水不宜过多，尤其是根部修剪较多时，吸水能力减弱，水分过多易使根系腐烂，待新根长出后再逐渐增加灌水量。为减少叶面蒸发，换盆后应放置阴凉处养护，并增加空气湿度。

（三）水肥管理

1. 灌水　灌水是温室栽培观赏植物管理中的重要环节。按灌水方式不同可分为浇水、找水、放水、喷水和扣水等。浇水多用喷壶进行，水量以浇后能很快渗完为宜；找水是补充浇水，即对个别缺水的植株单独补浇；放水是生长旺季结合追肥加大浇水量，以满足枝叶生长的需要；喷水即对植物进行全株或叶面喷水，喷水不仅可以降低温度，提高空气相对湿度，还可清洗叶面上的尘埃，提高植株光合效率；扣水指少浇水或不浇水，通常在根系被修剪而伤口尚未愈合时、花芽分化阶段及入温室前后采用。

浇水次数、浇水时间和浇水量应根据观赏植物的种类、不同生育阶段、自然气候条件、培养土性质等灵活掌握。蕨类植物、天南星科、秋海棠类等喜湿的观赏植物要多浇，多浆植物等旱生观赏植物要少浇。进入休眠期，浇水量应依观赏植物种类的不同而减少或停止；解除休眠后，浇水量逐渐增加；生长旺盛时期，要多浇水；开花期前和结实期少浇；盛花期适当多浇。疏松土壤多浇，黏重土壤少浇。夏季浇水以清晨和傍晚为宜，冬季以上午 10:00 以后为宜。浇水的原则是盆土变干才浇水，且一次浇透，避免多次浇水不足，只湿及表层盆土，形成“截腰水”，造成下部根系缺乏水分而影响植株正常生长。

有些植物对水分特别敏感，若浇水不慎会影响其生长和开花，甚至导致死亡。如大岩桐、蒲包花、秋海棠的叶片淋水后容易腐烂；仙客来块茎顶部叶芽、非洲菊的花芽淋水易腐烂；兰科植物、牡丹等分株后灌水也会引起腐烂。因此，对浇水有特殊要求的观赏植物应与其他种类分开摆放，以便浇水时区别对待。随着设施条件和生产技术的改善，喷灌、滴灌已越来越多地应用于盆花生产，尤其在中、高档盆花生产中，以无土有机基质结合滴灌供应水肥，并利用微喷降温增湿的一整套水肥管理模式，已经是规模化、标准化盆花生产的重要方向。

2. 施肥　温室盆栽植物长期生长在盆钵之中，因根系扩展和盆土供养有限，施肥对其生长和发育至关重要。一般上盆及换盆时常施以基肥，生长期间施以追肥。常用基肥主要有饼肥、牛粪、鸡粪、蹄片和羊角等，基肥施入量不应超过盆土总量的 20%，可与培养土混合后均匀施入。追肥以薄肥勤施为原则，通常以沤制好的饼肥、油渣为主，也可用化肥或微量元素追施或叶面喷施。叶面追施时有机液肥的浓度不宜超过 5%，化肥的施用浓度一般不超过 0.3%，微量元素浓度不超过 0.05%。

施肥需在晴天进行。施肥前先松土，待盆土稍干后再施用。施肥后，立即用水喷洒叶面（叶面追施除外），以免残留肥液污染叶面。施肥后第二天务必浇 1 次水。温暖的生长季节，施肥次数多些；天气寒冷而室温不高时可以少施；中温以上温室，生长旺盛，施肥次数可适当增加。施肥时需注意根外追肥不宜在低温下进行，通常应在中午前后喷洒；由于气孔多分布于背面，背面吸肥力强，液肥应多喷于叶背面。盆栽观赏植物的用肥应合理配施，否则易发生营养缺乏症，如苗期以营养生长为主，需要较多氮肥；花芽分化和孕蕾阶段需要较多的磷肥和钾肥；观叶植物不能缺氮；观茎植物不能缺钾；观花和观果植物不能缺磷。此外，一类新型缓释型颗粒肥料（slow and control release fertilizer）正在盆花生产中被逐渐推广应用，这种肥料的优点是养分可经由颗粒外层特殊包膜控制而逐步释放，并可视植物的生长类型选用成分和释放周期不同的肥料种类，使用简单便利，也不会形成肥害，但大多依赖进口，成本较高。

（四）整形修剪

整形修剪（training and prunning）可调整植株生长势，促进生长开花，创造良好株形，增加美观。整形主要包括绑扎、诱引、支缚、支架等，修剪包括摘心、除芽、剪枝、摘叶、剥蕾等。

1．整枝　整枝即整形，随栽培目的和植物种类不同而异，一般可分为自然式和人工式两种。自然式是根据植物的自然株形，稍加人工修剪，使分枝布局更加合理美观。人工式则是人为对植物进行整形，强制植物按照人为的造型要求生长。整枝的材料可用竹片、细竹、铅丝、棕线、棕丝等。在确定整枝形式前，必须对植物的特性有充分了解，枝条纤细且柔韧性较好者，可整成镜面形、牌坊形、圆盘形或S形等，如常春藤、叶子花、藤本天竺葵、文竹、令箭荷花、结香等；枝条较硬者，宜作成云片形，或各种动物造型，如蜡梅、一品红等。

2．摘心与剪梢　用剪刀剪除已木质化的枝梢顶部，称剪梢；用手指摘去嫩枝顶部称为摘心。其作用有：使枝条组织充实；去除顶端优势，促进侧芽发生；使植株矮化；株型丰满；调节开花期等。

3．剪枝　剪枝包括疏剪和短截两种类型。疏剪指将枝条自基部完全剪除，主要是剪除病虫枝、枯枝、重叠枝、细弱枝等。短截指将枝条先端剪去一部分，剪时要充分了解植物的开花习性和注意留芽的方向。当年生枝条上开花的种类，如扶桑、倒挂金钟、叶子花等，应在春季短截；二年生枝条上开花的种类，如山茶花、杜鹃花等，宜在花后短截，使其形成更多的侧枝。留芽的方向要根据生出枝条的方向来确定，欲使其向上生长，留内侧芽；欲使其向外倾斜生长，留外侧芽。修剪时应使剪口呈一斜面，芽在剪口的对方，距剪口斜面顶部1～2cm为度。

4．摘叶　在植株生长发育过程中，当叶片生长过密，或出现黄叶、枯叶时，应进行摘叶。摘叶不仅可以改善通风透光条件，促进植物生长，减少病虫害的发生，还能促进新芽的萌发和开花。例如，茉莉可通过摘除老叶的方法来提早新芽萌发的时间；天竺葵通过摘叶能提高其开花的数量和质量。

5．剥芽与除蕾　剥芽即剥除侧芽。侧芽太多时，因营养分散，常影响主芽的生长发育，同时也影响通风透光，容易发生病虫害。除蕾指当侧蕾长至一定大小时，人工加以剥除。侧蕾若不及时剥除，将影响主蕾生长，影响开花的质量。

6．盆花在温室中的摆放　在同一个温室中同时栽培多种观赏植物时，为了获得生长发育优良的植株，必须根据温室的结构、性能及植物的生态习性，合理安排其在温室中的摆放位置。在同一温室中，随着距玻璃面间距的加大，光照度随之减弱。因此应把喜光的观赏植物种类放到温室的前部和中部，如仙客来、君子兰、瓜叶菊等；耐阴或对光照要求不严格的种类放在温室的后部或半阴处，如旱伞草、天门冬、万年青、红背桂、扁竹蓼等。

温室各个部位的温度也不一致，近窗和近门处温度变化较大，温室中部较稳定，近热源处温度高。因此，喜高温的种类，如扶桑、米兰、叶子花等应放在接近热源的地方；不需要特别高温的种类，如倒挂金钟、天竺葵、文竹等，可放在远离热源或门、窗的附近。

高大的木本观赏植物，应放在屋脊的下面，如棕榈、白兰花、南洋杉等。处于休眠状态和耐旱的种类可放置在高架上，如仙人掌和多浆植物。在室内继续生长的种类应放在管理方便的地方，如山茶花、瓜叶菊、仙客来、报春花、杜鹃花等。藤本、蔓生类植物最好悬挂在空中，如常春藤、吊兰、蟹爪兰、鹿角蕨等。各种植物在摆放时，要尽量使植株互不遮光或少遮光。走道南侧最后一排植株的阴影可投射在走道上，以不影响走道北侧的植株为原则。

7. 盆花进出温室　温室内夏季温度过高，通风不良，不利于观赏植物的正常生长发育，因此在每年春季晚霜过后，应把观赏植物移至室外荫棚中养护，待秋季气温逐渐下降，早霜出现以前，再将其搬入温室。仙人掌和多浆植物，以及夏季休眠的种类，如仙客来等，可以不移出温室。

盆花进出温室的时间应根据各地的气候和植物种类灵活掌握。一般来说，南方比北方春季气温回升早，秋季气温下降晚。因此，南方盆栽观赏植物出室较北方早，入室又较北方晚。对温度要求不太高的种类先出后进，而喜高温的种类则后出先进。长时间在温室环境条件下生长的观赏植物，一般都比较娇嫩，经不起外界环境的剧烈变化，因此移出温室前一定要给以低温锻炼。从2月末开始，逐渐打开门窗通风，降低室内温度，使其逐渐适应室外的环境，同时适当减少灌水及氮肥的供应，多施磷、钾肥，促进植株组织成熟，增强抵抗力。

入室前，要把温室打扫干净并进行彻底消毒，多用硫黄粉加木屑混合烟熏或用40%福尔马林50倍液喷洒。观赏植物移入温室后的初期，也应经常开窗通风，降低温度，使植株逐渐适应室内环境条件。

三、无土栽培

无土栽培（soilless culture）就是不用土壤，利用营养液灌溉直接向植物提供生长发育必需的营养元素来进行观赏植物栽培的方法。

（一）无土栽培的特点

近20年，无土栽培技术发展极其迅速，目前欧美等许多发达国家在观赏植物商品化生产中已广泛应用。

1. 无土栽培的优越性

（1）更合理地满足观赏植物生长发育对温、光、水、气、养分等的要求。观赏植物大多数对栽培条件要求较高，无土栽培可以更有效地控制植物生长发育过程对水分、养分、空气、光照、温度等的要求，使植物生长发育良好。适于无土栽培的观赏植物很多，如菊花、水仙、郁金香、马蹄莲、月季、非洲菊、花叶芋、彩叶芋、大岩桐、风信子、百合、仙客来、花叶万年青、一品红等。

（2）扩大了观赏植物的种植范围。在沙漠、盐碱地、海岛、荒山、砾石地都可进行栽培，规模可大可小。意大利有欧洲最大的水培花卉工厂，温室面积达5 000m²；世界上最大的水培农场在美国亚利桑那州的格伦代尔（Glendale）市，总面积为93 600m²。无土栽培还可在窗台、阳台、走廊、房顶、院落等场所进行，因基质轻、搬运方便，尤易开展城市高层平面屋顶花园建设，充分美化生活环境。在屋顶进行无土栽培，由于覆盖效应，夏天可使楼顶天花板面温度降低5～8℃，室内温度降低2～3℃。

（3）能加速植物生长，提高产量和品质。如无土栽培的香石竹香味浓、花朵大、花期长、产量高，盛花期比土壤栽培的提早2个月；水培仙客来的花丛直径可达50cm，花朵高度可达40cm，每株仙客来平均可开20朵花，一年可达130朵花，同时提高了其耐热性。

（4）可以节省肥水。土壤栽培由于水分流失严重，水分消耗量比无土栽培大7倍左右；无土栽培施肥的种类和数量都是根据花卉生长的需要确定，而且营养成分直接供给观赏植物的根部，完全避免了土壤的吸附、固定和地下渗透，可节省近一半的肥料用量。

（5）无杂草、清洁卫生。由于不用人粪尿、禽畜粪和堆肥，故无土栽培营养液无臭味且清洁卫生，可减少对环境的污染和病虫害的传播，同时也便于运输和流通。

（6）省工、减轻劳动强度。无土栽培由于不用土壤，完全使用人工培养液，因此省略了土壤的耕作、灌溉、施肥等操作，可节约劳动力，减轻劳动强度。

2. 无土栽培存在的问题 无土栽培也存在一些缺点，必须密切注意并加以克服，主要有如下缺点：

（1）一次性投资较大。无土栽培是人为控制观赏植物在一定条件下生长，需要成套设备，如水培槽、培养液池、循环系统等，故投资较大。

（2）在营养液循环使用的无土栽培系统中易染病。若营养液消毒不严，则很容易因营养液的流动，使病害迅速传播蔓延，如镰刀菌属和轮枝菌属的一些病菌。

（3）营养液的配制需要依据一定的化学原理，比较复杂、费工。在无土栽培中，养分直接供给根部，缺乏土壤溶液类似的缓冲作用，植物对营养液又非常敏感，营养液中各种元素的数量、相互作用及配合比例，以及酸碱度等稍有偏离，都会立即影响观赏植物的正常生长发育。因此，对营养液的配制要求十分严格。

（二）无土栽培的种类

无土栽培的方法很多，大体分为无基质栽培和基质栽培两类。前一类无固定根系的基质，根系直接与营养液接触，如水培法、雾培法等；后一类根据所用培养基质的不同，通常可分为砾培、沙培、蛭石培、珍珠岩培、沙砾培、锯末培等（图 1-4-1）。

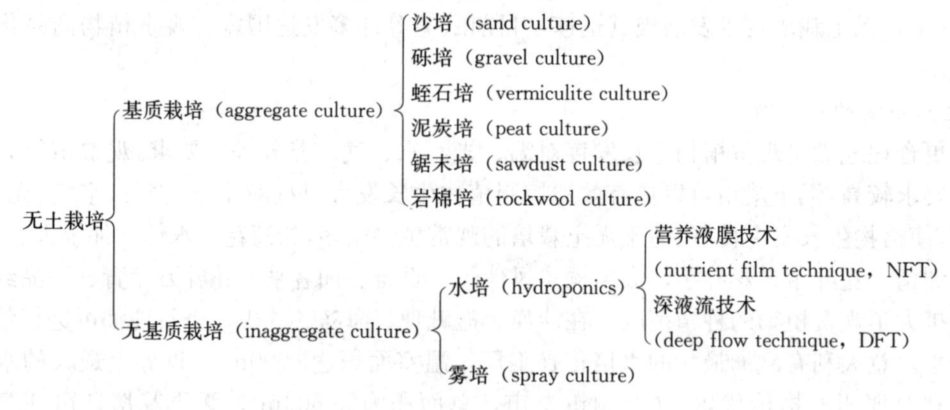

图 1-4-1 无土栽培的分类

目前生产上常用的主要有以下几种。

1. 水培法 水培法是将植物根系连续或不连续地浸入营养液（nutrient solution）中进行培养的一种方法。为了提高营养液中的含氧量，需要有通气措施。通气方式主要有两种，一种是强迫通气，把多孔的管子放于栽培床内，利用其向营养液中通气；另一种是利用水泵使营养液来回循环，营养液深度一般为 10～15cm，在 30m 长的栽培床中，营养液每小时需完全更换 1～2 次。目前以营养液膜法（简称 NFT）应用较为普遍，即采用 0.5cm 左右的浅层营养液（像一层膜）

通过根系进行流动培养，使液膜上方根系形成通气良好、肥水充足的根垫。为了避免水培过程中藻类的繁殖生长，应使根系处于黑暗之中。

2. *沙培法*　沙培法通常采用直径0.6～3mm大小沙粒作固定基质。目前营养液主要通过滴灌法泵入，即将稀释好的营养液经滴头连续滴落在种植沙床内根系的周围，液流渗过培养基质，再聚集于液池中，定期抽回贮液罐。该法需用防水槽，并要定期检测营养液的成分、阳离子置换容量（CEC）及pH，及时处理或更换。

3. *砾培法*　砾培法采用直径大于3～20mm的小石子作为固定基质，应用较为广泛。所需设备主要包括盛营养液的罐，带有培养基的培养床和灌入营养液的泵、管道、流水槽等。根据供水方式不同又可分为上方灌水法和下方灌水法。90%的砾培法属于下方灌水法，即将营养液抽入栽培床，在基质表面下的若干厘米内蓄积，然后把它再排回到营养液罐中，为封闭的或再循环的系统（图1-4-2）。在2～6周内，营养液可循环使用，以后视需要对营养液进行处理或更换。整个系统可自动化操作。

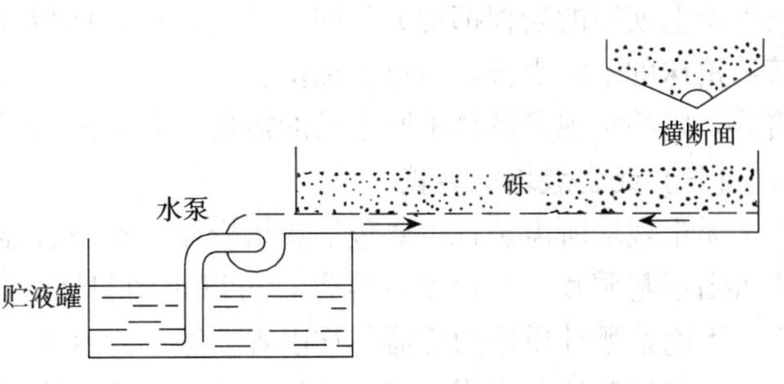

图1-4-2　营养液循环系统

4. *沙砾培法*　沙砾培法又称孟加拉栽培法，是在孟加拉创造的。该法用沙和砾混合作固定基质，简单经济，容易使用。栽培床可由木材、水泥、油毡、砖、塑料等构成。在基质配合上，最好选用5份粗基质（直径5～15mm）和2～3份细土或沙，但也应根据地区和季节而调整，在寒冷、蒸发量不大的季节，粗基质可增加到6份；在沙漠或干旱季节，粗基质可减少至2～4份。

5. *蛭石培法*　蛭石是由黑云母和金云母风化而成的次生矿物质，其化学成分为水化的硅酸铝镁铁，当在约1 000℃的炉中加热时，因结晶水变为蒸气，体积大幅度膨胀形成疏松的多孔体。其容重为0.096～0.16g/cm^3，呈中性反应，含可为植物利用的镁和钾，具有良好的保水性能，每立方米能吸收500～650L水，因此可作为栽培植物的固定基质。常用蛭石分为4级，以1号至4号表示，颗粒直径分别为5～8mm、2～5mm、1～2mm及0.75～1mm，最常用的为2号蛭石。膨胀蛭石在吸水后不能挤压，否则其多孔结构会被破坏。长期使用后的蛭石，其蜂房状结构崩溃，排水和通气性能降低，达不到良好的效果。生产上常将蛭石与珍珠岩或泥炭混合使用。

6. *锯末培法*　锯末培法是采用中等粗度的锯末或加有适当比例刨花的细锯末，或与谷壳混合作固定基质。以黄杉和铁杉的锯末最好，有些侧柏的锯末有毒，不能使用。栽培床可用木板建造，内铺聚乙烯膜作衬里，床底呈V字形或圆形（图1-4-3）。锯末培法也可用聚乙烯袋装上锯末进行，底部打些

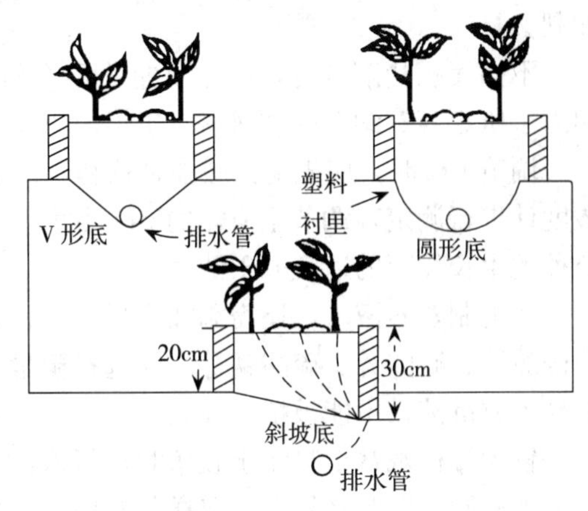

图1-4-3　锯末床培的横断面

排水孔，根据袋的大小，可以种植1～3株植物。锯末培一般用滴灌系统提供水肥。

稍粗的木屑混以25%的谷壳，可以提高基质的保水性和通气性。但因两者C/N均很高，作为基质时要补充加入氮肥，如豆饼、鸡粪、化学氮肥等，以调节至适宜的C/N。

7. *岩棉培法* 岩棉是20%石灰石和20%焦炭的混合制品。在辉绿石和石灰石内加入焦炭，于1 500～2 000℃高温下熔融，并被挤压成容重为70～80kg/m^{3}的片状物，然后开始冷却，当温度降到200℃时，加苯酚树脂固定成型。新的岩棉块pH都大于7，使用前必须先用水浸泡。一般生产上使用的岩棉都切成不同规格的方块，把植株种于方块中，放在装有营养液的盘或槽上，随着植株的不断生长，原有岩棉块容纳不下逐渐生长的根系，应把它套入较大的岩棉块中进一步培养，以满足观赏植物不断生长的需要。营养液的供应也可采用滴灌方式。

（三）无土栽培的装置

无土栽培所需装置主要包括栽培容器、贮液容器、营养液输排管道和循环系统。栽培容器指装入固定基质和栽培植物的容器，可以是塑料钵、瓦钵或由水泥、砖、木板等砌成的栽培床或槽。不论是哪种质地的容器，均以容器壁不渗水为好。因为容器壁渗水，不仅浪费营养液，而且容易引起局部盐分积累，影响植物生长。水培的漂浮法需要有栽培床，栽培床长度不宜太长，一般不超过20m，以免通气不良。床体两端倾度为1/100，以利于营养液的流动。

营养液的配制和贮存所需要的容器，一般采用木桶、塑料桶或用水泥和砖砌成的池，容器的选择及规格较灵活，应根据需要确定。

营养液输排管道一般为镀锌水管或塑料管。循环系统由水泵控制，将营养液灌入种植槽中，流经栽培床后，贮积于液罐中，可循环使用。

（四）营养液的配制和使用

无土栽培中应用的营养液配方甚多，可根据不同的观赏植物种类和品种、不同的生长发育阶段和不同的气候条件选择相应的配方。但在选用某一配方时需要经过反复的栽培试验，通过化学分析和对各种营养元素平衡的精确计算，对配方进行不断改进。

1. *营养液的配制* 在配制营养液时，需注意各种药剂的商标和说明，仔细核对其化学名称和分子式、纯度及是否含结晶水等，然后根据选定的配方，准确称量后按配制原则科学地配制。

不同无机盐溶解时，可先用少量50℃温水分别溶解，然后按配方列出的顺序逐个倒入装有相当于所定容量约75%的水中，边倒边搅拌，最后加水定容到所需的量。

调节pH时，应先把强酸强碱稀释，然后逐滴加入到营养液中，同时不断用精密pH试纸或酸度计进行测定，调节至所需的pH为止。不同观赏植物对营养液pH的适应范围不尽相同，部分种类生长发育的适宜pH见表1-4-2。

在配制营养液时，还需添加少量微量元素。常用微量元素药剂有硫酸亚铁、硼酸、硫酸铜、柠檬酸铁、硫酸锌、硫酸锰等。在选择微量元素时，要注意营养液pH的影响，如铁在碱性溶液中易生成沉淀，不能被植物吸收。

较大规模观赏植物无土栽培时，每次配制营养液多以1 000L为单位，通常不用蒸馏水而用自来水配制，因此必须事先取样分析用水，如果是硬水，营养液中能够游离出来的离子数量会受到限制。自来水中的氯化物和硫化物还对植物有毒害作用，所以在用自来水配制营养液时，应加少量的乙二胺四乙酸钠（EDTA 钠）或腐殖质盐酸化合物来克服上述缺点。

表 1-4-2　部分观赏植物适宜的营养液 pH

花卉名称	pH	花卉名称	pH
月　季	6.5	仙客来	6.5
菊　花	6.8	香石竹	6.8
倒挂金钟	6.0	水　仙	6.0
唐菖蒲	6.5	香豌豆	6.8
风信子	7.0	大丽花	6.5
百　合	5.5	秋海棠	6.0
郁金香	6.5	蒲包花	6.5
鸢　尾	6.0	紫　菀	6.5
金盏菊	6.0	虞美人	6.5
紫罗兰	6.0	樱　草	6.5
天竺葵	6.5	耧斗菜	6.5

2. *无土栽培常用肥料和营养液配方*

（1）无土栽培常用营养液组分。无土栽培常用营养液组分有钾盐、铵态氮、磷酸盐、钙盐、镁盐、硫酸盐及微量元素等几个类型，包括植物生长所需的 13 种必需元素，即大量元素氮、磷、钾、钙、镁、硫；微量元素铁、锰、铜、锌、硼、钼、氯。现将常用于无土栽培的肥料列于表 1-4-3。

表 1-4-3　无土栽培常用营养液组分

组　分	分子式	相对分子质量	必需元素的吸收形式	溶解需水倍数	备　注
硝酸钾	KNO_3	101.1	K^+，NO_3^-	1∶4	易溶
硝酸钙	$Ca(NO_3)_2$	164.1	Ca^{2+}，NO_3^-	1∶1	易溶
硫酸铵	$(NH_4)_2SO_4$	132.2	NH_4^+，SO_4^{2-}	1∶2	易溶
磷酸二氢铵	$NH_4H_2PO_4$	115.0	NH_4^+，$H_2PO_4^-$	1∶4	仅在光照充足或缺氮时使用
硝酸铵	NH_4NO_3	80.05	NH_4^+，NO_3^-	1∶1	仅在光照充足或缺氮时使用
磷酸氢二铵	$(NH_4)_2HPO_4$	132.1	HN_4^+，HPO_4^{2-}	1∶2	仅在光照不足或缺氮时使用
磷酸二氢钾	KH_2PO_4	136.1	K^+，$H_2PO_4^-$	1∶3	易溶
氯化钾	KCl	74.55	K^+，Cl^-	1∶3	仅在缺钾和溶液中无氯化钠时使用
硫酸钾	K_2SO_4	174.3	K^+，SO_4^{2-}	1∶15	应在热水中溶解
重过磷酸钙	$Ca(H_2PO_4)_2 \cdot H_2O$	252.1	Ca^{2+}，$H_2PO_4^-$		难溶
硫酸镁	$MgSO_4 \cdot 7H_2O$	246.5	Mg^{2+}，SO_4^{2-}	1∶2	易溶
氯化钙	$CaCl_2 \cdot 6H_2O$	219.1	Ca^{2+}，Cl^-	1∶1	易溶，缺钙时使用好，不宜用于含氯化钠的溶液
磷　酸	H_3PO_4	98.0	PO_4^{3-}	浓缩液	缺磷时使用
硫酸亚铁	$FeSO_4 \cdot 7H_2O$	278.0	Fe^{2+}，SO_4^{2-}	1∶4	
氯化铁	$FeCl_3 \cdot 6H_2O$	270.3	Fe^{2+}，Cl^-	1∶2	
螯合铁	FeEDTA	382.1	Fe^{3+}		理想的铁源，溶于热水中
硼　酸	H_3BO_3	61.8	B^{3+}	1∶20	
硫酸铜	$CuSO_4 \cdot 5H_2O$	249.7	Cu^{2+}，SO_4^{2-}	1∶5	
硫酸锰	$MnSO_4 \cdot 4H_2O$	223.1	Mn^{2+}，SO_4^{2-}	1∶2	
硫酸锌	$ZnSO_4 \cdot 7H_2O$	287.6	Zn^{2+}，SO_4^{2-}	1∶3	

（2）几种常用营养液配方。

① 格里克（W. F. Gericke）基本营养液配方（表 1-4-4）。

表 1-4-4　格里克基本营养液配方

组　分	分子式	用量（g/L）
硝酸钾	KNO_3	542.0
硝酸钙	$Ca(NO_3)_2$	96.0
过磷酸钙	$CaSO_4+Ca(H_2PO_4)_2$	135.0
硫酸镁	$MgSO_4$	135.0
硫　酸	H_2SO_4	73.0
硫酸铁	$Fe_2(SO_4)_3 \cdot n(H_2O)$	14.0
硫酸锰	$MnSO_4$	2.0
硼　砂	$Na_2B_4O_7$	1.7
硫酸锌	$ZnSO_4$	0.8
硫酸铜	$CuSO_4$	0.6
总　计		1 000.1

②月季、山茶花、君子兰等观花植物营养液配方（表 1-4-5）。

表 1-4-5　月季、山茶花、君子兰等观花植物营养液配方

组　分	分子式	用量（g/L）	组　分	分子式	用量（g/L）
硝酸钾	KNO_3	0.6	硫酸亚铁	$FeSO_4$	0.015 0
硝酸钙	$Ca(NO_3)_2$	0.1	硼　酸	H_3BO_3	0.006 0
硫酸镁	$MgSO_4$	0.6	硫酸铜	$CuSO_4$	0.000 2
硫酸钾	K_2SO_4	0.2	硫酸锰	$MnSO_4$	0.004 0
磷酸二氢铵	$(NH_4)H_2PO_4$	0.4	硫酸锌	$ZnSO_4$	0.001 0
磷酸二氢钾	KH_2PO_4	0.2	钼酸铵	$(NH_4)_6Mo_7O_{24}$	0.005 0
乙二胺四乙酸二钠	Na_2EDTA	0.1			

③观叶植物营养液配方（表 1-4-6）。

表 1-4-6　观叶植物营养液配方

组　分	分子式	用量（g/L）	组　分	分子式	用量（g/L）
硝酸钾	KNO_3	0.505	硼　酸	H_3BO_3	0.001 240
硝酸铵	NH_4NO_3	0.080	硫酸锰	$MnSO_4 \cdot 4H_2O$	0.002 230
磷酸二氢钾	KH_2PO_4	0.136	硫酸锌	$ZnSO_4 \cdot 7H_2O$	0.000 864
硫酸镁	$MgSO_4 \cdot 7H_2O$	0.246	硫酸铜	$CuSO_4 \cdot 5H_2O$	0.000 125
氯化钙	$CaCl_2$	0.333	钼　酸	$H_2MoO_4 \cdot 4H_2O$	0.000 117
EDTA二钠铁	$Na_2FeEDTA$	0.024			

④金橘等观果植物营养液配方（表 1-4-7）。

表 1-4-7　金橘等观果植物营养液配方

组　分	分子式	用量（g/L）	组　分	分子式	用量（g/L）
硝酸钾	KNO_3	0.70	硫酸铜	$CuSO_4$	0.000 6
硝酸钙	$Ca(NO_3)_2$	0.70	硼　酸	H_3BO_3	0.000 6
过磷酸钙	$CaSO_4+Ca(H_2PO_4)_2$	0.80	硫酸锰	$MnSO_4$	0.0006
硫酸镁	$MgSO_4$	0.28	硫酸锌	$ZnSO_4$	0.000 6
硫酸亚铁	$FeSO_4$	0.12	钼酸铵	$(NH_4)_6Mo_7O_{24}\cdot 4H_2O$	0.0006
硫酸铵	$(NH_4)_2SO_4$	0.22			

(3) 营养液的消耗和补充。营养液使用一段时间后，离子不断消耗，会引起离子间比例失去平衡，应及时加以调整。

①当出现钙、镁含量相对超过其他元素比例时，可采用补充液配方如表 1-4-8。

表 1-4-8　钙、镁超量时的补充液配方

组　分	分子式	用量（g/L）
磷酸二氢铵	$NH_4H_2PO_4$	0.111
硝酸钾	KNO_3	0.510
硫酸钙	$CaSO_4$	0.080
硝酸铵	NH_4NO_3	0.080

②当钙、镁含量相对不足时，可采用补充液配方如表 1-4-9。

表 1-4-9　钙、镁含量相对不足时的补充液配方

组　分	分子式	用量（g/L）
磷酸二氢铵	$NH_4H_2PO_4$	0.070
硝酸钾	KNO_3	0.334
硝酸钙	$Ca(NO_3)_2$	0.050
硝酸铵	NH_4NO_3	0.550
硫酸镁	$MgSO_4$	0.195

第三节　花期调控

植物的营养生长进行到一定阶段之后，茎顶端分生组织便开始分化出花原基，进入生殖生长阶段。花芽分化是植物遗传性所决定、受多种因素相互作用调节的复杂过程。日照和温度是诱导植物花原基形成的两个主要外界因素，不同植物对日照长短和温度高低要求不同。

在实际生产中，观赏植物的花期调控（regulation of blooming period）是十分重要的。如为了适应市场和节日的需要，经常需要控制观花植物的开花时间；为了进行杂交育种，经常要使不同花期的品种改变花期，而同时开花；此外，生产中为了减少冻害，也常需要延缓一些早春开花的观赏植物的花期等。利用各种措施，使自然花期提早称为促成栽培（forcing culture），使自然花期延迟，称为抑制栽培（retarding culture）。促成和抑制栽培可通过调节光照和温度，或通过

不同化学调控及栽培措施进行。

一、环境调控

(一) 光照调节

1. 纬度与日照长短的周年变化　通过日照长短来调节花期时，需根据栽培地区日长的周年变化。纬度越高，夏季日照越长，冬季的日照越短；离赤道越近，则日长的季节变化越小，赤道的周年日长是恒定的，都是12h；北纬20°的夏季最长日长约14h，冬季最短日长约11.5h，日长差为2.5h；北纬40°的夏季最长日照约为16h，冬季最短日照约为10h，差值6h左右。达到14h日长，北纬40°为4月份，而北纬20°为6月份。因此，同一植物种类，在不同纬度地区，自然开花期也有早晚。

2. 日长处理方法

(1) 长日照处理（long-day treatment）。用于长日植物的促成栽培和短日植物的抑制栽培。早期的长日照处理是在落日之后用灯光照明，以延长日照时间。这种方法需要相当长的照明时间才能达到效果，因为决定光周期反应的因子是黑暗的长短，而非绝对日照的长短，所以，目前常采用夜间光间断法，该法可以大大缩短照明时间，不仅降低了成本，而且效果良好。

用电灯照明的长日处理方法称为电照处理（light treatment），经电照处理的栽培技术称为电照栽培（light culture）。电照处理一般在冬季短日照时进行，夜间光间断处理常在22:00～2:00之间，所需的光照时间和光照度依观赏植物种类和品种而异。例如暗期中断时间为2h，不同短日植物所需的光照度为菊花25～40lx，长寿花10lx，一品红3lx等。提高光照度则可缩短照明时间，如长寿花，在60～80klx光照度下只需1s，就能达到推迟花期的效果。

暗期中断处理时，可连续照明或间隙照明。间隙照明指照明数分钟后停10～20min的多次照明方法，它同样具有长日照处理效果。例如，在荷兰切花菊抑制栽培中，晚间的照明是以30min为单位，可分别采取照明6min停24min、照明7.5min停22.5min、照明10min停20min等处理（图1-4-4），该法可节省电费2/3左右。

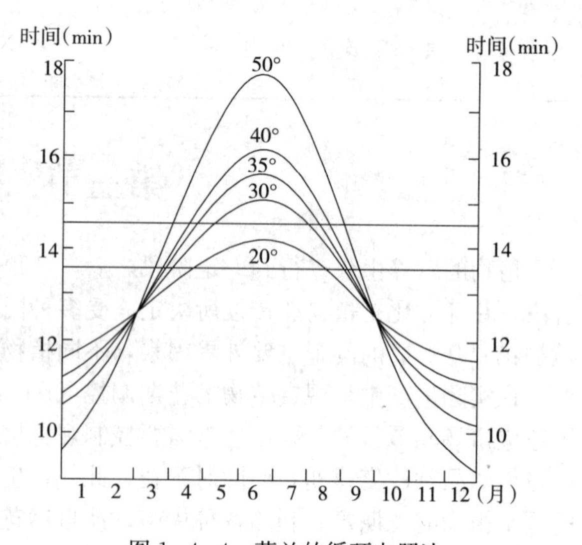

图1-4-4　荷兰的循环电照法

秋菊人工补光延迟花期时，人工补光的开始及终止日期是根据市场供花期、品种光周期反应特性和当地日照长短的季节变化来确定的。开始日期通常定在当地的日照长度缩短至接近该品种花芽分化的临界短日之前，终止日期依品种而异，可从花芽分化到开花的日数来确定。一般在夜温15℃条件下，花芽分化需10d左右，分化后至开花所需时间，早花品种只需40d左右，晚花品种需90d左右。每天补光的时数原则上以保证两段暗期的总时数不超过 7～8h 最好，早花品种用较长的补光时数，晚花品种则相对较短。

补光的光源配置通常用白炽灯，不同功率的白炽灯，其有效光照度覆盖的范围是不同的（表 1-4-10）。当用灯数多时，各灯的光照彼此重叠，使光照度增大，可增加每只灯的有效覆盖面积。除白炽灯外，低压钠灯、汞灯等均可作为光源使用。

表 1-4-10　不同功率白炽灯电照处理的有效范围

光源功率（W）	有效半径（m）	有效面积（m^2）
50	1.4	6.2
100	2.2	15.2
150	2.9	26.4

（2）短日照处理（short-day treatment）。用于短日植物的促成栽培和长日植物的抑制栽培，多在夏季进行。通常使用不透光的黑色帘布、黑塑料薄膜等覆盖在处理植株的上部，使整个栽培区处于完全黑暗状态，一般在 16:00～17:00 开始处理，翌日上午 7:00～8:00 结束。因为处理期间均在高温的夏季，遮光材料内的温度、湿度均很高，容易影响植物正常的生理活动和产生病害。所以，在保证不漏光的前提下，一定要做好通风降温及降湿工作，视条件而定可在 20:00 以后到翌日清晨 5:00 以前除去覆盖。

短日照处理的持续时间，依观赏植物的种类不同而异。例如牵牛花只需 1d，30d 后便可开花；而秋菊需 3d 以上短日照处理才能开始花芽分化，连续短日处理直到花蕾着色，以后在长日照下才能正常开花。要使一品红"十一"开花，可从 7 月底开始进行遮光处理，每天仅给予 8～9h 光照，一个月后便形成花蕾，单瓣品种 40 余天就能开花，重瓣品种处理时间要长一些，至 9 月下旬可逐渐开放。使叶子花在中秋节开花，则需在预定花期 70～75d 前进行遮光，遮光具体时间是 16:00 至第二天早上 8:00，大约处理 60d 后花期诱导基本完成，至苞片变色后停止遮光。在开始遮光的最初阶段，花芽起始分化时期，遮光一日都不可中断，否则长日照会使植株又转向营养生长，无法正常开花。因此，在进行短日照处理时应先了解被处理的观赏植物的生态习性。

（3）光暗颠倒处理（reversing light and dark treatment）。可以使只在夜晚开花的观赏植物在白天开花。例如昙花，当其花蕾长到 6～8cm 时，白天完全进行遮光，夜间给以 100W/m^2 的光照，4～6d 即可在白天开花，并且可延长开花期 2～3d。

（二）温度调节

1. 温度调节的作用　温度在调节花期中的有关作用表现在以下几方面：

（1）解除休眠。解除（或延长）花芽或营养芽的休眠，促进（或延迟）其开放或萌发生长，提高（或降低）休眠胚或生长点的活性。

（2）春化作用。通过一定时间的低温处理，使花芽分化得以进行。

（3）花芽分化。花芽分化需要通过一定范围的适宜温度，不同观赏植物种类需要的适宜温度范围不同。

（4）花芽发育。花芽发育常需特定的、可能与花芽分化不同的温度条件，在花芽分化结束后，满足发育所需的适宜温度才能使花芽正常发育。

（5）影响花茎的伸长。有些观赏植物（特别是需要低温春化的类型）的花茎伸长要经一定时间低温的预先处理，然后在较高的温度下才能进行。

2. 温度调节的方法　大多数日中性植物对光照时间长短并不敏感，只要满足其开花适宜的温度条件，就能提前现蕾开花。如月季，在自然条件下秋末气温降低后，生长发育逐渐停止而进入休眠或半休眠状态，如在气温下降之前进行加温处理，则可连续生长，不断开花。许多春夏开花的观赏植物，如郁金香、百合、风信子、紫罗兰、铃兰、报春花、芍药、香雪兰等，生长和开花与温度关系十分密切，尤其易受低温的影响。观赏植物种类不同，开花所需要的低温处理方法也不同，以下按种类不同加以说明。

（1）球根花卉。球根花卉的种类不同，花芽分化的时期也不同。如郁金香、风信子和水仙等在种植前已完成花芽分化，而香雪兰、球根鸢尾等则在种植后进行花芽分化，因此低温处理的作用不完全一样。对于已完成花芽分化的种类，低温只对发育阶段的转变产生作用，而对未经花芽分化的种类，低温处理相当于春化作用。

① 促成栽培：秋季种植、春季开花、夏季地上部分枯萎而进入休眠的秋植球根类花卉，如郁金香、风信子、球根鸢尾、百合等，首先通过高温打破休眠，再给以低温处理完成春化，之后通过适温促进开花。下面列举几种主要球根花卉温度处理的促成栽培过程。

郁金香：6月下旬采收后，经30～35℃处理3～5d，30℃干燥2周，可以缩短休眠时间，促使其提早开始在球根内部进行花芽分化。郁金香花芽分化的适温是17～20℃，处理20～25d后转至5～9℃下处理50～69d，促进花芽发育。然后在10～15℃下进行发根处理，根抽出可见时即可种植。在催花过程中，一般可将环境温度控制在10～20℃，即能保证郁金香正常开花，如果环境温度过高，会出现哑蕾。

香雪兰：30℃温度处理40～60d以打破休眠，然后10℃处理30～35d（湿度90%），以满足春化作用、花芽分化和花茎伸长的温度要求。处理结束后，定植于15～20℃的环境中，即可提前开花。定植后的温度若超过20℃会引起脱春化作用，使花芽分化不良，出现畸形。

百合：10～15℃下进行发根处理，待根长出后，置于0～3℃低温春化处理45d，然后定植，即能提早开花。百合的鳞茎在发根处理前要进行一段30℃左右的高温热处理，鳞茎必须先发根再冷藏，否则会影响生根。

夏季收藏球根时，有皮鳞茎类如唐菖蒲可用干燥法，即将球茎直接放置箱内进行贮藏；而无皮鳞茎类如百合则必须与湿锯木屑或水苔混合放置箱内，保持适当的湿度，以避免鳞片干缩。

②抑制栽培：为了周年生产需要进行花期调节时，球根类花卉可以利用贮藏于不同温度的方法，以延迟栽种时间，达到推迟开花的目的。例如郁金香、风信子、球根鸢尾、香雪兰等，通常在0～3℃低温或30℃高温下贮藏，以使其强迫休眠来推迟种植时间。

唐菖蒲球茎采收后，贮藏于2～5℃的冷库中，可持续贮藏两年之久，在这期间，可根据预定花期确定取出栽植时间，即可应时开花。在日本，香雪兰球根采收后，立即贮藏于0～5℃的条件下，于预定花期前13周取出，经30℃高温打破休眠后，种植于10℃以上的环境中，3～4个月便可开花。

（2）宿根花卉。大多数原产温带的宿根花卉，如满天星、紫菀、洋桔梗等，在冬季低温到来前及短日照条件下植株形成莲座状，经过一定时间的低温处理，在较高温度下可以抽薹开花。因此，使这类宿根花卉提早开花必须先进行低温处理，然后加温。例如芍药，利用自然低温进行低温处理，12 月移入温室，至翌年 2 月便可开花；也可以在 9 月上旬进行 0～2℃的低温处理，早花品种需 25～30d，晚花品种需 40～50d，然后于 15℃的温度处理 60～70d 即可开花。宿根性满天星经夏季高温后，生长势已减弱，至短日低温来临时已进入休眠状态，一旦进入休眠状态则必须经过一定低温后才能重新生长开花。进行促成栽培时，可将开花后的老株大部分茎叶除去，于 5℃低温处理 50～70d，然后定植。呈莲座状休眠的菊花，用 1～3℃低温处理 30～40d 后定植，也可提前开花。

（3）二年生草花。种子发芽后立即进行低温处理有春化效果的草花很少，例如矢车菊。一般草花都在一定营养生长的基础上进行低温春化处理，才能促进花芽分化，例如紫罗兰、报春花、瓜叶菊等。

紫罗兰花芽分化或春化处理有一个温度界限，只有白天温度低于 15.6℃时才能开花，当温度高于 15.6℃时，植株生长受抑制并会引起叶片形态发生变化。紫罗兰在促控栽培时应注意其大苗移植不易恢复生长，以真叶 2～5 枚时定植较为适宜，低温处理以 10 枚真叶时较好。

报春花在 10℃低温下，不管日照长短均可进行花芽分化，若同时进行短日照处理，花芽分化则更加充分，花芽分化后保持 15℃左右的温度并进行长日照处理，则可促进花芽发育，提早开花。

（4）花木类。许多在冬季低温休眠、春夏开花的花木，均需打破休眠后才可催花，其生长和开花与温度关系极为密切。打破休眠虽可用乙醚蒸气、温水浴处理等方法，但在实际生产中以低温处理效果最好、应用最多。通常是先经自然低温处理，然后移进温室中促进开花。如果冬季的低温不足或需大幅度提早开花，可将花木栽植在高寒地带，先经自然低温处理，再转移到圃地，或直接进行人工低温处理。所需低温的程度、处理时间的长短依花木种类、品种及栽培地的气候条件而定。

以碧桃的催花为例，应先在 0℃以下放置 4～8 周，具体时间长短依温度高低而定，如在 －15℃下，4 周左右即完成春化；－5℃下，8 周左右才可完成春化。当碧桃移入室内进行催花时，应避免立即置于较高气温下，通常先在气温接近 0℃左右的环境中放 2～3d，再逐渐将环境温度提高，如果植株长时间置于过高气温下，其花蕾容易败育。

贴梗海棠的花芽必须在低温条件下才能充分发育，在进入冬季后要将植株放在室外越冬，通常在准备进行花期控制的前 1～2 周，将植株从 0℃以下的环境移至接近 0℃的栽培条件，为能顺利开花，需注意逐渐提高环境温度。一般在 2 月初将植株置于高温温室 24h，然后在 15℃中温温室进行养护，随着花蕾的不断长大，环境温度可适当提高。花蕾发育快慢也可通过调节温度加以控制，如花蕾生长过慢，可进行增温处理，花蕾生长过快，可进行降温处理。

杜鹃花的花芽分化在很大程度上也受温度的影响，在花期控制的前期必须置于 2～10℃温度下处理 4～6 周，以保证花芽分化顺利完成。而后只要将其移入温室内，将环境温度提高到 15～20℃，植株即可正常开花。

需要注意的是，落叶花木在低温处理前应先除去叶片，因落叶花木枝条上的残留叶片会使开花不整齐。

降温处理也可用于推迟植株开花。处于休眠状态下的花木，如移入冷库中，可继续维持休眠状态而推迟开花；另外，在较低温度条件下花木新陈代谢活动缓慢，也会因此而延迟开花期。如处于10℃以下的低温，月季已形成的花蕾将推迟开花。

二、栽培措施调控

栽培措施处理包括调节播种期和繁殖期、修剪、施肥、控水等几方面。

1. 调节播种期 一串红“五一”供花，可采用秋播，宜于8月下旬播种，10月上旬假植到温室，11月中下旬上盆，不断摘心，以防止开花，于翌年3月10日进行最后一次摘心，“五一”时即可繁花盛开，冠幅可达35～50cm。如果采用扦插繁殖，可在11月中旬进行，其他栽培过程同播种，也可实现“五一”用花。

如需“十一”开花，鸡冠花、百日草等可于7月上旬播种；唐菖蒲（早花和中花品种）于7月上中旬栽植，也可于“十一”前后开花。

2. 修剪处理 月季可以在生长期通过修剪来调控花期，由于温度、品种等的不同，从修剪至开花需40～60d不等。“十一”开花，大多数品种可在8月上中旬修剪。此外，香石竹、矮牵牛、孔雀草、扶桑、茉莉、夹竹桃等均可利用修剪调节花期。

3. 水肥控制 对于玉兰、丁香等木本花卉，可人为控制减少水分和养分，使植株落叶休眠，再于适当的时间施以肥水，以解除休眠，并促使发芽生长和开花。高山积雪、仙客来等开花期长的花卉，于开花末期增施氮肥，可以延缓衰老和延长花期。在植株进行一定营养生长之后，增施磷、钾肥，可促进开花。

三、化学调控

在观赏植物促控栽培中，为了打破休眠，促进茎叶生长、花芽分化和开花，常应用植物生长调节剂(plant growth regulator)进行处理。常见药剂有赤霉素（GA_3）、萘乙酸（NAA）、2，4-D、吲哚丁酸（IBA）、脱落酸（ABA）、丁酰肼、矮壮素（CCC）、多效唑（PP_{333}）以及乙醚等。

1. 赤霉素 主要作用有如下方面：

（1）打破休眠。10～500mg/L的GA_3溶液浸种24～48h，可打破许多观赏植物种子的休眠。球根类、花木类休眠芽的GA_3处理浓度一般以10～500mg/L为宜，处理后一般在4～7d休眠芽便可开始萌动。用GA_3处理杜鹃花，可以代替低温打破休眠。

（2）促进花芽分化。赤霉素可代替低温完成春化作用。例如从9月下旬开始，用10～500mg/L的赤霉素处理紫罗兰2～3次，即可促进开花。

（3）茎伸长。GA_3对菊花、紫罗兰、金鱼草、报春花、仙客来等有促进花茎伸长的作用，一般于现蕾前后处理效果较好，如果处理时间太迟会引起花梗徒长。

2. 生长素 吲哚丁酸、萘乙酸、2，4-D等生长素类生长调节剂一方面对开花有抑制作用，处理后可推迟一些观赏植物的花期。例如秋菊在花芽分化前，用50mg/L NAA每3d处理1次，一直延续至50d，即可推迟花期10～14d。另一方面，由于高浓度生长素能诱导植物体内产生大量乙烯，而乙烯又是诱导某些花卉开花的因素，因此高浓度生长素可促进某些植物开花。例如高浓度生长素类物质可以促进柠檬开花。

3. 细胞分裂素类　细胞分裂素类物质能促使某些长日照植物在不利日照条件下开花。对某些短日照植物，细胞分裂素处理也有类似效应。有人认为，短日照诱导可能使叶片产生某种信号，传递到根部并促进根尖细胞分裂素的合成，进而向上运输并诱导开花。另外，细胞分裂素还有促进侧枝生长的作用，如月季能间接增加其开花数。6-BA是应用最多的细胞分裂素，它可以促进樱花、连翘、杜鹃花等开花。6-BA调节开花的处理时期很重要，如在花芽分化前营养生长期处理，可增加叶片数目；在临近花芽分化期处理，则多长幼芽；现蕾后处理，则效果不大；只有在花芽开始分化后处理，才能促进开花。

4. 植物生长延缓剂　丁酰肼、矮壮素、多效唑、嘧啶醇等植物生长延缓剂（plant growth retardant）可延缓植物营养生长，使叶色浓绿，增加花数，促进开花，已广泛应用于杜鹃花、山茶花、玫瑰、叶子花、木槿等花期调控。如用0.3%矮壮素浇灌盆栽山茶花，可促使其花芽形成；1 000mg/L丁酰肼喷洒杜鹃花花蕾，可延迟开花达10d左右。

5. 其他化学药剂　乙醚、三氯甲烷、α-氯乙醇、乙炔、碳化钙等也有促进花芽分化的作用。例如，利用0.3～0.5g/L的乙醚熏气处理香雪兰的休眠球茎或某些花灌木的休眠芽24～48h，能使花期提前数月至数周；碳化钙注入凤梨科植物的筒状叶丛，能促进花芽分化和开花。

第四节　草坪建植与管理

一、草种类型

草坪（turf）是植物的地上部分以及根系和表土层构成的整体。凡是适于建植草坪的植物都可称为草坪草（turf grass）。草坪草是草坪的基本组成和功能单位，它主要由禾本科植物组成，目前世界各地使用的草坪草可达100种左右。

（一）草坪草的一般特征

草坪草大部分属禾本科草本植物，少数为其他单子叶或双子叶草本植物。大部分草坪草具有以下共同特点：①植株低矮，分枝（蘖）力强，有强大的根系，营养生长旺盛，营养体主要由叶组成，易形成一个以叶为主体的草坪层面。②地上部生长点位于茎基部，而且大部分种类有坚韧的叶鞘保护，埋于表土或土中，因而修剪、滚压、践踏对草造成的伤害较小，利于分枝（蘖）和不定根的生长。③一般为多年生，寿命在3年以上，若为1～2年生，则具有较强的自繁能力。④繁殖力强，种子产量高，发芽率高，或具有匍匐茎、根状茎等强大的营养繁殖器官，或两者兼有之，易于成坪，受损后自我修复能力强。⑤大部分种类适应性强，具有相当的抗逆性，易于管理。⑥软硬适度，有一定的弹性，对人畜无害，也不具有不良气味和弄脏衣物的汁液等不良物质。

一些双子叶草坪草如豆科植物不完全具备以上特征，但它们的再生能力强，且有些种类具匍匐茎、耐瘠薄等特点，这是它们能作为草坪草使用的主要原因。

（二）草坪草的分类

草坪草分类的目的在于帮助人们根据建坪的目的和用途，正确合理地规划和选择草坪草种。通常依植物学、气候学与草种适应性、草种叶片宽窄和草种高低等进行分类。

1. 按植物系统学分类　按植物系统分类法，大部分草坪草属于禾本科（Poaceae），分属于早熟禾亚科（Pooideae）、黍亚科（Panicoideae）、画眉草亚科（Eragrostoideae），约几十个种。

早熟禾亚科草坪草为冷季型草，绝大多数分布于温带和亚寒带地区，亚热带地区偶有分布，一般为长日照植物。画眉草亚科草坪草属暖季型草，主要分布于热带、亚热带和温带地区，有些种完全适应这些气候带的半干旱地区，一般为短日照和日中性植物。黍亚科的草坪草也为暖季型草，大多数生长在热带和亚热带，常为短日照或日中性植物。

2. 按地理分布与温度和生态适应性分类　按照地理分布可将草坪草分为暖地型与冷地型，按照对温度的生态适应性可分为暖季型（warm - season turfgrass）与冷季型（cool - season turfgrass）。这两种分类法其实质相同，只是侧重点不同。

（1）暖季（地）型草。是指最适生长温度为26～32℃（或30℃左右），生长的主要限制因子是低温强度与持续时间。主要分布在我国长江流域以南广大地区。狗牙根与结缕草是暖季型草坪草中较为抗寒的种类，例如结缕草能够向北延伸到较寒冷的山东半岛和辽东半岛。细叶结缕草、钝叶草、假俭草对空气湿度要求较高，抗寒性较差，主要分布于我国南方地区。暖季型草坪草具有相当强的生长势和竞争能力，群落一旦形成，其他草种很难侵入，因此多用于建植单一草坪。

主要暖季型草坪草有结缕草、中华结缕草、沟叶结缕草、细叶结缕草、野牛草、狗牙根、天堂草、假俭草、地毯草、竹节草、钝叶草、两耳草等。

（2）冷季（地）型草。是指最适生长温度为15～24℃（或20℃左右），生长的主要限制因子是高温及其持续时间和干旱。适合我国黄河流域以北地区生长。这类草种的主要优点是春季返青早，甚至四季常青，生长迅速，成坪时间短，可以大面积播种，适宜建造大型草坪。但这类草坪草在夏季高温多湿地区易发生病害，在南方越夏困难，其横走的地下茎与匍匐茎不如暖季型草坪草，植株高度达30～40cm，因此需要经常修剪，喜肥水，管理较费工。

主要冷季型草坪草有多年生黑麦草、草地早熟禾、紫羊茅、细羊茅、高羊茅、硬羊茅、匍匐翦股颖、小糠草、无芒雀麦、双穗雀麦、异穗薹草、白颖薹草等。

在两类草坪草之间有一些中间类型，如高羊茅属于冷季型草，但它具有较好的耐热性；马蹄金属于暖季型草，但在冷热过渡地带，冬季以绿期过冬。

3. 按叶片宽度分类

（1）宽叶草坪草。叶宽茎粗，生长健壮，适应性强，适于大面积种植、管理较粗放的草坪，如高羊茅、结缕草等。

（2）细叶草坪草。茎叶纤细，可形成致密的草坪，但生长势较弱，要求较好的环境条件与管理水平，如小糠草、草地早熟禾、细叶结缕草等。

4. 按草种高低分类

（1）低矮草类。株高一般在20cm以下，可形成低矮致密草坪；具有发达匍匐茎和根茎，耐践踏；管理方便，大多数种类适应我国夏季高温多雨的气候条件。因其多行无性繁殖，成坪所需时间长，成本高，不易大面积和短期形成草坪使用。常见的有结缕草、细叶结缕草、狗牙草、野牛草、地毯草、假俭草等。

（2）高型草类。株高通常为30～100cm，一般为播种繁殖，生长快，能在短期内形成草坪，适于大面积草坪建植。缺点是必须经常刈剪，才能形成平整草坪。常见草种有早熟禾、翦股颖、黑麦草等。

另外，根据草坪草的生活型可分为根茎型、丛生型、根茎—丛生型和匍匐型草。

二、建植与管理

（一）草种与建植期选择

草坪有多种功能和作用，草坪草种特性各异，各类草坪建植环境条件变化多样，草坪建设单位的经济条件和要求也不尽相同。所以，草坪建植前必须依据草种特性（表 1-4-11）、功能要求、环境因素以及经济条件等进行正确的草种选择。

表 1-4-11 常见草坪草应用特性比较

应用特性	冷季型草坪草	暖季型草坪草
成坪速度（快→慢）	多年生黑麦草—高羊茅—细叶羊茅—匍匐翦股颖—细弱翦股颖—草地早熟禾	狗牙根—钝叶草—斑点雀稗—假俭草—地毯草—结缕草
叶片质地（粗糙→细软）	高羊茅—多年生黑麦草—草地早熟禾—细弱翦股颖—匍匐翦股颖—细叶羊茅	地毯草—钝叶草—斑点雀稗—假俭草—结缕草—细叶结缕草—狗牙根
叶片密度（大→小）	匍匐翦股颖—细弱翦股颖—细叶羊茅—草地早熟禾—多年生黑麦草—高羊茅	狗牙根—钝叶草—结缕草—假俭草—地毯草—斑点雀稗
耐热性（强→弱）	高羊茅—匍匐翦股颖—草地早熟禾—细弱翦股颖—细叶羊茅—多年生黑麦草	结缕草—狗牙根—地毯草—假俭草—钝叶草—斑点雀稗—野牛草
抗寒性（强→弱）	匍匐翦股颖—草地早熟禾—细弱翦股颖—细叶羊茅—高羊茅—多年生黑麦草	野牛草—结缕草—狗牙根—斑点雀稗—假俭草—地毯草—钝叶草
抗旱性（强→弱）	细叶羊茅—高羊茅—草地早熟禾—多年生黑麦草—细弱翦股颖—匍匐翦股颖	狗牙根—结缕草—斑点雀稗—钝叶草—假俭草—地毯草
耐湿性（强→弱）	匍匐翦股颖—高羊茅—细弱翦股颖—草地早熟禾—多年生黑麦草—细叶羊茅	狗牙根—斑点雀稗—钝叶草—结缕草—假俭草
耐酸性（强→弱）	高羊茅—细叶羊茅—细弱翦股颖—匍匐翦股颖—多年生黑麦草—草地早熟禾	地毯草—假俭草—狗牙根—结缕草—钝叶草—斑点雀稗
耐盐碱性（强→弱）	匍匐翦股颖—高羊茅—多年生黑麦草—细叶羊茅—草地早熟禾—细弱翦股颖	狗牙根—结缕草—钝叶草—斑点雀稗—地毯草—假俭草
耐践踏性（强→弱）	高羊茅—多年生黑麦草—草地早熟禾—细叶羊茅—匍匐翦股颖—细弱翦股颖	结缕草—狗牙根—斑点雀稗—钝叶草—地毯草—假俭草
耐阴性（强→弱）	细叶羊茅—细弱翦股颖—高羊茅—匍匐翦股颖—草地早熟禾—多年生黑麦草	钝叶草—结缕草—假俭草—地毯草—斑点雀稗—狗牙根
抗病性（强→弱）	高羊茅—多年生黑麦草—草地早熟禾—细叶羊茅—细弱翦股颖—匍匐翦股颖	假俭草—斑点雀稗—地毯草—结缕草—狗牙根—钝叶草
再生性（强→弱）	匍匐翦股颖—草地早熟禾—高羊茅—多年生黑麦草—细叶羊茅—细弱翦股颖	狗牙根—钝叶草—斑点雀稗—地毯草—假俭草—结缕草
耐磨性（强→弱）	高羊茅—多年生黑麦草—草地早熟禾—细叶羊茅—匍匐翦股颖—细弱翦股颖	结缕草—狗牙根—斑点雀稗—钝叶草—地毯草—假俭草

（续）

应用特性	冷季型草坪草	暖季型草坪草
刈剪高度（高→低）	高羊茅—细叶羊茅—多年生黑麦草—草地早熟禾—细弱翦股颖—匍匐翦股颖	斑点雀稗—钝叶草—地毯草—假俭草—结缕草—狗牙根
刈剪效果（好→差）	草地早熟禾—细弱翦股颖—匍匐翦股颖 高羊茅 多年生黑麦草	钝叶草—狗牙根—假俭草—地毯草—结缕草—斑点雀稗
需肥量（多→少）	匍匐翦股颖—细弱翦股颖—草地早熟禾—多年生黑麦草—高羊茅—细叶羊茅	狗牙根—钝叶草—结缕草—假俭草—地毯草—斑点雀稗

草坪建植最佳时期的确定主要取决于草坪草种温度特性（表1-4-12）和建植方式。一般在建植后草坪要有一个适宜的生长季节，这样才有利于新草坪的快速成坪以及提高新植草坪抗逆境能力。暖季型草坪草多适宜于春季建植，冷季型草坪草适宜于春季或秋季建植，少数草坪草，如狗牙根、结缕草等，需选择初夏气温稍高时播种。

表1-4-12 常见草坪草生产特性

类型	草种名称	每克种子粒数（粒/g）	种子发芽适温（℃）	单位播种量*（g/m²）	营养体繁殖系数
冷季型草坪草	紫羊茅	1 213	15～20	14～17（20）	5～7
	羊茅	1 178	15～25	14～17（20）	4～6
	猫尾草	2 600	15～20	6～8（10）	6～8
	冰草	720	15～30	15～17（25）	8～10
	加拿大早熟禾	5 524	15～30	6～8（10）	8～12
	林地早熟禾		15～30	6～8（10）	7～10
	草地早熟禾	4 838	15～30	6～8（10）	7～10
	普通早熟禾	5 644	20～30	6～8（10）	7～10
	匍匐翦股颖	17 532	15～30	3～5（7）	5～7
	细弱翦股颖	19 380	15～30	3～5（7）	5～7
	高羊茅	504	20～30	25～35（40）	5～7
	无芒雀麦		20～30	18～22（30）	6～8
	多年生黑麦草	504	20～30	25～35（40）	5～7
	多花黑麦草	504	20～30	25～35（40）	
	小糠草	11 088	20～30	4～6（8）	7～10
	白三叶	1 430	20～30	6～8（10）	4～6
暖季型草坪草	狗牙根	3 970	20～35	6～8（10）	10～20
	结缕草	3 402	20～35	8～12（20）	8～15
	野牛草（头状花序）	111	20～35	20～25（30）	10～20
	假俭草	889	20～35	16～18（25）	10～20
	地毯草	2 496	20～35	6～10（12）	10～20
	马蹄金	714	20～35	6～8（10）	8～10
	巴哈雀稗	365	30～35	25～35（40）	
	沟叶结缕草				8～12
	细叶结缕草				6～8

* 括号内为密度需要加大时的播种量。

（二）整地

1. 场地清理　在草坪建植之前，首先需要对草坪场地中的各种杂物，如建筑垃圾、杂物、杂树、杂草，以及影响土壤环境的各种污染物等进行清理和清除。这样才有利于草坪建植工作的顺利开展和新建植草坪的生长发育，并最终形成优质草坪地被景观。

2. 场地平整或造型　草坪场地，又称坪床（lawn bed），其平整或造型工作是草坪建植的一个重要环节。一般按照不同草坪类型和设计要求进行场地平整或造型，以满足使用功能要求、防止局部积水及适应造景需要。

3. 土壤改良　草坪建植前应了解坪床土壤的物理和化学性质，并根据建植要求进行适当的土壤改良。草坪草适应的 pH 范围较大，但多数草坪草最适应弱酸性至中性土壤（表 1-4-13）。如土壤为强酸性，则需要施用石灰粉来调整酸度（表 1-4-14）。改良盐碱土的方法有水洗脱盐、施用化学改良剂（如硫黄粉，表 1-4-15）等。

表 1-4-13　常见草坪草种的最适土壤 pH 范围

草种名称	pH 范围	草种名称	pH 范围
高羊茅	5.5～7.0	巴哈雀稗	6.5～7.5
羊茅	5.5～6.8	狗牙根	5.7～7.0
一年生黑麦草	6.0～7.0	野牛草	6.0～7.5
多年生黑麦草	6.7～7.0	地毯草	5.0～6.0
细弱翦股颖	5.5～6.5	假俭草	4.5～5.5
匍匐翦股颖	5.5～6.5	钝叶草	6.5～7.5
草地早熟禾	6.0～7.0	结缕草	5.5～7.5
早熟禾	5.5～6.5	沟叶结缕草	5.5～7.5
普通早熟禾	6.0～7.0	冰草	6.0～8.0

表 1-4-14　改良酸性土壤时石灰粉施用量（$kg/100m^2$）

土壤酸碱性	pH	石灰粉施用量			
		轻沙土	中沙壤	壤土	粉壤土和黏土
极度酸性	4.0	40	55	75	90
强酸性	5.0	32	40	55	68
中酸性	5.5	20	27	40	55
轻酸性	6.0	11	14	20	27
弱酸性	6.5	—	—	—	—
中性	7.0	—	—	—	—

表 1-4-15　改良碱性土壤时硫黄粉施用量（$kg/100m^2$）

土壤 pH	硫黄粉施用量		
	改良后 pH6.5	改良后 pH6.0	改良后 pH5.5
8.0	1.5～2.0	2.0～3.0	—
7.5	1.0～1.5	2.0～3.0	—
7.0	—	1.0～2.0	2.0～3.0

4. 给排水系统设置　高质量草坪的创建，一般都需要有给排水系统的支持，如足球场草坪、高尔夫球场草坪以及一些观赏草坪等。给排水系统在草坪草播种之前就必须埋设好，以便草坪场地平整到位和播植后及时得到有效的养护管理。

草坪给水通常采用喷灌系统。喷灌系统通常有两种，即固定式喷灌系统和移动式喷灌系统。需要在草坪坪床中预埋的一般为固定式喷灌系统。草坪排水系统一般有暗管排水、鼠道排水和过滤式排水三种。各种排水系统都必须在草坪种植前进行预埋和铺设。

5. 耕作细整　耕作细整是草坪建植的最后一道场地准备工作，以使地表土壤疏松细碎和局部床坪具有较高的平整度，从而利于播种、铺植、生长和形成优美的草坪景观。大面积草坪坪床一般采用免耕机等机械作业，而小面积坪床则可用细齿耙等工具手工完成。

（三）建植方式

1. 草子建植　草子建植是指利用草坪草的种子建植新草坪。草子建植又分种子直播、草子植生带和草子泥浆喷播三种方式。

（1）种子直播。将草坪草子直接撒播于准备好的坪床上，经一定养护管理，形成新草坪。这种方式的优点是草坪平整度好，草被整齐均一，而且建植成本也较低。缺点是播种后如遇大雨，特别是坡地，种子会被雨水冲刷，影响成坪。目前大多数草坪草有商品种子供应，可以采用种子直播的方式建植草坪。

（2）草子植生带。在两层很薄的“无纺布”之间撒上草坪草子，并混入一定量的肥料，经过复合定位，加工制成地毯状草坪草子“预植带”。草坪建植时可将草子植生带直接铺设于准备好的坪床上，表面撒一层薄土，经一定养护管理后形成新草坪，而无纺布经一定时期后会自行分解。这种方式的优点是可防雨水冲刷，出苗迅速整齐，成坪快（1个月左右），杂草较少，搬运施工方便，运输成本低，可工厂化生产、贮存，产量高。缺点是建坪成本较草子直播稍贵。

（3）草子泥浆喷播。将草坪草子、肥料、水、增黏剂、保湿剂、除草剂、防侵蚀剂以及绿色颜料等均匀地混合在一起，形成黏性乳浆（又称草子泥浆），再用装有空气压缩机的喷浆设备（俗称喷播机）将其均匀喷洒到草坪建植场地上。草子泥浆喷播是一项比较先进的草坪建植技术，其优点是机械化程度高，草子泥浆附着力强，能在复杂的斜面、陡坡以及其他方式无法进行的地方建植草坪，并能防止雨水冲刷，种子发芽迅速，幼草生长快，也可用于大面积的平地草坪建植。缺点是需要价格昂贵的专用设备，而且技术要求较高。目前我国已在高速公路护坡草坪、飞机场草坪、运动场草坪等草坪建植中使用。

2. 草茎建植　草茎建植是利用草坪草母本的匍匐茎或根茎来建植草坪。草茎建植又分草茎撒播、草茎散栽和草茎条栽三种方式。

（1）草茎撒播。将草坪的匍匐茎切成约5cm长的小段，均匀撒播在准备好的坪床上，经一定养护管理，建成新的草坪。草茎撒播仅用于具有匍匐茎的草种，如狗牙根、沟叶结缕草、野牛草等。优点是繁殖系数大（1∶15～1∶20），建坪成本低，成坪也较快。缺点是养护要求高，草茎成活率不如草茎散栽或条栽高。

（2）草茎散栽。将草坪的匍匐茎或根茎按一定株行距分散均匀地栽植在新的床坪上，经一定养护管理后形成新的草坪。草茎散栽适用于野牛草、结缕草、狗牙根、假俭草等具匍匐茎的草种。其优点是草茎成活率高，繁殖系数大（1∶20～1∶25），建坪成本低。缺点是用工较多。

（3）草茎条栽。将草坪的匍匐茎或根茎按一定行距成条栽植于新的床坪上，经一定养护管理后形成新的草坪。草茎条栽通常适用于固土护坡草坪建植。优点是草茎成活率高，建坪成本低，建坪初期水土保持效果好。缺点是成坪较慢。

3. 草皮建植　草皮（turf）建植是用成坪的草皮块或草坡卷铺植到准备好的场地上，经养护成活后形成新的草坪。草皮建植是草坪建植中最常用的方式，草皮建植又分草皮块散铺、草皮块满铺和草皮卷铺植三种方式。

（1）草皮块满铺。将成坪草皮铲切成30cm×30cm或30cm×48cm大小的草皮块，一块接一块地（一般间隙为0.5～1cm）铺植于新草坪坪床上。这种方法一般适用于大多数草坪建植。草块满铺的优点是成坪迅速（铺植完毕即可形成草坪效果，所以又有“瞬间草坪”之称），养护粗放，但建植成本稍高。

（2）草皮块散铺。将成坪草皮铲切成5cm×5cm或10cm×10cm大小的草皮块，按一定系数分散铺植于新的坪床上。这种方式比草块满铺要节约一些，但仅适用于具有匍匐茎的草坪草种。

（3）草皮卷铺植。将成坪的草皮铲切成长条形，卷成草皮卷后运到新的草坪场地后进行铺植。这种方式与草块满铺相似，只是单片草皮面积大，铺植速度更快。

（四）建植方法与措施

1. 播种

（1）草坪种子质量与播种量。草坪种子的质量决定于草子生产和贮藏全过程，其主要指标有两个，即纯净度（purity）和发芽率。一般商品草子都含有一定量的杂质（如其他植物的种子、泥沙、种壳、碎茎叶等混杂物），纯净度越高，杂质越少，单位重量含草坪种子的数量就越多。发芽率则是指有生活力（viability）的草子数量占试验草子总数的百分率。播种量是指新建草坪在规定时间内成坪而需要在单位面积上撒播商品草子的重量。

草坪种子质量高低将决定草子的播种量和草坪成坪效果。据权威性实验分析和测定，一般商品草子都有一个最低纯净度和发芽率的标准，草坪建植时的草子播种量就是在这个标准下确定的。如果发现草子质量（如发芽率）有所下降，则播种时必要适当加大播种量，否则会延长成坪期，甚至影响成坪效果。草坪草子的播种量还取决于建植草坪的类型、发芽的环境条件以及要求成坪的速度，一般草坪的单播播种量见表1-4-12。特殊情况下需要加大播种量来提高草坪植被密度，以提高草坪的使用性能或加快成坪，如足球场草坪、突击建植绿化草坪等。一般来说，运动场草坪的播种量是普通草坪的2倍左右。另外，在土壤条件恶劣、不在最适宜播种期、建植养护条件较差等情况下需适当加大播种量。

（2）种子催芽。有些草坪种子较难发芽，为了加快发芽速度和尽快长成新草坪，播种前需进行催芽处理，如结缕草等。种子的催芽方法有冷水浸种、机械处理、层积、药物浸泡和高温催芽等。

（3）常规播种方法。草子的常规播种有手工撒播和器具播种两种。手工撒播一般要求有一定经验，能将草子较均匀地撒开，播种时的步伐、手握草子量及挥手力度等基本一致，以便草子分布均匀。器具播种是指利用手持式播种器、肩背式播种器和手推式播种器等小型播种器具进行播种。用手持式和肩背式播种器播种时要求手摇“飞轮”的速度和行走速度基本保持匀速，以便播出的草子分布均匀。手推式播种机一次施播量较大，适用于较大面积的草坪播种，播种时要求行走速度均匀。无论采用哪种播种器具，都要根据草子大小、草子流出速度以及行走速度调节好草子流量控制器，以保证播种量准确。

实际工作中，草子撒播很难一次性播匀，所以通常采用分块、分量、掺沙等办法来提高播种的均匀性。

（4）混播。混播草种的选择和组合配比，决定于草坪建植目的和草种特性。混播组合草种或品种的个数通常为2～6个，其中各个草种或品种在组合中的地位和作用各不相同，一般分为基本种、辅助种、临时种和特殊种。

基本种，也称永久性草种或品种，在数量上占主要地位，是主要利用的品种；辅助种能弥补基本种的一些缺点，在数量上占次要地位；临时种发芽快，能迅速占领地盘，又称"先锋草种"，能防止杂草入侵，保护基本种和辅助种的发芽和生长，但其寿命较短，一般1年内消亡；特殊种是能忍耐和适应特殊不良环境（如荫蔽、潮湿等）的草种。

（5）覆盖与镇压。草子播下后一般需要覆土或加盖覆盖物以利保水，防止雨水和灌溉冲溅，避免土壤板结。由于多数草子都很细小，所覆土必须很薄，否则会影响出苗率。一般覆土0.5～1cm，大粒种子覆土可稍厚些。覆土后稍作镇压，使种子与土壤结合紧密，有利于发芽。播种后也可用粗硬的竹扫帚或细齿耙轻耙表土（耙土时沿同一个方向），使种子落入土壤空隙中，起到覆土作用。

覆盖物通常采用稻草、地膜或无纺布。无纺布虽贵，但效果最好。稻草等作物秸秆覆盖时要均匀，并留有部分空隙。

2. 草茎播植　将挖取的草坪根茎、匍匐茎抖去或洗去泥土，切成具有2～4个节的小段（每段长约5cm），用于草茎撒播建植草坪。为了防止草段失水干枯，堆放时应随时洒水，保持湿润，必要时进行遮阴覆盖。注意处理好的草茎应尽快播植，存放过久会影响成活率。将准备好的碎草茎均匀地撒播于坪床上，撒播密度依草坪类型和建植要求而定，一般采用10～15的系数。草茎撒播后覆盖一层薄薄的细土，并镇压，使草茎与土壤紧密接触，然后经常喷水，保持土壤湿润，1个月左右即会生根，长出新芽，2～3个月即可成坪。也可在草茎上直接覆盖稻草等作物秸秆或地膜，但覆盖地膜前需浇透水，覆膜以后基本不用浇水，待成活后及时揭去覆盖物。

草茎散植如同分株或扦插。先将铲取的母本草皮匍匐茎和根茎撕开，栽植时2～3枝为一丛，按10cm×15cm至10cm×20cm的株行距散栽。草坪草茎散栽的繁殖系数为10～15。

3. 草皮铺植　草皮铺植的技术关键是尽量缩短商品草皮的运输和放置时间，并在草皮铺植后及时镇压和浇水，在高温季节大面积草坪铺植则需边铺边浇水。第一次浇透水后1～2d，再进行一次镇压，使新植草皮更好地与土壤结合，有利于提高成活率。土壤潮湿时不宜镇压，否则会造成土壤板结、不透气，对草坪生长发育不利。

（五）养护管理

1. 灌水　灌水是维持草坪生长和提高草坪质量的补水措施，特别是在年降水量低于1 000mm的地区，人工灌水是草坪养护管理的一项重要工作。适时灌水，防止过旱，有利于草坪植物生长，增加草坪美观性和茎叶韧性。草坪施肥后及时灌水，能促进养分的分解和吸收。暖季型草坪进行春灌，有利于提早返青。北方入冬前浇一次封冻水，有利于草坪草安全越冬。

灌水方法有移动软管浇灌、固定式喷灌和移动式喷灌等。目前比较先进的灌水方法是地埋式自动喷灌系统。

灌水通常选择在早晨进行，特别是夏季高温炎热时要避免中午前后灌水，否则高温高湿对草坪植物生长不利。

2. *施肥*　草坪建植完成经过一段时间的生长和使用后需要追肥，以获得良好的草坪景观。肥料的施用量和施用频率依土壤肥力、草坪类型、生长季节、刈剪情况以及环境因素而定。如运动场草坪和需频繁刈剪的草坪需肥量较多，而阴生草坪和固土护坡草坪需肥量较少。

施肥时间也因草而异。暖季型草坪在春夏施肥，冷季型草坪在早秋和晚秋施肥。草坪施肥除考虑氮、磷、钾肥外，也要考虑其他营养元素。肥料种类一般有单一无机肥、无机复合肥、有机肥以及草坪专用肥等。

3. *覆土镇压*　经过一段时期或使用过后的草坪，会出现局部的坑洼不平，应覆以碎土或泥土与堆肥的混合物，并适当镇压，使草坪地面保持平整。由于冬季和春季土壤的冻结和解冻作用，使草坪地表及草坪草有所抬高，这时也需要轻度镇压，将松动的禾草压回原处，以利新根系的发育，同时提高草坪的平整度。镇压的时间以春季土壤解冻后稍湿润时为宜。

4. *刈剪*　适当的刈剪（mowing）可以控制草坪高度，使草坪经常保持平整美观，并能促进禾草生长，提高草坪的柔软性和弹性。此外，刈剪还能有效控制杂草，减少病虫危害，促进分蘖，提高草被密度和平整度。

各类草坪的刈剪高度各不相同。多数草坪草在地面比较平坦的情况下，可以忍受 3cm 甚至更低的刈剪高度；地面不很平整时，应不小于 5cm。每次刈剪量遵循 1/3 原则，即每次剪去的叶片长度不超过草高的 1/3。草坪草已经长得很高时，应分次刈剪，逐步达到刈剪标准高度，以不伤害根系生长。

当草坪受到不利因素影响时，最好提高刈剪留茬高度，以提高草坪的抗性。如夏季炎热干旱时的冷季型草、天气冷凉时的暖季型草以及受到病虫危害与人为伤害时，都应提高留茬高度。

5. *杂草防除*　草坪杂草种类繁多，防除杂草的方法也很多，各种方法均有一定效果，但也存在各自的缺陷。因此，要真正有效地控制草坪杂草的危害，还需进行综合防治，即以化学防除为主，机械防除和生物防除等多种手段结合运用。

化学除草是使用化学除草剂来杀死或抑制草坪杂草的生长，而不妨碍或伤害草坪草的方法。通常使用选择性除草剂杀死双子叶杂草和土壤药剂处理防治杂草等。除草剂的种类很多，而且新品不断，目前常见的草坪除草剂有草坪宁 1 号、灭草灵、绿茵 1 号、绿茵 5 号、地散磷等。

6. *病虫害防治*

（1）病害防治。常见草坪病害有炭疽病、叶斑病、猝倒病、枯萎病、白粉病、锈病、霜霉病、立枯病、赤霉病等。草坪的病害防治方法多样，如培育抗病品种、通过改良环境条件来控制和减少病害发生，以及使用杀菌剂直接防治草坪病害等。病害发生时，可直接施药于植物表面，方法有喷雾或喷粉。常用药剂有百菌清、多菌灵、克菌丹、福美双、代森锌等杀菌剂。施药时间应根据发病规律或短期预测，在没有发病或普遍发病前进行。如结缕草的冠腐病和根腐病应在早春和初秋发病前喷药；草地早熟禾的白粉病多在春季和秋季多云天气发病，应及早喷药防治；狗牙根、结缕草和高羊茅的锈病，一旦发现淡黄病斑就应及时喷药；狗牙根的春季死斑病应在初春进行防治等。

喷药次数依药剂残效期的长短而定，一般 7～10d 喷药 1 次，共喷 2～5 次，雨后需补喷。为了防止病菌产生抗药性，应尽可能交替使用多种杀菌剂，以有效控制病菌和防止病害的发生和发展。

（2）虫害防治。草坪常见虫害有线虫、小地老虎、尖头负蝗、蝼蛄、蛴螬、草地螟虫、黏虫、麦长蝽以及螨类等。防治方法也有多种，如生物防治、栽培措施防治、化学药剂（杀虫剂）防治等。虫害一旦发生，使用杀虫剂是最重要的手段，杀虫剂有触杀、胃毒和熏蒸三种致死方式。常用杀虫剂有乐果、氧化乐果、杀灭菊酯、敌百虫、地亚农等。在施药过程中，为了取得良好的防治效果，要做到掌握时机，对“虫”下药。为了减少害虫的抗药性，也要注意交替用药，同时不可忽视安全用药，防止草坪产生药害和施药人员中毒等。

7. 草坪更新复壮　草坪经过一定时期的生长和使用后，会出现一定程度的衰老现象，并影响到草坪的观赏效果和使用功能。更新复壮（rejuvenation）是持续保护草坪整齐、平坦、美观，延长草坪使用年限的一项重要养护管理措施。草坪更新复壮的方法有补播草子、条状更新、断根更新和一次更新等。

8. 其他养护措施　草坪除了以上养护措施外，还有覆沙、中耕松土、梳草、切边以及生长调控等养护管理措施，且因草坪类型不同而要求各异。

第五章 观赏植物栽培的设施及设备

观赏植物比一般农作物的栽培要精细复杂，必须有一定的设施设备作保障，如荫棚、大棚、温室和相关的光控、温控及灌溉设备等。这首先是因为观赏植物种类繁多，生物学特性各不相同；其次是观赏植物对环境要求高，只有在设施条件下才能获得理想的产量和品质，并达到周年生产、均衡供应。

设施栽培的优点在于：①不受季节和地区限制，可全年生产观赏植物；②能集约化栽培，提高单位面积产量；③设施内环境可控，能生产出优质高档产品，经济效益显著。

我国观赏植物设施栽培有着悠久的历史，早在唐代就有温室栽培杜鹃花的记载，明清时期采用简易的土温室进行牡丹和其他花卉的促成栽培。但是设施栽培作为一种高效的种植业，是在20世纪80年代才被重视和发展起来的。据统计，截至2005年，我国观赏植物设施栽培总面积已达到37 952hm^2。参照国外花卉业的发展历史可以推测，我国花卉设施栽培今后还会有更大的发展。但由于观赏植物设施栽培的生产成本高，栽培管理技术要求严格，在实践中应因地制宜地发展。

第一节　栽培设施的类型及特点

20世纪50年代以前，我国一直沿用风障、阳畦、地窖、土温室等简易设施。50年代以后，随着塑料工业的发展，出现了塑料大棚。近二十年来，塑料大棚又由竹木结构向竹木水泥结构、钢筋水泥、组装式钢管大棚方向发展；温室类型由简易日光温室向新型节能日光温室、现代化温室发展；温室环境条件控制由人工操作向自动化控制发展。随着科学技术进步和社会经济的发展，观赏植物栽培设施还会不断改进。

一、塑料大棚

塑料大棚（plastic - covered shed，plastic house）简称大棚，是20世纪60年代中期发展起来的园艺设施，与玻璃温室相比，具有结构简单，一次性投资少，有效栽培面积大，作业方便等优点。

大棚在我国长江流域以南可用于一些花卉的周年生产，而在北方常用于观赏植物的春提前、秋延后生产。此外，大棚还用于观赏植物的种苗培育，如播种、扦插及组培苗的过渡培养。与露地育苗相比，大棚栽培具有出苗早、生根易、成活率高、生长快、种苗质量高等优点。大棚的种类很多，其结构与性能也有所不同。

(一) 塑料大棚的分类

目前生产中应用的大棚，按棚顶形状可以分为拱圆形和屋脊形，但我国绝大多数为拱圆形。

依照建棚所用的材料不同，可分为下列几种结构类型。

1. 竹木结构　此结构是初期的一种大棚类型，但目前在农村仍普遍采用。大棚的立柱和拉杆使用的是硬杂木、毛竹竿等，拱杆及压杆等用竹竿。竹木结构的大棚造价较低，但使用年限较短，因棚内立柱较多而操作不便，且遮光严重，影响光照。

2. 混合结构　这种大棚选用竹木、钢材、水泥构件等多种材料混合构建骨架。拱杆用钢材或竹竿等，主柱用钢材或水泥柱，拉杆用竹木、钢材等。既坚固耐久，又能节省钢材，降低造价。

3. 钢结构　大棚的骨架采用轻型钢材焊接成单杆拱、桁架或三角形拱架或拱梁，并减少或消除立柱。这种大棚抗风雪力强，坚固耐久，操作方便，是目前主要的棚型结构。但钢结构大棚的费用较高，且因钢材容易锈蚀，需采用热镀锌钢材或定期采用防锈措施来维护。

4. 装配式钢管结构　主要构件采用内外热浸镀锌薄壁钢管，然后用承插、螺钉、卡销或弹簧卡具连接组装而成。所有部件由工厂按照标准规格进行专业生产，配套供应给使用单位。目前生产的有 6m、8m、10m 及 12m 跨度的大棚。如 8m 跨度，3m 高的大棚，拱杆用 ϕ25mm×1.2mm 的内外热镀锌薄壁管；拉杆用 ϕ22mm×1.2mm 薄壁镀锌管，用热镀锌卡槽和钢丝弹簧压固薄膜，用卷帘器卷膜通风。这种棚型结构的特点是，具有标准规格，结构合理，耐锈蚀，安装拆卸方便，坚固耐用。按骨架材料则可分为竹木结构、钢架混凝土柱结构、钢架结构、钢竹混合结构等。按连接方式又可分为单栋大棚、双连栋大棚及多连栋大棚。我国连栋大棚棚顶多为半拱圆形，少数为屋脊形（图 1-5-1）。

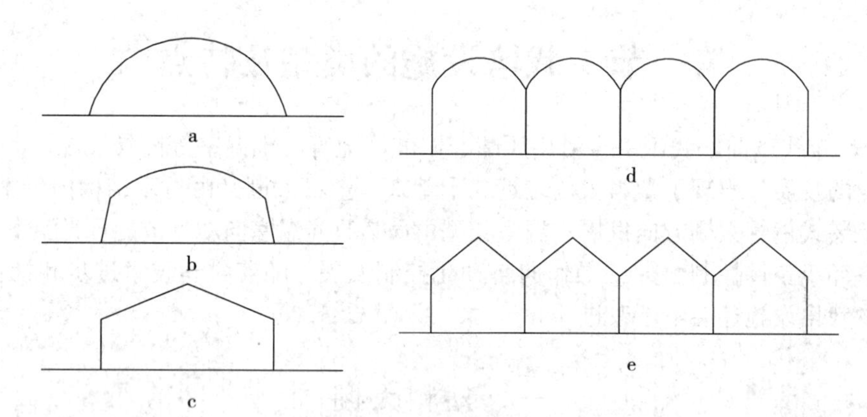

图 1-5-1　塑料薄膜大棚的类型

a、b、c. 单栋大棚　d、e. 连栋大棚

（邹志荣，2002）

(二) 塑料大棚的结构组成

塑料大棚的方位一般为南北延长，一栋大棚一般长 30～50m，跨度 6～12m，脊高 1.8～3.2m，占地面积 180～600 m^2。

塑料薄膜大棚的骨架由立柱、拱杆（拱架）、拉杆（纵梁、横拉）、压杆（压膜线）等部件组成，俗称“三杆一柱”，这是塑料薄膜大棚最基本的骨架构成，其他形式都是在此基础上演化而来。大棚骨架使用的材料比较简单，容易建造，但大棚结构是由各部件构成的一个整体，因此选料要适当，施工要严格。大棚骨架结构各部位名称如图 1-5-2 所示。

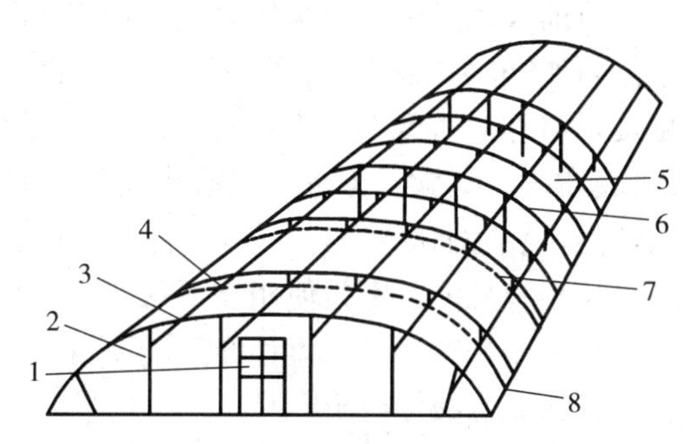

图 1-5-2　塑料大棚的主要骨架结构

1. 门　2. 立柱　3. 拉杆（纵向拉梁）　4. 吊柱　5. 棚膜　6. 拱杆　7. 压杆（或压膜线）　8. 地锚

（邹志荣，2002）

1. 立柱　主要用来固定和支撑棚架、棚膜，并可承受风雨雪的压力，因此立柱埋设时要垂直，埋深约为 50cm。由于棚顶重量较轻，立柱不必太粗，但要用砖、石等做基础，也可横向连接，以防大棚下沉或拔起。但是，以钢筋或薄壁钢管为骨架材料的大棚一般采用桁架式拱架，或桁架式拱架与单拱架相间组成，无需立柱，构成无柱式大棚。

2. 拱杆（拱架）　拱杆是支撑棚膜的骨架，横向固定在立柱上，东西两端埋入地下 50cm 左右，呈自然拱形。相邻两拱杆的间距一般为0.5～1.0m。其结构有“落地拱”和“柱支拱”两种。落地拱是拱架直接坐落在地基或基础墩上，拱架承受的重量落在地基上，受力情况优于柱支拱。

3. 拉杆（纵梁）　纵向连接拱杆和立柱，固定压杆，使大棚骨架成为一个整体。如果拉杆失稳，则会发生骨架变形、倒塌。通常用直径 3～4cm 的细竹竿作为拉杆，拉杆长度与棚体长度一致。拉杆的常见结构形式有单杆梁、桁架梁、悬索梁。

4. 压杆或压膜线　压杆位于棚膜之上两根拱架中间，起压平、压实、绷紧棚膜的作用。压杆两端用铁丝与地锚相连，固定后埋入大棚两侧的土壤中。压杆可用光滑顺直的细竹竿为材料，也可以用 8# 铅丝或尼龙绳（ϕ3～4mm）代替，目前有专用的塑料压膜线，可取代压杆。压膜线为扁平状厚塑料带，宽约 1cm，带边内镶有细金属丝或尼龙丝，既柔韧又坚固，且不损坏棚膜，易于压平绷紧。

5. 棚膜　棚膜覆盖在棚架上，一般是塑料薄膜。常见的塑料薄膜及其特点如表 1-5-1。

表 1-5-1　不同塑料薄膜的性能比较

塑料薄膜类型	防老化性（可连续覆盖月数）	流滴性（防雾滴持效月数）	保温性	透光性	温散射性	防尘性	转光性
PVC 普通膜	4～6	无	优	前期优后期差	无	差	无
PE 普通膜	4～6	无	中	前期良后期中	无	无	—
PVC 防老化膜	10～18	无	优	前期优后期差	无	差	无
PE 防老化膜	12～18	无	中	前期良后期中	无	良	无
PE 长寿膜	＞24	无	中	前期良后期中	无	良	无
PVE 流滴防老化膜	10～12	4～6	优	前期优后期差	无	差	无
PE 流滴防老化膜	12～18	2～4	中	前期良后期中	弱	良	无
PE 多功能膜	12～18	2～4	优良	前期良后期中	中	良	无
PE 多功能复合膜	12～18	3～4	优良	前期良后期中	中	良	无
EVA 多功能复合膜	18～20	6～8	优	前期优后期中	弱	良	无
PE 温散射膜	12～18	无	中	中	强	良	无
PE 流滴转光膜	12～18	2～4	中	前期良后期中	弱	良	有
氟素膜（F-clean）	＞120	无	优良	优（不易污染）	—	优	—

目前在生产中一般采用聚氯乙烯（PVC）、聚乙烯（PE）和乙烯一醋酸乙烯共聚物（EVA）膜。氟质塑料，氟素膜（F-clean）质量虽好，但价格昂贵。普通PVC膜的特点是保温性强，易粘接，但相对密度大，成本高，低温下易变硬脆化，高温下易软化吸尘，废膜不能燃烧处理。PE膜质轻、柔软、无毒，但耐热性与保温性较差，不易粘接。生产中为改善普通PVC、PE膜的性能，在普通膜中常加入防老化、防滴、防尘和阻隔红外线辐射等助剂，使之具有保温、无滴、长寿等性能，有效使用期可从4～6个月延长至12～18个月。EVA膜作为新型覆盖材料也逐步应用于生产，其保温性介于PE和PVC之间，防滴性持效期达4～8个月，透光性接近PE膜，且透光衰减慢于PE膜。

在覆膜前，根据需要将塑料薄膜用电熨斗粘接成几大块。覆膜时一定要选择无风的晴天，覆膜后应马上布好压膜线，并将薄膜的近地边埋入土中约30cm加以固定。

6. 门窗　门设在大棚的两端，作为出入口及通风口。门的下半部应挂半截塑料门帘，以防早春开门时冷风吹入。

通风窗设在大棚两端和门的上方，通常有排气扇。在我国北方地区很少用通风窗而多设通风口进行“扒缝放风”，这种方法比较简单且效果较好。通风口的位置决定于覆膜的方式，若用两块棚膜覆盖，则将大棚顶部相接处作为通风口；用3块棚膜覆盖，则两肩相接处为通风口；用4块棚膜覆盖，则通风口为顶部及两肩共3道，通风口处各幅薄膜应重叠40～50cm。

7. 天沟　连栋大棚在两栋连接处的谷部要设置天沟，即用薄钢板或硬质塑料做成落水槽，以排除雪水及雨水。天沟不宜过大，以减少棚内的遮光面。

（三）塑料大棚的性能

塑料薄膜的覆盖，使得光照、温度及湿度等因素的水平，不仅棚内有别于棚外，而且在棚内的不同部位也有明显差异。

1. 光照　塑料薄膜具有良好的透光性能，但塑料棚的透光性能不仅与薄膜的质量、被污染或老化程度、自然光照度等因素有关，还受薄膜内壁附着水滴的多少和大小的显著影响。据测定，塑料薄膜覆盖初期（即新薄膜）无水滴的透光率为85%，有水滴的仅为55.4%，相差29.6%；已被污染的薄膜的透光率为60%，较未污染的减少25%。

塑料大棚内的光照因方位及结构的不同，也有明显的差异；大棚内不同部位的垂直光照度由高到低逐渐递减，以近地面处为最弱（图1-5-3）。

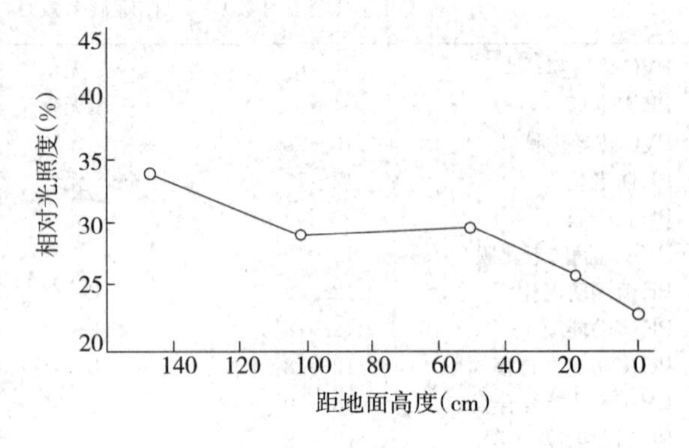

图1-5-3　塑料大棚垂直光照梯度

（陈国元，1999）

大棚内不同部位的水平光照度，南北延长的大棚比较均匀。据测定，东侧为29.1%，中部为28%，西侧为29%，大棚两侧仅相差0.1%。但一天中的光照度上午东侧较强，下午西侧较强；若是东西延长的大棚，其相对照度南侧为50%，中北部为30%，大棚内东西两头差异不大，但南侧、北侧差异显著。不同方向建设的塑料大棚内的光照度详见表1-5-2。

表 1-5-2　大棚不同方位和季节与光照度的关系

（陈国元，1999）

棚　向	清　明	谷　雨	立　夏	小　满	芒　种	夏　至
东西延长	53.14%	49.81%	60.17%	61.37%	60.50%	48.86%
南北延长	49.94%	46.64%	52.48%	59.34%	59.33%	43.76%
比较	+3.20%	+3.17%	+7.69%	+2.03%	+1.17%	+5.10%

不同棚型结构对大棚内的光照度也有影响（表 1-5-3）。单栋钢材或硬塑结构的大棚受光条件较好，其透光率比露地仅少 28%；竹木结构大棚的透光率比钢筋结构大棚低 10%，这与其棚架遮光面大小有关。连栋结构比单栋结构的透光率低 15.7%，说明大棚的跨度越大，棚架越高，棚内的光照越弱。

表 1-5-3　不同棚型结构的透光量

（陈国元，1999）

大棚类型	透光量（10^4lx）	透光率（%）
单栋钢材结构	7.67	72.0
单栋硬塑结构	7.65	71.9
单栋竹木结构	6.65	62.5
连栋钢筋混凝土结构	5.99	56.3
露地对照	10.64	100.0

2. 温度

（1）气温。大棚内温度日变化，日出时即开始升高，在不通风的情况下，以日出开始到出现日最高气温时，平均每小时升温 7～8℃，大约于 14:00 出现最高温度，以后以每小时 5℃左右下降；自日落至翌日日出，温度下降较缓慢，平均每小时约下降 1℃，最低温度出现在日出之前（图 1-5-4）。

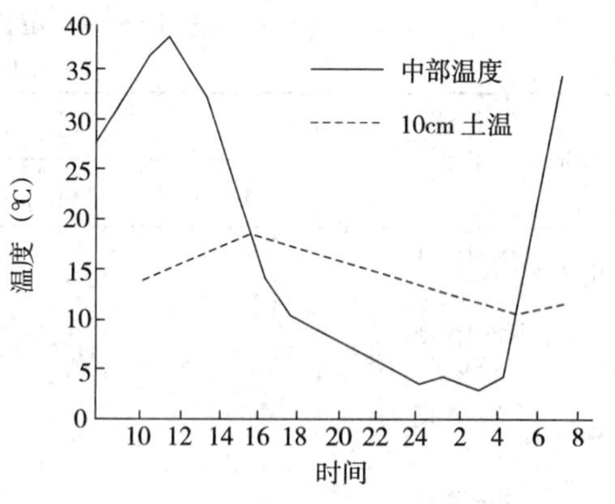

图 1-5-4　塑料大棚内温度变化

（陈国元，1999）

大棚内的温度分布，白天棚顶附近温度最高，夜间近地面温度最高，大棚两侧的温度比中间低。寒潮来临时，密闭大棚的迎风面比背风面温度高，而寒风直入的大棚则是迎风面温度低于背风面。

另外，塑料大棚内的温度明显高于露地，当露地为 0.9℃时，棚内可达 6℃；露地为 9.5℃时，棚内可达20℃。棚内外温差与当地的气温及日照等条件有关。因此，存在着明显的季节温差，而且日温变化大，越是低温期日温差越大；在外界气温较高时（5～6 月），对大棚周边进行通风，有荫棚作用，棚内气温可比露地低 1～2℃，产生“温度逆转”现象。

（2）地温。大棚内地温高于棚外，并且也有明显的季节变化。据测定，华北大部分地区 2 月中旬大棚内 10cm 处地温达 8℃以上；3 月中下旬，10cm 处地温可以达到 10～12℃以上；4～5 月份，随着气温及地温的上升，植物逐渐长大封垄，遮蔽地面，又因加大通风和灌水，所以棚内外地温差逐渐缩小，地温一般维持在 20～24℃；6～9 月份，棚内 10cm 处地温可达 30℃以上，棚内外地温差异很小，甚至比露地稍低 1～3℃；10 月至 11 月上旬，外界地温显著下降，大棚内地温仍能维持在 10～21℃，有利于秋延后栽培；11 月中旬以后，棚内地温较低，已降到多数植物临界温度以下；1～2 月份是棚内土壤冻结时期，地温一般在－3～7℃。

大棚内浅层地温日变化趋势与棚内气温基本一致，但滞后于气温。在一天内，大棚内地表下 10cm 处最高（最低）地温出现的时间比棚外晚 2h 左右；且在一定范围内，土壤深度越大，滞后时间越长。大棚地温的日变幅与天气状况及土层深度有关，晴天大于阴天，地表层大于深层。大棚地表温度的日较差最大，有时可达 30℃以上；5～20cm 深处土壤温度日较差小于气温。此外，大棚地温在水平方向上并不均匀，边缘地带一般比中心区要低 2～3℃。

3. 湿度

（1）空气湿度。塑料薄膜大棚气密性强，不通风时，棚内水分难以逸出，造成棚内空气湿度很高，相对湿度经常在 80%～90%以上，夜间甚至达到 100%而呈饱和状态。大棚内空气相对湿度大小与天气状况有关，晴天、风天时相对湿度降低，阴天、雨（雪）天相对湿度显著上升。

大棚内空气相对湿度日变化与棚内气温和通风管理密切相关。在春季晴天，日出之后，随着棚温的迅速上升，植物蒸腾和土壤蒸发加剧，如果不进行通风，棚内绝对湿度增加，正午时刻，绝对湿度可为清晨的 2～3 倍。通风后，棚内相对湿度下降，到午后闭棚前，相对湿度最低；夜间，随着温度下降，棚面凝结大量水滴，棚内空气相对湿度往往达到饱和状态（表 1-5-4）。

表 1-5-4 塑料大棚内外 24 小时空气湿度比较

（引自中国农科院气象所试验数据）

场所	项目	时间（1972 年 3 月 24～25 日）												日平均
		2	4	6	8	10	12	14	16	18	20	22	24（时）	
棚外	绝对湿度（g/m^3）	4.5	4.3	4.3	2.7	2.0	1.6	3.7	2.6	5.7	4.7	4.7	4.5	3.8
	相对湿度（%）	87	100	100	41	15	10	27	19	55	66	71	77	55.7
棚内	绝对湿度（g/m^3）	8.2	7.5	6.7	8.8	18.5	22.3	19.8	19.0	13.7	11.1	10.5	8.8	12.9
	相对湿度（%）	99	100	94	99	89	71	90	94	95	96	100	96	93.7

注：绝对湿度用 $1m^3$ 空气中所含水蒸气的克数表示。

（2）土壤湿度。大棚内的土壤湿度比露地和玻璃温室要高，这是由于空气湿度高，土壤蒸发量小的原因。另外，由于大棚薄膜上时常凝聚大量水珠，积聚到一定大小时，形成“水滴”降落到地面，使得大棚内土壤表面经常潮湿，但土壤深层往往缺水。在实践中，必须注意深层土壤水分状况，及时灌水。

二、温　　室

在我国北方地区，温室（greenhouse）可用来种植一些热带和亚热带植物，或用于喜温观赏植物的安全越冬，以便于进行观赏植物特别是切花等的周年生产；盆栽花卉等在温室里可进行促成或抑制栽培，以提早或延迟花期。另外，温室也可用于春播观赏植物的提前播种。

温室的种类繁多，根据用途可分为观赏温室、栽培温室、繁殖温室、催花温室；按室内温度可分为冷室、低温温室、中温温室和高温温室；按采光屋面的形式则可将温室分为单屋面温室（常见的主要是日光温室）和全光温室两种。

（一）日光温室

日光温室（solar greenhouse）在我国淮河以北地区多用，温室方位一般东西延长，长度为40～60m。东西北三面为不透光的墙，仅有南面为透明物覆盖。透明覆盖材料为玻璃和塑料薄膜两种。骨架材料有竹木材料、钢材混凝土材料、钢木混合材料或钢材。墙体可分为土墙、砖墙、石墙等。必须加温的为加温温室，不加温或少加温的为日光温室。

20世纪80年代中期在我国发展起来的节能型日光温室使得我国北纬32°～41°乃至43°以上的严寒地区，在不用人工加温或仅有少量加温的条件下，实现了严冬季节喜温观赏植物的生产，成为具有中国特色的园艺设施。日光温室的结构和性能特点如下：

1. 结构类型　根据前屋面的形状可将日光温室分为两大类型：一类是半拱圆形，广泛应用于东北、华北、西北地区。另一类是一斜一立式，多见于辽宁南部、山东、河南、江苏北部一带。

另外，根据农业部全国农业技术推广站组织的专家考察，总结提出了几种具有代表性的结构类型（表1-5-5）。

（1）长后坡矮后墙半拱圆形塑料薄膜日光温室。优点是造价低廉，容易建造，冬季室内光照好，保温能力强。当室外温度降至－25℃时，室内可保持5℃。但是3月份以后后部弱光区不能利用。辽宁、河北此类温室较多。

（2）短后坡高后墙半拱圆形塑料薄膜日光温室。优点是后墙比较高，后坡短，与长后坡温室比较，透光率提高20%左右。夜间温度下降快，虽然保温能力不如长后坡温室，但由于采光量增加，白天蓄热量较多，增温幅度较大。在光照充足的地区，中午前后室温比长后坡温室高，而次晨覆盖物揭开前，室内最低温与长后坡温室一样。此外，由于温室空间增大，不但作业方便，土地利用率也大为提高。

（3）鞍山Ⅱ型日光温室。该温室采光、增温和保温效果均优于同等高度和跨度的一坡一立式日光温室。由于其结构合理无立柱，操作管理方便，使用面积加大，目前已在很多地方推广应用，且还在不断改进。与本温室相类似的有冀Ⅱ型日光温室，主要在河北和山西的部分地区推广。

（4）带女儿墙式半拱圆形日光温室。此温室特点是适当压低了后墙，增加了后屋面的角度，使后墙和后坡的受光时间增多，蓄热量增加。同时在后墙上端北侧一边增加了女儿墙，使之与后屋面之间形成了三角形空间，便于填充麦秸加厚后屋面，以提高保温能力。

（5）一坡一立式日光温室。该温室又名琴弦式日光温室。特点是温室空间大，后坡短，土地

表 1-5-5　日光温室主要结构类型

结构类型	跨度（m）	脊高（m）	后墙			后屋面				前屋面		覆盖物	
			材料	高度（m）	厚度（m）	材料	长度（m）	厚度（m）	仰角（度）	材料与形状	底角（度）	透明材料	不透明材料
长后坡矮后墙	5.5～6.0	2.2～2.4	土墙	0.5～0.6	1.0～1.5	秸秆、草泥等	3.0	0.6～0.7	45	竹木，半拱圆	55	塑料薄膜	稻草苫或纸被
短后坡高后墙	6.0	2.7～2.8	砖墙	1.8	0.5（未计披土）	秸秆、草泥等	1.5～1.7	0.6	30	钢架，半拱圆	65	塑料薄膜	稻草苫或纸被
无立柱（鞍山Ⅱ型）	6.0	2.7～2.8	砖墙	1.8	0.5（未计披土）	秸秆、草泥等	1.7～1.8		35	钢架，半拱圆	58～60	塑料薄膜	稻草苫或纸被
带女儿墙式	6.0～7.0	2.7～3.0	土墙	1.6（女儿墙 0.4）	1.0	麦秸等	投影 1.4		>45	竹木，斜面	50～60	塑料薄膜	稻草苫或纸被
一坡一立式	7.0	3.0～3.1	石块加土	2.0～2.2	0.5～1.5（含披土）	秸秆、草泥等	1.5		21～23	竹木，斜面	>75	塑料薄膜	稻草苫或纸被
半地下式	6.0	3.0	土墙	2.8（地面上 1.8）	1.0	秸秆、草泥等	1.2～1.3			竹木，斜面	90	塑料薄膜	棉被

利用率较高。缺点是采光性能不如半拱圆形温室；前坡下端立窗处过于低矮，不便操作管理和植物生长；固定前屋面薄膜操作烦琐，容易损坏薄膜。

（6）半地下式日光温室。此温室内栽培畦面低于自然地面0.9～1m。优点是保温性能好，在北纬43°的高寒地区最冷季节内外温差可达32℃以上。在内蒙古和西北地区有一定的推广价值。其缺点是南面低矮，不利于作业；后屋面仰角小，采光不好。

总之，上述各类日光温室各有其优缺点，在生产上切莫生搬硬套，而应因地制宜地设计和建造。目前推广的多是新型日光温室，其种类也很多，但结构有类似之处。一般是高屋脊、大跨度、无支柱，热浸镀锌钢骨架，墙体多为复合结构，自动遮光与卷帘，温室内配备必要的环境检测和控制设备。

2. 日光温室的结构组成　日光温室的方位一般为东西延长，坐北朝南，或南偏东、南偏西，但不宜超过10°。长度为40～60m，跨度5.5～8m，脊高2.2～3.5m。

日光温室主要由墙、后屋面、前屋面、中柱、基础、防寒沟、通风口、门和不透明覆盖物等几个主要部分组成（图1-5-5）。现具体介绍如下：

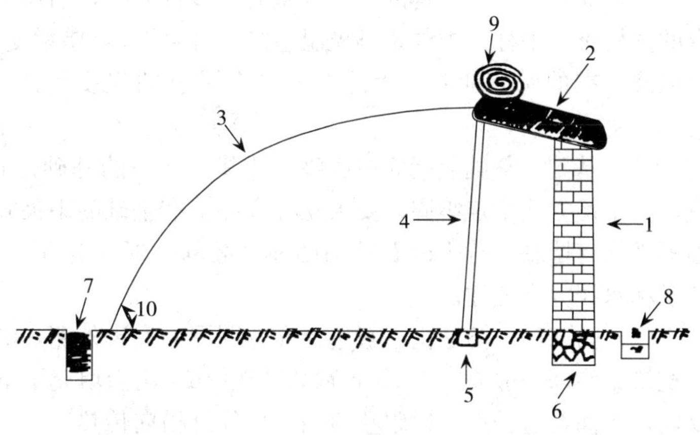

图1-5-5　日光温室结构示意图

1. 后墙　2. 后屋面　3. 前屋面　4. 中柱　5、6. 基础　7、8. 防寒沟　9. 不透明覆盖物　10. 前屋面角

（1）墙。日光温室的墙由东西山墙及后墙三面组成，可用砖砌成或土筑成，它是日光温室的围护结构，也是防寒保温的重要屏障，阻隔室内热量的散失，因此，墙体必须有一定的厚度。北纬35°左右地区，土墙厚度以0.8～1m为宜，砖墙0.4～0.5m，最好是空心墙，内填充珍珠岩和干土等；北纬40°上下地区土墙厚度（包括墙外侧防寒土）以1.0～1.5m为宜，保温不够时，可在墙外侧堆以农作物秸秆加强防寒。另外，白天阳光照射在墙体上时，它可以蓄热贮存起来，夜间作为热源向室内空气输送热量。因此，可以采用异质复合墙体，即墙体内侧选择蓄热性好的材料如红砖、石头等；中间选用隔热性好的材料如炉渣、珍珠岩、干土、聚苯泡沫板等；外侧也可以用红砖等放热能力较小的材料，起到保温和保护作用。另外，如果墙体内侧涂白，还可起到反射作用，改善室内光照状况。

（2）后屋面。也称为后坡、后屋顶，主要作用是阻止室内热量散失，防寒保温，因此，后屋面的材料和厚度必须适当。若采用保温性能好的秸秆、草泥、稻壳、玉米皮及稻草组成异质复合后屋面，其总厚度可在40～70cm之间。但同时它也影响室内的进光量，因此必须注意后屋面的水平投影长度和仰角。北纬40°以北地区6m跨度温室，其后屋面水平投影长度不宜小于1.5m；北纬40°以南7m跨度温室，其后屋面水平投影长度不宜小于1.2m。后屋面的仰角即后屋面与后墙水平交接处形成的角度。仰角大，光线进入得多。但如果仰角过大，势必减少后屋面水平投影长度，不利保温；如果仰角过小，则阻碍光线进入室内，减小后屋面蓄热的作用。因此，后屋面的仰角最好大于当地冬至太阳高度角7°～8°。另外，后屋面还必须有足够的强度，因为它必须承受管理人员和防寒覆盖物的重量。

（3）前屋面。也称作前坡或透明屋面，由骨架和透明覆盖材料组成。骨架材料可用钢材或竹竿、竹片；若用钢材，材料强度大，可以节省立柱，便于操作管理和充分利用空间，但初期投资较高。透明覆盖材料目前多用塑料薄膜。前屋面是温室白天采光的主要部分，因此必须设计好前屋面的形状和角度，日光温室的前屋面形状归纳起来主要有半拱圆形、椭圆拱形、两折式、三折式等，据比较测定，其中半拱圆形采光较好，值得推广。至于前屋面的角度，以半拱圆形屋面为例，一般前屋面底脚处的切线与地面的夹角应保持在55°～60°或60°～70°，拱架中段南端起点处的切线角25°～30°或30°～40°，拱架上段南端起点处的切线角应保持在10°～15°。日光温室前屋面是热量散失的主要部位，是防寒保温的重点。另外，前屋面必须有足够的强度，以承受相当的风雪和防寒覆盖物。

（4）立柱。竹木结构的日光温室需有多排立柱，前屋面下需1～2排立柱称为前柱，立于屋脊的立柱称为中柱。中柱是日光温室的“脊梁”，既要承受前屋面的重量，又要承受后屋面的重量以及外在的所有荷载，因此选材要有足够的强度保证，规格尺寸设计要合理，以防止温室倒塌。

（5）基础。基础包括立柱底座和墙基。立柱的基础是在立柱入地一端用水泥浇注或砖砌而成，为了使立柱稳定牢固，要求立柱底部落在基础的中央并连接牢固。日光温室的东西山墙和北墙都必须有墙基。若为砖石结构墙体，墙基一般深为50～60cm，宽度不小于墙宽，可用毛石、沙子和水泥混合浇注。

（6）防寒沟。防寒沟一般选择在透明屋面底脚外侧，沿温室延长方向挖成，温室北墙外侧也可挖筑。沟深一般40～60cm，宽30～40cm。沟内填充干草、秸秆、马粪或树叶等一些热阻大的物质，上面覆土盖严，以阻止室内土壤往外横向传热。

（7）通风口。通过通风口的自然换气，温室可以降温、降湿、排除有害气体和补充CO_2。通风口开设在前屋面，一种是扒缝放风，风口一般分为上下两排，上排设在距屋脊约50cm处，下排设在距地面1～1.2m高处，风口处两块薄膜重叠20～30cm，以防止关风不严。春季通风量不够时，还可将前屋面下端撩起放“底风”。高寒地区曾采用“风筒”方式放风，以解决对保温的影响，即在靠近屋脊处每隔3m左右，设一直径30～40cm，高约50cm的塑料薄膜通风筒。但此法在外界气温回升时，往往通风量不够。现在多在后墙设通风窗，一般每隔3m设一个，窗台离地面高度为1m左右。通风窗大小为36 cm×36 cm或42 cm×42cm。

（8）门。门一般开在背风面的山墙上。面积较大的日光温室（333 m^2以上）应在开门一端加设缓冲室，避免冷风直接进入室内，同时既可作工作间存放工具，又可作管理人员的休息室。

（9）不透明覆盖物。它是夜间覆盖在透明屋面上的防寒保温设备。目前生产上使用的多为蒲草苫，也有的地方用棉被或毛毡等，有的还在覆盖物下方加盖牛皮纸或防水无纺布。近年来研制出了防寒能力强、质地轻、防水的“复合保温被”，还开发出能适用于不同覆盖材料的机械卷帘设备，结合控制系统，可使日光温室的保温作业实现机械化和自动化。

3. 日光温室的性能

（1）光照。

① 光照度：日光温室内光照度的季节变化和日变化趋势与室外基本一致，但由于拱架的遮光、薄膜的反射以及薄膜内面凝结水滴或尘埃污染等影响，温室内光照度明显小于室外（图 1-5-6）。

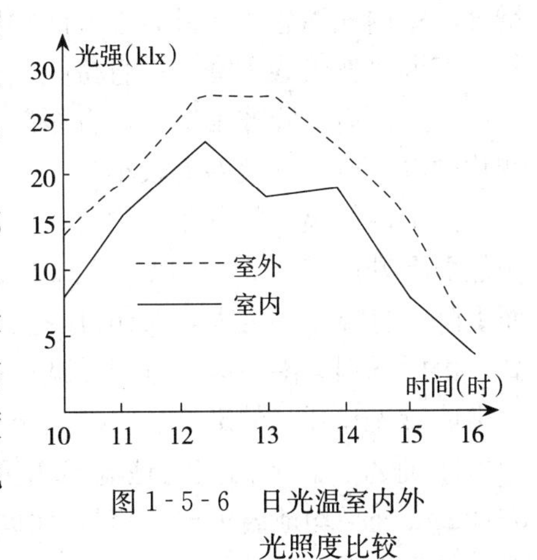

图 1-5-6　日光温室内外光照度比较

室内光照度的空间分布不均匀。南北走向温室，南部光照最强，中部次之，北部靠墙处最弱。东西走向温室，中部是全天光照最好的区域，东西两端由于山墙的遮光作用，午前和午后分别形成两个活动弱光区，它们随太阳高度的变化而收缩和扩大，正午消失。垂直方向上，光照度从上往下递减，薄膜内侧附近光照度最大，中部次之，地面处最弱。

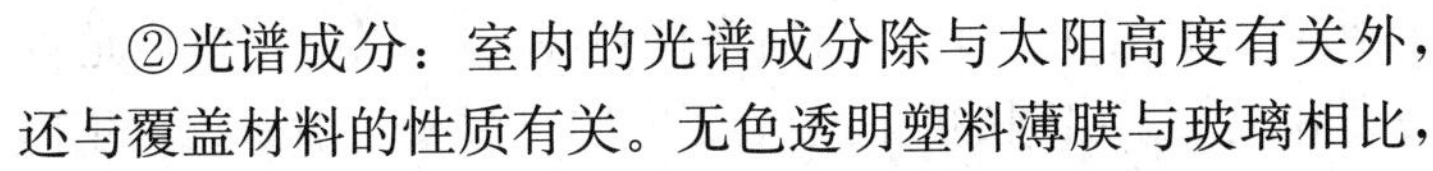

②光谱成分：室内的光谱成分除与太阳高度有关外，还与覆盖材料的性质有关。无色透明塑料薄膜与玻璃相比，能透过更多的紫外线，而且对长波红外线的透过能力高于玻璃，所以薄膜覆盖的温室光质对植物有利，但保温性能不如玻璃温室好。

③光照时间：日光温室内的光照时间除受外界光照时间的制约外，在很大程度上还受温室管理措施的影响。冬季为了保温的需要，草苫和纸被要晚揭早盖，人为地造成室内黑夜的延长。12月至翌年 1 月，室内光照时间一般为 6～8h。进入 3 月，外界气温已高，在管理上改为适时早揭晚盖，室内光照时间可达 8～10h。

(2) 温度。

①气温：室内气温的季节变化主要受室外气温变化的制约。但由于塑料日光温室采光面合理，采用多层覆盖，再配合适宜的管理措施，室内月平均气温明显高于室外。根据河北省永年县测定，1～4 月份日光温室内外月平均气温差分别为 15.2℃、15.0℃、11.1℃和 7.6℃。室内外温差最大值出现在最寒冷的 1 月，以后随外界气温的升高、通风量加大，室内外温差逐渐缩小。根据北京地区测定，1～2 月室内外平均气温差为 15～16℃，最高可达 20～22℃，最低为 13.5～15℃。利用这种不加温设施，就平均气温而言，等于在华北创造了南亚热带的温度环境。

室内气温日变化主要受天气条件和管理措施的影响。晴天室内气温日变化比较剧烈，昼夜温差较大（图 1-5-7）。室内最低气温一般出现在刚揭开保温覆盖材料之后，而后随着太阳辐射的

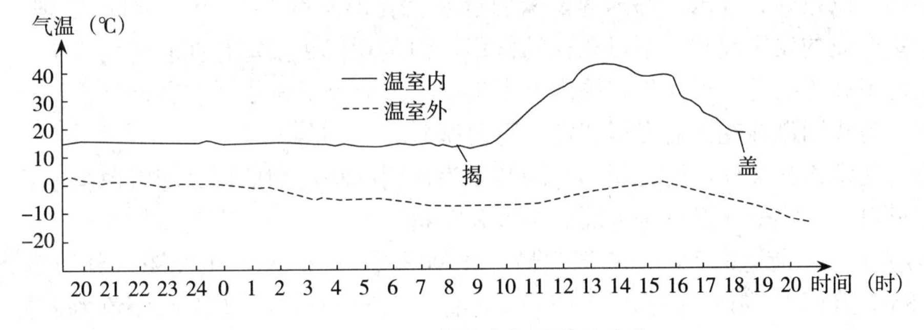

图 1-5-7　日光温室气温的日变化

增强，室内气温急剧上升，上升的幅度和速度都较室外大；中午前开天窗后，气温停止上升而随外界气温呈波浪式下降，一直持续到午后关窗为止；傍晚盖草苫后，室内气温短时间内会回升1～2℃，而后下降非常缓慢，直至次日揭草苫前。阴天由于光照不足，室内气温增加幅度小，日变化则较平缓，昼夜温差较小。

温室内气温空间分布不均匀。垂直方向上，在不通风时，温室内气温在一定范围内随高度的增加而上升；室内50cm以下的气温层间分布十分复杂，白天通常20cm以下气温随高度的增加而下降，且温度梯度大，20cm以上则反之。水平方向上，室内日均气温在距北墙3～4m处最高，由此分别向南、向北方向递减；白天前坡下的气温高于后坡，夜间则反之。东西方向上，由于山墙遮光和开门的影响，中部高于东西两端。

② 地温：日光温室内地温显著高于室外。据河北省永年县测定，12月下旬，室外地表下0～20cm处平均地温为-1.4℃，而此时室内的平均地温可保持在13℃以上；1月份室内平均地温不低于12℃；2月份地温平均为15～20℃；3～4月平均地温通常保持在20℃以上。室内地温与气温的日变化趋势基本一致，但是最高和最低温出现的时间落后于室内气温。一般来说，室内地表下15cm处地温从揭帘到盖帘低于室内平均气温，夜间则高于气温。此外，地温的日变化幅度也较室内气温小。

室内地温空间分布不均。南北方向上的地温梯度明显，高温区位于室内距后墙3m处，由此分别向南、向北方向递减，其中向北方向（后坡下）地温比向南方向高。且南方向处的地温梯度不均匀，向南方向距后墙3～5m处地温梯度不大，5～6m处剧增。东西方向上的地温差异主要是山墙遮光，边际效应及在山墙上开门的影响造成的。例如近门附近地温差异较大，局部可达1m相差1℃以上。垂直方向上的地温也有差异，晴天白昼地面温度最高，随土壤深度增加而递减，夜间以地表下10cm左右的地温最高，由此向上、向下递减；阴天室内地温随深度的增加而上升。

（3）空气湿度。塑料日光温室密封性强，室内空气相对湿度较大，白天多在70%～80%以上，夜间更大，常保持在90%～95%。气温升降是影响相对湿度的主导因素。白天室温升高，相对湿度下降；夜间室温下降，相对湿度升高，且湿度变化极小。

总之，塑料日光温室小气候特点可以概括为温度高、湿度大、光照前后不均。

（二）全光温室

又称为现代化温室。目前从国外引进的全是现代化温室。据不完全统计，截至2005年，已从荷兰、美国、以色列、法国、韩国等国家引进现代化温室约249 hm^2，对借鉴国外高新技术，促进我国温室产业的发展起到了不可忽视的作用。但是现代化温室存在着初期投资大，运行费用高，经济效益不高等问题。近几年，国内温室生产厂家研制开发了适合我国气候特点和经济条件的温室系列，为我国设施花卉业发展奠定了重要基础。

全光温室除结构骨架外，所有屋面与墙体都为透明材料，如玻璃、塑料薄膜或塑料板材。根据所用覆盖材料，可将全光温室分为玻璃温室和塑料温室。

1. 玻璃温室　以荷兰的Venlo型温室最为典型（图1-5-8）。单间跨度分为3.2m，6.4m，9.6m，12.8m，开间3～4m，柱高2.3～2.7m，脊高3.5～4.7m，玻璃屋面角为25°。

由于采用玻璃，尤其是浮法玻璃作覆盖材料，透光率可高达90%以上，且透光率随时间衰减缓慢。为尽量减小骨架阴影，Venlo 温室屋面全部采用小截面铝合金材料，既作屋面的承重檩条，又作玻璃嵌条，而且玻璃安装从天沟直通屋脊，中间不加檩条。

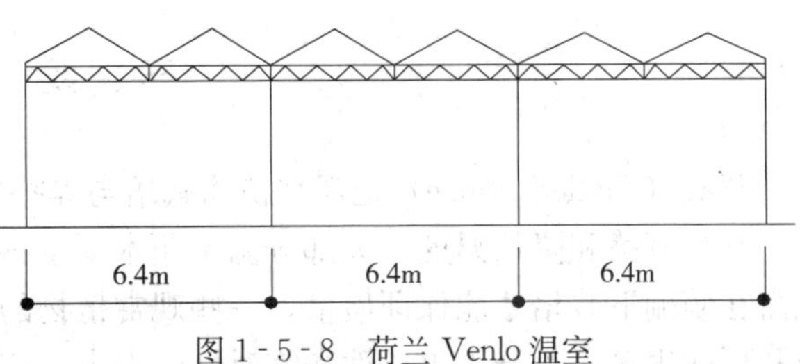

图 1-5-8　荷兰 Venlo 温室

Venlo 温室除透光率高外，钢材用量小也是其一大特点。6.4m 跨度，4.0m 开间的标准温室总体用钢量小于 $5kg/m^2$。而其他形式的玻璃温室总体用钢量多在 $12\sim15kg/m^2$。

Venlo 温室屋面开窗面积与地面面积之比（简称通风窗比）为 18.75%，由于受通风窗开启角度的限制，实际通风窗比仅为 8.5%～10.5%。目前引进的荷兰温室多为大面积连栋温室，不开侧窗，所以在我国很多地区普遍反映出通风面积小，夏季降温困难。此外冬季耗热量大，加热费用一般占生产成本的 30%～40%，在我国北方乃至长江流域，冬季运行难度更大。

2. 塑料温室　我国从日本、美国、以色列、韩国、西班牙和法国引进的温室多为塑料温室。普通塑料温室结构材料用量比玻璃温室少，一次性投资小。但由于普通薄膜使用年限比玻璃短，需经常更换覆盖物，且保温性和透光性不如玻璃。

为改善塑料温室的这些缺点，一方面塑料温室覆盖材料开始采用复合塑料薄膜，甚至用塑料板材来代替普通薄膜。如以色列温室使用的高强编织膜为三层压合膜，外表层为紫外线吸收层，中间层为透明聚乙烯带编织网膜，内表层为防滴层，使它的抗老化性、保温性和防滴性得到增强，但透光性能差。又如日本生产的氟素膜，它是目前使用寿命最长的塑料薄膜，使用期长达 12～15 年，而且强度较大，但价格昂贵，目前仅处于试用阶段。至于塑料板材，主要包括 FRP 板、硬质聚丙烯酸板、硬质聚氯乙烯板（PVC）三种，它们的共同特点是：耐久性接近玻璃；抗冲击，不易破碎；光线可平行或分散射入，减少阴影；保温性超过玻璃；质量轻，块面大，运输方便，可用锯切割，打孔容易，安装方便；强度大，抗风雪力强。但成本较高。

另一方面，塑料温室可通过多重覆盖或充气装置来改善保温性。如韩国温室主体结构分两层骨架，双层塑料薄膜覆盖（图 1-5-9）。温室内部再设两层水平保温幕，保温幕材料为致密的无纺布。安装保温幕将其全部沿周边围护墙下垂到地面。此外，韩国温室外围护墙体距地面 50～60cm，采用双层塑料膜中间夹高保温性能的腈纶棉材料。冬季白天靠双层塑料膜采光蓄热，夜间将所有覆盖层严密关闭保温，可保持室内外温差 10～15℃。再如欧美充气塑料温室，屋顶、侧墙乃至通风口均做成双层充气结构，相比单层薄膜覆盖，其保温性能提高 30%～40%，但透光率至少要降低 10%。这种温室主要适用于光照资源充足的地区。在多雨少光地区，光照不足则会明显影响植物生长。而在华东地区，由于冬季室外气温较高，一方面双层充气保温意义不大，另一方面透光率的降低还会制约温室增温。

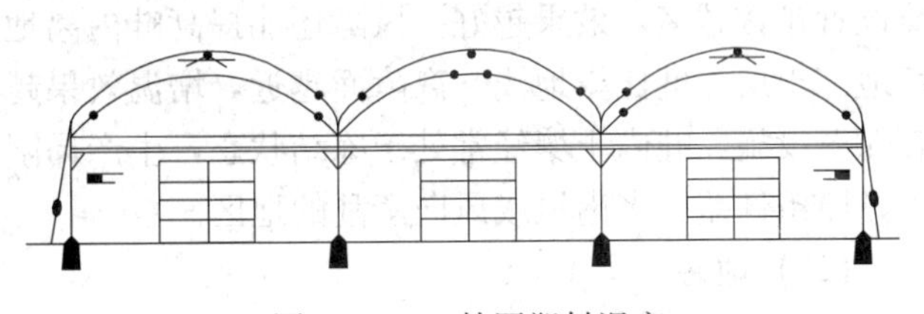
图 1-5-9　韩国塑料温室

三、荫　　棚

荫棚（shaded house）是观赏植物栽培与养护中不可缺少的设施之一，它可保护花木不受日灼，减少蒸腾和降低温度。大部分温室花木夏季移出温室后，都需放在荫棚下养护；一部分切花也需在荫棚下栽培才能保证质量；一些观赏植物的夏季扦插和播种也需在荫棚下进行。荫棚的种类和形式很多，可分为永久性和临时性两大类。

1. 永久性荫棚　温室花卉使用的荫棚一般是永久性的，多设在温室附近地势高燥、通风和排水良好的地方。棚架高度一般为2～2.5m，用钢管或钢筋混凝土柱做成主架，以钢筋混凝土柱为好。棚架上覆盖竹帘、苇帘或遮阳网等。为避免上午和下午的太阳光进入棚内，荫棚的东西两端还要设荫帘，但其下缘要离地50cm以上，以便通风。棚架下一般设置花台或花架，用于摆放温室盆花，如果放置在地面上，应铺设砖或煤渣，以便于排水。

2. 临时性荫棚　有些盆花及切花栽培使用的荫棚多为临时性的。一般多用木材立柱，棚面上用铁丝拉成格，然后盖上遮阳网。遮荫程度可通过选用不同透光率的遮阳网来调整。由于临时性荫棚可根据生产场地变更而拆迁，因此对切花轮作十分有利。

夏季扦插和播种所用荫棚也多为临时性的，但相对较矮，架高0.5～1m，用苇帘或遮阳网覆盖。在扦插未生根或播种未出芽前，覆盖的透光率要低；当开始生根或发芽时，逐渐增加覆盖物的透光度；待根发出，苗出齐后，可视具体情况部分或全部拆除覆盖物。

四、其他设施

（一）风障

风障由来已久，在我国北方常用于露地耐寒花卉的安全越冬，促进植物提早生长，提前开花。如风障保护下的芍药、鸢尾等可提早开花10～15d。

风障常与阳畦结合使用，设置在栽培地的北面，一般由篱笆、披风及土背三部分组成。篱笆一般用芦苇、高粱秸或竹竿等架设而成。披风可用稻草、苇席、网纱、废旧薄膜组成。

根据设置不同，可分为小风障和大风障两种。小风障结构简单，只在北面竖立1m左右高度的芦苇或竹竿夹稻草做成的篱笆。它的防风面积较小，效果稍差。大风障有简易风障和完全风障两种。简易风障只设一排高度1.5～2.0m的篱笆，且比较稀疏，前后可以透视。完全风障是由篱笆、披风、土背三部分组成，高为1.5～2.5m，并夹附厚度较大、高1～1.5m的披风。

风障能明显减弱风速，一般可降低风速10%～15%，防风范围为风障高度的8～12倍。风障设置排数越多，效果越好。风障还能提高畦内离地面50cm高处以下气温和土温，因此障前栽培地冻土层深度比露地浅。离障面越近，增温效果越明显；晴天比阴天增温明显。但由于夜间没有保温设施，畦内土壤经常处于冻结状态，生产局限性很大，季节性很强，效益较低，且不适用于光照条件差、多南风或风向紊乱的地区。

（二）地窖

又叫冷窖，是我国北方冬季常用于防寒越冬的简易设施。可用于冬季贮存大批月季、菊花母本、石榴、夹竹桃、碧桃和一些球根花卉等落叶盆花；夏秋两季还可作暗室，作短日照催花处理。南方不专设地窖，常用温室后部植物台下或冷室、库房代替。

地窖大小依越冬植物数量及高矮而定，通常沟深1m，宽2m，长度视需要而定。根据需要可分为临时性、半永久性、永久性地窖三种。

（三）阳畦

阳畦因利用太阳光热来保持畦温而得名，又称冷床、秧畦。用于秋播耐寒性较强的二年生花卉、多年生宿根花卉，早春提前播种一年生花卉，以及早春和冬季扦插木本花卉；冬季可用来存放耐寒或半耐寒花卉；还可在早春将温室或温床中育成的花苗，移到阳畦中进行过渡锻炼，然后移到露地栽培。

阳畦一般东西延长，选择在附近无遮阴的向阳地建造。它主要由风障、畦框、透明屋面和不透明覆盖物等组成。阳畦除具有风障效应外，其畦内气温和土温要比风障内高。据测定，当外界气温在－10～－15℃时，畦内地表温度可比露地高13～15.5℃。但畦温受季节和天气条件影响较大，当畦温较低时，应注意加强防寒保温。畦内空气湿度白天一般在20％以上，夜间可达80％～100％。

（四）温床

温床是一种比较简易的栽培设施，南北各地均有运用。温床用酿热物、电或蒸汽提高苗床温度。可用于入冬后和早春播种耐寒力较差的一二年生草花或冬季扦插花木，以及盆花的越冬。

1. 酿热物温床　温床建造宜选在背风向阳，排水良好的场地。其外形与阳畦相似，床体用砖或水泥等砌筑，床体加深1倍，约为70cm，宽1.5～2m，长度视需要而定。床内培养土厚度20cm，下填50cm厚的酿热物。酿热物的厚度应以南边厚，中间薄，北边居中，以保持床面的温度均匀。床面安设玻璃或塑料薄膜，并覆盖草帘或其他保温材料。

2. 电热温床　一般是在塑料棚或温室内做成平畦，并在畦内铺设电热线。它具有发热快，加温均匀，可实现自动控制，管理方便等优点。电热温床所使用的电热线规格和数量，要根据床面积、用途和设施内的环境进行选择。电热线间距一般为10cm左右，最窄不应小于3cm，布线深度以10cm左右为宜，电热温床温度可通过控温仪来控制。

第二节　常用环境调控设备

保护地设施为观赏植物的生长发育提供了必要的基础，但为了调节设施内的环境条件，必须配备相应的光照、温度、湿度和灌溉设备及控制系统。

一、光控设备

（一）遮光设备

根据遮光目的，可分为光合遮光和光周期遮光。

1. 光合遮光材料　夏季由于强光高温会使某些阴生植物光合强度降低，甚至叶片、花瓣产生灼伤现象。为了削弱光强，减少太阳热辐射，需要进行光合遮光，又称为部分遮光。

遮光材料应具有一定透光率、较高的反射率和较低的吸收率。遮阳网最为常用，其遮光率的变化范围为25%～75%，与网的颜色、网孔大小和纤维线粗细有关。遮阳网的形式多种多样，目前普遍使用的是用黑塑料编织而成。在欧美一些国家，遮阳网形式更多，有的是双层，外层为银白色网，具有反光性，内层为黑塑料网，用以遮挡阳光和降温。有的不仅减弱光强，而且只透过日光中植物所需要的光，而将不需要的光滤掉。遮光材料可覆盖于温室或大棚的骨架上，或直接将遮光材料置于玻璃或塑料薄膜上构成外遮阴。遮阳网还可用于温室内遮阴。

2. 光周期遮光材料　光周期遮光又叫完全遮光。其主要目的是通过遮光缩短日照时间，延长暗期，以调节观赏植物开花期，如使菊花提早开花，昙花白天开花等。还可用于暗发芽种子的育苗。

常用的完全遮光材料有黑布与黑色塑料薄膜两种。铺设在设施顶部及四周，要求严密搭接。

（二）补光设备

补光的目的之一是满足植物光周期的需要，调节观赏植物的花期，这种补光要求光照度较低，称为低强度补光。常用补光设备有两种，即人工补光设备和反光设备。

1. 人工补光设备　人工补光设备主要是电光源。理想的电光源应有一定的强度，能使床面光强达到光补偿点以上和光饱和点以下，一般在30～50klx，最大可达80klx；同时要求光强具有一定的可调性；另外要求有一定的光谱能量分布，可以模拟自然光强，或要求具有类似植物生理辐射的光谱。目前用于补光的光源主要有白炽灯、荧光灯、高压汞灯、金属卤化物灯、高压钠灯。

（1）白炽灯。白炽灯是第一代电光源。辐射能主要是红外线，可见光占比例小，发光效率低，热效应高。因其价格便宜、使用简单，生产中仍有使用。

（2）荧光灯。荧光灯是第二代电光源。光线接近日光，其波长在580nm左右，对光合有利，发光效率高，是目前最普遍的一种光源。其主要缺点是功率小。

（3）高压汞灯。高压汞灯以蓝绿光和可见光为主，还有约3.3%的紫外光，红光很少。目前多用改进的高压荧光汞灯，增加了红光成分。功率较大，发光效率高，使用寿命较长。

（4）金属卤化物灯和高压钠灯。这两种灯较接近，发光效率为高压汞灯的1.5～2倍。可用于高强度人工补光，光质较好。

（5）低压钠灯。低压钠灯发光波长仅有589nm，但发光效率高。

补光灯上有反光灯罩，安置在距植物顶部1～1.5m处。补光量依植物种类、生长发育阶段以及补光目的来确定。

2. 反光设备　合理利用室内反射光设备，不仅能增加光照度，还能改善光照分布，是较廉价的补光措施。常用于改善日光温室内的光照条件。

最简单的做法是在室内建材和墙上涂白。在日光温室的中柱或北墙内侧张挂反光板，如铝板、铝箔或聚酯镀铝薄膜，将光线反射到温室中北部地面，可明显提高中北部光照，反光率可达80%。据测定，反光板可使温室内光照量比普通温室高1倍，甚至比室外光照度高出10%～20%。反射光的有效距离大致能达到离反射板3m以内，距反射板越远，增光效果越差。不同季节增光效果也不同，冬季太阳高度角小，室内光照弱，增光效果高于春季（表 1-5-6）。设置反光板需注意板面不能有凹处，否则反射光集中于焦点处，可能引起植物日灼。另外，反光板影响到的地方水分蒸发快，应注意浇水。

表 1-5-6　反光幕在不同季节中午对地表增光效果的比较

季　节	冬季（12月份平均值）				春季（3月份平均值）			
测点至反光幕的距离（m）	0	1	2	3	0	1	2	3
挂反光幕（klx）	28.9	29.0	30.4	26.2	47.7	48.4	57.0	51.7
不挂反光幕（klx）	20.0	22.0	26.2	24.0	36.3	42.7	49.9	49.2
增光量（klx）	8.9	7.0	4.2	2.2	11.4	5.7	7.1	2.5
增光率（%）	44.5	31.8	16.0	9.1	31.4	13.5	14.2	4.4

二、温控设备

温控设备包括保温设备、加温设备和降温设备。

（一）保温设备

一般情况下，通过设施覆盖材料传出的热量损失占总散热量的 70%左右，通过通风换气及冷风渗透的热量损失占 20%左右，通过地中传出的热量占 10%以下。因此，设施的保温途径主要是增加外围护结构的热阻，减少通风换气及冷风渗透，减小围护结构底部土壤的传热。常见保温设备有：

1. *外覆盖保温材料*　包括草苫、纸被、棉被，多用于塑料棚和单屋面温室的保温，一般覆盖在设施透明覆盖材料外表面。

草苫是目前生产上使用最多的一种外覆盖保温材料。它由稻草或蒲草等编织而成。其特点是保温效果好，与不覆盖相比较，一般可提高温度 3～5℃，热节省率达 60%。但要达到实际保温效果，需注意草苫厚度不小于 6cm，越紧密越好，每幅宽度不要超过 3m。草苫的编制比较费工，耐用性不很理想，而且草苫有相当的重量，尤其是被雨雪淋湿后，增加了温室骨架材料的负重。另外，平时的揭放也很耗时费力，且易污染划破薄膜。为增强其保温能力，可在草苫下面加盖纸被，纸被可由 4～6 层新的牛皮纸缝制而成，大小与草苫相仿。

保温被常用棉絮或纺织厂下脚料作内部填充物，外面用防水材料包被。其特点是重量轻，不被雨雪淋湿，保温性好，使用年限长，但一次性投资大。

2. *室内保温设备*　主要包括保温幕和小拱棚。保温幕一般设在设施透明覆盖材料的下方。可利用开闭机构，白天打开进光，夜间密闭保温。保温幕常用材料为无纺布、聚乙烯薄膜、真空镀铝薄膜。覆盖层数一般为 1～2 层，层间距为 15cm，过多增加层数，投资大且效果不明显。保温效果与幕的高度及导热系数的关系不大，关键是要注意保温幕的密闭性，特别是上部接合处和四周底角处不能留缝隙，一般在保温幕的接合处需重叠 30cm 左右。

设施内增设小拱棚后气温可提高 3～4℃，但光照减弱 30%左右，且不适用于较高大的植物。

3. *双层固定覆盖*　设施透明覆盖材料由两层组成，如两层玻璃，两层薄膜，或一层玻璃、一层薄膜，两层间有空隙。一般双层玻璃间隙小于 2cm，双层薄膜间隙在 30cm 左右。通常双层覆盖层中间充以空气以保持间距。日本曾试验，在夜晚向薄膜层间吹入发泡聚苯乙烯颗粒，白天用风机吸出，可提高保温性 30%～40%，但透光率至少降低 10%，只适用于光照充足的地区和不需强光的植物。

4.“围裙”与“门帘”——“围裙”是在设施的外围护结构墙体上，从地表到距地面 50～60cm 高处加盖固定的保温材料。“门帘”可采用薄膜、草帘或棉被张挂在门附近，以挡住进出时的冷风渗入。

（二）加温设备

采暖方式应根据设施种类、规模、栽培品种与方式、气候和燃料等条件，通过技术经济比较，本着可靠、经济、适用的原则，因地制宜地确定。常用的加温采暖方式有烟道加温、热水加温、蒸汽加温、热风加温、电加温、辐射加温及太阳能蓄热加温等。

1. 烟道加温　即用烟道散热取暖。火炉通常设置在外间工作室内或单屋面温室北墙内侧近壁处。由于单屋面温室利用面积仅限于南侧部分，因此一般将烟道设在北侧，但是夜间南北温差较大。烟道可采用瓦管、砖筒或铁皮筒。瓦管和铁皮筒传热快，温度不够稳定；砖砌烟道本身较厚，吸热力大，封火后可继续放热，温度较稳定，但加温时温度上升缓慢，故加温时间应提早。烟道长度一般不超过1.2m，否则气流循环缓慢，火力不旺。如加高烟筒或装鼓风机，烟道可适当延长。

烟道加温设备维护容易，且初期投资少，燃烧费用低，封火后仍有一定保温性，适用于单屋面温室加温以及大棚短期加温。但室内温度不易控制，温度分布不均，空气干燥，燃料利用率低，室内空气质量差，热力供应量小，预热时间较长，且密闭时需防止煤气中毒。

2. 热水加温　通过放热管，用 60～80℃热水循环散热加温。热水可通过锅炉加热获得，或直接利用工业废水和温泉。热水往复循环的动力可依靠本身的重力或水泵。其中用重力循环虽节约燃料费用，但不及水泵输送距离远，因而不能用于太大的温室。水泵循环能用于大型温室，但增加了电能消耗和维护费用。

热水加温可使温湿度保持稳定，且室内温度均匀，燃料费用低，最适于花卉的生产。缺点是冷却之后再加热时，设施内温度上升慢，热力不及蒸汽、热风加温大，且设备成本高，寒冷地方需防止管道冻结。适用于各种不同大小类型的温室，尤其是大型温室长时间加温。

3. 蒸汽加温　用 100～110℃蒸汽通过放热管加温。放热管采用排管或圆翼形管，不宜用暖气片。放热管通常置于设施内四周墙上或植物台下，避免影响光照。

蒸汽加温预热时间短，温度容易调节。但加热停止后余热少，缺少保温性，设施内湿度较低，近管处温度较高，附近植物易受伤害。虽然设备费用比热水加温低，但燃料费用较高，对水质要求较严，需有熟练的加温技术。适用于小型温室短时间加温。

4. 热风采暖　将加热后的空气（一般比室温高 20～40℃）通过风管直接送入设施内。其优点是室温均匀，设备简单，不占地，遮光少。缺点是室内温度波动较大，适用于小型温室或短时间加温。

5. 电热采暖　用电热线和电暖风来加温。电热线可安装在土壤中或无土栽培的营养液中，用以提高土温和液温。电暖风是将电阻丝通电发热后，由风扇将热能快速吹出。

电热加温方法供热均衡，便于控制，节省劳力，清洁卫生。但停电后保温性差，耗电多，运行成本高。一般作辅助加温或育苗用。

6. 辐射加温　采用液化石油气红外燃烧取暖炉。优点是可直接提高植物冠层温度，预热时间短，容易控制，使用方便，设备费用低。但耗能多，费用高，停机后保温性差。一般作为临时辅助采暖。

7. 太阳能蓄热加温　将温室白天多余的热量贮存起来，以补充夜晚热量的不足，是一种行之有效的节能措施。适用于光照资源充足的地区。常见的有地热交换法和蓄热体热交换法。

(1) 地热交换。由风机、风道、蓄放热管道与控制装置组成。蓄放热管道一般采用瓦管、陶管或 PVC 波纹管，分数排埋在温室、大棚地面以下 50～60cm 深处，管道两端与室内空气相通。白天气温高于地温，通过风机使空气在管中流动，将白天设施内多余热量积蓄于土壤中；夜间地温高于气温，风机开动，空气在管中流动，将地中热量带入空气进行加温。一般可使温室夜间气温提高 5～7℃。

(2) 蓄热体热交换。利用热容量大的水作为太阳能蓄热体，或利用某些盐类如氯化钙、硫酸钠等溶解时吸热、凝固时放热的原理，将白天多余的热量积蓄于载热体中，夜间放出来加热温室。

(三) 降温设备

设施内降温的途径包括减少透入设施内的太阳辐射、增大设施的通风换气量、增加设施内的潜热消耗。常用的降温设备有以下几种：

1. 遮光降温设备　遮光降温设备包括白色涂层（如白色稀乳胶漆、石灰水、钛白粉等）、各种遮光材料（如苇帘、竹帘、遮阳网、无纺布等）和屋面流水。

白色涂层一般涂在设施屋顶，以阻挡中午前后的太阳直射光为主，遮光 10%左右，降温效果较差。遮光材料一般遮光率 50%～55%，使室内温度下降 3.5～5.0℃。塑料大棚在自然通风状态下，使用白色无纺布遮光降温，可使棚内气温降低 2～3℃。遮阳网设置在室外屋面上方 30～40cm 处，可降低室内气温 4～5℃，若设在室内降温效果减半。最好安装卷帘设备，根据日光强弱调节遮光程度。屋面流水可遮光 25%，并能冷却屋面，室温可降低 3～4℃，但费用高，且玻璃表面易起水垢。

2. 通风设备　通风除降温作用外，还可降低设施内湿度，补充 CO_2 气体，排除室内有害气体。通风包括自然通风和强制通风两种。

(1) 自然通风。适于高温、高湿季节的全面通风及寒冷季节的微弱换气。由于自然换气设备简单，运行管理费用较低，因此被广泛采用。

换气窗的设置应同时满足启闭灵活、气流均匀、关闭严密、坚固耐用、换气效率高等要求。简易的塑料大棚和日光温室一般用人工掀起部分塑料薄膜进行通风，而大型温室则需采用相应的通风装置。大型温室的换气窗有天窗、侧窗、肩窗、谷间窗等（图 1-5-10）。

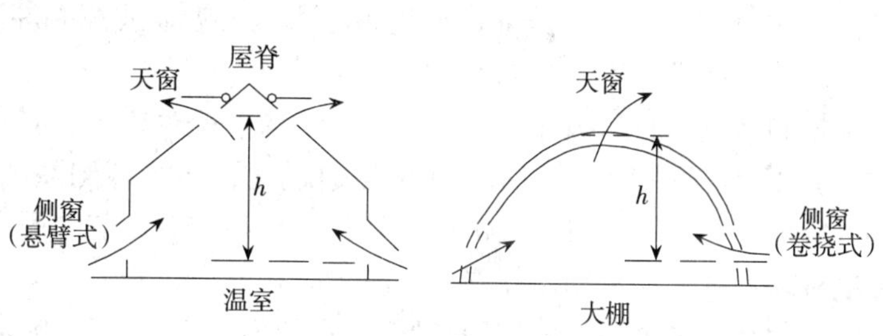

图 1-5-10　园艺设施换气窗示意图

(2) 强制通风。利用排风扇作为换气的主要动力。由于设备和运行费用较高，主要用于盛夏季节需要蒸发降温，或开窗受到限制，高温季节通风不良的温室，以及某些特殊需要的温室。

设备主要由风机、进风口、风扇或导风管组成。根据风机装置位置与换气设施组成不同，温室强制换气的布置形式包括山墙面换气、侧面换气、屋面换气和导风管换气等。

3. *蒸发降温设备*　其原理是利用水分蒸发吸收大量热量，从而导致室内空气温度下降，在实际应用时常结合强制通风来提高蒸发效率。蒸发降温效果与温室外空气湿度有关，湿度小时效果好，湿度大时效果差，理论上可使温室内的气温降至与温度计的湿球温度相等。蒸发降温设备常见的有下列三种。

（1）湿垫风机降温。湿垫又称水帘，是在温室一面山墙（北墙）上安装湿垫，水从上面流下，另一面山墙（南墙）上装有排风扇，抽气形成负压，室外空气在穿过湿垫进入室内的过程中，由于水分蒸发吸收热量而降温。此系统由湿垫、风机、循环水路与控制装置组成，设备简单，成本低廉，降温负荷大，运行经济。湿垫的材料用木刨花、棕丝、多孔混凝土板、塑料板等。风机应顺主风向设置，两风机间隔不应超过 7.5m。排风机与邻近障碍物间距离应大于风机直径的 1.5 倍，以免排出气体受阻。风机与湿垫间距离以 30～50m 为宜。此法降温速度快，幅度大，适用于夏季气温高且干燥的地区，在空气湿度大的地区使用效果差。

（2）细雾排风。由细雾装置与通风部分组成。细雾装置包括喷头、输水管路、水泵、贮水箱、过滤器、闸阀、测量仪表等，通风部分包括进出风口和风机。微雾排风是在植物上层 2m 以上的空间里，喷以直径小于 0.05mm 的浮悬性细雾，通过细雾蒸发，对流入的室外空气加湿冷却，抑制室内空气的升温，温度分布较均匀。由于细雾在未达到植物叶片时便可全部汽化，不弄湿植物，可减少病害发生，且具有节约用水和通风阻力小等优点，但对高压喷雾装置的技术要求较高。这种方法在夏季气候较干燥的地区使用效果较好。

（3）屋顶喷雾—水膜降温系统。在温室屋顶外面张挂一幕帘，其上设喷雾装置，未汽化的水滴沿屋面流下，顺排水沟流出，使屋面降温接近室外湿球温度。此法通过屋面对流换热来冷却室内空气，不增加室内湿度，可使室内温度降至比室外低 3～4℃，且温度分布较均匀。

三、灌溉设备

灌溉系统是设施生产中的重要设备，目前使用的灌溉方式大致有人工浇灌、漫灌、喷灌、滴灌、渗灌和底面灌水等。

1. *人工浇灌*　人工浇灌需要配置贮水池、喷壶或浇壶等设备。

2. *漫灌*　漫灌系统主要由水源、动力设备和水渠组成。此法简单易行，但耗水量大，无法准确控制水量，且易破坏土壤表层物理结构，有时还会引起病害传播。

3. *喷灌*　喷灌是采用水泵或水塔通过管道将水送到灌溉地段，然后再通过喷头将水喷成细小水滴或雾状进行灌溉。其优点是易实现自动控制，节约用水，灌水均匀，土壤不易板结，不但土壤湿润适度，还可降温保湿，并减少肥料流失，避免土壤盐分上升。适用于露地苗床和草坪繁殖区，园林中喷灌广泛应用于花坛、草坪和地被植物。但因喷灌受风影响较大，常导致喷雾不均匀。

喷灌设备有移动式和固定式两种。移动式喷灌装置能完全自动控制喷水量、灌溉时间、灌溉次数等众多因素，使用效果好，但价格高，安装也较复杂。固定式喷灌装置的价格和安装费用较低，且操作管理简单，灌溉效果也很好，应用更为普遍。

喷洒器有固定式小喷嘴和孔管式等。孔管式喷洒器是直径 20～40mm 的管子，顶部两侧设直径 0.6～1mm 的喷水孔，孔管贴近地面喷洒于植物根区。喷头直径应根据需要喷洒的范围来确定，为防止喷头堵塞，需对用水进行过滤与软化，并注意防漏维修。

4. 滴灌　典型的滴灌系统由贮水池（槽）、过滤器、水泵、肥料注入器、输入管线、滴头和控制器等组成（图 1－5－11)。水源为河水和井水时应设贮水池，并注意水的净化，防止滴孔堵塞。

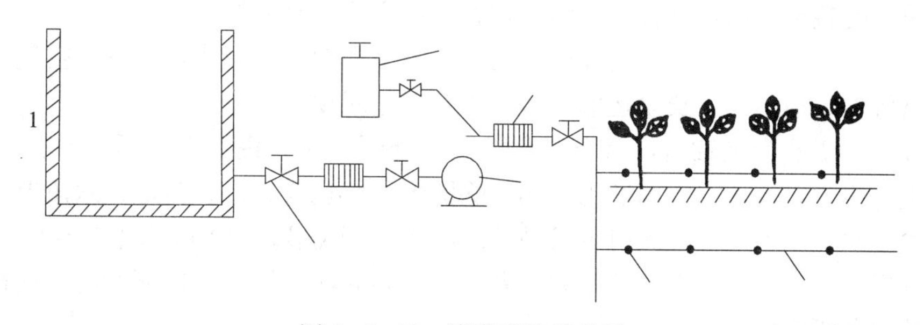

图 1－5－11　滴灌系统示意图

1. 贮水槽　2. 肥料注入器　3. 过滤器　4. 阀门　5. 水泵　6. 滴头　7. 滴管

盆花滴灌可采用如图 1－5－12 所示的方式，滴灌管从一个主管引出分布到各个单独的花盆上。滴灌不沾湿叶片，省工省水，可防止土壤板结和病虫害发生，同时可与施肥结合起来进行，但设备材料费用高。使用时注意滴管头与植物根际保持一定距离，以免根际太湿引起腐烂，并注意灌溉水量。

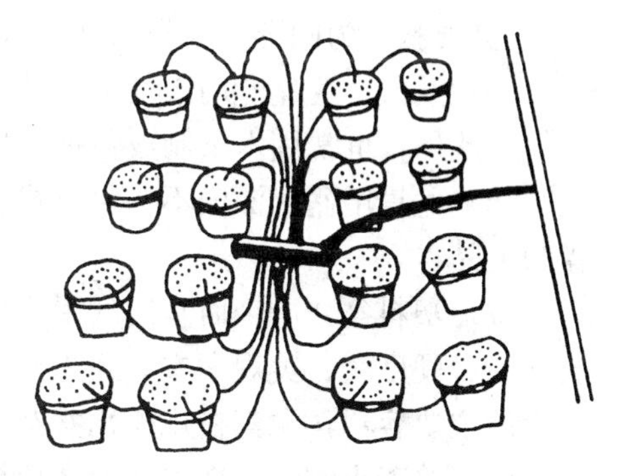

图 1－5－12　盆花滴灌系统

5. 渗灌　将带孔的塑料管埋设在地表下 10～30cm 处，通过渗水孔后将水送到根区，借毛细管作用自下而上湿润土壤。渗灌不冲刷土壤，省水，灌水质量高，土表蒸发小，而且可降低空气湿度。缺点是土壤表层湿润差，造价高，管孔堵塞时检修困难。

6. 底面灌水　这是利用毛吸原理的灌水系统，多用于盆花的规模化生产。具体方法是在花盆底部的排水孔中插入吸水性强的纤维芯，使纤维芯的一端置于花盆的基质之中，另一端插于花盆下面设置好的水槽中，或将花盆置于吸水垫上，栽培过程保持水槽中经常有水或吸水垫经常湿润，水可以通过纤维芯不断地渗入基质中供植物吸收。

四、施肥系统

在设施生产中多利用缓释性肥料和营养液施肥。营养液施肥广泛应用于无土栽培。无论采取基质栽培还是无基质栽培，都必须配备施肥系统。施肥系统可分为开放式和循环式两种，一般由贮液槽、供水泵、浓度控制器、酸碱控制器、管道系统和传感系统组成。施肥设备的配置与供液方法的确定要根据栽培基质、营养液的循环情况及栽培对象而定。

第三节　栽培容器及机械

一、栽培容器

（一）花盆

花盆是重要的栽培容器，其种类很多，现就其中主要类别介绍如下。

（1）素烧盆。又称瓦盆，有红盆和灰盆两种。虽质地粗糙，但排水良好，空气流通，适于花卉生长。价格低廉，但不利于长途运输，目前用量逐年减少。

（2）陶瓷盆。瓷盆为上釉盆，常有彩色绘画，外形美观。由于上釉后，水分、空气流通不良，对植物生长不利，仅适合室内装饰之用。除圆形外，也有方形、菱形、六角形等不同形状。

（3）木盆或木桶。素烧盆过大时容易破碎，因此，当需要用40cm以上口径的花盆时，即采用木盆。木盆形状仍以圆形较多，但也有方盆，盆的两侧应设把手，以便搬动。现在木盆正在被塑料盆或玻璃钢盆所取代。

（4）水养盆。专用于水生花卉盆栽之用。盆底无排水孔，盆面阔大而较浅，如北京的“莲花盆”，其形状多为圆形。球根水养用盆多为陶制或瓷制的浅盆，如“水仙盆”。

（5）兰盆。兰盆专用于气生兰及附生蕨类植物的栽培。其盆壁有各种形状的孔洞，以便流通空气。此外，也常用木条制成各种式样的兰筐以代替兰盆。

（6）盆景用盆。深浅不一，形式多样，常为瓷盆或陶盆。山水盆景用盆为特制的浅盘，以石盘为上品。

（7）塑料盆。质轻而坚固耐用，可制成各种形状，色彩也极为丰富。由于塑料盆的规格多、式样新、硬度大、美观大方、经久耐用及运输方便，目前已成为国内外大规模花卉生产及流通贸易中的主要容器，尤其在规模化盆花生产中应用更为广泛。虽然塑料盆透水、透气性能较差，但只要注意培养土的物理性状，使之疏松通气，便可以克服其缺点。

（二）栽培床

在许多花卉生产过程中，经常将植物种在装有人工基质的“槽”里，这种“槽”被称为栽培床。栽培床通常直接建在地面上。一般是沿南北方向用砖在地面砌一长方形的槽，壁高约30cm，内宽80～100cm，长度不限。也有的将床底与地面隔离50～60cm，床内深25～30cm。床体材料多采用混凝土，也有的用发泡塑料或金属。

在现代化温室中，栽培床一般被做成可移动的。床体用轻质金属材料制成，床底部装有滚轮或可滚动的圆管，然后将床面安装在滑轨上，以提高温室利用率和工作效率。因为普通固定式栽培床之间需留有一定宽度的作业通道，而采用可移动式栽培床时，一栋温室内只需留一条通道，操作人员在一个床操作完毕后推开此床，再移过另一个栽培床操作。有的高档温室的栽培床还设计成可三维移动的形式，以满足立体栽培条件下植物对环境的需要。

无论何种栽培床，在建造和安装时，都应注意栽培床底部应有排水孔道，以便及时将多余的水排掉；应使床底有一定的坡度，使多余的水及时流走；栽培床宽度和安装高度的设计，应以有利于人员操作为基准。一般情况下，如果是双侧操作，床宽不应超过 180cm，床高（从上沿到地面）不应超过 90cm。

二、机　　械

（一）穴盘育苗机械

1. 混料、填料设备　生产者可根据生产规模及育苗用穴盘的主要规格等因素考虑选用不同类型的混料和填料设备。

2. 播种机　机械化播种机是穴盘苗生产必备的机器设备，常见类型可分为五大类型，即真空模板型、复式接头真空型、电眼型、真空滚筒或鼓轮型、真空锥形筒型。

（1）真空模板型播种机。手工操作的真空模板型播种机是人员将种子手工撒播到带有孔穴的模板上，在真空吸附下每个孔穴吸附一粒种子，将多余种子倒掉。当所有孔穴吸上种子后，将真空盘放到一个管子模型上（或直接放穴盘上）。人工切断真空气源后，种子通过下种管（或直接）下落到穴孔中，从而一次性整盘完成播种。真空模板型播种也有机械化程度极高的机型，其适用种子范围广，播种速度也较快。

（2）复式接头真空型播种机。复式接头真空型播种机则是由复式播种头将种子吸出后送入下种管。这类播种头一般为一排吸种嘴或吸种针，通过真空将种子吸附到吸种嘴上。每次种子下播一排，穴盘向前移动一格，然后播另一排。根据种子大小不同，所用的播种针复式接头也需更换。

（3）电眼型播种机。也称计数播种机，是利用电子眼技术将种子以计数方式分拣出来并送入穴盘，即由电子的种子计数器将种子识别出来，随后这些种子被传送到一排与穴盘的穴孔相应排列的下种管处，下种管的门档在真空操作下自动打开，种子随之落到穴孔中。这类播种机无需更换播种模板，复式播种接头或滚筒可播种大小、形状各异的种子，但其播种速度较慢。

（4）真空滚筒型播种机。真空滚筒型播种机是使用带孔的圆筒或滚筒来进行播种。其工作原理是利用真空将种子从种子斗吸出，随后关闭真空气源，种子下落到穴盘中。此类播种机速度、精度均较高，但不同的滚筒或圆筒适播不同大小的种子和穴盘。

（5）真空锥形筒型播种机。真空锥形筒型播种机是利用锥形筒模板和真空装置进行操作的，当锥形筒模板在真空的作用下发生倾斜时，种子自然倒入锥形筒内。此时，位于下面的穴盘传递系统正好将穴盘推至锥形筒正下方，然后锥形筒在真空作用下打开，种子下落到穴孔中。

（二）草坪机械

草坪机械可依功能、构造、作业方式等指标进行分类。依功能通常分为草坪建植机械和草坪管理机械。草坪建植机械是指与建坪作业有关的机械总称，包括用于坪床准备的耕作机械、取草皮和营养体的机械、种子收获与精选加工机械以及播种作业所需的播种、覆土、草皮铺设、碾压、种植材料喷撒等机械。这些机械依工作性能和动力方式可分大型、中型、小型与手动、半自动和全自动诸种。草坪管理机械是指除草坪建植作业所需机械以外的草坪机械总称，包括草坪供水、施肥、修剪、梳理、中耕、更新、保护等多种机械，门类比较庞杂，种类也很多。常用草坪机械如下：

1. 播种机　直播建坪是大面积建坪的主要方式。草坪草种子细小，用手撒的方法不仅不易将种子撒匀，且工作效率低，不能满足建坪的要求。当前我国普及推广的是手摇撒播式播种机。该机由储种袋、机座手摇传动装置、旋飞轮等部分组成。一个人即可操作，播种者只需将背带套在肩上，摇动摇把，储种袋下的旋转飞轮便会把种子旋播出去。下种口的大小可调，即可根据种子的大小和播种量的多寡调节下种速度。该机体积小、重量轻、结构简单、灵活耐用，不受地形、环境和气候的影响，不仅适用于大面积建坪，更适用于在复杂的场地条件下建坪。

2. 剪草机　随着高尔夫球、网球及足球等运动的发展，剪草机遂成为草坪管理的必需品。

（1）手动剪草机。它的构造是旋转轴两端各有一个轮子，可将一连串的横向 S 形刀身固定住，圆柱附着于长的 U 形或 T 形把手，圆柱体之后有一平的且固定不动的大刀（床刀），圆柱体则跟着 1 或 2 个具有稳定速度的滚轮旋转。当操作员推动剪草机时，旋转的刀将草推向床刀，以剪刀的作用方式将草切断。

（2）动力剪草机。将电机或汽油发动机加在圆柱体的后面来推动剪草机，操作人员只需要操纵机械的方向。大型卷筒剪草机还设有操纵手的座位，并且有将剪下来的草扎紧的重型滚轮，机上还附有袋子或平盘以收集剪下的草叶。旋转式剪草机适用于要求草高 25～80mm 的草坪，剪草宽度在 0.5～2m 之间；卷筒式剪草机适用于要求草高 3～8mm 的草坪，剪幅在 0.5～5m 之间。

3. 垂直切割机　垂直切割机专门用来疏松表土，具有耕除草皮中的枯草，减少杂草蔓延，改善表土的通气透水性能等作用。该机的工作部分由一系列安装在一根长轴上的旋转刀片或割刀组成，刀片与割刀之间用隔套相互隔开，由发动机驱动。当该机在草坪上作业时，高速旋转的刀片可把枯草拉去，将表土切碎，同时将草坪草部分地下根茎切断。该机旋转速度高，入土深度可调。按照垂直切割机刀片的大小和多少，机器可分手推式和自走式两种。工作幅宽 350～500mm，工作深度可由装在机器前面或后面的调节滚筒或轮子来控制。机器作业时，将草坪上无用的枯草抛向机器的前方，这些枯草可留在草皮上或由装在机器前的附属装置收集起来。在大型垂直切割机上装有一个滚筒，手推式垂直切割机则装有两个边轮。无论是滚筒或者是边轮都装有刮泥板，刀片由淬火钢滚子链或三角皮带与发动机相连。

4. 草坪打孔机　草坪打孔的目的是使草根通气。草坪打孔作业不仅能改善地表排水，还能促进草根对地表营养的吸收，有时还能达到补播的目的，尤其在践踏严重的草坪上，如足球场、高尔夫球场的球盘，进行打孔处理是十分必要的。

草坪打孔机分手动与机动两种类型。手动打孔器是在一个金属框架上，上端装有两个手柄，下端装有 4～5 个打孔锥（分空心和实心两种）。作业时用脚踏压金属框，使打孔锥刺入草皮，然后将打孔锥拉出。此种打孔器适用于小面积草坪或像足球场球门区那样局部的草坪处理。大面积草坪适宜使用自走式草坪打孔机。该机有一圆筒形机架，机架上用棚条紧固打孔锥，棚条能够旋转，并具有弹性，因此，锥体能垂直插入和拔出土壤。这样，当机器作业时不仅不使草皮破碎，而且还能清洁地表。该机由一个小型汽油机驱动，机架在两轮子上，可自动行进。轮子可借助杠杆抬起，使打孔机处于工作状态。机架上的打孔锥作用在草皮上，驱使向前移动并承受整机的重量。

大型的草坪打孔机一般由拖拉机牵引，具有更为广泛的用途。该机包括一系列四边形或圆形的平板，平板均匀地固定在水平轴上，每个平板随水平轴旋转时，板上的打孔锥就因自重而插入和拔出土中。这些机具工作效率高。

草坪打孔机的打孔锥是直接工作部件，通常具有空心锥和实心圆柱形锥两种。空心锥的锥心中空，土可从锥中心排出（通称草塞），适于草皮整修和填沙、补播。锥中的草塞会被新进入的草塞挤出，锥的末端开口，有自洁作用，并能使草塞顺利排出。实心圆柱形锥为实心，插入草皮可将孔周围的土壤挤实，同时还能起到帮助排出草坪表面水分的作用。

5. 碾压机　草坪碾压机用于碾压坪床和镇压草皮，具有平整草坪表面及促进草坪草分蘖生长的作用。用于平整坪床的碾压机的滚轮由普通钢或铁制造，具有各种宽度和直径。按驱动力的不同，碾压机可分为平推式、自走或牵引式等类型。大多数碾压机具配重装置，以调节碾压机的重量。配重装置通常是在碾滚上方设置一个平台，附加重量以混凝土块、沙袋、铸铁块的形式增加。另一种碾压机的碾滚为中空的筒状，使用时根据需要将水或沙注入滚筒内。重型板碾压机用于建坪时场地的平整，轻型板碾压机适用于一般运动场的整理。

大面积使用的碾压机通常由拖拉机牵引而形成一个机组。作业时应在碾滚上安装刮泥板，以防止土壤粘结在碾滚上。

在潮湿场地进行碾压作业时，需采用具特殊吸水性能的碾压机。其碾滚表面有一层吸水物质，在其前后均有一只装在平板弹簧上的小滚筒。当碾压机前进时，吸水物质从草皮中吸收水分，这些水分再由滚筒在两个平板弹簧的作用下，被挤出来收集在每只小滚筒下面的小箱内。

6. 起草皮机　起草皮机作业，不仅进度快，而且所起草皮厚度均一，容易铺装，利于草皮的标准化和流通。

通常，起草皮机都装有两把L形起草皮刀，当刀插入草皮后，领先刀的往复运动而整齐地切起草皮。草皮的厚度决定于刀插入草皮的深度，通常控制在75mm左右。草皮的宽度决定于两把刀片垂直部分间的距离，小型起草皮机约300mm，大型机可达600mm。切割宽度为300mm的小型起草皮机，每分钟可切起草皮10m^2。有的起草皮机还附加垂直刀片，该刀片的作用是将切起的草皮条按需要的长度切断，工作时垂直刀片与机器前进方向成直角。切起的草皮可由机器掀起、卷捆和堆放。

起草皮机由单缸汽油机驱动，动力由三角皮带或链条传给橡胶轮，整机由一只或多只橡胶轮位于后部支撑。

起草皮作业也可由拖拉机牵引的草皮犁来完成。草皮犁有一个滚筒，滚筒两端直径较大部分是锋利的刀口。当滚筒在草皮上滚过时，割出两条平行的长槽，随后有两把水平刀片在草皮底下切割，最后将草皮提起。

7. 草皮切边机　随着装饰性草坪的增多，需要修整的草皮边缘长度也在增长。草坪切边机是完成这一作业必不可少的机具。

草坪切边机有一组垂直刀片，这些刀片装在马达轴或由小型三角皮带驱动的轴上。刀片突出于草地边缘，且高速旋转。锐利的刀口，可像旋转式割草机一样将草皮垂直切开。草皮切边机动力仅供切刀运行，机体则由人工推动。草皮切边机切割的深度由机体前面的滚筒控制，提高滚筒则切割深度增加。使用切边机时应注意刀片不能与石头相碰，否则将使机器猛然跳起而发生意外事故。另外，切刀也应经常打磨及保养。

第六章 观赏植物的应用

第一节 观赏植物园林应用

一、观赏树木

观赏树木（ornamental tree）在园林中有构筑园林空间骨架的作用，其配置有规则式和自然式两大类。前者整齐、严谨，具有一定的种植株行距，且按固定的方式排列；后者自然、灵活，参差有致，没有一定的株行距和固定的排列方式。

（一）规则式配置方式

1. 单植（individual planting） 在建筑物的正门、广场的中央、轴线的交点等重要位置，可种植树形整齐、轮廓端正、生长缓慢、四季常青的观赏树木。北方可选用桧柏、云杉等，南方可选用雪松、苏铁等。

2. 对植（symmetry planting） 在进出口、建筑物前等轴线的两侧，相对地栽植同种、同形的树木，使之对称呼应。对植之树种，要求外形整齐美观，两株大体一致，常用的有桧柏、龙柏、云杉、海桐、桂花、柳杉、罗汉松、广玉兰等。

3. 列植（planting in row） 一般是将同形同种的树木按一定的株行距排列种植（单列或双列，亦可为多列）。如果间隔狭窄，树木排列紧密，能起到遮蔽的效果。如果树冠相接，则树列的密闭性更大。也可以反复种植异形或异种树，使之产生韵律感。列植多用于行道树、绿篱、林带及水边种植。

4. 正方形栽植（square planting） 按方格网在交叉点种植树木，株行距相等。优点是透光、通风良好，便于抚育管理和机械操作。缺点是幼龄树苗易受干旱、霜冻、日灼及风害，也易造成树冠密接，一般园林绿地中极少应用。

5. 三角形种植（triangular planting） 株行距按等边或等腰三角形排列。此法可经济利用土地，但通风透光较差，不利机械化操作。

6. 长方形栽植（rectangular planting） 为正方形栽植的一种变形，它的行距大于株距。长方形栽植兼有正方形和三角形两种栽植方式的优点，而避免了它们的缺点，是一种较好的栽植方式。

7. 环植（circular planting） 按一定株距把树木栽为圆环的一种方式，有时仅有一个圆环，甚至半个圆环，有时则有多重圆环。

（二）自然式配置方式

1. 孤植（solitary planting）　孤植树主要是表现树木的个体美，具有观赏和庇荫功能。孤植树的构图位置应十分突出，植株体型要巨大，树冠轮廓要富于变化，树姿要优美，开花要繁茂，香味要浓郁或叶色具有丰富季相变化，如榕树、珊瑚树、白皮松、银杏、红枫、雪松、香樟、广玉兰等。

2. 丛植（clump planting）　由 2～10 株乔木组成树丛，也可包括灌木，总数最多可达数十株。树丛的组合主要考虑群体美，但其单株植物的选择条件与孤植树相似。

树丛在功能和配置上与孤植树基本相似，但其观赏效果要比孤植树更突出。作为纯观赏性或诱导树丛，可以用两种以上的乔木搭配栽植，或乔灌混合配置，亦可同山石、花卉相结合。庇荫用的树丛，以采用树种相同、树冠开展的高大乔木为宜，一般不用灌木配合。配置的基本形式如下：

（1）2 株配合。2 株树必须既有调和又有对比，即采用同一树种（或外形应十分相似），才能使两者统一起来；但又必须有其殊相，即姿态和大小应有差异，才能有对比。一般来说，两株树的距离应小于两树冠半径之和。

（2）3 株配合。3 株配合最好采用姿态大小有差异的同一树种，栽植时忌 3 株在同一线上或成等边三角形。3 株的距离都不要相等，一般最大和最小的要靠近一些成为一组，中间大小的远离一些为另一组（图 1-6-1）。如果是采用不同树种，最好同为常绿或同为落叶；或同为乔木，或同为灌木，其中大的和中等的应同为一种。3 株配合是树丛基本单元，4 株以上可按其规律类推（图 1-6-2、图 1-6-3）。

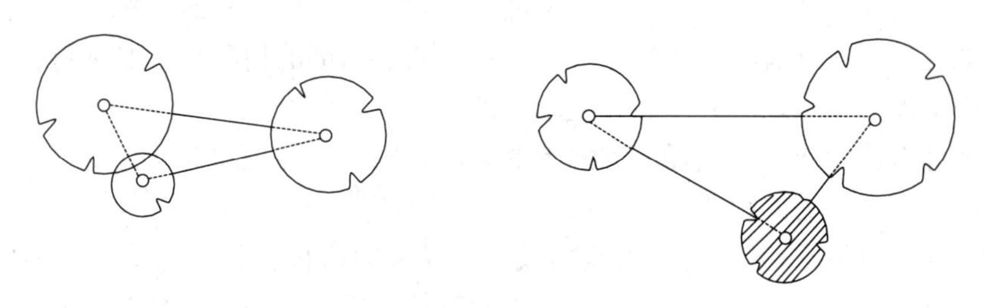

图 1-6-1　3 株配合示意图

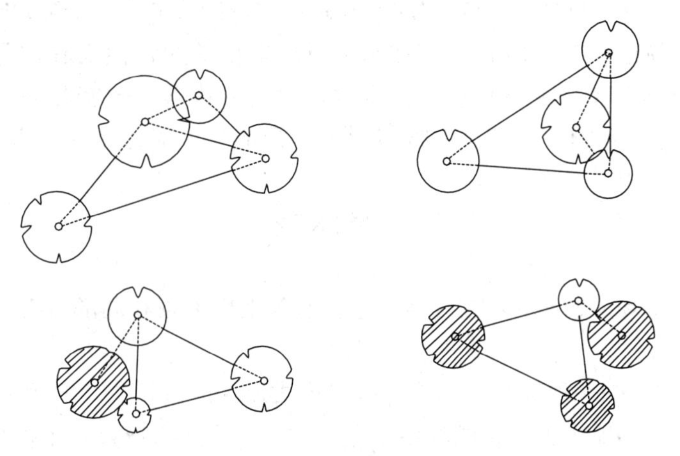

图 1-6-2　4 株配合示意图

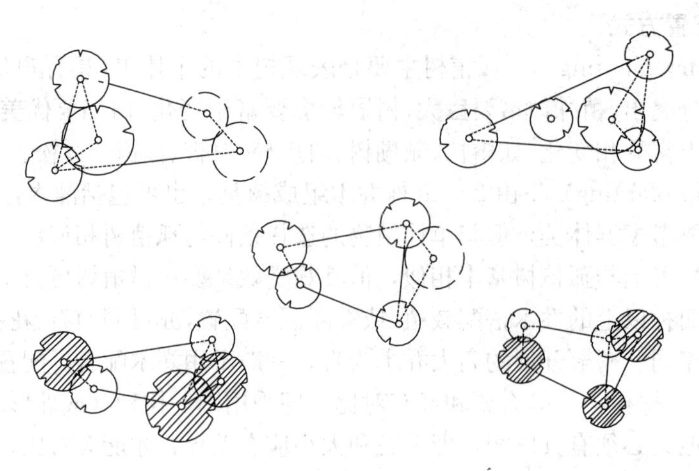

图 1-6-3　5株配合示意图

3. 群植（group planting）　群植是由十多株以上，七八十株以下的乔灌木组成的人工群体，主要表现群体美，对单株要求不严格，但树种也不宜过多。

树群的园林功能和配置与树丛类同。不同之处是树群属于多层结构，需从整体上来考虑其生物学与美观问题，同时要考虑每株树在人工群体中的生态作用。

树群可分为单纯树群和混交树群两类。单纯树群观赏效果相对稳定，树下可用耐阴宿根花卉作地被植物；混交树群在外貌上应该注意季节变化，树群内部的树种组合必须符合生态要求。高大的乔木应居中央作为背景，小乔木和花灌木在外缘。

树群中不允许有园路穿过。其任何方向上的断面，应该是林冠线起伏错落，水平轮廓要有丰富的曲折变化，主要树木的间距要疏密有致。

4. 林植（forest planting）　是较大规模成片、成带的树林状种植方式。园林中的林带与片林种植，形式上可较整齐，有规则，但比之真正的森林，仍可略为灵活自然，做到因地制宜。除防护功能外，在树种选择和搭配时注意考虑美观和符合园林的实际需要。

树林可粗略分为密林（郁闭度 0.7～1.0）与疏林（郁闭度 0.4～0.6）。密林又有单纯密林和混交密林之分，前者简洁壮观，后者华丽多彩。但从生物学的特性来看，混交密林比单纯密林好。疏林中的树种应具有较高观赏价值，树木种植要三五成群，疏密相间，有断有续，错落有致，使构图生动活泼。疏林还常与草地和草花结合，形成草地疏林和嵌花草地疏林。

二、草本花卉

草本花卉（herbaceous flower）在园林中主要起到细部刻画和局部渲染、烘托气氛的效果。

（一）花坛

花坛（flower bed）是一种规则式的花卉应用形式，一般多设在广场和道路的中央，有时也设在园林中比较广阔的场地中央。在园林中，花坛的布置形式可以是一个很大的独立式花坛，也可用几个花坛组合成图案式或带状连续式花坛。花坛应用时要事先培育出植株低矮、生长整齐、花期集中、株丛紧密和花色艳丽的花苗，在开花前按照一定的图样栽入花坛之中，运用花卉的群体效果来体现图案纹样，或观赏盛花时的绚丽景观。早期的花坛具有固定地点，种植床边缘用砖石砌成，且都为平面。但随着时代变迁，花坛形式也在不断发生变化，除了固定花坛以外，活动式花坛，斜面、立面花坛等日益常见。

1. 花坛的分类

（1）依表现主题分类。

①盛花花坛（cluster bed）：主要由观花草本植物组成，表现盛花时群体的色彩美。可由不同种类花卉或同一种类不同花色品种的群体组成。

②模纹花坛（mosaic flower bed）：主要由低矮的观叶植物或花、叶兼美的植物组成，表现群体组成的精美图案或装饰纹样。常见有毛毡花坛和浮雕花坛两类。毛毡花坛各种组成的植物修剪成同一高度，表现平整，宛如华丽的地毯。而浮雕花坛是根据花坛模纹变化，植物的高度有所不同，部分纹样凹隐或凸起。凸起或凹隐的可以是不同植物，也可以是同种植物通过修剪使其呈现凸凹变化，从而具有浮雕效果。

（2）依空间位置分类。

①平面花坛（level flower bed）：花坛表面与地面平行，主要观赏花坛的平面效果，也包括沉床花坛或稍高地面的花坛。

②斜面花坛（inclined plane flower bed）：花坛设置在斜坡或阶地上，也可以布置在建筑的台阶两旁或台阶中间，花坛表面为斜面。

③立体花坛（stereoscopic flower bed）：花坛向空间伸展，具有竖向景观。常以造型花坛为多见，用模纹花坛的手法，选用五色草或小菊等草本植物制成各种造型，如动物、花篮、花瓶、塔、船、亭等。

2. 花坛的设计要点

（1）花材的选择。

①模纹花坛和立体花坛：一般都要求植物材料低矮细密且耐修剪。一二年生草花由于生长速度不一，图案不易稳定，观赏期较短，不耐修剪，故选用较少。常用枝叶细小、株丛紧密、萌蘖性强、耐修剪的木本或草本观叶植物，如五色草、金叶女贞、雀舌黄杨、紫叶小檗等。

②盛花花坛：多用观花草本植物，可以是一二年生花卉，也可以用多年生球根或宿根花卉，也可适当用少量常绿或观花小灌木作辅助材料。一二年生花卉以其种类繁多，色彩丰富，成本低等原因而成为花坛的主要材料。常见种类有藿香蓟、金鱼草、雏菊、鸡冠花、矢车菊、三色堇、古代稀、黄晶菊、金盏菊、矮牵牛、一串红、四季秋海棠、美女樱、福禄考、半支莲、孔雀草、石竹、紫罗兰、扫帚草、彩叶草、羽衣甘蓝、红叶甜菜等。球根花卉也是盛花花坛的优良材料，其色彩艳丽、开花整齐、高贵典雅，但成本较高，且花期略短，常见种类如郁金香、风信子、葡萄风信子、喇叭水仙、番红花等。此外，一些宿根花卉也是很好的花坛用花，如小菊、荷兰菊、宿根福禄考、随意草等。总之，花坛用花卉应株丛紧密，着花繁茂，盛花时应基本覆盖枝叶，要求花期较长、开放一致、株高宜矮。

（2）色彩的设计。盛花花坛主要表现花卉群体的色彩美，因此，用色是花坛能否达到理想效果的重要基础。首先，花坛用色应先考虑用花意图、季节、周围环境等因素。例如，喜庆节日，用花应以红、黄等暖色调为主，冷色调作补充。夏季要考虑多用冷色调花；春、秋季则应多用暖色调花。花坛用色不宜太多，一般花坛以2～3种颜色为好，大型花坛不超过4～5种。配色过多反而显得零乱复杂，达不到表现群体花色的效果。此外，配色时应注意颜色对人的视觉及心理的影响。如暖色调看起来感觉相对冷色调要显得近，且面积也显得大；同样，明度高的感觉近而宽大，明度低者则显得远而狭小。因此，在设计色彩的宽窄、面积大小时应有充分的考虑。此外，在考虑不同种类、品种花卉颜色时应注意同一基色在明度、彩度上的不同。同样是红色，一串红的颜色就比红小菊、鸡冠花显得明亮艳丽，用一串红与黄小菊相配效果就好于鸡冠花与黄小菊的搭配。而在鸡冠花与黄小菊间用白色小菊相隔，效果会更好一些。

（3）花坛的维护。由于受观赏植物本身花期的局限，盛花花坛一般只能有1～2个季节的观赏期，故一年中应有3次左右的更换，才能达到四季有花的效果。换花时可以按原有图案，仅更换花卉，也可重新设计图案加以布置。花坛用花花期过后，应及时更换。

（二）花台

花台（flower terrace）与花坛比较相似，也是布置在广场或庭园的中央，有时也布置在建筑物的前面。与花坛不同之处是花台都高出地面，且面积较小，四周用砖或混凝土砌出矮墙，里面装土，将花卉栽种在这个台子上，使其更加突出，并增加立体感。也可预先在花圃根据设计意图把花卉栽种在预制的种植钵内，再运送到城市广场、道路等地进行装饰，不仅施工快捷，也可随时根据需要布置。种植钵的制作材料有玻璃钢、混凝土、竹木等。造型有圆形、方形、高脚杯形、组合形等。花台用花与固定花坛相比，因其体型较小，配花时可灵活多变。且由于都是高出地面，也可用蔓性花材镶边，以补充花台本身的僵硬线条造成的不足。

花台的配置有两种方式，按照现代的园林设计要求，可以按照花坛内栽植的花卉进行布置。如毛毡式花台，中央可用一棵苏铁作中心，将台内的土壤堆成梯形，并高出台壁，然后按照设计好的图样花纹来栽种观叶草花。也可以在花台上栽种其他草花而构成花丛式花台。由于花台的面积较小，因此在每个花台内一般只栽种一种草花。又由于花台较高，故应选用株型较矮、株丛紧密或匍匐的花卉，使它们的匍匐枝或叶片从台壁的外沿垂挂下来，如天门冬、书带草等。也可以用宿根和球根草花来布置。在我国古典式的园林中，或在有民族建筑特色的庭园内，也常设置花台，这时则应模仿盆景的布置形式，把花台当盆，内栽松、竹、梅，并配上山石、小草，不追求色彩的华丽，而追求艺术造型和寓意。也可以呈单行或双行栽植牡丹、芍药、玉簪、杜鹃花等，或用凤尾竹、菲白竹来配置。

（三）花境

花境（flower border）是由规则式向自然式过渡的一种花卉布置形式，其外形整齐规则，内部植物配置则大多采用不同种类的自然斑状混交，但栽在同一花境内的不同花卉植物，在株型和数量上要彼此协调，在色彩或姿态上则应形成鲜明的对比。在选择花卉时不像花坛那样严格，几乎所有花卉都能利用，尤其是球根和宿根花卉更能显出花境的特色。这是因为它们的花朵大多顶生，植株也比较高大，叶丛多直立生长，在背景的衬托下显得比较协调。另外，它们都属于多年生植物，不用每年更换，养护也比较省工。主要的工作是控制各种植物材料之间在体量上的比例和平衡。常用的有玉簪、石蒜、鸢尾、萱草、荷兰菊、芍药等。不能用草坪植物覆盖花境内的地面，否则将影响其他花卉生长，但可种植一些爬地景天或播种一些便于自然繁衍的低矮草花，如半支莲等。

（四）花丛

在园林中为了把树群、草坪、树丛等自然景观相互连接起来，加强园林布局的整体性，常在它们之间栽种一些成丛或成群的花卉植物。花丛（flower cluster）常以自然风景区中野花散生的景观为借鉴，给人以豪放开阔的感觉，属于自然式的花卉布置形式，布置时不拘一格。也可以把它们栽种在道路曲线的转折外侧，或单丛种植在庭园铺装地面之中。在花卉种类的选择上没有特殊要求，植株可大可小，株丛可高可矮，但茎秆必须挺拔直立，叶丛不能倒伏，花朵或花枝应着生紧密，以宿根或球根类花卉为好。

（五）岩生花卉应用

在造园时，设计人员常借鉴自然界山峦的形象，在园林中用山石来堆砌假山或溪涧，并模仿山野崖壁、岩缝或石隙间生长的野生花卉地貌来进行植物布置，用于上述布置的花卉植物称为岩生花卉（rock flower）。

岩生花卉的特点是耐瘠薄和干旱，它们大都喜欢紫外线强烈、阳光充足和冷凉的环境条件。岩生花卉生长在千米以上的高山上，移到园林中的岩石园内栽植时，大多不适应平原地区的自然环境，在盛夏酷暑季节易死亡。岩生花卉多从宿根草花或亚灌木中进行选择，条件是根系能在石隙间生长，不需要经常灌水和施肥，如耧斗菜、荷包牡丹、剪夏罗、桔梗、玉簪、石蒜等。

有些岩石园的位置相当阴湿，有些山地园林为了防护坡地的水土流失，常用石块砌筑梯田式挡土墙，这些部位也需要用岩生花卉进行美化。此时宜选用极耐阴的植物作美化材料，如中华卷柏、肾蕨，还可以栽种一些矮小的草花，如虎耳草、苦苣苔等。

（六）水生花卉应用

水生花卉（aquatic flower）在园林水面绿化、美化中非常重要，它不但可以改善单调呆板的环境气氛，还可以利用水生花卉的一些经济用途来增加收入。水面绿化、美化除包括池塘、湖泊外，还包括一些沼泽地和低湿地。此外，水生植物具有净化水质，保持水面洁净，抑制有害藻类生长的作用。

在栽植水生植物时，应根据水深、水的流速以及景观的需要来选择种类。如荷花可栽在1m以下，并流速缓慢的浅水中；睡莲则应栽在水池的静水中；超过1m深的湖泊和水塘多栽植萍蓬草和凤眼莲；千屈菜、石菖蒲等则可栽在沼泽或低湿地上。

三、垂直绿化

垂直绿化（wall greening）又称立体绿化，指用绿化的方法美化装饰一些建筑物等的立面，是环境绿化向空间发展的一种方式。

在园林中可以充分利用蔓性攀缘类植物，构成篱栅、棚架、花洞和透空花廊。这些结构不但可以起掩蔽、防护和点缀的作用，还能给游人提供纳凉和休息的场所，并能绿化和美化一些栅栏和枯燥无味的围墙。

在篱垣上作立体布置时常用一些蔓生草花，如牵牛花、茑萝、香豌豆、小葫芦等，这些草花重量较轻，不会把篱垣压歪压倒。在棚架和透空花廊的一边或两侧，则应栽植木本攀缘花卉来增强荫蔽效果，如紫藤、凌霄、葡萄、络石等。花洞则是将开花繁茂的蔓性花卉支撑或用棚架架设起来，多架设在园林的小径上，下面可供游人漫步，可栽植蔷薇、木香、藤本月季等。

第二节　观赏植物的室内装饰

一、盆栽观赏植物装饰

盆栽观赏植物装饰指将观赏植物，特别是观叶植物种植于各类容器中，以供室内摆放的一种栽培与装饰形式。

（一）观赏植物室内装饰的意义

1. 改善室内气氛、柔化室内空间　建筑空间多由直线形和板块形构件组合成几何体，给人以生硬而冷漠的感觉，其材料也大多为钢筋混凝土及各种化学涂料，在不同程度上影响着人的生理和心理健康。而在室内布置观赏植物，利用植物的自然曲线、柔软的质感、悦目的色彩和生动的姿态，或伴以山石、水池，甚至窗外透进的几束阳光，室内空间便会顿现生机。因此，观赏植物室内装饰是改善室内气氛、柔化室内空间的有效手段。

2. 分隔组织空间和引导视线　在很多大型建筑如宾馆、商场等设计中，往往会遇到不同使用目的的房间组合问题。如宾馆的公共接待部分与内部业务用房之间既要有联系又需互不干扰，两者间需分隔与引导并举。而商场休憩空间与商业空间的划分，既需保持商业空间内不同功能区间的分隔，又要保持商业空间的整体感和开敞感。这时若用建筑分隔，则显过于僵硬，而采用花池、花墙、盆栽植物甚至室内绿庭来划定界线，就会形成两者既相互独立又相互关联的隔而不断的效果。因室内绿化布置具有强烈吸引人们注意力的特点，故此巧妙设计又常能起到含蓄的提示与视线引导作用。

3. 改善室内小气候　一般情况下，室内温度恒定、湿度较低、空气流通差、缺少自然光，二氧化碳及病菌含量较高。而观赏植物具有吸收二氧化碳和其他有害气体并释放氧气的功能，通常它们能清除室内空气中87%的污染物，包括甲醛和苯等，同时还能分泌化学物质杀死空气中的病菌，也可吸附尘粒、调节湿度、减低噪声，有些植物还可发出芳香气味，这些都对改善室内环境有着不可估量的作用。

4. 丰富室内空间、陶冶情操　通常在室内有不少剩余空间，如沙发转角、楼梯拐角或下部以及其他一些死角空间，若用观赏植物点缀，则能使建筑空间显得丰富、充满生机而给人以美的享受。若所选植物与灯具、家具相呼应，即可成为一种综合性的艺术陈设。尤其是某些具象征意义的绿化设计，则更显室内装饰的艺术性，增加室内环境的品位，满足人们的精神需求，陶冶情操。

（二）室内观赏植物的选择与布置

1. 选择适宜的种类和品种　室内观赏植物的选择应根据装饰的空间大小、生境条件及室内特殊要求等来综合考虑，力求既能满足人们的审美要求，又能为植物提供一个能正常生长发育的条件。

（1）空间大小。空间大小是选择植物首先要考虑的因素。一般如宾馆、银行、机场等的大厅均要选择高大植物如散尾葵、国王椰子、酒瓶椰子、苏铁等；中等大小的办公室、家庭客厅等宜选用马拉巴栗（发财树）、巴西铁、绿萝、黛粉叶类等；而厨房、卫生间、窗台、茶几等则以小型植物如文竹、吊兰、兰花、吊竹梅等为主。此外，还应考虑同一室内不同位置布置大小不一的植株。如墙角处多选落地的大中型植物，但其高度不应超过空间的 2/3；而桌面、柜顶、窗台等以小型植物为主。

（2）生境条件。在选择植物时还应考虑植物的习性。在光照充足的阳台、门旁、窗口等部位优先考虑喜光植物，如垂叶榕、一品红、仙客来、发财树、变叶木等。较阴暗处如楼梯口、卧室内侧等处可用耐阴植物如绿萝、白鹤芋、棕竹、喜林芋、一叶兰等。在一些通风较差的室内，许多植物易出现落叶现象，最为明显的是垂叶榕、鹅掌柴，一般 1 周后即出现落叶，散尾葵、棕竹等也易出现叶褐变、卷曲等现象。相比之下，天南星科的绿萝、绿宝石、绿巨人、蔓绿绒及蕨类等则较能适应。此外，冬季在门旁、窗口等易漏风的位置应选用抗寒性较强的种类，如一叶兰、八角金盘、洒金桃叶珊瑚、苏铁等。

（3）环境与植物色彩的和谐。观赏植物的花或叶色应与室内墙壁、家具、窗帘等的颜色协调。一般要求植物的颜色与装饰对象的颜色有一定的对比。如室内以暖色调为主，则应多布置以绿色为主的观叶植物；而室内以冷色调为主时，则可多布置一些色彩绚丽的盆花。

2. 室内观赏植物的配置原则

（1）植物种类与数量。配置的植物种类不宜过多，以 1～2 种植物为宜，以防杂乱；配置的植物数量应适当，一般室内绿化覆盖率不超过 5%，避免产生拥塞感。

（2）植物与空间的协调。室内观赏植物一般是作为室内空间陈设的陪衬或是对室内建筑空间不足之处的完善。因而植物布置应选择合适的位置，不可喧宾夺主。

（3）结合山、石、水体、小品综合布置。对于某些大型的空间如商场、宾馆的大厅等，可结合所有景观要素综合布置，以形成良好的室内环境，满足人们对室内环境的更高要求。

（4）植物的季相景观。应尽可能体现植物的季相变化美，随季节变化而适时布景。

3. 室内观赏植物装饰的基本方法　室内植物装饰就是把植物当成活的艺术品来陈设和欣赏。因此，除了合理选材外，还需一定的表现手法，按艺术原则去安排设计，才能达到理想的效果。

（1）植物装饰的布局形式。

①点：用独立或成组的盆栽观赏植物，按点状排布，构成景观点，分布于墙角、窗台、茶几等处，或悬挂于空中，具有较强的装饰性和观赏性。

②线：将观赏植物植于花槽或连续成排摆设，用于划分室内空间，有时也用来强化线条方向，并起引导作用。

③面：将观赏植物成片种植或作面状排布，以群体美来烘托室内气氛。

（2）植物装饰的布置形式。

①摆放式：直接将盆栽植物摆在室内地面、桌面等处供人观赏。灵活性强，调整容易，管理方便，是最常用的方法。

②镶嵌式：在墙壁及柱面适宜的位置，镶嵌上特制的半圆形盆、瓶、篮、斗等造型别致的容器，内装入轻介质，栽上一些别具特色的观赏植物；或在墙壁上设计制作不同形状的洞柜，摆放或栽植下垂或横生的耐阴植物，形成壁画般的效果。栽植时要注意大小相间，高低错落。

③悬垂式：利用金属、塑料、竹、木或藤制的吊盆、吊篮，栽入具有悬垂性的植物（如吊

兰、天门冬、常春藤等），悬吊于窗口、顶棚或依墙、依柱而挂，枝叶婆娑，线条优美多变。由于悬吊的植物会使人产生不安全感，因此在选择悬吊地点时，应尽量避开人们经常活动的空间。

④攀缘式：将攀缘植物植于种植床或盆内，上设支柱或立架，使其枝叶向上攀缘生长，形成花柱、花屏风等，构成较大的绿化面。

二、切花装饰

广义上讲，鲜切花（cut flower)指从母株上切离后的花枝或不带花的枝条和叶片等。切花的装饰是以切花花材为主要素材，经过一定的技术和艺术加工，以表现其活力与自然美的造型艺术。

切花装饰根据其运用的目的、表现方法的不同可分为艺术插花和礼仪插花两类。前者侧重于利用花材表现作者的愿望、情感和兴趣，较多感性投入，它不受商业要求的制约，形式多样、不拘一格、活泼多变，强调展现自然美感和活力，而不完全侧重作品本身的装饰效果。而后者则更多理性的投入，是带有商业性的产品设计，往往带有一定的模式，作品更追求装饰美，而不突出材料本身所具有的自然美。

（一）艺术插花

艺术插花主要以东方式插花（easten style of flower arranging）为主，侧重花材的自然美、布局的结构美和整体艺术美，讲究线条的运用。常采用写实与写意相结合的艺术手法，作品形态自然，线条优美，布局如画，意境悠逸，情趣盎然。不仅具一定装饰作用，而且更有陶冶性情，修身养性之功效。

1. 艺术插花的基本要求

（1）起把要紧、上散下聚。模仿自然界草木茎干和枝叶生长姿态，主干向上而枝叶伸展。视花器为大地，各枝条基部集中，显示植物的盎然生机。

（2）线条流畅、姿态协调。充分利用线条的表现力，表现植物的优美姿态。

（3）参差不齐，虚实相生。枝条要高低俯仰，前后伸展。同时应疏密相间，深浅、浓密有致。

（4）主次分明，宾主有序。作品应主题明确，忌杂乱无章、主次不分。

2. 艺术插花的常见花型

（1）艺术插花的三主枝。艺术插花因人而异，造型多变，不拘一格。但长期以来，也形成了一些常用的基本造型，可供初学者参考。在此基础上加以改造，则有无穷之变化。一般花型多由三个主枝形成骨架，再在主枝周围，长短不一地插上辅助花枝，使花型丰满并具层次感。

①第一枝：确定花型的基本形态，或直立，或倾斜，或下垂。第一枝的长度一般为花器高度和直径（或长度）之和的 1.5～2 倍。

②第二枝：一般与第一枝采用同一种花材，以突出主题。较之第一枝，第二枝应略向前或向后伸展，使花型具有一定的宽度和深度，呈现立体感，其长度为第一枝的 1/2～2/3。

③第三枝：长度为第一枝的 1/3 左右，用材可同第一、二主枝相同，也可选用不同花材。如第一、二枝为木本，第三枝可用草本，以求在形态、色彩上有所变化。

④辅助枝：长度视造型需要、花材形态等不同而异，一般来讲，其长度不超过所相应陪衬的主枝。其用材也视主枝情况而定，若主枝均为同一花材，辅助枝则肯定选用不同花材。反之，则

视情况而定。

(2) 艺术插花的常见花型。

①直立型：表现植物直立生长的形态，总体轮廓应保持高大于宽，呈直立向上的长方形。由于盆器不同，其表现方法也有所不同，常分为盆插直立型和瓶插直立型两种。

②直上型：类似直立型的一种造型，但花型收得更紧，略显窄长，更强调枝条直立向上的动态，各枝开张度也较小。多用浅盆，插于盆中心位置，或略偏一侧。

③倾斜型：表现自然界植物偏斜向上的姿态，动感强烈，总体轮廓呈倾斜的长方形，一般造型横向长度大于高度，枝条从盆一侧向另侧斜伸。花器多用浅盆。

④下垂型：表现枝条或柔软轻盈，或刚劲飘洒的形态。总体轮廓应呈下倾的长方形，一般向下延伸的主枝其长度要长于瓶口上方主枝。花器多用高型花瓶，以提供花枝充分的下垂空间。

(二) 礼仪插花

礼仪插花是指用于公共场所、社交礼仪活动中装点环境、人体等的用花，一般有盆插花、花束、花篮、服饰花等多种类型。

1. 盆插花　礼仪用盆插花要求色泽鲜明，造型较严谨，一般多用西式的规则型插花或在此基础上加以变化，以强调其装饰性。不同花材在西式插花造型中的地位不同，一般可分为三类，即线条花（又称骨架花）、焦点花、填充花。线条花的功能是确定造型的形状、大小和方向，一般宜选用穗状或挺拔的花或枝叶，其长度一般是花器高度和宽度之和的 1.5 倍。焦点花又称中心花，一般插在造型的中心位置，是视线集中处，常用特殊形状花材或团块状花材。填充花作为线条花和焦点花的过渡，使它们和谐地融成一体，通常选用花型细小、丛状或羽絮状的花或枝叶。

常见礼仪用插花造型有：

(1) 三角型。以对称的等边三角型或高大于底的等腰三角型为佳，不宜插成扁的或任意的三角型。三角型插法由 4 根主轴组成构架，垂直轴直立插在花器中线靠后处，可稍后倾，但不能超出花器之外。左右两水平轴也插在靠后处，与垂直轴成 90°，前轴是决定花型深度的轴线，其长度短于水平轴。在插好轴线花后，在轴线范围内均匀分布插入花材，如有特型花作焦点花，则宜插在垂直轴和前轴顶点的连线靠下部 1/3 处。插时花材应注意长短变化，以显出层次变化（图 1-6-4）。

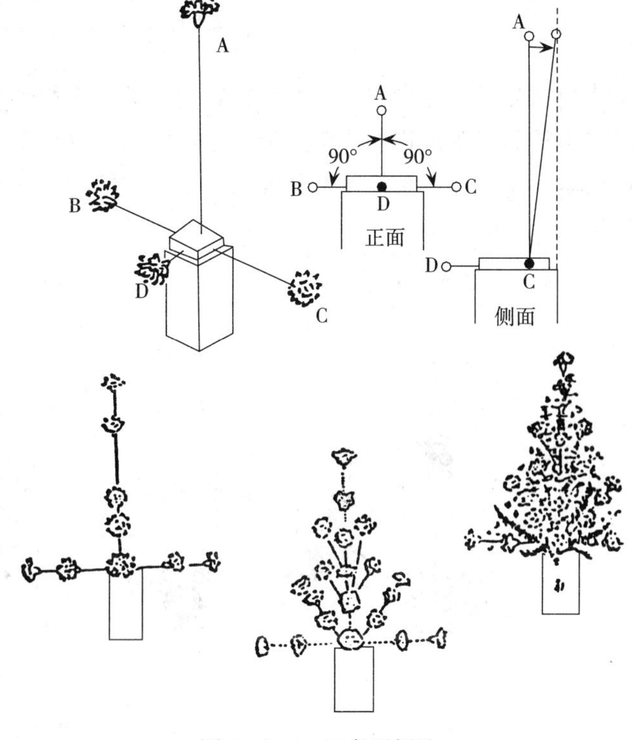

图 1-6-4　三角型插法

（2）L型。为不对称花型，与三角型相似，但在垂直轴和水平轴的顶点连线上不能有花，以强调纵横两线的向外延伸。其垂直轴插在花器左侧后方，左边水平轴和前轴较短，右边水平轴较长。插成像两个互相垂直的长三角锥体。在花型左下侧两短轴形成的区域内花材较密集，向外延伸花材逐渐减少。

（3）水平型和半球型。两者均是四面观的完全对称的花型，由5个主轴作构架，垂直轴不宜过高，以免影响视线。水平轴线长度视桌面大小而定。水平型的左右轴线一般长于前后轴线，在使用高型花器或水平轴线较短时，花材可略下垂。而半球型的前后和左右轴线长度都相同，且花材不宜下垂。插完主轴后，在各花轴的弧形连线上均匀插入花材，高度不能高于垂直轴。如有特型花材作焦点花，则多插于垂直轴两侧（图1-6-5）。

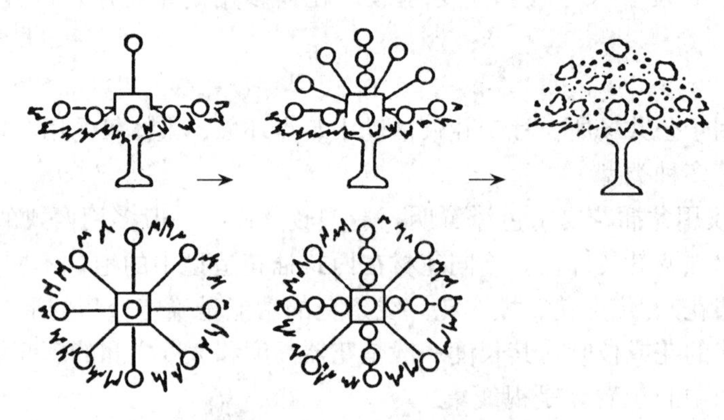

图1-6-5　半球型插法

（4）放射型和扇型。放射型和扇型均为单面观的相似花型，均由中心点向外呈放射状延伸。放射型的焦点花位置不一定位于正中，其向外延伸的花材长度可适当长短变化，造型较显活泼。而扇型造型的焦点花位置不宜置偏，向外延伸花材长短一致，而使其轮廓呈半圆状，造型圆整而变化较少（图1-6-6）。

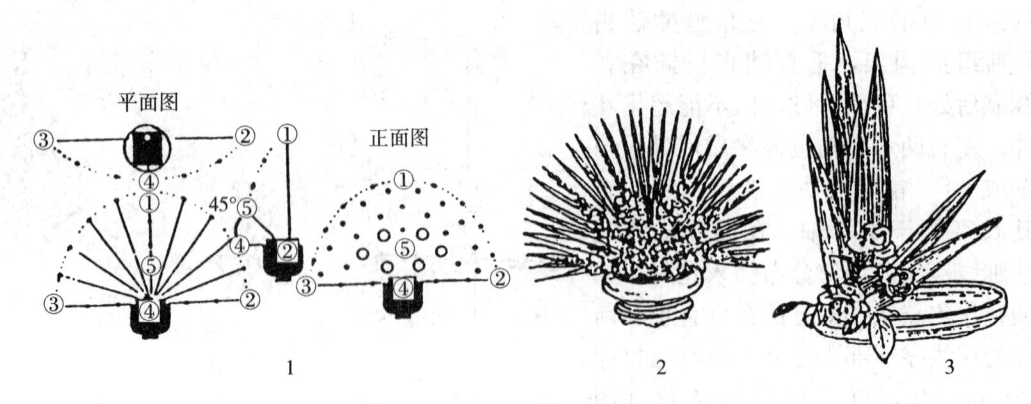

图1-6-6　放射型、扇型插法

1. 示意图　2. 扇型　3. 放射型

（5）新月型。花型如弯月，表现曲线美或流动感。首先应选择易弯曲的花材，便于插作。插作时先将焦点花插于花器中央，略前倾。在焦点花左后方插上侧弯线，右后方插下侧弯线，上下侧两线比例为2∶1。上下弯线形成中央轴线。在中央轴线的两侧，再插上内侧线和外侧线及主花，最后插上填充花和配叶即可。插时应注意保持中央轴线形成的弧线轮廓（图1-6-7）。

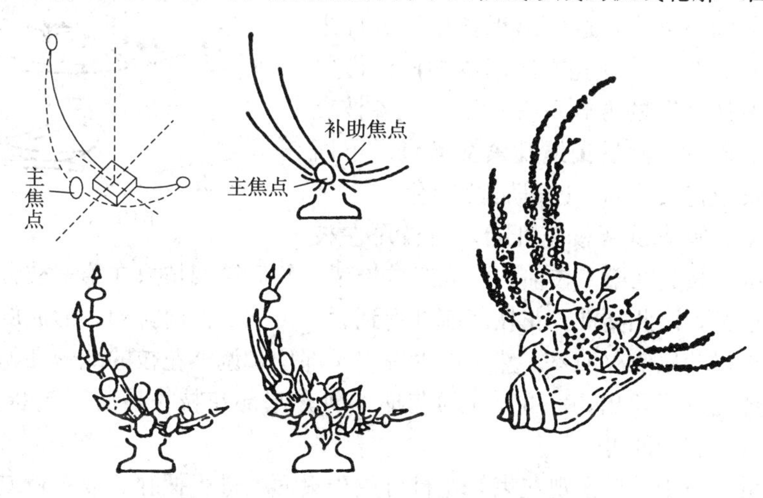

图1-6-7　新月型插法

（6）S型。因其花型如英文“S”而得名，常适用于高型容器或桌面等的水平装饰，其插法与新月型相似，把新月型的右侧弯线转个角度，由原来的向上弯曲改为向下弯曲即成为S造型。然后补充内侧线、外侧线和主花，最后插上填充花和配叶即可（图1-6-8）。

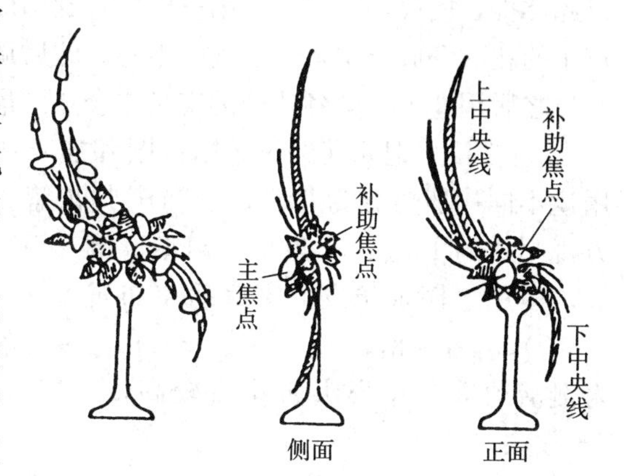

图1-6-8　S型插法

2. 花束　花束是指利用剪切下来的花枝通过艺术构思，加以修整剪扎而成束，并经精心装饰包装而成的花卉造型。花束制作简便，造型多变，携带也很方便，是探亲访友、演出或接送宾客献花时使用最普遍的礼仪用花。

花束形式多样，在考虑应用场合、赠送对象及文化习俗的基础上，选择适宜的形式。花束按外形轮廓来分，有具四面观的圆型、圆锥型和单面观的长型、扇面型等；也有活泼多变的自由型及小品花束等（图1-6-9）。花束也可因选用花的色彩、质感及搭配包装纸、彩带等的差异而呈现不同风格。如用单一花色彩明艳或多种花色彩纷呈的缤纷浪漫型；有用花单一，用色清雅，以淡色或白色等冷色调为主的清新自然型；有造型端庄严谨，用花1～2种为主，花、叶质感细致整齐，花色艳丽或淡雅的端庄型；也有用花时选用花色俏丽、花型独特，并配以造型、色泽奇特的叶片以产生富有特点、风格突出的独特型。

花束用花材除了切花月季等少数木本植物外，多为草本植物，便于造型处理。拿到花材后先去除冗枝和过繁的叶片及皮刺，并对花或花序加以适当修整，花枝长度视花束造型一般保留30～

50cm。由于花材不同，可酌情选配衬叶。一般如切花月季、百合、菊花等叶多的可少用或不用衬叶；而香石竹、非洲菊、花烛等花枝上自身叶少或没叶的，可多配些衬叶。无论花束造型如何，都要求保持花束上部花枝舒展，下部圆整紧密，避免出现各枝排成扁平状或聚集成团。各类花束的绑扎方法基本相同，即每一枝花都以“以右压左”的方式重叠在手中，各枝交叉在一点上，呈螺旋状，然后用绳扎紧交叉点。下面对常见的圆型和长型花束的创作过程加以介绍。

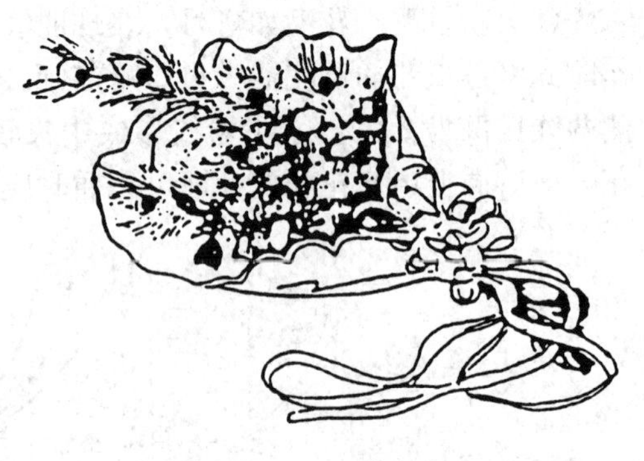

图1-6-9　花　束

（1）圆型花束。首先从两枝花开始，右枝压左枝交叉放于手中，第三枝放在第二枝前，形成三枝构架。然后第四枝放在第三枝旁，第五枝同样自右向左放在第四枝旁，以此类推。花枝从前排列到后，再从后往前排列，形成放射状圆球型。在此同时，填充花与衬叶也依次加入。然后以手握交叉部位，调整花枝的疏密和朝向，并用绳扎紧交叉部位，交叉部位以下留出10～12cm的花柄，剪齐基部花枝。最后用包装纸1～3层包装，并附以飘带、花结等装饰即可。

（2）长型花束。由于是单面观花束，花材可放于桌面上进行捆扎。取1枝或几枝线型花及较多的团块状花。团块状花放于中心，其长度视花束大小而定，然后在中心两侧稍下方各放几枝。以此类推，摆放好第二层、第三层，直到构成所需的花束大小。花束从上到下应有层次，起焦点作用的花材多放于中下部的视线中心。然后调整花束轮廓造型，并根据需要补加一些填充花和配叶，之后用绳子扎紧各花枝的交叉结合点。最后包装、装饰以完成花束。

3. 花篮　把切花经过艺术构图和加工插作于花篮中而形成的装饰形式。商业性花篮因其用途不同一般可分为礼仪花篮和庆典花篮。前者规格较小，高度在50cm左右。造型多以西方规则式的L型、三角型、扇型、倒T字型等为基本造型，但常加以改造，以显得较为活泼。多用于探亲访友，家庭居室布置及小规模的庆典活动，如生日、婚礼、迎送等（图1-6-10）。后者规格较大，高度1～2m，多为落地式，造型较为端庄严谨，用于商业性开业庆典、寿诞活动等。开张庆典花篮较高，一般在1.5m以上，而寿诞花篮多在1～1.5m（图1-6-11）。

花篮一般由柳、竹、藤编制而成，可漏水。因此，在插制前，应先用各色的鲜花包装纸作为篮内壁衬垫，既能贮水又能兼顾装饰。之后放入大小适宜的吸足水的花泥，花泥宜高出篮沿2～3cm，以便插水平或下垂的花枝。插花时由于花篮中的花枝较多，应避免枝条相互交叉、重叠，出现凌乱。剪枝时应注意花枝不能太短。花枝的插作顺序一般应遵循从后到前，从高到低，从中间到四周的规律。花朵间保持一定的空隙，以便点缀填充花和配叶。

图1-6-10　礼仪花篮

（1）礼仪花篮的插作。首先根据花篮形状和花篮的使用目的，确定花篮造型和主要花材。如是单面观花篮，一般先插最高的一枝花以确定高度。第二、三枝花插在篮的两侧，而这两枝花的位置应视造型而定。如是扇型、倒T字型或三角型，则第一枝应处于花篮中间略靠后位置，而另两枝花长度应基本一致；如是L型等不对称造型，第一枝花应在花篮一侧的1/3位置处，第二枝和第三枝分列一侧，但靠第一枝花的第二枝仅为第三枝的1/2～1/3长。确定花型轮廓后，其他部位的花材就可依次从后往前插入。如是四面观花篮，则应选择1～2枝花材插在花篮中央，以确定花篮高度。然后在花篮外周均等插入数枝花，以确定花篮的大小范围，然后从中间向外围插入其他花枝。主花插完后，再适当补充填充花和配叶，并适当加以修整。最后用喷雾器喷水，并对花篮加以装饰，配上花结、贺卡等。

图1-6-11　庆典花篮

（2）庆典花篮的插作。该类花篮最常见的有两种不同类型，即单面观的扇型和四面观的半球型。在此基础上，篮柄上部或篮腰等部位可再加1～2个小型插花作品，形成一篮单托、一篮双托等造型。一般篮腰部位造型可以活泼多变一些。扇型花篮因造型较窄长，花枝长度往往不够，且不易固定，因此，常依托原有花篮的篮柄搭平面竹架，即在篮柄左右和上下分别绑扎数根竹片，在篮柄内形成“井”字。然后在竹架上绑扎夹竹桃或大叶黄杨等枝条铺底。最后把花篮上部花枝绑扎在支架上，而下部花直接插入花泥。扇型花篮也可在篮腰处用包装纸包扎花泥供插作腰花，以进一步提高花篮观赏效果。半球型花篮因其造型近似我国传统型花篮，故又称花篮式花篮。其主花均可直接插入花泥，形成半球型。此外，为增强观赏效果，此类花篮常在篮柄上部绑扎1～3个不等的小花篮，形成一篮单托、一篮双托、一篮三托式花篮，同时也可在篮腰处插花，制成腰花。花篮制成后，应适当装饰，如在篮柄上包裹彩带、花结，添加条幅等。最后喷水保养。

4. 新娘捧花与胸花

（1）新娘捧花。是指专门用于婚庆时新娘手捧的花束，常见的新娘捧花主要有圆型捧花、瀑布型捧花、束状捧花、新月型捧花等。在选用时应根据新娘的整体形象，如体形、脸形、服饰、个性和气质及个人喜好等来决定。一般地讲，身材娇小的宜选用圆型捧花；修长高挑的可选用新月型捧花，增添优雅、庄重的风采；矮小丰满的可选用瀑布型捧花，弥补体形不足。捧花的色彩选择，欧美喜用白色或其他淡雅色调，以代表纯洁高雅。而我国喜用艳丽明快的色彩，以烘托喜庆热烈的气氛。捧花的制作有手工组合与花托插法两种。制作手工组合的捧花时，花、叶均需用细铅丝、绿胶带缠好再造型，制作较费时，技术也较复杂。花托插法则相对简单，也容易表现造型，且花托内有花泥，花枝易保鲜。下面介绍几种常见捧花造型的制作方法。

①圆型捧花：是最为常用的捧花花型，制作较简单。圆型捧花为四面观、丰满圆润造型，其手工组合如同圆型花束的扎法。有时为使花枝的角度合适，插前花枝可先用铁丝穿入或缠绕，以便花枝能弯曲成所需的角度。如用花托插作，可先在花托中央插上1枝，再在花托边缘插上一圈花朵，以确定捧花大小，边缘对称花成150°左右。随后在中间均匀插上花朵，注意使整个造型

成圆润球面，不能高低错落。再在主花间插上填充花和配叶。最后包装、装饰即成完整花束（图1-6-12）。

②瀑布型捧花：也称垂体型或倒三角型捧花。其特点是花束飘然下垂，婀娜生姿。手工组合方法有两种，一种是一手抓着最长的垂性花叶，然后以覆盖式插法，一层一层逐渐向上布置，越向上，覆盖面越宽，收口处布置大而色艳的主花。插时应注意左右两侧保持流畅、匀称。另一种方法是将花束分成两部分，上部扎成一圆型花束，下半部用柔花叶或较硬花叶用细铅丝缠绕后制成下垂式部分，上、下两部分抓在一起后再填上填充花和配叶，用铅丝或胶带固定，最后加以装饰即可。该花型要求柔和飘逸，忌杂乱、刚硬（图1-6-13）。

图1-6-12 圆型捧花

图1-6-13 瀑布型捧花

③新月型捧花：也称半月型捧花，有对称和不对称两种形式，一般以不对称式较为常见。该花型的特点是花朵的分布中部集中，两端稀疏，整体构图呈不对称的新月型。花材多选用一种为主，运用开放程度不同的花朵，中间花朵大，两端花朵小或使用花蕾，再加以小花型花材作填充花，并用配叶衬托弧线。一般插作时可分三部分，中间部分作为主体造型，下边部分形成新月的圆弧，上部用几朵小花形成主体的延伸。三者结合，并用铁丝或胶带加以连接、固定。最后补充填充花和配叶并加以装饰即可（图1-6-14）。

图1-6-14 新月型捧花

（2）胸花。也称襟花，是各种公众活动如婚礼及各类仪式中不可或缺的服饰花。一般男士佩戴在西装口袋上侧或领片转角处，女士佩戴在上衣胸前。胸花体量不宜过大过繁，一般以1～3朵中型花做主花，配上适量衬花和配叶即可。胸花多用别针别于左胸。

制作胸花的花材要求易保鲜，不易脱水萎蔫，不污染衣物。常以卡特兰、蝴蝶兰、石斛兰、花烛、切花月季、香石竹等作主花，以满天星、补血草类作衬花。一般情况下，主花、衬花和配叶按造型组合后，留6～8cm花柄，剪齐、绑扎，并缠上绿胶带，最后用饰带装饰即可。也可先将用花和配叶的柄剪去，并用细铁丝制成人工花柄，组合成胸花后基部再用绿胶带包裹。这样的胸花柄部细巧，更为美观。常见的胸花造型有单花型、圆型、三角型、新月型等（图1-6-15）。

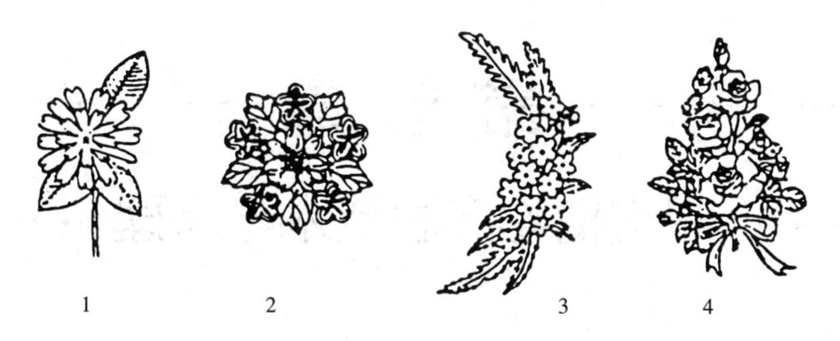

图 1-6-15　胸花造型
1. 单花型　2. 圆型　3. 新月型　4. 三角型

①单花型：选花型独特、花色艳丽的主花 1 朵，配上衬花及配叶，加以装饰即成。因其制作简便，适用范围广而受欢迎。

②圆型：以 1 朵花为中心，四周用小花排列成圆形。若用同一花材，则中心花应较大；若用不同花，则中心花应选形状、色彩突出的花材，而四周花宜用同一花材。圆型胸花庄重典雅，多用于正式场合，如会议、各种典礼等。

③三角型：一般由 3 朵中小型花组合而成，其中上面 1 朵应略小一些。也可用多支小花集束成三角形，再加上衬花和配叶并加以包扎、装饰即可。

④新月型：新月型胸花同新月型花束，中间丰满，两端渐小，一般也用不对称式，即两端长度、大小不一。

第七章

观赏植物产后技术与原理

切花（含切叶）及盆栽花卉（盆花及盆栽观叶植物）等采后品质的下降，与切离母株引起的营养、水分等代谢失调有关。因品质下降导致的产后损失（postharvest loss），可能发生在产后环节或产后链（postharvest chain），也称冷链（cooling chain）的任何步骤，包括采收、分级、包装、保鲜、预冷、贮藏、运销至消费者终端。系统掌握产后环节的技术要点与原理，尽可能减少产后损失并保持产后的新鲜品质，是花卉产业化系统工程的重要一环。

本章以切花（cut flower）、切叶（cut foliage）为重点，兼顾盆栽植物（potted plant）。其他种球、种苗、插穗、砧木及种子等产品产后技术可参考有关专著。

切花良好的发育及水分状况，有利于保持紧张度、花茎挺拔等新鲜品质，而切花花瓣薄且幼嫩，失水通常高于果蔬，且对失水极端敏感。

切花衰老生理是采后保鲜的理论依据，简要机理概括如下：切花、切叶采切后，失去了来自母株的水分及养分供应，影响品质新鲜度的水分代谢及呼吸代谢等主导的生理过程随即受到干扰，特别是采切后切口细胞受伤氧化，多酚、果胶等产物积累及水中微生物滋生造成导管堵塞、水分吸收及输导受阻，当蒸腾超过吸水，水分亏缺加剧，萎蔫随即发生；采切后呼吸基质的短缺致使呼吸速率代偿性增加，伤呼吸也被促进，采切损伤尤其促使乙烯大量产生，达到跃变高峰，并诱导了作为衰老征兆——呼吸高峰的提早出现；采切同时也降低了原本于根系合成的、具有促进水分平衡、抑制乙烯生成及大分子降解等延缓衰老作用的细胞分裂素及其他激素的水平，调节发育主导激素平衡的改变，使信号转导逆转为促进膜脂过氧化作用及核酸、蛋白质等大分子降解，启动了程序性衰老的代谢途径。伴随采后系列生理过程，切花形态上表现为失去紧张度、观赏品质下降，最终花、叶提早萎蔫、脱落而衰败。

采后不适宜的环境条件是影响品质下降及衰老的外因，而乙烯无疑是诱发采后衰老的重要内因。根据花卉对乙烯的反应通常可分为：①乙烯跃变型（ethylene climacteric type）或乙烯敏感型（ethylene sensitive type）花卉，即内源乙烯迅速产生至出现跃变高峰后花卉迅速衰老，通常对外源乙烯十分敏感，如香石竹、月季、热带兰（石斛兰属、卡特兰属、蝴蝶兰属等）、一品红等。②非乙烯敏感型（ethylene insensitive type）或非乙烯跃变型（ethylene non - climacteric type）花卉，即衰老过程无明显乙烯产生，花瓣缓慢萎蔫，通常对外源乙烯不够敏感，如菊花、唐菖蒲、花烛、非洲菊、郁金香等。

因此，依据科学的保鲜原理，采后冷链保鲜技术旨在保持切花水分平衡，降低呼吸消耗，抑制乙烯生成，抑制膜脂过氧化作用及大分子降解，尽可能降低采后损失、保持观赏植物产品的新鲜品质。

第一节　采收、分级与包装

一、采　　收

（一）切花

切花采收（harvest for cut flower）要点包括适宜采切阶段、采收时间及采切方法。

1. *适宜采切阶段*　因切花种类、季节、贮运需要及距市场远近而定。在不影响花蕾正常开放及观赏品质的前提下，花蕾期（flower bud stage）采切，有利于降低切花对乙烯的敏感性，延长采后寿命，耐损伤，便于采后处理及节省贮运空间。

适宜采收阶段因种及品种不同而异。如香石竹、百合、郁金香等许多切花适于花蕾显色阶段采收；月季、菊花外缘花瓣或舌状花初展为佳；花烛、非洲菊、蝴蝶兰等适于花朵及花序小花充分开放，但不过熟时采切。采收时花序小花开放的适宜比例也因种而异，如金鱼草 1/3 小花开放，紫罗兰、风铃草、香豌豆、勿忘我、一枝黄花等 1/2 开放为宜。月季、非洲菊等一些切花采收阶段不宜过早，否则不易正常开放、易弯颈或萎蔫。

2. *采收时间*　多以清晨或傍晚为宜，避免高温干燥和强光下采收，尤其是采后失水快的种类，如月季等。注意露水、雨水干后方可采切，以免感病。傍晚采切有利于白天花茎积累更多碳水化合物以提高品质，如香石竹、菊花等。

3. *采切方法*　剪刀锋利，花茎宜剪切成斜面以扩大吸水面。草质茎切花剪切时避免挤压花茎，以免感染病菌及堵塞导管。

（二）盆栽植物

盆花（potted flower）通常于蕾期或初绽期上市，需长途运输时可稍早。盆栽观叶植物（potted foliage plant）则根据市场需求灵活掌握，不同发育阶段均可出售。

盆栽植物上市前宜作产前驯化。驯化（domestication）指提高盆栽植物对售后环境变化适应性的上市前处理。通常宜在出圃前 2～4 周（体量大的可长至几个月）进行，如依据不同需光特性适当减少光照、降低温度及控制水肥，避免售后新梢过度生长、叶片黄化、花蕾不开或花叶脱落等现象。

二、评估与分级

质量评估（quality evaluation）与分级（grading）是采后重要环节，有利于生产商的公平竞争、营销商的信誉和利益及满足消费者的不同需要。

（一）切花

切花的质量评估通常由有经验的市场经纪人进行目测，综合评价切花外观质量（如形态、色泽、新鲜度和健康状况）。切花质量分级则依据品质量化（如花茎长度、花朵直径、花序和小花数量、花枝重量及乙烯敏感切花必需的抗乙烯处理等）制定，具有严格规范性。

目前国际尚无统一的质量分级标准，一些标准仅具区域有效性。如联合国欧洲经济委员会

(Economic Commission for Europe，ECE)、荷兰及美国、英国等一些国家或地区性标准。具有权威性及可操作性的国际花卉分级标准值得期待。

1. ECE 标准　适用于欧洲经济委员会国家及其进口国之间，以花束、插花或其他装饰为目的的所有鲜切花及切叶植物。涵盖切花外观、大小（主要以切花花茎长度衡量）、耐性和上市标签等质量分级标准。标准规定，每一销售单位（束、串、箱）均应为同一适宜发育阶段期采切的同一种（或品种），品质最佳或良好（特级或一、二级），新鲜、无损伤、无外来物及病虫，必须保证到达目的地时质量标准不会改变。对一些重要切花和切叶还制定了特殊的补充要求。

2. 荷兰标准　荷兰作为世界花卉生产及贸易中心，具有世界最大的花卉拍卖市场及最严格的产品质量评价标准，包括质量分级，种及品种观赏期、贮运特性等采后内在要素。

3. 美国标准　美国花卉栽培者协会（Society of American Florists，SAF）制定了切花质量评估推荐分级标准（即自愿遵守标准），包括花茎长度、坚挺度、花无缺陷、花叶色泽及特定种的其他特性，采用蓝、红、绿、黄四级标志。

1986 年 C. A. Conover 制定了总计 100 分的质量分级标准，其中切花状况 25 分、外形 30 分、色泽 25 分、茎和叶丛 20 分。

1993 年 A. M. Armitage 提出三级分级标准。一级切花茎及叶丛必须新鲜，应于 12h 内采切上市；无机械损伤及病虫；花茎垂直、强壮；无化学残留物；无生长失调和畸变等。

4. 其他标准　英国花卉产业协会（British Flower Industry Association，BFIA）制定了常见切花按金、银、白三级划分的质量标准，花朵直径及花茎长度均分级量化。

日本农林水产省也制定了月季、菊花、百合、香石竹等若干种重要切花质量标准，分秀、优、良三级。

5. 中国标准　农业部自 1997 年起陆续发布了主要切花及盆栽植物等行业三级推荐质量标准，首批切花包括香石竹、月季、菊花、唐菖蒲、满天星、麝香百合等 13 种，盆花金鱼草、四季海棠、矮牵牛、四季报春、一串红等 20 种及盆栽观叶植物 24 种，涉及外观品质、采切标准、采后处理等质量项目，以及检验规则、包装、标志及贮运要求。

(二) 盆栽植物

国内外尚无统一的分级标准。一些国家制定了作为原产国的推荐标准。盆栽植物分级涉及容器大小、植株大小与容器比例，地上部直径、株型、花蕾数量、叶片及花朵色泽等外观状况，以及损伤、衰老及病虫等情况。1986 年美国 C. A. Conover 提出了盆花及盆栽观叶植物的质量分级标准。如盆花包括植株状况（20 分）、品种特性（20 分）、外形（20 分）、色泽（20 分）及茎和叶丛（20 分）五方面评分标准。盆栽观叶植物包括植株状况（30 分）、品种特性（20 分）、外形（25 分）、茎和叶丛（25 分）四方面评分标准。

虽然对盆栽植物，尤其是盆栽观叶植物上市前驯化程度的评估有一定困难，但售前驯化是生产者的责任，最终会影响产品的质量及消费者的满意程度。

三、包　装

包装（packing，package）可避免产后切花等机械损伤、迅速失水及环境条件急剧变化的不利影响，保持产品高质量；可部分代替搬运容器或工具；高附加值售前包装还可提高产品艺术性，获取更高效益。包装技术要点包括包装材料及包装要求。

（一）切花

1. *包装材料及类型*　包装材料依据产品特点、材料韧性及承载强度、贮运操作便利及贮运成本需要来确定。广泛应用的材料有硬纸板及纤维板箱，其他有聚苯乙烯泡沫塑料箱、加固胶合板箱等。

切花包装箱要求耐水湿及充填填充物细刨花、泡沫塑料、软纸等。切花包装箱宜标准化，以与国际统一装卸、码垛机械匹配，平稳、安全地装载。标准切花纤维板箱，要求承载强度至少为 $19.35kg/cm^2$，以经受机械化装卸及在高湿下安全承受 8 个满负荷切花包装箱的压力。

2. *包装要求*　切花包装包括捆扎、保护、湿法包装、加冰、通气等工序。

（1）捆扎及保护。按种类及分级标准要求，通常十余支捆扎为一束或一扎。我国一级切花每束（扎）为香石竹、唐菖蒲各 10 支，菊花、月季各 12 支；二级切花每束数量适当增加。通常每束花材用耐湿纸、塑料膜或新闻纸包裹，以不压伤切花为度，分层交替放置于包装箱内，各层用衬纸隔开。每箱数量由切花质量级别、包装箱大小确定。

对月季等易失水花材，可用塑料网套、软纸或超薄聚乙烯膜保护娇嫩花蕾及花头，置于包装箱内；对失水敏感的热带兰等花材，茎基可插入盛洁净水或保鲜液的塑料小瓶或蘸水的吸水棉，再包埋于碎聚酯纤维中；对凝结水敏感的香石竹、水仙等切花，可用卫生纸保护；香石竹、六出花、热带兰等对乙烯敏感的切花，可放入含高锰酸钾的涤气瓶，以吸收乙烯。

（2）湿法及加冰包装。切花不离水或插于保鲜液容器的湿法包装，仅适于陆运，因空运限制加冰及容器盛水。获准时，包装箱内可加冰袋降温，但冰袋置上部不宜。为减少失水及重力引起花茎的向地性弯曲，唐菖蒲、非洲菊、百合、金鱼草、丝石竹、飞燕草、银莲花、微型月季等，宜垂直放置于固定在箱底的水或保鲜液容器中。切叶类常使用蜡渗透的或聚乙烯膜衬里的纤维板箱，以增加湿度，有时也需加冰降温。

（3）通气。包装箱两侧需留占侧壁面积 4%～5%的通气孔，以供通气及预冷时冷空气流通。

（二）盆栽植物

盆栽植物包装可防止机械损伤，减少失水、温度波动及乙烯引起的叶片黄化、卷曲，花蕾不开及花、叶萎蔫脱落等。

包装材料依据植株大小、叶丛数量、枝叶柔韧性、装载密度和运费而定。

小型盆栽植物常用牛皮纸或塑料膜、套包好，置入编织聚酯袋、有抗湿底盘的纤维板箱、木箱或紧密嵌入聚苯乙烯泡沫特制的模子，标明种或品种、产地及目的地。乙烯敏感型盆花不宜用较厚塑料膜套袋，宜用打孔膜、纸或编织袋，植株顶部应具开口。

大型盆栽植物（盆径大于 43cm）可直接用塑料膜或牛皮纸包裹，更大型的盆栽植物直接套在塑料膜或网罩下运输，短途运输不需任何保护。

第二节　花卉保鲜剂处理技术

花卉保鲜剂（flower preservative agent）是保持切花（或盆花）采后新鲜度、延长货架及瓶插寿命、增强对不利环境耐性的化学处理，还可催花、促进花蕾开放、增大。在采后流通过程中，生产商、运销商、零售商甚至消费者均可使用。

保鲜剂作用不同，分为预处液（pretreatment solution）或脉冲液（pulsing solution）、催花液或花蕾开放液（opening solution）及瓶插液（vase solution）三类。

一、花卉保鲜剂功能及主要组分作用

保鲜剂具有补充糖源、杀菌、改善水分平衡、抑制乙烯产生及降低切花对乙烯的敏感性、调节保持 pH、保持花叶色泽鲜艳等功能，达到保持切花新鲜品质、防止花叶提早萎蔫和脱落、延缓切花衰老、延长货架及瓶插寿命等目的。

保鲜剂成分有碳水化合物、杀菌剂、乙烯抑制剂或颉颃剂、无机盐、有机酸、生长调节剂、维生素等，主要组分与作用如下：

1. 水　水是保鲜液最重要的组分，保鲜处理及瓶插均离不开水，水质关系到切花品质和寿命。

去离子水及蒸馏水应用最普遍。微孔过滤水因可除去水中气泡、防止导管堵塞，对月季等切花尤佳，甚至比去离子水更好。自来水因含盐量大、存在特殊离子及 pH 中性，故对切花不宜。如当其盐浓度大于 200mg/L 时，月季、菊花、香石竹等敏感花材即缩短寿命；当其特殊离子 F^- 达 1mg/L 时，唐菖蒲、香雪兰及非洲菊等敏感切花即可受害；而含 Na^+ 的软水对香石竹和月季的危害大于含 Ca^{2+}、Mg^{2+} 的硬水。使用自来水时，宜煮沸以除去空气或加入适量明矾（0.5～1.0g/L）以起到净化、酸化和抑菌作用。

2. 碳水化合物（carbohydrate）　碳水化合物可提供呼吸基质、保护线粒体结构、阻止蛋白质降解及维持膜稳定性，糖还能抑制香石竹花瓣 ACC 氧化酶的活性，即可抑制乙烯生成。

常用碳水化合物为蔗糖，浓度因切花种或品种而异。如唐菖蒲、非洲菊预处液蔗糖浓度可高达 20%，鹤望兰、香石竹为 10%，月季、菊花叶片对糖均较敏感，以≤2%为宜，否则叶片易受伤害。

不同保鲜液的糖浓度顺序为预处液＞催花液＞瓶插液，即处理时间越长，所需糖的浓度越低。此外，与处理时温度及光照也有关。

3. 杀菌剂（germicide）　杀菌剂可抑制细菌、真菌、酵母等微生物繁殖，酸化保鲜液及抑制乙烯产生等。

常用广谱杀菌剂 8-羟基喹啉硫酸盐（8-HQS）或其柠檬酸盐（8-HQC），其通过与金属辅基螯合使酶失活，可降低酶促产物果胶、单宁等生成并防止导管堵塞，也可抑制乙烯生成。其他如硝酸银（$AgNO_3$）及醋酸银（AgAC），因在花茎中移动性差，通常仅存留在花茎切口杀菌。硫酸铝［$Al_2(SO_4)_3$］可酸化保鲜液而抑菌，使气孔关闭、促进水分平衡及抑制乙烯等，有效用于减少月季、香石竹等弯颈或软茎现象，是月季专用保鲜剂 Chrysal RVB 的重要组分。但 Al^{3+} 会引起菊花等一些切花叶片的变褐。缓释氯化合物是极有效的杀细菌剂，但消毒时间不宜超过几小时，过长及浓度过高会引起月季等花卉叶片失绿，出现褐斑及花茎漂白。季铵盐（QAS）相对无毒性，在自来水或硬水中比 8-HQ、缓释氯更稳定，有效期长，但仅对某些切花

（香石竹、满天星、菊花等）效果较好。噻菌灵（TBZ）是广谱杀真菌剂，需和杀细菌剂混合使用，其在硬水中更稳定。

4. 乙烯抑制剂（ethylene inhibiter）　乙烯伤害表现为切花叶片黄化、卷曲，花蕾、花朵不能正常开放，严重时花叶早萎、脱落，降低观赏品质和瓶插寿命。因此，抗乙烯处理成为全球切花采后不可缺少的重要环节。

曾经被广泛应用的高效乙烯抑制剂——硫代硫酸银（silver thiosulfate，STS），是银的阴离子复合物［$Ag(S_2O_3)_2^{3-}$、$Ag_2(S_2O_3)_3^{4-}$］，可与乙烯受体结合，高效抑制乙烯及降低切花对乙烯的敏感性，继而抑制切花萎蔫或脱落。其毒性低，易移动至花茎顶端。但因含重金属离子 Ag^+，任意排放将造成环境污染，故国内外已建议禁止及限制使用。

目前，美国 AgroFresh 公司研制了取代 STS 的新型环保型乙烯抑制剂，1-甲基环丙烯（1-methyl-cyclopropene，1-MCP），商品名乙烯克（Ethylbloc），对月季、香石竹、蝴蝶兰、百合等许多切花及盆栽植物具有显著颉颃乙烯及保鲜效果，2008 年正式登录我国。

其他乙烯颉颃剂如氨基乙烯基甘氨酸（AVG）、氨氧乙酸（AOA），均为 ACC 合成酶抑制剂，可延长香石竹、金鱼草等切花的寿命。AVG 活性高但昂贵，AOA 成本低，但活性也低，应用均不广泛。

5. 植物生长调节剂（plant growth regulator）　植物生长调节剂可调节切花发育进程、提高切花品质及延长观赏或货架寿命。

细胞分裂素类 6-苄氨基腺嘌呤（6-BA）及激动素（KT），适于采后及贮运前预处理，具有促进水分平衡、抑制乙烯及降低切花对乙烯的敏感性、保绿、防止叶片黄化等作用，可提高香石竹、月季、花烛、鸢尾、菊花、郁金香、非洲菊等许多切花的观赏品质，延长瓶插寿命。通常采用喷布或浸基法处理，有效浓度因切花种或品种及处理时间而异。

生长素类 IAA、NAA 等，应用于防止一品红苞片脱落，与细胞分裂素（cytokinin，CTK）混合使用效果更好。

赤霉素已成功应用于抑制六出花、百合等切花长期贮运引起的叶片黄化及促进花蕾开放，可提高许多切花观赏品质，延长菊花、紫罗兰等的采后寿命。

常用生长延缓剂比久（B_9）、矮壮素（CCC）、青鲜素（MH）等，可延长郁金香、香豌豆等许多切花的瓶插寿命。

6. 有机酸（organic acid）　有机酸用于降低 pH，酸化预处液及瓶插液，减少维管束堵塞及抑菌，促进吸水及保持水分平衡。应用最广泛的是柠檬酸（CA）、异抗坏血酸、苯甲酸和酒石酸等。

7. 无机盐（inorganic salt）　无机盐能增加花瓣细胞的渗透浓度，促进吸水及水分平衡。主要有钾盐、钙盐、铵盐、铝盐、硼砂等。0.1% $Ca(NO_3)_2$ 可延长许多球根花卉的寿命；钙盐和钾盐混用，可防止香石竹和月季的弯颈现象。

8. 湿润剂（wetting agent）　保鲜剂加入湿润剂可促进切花的水合作用和吸水，如 1mg/L 次氯酸钠、0.1%漂白剂及 0.01%～0.1%的吐温-20 等。

当前，国际知名的切花采后处理专业公司有荷兰 Poken & Chrysal，美国 Smithers-Oasis、Floralife、Robert Koch Industries 及 AgroFresh 公司等，产品广泛行销国际市场。著名的

Chrysal（可利鲜）系列切花保鲜剂有 EVB（香石竹）、RVB（月季）、LVB（百合）、AVB（通用）等多种剂型；其他产品有水合剂、乙烯抑制剂（如 AgroFresh 公司研制的 1 - MCP）、切花食品、叶面光亮剂及水桶清洁剂等。表 1 - 7 - 1 为常见切花保鲜剂参考配方。

表 1 - 7 - 1　常用切花保鲜剂配方

切花种类	保鲜剂配方	保鲜液种类
香石竹	1 000mg/L $AgNO_3$，10min	预处液
	5%S+200mg/L 8 - HQS+20～50mg/L 6 - BA	催花液
	3%S+300mg/L 8 - HQ+500mg/L B_9+20mg/L 6 - BA+10mg/L MH	瓶插液
月季	2%S+300mg/L 8 - HQC	催花液
	4%S+50mg/L 8 - HQS+100mg/L 异抗坏血酸	瓶插液
	2%S+130mg/L 8 - HQS+200mg/L CA+25mg/L $AgNO_3$	瓶插液
菊花	1 000mg/L $AgNO_3$，10min	预处液
	2%S+200mg/L 8 - HQC	催花液
唐菖蒲	4%S+600mg/L 8 - HQC，24h	催花液/瓶插液
	20%S+200mg/L 8 - HQC+50mg/L $AgNO_3$+50mg/L $Al_2(SO_4)_3$	预处液/催花液
非洲菊	7%S+200mg/L 8 - HQC+25mg/L $AgNO_3$	预处液/催花液
	20mg/L $AgNO_3$+150mg/L CA+500mg/L $Na_2HPO_4 \cdot 2H_2O$	瓶插液
	3%S+200mg/L 8 - HQS+150mg/L CA+75mg/L $K_2HPO_4 \cdot H_2O$	瓶插液

二、保鲜剂处理方法

（一）切花

1. 复水（water re - sorption）或硬化（hardening）　迅速吸水使切花恢复膨压的处理。初萎切花可斜切花茎，插入去离子水配制的 pH4.5～5.0 的水合液（含杀菌剂、柠檬酸及吐温- 20 的水合剂）中复水至膨压恢复。重度萎蔫切花宜在水中浸没 1h，再进行上述处理。菊花和月季等具有木质茎的切花，先插入 80～90℃水中浸数秒除去导管中的空气，再浸入冷水复水至膨压恢复。

2. 脉冲处理（pulsing treatment）　采收后、贮运前由生产商及运销商进行的预处理。因处理时间短，几小时到 24h，也称脉冲处理，可与预冷同时进行。预处液或脉冲液通常含糖、乙烯颉颃剂及杀菌剂，处理方法如下：

（1）$AgNO_3$ 处理。通过杀菌及抗乙烯，以防止维管束堵塞及延长采后寿命的脉冲处理。一般约1 000mg/L $AgNO_3$ 浸基 10min 不等。因 $AgNO_3$ 难移动，处理后花茎无需再剪截。

（2）STS 处理。针对乙烯跃变型切花的抗乙烯脉冲处理，通常 0.2～4mmol/L STS、20℃下浸花茎基部数分钟至数小时。在荷兰，STS 脉冲处理后的切花，需检测合格才允许进入拍卖市场交易。

（3）糖和杀菌剂处理。通常于冷室处理花茎基部几小时到 24h。脉冲液蔗糖浓度通常较催花液及瓶插液高。如唐菖蒲、非洲菊可高达 20%，但月季、菊花不超过 2%～3%。月季 20℃下脉冲 3～4h 后，再转入冷室处理 12～16h 较好，以避免持续 20℃诱使花朵过早开放。

瓶插寿命较长的切花（如瓶插寿命超过2周的情人草及虎眼万年青）可不必使用保鲜剂。水仙等某些切花脉冲处理无效，天门冬切叶、仙客来切花等甚至有害。

3. *催花液或花蕾开放液处理*　促使花蕾开放的处理，采后或贮运上市前由生产商及运销商使用。通常含蔗糖、杀菌剂、有机酸和生长调节剂，一般需处理几天，故室内宜保持一定温度、光照及湿度条件。但如花蕾过于紧实，即使用催花液处理，也不能开放或不能充分开放。

4. *瓶插液处理*　瓶插期间的保鲜处理，适于零售商和消费者使用。基本成分为蔗糖和杀菌剂。

（二）盆栽植物

盆栽植物上市前除应驯化外，对灰霉菌等敏感的植物可喷特效杀菌剂，对乙烯敏感型盆花可喷STS或采用1-MCP处理，适宜浓度需依据种和品种特性及健康状况确定。已感染霉菌的植株，STS处理会引起严重伤害，故STS处理限于健康植物。

第三节　切花预冷技术

一、预冷作用

预冷（precooling）指切花采收后及时降温以除去呼吸热或田间热的人工处理，是采后冷链技术的起始环节，也是关键环节。

预冷旨在迅速降低呼吸，防止失水、保持良好水分状况，减少微生物繁殖，降低切花对乙烯的敏感性，保持切花新鲜坚挺，避免花蕾提早开放。故需采后及时进行，尽量缩短预冷时间及降至适宜终温。

二、预冷方式

1. *冷室预冷*（room precooling）*或冷库预冷*（cold storehouse, cold storage warehouse）　小规模生产商广泛使用，简便易行。采后将未包装或打开包装箱的切花直接放在冷库降至所需要的温度。冷空气以60～120m^3/min流量循环的预冷效果较好，通常需几个小时，可与脉冲处理同时进行。月季、香石竹等约6h可由20℃降到5℃以下。预冷后应直接在冷库包装，防止切花温度回升。

2. *强制风冷*（forced-air cooling）　是使用最广泛的预冷方法。用抽风机驱动接近0℃、相对湿度95%～98%的冷空气，经花箱通风孔通过切花及花箱垛间风道，带走田间热，切花随即迅速冷却。该方式耗时短，仅为冷库预冷所需时间的1/10～1/4，冷却后包装箱立即关闭。强制风冷的冷风驱动方式有强制压入、推动（少数包装箱）、拉动（更多码垛包装箱）或推一拉结合（预冷运输卡车）等方式，不同设备一次可预冷8～10箱、数十箱至100箱等。

3. *真空预冷*（vacuum precooling）　荷兰、美国和日本等国有小范围应用。切花置于密闭容器中，减压下抽出其中空气及水蒸气，花材水分在真空容器压力逐渐降低的过程中持续蒸发，使温度降低而被冷却。如压力降至613.28Pa，花材可蒸发冷却到0℃。切花、切叶表面积与体积之比很大，水分蒸发面积大且较容易，故适于真空预冷，但缺点是易失水。为防止切花失水过多，真空容器可预先加湿或喷雾；也可在减压过程结合脉冲处理，以补充切花失水；还可真空预冷使花材先降到10℃左右，再置于冷库结合脉冲处理继续预冷。

4. 加冰预冷（ice precooling） 传统预冷方法。冰袋置于包装箱中，用填充料与切花相隔，防止低温伤害。花材从35℃降到2℃或从20℃降至5℃，需分别融化占花材重量38%或25%的冰。加冰预冷因增加载货量并易渗漏，而且耗时长，只能作为预冷辅助手段，通常用于无冷藏设备的卡车运输。

5. 水预冷 采用水冷机输送循环水使花材降温的预冷方法，需时较短，而且可避免花材失水，适于许多切叶类预冷。

第四节 贮藏技术

切花贮藏（storage）可灵活调节市场供应，满足特殊销售目的及淡旺季销售等不同需求，以获取最大经济效益。

贮藏的目的包括：短期贮藏可备特定节假日及待批量运输应用；中长期贮藏可延长旺季生产切花的销售季节，使淡季不淡；可节约冬季反季节生产的能耗；也有利于批量运输及温室利用。插穗贮藏还可避免母株占据温室空间。

一、影响贮藏效果的因子

（一）花材起源特性

温带起源花材如香石竹、月季、菊花、百合、郁金香等，适于0～2℃、相对湿度90%～95%的条件下贮藏；多数花材（热带切花除外）适于4～5℃、相对湿度90%～95%的条件下贮藏，如唐菖蒲、六出花、非洲菊、满天星、金鱼草、紫罗兰、羽扇豆等切花及常春藤、冬青、龙血树、铁线蕨、天门冬等切叶。对低温较敏感的热带花材适于7～10℃、相对湿度90%～95%的条件下贮藏，如嘉兰、鹤望兰、卡特兰、山茶花、美国石竹等切花及朱蕉、棕榈等切叶。对低温更敏感的热带花材适于13～15℃、相对湿度90%～95%的条件下贮藏，如花烛、姜花、万带兰、一品红等切花及鹿角蕨等切叶。

供贮藏花材要求质量优良，适蕾期采切，无病虫感染、无机械损伤、无任何污染物。

（二）贮藏环境

1. 温度 多数温带切花适于0℃左右贮藏，但生产商、销售商通常选择对除热带切花外的大多数切花均是安全的4℃条件贮藏，以节约能源、降低成本。热带切花不宜低于适宜贮温，否则易发生冷害，引起花瓣褪色、花叶出现坏死斑、花蕾不开或发育迟缓；贮温也不能过高，否则导致花材质量迅速下降和衰败。贮藏过程尤需避免温度波动，因水汽凝结在花材及包装材料上较易感病。

2. 空气湿度 贮藏冷库应通过湿度自动调节器维持90%～95%的适宜相对湿度，任何较小的湿度变化（如5%～10%幅度）都会损害切花质量。香石竹在接近饱和的空气湿度下贮藏期比相对湿度80%下延长2～3倍。一些切花在相对湿度70%～80%下贮藏花瓣会干萎。

3. 光照　光照对多数花材包括切叶和插条等的贮藏品质及贮藏期无明显影响。许多花材在黑暗中可成功贮藏5～14d。但一些花材如六出花、百合和菊花等，长期贮藏在黑暗中叶片会黄化。500～1 000lx光照度或GA或6-BA处理可以克服菊花叶片的黄化。

4. 乙烯　低温下切花很少产生乙烯，对乙烯敏感性也低。如香石竹在－0.5℃时的敏感性仅为室温的1/10 000。但冷室中贮藏大量切花时，乙烯可能积累甚至引起花材受害。因此，应注意监测贮藏库中的乙烯浓度。

贮藏库乙烯来源有：①由乙烯敏感切花及衰败切花、切叶释放；②感病花材及灰霉菌等病菌产生；③库内其他果蔬如苹果、梨、杏、猕猴桃及甜瓜等，乙烯产生速率为10～100μl/（kg·h），热带水果更高；④煤气泄漏、汽车和内燃机排放的废气、工厂废气等。

除去冷藏库乙烯的方法有：①未污染空气通风换气，大量切花每小时需更换一次；②用含$KMnO_4$的涤气瓶（空气过滤器）清洁库内空气，当瓶内液体由紫红色变为褐色时，表示$KMnO_4$已被还原为$KMnO_2$，乙烯已被氧化，可进行更换；③增加库内CO_2浓度，减少乙烯危害；④减压方式除去乙烯；⑤贮前进行STS或1-MCP脉冲处理；⑥紫外线或X射线清除乙烯，但除荷兰等国外，尚未广泛使用；⑦清除已授粉及腐烂花材。

5. 通气　贮藏库的通气也是影响贮后品质的重要因子。适宜的空气循环可保持冷库内温度均匀及空气清洁。冷库墙壁与花材间、花材垛间的适当距离，一致的气流及适宜的冷气流速，均可避免库内空气流通不畅、出现“热点”或“冷点”或引起空气湿度的变化，是保持良好通气的必要条件。

二、贮藏技术

（一）常规冷藏技术

切花类冷藏（cold storage）分为干藏和湿藏两种方式。

1. 干藏（dry storage）　干藏应用于许多切花的中长期贮藏。花材通常紧密包装在聚乙烯膜袋和包装箱中，以防止失水并节省贮藏库空间。但干藏并非适合于所有切花，如大丽花、香雪兰、非洲菊、满天星、天门冬等更适合湿藏。

干藏要点包括：花蕾显色阶段采切；贮前切花需喷布杀菌剂；保鲜剂脉冲处理；贮前充分预冷；在花材未充分预冷及冷库温度波动较大时，切花宜用软纸包裹以吸收冷凝水；易向地弯曲的切花应垂直贮放，草本插条垂直贮放有利于生根。

低温干藏试验表明，于0～1℃下香石竹可贮藏4～6周，郁金香可贮藏8周；1℃下菊花可贮3周，百合可贮6周；月季0.5～3℃下贮藏2周；花烛13℃下可贮藏4周等。

2. 湿藏（wet storage）　湿藏适于1～2周短期贮藏。花茎可插于温水或保鲜液中，以利于吸水保鲜，如香雪兰、非洲菊、满天星等尤适合湿藏。湿藏要点包括：贮前喷布杀菌剂；除去基部叶片，以免在水中腐烂；使用去离子水或蒸馏水等，如月季在自来水中保存4.2d，而蒸馏水中可保存9.8d。容器中水应3～4d更换一次。注意水的消毒，0.005%次氯酸钠消毒，对非洲菊效果尤好。荷兰还采用紫外线消毒湿藏用水。

低温湿藏切花试验表明，香石竹和非洲菊4℃下湿藏，可分别贮存4周和3～4周；1℃下百合可湿藏4周，金鱼草可湿藏8周等。

（二）气调及限气贮藏

气调（controlled atmosphere，CA）法是通过提高CO_2分压、降低O_2分压，以降低呼吸及抑制乙烯的贮藏方法。其设备成本较高，影响因素繁多，限制了其商业应用。月季和香石竹的气调贮藏表明：①种或品种间的适宜CO_2和O_2分压差异较大；②适宜的CO_2和O_2分压范围较狭窄，CO_2浓度高于4%，花瓣易泛蓝、受害，O_2浓度低于0.4%导致无氧呼吸，影响贮藏品质；③高CO_2分压下，低温比较高温更易使切花受害。

不同切花气调贮藏条件各异。香石竹0～1℃，于5%CO_2、1%～3%O_2下，可贮藏30d；月季0℃，于5%～10%CO_2、1%～3%O_2下，可贮藏20～30d；唐菖蒲1.5℃，于10%CO_2、1%～3%O_2下，可贮藏21d；百合1℃，于10%～20%CO_2、21%O_2下，可贮藏21d。

限气（modified atmosphere，MA）法是采用气密型薄膜包装，膜内自然形成高CO_2、低O_2的气体环境，可延长香石竹、百合等许多切花的贮藏寿命。

（三）低压或减压贮藏

花材于低压（low pressure，LP）或减压（depressure）条件下贮藏。由于花材气孔和细胞间隙比常压下逸出O_2和乙烯更快（如1.013×10^4Pa条件下，逸出速度比常压下快10倍）。因此，低压下因有效降低O_2含量及清除乙烯，可以延长切花的贮藏期。缺点是减压下切花失水迅速，需不断输入潮湿空气。

一些切花低压比常压下冷藏期长，如香石竹各为91d和10d，菊花各为42d和7～14d，月季各为56d和7～14d；未生根插穗如菊花各为42～49d和10～28d，香石竹各为300d和20～90d；已生根插穗如菊花各为90d和7～14d，天竺葵各为28d和11d，一品红各为14d和7d。低压贮藏效果良好，但其成本及技术要求高，尚未广泛投入商业运营。

盆栽植物（尤其盆栽观叶植物）可持续生长，故不需特殊贮藏。但盆花则需根据市场需要，通过温室环境调控、栽培技术或化控技术，注意催延花期，以供应节假日及特殊需要。

球根类鳞茎采收后，宜于温暖条件促进花芽分化，之后在适宜低温下冷藏于浅盘或网袋，以防止出芽。种植前促成栽培时，通常于2～10℃及相对湿度50%～75%条件下进行4～6周春化处理，即可促进开花。

第五节　花卉运输技术

运输是冷链流通的重要环节，无论短距离运输（陆运为主）或中长距离运输（空运、海运为主），快捷、安全、规范的运输技术，才能保持运输后花材的新鲜品质。

一、运输过程环境因子的控制

1. 温度　低温是切花运输的必要环境，是冷链流通的一环。

在荷兰，对硬纸板箱包装的预冷及未预冷的两组月季切花，在20℃下，分别经隔热、冷藏车或隔热、非冷藏车运输14h后的测定表明：隔热、非冷藏车运输后的未预冷切花，温度升至36～40℃；隔热、冷藏车运输后的未预冷切花，温度保持21～23℃；隔热、非冷藏车运输后的预冷切花，温度缓慢升至10～11℃；隔热、冷藏车运输后的预冷切花，稳定保持在4℃左右。效果排序为：运输前预冷及隔热、冷藏车运输组合（4℃），运输前预冷及隔热、非冷藏车运输组合（10～11℃），隔热、冷藏车运输（21～23℃），隔热、非冷藏车运输（36～40℃）。证实了预冷及低温运输对冷链流通具有不同及不可代替的重要性。

2. 其他运输环境　其他运输环境主要包括：保持相对湿度95%～98%，避免因湿度波动而影响花材质量；控制光照，尤在较高温度下的长距离运输过程，缺乏光照会引起许多切花叶片黄化；控制乙烯，运输前视需要进行STS脉冲处理，运输过程适当通风和保持低温，将$KMnO_4$涤气瓶或溴化处理活性炭放在包装箱中，均可清除乙烯。

二、主要运输方式

1. 卡车运输（truck shipment）　隔热、非冷藏车适于短距离运输或运输时间不超过20h的切花，运输前预冷效果尤佳。隔热、冷藏车适于长距离运输或运输时间超过20h的切花，运输前预冷后打开码垛包装箱通气孔，保持冷气流循环通畅。

其他尚有大型冷藏卡车和冷藏集装箱等。切叶对乙烯更敏感，宜冷藏集装箱单独运输。

2. 空运（air shipment）　空运切花快捷、安全，应用日趋广泛。但需注意：①一般空运过程无法提供冷藏条件，也不允许包装箱内放置冰块，装箱后待运时间较长，故切花空运前必须预冷；②飞机场乙烯浓度高，空运前切花应用STS脉冲处理；③协调好空运各部门，一旦航班变故，得以使用最近冷藏设施，以免待机时暴晒。

大批量空运包装有冷藏集装箱（干冰冷却）、隔热或非隔热集装箱，可由运货商提供的包装箱（除干冰、冻胶包外，获准下也可保证无渗漏加冰冷却）。

3. 海运（sea shipment）　海运适于长距离运输，优点是以集装箱箱长而非重量计费，同时具备切花必需的冷藏设备。缺点是耗时长，如荷兰到美国需8～14d，以色列到德国需12～18d。故货轮必须具备有效的调控系统。切花海运前宜复水、脉冲、预冷。由于空运价格高且不断上扬，故海运对花卉业界仍有很大吸引力。

海运集装箱有温、湿、通气、气调及减压等不同调控组合。经比较表明，空运切花仅失水4%左右；海运切花中，冷藏集装箱失水约7%；真空集装箱失水10%～16%，可引起月季‘Motrea’花托变黑，菊花‘White Horim’叶片出现坏死斑点，但可延缓花蕾的发育。香石竹、微型月季、非洲菊、鸢尾、郁金香等许多切花和蕨类等切叶，有效海运时间可长达14d。

盆栽植物多采用卡车和轮船运输，很少空运。

第六节　零售店及消费者处理

零售店至消费者是采后冷链的终端。

1. 零售店管理　零售店管理包括核对花卉商品规格、品质与数量，整理花材，视需要复水及置入冷藏柜或4～5℃冷室（保持相对湿度90%、100lx荧光灯及白炽灯混合光照），避开乙烯源（如塑料花、聚乙烯制品及成熟果品）。

零售店中盆花的适宜摆放温度为5～12℃，如菊花、仙客来、蒲包花、瓜叶菊等，球根花卉如郁金香、风信子、水仙、报春花等；热带、亚热带盆栽观叶植物摆放以16～21℃为宜。大部分盆栽植物宜保持相对湿度50%～60%，过低时宜安装加湿器。展示室以2 000～3 000lx混合光照为宜，每日光照12～14h。及时通风换气。

销售包装材料以美观为主，如玻璃纸、塑料薄膜、塑料网、尼龙纱、绵纸、蕾丝等。

2. 消费者处理　消费者处理包括水中再剪截花茎基部；视需要复水及瓶插保鲜液处理，注意适时更换保鲜液；远离室内乙烯来源（如煤气炉、成熟水果和点燃的香烟等）。

消费者对盆栽植物的管理，可从零售商、书刊和互联网等信息渠道了解种或品种特性、常规管理方法及特殊种类的特殊管理要求（温度、光照、适时浇水及补充速效或缓释肥等），有针对性地进行日常养护，保持及提高观赏品质，延长观赏期。

第八章 观赏植物病虫害防治

与其他作物相比，病虫害对观赏植物的影响意义不同。观赏植物的花朵或叶片上只要有一点病斑、食孔，将直接影响其品质，降低观赏价值和经济效益。因此，在观赏植物栽培上，预防措施比病虫害发生后的治疗更为重要。

第一节 概 述

观赏植物病虫害的防治首先要了解病虫害的发生原因、侵染循环及其生态环境，掌握危害的时间、部位、危害范围等规律，才能找出较好的防治措施。

一、病害的种类及病原生物的类型

病害可分为生理伤害引起的非传染性病害和病原物引起的传染性病害两大类。如果同一地区有多种植物同时发生相类似的症状，而没有扩大的情况，一般是冻害、霜害、烟害或空气污染所引起伤害；同一栽培地的同一种植物，其一部分或全部发生相类似症状，且没有继续扩大的情形，可能是营养水平不平衡或缺少某种养分所引起，这些都是非传染性的生理病害。如果病害从栽培地的某地方发生，且渐次扩展到其他地方，或者病害株掺杂在健康株中发生，并有增多的情形，或者在某地区，只有一种植物发生病害，并有增加的情形，这些都可能是由病原物引起的侵染性病害。

引起侵染性病害的病原物种类很多，主要有真菌、细菌、病毒、线虫，此外还有少数放线菌、藻类和菟丝子等。

二、病害发生过程和侵染循环

病害的发生过程包括侵入期（invasion period）、潜育期（incubation period，latent period）和发病期（period of disease）三个阶段。侵入期指病原物从接触植物到侵入植物体内开始营养生长的时期，该时期是病原物生活中的薄弱环节，容易受环境条件的影响而死亡，因此是防治的最佳时期。潜育期指病原物与寄主建立寄生关系到症状出现所经过的时期，一般5～10d，可通过改变栽培技术，加强水肥管理，培育健康苗木，使病原菌在植物体内受抑制，减轻病害发生程度。发病期是病害症状出现到停止发展的时期，该时期已较难防治，必须加大防治力度。

侵染循环是病原物在植物一个生长季引起第一次发病到下一个生长季第一次发病的整个过程，包括病原物的越冬或越夏、传播、初侵染与再侵染等几个环节。病原物种类不同，越冬或越夏场所和方式也不同，有的在枝叶等活的寄主体内越冬或越夏，有的以孢子或菌核的方式越冬或越夏，因此，应有针对性地采取措施加以防治。病原物必须经过一定的传播途径，才能与寄主接触，实现侵染，传播途径主要有空气、水、土壤、种子、昆虫等。了解其传播方式，切断其传播途径，便能达到防治的目的。病原物传播后侵染寄主的过程有初侵染和再侵染之分，初侵染是指植物在一个生长季节里受到病原物的第一次侵染，再侵染是在同一生长季节内病原物再次侵染寄主植物，再侵染的次数与病菌种类和环境条件有关。无再侵染的病害比较容易防治，主要通过消灭初侵染的病菌来源或阻断侵入的手段来进行；存在再侵染的病害，则必须根据再侵染的次数和特点，重复进行防治。绝大多数观赏植物病害都属于后者。

三、害虫的种类及生活习性

（一）害虫的种类

对植物有害的昆虫都称为害虫（pest），害虫按其口器结构的不同可分为咀嚼式口器害虫（chewing mouthparts pest）和刺吸式口器害虫（sucking mouthparts pest）。前者如蛾类幼虫、金龟子成虫等，后者如蚜虫、红蜘蛛、介壳虫、蓟马等。咀嚼式口器害虫往往造成植物产生许多缺刻、蛀孔、枯心、苗木折断、植物各器官损伤或死亡之症状。刺吸式口器害虫刺吸植物体内的汁液，使植物呈生理损害，受害部位常常出现各种斑点或引起变色、皱缩、卷曲、畸形、虫瘿等症状。

不同的害虫有不同的生活习性。掌握害虫的生活习性，才能把握时机，有效地加以防治。

（二）害虫的世代、生活史及习性

1. **世代** 从卵开始到成虫为止的一个发育周期，称为一个世代（generation）。代数多少由害虫种类和气候条件决定，如日本龟蜡蚧每年发生1代，蚜虫每年发生10～200代。代数少的害虫，容易集中力量在一段时间内加以消灭；代数多的害虫，各虫态常常交错出现，要多次防治才能控制危害。

2. **生活史**（life history） 指害虫在一生中各个虫期的经过情况。在一年中的发生经过情况称为年生活史，年生活史包括每年发生的代数，各世代各虫态发生期和历期，越冬虫态及场所等。害虫的卵、幼虫、蛹和成虫的发生期，都可分为初、盛、末三个时期，其虫态达20%左右时为始盛期，达50%时为高峰期，达80%时为末盛期，在始盛期前进行防治能达到较好的效果。

3. **习性**

（1）食性（food habit）。按害虫取食植物种类的多少，分为单食性、寡食性和多食性害虫三类。单食性害虫只危害一种植物，寡食性害虫可取食同科或亲缘关系较近的植物，多食性害虫可取食许多不同科的植物。寡食性害虫和多食性害虫防治时，范围不应仅限在可见的被害区域，应广泛加以防治。

（2）趋性（taxis）。指害虫趋向或逃避某种刺激因子的习性，前者为正趋性，后者为负趋性。防治上主要利用害虫的正趋性，如利用灯光诱杀具趋光性的害虫。

（3）假死性（die away habit）。指害虫在受到刺激或惊吓时，立即从植株上掉落下来暂时不动的现象，对于这类害虫可采取震落捕杀方式加以防治。

（4）群集性（aggregation）。指害虫群集生活共同危害植物的习性，一般在幼虫时期有该特性，因此在该时期进行化学防治或人工防治能达到很好的效果。

（5）休眠性（hibernation）。指在不良环境下，虫体暂时停止发育的现象。害虫的休眠有特定的场所，因此可集中力量在该时期加以消灭。

四、病虫害的防治原则和措施

病虫害防治的原则是预防为主，综合防治。在综合防治中应以农业防治为基础，将各种经济有效、切实可行的办法协调起来，取长补短，组成一个比较完整的防治体系。病虫害防治的方法多种多样，归纳起来可分为农业防治（agricultural control）、物理防治（physical control）、生物防治（biological control）、化学防治（chemical control）和植物检疫（plant quarantine）等。

（一）农业防治

1. 选用抗病虫的优良品种　利用抗病虫害的种质资源或抗性基因，选择或培育适于当地栽培的抗病虫品种，是防治病虫害最经济、有效的重要途径。

2. 利用无病健康苗　在生产中，应注意选择无病虫害、强壮的种苗，或用组织培养的方法，大量繁殖无病苗。

3. 轮作　花卉中不少害虫和病原物在土壤或带病残株上越冬，如果连年在同一块地上种植同一种花卉，则易发生严重的病虫害，实行轮作，使病原物和害虫得不到合适的寄主，可使病虫害显著减少。

4. 改变栽种时期　病虫害发生与环境条件如温度、湿度有密切关系，因此，可通过调整播种、栽种时期来避开病虫害发生的高峰期，以减少病虫害的发生。

5. 肥水管理　生长过程中增施磷、钾肥，可使植株生长健壮，提高抗病虫能力，减少病虫害的发生。土壤过分潮湿，不但对植物根系生长不利，也易使根部腐烂及发生一些根部病害。合理灌溉对地下害虫具有驱除和杀灭作用，排水对喜湿性根际病害具有显著的防治效果。

（二）物理防治法

1. 人工或机械方法　利用人工或简单的工具捕杀害虫和清除发病部分或植株，如人工捕杀小地老虎幼虫、人工摘除病叶、剪除病枝等。

2. 诱杀　很多夜间活动的昆虫具有趋光性，可以利用灯光诱杀。如黑光灯可诱杀夜蛾类、螟蛾类、毒蛾类等700多种昆虫。有的昆虫对某种色彩有敏感性，可利用该昆虫喜欢的色彩胶带，吊挂在栽培场所进行诱杀。

3. 热力处理法　不适宜的温度会影响病虫的代谢，从而抑制它们的活动、繁殖和危害。因此，可通过调节温度进行病虫害防治。如温水（45～60℃）浸种、浸苗、浸球根等可杀死附着在种苗、球根外部及潜伏在内部的部分病原物及害虫，温室大棚内短期升温可大大减少粉虱的数量。

此外，还可以通过超声波、紫外线、红外线、晒种、熏土、高温或变温土壤消毒等物理方法防治病虫害。

（三）生物防治

生物防治是指利用生物来控制病虫害的方法，生物防治效果持久、经济、安全，是一种很有发展前途的防治方法。

1. *以菌治病* 利用有益微生物与病原物间的颉颃作用，或者某些微生物的代谢产物来抑制病原物的生长发育甚至致其死亡的方法。如五四〇六菌肥（一种抗菌素）能防治某些真菌、细菌病害及花叶病毒病。

2. *以菌治虫* 利用害虫的病原微生物使害虫感病致死的一种防治方法。害虫的病原微生物主要有细菌、真菌、病毒等，如青虫菌能有效防治柑橘凤蝶、尺蠖、刺蛾等，白僵菌可以寄生鳞翅目、鞘翅目等昆虫。

3. *以虫治虫，以鸟治虫* 利用捕食性或寄生性天敌昆虫和益鸟防治害虫的方法。如利用草蛉捕食蚜虫，利用红点唇瓢虫捕食紫薇绒蚧、日本龟蜡蚧，伞裙追寄蝇寄生大蓑蛾、红蜡蚧，扁角跳小蜂寄生红蜡蚧等。

4. *生物工程防治* 是观赏植物病虫害防治领域一个新的研究方向，近年来已取得一定进展。如将一种能使夜盗蛾产生致命毒素的基因导入到植物根系附近生长的一些细菌内，夜盗蛾取食根系的同时也将带有该基因的细菌吃下，细菌产生毒素从而将其致死。

（四）化学防治

化学防治是利用化学药剂的毒性来防治病虫害的方法。其优点是具有较好的防治效果，收效快，速效性强，适用范围广，不受地区和季节的限制，使用方便。缺点是如果使用不当会引起植物药害和人畜中毒，长期使用会对环境造成污染，易引起病虫害的抗药性，易伤害天敌等。化学防治虽然是综合防治中的一项重要方法，但只有与其他防治措施相互配合，才能得到理想的防治效果。

在化学防治中，使用的化学药剂种类很多，根据它的防治对象可分为杀虫剂、杀菌剂两大类。杀虫剂又可根据其性质和作用方式分为胃毒剂、触杀剂、熏蒸剂和内吸剂等。常用的杀虫剂主要有敌百虫、乐果、氧化乐果、三氯杀螨砜、杀虫脒等。杀菌剂一般分为保护剂和内吸剂，常用的杀菌剂有波尔多液、石硫合剂、多菌灵、粉锈灵、托布津、百菌清等。

在采用化学药剂进行病虫害防治时，必须注意防治对象、用药种类、使用浓度、使用方法、用药时间和环境条件等，根据不同的防治对象选择适宜的药剂。药剂使用浓度以最低的有效浓度获得最好的防治效果为原则，不可盲目增加浓度以免植物产生药害。喷药应对准病虫害发生和分布的部位，仔细认真地进行，阴雨天气和中午前后一般不进行喷药，喷药后如遇降雨必须在晴天再补喷一次。

（五）植物检疫

为了防止病虫害随种子、苗木、植株或其产品在国际或国内不同地区造成人为的传播，国家设立了专门的检疫机构，对引进或输出的植物材料及产品进行全面检疫，发现有检疫对象的材料及产品就地销毁。在观赏植物上，目前还没有明确的检疫对象，因此在从国外进口花卉和植物材料时，常常带进不少病菌和害虫。如荷兰进口的风信子带有黄瓜花叶病毒，香石竹带有蚀环病毒等。在局部地区已发生危害性病虫害时，应采取措施将其封闭在一定范围内，并在病区把它们消灭，不让它们蔓延传播到无病区。当发现危险性病虫害已经传入到新的地区时，应积极防治、彻底消灭，控制病区扩大。

第二节 常见病虫害及其防治

一、常见病害及其防治

（一）黑斑病

1. *症状* 黑斑病（black spot）为真菌性病害。叶、叶柄、嫩枝、花梗均可受害，以叶片为重。发病初期呈褐色放射状病斑，边缘明显，直径5～10mm，斑上有黑色小点（图1-8-1）。严重时叶片早期枯萎脱落，影响生长。

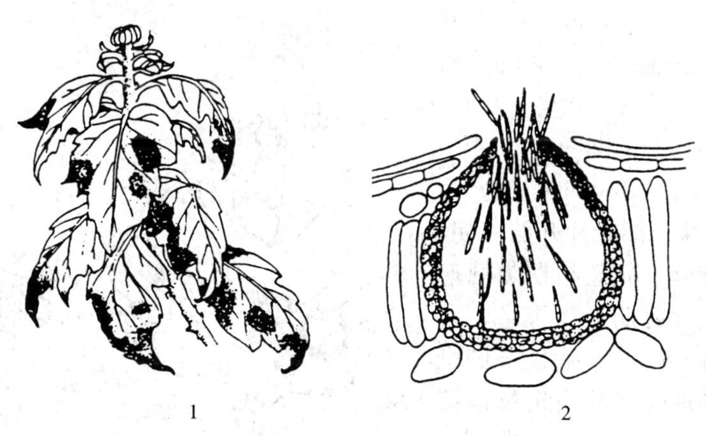

图1-8-1 菊花黑斑病

1. 症状 2. 分生孢子器及分生孢子

2. *发病特点* 病原物以菌丝体或分生孢子在病叶、枯枝或土壤中越冬，也可潜藏在植株芽鳞、叶痕及枝梢上。初夏及秋末为发病盛期。分生孢子借助风力、雨水传播。雨水多、湿度大、光照不足时，发病严重。

3. *防治方法* ①秋冬季剪除病枝叶，清除地下落叶及残株，集中烧毁以减少侵染病菌来源。②修剪以通风透光，注意排水、减少灌溉，降低湿度。③展叶期喷施50%多菌灵可湿性粉剂500～1 000倍液，或70%甲基托布津可湿性粉剂1 000倍液，或75%百菌清可湿性粉剂1 000倍液，或80%代森锌可湿性粉剂500倍液，7～10d喷1次，共2～3次。

（二）白粉病

1. *症状* 白粉病（powdery mildew）为真菌性病害。在月季、大丽花、牡丹、瓜叶菊、凤仙花叶片上常见此病，亦可危害枝条、花柄、花蕾、花芽及嫩梢等。发病初期，病部表面出现一层白色粉状霉层，即病菌无性世代的分生孢子，后期白粉状霉层变成淡灰色，受害部位出现小黑点（图 1-8-2）。受害植株变得矮小，嫩叶扭曲、畸形、枯萎，叶片不开展、变小，枝条发育畸形，花芽被毁，影响开花，严重时整株死亡。

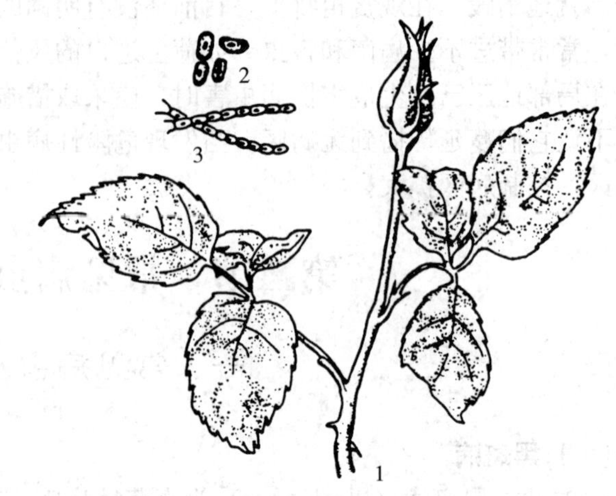

图 1-8-2　月季白粉病
1. 症状　2. 分生孢子　3. 分生孢子串生

2. 发病特点　病菌以菌丝体或分生孢子在病芽、病枝条或落叶上越冬，分生孢子借助风雨传播，对温度、湿度适应力强。以夏初和秋末发病较重。偏施氮肥、阳光不足或通风不良时易发病。

3. 防治方法　①结合修剪，剪除病枝、病叶，集中烧毁。②加强栽培管理，增施磷、钾肥，控制氮肥，使植株生长健康，提高抗病力。③选用抗病、耐病品种。④发病初期可喷施 50%多菌灵可湿性粉剂 800～1 000倍液，或 70%甲基托布津可湿性粉剂 800 倍液，或 25%粉锈宁可湿性粉剂1 000～1 500倍液。

（三）褐斑病

1. 症状　褐斑病（brown spot）为真菌性病害。从植株下部叶片开始发病，逐渐向上部叶片蔓延，病斑初期为圆形或椭圆形，紫褐色，后期变为黑色，直径 5～10mm（图 1-8-3）。病斑与健康部分界线分明，严重时多数病斑可连接成片，使叶片枯黄脱落，影响开花。主要危害菊花、雏菊、榆叶梅等。

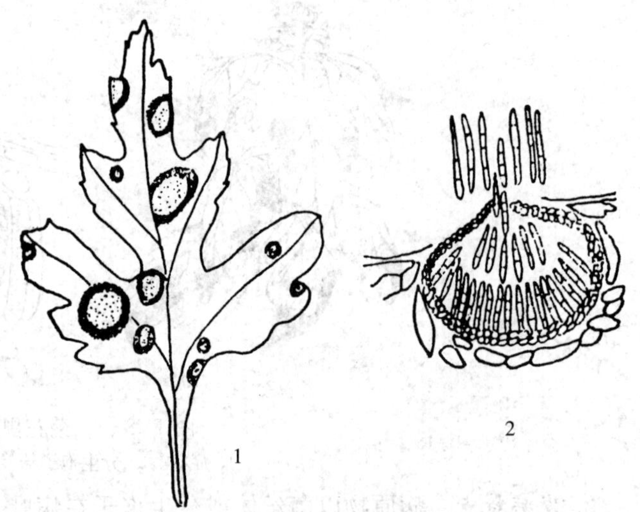

图 1-8-3　菊花褐斑病
1. 症状　2. 分生孢子器
（仿王蔚）

2. 发病特点　病原物以菌丝体或分生孢子器在枯叶或土壤中越冬，借助风雨传播。该病夏初开始发生，以秋季为害严重。高温高湿、植株过密、光照不足、通风不良、土壤连作均利于病害的发生。

3. 防治方法　①清除病枝、病叶，集中烧毁或深埋，减少病菌来源。②加强管理，注意通风。③发病初期喷施 50%多菌灵可湿性粉剂 500 倍液，或 0.5%～1%波尔多液，或 50%代森锌可湿性粉剂1 000～1 500倍液，或 75%百菌清可湿性粉剂 500 倍液，每隔 7～10d 喷药 1 次，共 2～3 次。

（四）炭疽病

1. 症状　炭疽病（anthracnose）为真菌性病害。多发生在叶尖和叶缘，发病初期为圆形或椭圆形红褐色病斑，上有轮纹状排列的小黑点，即病菌的分生孢子盘（图 1-8-4）。该病主要危害鸡冠花、兰花、玉簪、君子兰、仙客来、玉兰、橡皮树等花卉。

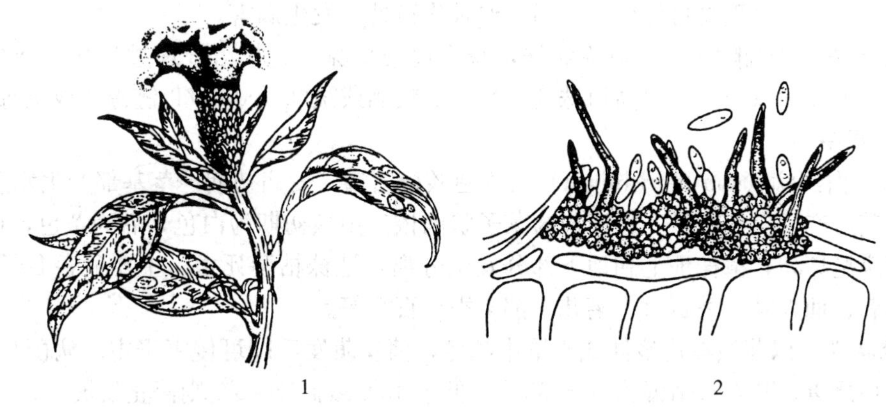

图 1-8-4　鸡冠花炭疽病

1. 症状　2. 病原菌的分生孢子盘、刚毛及分生孢子

2. *发病特点*　病菌以菌丝体在植物残体或土壤中越冬，分生孢子借助风雨、浇水等传播后从伤口侵入，梅雨季节发病较重，使叶子一段或整片发黑，影响生长，严重时植株枯死。

3. *防治方法*　①选用抗病优良的品种。②及时剪除病叶并烧毁。③种植及摆放距离适当放宽，保持通风透光，浇水时尽量减少叶面水。④喷施 50%多菌灵可湿性粉剂 800～1 000倍液，或 70%托布津可湿性粉剂 800～1 000倍液，或 75%百菌清可湿性粉剂 500 倍液。

（五）叶斑病

1. *症状*　叶斑病（leaf spot，leaf blotch）为真菌性病害。可侵染叶片、茎秆和花蕾。下部枝叶发病较多，叶上病斑圆形或长条形，后期扩展呈不规则状红褐色大病斑，中央灰白色，散生小黑点，茎及枝上病斑多分布在分叉处和摘芽的伤口处，灰褐色长条形，后期产生黑色霉层（图 1-8-5）。主要危害香石竹、鸡冠花、君子兰等花卉。

2. *发病特点*　病菌在寄主残体或土壤中越冬，发病期随风雨传播，侵染植物，温室内四季均可发病，露地栽培时，秋季发病最为严重。连作密植、通风不良、湿度过高均易促进病害发生。

3. *防治方法*　①清除病株残体，减少侵染来源。②选用抗病品种，适当增施磷、钾肥，提高植株抗病性。③实行轮作。④喷洒 1%的波尔多液，或 25%多菌灵可湿性粉剂 300～600 倍液，或 50%托布津可湿性粉剂1 000倍液，或 80%代森锰锌可湿性粉剂 400～600 倍液。

图 1-8-5　香石竹叶斑病

1. 叶上症状　2. 分生孢子　3. 枯株症状

（六）细菌性软腐病

1. *症状*　细菌性软腐病（bacterial soft rot）可危害球根、叶柄、叶片等。首先侵染叶片，产生水渍状病斑，而后逐渐蔓延至叶柄或球根，软腐黏滑有恶臭味，球根表皮完整，内部组

织崩溃，植株萎蔫死亡。

2. 发病特点　病原细菌在土壤中越冬，靠雨水、昆虫、接触传播，从伤口侵入植株。夏秋发病严重，生长季节可重复再侵染，高温高湿及伤口处易发生病害。

3. 防治方法　①摘除病叶、拔除病株，减少侵染来源。②栽培管理过程尽量减少创伤，增施磷、钾肥，加强通风透光，提高植株抗病性。③喷洒或浇灌 400mg/L 链霉素或土霉素液。

（七）白绢病

1. 症状　白绢病（southern blight）又称菌核根腐病。发病初期，茎基部产生水渍状褐色不规则病斑，其后产生白色菌丝，逐渐成为菜子状菌核。菌核初期为白色，后为黄色，最终变成褐色，茎基部腐烂坏死，植株地上和地下部分发生分离，植株枯萎死亡。主要危害君子兰、兰花、杜鹃花、茉莉、仙人掌、香石竹、菊花、郁金香、百合等。

2. 发病特点　以菌核在病残体或土壤中越冬，菌丝萌发后即可侵害寄主。病菌喜高温高湿，梅雨季节发病严重。其生长适温为 30～35℃，低于 15℃或高于 40℃则停止发展。

3. 防治方法　①加强管理，注意通风透光，栽培土严格消毒，切忌使用带菌土壤。②拔除病株，挖去病株周围的土壤，并在病穴四周撒五氯硝基苯或风化的石灰，以控制病情发展。③用 50%托布津可湿性粉剂 500 倍液，或 50%多菌灵可湿性粉剂 500 倍液浇灌植株的茎基部及周围土壤。

（八）立枯病

1. 症状　立枯病（seedling blight）为半知菌类病害。病菌从土壤表层侵染幼苗的根部和茎基部，使病部下陷缢缩，呈黑褐色，幼苗组织未木质化时造成猝倒现象，幼苗自土面倒状；幼苗已半木质化或木质化时，表现立枯病状，幼苗出土 10～20d 时危害最严重。病部常出现粉红色霉层。主要危害翠菊、石竹、秋海棠、鸢尾等花卉。

2. 发病特点　病菌以菌丝体或厚垣孢子在土壤中越冬，主要通过土壤和肥料传播。湿度过大，土温在 15～20℃时，利于病害发生。

3. 防治方法　①及时拔除病株，集中烧毁。②对土壤进行消毒，可用 40%福尔马林水溶液，每平方米用药 50ml，加水至 8～12kg 后浇灌土面，或用 70%的五氯硝基苯粉剂与 80%代森锌可湿性粉剂等量混合均匀的药剂，每平方米用量 8～10g。③幼苗出土前期，适当控制浇水。④发病初期用 50%的代森锌水溶液 300～400 倍液或 70%甲基托布津可湿性粉剂1 000倍液浇灌。

（九）疫病

1. 症状　疫病（blight，epidemic disease）为真菌性病害。植株整个生育期均可受害，以开花期受害最重。病菌从近地面茎基部侵染，向下延伸到根部。受害部位变软，水渍状，浅黑色，病部易折断，最后根部皮层腐烂脱落，露出变色的中柱。

2. 发病特点　病菌以卵孢子在土壤中寄主残余组织内越冬，次年借雨水飞溅到寄主上，在排水不良或梅雨季节时，更易形成大量白色绵毛状霉，产生大量气生菌丝和孢子囊，借风雨传播，致使病害大发生。在发病后期产生卵孢子越冬。

3. 防治方法　①清除枯枝病叶，减少来年病原。②进行土壤消毒，每平方米土可用 1∶50～100 甲醛 4kg 浇入土中，覆盖 1～2 周，之后深翻土壤，待甲醛水溶液挥发后即可种植。③发病初期喷70%百菌清可湿性粉剂600倍液，每隔10～15d喷1次，连续3～4次。

（十）根结线虫病

1. *症状*　根结线虫病（root knot，nematode disease）地下部分表现为侧根及须根上形成大小不等的瘤状物，光滑坚硬，后变为深色、内有乳白色发亮的粒状物，即线虫虫体。可影响根部吸收，使地上部分生长衰弱，植株变矮小，叶片发黄，花小，严重时可导致植株死亡。主要危害仙客来、四季秋海棠、紫罗兰、凤仙花、芍药、大丽花、桂花、唐菖蒲、菊花等。

2. *发病特点*　根结线虫在土壤中越冬，可通过灌溉、种球繁殖及农事操作进行传播，带病土壤和残株是侵染的主要来源。幼虫侵入根部后固定寄生，30～50d完成1代。土温20～27℃，土壤湿度15%左右时，利于线虫的活动。

3. *防治方法*　①进行土壤消毒，可用20%二溴氯丙烷颗粒剂5～8g/m^{2}或4%的涕灭威颗粒剂20g/m^{2}或呋喃丹颗粒剂15～20g/m^{2}处理。②带病球根消毒，用50℃温水处理10min。③发病期施用10%克线磷颗粒剂，每公顷约60kg。④实行检疫，以免病害传播到无病区。

二、常见虫害及其防治

（一）角蜡蚧

介壳虫有数十种之多，常见的还有吹绵蚧、长白蚧、日本龟蜡蚧、红蜡蚧等，主要危害山茶花、金橘、月季、含笑、海棠、丁香、夹竹桃、木槿、茉莉、芍药、珊瑚树、月桂、大叶黄杨、海桐等。

1. *形态与生活习性*　角蜡蚧（scale insect）属小型昆虫，体长一般1～7mm，最小的只有0.5mm。雌成虫体被坚硬的蜡壳，蜡壳淡红色或灰白色，周围有8个角状突起，中间有1个角状突起，历时久则突起消失，几成半球形。虫体红褐色或紫褐色，腹部扁平，背部凸起，形似半球形（图1-8-6）。繁殖迅速，常群聚于枝叶及花蕾上吸取汁液，造成枝叶枯萎甚至死亡。

2. *防治方法*　①量少时可用棉花球蘸水抹去或用刷子刷除。②剪除虫枝、虫叶，集中烧毁。③注意保护寄生蜂和捕食性瓢虫等介壳虫的天敌。④在产卵期、孵化盛期（5～6月份）用40%氧化乐果乳油1 000～2 000倍液，或50%杀螟松乳油1 000倍液喷雾1～2次。

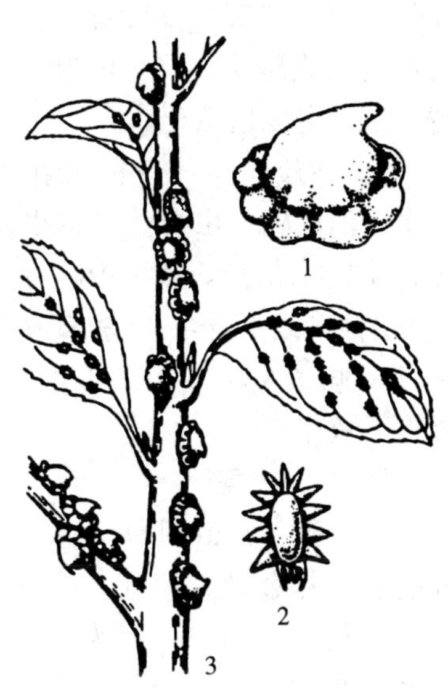

图1-8-6　角蜡蚧
1. 雌成虫介壳　2. 幼龄若虫介壳
3. 被害状

（二）蚜虫

蚜虫（aphid，aphis）主要有桃蚜（图1-8-7）和棉蚜，可危害金鱼草、瓜叶菊、菊花、梅花、香石竹、仙客来、百合、木槿、石榴、金盏菊等。

1. *形态与生活习性*　蚜虫个体细小，繁殖力强，能进行孤雌生殖，在夏季4～5d就能繁殖一个世代，一年可繁殖几十代。蚜虫积聚在新叶、嫩芽及花蕾上，以刺吸式口器刺入植物组织内吸取汁液，使受害部位出现黄斑或黑斑，受害叶片皱曲、脱落，花蕾萎缩或畸形生长，严重时可使植株死亡。蚜虫能分泌蜜露，招致细菌生长，诱发煤烟病等病害。此外还能形成虫瘿，如蚊母树、榆树等。

2. 防治方法 ①通过清除植物附近杂草，冬季在寄主植物上喷5波美度的石硫合剂，消灭越冬虫卵。②喷施40%乐果或氧化乐果乳油1 000～1 500倍液，或20%杀灭菊酯乳油2 000～3 000倍液，或5%鱼藤精乳油1 000～1 500倍液，1周后复喷1次。③注意保护瓢虫、食蚜蝇及草蛉等天敌。

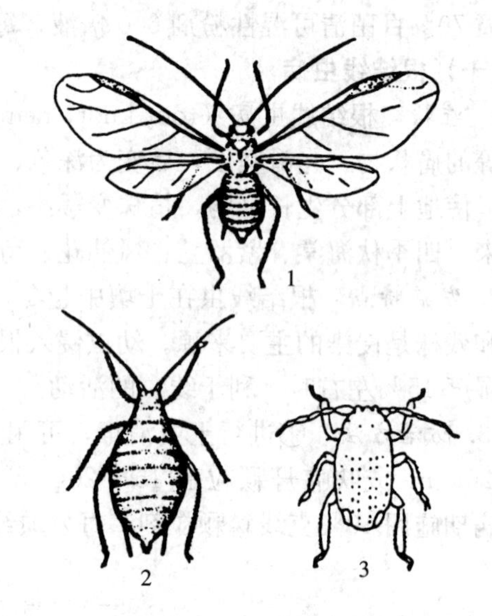

图1-8-7 桃 蚜

1. 有翅胎生雌蚜 2. 无翅胎生雌蚜 3. 若蚜

（三）叶螨（红蜘蛛）

叶螨（red spider，red mite）是一类重要的叶部害虫，种类多，主要有朱砂叶螨（图1-8-8）、柑橘全爪螨、山楂叶螨、苹果叶螨等，可危害茉莉、月季、扶桑、海棠、菊花、唐菖蒲、金橘、杜鹃花、山茶花、美人蕉、天竺葵等。

1. 形态及生活习性 叶螨个体小，体长一般不超过1mm，呈圆形或卵圆形，橘黄或红褐色，可通过有性杂交或孤雌生殖进行繁殖，繁殖能力强，一年可达十几代。以雌成虫或卵在枝干、树皮下或土缝中越冬，成虫、若虫用口器刺入叶内吸吮汁液，被害叶片叶绿素受损，叶面密集细小的灰黄点或斑块，严重时叶片枯黄脱落，甚至因叶片落光造成植株死亡。

2. 防治方法 ①冬季清除杂草及落叶或圃地灌水以消灭越冬虫源。②害虫发生期喷20%双甲脒乳油1 000倍液，或20%三氯杀螨砜可湿性粉剂800倍液，或40%三氯杀螨醇乳剂2 000倍液，每7～10d喷1次，共喷2～3次。③保护深点食螨瓢虫等天敌。

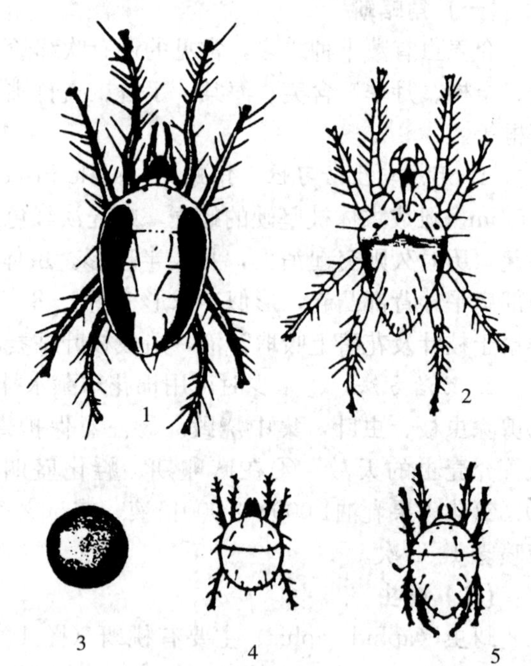

图1-8-8 朱砂叶螨

1. 雌成螨 2. 雄成螨 3. 卵 4. 幼螨 5. 若螨

（四）白粉虱

白粉虱（whitefly）是温室花卉的主要害虫，可危害倒挂金钟、茉莉、扶桑、月季、牡丹、兰花、菊花、凤仙花、万寿菊、大丽花、天竺葵、一串红等。

1. 形态及生活习性 体小纤弱，长1mm左右，淡黄色，翅上被白色蜡质粉状物（图1-8-9）。白粉虱以成虫和幼虫群集在植物叶片背面，刺吸汁液进行危害，使叶片枯黄脱落。成虫及幼虫能分泌大量蜜露，导致煤烟病发生。白粉虱一年可发生10代左右，成虫多集中在植株上部叶片的背面产卵，幼虫和蛹多集中在植株中下部的叶片背面。

2. 防治方法 ①及时修剪、疏枝，去除虫叶。②喷施40%乐果或氧化乐果乳油，或50%马拉松乳剂，对成虫、若虫有良好的防治效果；喷施20%杀灭菊酯乳油2 500倍液对各种虫态都有效果。③利用天敌丽蚜小蜂防治。

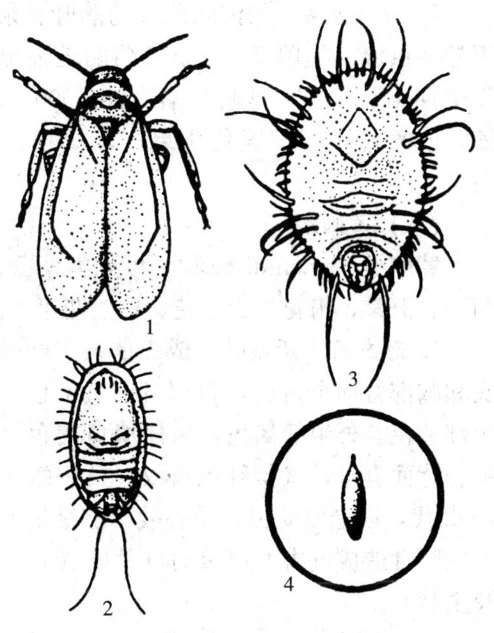

图1-8-9 白粉虱
1. 成虫 2. 若虫 3. 蛹 4. 卵

（五）绿盲蝽

绿盲蝽（green plant bug）可危害月季、菊花、大丽花、一串红、紫薇、木槿、扶桑、石榴等。

1. 形态与生活习性 成虫体长5mm左右，绿色，较扁平，前胸背板深绿色，有许多小黑点，小盾片黄绿色，翅革质部分全为绿色，膜质部分半透明，呈暗灰色。一年发生5代左右，以卵在木槿、石榴等植物组织的内部越冬。成虫或若虫用口针刺害嫩叶、叶芽、花蕾。被害叶片出现黑斑或孔洞，发生扭曲皱缩；花蕾被刺害后，受害部位渗出黑褐色汁液；叶芽嫩尖被害后，呈焦黑色，不能发叶。该虫在气温20℃，相对湿度80%以上时发生严重。

2. 防治方法 ①清除苗圃内及其周围的杂草，减少虫源。②用40%氧化乐果乳油1 000倍液，或50%杀螟松乳油1 000倍液，或50%辛硫磷乳油2 000倍液，或50%杀灭菊酯乳油2 000～3 000倍液，或50%二溴磷乳油1 000倍液喷雾防治。

（六）大蓑蛾

大蓑蛾（giant bagworm）可危害梅花、樱花、石榴、蔷薇、月季、紫薇、桂花、蜡梅、山茶花、鸢尾等。

1. 形态及生活习性 雌成虫无翅，蛆状，体长约25mm。雄成虫有翅，体长为5～17mm，黑褐色。幼虫头部赤褐色或黄褐色，中央有白色人字纹，胸部各节背面黄褐色，上有黑褐色斑纹。幼虫、雌成虫外有护囊，外附有碎叶片和少数枝梗（图1-8-10）。大蓑蛾一年发生1代，以老熟幼虫在护囊内越冬。幼虫取食植物叶片，可将叶片吃光只残存叶脉，影响被害植株的生长发育。雄蛾有趋光性。

2. 防治方法 ①初冬人工摘除植株上的越冬虫囊。②幼虫孵化初期喷90%敌百虫晶体1 000倍液，或50%杀螟松乳油800倍液。

（七）蓟马

蓟马（thrips）主要有花蓟马、中华管蓟马、日本蓟马等。可危害菊花、月季、芍药、山茶花、柑橘、晚香玉、唐菖蒲、兰花、郁金香、香石竹、白兰花等。

1. 形态及生活习性 蓟马体小细长，体长一般为0.5～0.8mm。若虫喜群集取食，成虫分散活动。若虫和成虫锉吸花器、嫩叶或嫩梢的汁液，受害部位呈灰白色的点状。

2. 防治方法　①清除苗圃的落叶、杂草，消灭越冬虫源。②用2.5%溴氰菊酯乳油熏蒸。③发生期喷施2.5%溴氰菊酯乳油2 000～2 500倍液，或喷施乐果、氧化乐果、杀螟松、马拉硫磷等。

（八）黄刺蛾

黄刺蛾（oriental moth）可危害紫薇、月季、芍药、海棠、梅花、山茶花、白兰花等。

1. 形态及生活习性　成虫体长150mm左右，头和胸部背面金黄色，腹部背面黄褐色，前翅内半部黄色，外半部褐色，后翅淡黄褐色。幼虫黄绿，背面有哑铃状紫红色斑纹。黄刺蛾一年发生1～2代，以老熟幼虫在受害枝干上结茧越冬，以幼虫啃食造成危害。严重时叶片吃光，只剩叶柄及主脉。

2. 防治方法　①点灯诱杀成虫。②人工摘除越冬虫茧。③在初龄幼虫期喷25%亚胺硫磷乳油1 000倍液，或2.5%溴氰酯乳油4 000倍液。

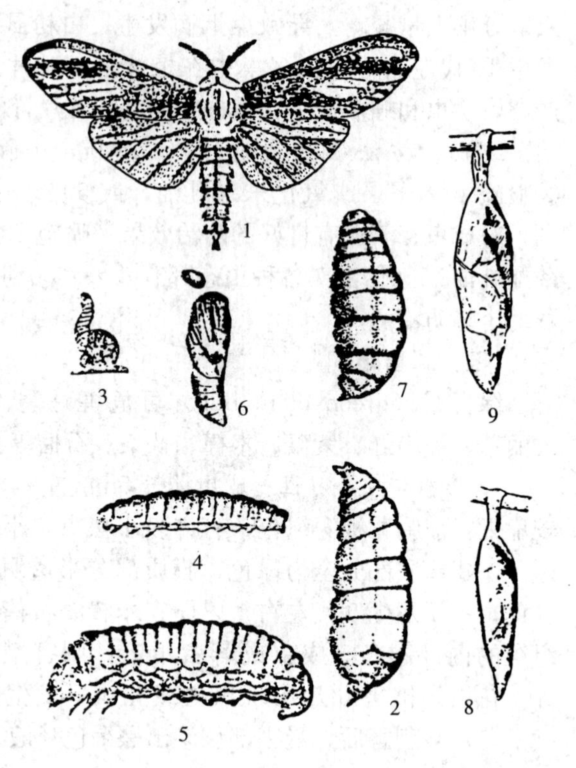

图1-8-10　大蓑蛾

1. 雄成虫　2. 雌成虫　3. 初孵幼虫开始营囊　4. 雄幼虫　5. 雌幼虫　6. 雄蛹　7. 雌蛹　8. 雄虫护囊　9. 雌虫护囊

（九）金龟子

金龟子（might flying beetle，scarabaeid beetle，chafer）主要有铜绿金龟子、白星金龟子、小青花金龟子、苹毛丽金龟子等，可危害樱花、梅花、木槿、月季、萱草、海棠、芍药、唐菖蒲、菊花、大丽花等。

1. 形态及生活习性　金龟子体卵圆形或长椭圆形，鞘翅铜绿色、紫铜色、暗绿色或黑色，多有光泽。成虫主要夜出危害，有趋光性。危害部位多为叶片和花朵，严重时可将叶片和花朵吃光。金龟子的幼虫称为蛴螬，是危害苗木根部的主要地下害虫之一。金龟子一年发生1代，以幼虫在土壤内越冬。

2. 防治方法　①利用黑光灯诱杀成虫。②利用成虫假死性可于黄昏时人工捕杀成虫。③喷施40%氧化乐果乳油1 000倍液，或90%敌百虫原液800倍液。

（十）咖啡蠹蛾

咖啡蠹蛾（coffee borer）可危害石榴、月季、菊花、香石竹、樱花、山茶花、木槿等。

1. 形态及生活习性　成虫体灰白色，长5～28mm，触角黑色、丝状，胸部背面有3对蓝青色斑，翅灰白色、半透明。幼虫红褐色，头部淡褐色。一年发生1～2代，以幼虫在枝条内越冬。以幼虫蛀入茎部危害，造成枝条枯死，植株不能正常生长开花，或茎干蛀空而折断。

2. 防治方法　①剪除受害嫩枝、枯枝，集中烧毁。②用铁丝插入虫孔，钩出或刺死幼虫。③孵化期喷施40%氧化乐果乳油，或50%杀螟松乳油1 000倍液。

（十一）蔷薇叶蜂

蔷薇叶蜂（rose leaf-cutting bee）主要危害月季、蔷薇、黄刺玫、十姊妹、玫瑰等。

1. 形态及生活习性　成虫体长7.5mm左右，翅黑色、半透明，头、胸及足有光泽，腹部橙黄色。幼虫体长20mm左右，黄绿色。蔷薇叶蜂1年可发生2代，以幼虫在土中结茧越冬。有群集习性，常数十只群集于叶上取食，严重时可将叶片吃光，仅留粗叶脉。雌虫产卵于枝梢，可使枝梢枯死。

2. 防治方法　①人工连叶摘除孵化幼虫。②冬季挖茧消灭越冬幼虫。③喷施90%敌百虫原液800倍液，或50%杀螟松乳油1 000～1 500倍液，或2.5%溴氰菊酯乳油2 000～3 000倍液。

（十二）天牛

天牛（long-horn beetle，stem borer）主要有桃红颈天牛、菊天牛（图1-8-11）、咖啡灰天牛等，可危害梅花、菊花、金银花、海棠、石楠、郁李等花木。

1. 形态及生活习性　各种天牛形态及生活习性均差异较大。成虫体长9～40mm，多呈黑色。1年或2～3年发生1代，以幼虫或成虫在根部或树干蛀道内越冬。卵多产在主干、主枝的树皮缝隙中，幼虫孵化后，蛀入木质部危害，蛀孔处堆有锯末和虫粪。受害枝条枯萎或折断。

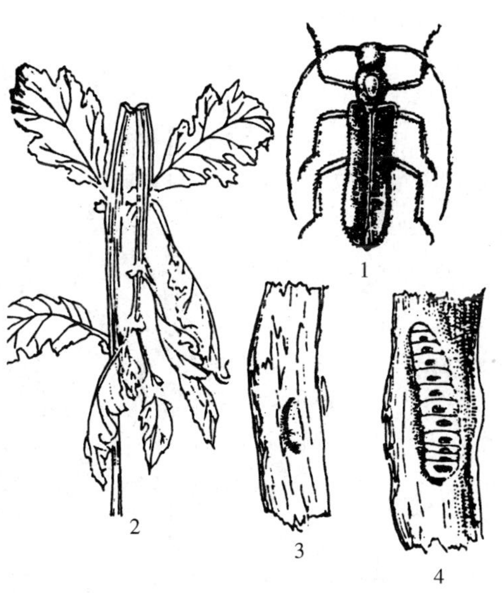

图1-8-11　菊天牛
1. 成虫　2. 被害状　3. 茎内卵　4. 茎内幼虫

2. 防治方法　①人工捕杀成虫。成虫发生盛期可喷5%西维因粉剂，或90%敌百虫晶体1 000倍液。②成虫产卵期，经常检查树体，发现产卵伤痕，及时刮除虫卵。③用铁丝钩杀幼虫或用棉球蘸氧化乐果药液塞入洞内毒杀幼虫。④成虫发生前，在树干和主枝上涂白涂剂，防止成虫产卵，白涂剂用生石灰10份、硫黄1份、食盐0.2份、兽油0.2份和水40份配成。

各论

第一章 一二年生花卉

第一节 概　　述

1. *概念与范畴*　一二年生花卉是指整个生活史在一或两个年度完成的草本观赏植物。包括三种类型，即一年生花卉、二年生花卉和多年生作一二年生栽培的花卉。一年生花卉是指其生活周期在一个生长季内完成的花卉，一般春季播种，夏秋开花，故又称春播花卉，如鸡冠花、百日草、半支莲、万寿菊等。二年生花卉是指生活周期经两年或两个生活季完成的花卉，即第一年秋季播种成苗，第二年春夏季开花，故又称秋播花卉，常见的有矢车菊、紫罗兰、石竹、桂竹香等。另外，还有一些种类在原产地为多年生，但常作一二年生栽培，如一串红、三色堇、金鱼草、藿香蓟等。一二年生花卉在园林中广为运用的历史并不很长，但以其独特的优点而越来越受重视。主要优点有：①生长周期短，可迅速为园林提供色彩变化；②株型整齐，开花一致，群体效果好；③种类繁多，品种丰富，观赏期较长，通过不同种类、品种搭配可做到周年有花；④繁殖、栽培简单，投资少，成本低。

2. *繁殖与栽培要点*　一二年生花卉多由播种繁殖，在苗床或育苗盘上撒播。现已较多地推广应用穴盘育苗，可提高出苗率、种苗质量和劳动生产率。部分一二年生花卉也可通过扦插繁殖，如一串红、万寿菊、四季秋海棠、半支莲、五色苋等，于生长期采用嫩枝扦插。

一二年生花卉多喜光，喜排水良好而肥沃疏松的土壤。一年生花卉一般喜温而不耐寒；二年生花卉则较耐寒，喜冷凉而不耐酷热。其花期可以通过调节播种期、光温处理或利用生长调节剂来进行调节。一二年生花卉是花坛布置的主要材料，或在花境中依不同花色成群栽植。也可植于窗台花台、门廊栽培箱、吊篮等，还适合于盆栽或切花栽培。

第二节 常见种类

（一）羽衣甘蓝

［学名］ *Brassica oleracea* L. var. *acephala* f. tricolor Hort.

［英名］ kales, borecole

［别名］ 叶牡丹、花包菜、牡丹菜

［科属］ 十字花科，芸薹属（甘蓝属）

［形态特征］ 二年生草本，株高 30～40cm。叶互生，宽大匙形，平滑无毛，被白粉，叶缘多

皱，叶柄有翅，重叠生于短茎上。总状花序顶生，花20～40朵。长角果细圆柱形，种子球形，千粒重1.6g。按叶形态可分为皱叶、不皱叶和深裂叶等品种。从叶色来分，边缘叶有翠绿色、深绿色、灰绿色、黄绿色，中心叶有纯白、淡黄、黄、肉色、玫瑰红、紫红等品种。

[产地与分布] 原产西欧。现世界各地广为栽培。

[习性] 耐寒，喜光和凉爽气候，极好肥，要求疏松肥沃土壤。花期4月。

[繁殖与栽培] 播种繁殖，7～8月播种，移植1～2次，11月前后定植。因其喜肥，生长期应追施3～4次肥。生长过程易受食叶虫侵食，应注意防治，以免影响观赏价值。若需留种，则需注意母株的隔离，避免品种间或种间杂交。

[观赏与应用] 羽衣甘蓝冬季和早春花坛的重要美化材料，亦可盆栽观赏。全株可作饲料。

（二）紫罗兰

[学名] *Matthiola incana* R. Br.

[英名] common stock violet，gilliflower

[别名] 草桂花、草紫罗兰

[科属] 十字花科，紫罗兰属

[形态特征] 二年生草本，茎基部半木质化，株高30～50cm，全株被灰色星状柔毛。叶互生，倒卵形，先端圆钝，全缘。总状花序顶生或腋生，花瓣4枚，倒卵形有长爪，花径约2cm。长角果圆柱形，种子上具白色膜质小翅，千粒重0.8～1.2g，寿命4年。包括：夏紫罗兰，一年生种，花期6～8月；冬紫罗兰，二年生种，株型及叶片均较大，花期4～5月；秋紫罗兰，是前两类的杂交种，可行秋播或春播。

同属相近种还有夜香紫罗兰（*M. bicornis*），一二年生草本，多分枝，株高约30cm，叶披针形，花紫色或雪青色，夜间开花。原产希腊。

[产地与分布] 原产南欧，在欧美甚为流行，我国南方地区较多栽培。

[习性] 半耐寒，喜冬季温和、夏季凉爽的气候，怕暑热，喜肥沃、深厚而湿润的土壤。花期4～5月。

[繁殖与栽培] 播种繁殖，秋播。直根性强，不耐移植，若移植宜多带土。生长期易感染病虫害，应注意通风降湿。

[观赏与应用] 紫罗兰可供盆栽或切花观赏，亦可用于布置花坛、花境或花带。

（三）银边翠

[学名] *Euphorbia marginata* Pursh.

[英名] snow on the mountain euphobia

[别名] 高山积雪、象牙白

[科属] 大戟科，大戟属

[形态特征] 一年生草本植物，株高50～80cm。茎直立，多分枝，体内具乳液，全株具柔毛。叶卵形至长圆形或矩圆状披针形，先端凸尖，全缘，无柄，下部叶片互生，顶端叶片轮生。入夏后，枝梢叶片边缘或叶片大部分变为银白色。顶端小花3朵簇生，花下具2枚大型苞片。

同属中观赏栽培的还有猩猩草（*E. heterophylla*），一年生草本植物，茎多乳汁。叶卵形至线形，或有浅波状缘而呈提琴形。入夏后，枝梢叶片中下部或全叶呈红色。原产美国南部至热带美洲。

［产地与分布］原产北美，现世界各国广泛栽培。

［习性］喜阳光充足、气候温暖的环境。性强健，耐干旱，但不耐寒。不择土壤，喜肥沃而排水良好的疏松沙质壤土。忌湿、涝。直根性，宜直播，不耐移植，能自播繁衍，生长迅速，栽培管理容易。花期7～8月，果熟期8～10月。

［繁殖与栽培］春季播种繁殖，播后15～20d发芽，可自播繁殖。宜直播，但其小苗移植，也易成活。定植成活后，待苗长至15cm左右时摘心一次，以促进分枝。生长期内，每半月施一次20%的饼肥水或粪肥水，并进行松土除草。果实9月成熟，应适时采收。

［观赏与应用］银边翠顶叶呈银白色，与下部绿叶相映，犹如青山积雪，如与其他颜色的花卉配合布置，更能发挥其色彩之美。可栽植于风景区、公园及庭园等处布置花坛、花境、花丛，也可作切花材料。

（四）美女樱

［学名］*Verbena hybrida* Voss

［英名］common garden verbena

［别名］草五色梅、四季绣球、铺地锦、苏叶梅

［科属］马鞭草科，马鞭草属

［形态特征］多年生草本，常作一二年生栽培，株高40cm左右，全株被毛，枝条外倾，基部侧枝呈匍匐状生长。叶对生，具短柄，卵形，叶缘有粗锯齿，叶基部常有裂刻。穗状花序顶生，小花具较长花梗，呈伞房状。花冠5浅裂，花色丰富（图2-1-1）。小坚果短棒状，长4～5mm，浅灰褐色或浅茶褐色，种子千粒重2.8g，寿命2年。包括：白心种（var. *anriculiflora*），花冠喉部白色，大而显著；斑纹种（var. *striata*），花冠边缘有斑纹；大花种（var. *grandiflora*）和矮生种（var. *nana*）。

同属相近种有细叶美女樱（*V. tenera*），多年生草本，丛生，节部生根，株高20～30cm。叶3深裂。

图2-1-1　美女樱

［产地与分布］原产南美，在各国园林中栽培较为普遍。

［习性］喜阳光，不耐旱，喜排水良好的肥沃土壤。花期4～10月。

［繁殖与栽培］播种或扦插繁殖。春播或秋播，北方秋播后需保护地越冬。种子发芽过程对基质湿度敏感，不能脱水，否则影响发芽，播种后应盖薄土，黑暗有利于发芽。也可在生长期取嫩枝扦插繁殖，易生根。较耐寒，华东及以南地区可露地越冬。

［观赏与应用］美女樱是配置花坛、花境的理想材料，或作树坛边缘绿化，亦可盆栽观赏。全草均可入药，具清热凉血功效。

（五）半支莲

［学名］*Portulaca grandiflora* Hook.

[英名] largeflower purslane

[别名] 太阳花、死不了、洋马齿苋、龙须牡丹、松叶牡丹

[科属] 马齿苋科，马齿苋属

[形态特征] 一年生肉质草本，株高 10～15cm，茎匍匐或微向上生长。叶互生，圆柱形，长约2.5cm。花单生或簇生于枝顶，花径 2.5～4cm，基部有 8～9 枚轮生叶状苞片，上密生白色长茸毛。花瓣 5 枚，倒卵形，先端凹入，有白、黄、红、紫等色。蒴果盖裂，种子细小多数，呈银黑色，千粒重 0.1～0.14g，寿命 3～4 年。庭园应用多为重瓣品种，有白、白花红点、雪青、淡黄、深黄、大红、棕红等颜色，前三种花色的品种茎部为绿色，其余品种茎部均为棕红色。

[产地与分布] 原产巴西，我国各地栽培甚广。

[习性] 喜温暖和充足的阳光，不耐寒，忌酷热。喜干燥沙质土壤，耐瘠薄和干旱，能自播。花期 6～10 月。

[繁殖与栽培] 播种或扦插繁殖，春季播种，夏秋季开花。扦插繁殖在整个生长期均可进行。栽培容易，但应选排水良好的地形栽培，忌低涝。

[观赏与应用] 毛毡花坛的良好材料，亦可用于花坛、花境的镶边或作盆栽观赏。全草可入药，能治感冒、烧烫伤。

(六) 翠雀花

[学名] *Delphinium grandiflorum* L.

[英名] bouquet larkspur

[别名] 大花飞燕草

[科属] 毛茛科，翠雀花属

[形态特征] 多年生草本，多作一二年生栽培。茎直立，上部疏生分枝，株高 30～120cm。茎叶疏被柔毛。叶片呈掌状深裂至全裂，基部叶片有长柄，上部叶片无柄。顶生总状花序或穗状花序，花茎约 2.5cm，萼片 5 枚，呈花瓣状，下面的一片伸长成距。花瓣 2～4 枚或多数成重瓣，上面一对有距且突伸入萼距内。种子千粒重 1.8～2.2g。

与同属的札里耳翠雀（*D. zalil*）、裸茎翠雀（*D. nudicaule*）等杂交形成了大量园艺品种，花色有蓝、紫、红、粉、白等。

[产地与分布] 原产我国及西伯利亚，现世界各国广为栽培。

[习性] 较耐寒，喜阳光，怕暑热，忌积涝，宜在深厚肥沃的酸性沙质土壤上生长。夏季宜植冷凉处，以昼温 20～25℃，夜温 13～15℃为最适生长温度。为直根性植物，须根少。花期6～8 月。

[繁殖与栽培] 播种或扦插繁殖。播种在春、秋季均可进行，种子发芽适温 15℃左右，土温宜在 20℃以下，播后两周左右萌发，高温对种子萌发有抑制作用。秋播在 8 月下旬至 9 月上旬进行，先播入露地苗床，入冬前移入冷床或冷室越冬，春季 4～7 片真叶时进行定植。南方可早春露地直播，也可在春季取嫩枝扦插繁殖。苗期及旺盛生长期可适量追施氮肥，开花前施磷、钾肥，雨天注意排水，作切花栽培时要拉网防倒伏。

[观赏与应用] 翠雀花植株挺拔，叶纤细清秀，花穗长，色彩鲜艳，为花境及切花的良好材料。

（七）凤仙花

［学名］ *Impatiens balsamina* L.

［英名］ garden balsam

［别名］ 指甲花、金凤花、小桃红、急性子、透骨草

［科属］ 凤仙花科，凤仙花属

［形态特征］ 一年生草本，株高20～80cm。茎直立，肥嫩多汁，光滑。单叶互生，披针形，边缘有锐齿。花大，单生或数朵集生于叶腋，似总状花序。花瓣5枚，花萼3片，后片有向内的距，雄蕊5枚，花色有白、粉、红、紫、杂色或有条纹和斑点。蒴果纺锤形，密被白色茸毛。种子球形，褐色，千粒重9.73g，寿命5～6年。凤仙花品种甚多，变种主要有3个：烂头凤仙（var. *nana*），在主枝和分枝顶端着生一朵花型特大、重瓣性很高的大花，分枝多，开张而成丛生状，有矮生种（高20～30cm）和中茎种（高40～60cm）；直立凤仙，株丛直立，无或少分枝，高50～60cm，花多为重瓣；高茎凤仙，株高80cm以上，花多为单瓣。

［产地与分布］ 原产我国南部、印度和马来西亚，现世界各地均有栽培。

［习性］ 喜阳光充足、温暖而湿润的环境条件，不耐寒，怕霜冻。对土壤适应性强，但喜湿润而又排水良好的土壤，忌干旱。花期6～8月。

［繁殖与栽培］ 播种繁殖，春季播种。有自播能力。播后2个月左右开花。分枝能力较强，可不摘心。果实成熟后种子自动弹出，应及时采收。

［观赏与应用］ 凤仙花是花坛、花境的理想美化材料，也可栽植成花丛或花群。全草及花、种子均可入药，有活血通经和消积的功效。

（八）石竹

［学名］ *Dianthus chinensis* L.

［英名］ Chinese pink，rainbow pink

［别名］ 洛阳花、草石竹、中国石竹

［科属］ 石竹科，石竹属

［形态特征］ 多年生草本，常作一二年生栽培，株高20～40cm，茎簇生，直立。叶对生，线状披针形，基部抱茎，主脉明显。花顶生，单生或数朵组成圆锥状聚伞花序，直径2～3cm，花瓣边缘具明显的三角形小齿，萼筒圆筒形，花瓣5枚，红、粉红或白色（图2-1-2）。蒴果矩圆形，种子扁圆形，千粒重0.9g，寿命3～5年。主要变种有：羽瓣石竹（var. *laciniatus*），瓣片先端深裂成细线状，花大；锦团石竹（var. *heddewigii*），花大，重瓣性强，先端齿裂或羽裂；矮石竹，株高约15cm，株丛及花径均较小。

图2-1-2　石　竹

同属相近种有：

须苞石竹（*D. barbatus*）　宿根草本，作一二年生栽培，株高40～50cm。叶对生，披针形或狭椭圆形。花小，密集呈扁平聚伞花序。原产欧亚温带。

常夏石竹（*D. plumarius*） 宿根草本，丛生，高 15～30cm。基叶狭条形，具细齿。花玫瑰红或粉红色，花冠边缘深裂，基部有爪。原产奥地利。

少女石竹（*D. deltoides*） 宿根草本，株丛低矮。花茎叶狭而尖，披针形，营养枝叶较阔而钝，三脉。花单生枝顶，花瓣边缘尖齿状。原产英国和日本。

瞿麦（*D. superbus*） 宿根草本，茎粗，节膨大。叶条状披针形。花单生或数朵呈圆锥状聚伞花序。原产欧、亚温带。

[产地与分布] 原产我国，现国内外普遍栽培。

[习性] 分布广泛。耐寒而不耐酷暑，喜排水良好、疏松肥沃土壤，怕涝，耐盐碱。花期4～9月。

[繁殖与栽培] 播种繁殖。秋播（9～10 月），春季开花后由于高温而生长势减弱，甚至枯萎，夏凉地区则可越夏至秋季开花。石竹类易种间杂交，若需采种则母株需隔离。

[观赏与应用] 中国石竹较须苞石竹株型低矮，分枝性强，尤适作地被或盆花应用，是春季花坛、花境的优良美化材料，高茎品种可作切花。全草可入药，有清热利尿功效。

（九）金鱼草

[学名] *Antirrhinum majus* L.

[英名] common snapdragon

[别名] 龙口花、龙头花、狮子花、洋彩雀

[科属] 玄参科，金鱼草属

[形态特征] 多年生草本，常作一二年生栽培，株高 30～90cm，茎直立，微具细茸毛。叶对生或上部互生，披针形或长椭圆形。总状花序顶生，长 20～25cm。花具短梗，苞片卵形，萼片5 裂，花冠筒状唇形，外被绒毛，花色有白、黄、红及间色等（图 2-1-3）。蒴果卵形，种子细小，千粒重 0.12g，寿命 3～4 年。主要有：大花高茎品种，株高 90cm 以上，花大，枝少；中茎品种，株高 40～60cm，分枝多，花型中等；矮茎品种，株高 20～30cm，多花枝，花小；杂交四倍体品种，花型大，花冠重瓣。

同属相近种有匍枝金鱼草（*A.* ×*hybridum*），为金鱼草和毛金鱼草（*A. molle*）的杂交种，枝条匍匐地面。

[产地与分布] 原产地中海沿岸，现世界各地广为栽培。

[习性] 较耐寒，不耐酷热，耐半阴。喜排水良好的疏松肥沃土壤。花期 5～6 月为主，9～10 月也可开花。

[繁殖与栽培] 播种繁殖，偶有扦插繁殖。一般多行秋播，夏凉地区也可春播。秋播多在9～10 月进行，种子宜在有光条件下发芽，因种子细小，故可不覆土。春季花后适当修剪，加强管理，可在秋季二次开花。花期易异花授粉，天然杂交严重，品种性状不易保留。

图 2-1-3 金鱼草

[观赏与应用] 金鱼草是优良的花坛、花境和花带材料，高茎种可作切花，中、矮茎种可供盆栽观赏。全草均可入药，

具清热、凉血和消肿功效。

（十）夏堇

［学名］*Torenia fournieri* Linden. ex Fourn.

［英名］blue torenia，blue wing，wishbone flower

［别名］蓝猪耳

［科属］玄参科，蓝猪耳属

［形态特征］一年生草本，株高20～30cm。全株光滑，茎细，四棱形，分枝多。叶对生，卵形或卵状披针形，边缘有锯齿。花顶生或腋生，花冠唇形，花萼膨大，萼筒上有5条棱状翼，花冠上唇淡雪青或紫红色，不明显2裂，下唇蓝紫色或紫红色，3裂，中裂片有黄斑，现代园艺栽培品种花色丰富，有白、紫红、紫蓝、粉红等多种颜色。蒴果矩圆形，果熟后开裂。

［产地与分布］原产印度支那半岛等亚洲热带地区，现各国广泛栽培。

［习性］耐高温高湿，不耐寒，喜充足阳光，且不畏酷夏烈日，也耐半阴。对土壤要求不严，宜排水良好的沙质壤土，生长强健，需肥量不大。能自播，从播种到开花约需12周时间。花期7月至霜降。

［繁殖与栽培］播种繁殖。春播为主，华南地区可秋播。种子细小呈粉末状，可掺细沙混合播种，播后可不覆土，但要注意保湿，发芽适温20～30℃，播种后10～15d可发芽。苗具真叶5片或高10cm时移植。为保持花色艳丽，栽培前需以有机肥作基肥，生长期施2～3次化肥或有机肥，以保持土壤的肥力。华南地区若遇低温多湿，易发生白粉病和其他病害，应加大株距，控制浇水，加强排水，降低湿度，定期喷杀菌剂。

［观赏与应用］夏堇花姿轻逸飘柔，为夏季花卉匮乏之时的优美草花。适合花坛布置或盆栽，是很好的镶边材料。蔓生品种特别适合吊盆栽培，布置于阳台或街头。

（十一）蒲包花

［学名］*Calceolaria herbeohybrida* Voss

［英名］common calceolaria

［别名］荷包花

［科属］玄参科，蒲包花属

［形态特征］一二年生草本，株高25～40cm，茎叶有茸毛。叶卵形或卵状椭圆形，淡绿至黄绿色。花呈聚伞状，花冠形似两个囊状物，由上下两唇组成，上唇小，直立，下唇膨大似荷包。柱头在两个囊状物中间，两边各有1枚雄蕊（图2-1-4）。蒴果内含种子多数，种子细小，寿命2～3年。现栽培种为园艺杂交种，系统不明，主要原种可能是齿蒲包花（*C. crenatiflora*），原产智利。

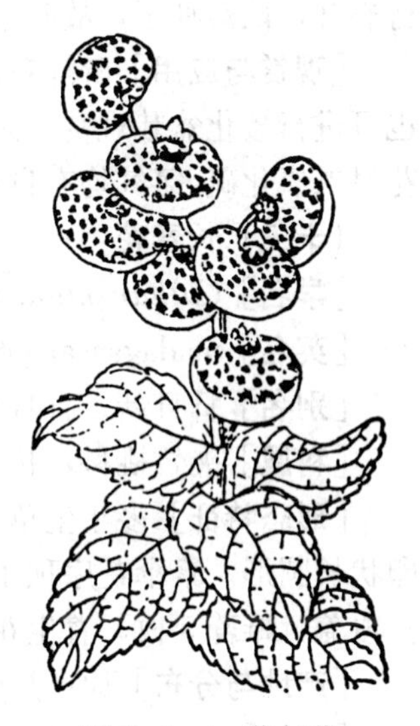

图2-1-4　蒲包花

［产地与分布］原产于墨西哥、秘鲁、智利一带，现世界各地温室多有栽培。

［习性］不耐寒，怕暑热，喜温暖、湿润而又通风的环境，对土壤要求较严，以富含腐殖质的沙质土壤为好。花期2～5月。

［繁殖与栽培］主要为播种繁殖，8～9月播种，过早易因高温、

高湿而烂苗，过迟则苗生长量不够而使株型太小。播后约1周出芽，移栽2次，5～6片真叶时定植。生长期温度控制在日温20℃左右，夜温10℃左右较适宜。开花期温度宜在5～15℃之间，可延长花期。较喜肥，但不宜浓度过高，宜10d左右施基肥1次。此外，人工补光可提早开花。

［观赏与应用］ 蒲包花是冬季及早春室内小型盆花之一，其色彩明艳，花形奇特，观赏价值很高。

（十二）醉蝶花

［学名］ *Cleome spinosa* Jacq.

［英名］ giant spider flower

［别名］ 西洋白花菜、紫龙须、凤蝶草

［科属］ 白花菜科，白花菜属

［形态特征］ 一年生草本植物，高70～120cm。全株茎、叶被茸毛，有较强烈臭味和黏质腺毛。掌状复叶，小叶5～7枚，矩圆状披针形，叶柄基部有托叶刺。总状花序顶生，小花具长梗，花由底部向上层层开放，花瓣向外反卷，花苞红色，花瓣呈玫瑰红色和白色，雌雄蕊伸出花冠外。蒴果圆柱形，种子浅褐色，千粒重约1.5g。

同属种有：黄醉蝶花（*C. lutea*），小叶3～5枚，花橘黄色，原产北美；三叶醉蝶花（*C. graveolens*），小叶3枚，花白色或淡黄色，原产北美。

［产地与分布］ 原产于南美热带地区，现世界各地广泛栽培。

［习性］ 喜充足的阳光，也耐半阴，喜温暖干燥、通风良好的环境，耐热耐旱，不耐寒，生长势强健，对土壤要求较低，宜植于肥沃、排水良好的壤土和沙质壤土。对二氧化硫、氯气抗性均强。花期6～9月，种子能自播繁衍。

［繁殖与栽培］ 常于春季播种繁殖。因其为直根性植物，不耐移植，移植需在苗期进行，小苗高5cm左右时以30～40cm的株行距定植，也可直播。由于醉蝶花花期较长，应每隔半个月施一次稀薄液肥，以促其生长良好，同时及时摘除残花，使其不结子以延长花期。蒴果成熟时会自行裂开，散落种子，故收集种子应选在蒴果由绿转黄时进行。

［观赏与应用］ 醉蝶花因花瓣轻盈飘逸，盛开时似蝴蝶飞舞，可在夏秋季节布置花坛、花境，也可进行矮化盆栽观赏。园林应用中可根据其能耐半阴的特性，在林缘草地上成片种植。由于醉蝶花对二氧化硫、氯气均有良好的抗性，是非常优良的抗污花卉，适宜在污染较重的工厂、矿山应用。

（十三）长春花

［学名］ *Catharanthus roseus*（L.）G. Don

［英名］ madagascar periwinkle

［别名］ 日日新、日日草、山矾花

［科属］ 夹竹桃科，长春花属

［形态特征］ 多年生草本或亚灌木，作一年生栽培，高约50cm，茎直立。叶对生，膜质，倒卵状长圆形。聚伞花序顶生或腋生，有花2～3朵，花冠红色或白色，高脚碟状，裂片5枚，向左覆盖，雄蕊5枚，着生花筒中部。蓇葖果直立，种子细小具小瘤凸起，千粒重1.25g。

［产地与分布］ 原产热带非洲东部，现世界各地广为栽培。

［习性］ 不耐寒，喜温暖和阳光充足的环境，在排水良好又肥沃的沙质壤土上生长良好。花

期 6～9 月。

[繁殖与栽培] 播种繁殖，多行春播，夏秋观赏，也可秋播在保护地下越冬至春季开花。

[观赏与应用] 长春花可作夏秋花坛、花境材料，亦可盆栽观赏。全草入药，可治高血压、急性白血病、淋巴肿瘤等。

(十四) 千日红

[学名] *Gomphrena globosa* L.

[英名] globeamaranth

[别名] 火球花、千年红、千日草、杨梅花

[科属] 苋科，千日红属

[形态特征] 一年生草本，株高 30～60cm。全株被白色短毛，茎粗壮直立，多分枝，节部膨大肥厚。叶对生，长椭圆形至倒卵形，全缘，长 1.5～5cm。头状花序单生，或 2～3 朵簇生于枝顶，花序无柄，有长总花梗，花序球形至长圆形，直径约 2cm。每花小苞片 2 枚，膜质发亮，呈紫红色，萼片 5 枚，线状披针形，密被长茸毛。胞果近球形，种子细小，寿命 2 年。常见栽培的有：千日白，小苞片白色；千日粉，小苞片粉红色；千日黄，小苞片黄色或橙色。

[产地与分布] 原产亚洲热带，现世界各地广为栽培。

[习性] 不耐寒，喜温热，要求充足的阳光和湿润的气候条件，喜肥沃疏松的沙质土壤。花期 8～10 月。

[繁殖与栽培] 播种繁殖，春季晚霜过后播种，2 周左右出苗，4～5 对真叶时定植，可摘心促进分枝。千日红适应性较强，宜干燥，不宜浇水过多。

[观赏与应用] 千日红是花坛、花境美化的理想材料，同时可作干花使用。花序可入药，有止咳平喘、平肝明目之功效。

(十五) 鸡冠花

[学名] *Celosia cristata* L.

[英名] common cockscomb

[别名] 鸡冠、鸡冠头、红鸡冠、鸡公花

[科属] 苋科，青葙属

[形态特征] 一年生草本花卉，高 30～90cm，茎直立。叶互生，卵形、卵状披针形或线状披针形，长 5～20cm，先端渐尖，全缘，有短柄。肉质穗状花序顶生，呈扁平状，似鸡冠，中部以下集生多数小花，上部花多退化，花被膜质，5 片，花色深红，亦有黄、白及复色品种。种子扁圆形，黑色具光泽，种子千粒重 0.85g，寿命 4～5 年。鸡冠花变种、变型和品种很多，按株高可分矮生（性）品种（20～30cm）、中生（性）品种（40～60cm）和高生（性）品种（约 80cm）；按花期分早花和晚花品种。

'凤尾'鸡冠（'Pyramidalis'），又名芦花鸡冠、笔鸡冠，高 30～120cm，茎粗壮多分枝，植株外形呈等腰三角形。穗状花序聚集成三角形的圆锥花序，直立或略倾斜，着生枝顶，呈羽毛状。色彩有各种深浅不同的黄色和红色。花期 7～10 月。

[产地与分布] 原产亚洲热带，现全世界多有栽培。

[习性] 性喜干燥和炎热的气候条件，不耐寒。喜肥沃沙质土壤和充足的阳光，能自播繁衍。

花期8～10月。

[**繁殖与栽培**] 种子播种繁殖，发芽适温20～30℃，1周左右出苗，小苗具5～6片真叶时移植。生产上可根据观赏时间调整播种期，从4月至7月下旬播种，播后2个半月左右为盛花期。鸡冠花一般不需摘心。

[**观赏与应用**] 鸡冠花可布置花坛和花境，也可盆栽及作切花材料。花和种子均可入药，作收敛剂，具凉血、止血、止涝、止带等功效。

（十六）锦绣苋

[**学名**] *Alternanthera bettzickiana* Nichols.

[**英名**] garden alternanthera

[**别名**] 五色苋、法国苋、红绿草

[**科属**] 苋科，莲子草属（虾钳菜属）

[**形态特征**] 多年生草本，常作一年生栽培。植株低矮，高10～15cm，分枝多，密生，节间膨大。叶小，对生，狭披针形，绿色，秋季变为黄色。常见栽培的有红叶类型，春季淡红色，秋季变红色。同属相近种有可爱虾钳菜（*A. amoena*），又名黑草。

[**产地与分布**] 原产南美巴西。现各国广为栽培。

[**习性**] 喜温暖、湿润和充足阳光环境。不耐寒，忌高温、高湿，不耐旱，喜肥沃黏质壤土。

[**繁殖与栽培**] 扦插繁殖，生长期均可利用嫩枝扦插，易成活。母株应在温室内越冬。作花坛布置时应适时修剪，防止徒长倒伏。

[**观赏与应用**] 锦绣苋是制作绿色立体雕塑、毛毡花坛的最佳材料，可用不同色彩配置各种花纹、图案和文字等平面或立体的形象。

（十七）雁来红

[**学名**] *Amaranthus tricolor* L.

[**英名**] josephs-coat

[**别名**] 三色苋、老来少、老来娇

[**科属**] 苋科，苋属

[**形态特征**] 一年生草本花卉。茎光滑直立，分枝少。叶互生，具长柄，卵圆形至卵圆状披针形，绿色或暗紫色，初秋顶部叶片中下部或全部呈鲜红色、浅黄、橙黄色或有红、黄、绿等复色。穗状花序腋生，花小、色绿。

同属植物约40种，如老枪谷（*A. caudatus*），又名尾穗苋，原产伊朗，穗状花序特长，暗红色，细而下垂，花期8～9月，有白花、紫叶等品种。

[**产地与分布**] 原产亚洲热带地区，现各国广泛栽培。

[**习性**] 喜充足阳光、湿润及通风良好的环境，不耐寒。对土壤要求不严，耐旱、耐碱，尤适宜在排水良好的沙壤土中生长。花期8～10月。

[**繁殖与栽培**] 可于春夏季播种繁殖，发芽适温为25～30℃，播后5～7d发芽，种子有嫌光性，播种时要遮光。由于种苗具直根性，宜直播，如要移植，以4～6枚叶的小苗带土进行，避免伤根。雁来红生活力强，耐粗放管理，生长期适温为20～35℃。土壤或盆栽基质养分充足时生长期可不追肥，避免因肥料过多使其徒长倒伏，且叶色不艳。生长期可进行摘心，以促进

分枝。

［观赏与应用］优良的观叶植物，可作花坛、篱垣背景或大片种植于草坪之中，与各色花草组成绚丽的图案，亦可供盆栽、切花观赏。

（十八）福禄考

［学名］*Phlox drummondii* Hook.

［英名］drummond phlox

［别名］草夹竹桃、小洋花、洋梅花、桔梗石竹

［科属］花荵科，福禄考属

［形态特征］一年生草本，株高15～45cm，茎直立，多分枝。叶对生，卵圆形至阔披针形，叶基部有时抱茎。聚伞花序顶生，花冠高脚碟状，5浅裂，圆形，花径约2.5cm。花色丰富，但以红色和玫瑰红色为主。蒴果椭圆形或近圆形，种子倒卵形，千粒重1.55g，寿命1年。主要品种有：圆瓣品种，花冠裂片大而阔，外形呈圆形；星瓣品种，花冠外缘每个裂片呈3裂，中央裂片长，两侧裂片短，花冠似多角星状；须瓣品种，花冠裂片边缘呈复细齿裂；放射品种，花冠裂片呈阔披针形，先端尖。

同属相近种有：

锥花福禄考（*P. paniculata*）　多年生草本，株高60～120cm。叶对生，披针形，上部叶有时抱茎。圆锥花序顶生，玫紫色，花径约2.5cm。原产北美东部。

丛生福禄考（*P. subulata*）　植株丛生成毯状。叶片多而密集，钻状，花有柄，多数，径约2cm，花冠裂片倒心形，有深凹。原产北美东部。

［产地与分布］原产北美南部，现世界各地园林中栽培甚广。

［习性］喜温和气候，怕暑热。喜阳光充足的环境，要求排水良好和疏松肥沃土壤，忌盐碱和水涝。花期5～6月。

［繁殖与栽培］播种繁殖，以秋播为主，播后需覆土，7～10d发芽。半耐寒，长江流域可露地越冬，但最好在大棚内越冬。不耐热，宿根夏季应注意遮阴降温，并加强肥水管理，以便安全越夏。小苗定植后可摘心，促进分枝。

［观赏与应用］福禄考是布置花坛、花境的良好材料，也适合盆栽观赏。

（十九）羽扇豆

［学名］*Lupinus polyphylla* Lindl.

［英名］Washington lupine

［别名］鲁冰花、多叶羽扇豆

［科属］豆科，羽扇豆属

［形态特征］多年生草本植物，常作一二年生栽培，株高1～1.2m。掌状复叶，多为基部着生，小叶10～17枚，披针形至倒披针形，叶质厚，正面平滑，背面具粗毛。总状花序顶生，长40～60cm，尖塔形，花色丰富艳丽，常见有红、黄、蓝、粉等色，小花萼片2枚，唇形，侧直立，边缘背卷；龙骨瓣弯曲。荚果长3～4cm，种子较大，褐色有光泽，形状扁圆。

同属一二年生观赏的还有二色羽扇豆（*L. harwegii*）、蓝羽扇豆（*L. hirsutus*）、黄羽扇豆（*L. luteus*）等。

［产地与分布］原产美国加利福尼亚州，现世界各地常见栽培。

［习性］性喜凉爽、阳光充足环境，忌炎热，稍耐阴。宜生长于排水良好、肥力中等的微酸性肥沃沙壤土，在中性或微碱性土壤下植株生长不良。深根性，少有根瘤。花期5～6月。

［繁殖与栽培］播种繁殖。春、秋季均可播种，3月春播。但南方春播后生长期易受夏季高温炎热影响，导致部分品种不开花或开花植株比例低、花穗短，观赏效果差。自然条件下秋播较春播开花早且长势好，9月至10月中旬播种，翌年4～6月开花。种子发芽适温25℃左右，播后保持湿润，7～10d发芽，发芽率高。羽扇豆苗期30～35d，待真叶完全展开后移苗分栽。羽扇豆根系发达，移苗时需保留原土，以利于缓苗。秋播时应采取相应的越冬防寒措施，温度宜在5℃以上，避免叶片受冻害，影响前期的营养生长和观赏效果。

［观赏与应用］羽扇豆可用作花坛、花境布置，亦可盆栽观赏或作切花。

（二十）香豌豆

［学名］*Lathyrus odoratus* Linn.

［英名］sweet pea

［别名］麝香豌豆

［科属］豆科，山黧豆属

［形态特征］一二年生攀缘性草本。茎有翅，被白色短柔毛。羽状复叶互生，叶轴有翅，基部1对小叶正常，卵圆形，叶背微被白粉，顶部小叶变为三叉状卷须，托叶披针形。总状花序腋生，着花2～5朵，花蝶形，具芳香，花色有白、粉红、榴红、大红、蓝、堇紫及深褐色等，亦有带斑点或镶边等复色品种。荚果椭圆形，被粗毛。种子圆形，褐色。依据花瓣的形态可分为平瓣型、卷瓣型、皱瓣型和重瓣型四种花型。依据花期不同可以分为三种类型：①夏花类，属长日性，夏季开花，耐寒、耐热性均较强，可耐－5℃的低温。②冬花类，日中性，冬春季开花，为温室栽培类型，主要作为切花，耐寒性及耐热性均弱。③春花类，属长日性，春季开花，较耐热，耐寒性稍弱。

［产地与分布］原产意大利西西里岛，我国各地有引种栽培。

［习性］性喜冬暖夏凉、阳光充足、空气湿度较大的环境，稍耐阴，忌连作和干热风，不宜冬季阴冷及土壤过湿。属深根性花卉，要求土层深厚，宜肥沃、排水良好的沙质壤土，pH以6.5～7.5为宜。

［繁殖与栽培］常用播种繁殖，春、秋季均可。适宜发芽温度为20℃左右，属直根性植物，宜直播，每穴2粒种子，穴距25～30cm。如必须移栽育苗时，可用营养钵或纸袋育苗，每钵（或袋）播种1粒，要尽早定植，株距约20cm。播种后10d即可发芽。

待小苗主蔓高长至15～20cm时，留基部2～3节，其余摘除。茎叶上的卷须应随时剪去，不可任其攀附，可用绳索将新梢顺势捆于支架，勿横向或交叉弯绕，这样有助减少养分消耗，改善通风透光条件，保证花梗挺直，避免落蕾。

香豌豆枝蔓多，花期较长，从开花中期开始，需每隔7～10d结合浇水施追肥1次。随时摘去凋谢的花朵，可延长花期。10～15℃是生长开花的适温，在5～20℃范围内均可生长，连续30℃以上高温即会枯黄死亡。

［观赏与应用］香豌豆花姿优雅、色彩艳丽、轻盈别致、芳香馥郁，是世界上切花生产的主

要种类之一。

（二十一）四季报春

［学名］ *Primula obconica* Hance

［英名］ top primrose

［别名］ 仙鹤莲、仙荷莲、鄂报春、球头报春

［科属］ 报春花科，报春花属

［形态特征］ 多年生宿根草本，作一二年生栽培，株高约 20cm，地下具根状茎。叶基生，具肉质长叶柄，椭圆形至长卵圆形，叶面上有短毛。花梗从叶丛中抽生，柔弱，伞形花序顶生，着花 1～2 轮，花多数，每花具苞片 1 枚，萼管钟状漏斗形，花瓣 5 枚，花径 2.5～3cm（图 2-1-5）。蒴果球形，种子圆形，细小，深褐色，寿命极短。主要有白花种、深红种和大花种等。

图 2-1-5　四季报春

（包满珠，2003）

同属相近种有：

报春花（*P. malacoides*）　一年生草本，植株纤弱，轮伞花序多层，花冠直径约 1.5cm，花萼宽钟形，5 裂，被白粉。原产我国云南、贵州等地。

藏报春（*P. sinensis*）　多年生宿根草本，株高 15～30cm，全身被刚毛。叶椭圆形或卵状心形。花被片 2～3 层，苞片叶形，花萼圆塔形，花冠高脚碟状，花瓣先端 2 深裂。原产我国四川、甘肃、陕西等地。

［产地与分布］ 原产我国西南部，自鄂西至藏南均有，各地多作盆花栽培。

［习性］ 不耐寒，喜温暖，较耐湿，喜排水良好、多腐殖质的土壤。花期 1～5 月。

［繁殖与栽培］ 播种或分株繁殖，生产中以播种为主。8～9 月播种，种子细小，播后可不覆土，15d 左右发芽。幼苗具 2 片真叶时分苗 1 次，具 6～7 片真叶时定植。生长期应注意通风透气，需光照充足，温度不宜过高。10～15d 追肥 1 次。

［观赏与应用］ 报春宜作冬春季室内小型盆栽花卉。根可入药，有镇痛疗效。

（二十二）烟草花

［学名］ *Nicotiana sanderae* Sander

［英名］ red tobacco

［别名］ 美花烟草、烟仔花、红花烟草

［科属］ 茄科，烟草属

［形态特征］ 一二年生草本，株高 30～50cm，全株密被腺毛。茎直立，基部木质化。叶互生，披针形或长椭圆形。疏松总状花序顶生，花径约 5cm，花喇叭状，花冠圆星形，中央有小圆洞，内藏雌雄蕊。小花由花茎逐渐往上开放，花色有白、淡黄、桃红、紫红等色，夜间及阴天开放，晴天中午闭合。蒴果。

［产地与分布］ 原产南美，世界各地常见栽培。

［习性］喜温暖、向阳的环境及肥沃疏松的土壤，耐旱，不耐寒。盛花期6～10月。

［繁殖与栽培］4月春播，播后不覆土，7～12d发芽，长江流域以南可秋播露地越冬，自播繁殖。发芽适宜温度18～25℃。种子好光，播后不覆土，可充分见光，保湿。待幼苗具4～6枚真叶时移植，定植成活后摘心1次，促使多分枝。栽培土以富含有机质的沙质壤土为佳，排水需良好，排水不良则根部易腐烂。日照需充足，否则植株易徒长，开花少而色淡。

［观赏与应用］烟草花适合栽植于花坛、草坪、庭园、路边及林带边缘，也可作盆栽观赏。

（二十三）杂种蛾蝶花

［学名］*Schlzanthus*×*wisetonenis* Hort.

［英名］butterfly flower

［别名］蝴蝶花

［科属］茄科，蛾蝶花属

［形态特征］一二年生草本，株高20～40cm，多分枝。叶密生细毛，叶一至二回羽状全裂。总状圆锥花序顶生，花径1.8～4.0cm，花色丰富，有白、纯白、深红、蓝紫等色，且有不同色彩镶嵌，形似飞舞的蛾蝶。同属有11种，本种是蛾蝶花（*S. pinnatus*）和格雷姆蛾蝶花（*S. grahamii*）的种间杂交种，常见栽培的还有小蛾蝶花（*S. gracilis*）、尖裂蛾蝶花（*S. retusus*）等。

［产地与分布］原产南美智利，现各国广泛栽培。

［习性］性喜凉爽、温和的气候，稍耐寒，忌高温多湿，喜光照，冬季宜有充足阳光。要求肥沃、排水良好的壤土。花期4～6月。

［繁殖与栽培］播种繁殖。秋播或早春室内播种，华南可冬播。发芽适温15～18℃，播后10～15d发芽，种子有嫌光性，播后需覆细土。蛾蝶花下胚轴极易伸长，导致幼苗徒长，所以，出苗后必须及时揭除覆盖，实行全光照管理，并适当控水，以防小苗徒长。幼苗高10cm左右时移植于花盆或花坛，花坛定植株距30～40cm。

栽培以肥沃、富含有机质的沙质壤土或腐叶土为佳，定植成活后摘心，以促使多分枝。前期施肥以氮肥为主，花前以磷、钾肥为主。苗期可耐－3℃的低温，但长期处于－3℃以下的低温易使叶片畸形，出现冻害。花后及时剪除开败的花枝，可促发新枝再次开花。遇闷热气温，需设法通风降温，防止枯萎。

［观赏与应用］蛾蝶花开花繁密，色彩绚丽，多用于盆栽及花坛布置，是目前盆花的后起之秀。

（二十四）矮牵牛

［学名］*Petunia hybrida* Vilm.

［英名］common petunia

［别名］碧冬茄、番薯花、撞羽朝颜、灵芝牡丹

［科属］茄科，矮牵牛属

［形态特征］多年生草本，常作一二年生栽培。株高40～60cm，直立或匍匐，全株被短毛。上部叶对生，中下部叶互生，卵形，顶端渐尖或钝。花单生于枝顶或叶腋间，花冠漏斗状，花筒长5～7cm，花径5～6cm，花色丰富，花萼5深裂，雄蕊5枚。蒴果尖卵形，二瓣裂，种子千粒

重0.16g，寿命3～5年。

主要品种有：矮生品种，株高约20cm，花小，单瓣；大花品种，花径10cm以上，花瓣边缘波状，有的呈卷曲状；花坛品种，株高30～40cm，花瓣边缘波状，单瓣；长枝品种，枝条长，花径5～7cm，单瓣；重瓣品种，雄蕊瓣化，雌蕊畸形，花型有大有小，大者可达15cm。

[产地与分布] 原产南美，园艺栽培种源自 *P. axillaris* 和 *P. violacta*，现世界各地均有栽培。

[习性] 喜温暖、向阳和通风良好的环境。不耐寒，耐暑热。喜排水良好、疏松的沙质壤土，土壤不宜过肥，否则枝条易徒长而倒伏。花期从4月至降霜。

[繁殖与栽培] 以播种繁殖为主，春播或秋播均可，但秋播在北方应在保护地越冬。春播花期8～10月，播种至开花需2个半月到3个月；秋播花期4～6月，播种至开花4～5个月。矮牵牛种子极细，播种后可不覆土，但需保湿。此外，也可在梅雨季节或春、秋季扦插繁殖。春季花后可适当修剪越夏，秋季可开二次花，但需注意肥水管理和降温栽培。

[观赏与应用] 矮牵牛是花坛美化的优良草花，大花重瓣品种宜盆栽观赏，长枝或匍匐品种可用于垂直美化。种子可入药，有杀虫泻气之功效。

(二十五) 古代稀

[学名] *Godetia amoena* Don.

[英名] godetia，satin flower

[别名] 送春花、别春花、晚春锦、东洋龙口

[科属] 柳叶菜科，古代稀属

[形态特征] 二年生草本植物。叶互生，形如柳叶。花单生或数朵簇生成简单的穗状花序，花瓣4枚，颜色丰富，有白瓣红心、紫瓣白边、粉瓣红斑等色。

[产地与分布] 原产美国加利福尼亚州北部沿海。

[习性] 既怕冷，又畏酷热，在温暖湿润的环境中生长繁茂。生长期保持土壤湿润，每周施一次薄肥，并给予充足的阳光。

[繁殖与栽培] 播种繁殖。播种多在秋季进行，气候温暖地区可露地播种，寒冷地区可在温室育苗，4月份移栽。

[观赏与应用] 古代稀可成片种植于花坛、花境，因植株匍匐生长，花芽直立，花朵离地面比较近，盛开时，如同铺满地毯，非常艳丽，是重要的园林点缀花卉。此外，还可盆栽用于装饰会场、阳台、窗台等。

(二十六) 四季秋海棠

[学名] *Begonia semperflorens* Link et Otto

[英名] hooker begonia

[别名] 秋海棠、虎耳海棠、瓜子海棠、玻璃海棠

[科属] 秋海棠科，秋海棠属

[形态特征] 多年生常绿草本，常作一年生栽培。茎直立，光滑，稍肉质，高25～40cm，有发达的须根。叶互生，卵圆至广卵圆形，边缘有锯齿，基部斜生，绿色、古铜色或紫红色，具光泽。聚伞花序腋生，花单性，雌雄同株，花色有红、粉红和白等色。雄花较大，有较大的花瓣和

较小的萼片各 2 片。雌花较小，具花被片 5 枚。品种甚多，有单瓣或重瓣、大花、矮性及不同叶色、花色品种。种子千粒重约 0.05g。

［产地与分布］原产南美巴西，现各国广泛栽培。

［习性］喜温暖，既忌高温，又不耐寒，生长最适温度在 20℃左右，气温低于 10℃时生长缓慢。喜稍阴湿的环境和湿润的土壤，夏季忌强烈阳光暴晒及水涝。要求富含腐殖质、疏松、排水良好的微酸性沙质壤土。开花不受日长影响，适宜温度下可四季开花。

［繁殖与栽培］主要以播种、扦插方法繁殖，商品化生产均采用播种繁殖，实生苗生长强健、株型丰满。四季秋海棠种子细小，寿命短，种子采收后应及时播种或低温下保存，春、秋季播于浅盆或苗床，播种用土宜细或采用泥炭等无土基质，因种子细小，播后可不覆土，保持一定湿润，一周后可出苗，苗具有 2～3 片真叶时应及时分苗。扦插多在 3～5 月、9～10 月或冬季温室内进行，用素沙土等作基质，多节部生根，在适宜温度和湿度条件下，2～3 周发根。

春秋季定植缓苗后，在出现 5～6 片真叶时，需进行摘心，以便促进分枝。每隔 10d 追施 1 次液体肥料，施肥后要用清水喷洒植株，高温季节应停止施肥。在春、秋季可接受直射光，夏季需适当遮阴。同时应注意水分的管理，春、秋季生长旺盛期应保证充足水分，夏季在保持较高空气湿度时应注意适当控制土壤或栽培基质水分，防止积水，避免因水分过多发生茎腐病而引起根、茎腐烂。生长期应多次摘心，并修剪长枝、老枝，以促进分枝。

［观赏与应用］四季秋海棠具有株形圆整、花多而密集、观赏期长等优点，已成为最主要的花坛花卉之一，同时由于体型较小，又较耐荫蔽，也是良好的盆栽室内花卉。

（二十七）三色堇

［学名］*Viola tricolor* L.

［英名］garden pansy，johnny-jump-up

［别名］蝴蝶花、蝴蝶梅、鬼脸花、游蝶花

［科属］堇菜科，堇菜属

［形态特征］二年生草本，株高 15～30cm，多分枝。叶互生，基生叶近圆心形，有柄，茎生叶阔披针形，边缘具圆钝锯齿。花梗细长，单花生于花梗顶端，两侧对称，花径 4～6cm。雄蕊 5 枚，花药和花柱合生，花萼 5 片，宿存。蒴果椭圆形，三瓣裂，种子倒卵形，千粒重 1.16g，寿命 2 年。变种有大花三色堇（var. *hortensis*），有标准型和新花型两大类。

同属相近种有：

丛生三色堇（*V.*×*williamsii*）　为三色堇和角堇的杂交种，株高 10～20cm，丛株圆整，花小。

角堇（*V. cornuta*）　多年生草本，作二年生栽培，丛生，株高 10～25cm。叶卵圆形，花径 2.5～4cm。原产西班牙比利牛斯山。

香堇（*V. odorata*）　多年生草本，丛生。叶心状卵形至肾形，具锯齿。花芳香，直径约 2cm。原产欧、亚、非洲。

［产地与分布］原产欧洲西南部，现世界各地广为栽种。

［习性］喜凉爽气候，较耐寒，耐半阴，不耐酷热，喜肥沃湿润的沙质土壤。能自播繁殖。花期 4～6 月。

［繁殖与栽培］播种繁殖 9～10 月进行，播后 2 周左右出苗。三色堇株型矮小，作地被栽培应密植，株行距应在 15cm 左右。在原产地常为多年生花卉，但因其不耐高温，一般难以越夏，多作二年生栽培。

［观赏与应用］三色堇是春季花坛的主要装饰材料。全草可入药，有止咳功效。

（二十八）风铃草

［学名］*Campanula medium* L.

［英名］bellflower，canterbury bells

［别名］钟花、瓦筒花

［科属］桔梗科，风铃草属

［形态特征］二年生草本。全株具粗毛，株高 30～120cm，茎粗壮直立，基部叶卵状披针形，茎生叶披针状矩形，叶柄具翅，叶缘圆齿状波形，粗糙。萼片具反卷的宽心形附属物，总状花序顶生，花冠膨大、钟形，有 5 浅裂，花色有白、蓝、紫及淡桃红等色。园艺品种很多。种子细小，千粒重约 0.02g。

［产地与分布］原产南欧，我国有栽培。

［习性］喜冬暖夏凉、光照充足、通风良好的环境，不耐干热，耐寒性不强，喜深厚肥沃、排水良好的中性土壤，在微碱性土壤中也能正常生长。花期 4～6 月。

［繁殖与栽培］夏秋季播种繁殖，种子成熟后即播，因种子细小，可不覆土或薄盖过筛细土。种子发芽适宜温度为 18～20℃，适宜条件下 10～14d 发芽，发芽后应注意保持湿度，出苗后及时间苗。苗高 5cm 左右时，移植至圃地或上盆定植，圃地定植的株行距以 20cm×40cm 较为适宜。生长期保持土壤湿润，每半个月施肥 1 次。注意越冬防寒，北方需要低温温室，长江流域需要大棚防护。小苗越夏时，应给予一定程度的遮阴，避免强烈日照。

［观赏与应用］风铃草植株较大，花色明丽素雅，宜作花坛、花境背景材料或林缘丛植，也可用作切花及盆栽观赏。

（二十九）山梗菜

［学名］*Lobelia erinus* L.

［英名］lobelia

［别名］半边莲、翠蝶花、六倍利

［科属］桔梗科，半边莲属

［形态特征］多年生草本作一二年生栽培，株高 12～20cm。茎纤细，匍匐状，多分枝。单叶互生，茎上部叶较小，披针形，近基部叶稍大，广匙形，叶缘具粗锯齿。花顶生，繁密，花型小，花径 1.5～2.5cm，花冠先端 5 裂，上部 3 裂片较大，下部 2 裂片较小，花色有红、桃红、紫、蓝、白等色。种子细小，千粒重约 0.03g。

［产地与分布］原产南非，世界各地习见栽培。

［习性］性喜温和、冷凉环境，不耐寒，也不耐炎热气候，生长最适温度日温 18～25℃，夜温 10～18℃。喜弱酸性土质，喜光，也耐半阴，属长日性，短日条件下生育期延长。花期为春季至初夏。

［繁殖与栽培］播种繁殖。播种时种子可与细沙混播，播后不需覆盖，保持湿润，播后在

20℃左右温度下20d可以发芽，幼苗具真叶4～5枚时移入盆中或花坛栽植，播种后14～16周开花。也可采用嫩枝扦插繁殖，20℃左右温度下，约30d生根。

山梗菜不耐30℃以上高温和过高光照度，夏季应适当遮阴降温，而在秋冬和早春季节，应采用增温、补光手段促进开花。

［观赏与应用］山梗菜花型丰满，着花繁密，花色素雅，是春、秋季花坛用花的一个重要新兴种，也可盆栽、吊盆及庭园造景观赏。

（三十）一串红

［学名］*Salvia splendens* Ker. -Gawl.

［英名］scarlet sage

［别名］爆竹红、西洋红、墙下红

［科属］唇形科，鼠尾草属

［形态特征］多年生草本或亚灌木，多作一年生栽培，株高30～80cm。茎基四棱形，光滑。叶对生，有柄，卵形或三角状卵形，先端渐尖，边缘有锯齿。总状花序顶生，遍被红色柔毛，2～6朵轮生，苞片卵形，深红色，早落。花萼钟状，与花冠同色，二唇，上唇全缘，下唇2裂，宿存。花冠唇形，有长筒伸出萼外，下唇深裂3齿，雄蕊4枚，上方的2枚多退化，仅下方2枚着生花药，花丝突出于唇缘，花柱稍长于花丝，柱头2裂（图2-1-6）。小坚果卵形，有3棱，黑褐色，种子千粒重2.8g，寿命1～4年。主要变种有一串白（var. *alba*）、一串紫（var. *atropurpurea*）、丛生一串红（var. *compacta*）、矮一串红（var. *nana*）等。

同属相似种尚有：

一串蓝（*S. farinacea*） 又称蓝花鼠尾草，茎叶均有短柔毛，叶圆形至披针形，总状花序长约20cm，花萼白色或被淡紫色柔毛，花冠蓝紫色。带毒性。原产墨西哥。

朱唇（*S. coccinea*） 又称红花鼠尾草，花萼筒状钟形，紫红色，花梗亦为红色，总状花序，开一朵落一朵，颜色较深。原产北美南部。

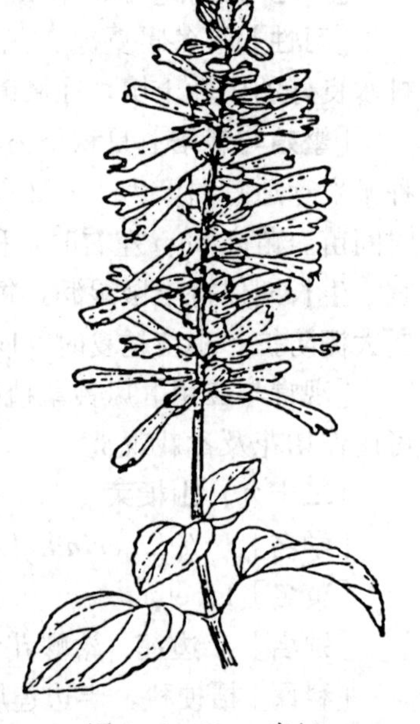

图2-1-6 一串红

［产地与分布］原产南美巴西，现世界各地广为栽培。

［习性］不耐寒，喜向阳肥沃土壤。最适生长温度为20～25℃，15℃以下停止生长，10℃以下叶片枯黄脱落。花期7～10月。

［繁殖与栽培］播种或扦插繁殖，露地栽培可从3月下旬至6月下旬播种，早播早开花，花期可从7月至10月下旬。在保护地条件下也可秋播，春季开花。播后幼苗具2～4片真叶时移植，6片真叶时摘心，留2片叶，摘心3次以上，以促进分枝。5～8月可进行扦插繁殖，2周左右生根。一串红花期除了通过播种期来调节外，也可利用摘心调节，一般摘心后40d左右开花。一串红喜肥水，生长期多施肥则叶茂花繁。

［观赏与应用］一串红可布置花坛、花境或花台，也可作花丛和花群的镶边。全株均可入药，味甘性平，有凉血、消肿功效。

（三十一）彩叶草

［学名］ *Coleus blumei* Benth.

［英名］ skullcaplike coleus

［别名］ 五色草、洋紫苏、锦紫苏、老来少

［科属］ 唇形科，锦紫苏属

［形态特征］ 多年生草本或亚灌木，作一年生栽培。株高 30～50cm，茎四棱形，基部木质化。叶对生，卵形或圆形，质薄，有深粗齿，尾尖，叶色有黄、红、紫、橙、绿等色相间。花型小，穗状轮伞花序自枝顶抽出，长 15～30cm。小坚果平滑，种子千粒重 0.15g，寿命 4～5 年。叶形和叶色变化丰富，品种极多。皱叶彩叶草（var. *verschaffeltii*），叶红紫色，植株较健壮，分枝多，叶型小。

［产地与分布］ 原产印度尼西亚，在我国南北各地均作盆花栽培。

［习性］ 喜温暖湿润的气候条件，不耐寒，对土壤要求不严，能耐轻碱土。花期为夏、秋季。

［繁殖与栽培］ 播种或扦插繁殖。播种多春、秋两季进行，温室中也可冬季播种，夏季因高温易烂苗而较少播种。播后 7～10d 发芽，3 周左右移植并摘心 1 次，后视生长情况摘心 2～3 次，以促进分枝。彩叶草因叶大而薄，水分消耗较快，应注意及时浇水。生长期要求有充足光照，以使叶色鲜艳，但夏季高温期间可适当遮阴。

［观赏与应用］ 彩叶草可供夏秋花坛布置，亦是优良的小型观叶盆花。

（三十二）大花藿香蓟

［学名］ *Ageratum houstonianum* Mill.

［英名］ Mexican ageratum

［别名］ 心叶藿香蓟、何氏胜红蓟

［科属］ 菊科，藿香蓟属

［形态特征］ 多年生草本作一二年生栽培，株高 30～50cm，整株被毛。叶对生，卵形，具钝锯齿，叶面皱折。头状花序缨络状，密生枝顶，径约 1cm，小花筒状，粉红色、蓝色或白色。瘦果。同属约有 30 种，常见主栽品种有'Blue Cap'、'Spindrift'等。

［产地与分布］ 原产南美墨西哥，现各国广为栽培。

［习性］ 性喜温暖、向阳的环境，对土壤要求不严格，适应性较强。生长适温 15～25℃，夏季炎热影响株型和开花。耐修剪。花期春、秋两季。

［繁殖与栽培］ 播种繁殖为主，春、秋两季均可播种。华东地区秋播较多，播后 1 周左右萌芽，苗高 8cm 左右时移植，冬季需在保护地越冬，翌年 4～5 月开花。春播，9～10 月开花。也可在春、秋季进行嫩枝扦插，成活率较高。藿香蓟宜在阳光充足的场所生长，略耐阴。夏季适当遮阴降温，利于植株生长。

［观赏与应用］ 藿香蓟花多而繁茂，花色淡雅，且株型密集，极适合布置花坛或盆栽观赏，高秆品种可作切花。

（三十三）万寿菊

［学名］ *Tagetes erecta* L.

［英名］ Aztec marigold

[别名] 臭芙蓉、蜂窝菊、臭菊、千寿菊

[科属] 菊科，万寿菊属

[形态特征] 一年生草本，茎直立粗壮，光滑，株高60～100cm。叶对生，羽状全裂，裂片长椭圆形或披针形，边缘有锯齿，叶缘具数个大的油腺点，有特殊气味。头状花序单生，径6～10cm，花梗粗壮而中空，近花序处肿大。舌状花瓣上具爪，边缘波浪状（图2-1-7）。瘦果黑色，下端浅黄，冠毛淡黄色。种子千粒重3g，寿命4年。按植株高低，可分为：高茎种，株高90cm左右，花型较大；中茎种，株高60～70cm，花型中等；矮茎种，株高30～40cm，花型较小。按花型不同分为：蜂窝型，花序基本上由舌状花构成，管状花分散夹杂其间，花瓣多皱，花序圆厚近球形；散展型，花序外形与蜂窝型相似，但舌状花先端阔，较平展，排列较疏松；卷钩型，花瓣狭窄，先端尖，有时外翻，舌状花互相卷曲钩环。

图2-1-7 万寿菊

同属相近种有：

孔雀草（*T. patula*） 一年生草本，丛生状，株高30～40cm。叶常对生，羽状全裂，披针形，有锯齿。头状花序单生，径3～3.5cm，花期6月至降霜。原产墨西哥。

金星菊（*T. tenuifolia*） 一年生草本，株高30～60cm。叶羽状分裂，裂片12枚，条形或矩圆形，具尖细锯齿，有2列大腺点。花序单生，径2.5cm左右，舌状花单轮，花期略晚于孔雀草。原产墨西哥。

[产地与分布] 原产墨西哥，现世界各地均有栽培。

[习性] 不耐寒，喜温暖和阳光充足的环境条件，不耐酷暑。对土壤要求不严。花期6～10月。

[繁殖与栽培] 播种或扦插繁殖，3月下旬至7月初均可播种，花期6～10月。幼苗具5～7片叶时定植，可摘心1～2次，促进分枝。万寿菊在湿度大时很易形成气生根，5月至7月初扦插，极易成活。万寿菊花大色艳，且病虫害较少，栽培容易，但盆栽时植株高于同属种孔雀草，可利用矮壮素、多效唑等控制高度。

[观赏与应用] 万寿菊适宜布置花坛、花境，也是优良的切花材料。花叶可入药，有清热化痰、补血通经之功效。

(三十四) 天人菊

[学名] *Gaillardia pulchella* Foug.

[英名] rosering gaillardia

[别名] 六月菊、忠心菊、虎皮菊

[科属] 菊科，天人菊属

[形态特征] 一二年生草本。株高30～50cm，茎直立，分枝多，全株具软毛。叶互生，披针形、矩圆形至匙形，全缘或基部叶羽裂，两面有细柔毛。头状花序单生，花径4～6cm，有长花

梗，盘缘的舌状花扁平，一轮；花瓣先端有齿裂，舌状花黄色，基部红紫色，也有金黄及近全红色品种；管状花先端呈芒状，紫色。

［**产地与分布**］原产北美洲，我国广泛栽培。

［**习性**］耐干旱炎热，不耐寒，喜阳光，也耐半阴，宜排水良好的肥沃疏松土壤。春、秋季开花，种子具自播能力。

［**繁殖与栽培**］播种繁殖。春播或秋播，华东以南地区可秋播，北方多在晚霜后露地播种，如秋播则应在保护地下越冬。播种后在20℃左右适宜温度下10～15d发芽。

［**观赏与应用**］天人菊花姿娇娆，色彩艳丽，花期长，栽培管理简单，可作花坛、花丛的材料。

（三十五）矢车菊

［**学名**］*Centaurea cyanus* L.

［**英名**］cornflower

［**别名**］蓝芙蓉

［**科属**］菊科，矢车菊属

［**形态特征**］二年生草本，株高60～90cm，也有矮生品种，株高仅30cm左右。整株粗糙呈灰绿色。茎秆细，直立，分枝多。上半部叶线状披针形，基部叶呈羽状深裂。头状花序顶生，花色有蓝、红、紫、白等色。瘦果。栽培品种繁多，有重瓣、半重瓣、大花型和矮生型等。

同属种类有香矢车菊（*C. moschata*）、美洲矢车菊（*C. americana*）和山矢车菊（*C. montana*）。

［**产地与分布**］原产欧洲东南部，现世界各地广泛栽培。

［**习性**］喜温暖、湿润，喜光，怕炎热。要求肥沃、疏松和排水良好的土壤。适应性强，也耐瘠薄土壤，有自播能力。花期4月至6月上旬。

［**繁殖与栽培**］播种繁殖。多在9月前后秋播，北方也可春播，播后7～10d发芽。矢车菊属直根性花卉，栽培时宜直播，少移栽。可摘心促进分枝，一般春播苗较瘦弱，开花差。生长期应适当追肥，但氮肥不宜过多，以免徒长。

［**观赏与应用**］矢车菊高秆品种可用于花境布置或用作切花，矮性品种常用于盆栽或地被观赏。

（三十六）瓜叶菊

［**学名**］*Cineraria cruenta* Masson

［**英名**］florists cineraria

［**别名**］生荷留兰、千日莲、千叶莲

［**科属**］菊科，千里光属

［**形态特征**］多年生草本，多作一二年生栽培。茎粗壮，全身被毛，株高20～50cm。叶大，三角状心形，叶柄粗壮，有槽沟，基部抱茎。头状花序多数，簇生成伞房状，花色丰富（图2-1-8）。瘦果纺锤形，具纵条纹，并有白色冠毛。种子寿命3～4年。按花型可分为大花型（花序径8～10cm）、星型（花序径约2cm）和中间型（花序径约4cm）。按株高可分为高型（高约60cm）、中型（高约30cm）和矮型（高20～25cm）。

［**产地与分布**］原产加那利群岛，西班牙亦有分布，现遍布于北半球各国。

图 2-1-8 瓜叶菊

[习性] 喜温暖湿润和通风凉爽的环境，不耐高温，亦不耐寒，喜肥沃和排水良好的土壤。花期 12 月至翌年 4 月。

[繁殖与栽培] 播种繁殖，冷凉地 7～8 月播种，夏季高温地区可适当推迟播种。播后 5～7d 出苗，移栽2～3 次。定植后，每月施 2～3 次以氮肥为主的追肥，现蕾后增施 2～3 次以钾肥为主的肥料。生产中应注意温度不宜过高，以白天不超过 20℃、夜温不低于 5℃为宜。若温度过高易徒长，过低则生长不良，花、叶稀少。水分管理既要满足旺盛生长的需要，又不能使空气湿度过大而感染白粉病等。生长后期应注意蚜虫的防治。

[观赏与应用] 瓜叶菊是元旦、春节的主要摆设盆花，也可作早春花坛用花。

(三十七) 百日草

[学名] *Zinnia elegans* Jacq.

[英名] common zinnia

[别名] 百日菊、步步高、节节高、火球花、秋罗、对叶梅

[科属] 菊科，百日草属

[形态特征] 直立性一年生草本，株高 40～120cm，茎被短毛。叶对生，卵圆形至椭圆形，叶基抱茎，全缘，长 4～10cm，宽 2.5～5cm。头状花序顶生，直径 5～15cm，具长梗。舌状花倒卵形，顶端稍向后翻卷，有黄、红、白、紫等色；管状花顶端 5 裂，黄色或橙黄色，花柱 2 裂。舌状花所结瘦果广卵形至瓶形，顶端尖，中部微凹；管状花所结果椭圆形，较扁平，形较小(图 2-1-9)。种子千粒重 5.9g，寿命 3 年。

同属相似种有：

细叶百日草（*Z. linearis*） 一年生草本，株高约 30cm，叶条状披针形。花序直径 2～4cm，橙黄色，边缘淡橙色。花期从 7 月至降霜。原产墨西哥。

小百日草（*Z. angustifolia*） 一年生草本，株高 30～50cm，茎上有短毛。叶矩圆形至卵状披针形。花序径 2.5～4cm，橙黄色。原产墨西哥。

[产地与分布] 原产墨西哥，现世界各地栽培甚广。

[习性] 性强健，耐干旱，喜阳光，喜肥沃深厚的壤土，忌酷暑。花期 6～10 月。

[繁殖与栽培] 播种繁殖，一般 3 月至 6 月上旬播种。播后幼苗具 4～5 片真叶时摘心 1 次，留 2～3 对叶片，生长 3 个月左右盛花。百日草不耐低洼积水，

图 2-1-9 百日草

应于高燥地栽培。切花栽培时应多施磷、钾肥，以防倒伏。

［观赏与应用］ 百日草用于花坛、花境、花带布置，也可不同花色品种混栽成花群。矮生种可作盆栽，中高茎种可作切花。叶、花均可入药，具有消炎和祛湿热作用。

（三十八）向日葵

［学名］ *Helianthus annuus* L.

［英名］ sunflower

［别名］ 葵花、向阳花

［科属］ 菊科，向日葵属

［形态特征］ 一年生草本，株高 90～300cm，有粗硬刚毛。叶互生，宽卵形，先端尖，基部心形或截形，长 10～20cm，边缘具粗锯齿，两面被糙毛，基部三脉，有长柄。头状花序单生茎顶，直径 10～35cm，舌状花金黄色，不结实。瘦果长卵形或椭圆形，稍扁，灰色或黑色。常见栽培的有：重瓣向日葵（var. *nanus*），株高 1m 左右，舌状雌花金黄色，呈重瓣；大花重瓣向日葵（var. *californicus*），株高 150～200cm，花序大而重瓣；樱红向日葵（var. *citrinus*），株高约 150cm，花大，呈单瓣，舌状花樱草红色；红花向日葵，花大，舌状花粟红色或先端黄。

同属相近种有：

瓜叶向日葵（*H. debilis*）　一年生草本，株高 90cm 左右。叶卵形至三角形，长 6～10cm。头状花序 5～8cm，黄色。原产美国南部。

宿根向日葵（*H. decapetalus*）　多年生草本，株高 150cm 左右。下部叶对生，广卵形，上部叶较狭小，叶面光滑，背面粗糙。头状花序 5cm 左右，黄色。原产北美。

［产地与分布］ 原产北美。现各国广为栽培。

［习性］ 不耐寒，喜温热。宜向阳，不耐阴。喜肥，需深厚而富含腐殖质的黏质壤土。花期 7～10 月。

［繁殖与栽培］ 播种繁殖，春播，矮生种也可夏季播种作国庆盆花栽培。

［观赏与应用］ 向日葵矮生大花种可作盆栽，高秆种是花境和切花的好材料，也可丛植于零星隙地或边缘地。

（三十九）金盏菊

［学名］ *Calendula officinalis* L.

［英名］ potmarigold calendula

［别名］ 金盏花、黄金盏、长生菊、常春花、金盏

［科属］ 菊科，金盏菊属

［形态特征］ 一二年生草本，株高 30～60cm，全株微被毛。叶互生，长圆状倒卵形。头状花序单生，总花梗粗壮，花序直径 4～10cm，总苞 1～2 轮，苞片线状披针形，筒状花先端 5 齿裂，雄蕊 5 枚，柱头 2 裂（图 2-1-10）。瘦果船形、爪形或环形。种子千粒重 10.56g，寿命 3～4 年。包括：复瓣品种，头状花序开败后，从苞片腋部再生出舌状小花；重瓣品种，有平瓣型和卷瓣型两类，重瓣性高。

［产地与分布］ 原产欧洲南部，世界各地栽培甚广。

图 2-1-10　金盏菊

［习性］耐寒，不耐酷暑，喜夏季气候温和，耐瘠薄也较耐旱，肥沃疏松土壤最为适宜。花期 3～6 月。

［繁殖与栽培］播种繁殖以秋播为主，寒冷地区也可春播。播后 1 周左右出苗，摘心或不摘心均可。因其开花较早，南方温暖地区可作冬季用花。进入夏季高温植株枯死。

［观赏与应用］金盏菊是春季花坛的主要美化材料，也可作早春盆花或切花。全草可入药，有祛热、止咳和通便之功效。

（四十）麦秆菊

［学名］*Helichrysum bracteatum* Andr.

［英名］strawflower

［别名］蜡菊

［科属］菊科，蜡菊属

［形态特征］一年生草本，株高 50～120cm，全株被毛而粗糙。叶互生，条状至长圆状披针形，全缘，有短柄或无柄。头状花序单生枝顶，径 3～6cm，总苞片多层，内层苞片伸长似花瓣，呈覆瓦状排列，具光泽，呈白、粉、橙、红、黄等色，干燥而硬质。小花聚成位于中心的圆形黄色花盘，直径约 2cm。瘦果呈直或弯的短棒状，略呈四棱形，种子千粒重 0.85g，寿命 2～3 年。帝国贝细工（var. *monstrosum*）是目前广为栽培的一个变种，花序大型，瓣状苞片多层，可分为高茎种（高 90～150cm）、中茎种（高 50～80cm）和矮茎种（高 30～40cm）。

同属相近种有黄花蜡菊（*H. arenarium*），多年生草本，茎直立，基部稍木质化，高约 30cm。叶条形至狭匙形，被白色茸毛，基部抱茎。头状花序顶生，呈伞房状排列。原产欧洲。

［产地与分布］原产澳大利亚，在东南亚和欧、美各国广为栽培。

［习性］不耐寒，忌酷暑，盛夏时生长停止，开花少。喜阳光及湿润而又排水良好的疏松肥沃土壤。花期 7～9 月。

［繁殖与栽培］播种繁殖，4 月前后播种，夏秋季开花。华南地区也可秋播，春季开花。麦秆菊较耐贫瘠，若水肥过多，反使叶片过于肥大，花少且色泽不艳。

［观赏与应用］麦秆菊苞片干燥，色彩鲜艳，经久不褪，适于切取作干花，可与其他花材搭配装饰。

（四十一）波斯菊

［学名］*Cosmos bipinnatus* Cav.

［英名］common cosmos

［别名］秋英、秋樱、大波斯菊、扫帚梅

［科属］菊科，秋英属

［形态特征］一年生草本植物，茎直立，光滑或具微毛，多分枝。叶对生，二回羽状全裂，裂片线形，全缘无齿。头状花序顶生或腋生，有长总梗，花序径 5～8cm。舌状花尖端截形或呈齿状（图 2-1-11）。常见栽培有粉红、玫瑰红、紫红、蓝紫、白各色品种。瘦果黄褐色。

同属种有硫华菊，又名黄波斯菊（*C. sulphureus*），多分枝，叶对生，二回羽状深裂，裂片呈披针形，有短尖，叶缘粗糙，头状花序着生于枝顶。舌状花花色纯黄、金黄至橙黄，花期夏秋季。原产墨西哥。

［**产地与分布**］原产墨西哥，现各国广泛栽培。

［**习性**］性喜阳光、温暖环境，不耐寒，忌高温炎热，耐贫瘠，忌积水，需疏松和排水良好的壤土。花期夏、秋季，具自播繁衍能力。

［**繁殖与栽培**］常以播种繁殖。晚霜后春播，播后7～10d发芽，生长迅速，应注意及时间苗。幼苗具4～5片真叶时移植，并摘心；也可直播。亦可用嫩枝扦插繁殖，插后15～18d生根。

如栽植地施以基肥，则生长期不需再施肥，土壤若过肥，枝叶易徒长，开花减少。7～8月高温期间开花者不易结实。种子成熟后易脱落，应于清晨采种。波斯菊为短日照植物，春播苗往往叶茂花少，夏播苗植株矮小、整齐、开花不断。

图2-1-11　波斯菊

［**观赏与应用**］波斯菊株型较高大，叶形雅致，花色丰富，且因其抗旱、耐贫瘠，适于布置花境，或在草地边缘、树丛周围及路旁成片栽植作背景材料，颇有野趣。也可作切花材料。

（四十二）雏菊

［**学名**］*Bellis perennis* L.

［**英名**］English daisy

［**别名**］延命菊、春菊、马兰头花

［**科属**］菊科，雏菊属

［**形态特征**］多年生草本，多作二年生栽培，株高15～20cm。叶基部丛生，倒卵形或匙形，先端钝。头状花序单生，直径3～5cm。舌状花条形，平展，单或多轮，有白、粉、紫等色，管状花黄色（图2-1-12）。瘦果扁平，倒卵形，种子千粒重0.21g，寿命2～3年。主要有：斑叶品种，叶有黄斑、黄脉；重花品种，头状花序小花开败后，从总苞鳞片腋部再生出1～4朵小花；管瓣品种，舌状花向中心翻卷呈管状；矮生小花品种，舌状花深红色卷瓣，丛株矮而圆整。

［**产地与分布**］原产西欧，在我国园林中栽培极为普遍。

［**习性**］耐寒，不耐酷暑，能耐半阴和瘠薄土壤，但以排水良好的肥沃壤土最为适宜。花期4～6月。

［**繁殖与栽培**］播种繁殖，秋播为主，北方寒冷地区也可春播。播后1周左右出苗，4～5片真叶时定植，耐移植。

图2-1-12　雏　菊

［**观赏与应用**］雏菊因株型低矮，极适于花坛和地被

应用，亦可盆栽观赏。

（四十三）翠菊

［学名］ *Callistephus chinensis* Nees.

［英名］ China aster

［别名］ 蓝菊、江西腊、五月菊

［科属］ 菊科，翠菊属

［形态特征］ 一二年生草本，株高25～90cm，茎直立，多分枝。叶互生，卵形至三角状卵圆形，具不规则粗锯齿，疏被短毛。头状花序单生枝顶，苞片多层，外层革质，内层膜质，花色与茎的颜色相关。瘦果楔形，种子千粒重1.74g，寿命2年。经二百多年的选育，花型和花色变化丰富，变种和品种极多。按花型可分为单瓣型、芍药型、菊花型、放射型、托挂型、鸵羽型。按株高可分为矮型（高30cm以下）、中型（高30～50cm）和高型（高50～90cm）。

［产地与分布］ 原产我国东北、华北及西南地区，现世界各地均有栽培。

［习性］ 有一定耐寒性，不喜酷暑，喜肥沃、排水良好的沙壤土或壤土。花期5～10月。

［繁殖与栽培］ 播种繁殖，春播或秋播均可。春播于夏秋开花，秋播则春季开花。华东地区多行春播，3～4月播种，1周左右出苗。翠菊宜在气候凉爽、干燥条件下生长，在高温、高湿情况下则易患锈病、立枯病、白粉病等。此外，忌连作，否则也易感病。发现病株要及时清除，平时注意通风及药物控制。

［观赏与应用］ 中、矮型种适于盆栽或布置花坛和花境，高型种多作切花。花、叶可入药，具清热、凉血功效。

（四十四）紫茉莉

［学名］ *Mirabilis jalapa* L.

［英名］ four-o'clock，marvel of Peru，beauty of the night

［别名］ 胭脂花、草茉莉、洗澡花、夜饭花、地雷花

［科属］ 紫茉莉科，紫茉莉属

［形态特征］ 多年生草本植物，常作一年生栽培，高30～80cm。茎直立，近光滑，茎节膨大，多分枝。单叶对生，纸质，卵形或三角状卵形。花单生或3～5朵簇生于枝顶，花冠高脚碟状，瓣先端5裂，有紫、红、黄、白、红黄相间等色。瘦果卵圆形，长5～8mm，黑色。

［产地与分布］ 原产热带美洲，我国各地均有栽培。

［习性］ 喜光，也较耐阴，喜温暖湿润环境，不耐寒，宜生长于排水良好的肥沃土壤，性强健，生长快。喜湿润，夏季见干浇水。抗性强，具有抗二氧化硫的能力，病虫害较少。花期8～10月。

［繁殖与栽培］ 播种繁殖，春季直播露地，亦能自播。因种皮较厚，播前应先浸种处理，播后10～15d发芽，直根性，如需移栽应尽早进行。本种生长健壮，不择土壤，生长期保证水分供应，可不施肥。

［观赏与应用］ 紫茉莉适于庭园栽培，散植于庭园中，花时芬芳烂漫，有原野气息。可种植在建筑物的北侧，或林缘处。南方可作多年生栽培。

（四十五）地肤

［学名］*Kochia scoparia*（L.）Schrad.

［英名］belvedere，broom cypress

［别名］扫帚草、扫帚菜子、扫帚子

［科属］藜科，地肤属

［形态特征］一年生草本，株高50～100cm。茎直立，多分枝，淡绿色或浅红色，生短柔毛。叶互生，线形或条状披针形，无毛或被短柔毛，全缘，边缘常具少数白色长毛，草绿色，秋季变为暗红色。花淡绿色、小而不显，两性或雌性，通常单生或2个生于叶腋，集成稀疏的穗状花序。胞果扁球形，种子横生，扁平。观赏栽培多用其变种细叶扫帚草（var. *culta*），株型较小，叶细软，色嫩绿，秋季转为红紫色。

［产地与分布］原产欧亚大陆，我国北方多见野生，其变种多见于园林应用。

［习性］喜光，不耐寒，极耐炎热，性强健，耐干旱及贫瘠。具较强的自播繁衍能力。花期7～9月，果期8～10月。

［繁殖与栽培］播种繁殖，春季晚霜后播种。直播生长势强于移植苗，苗期应注意间苗，避免因株间过密而影响观赏效果。生长强健，耐粗放管理。为避免种子自播后来年大量繁衍，可于种子成熟前割除。

［观赏与应用］地肤可于园林中自然栽植，或用于花坛中间或镶边材料，也可成行栽植作为短期绿篱。

（四十六）花菱草

［学名］*Eschscholtzia californica* Cham.

［英名］California poppy

［别名］金英花、人参花、洋丽春

［科属］罂粟科，花菱草属

［形态特征］多年生草本植物，常作一二年生栽培。株型铺散或直立，多汁，株高30～60cm，全株被白粉，呈灰绿色。叶基生为主，茎上叶互生，多回三出羽状深裂，裂片线形。单花顶生，具长梗，花径5～7cm，萼片2枚成盔状，随花瓣展开而脱落。花瓣4枚，外缘波皱，黄至橙黄色。栽培品种较多，有乳白、淡黄、橙、猩红、玫红、浅粉、紫褐等色及半重瓣和重瓣品种。蒴果细长，种子椭圆状球形，千粒重1.5g，种子寿命2～3年。

［产地与分布］原产美国加利福尼亚州，我国各地有栽培。

［习性］喜阳光，花多在阳光下开放，阴天及夜晚闭合。较耐寒，喜冷凉干燥气候，不耐湿热，炎热的夏季处于半休眠状态或枯死。属肉质直根系，喜疏松肥沃、排水良好、土层深厚的沙质壤土，也耐瘠薄，大苗不宜移栽，能自播繁衍。

［繁殖与栽培］播种繁殖，温暖地区多秋播，冷凉地区也可春播。秋播花期在翌年4～5月，春播花期在当年7月，播种后在15～20℃适宜温度下7～10d发芽。幼苗期要保持充分的水分和养分，每次浇水不宜过大，施肥适量即可。雨水过多季节，容易在根颈附近发黑霉烂，要特别注意排水。定植距离20～30cm，定植地宜用腐熟的堆肥作基肥。在生长旺盛期及开花期，要适当浇水，并施1～2次液肥，浇水不宜太多。花后30d蒴果易自裂出种子，宜适时在清晨

采收。

［观赏与应用］花菱草茎叶嫩绿带灰色，花色鲜艳夺目，是良好的花带、花境和盆栽材料，也可用于草坪丛植。

（四十七）虞美人

［学名］ *Papaver rhoeas* L.

［英名］ corn poppy

［别名］ 丽春花、赛牡丹、小种罂粟花、蝴蝶满园春

［科属］ 罂粟科，罂粟属

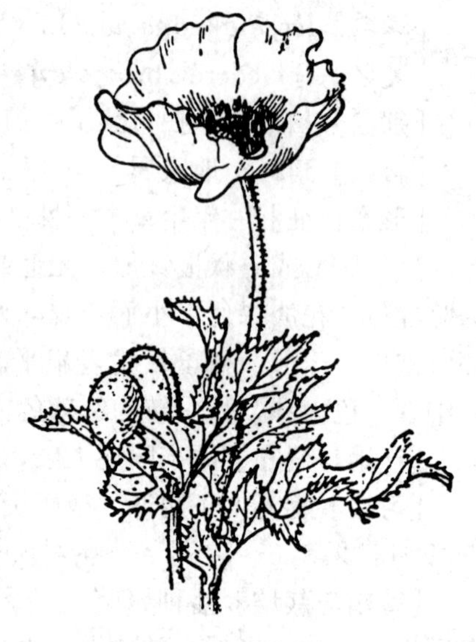

图 2-1-13　虞美人

［形态特征］ 一二年生草本，株高 40～60cm，分枝细弱，被短硬毛。叶互生，羽状深裂，裂片披针形，具粗锯齿。花单生，有长梗，未开放时下垂，花瓣 4 枚，近圆形，花径 5～6cm，花色丰富（图 2-1-13）。蒴果杯状，种子肾形，千粒重 0.33g，寿命 3～5 年。有复色、间色、重瓣和复瓣等品种。

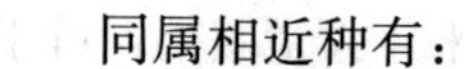

同属相近种有：

冰岛罂粟（*P. nudicaule*）　多年生草本，丛生。叶基生，羽裂或半裂。花单生于无叶的花莛上，深黄或白色。原产极地。

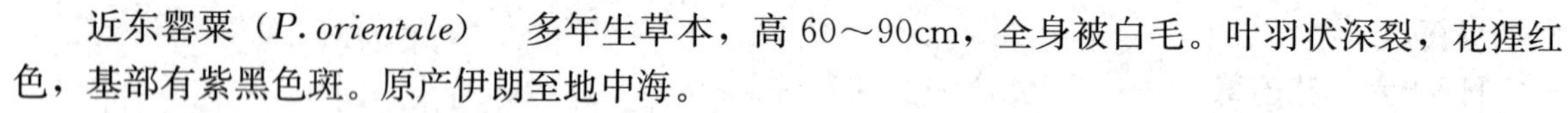

近东罂粟（*P. orientale*）　多年生草本，高 60～90cm，全身被白毛。叶羽状深裂，花猩红色，基部有紫黑色斑。原产伊朗至地中海。

［产地与分布］ 原产欧亚大陆温带地区，世界各地多有栽培，我国青海西宁一带为分布和栽培中心。

［习性］ 耐寒，怕暑热，喜阳光充足的环境，喜排水良好、肥沃的沙壤土。不耐移栽，能自播。花期 5～6 月。

［繁殖与栽培］ 播种繁殖，有自播能力。江南地区多秋播（9～10 月），北方也可春播。因种子细小，播后可不覆土或少覆土，因其为直根系，移植成活率较低，宜直播或小苗移植。

［观赏与应用］ 虞美人是春季美化花坛、花境以及庭园的重要草花，也可盆栽或切花观赏。

第三节　其他种类

表 2-1-1　其他一二年生花卉简介

中　名	学　名	科　属	产　地	花　期	习　性	繁殖
香雪球	*Lobularia maritima*	十字花科香雪球属	地中海地区	3～6 月	阳性，半耐寒，要求排水良好	播种
桂竹香	*Cheiranthus cheiri*	十字花科桂竹香属	南欧	3～5 月	阳性，较耐寒，不耐热	播种
霞草	*Gypsophila elegans*	石竹科丝石竹属	小亚细亚至高加索	5～6 月	阳性，耐寒，忌炎热多雨	播种
矮雪轮	*Silene pendula*	石竹科蝇子草属	地中海地区	4～6 月	喜光，耐寒，在夏季高温喜肥	播种
高雪轮	*Silene armeria*	石竹科蝇子草属	南欧	4～6 月	喜阳光充足的温和气候，不耐暑热	播种

（续）

中　名	学　名	科　属	产　地	花　期	习　　性	繁殖
毛地黄	*Digitalis purpurea*	玄参科毛地黄属	欧洲	5～6月	耐寒，喜光照充足，也耐半阴	播种
龙面花	*Nemesia strumosa*	玄参科龙面花属	南非	4～6月	喜温和、夏季凉爽气候，不耐寒，不耐热	播种
大花亚麻	*Linum grandiflorum*	亚麻科亚麻属	北非	5～6月	喜光照充足，不耐严寒，忌酷热	播种
含羞草	*Mimosa pudica*	豆科含羞草属	美洲热带	6～9月	喜温暖、湿润，较耐旱，不耐涝	播种
旱金莲	*Tropaeolum majus*	旱金莲科旱金莲属	南美洲	6～10月	喜光，喜温暖湿润，不耐寒，性强健	播种
月见草	*Oenothera biennis*	柳叶菜科月见草属	北美	6～9月	耐旱，耐寒，耐瘠薄，喜光	播种
茑萝	*Quamoclit pennata*	旋花科茑萝属	美洲热带	8～10月	喜光，喜温暖，耐瘠薄，直根性	播种
牵牛花	*Ipomoea nil*	旋花科牵牛属	亚洲	6～9月	喜光，耐半阴，喜温暖，不耐寒，耐瘠薄	播种
一点缨	*Emilia sagittata*	菊科一点红属	亚洲热带	6～9月	喜光，不耐寒	播种
冰花	*Mesembryanthemum crystallinum*	番杏科日中花属	南非	4～6月	喜光，半耐寒，不耐高温	播种
红叶甜菜	*Beta vulgaris* var. *cicla*	藜科甜菜属	南欧	6～7月	喜光，喜温和、冷凉气候，较耐寒	播种

第二章　宿根花卉

第一节　概　　述

1. 概念与范畴　宿根花卉是指个体寿命超过两年，地下部器官形态未经变态成球状或块状的常绿草本花卉和地上部分开花后枯萎，以芽、根蘖或地下部分越冬或越夏的多年生草本花卉。宿根花卉种植后可数年至十多年开花不断，依耐寒力及休眠习性不同可分为耐寒性宿根花卉和常绿性宿根花卉。耐寒性宿根花卉一般原产于温带的寒冷地区，大多数种类耐寒力甚强，可露地越冬，在冬季有完全休眠的习性，地上部的茎叶秋冬全部枯死，地下部进入休眠，到春季气候转暖时，地上部再萌发生长继续开花。常绿性宿根花卉多原产于温带的温暖地区，耐寒力弱，冬季停止生长，保持常绿的叶片，呈半休眠状态。

2. 繁殖与栽培要点　大多数宿根花卉要求在充足的光照下进行生长，种类不同完成发育阶段要求的环境条件也不一样。春季开花的种类，在感温阶段要求低温，在感光阶段要求长日照；夏秋开花的种类，在感光阶段要求短日照。

宿根花卉多数可用播种繁殖，但应用最普遍的是分株繁殖，即利用萌蘖、匍匐茎、走茎、根茎、吸芽等进行分株。有的种类还可利用叶芽扦插。许多中高档商品性盆花或切花，如花烛、凤梨等的种苗生产常采用组织培养的方法。

宿根花卉根系比一二年生花卉强大，入土较深，在栽植时应深翻土壤，并施入大量有机肥，以较长期地维持良好的土壤结构和养分。

第二节　常见种类

（一）芍药

［学名］*Paeonia lactiflora* Pall.

［英名］common peony

［别名］将离、可离、没骨花、婪尾春、余容、梨食、绰约、留夷、殿春

［科属］毛茛科，芍药属

［形态特征］多年生宿根草本，具肉质根，初生茎叶褐红色，株高 60～120cm。叶为二回三出羽状复叶，枝梢部分呈单叶状，小叶 3 深裂。花 1～3 朵生于枝顶，单瓣或重瓣，萼片 5 枚，宿存，离生心皮 5 至数个，雄蕊多数（图 2-2-1）。果内含黑色大粒种子数枚，种子球形。按花

型可分为：单瓣类，花瓣1～3轮，雌、雄蕊发育正常；千层类，花瓣多轮，无内外瓣之分；楼子类，外轮大型花瓣1～3轮，花心由雄蕊瓣化而成；台阁类，全花分上下两层，中间由退化雌蕊或雄蕊瓣隔开。按花色可分为白色、黄色、粉色、红色和紫色等品种。同属植物约23种，我国有11种。

图2-2-1　芍　药

［产地与分布］原产我国，日本及朝鲜等国亦有分布。我国除华南地区外均有栽培。

［习性］耐寒，喜夏季冷凉、阳光充足气候，要求土层深厚、肥沃而又排水良好的沙壤土，忌盐碱和低洼地。花期4～5月。

［繁殖与栽培］可用分株、扦插、压条、根插或播种等法繁殖。分株繁殖必须在秋季进行，一般在9～10月份，此时分株后，根系可在冬季来临前恢复生长，每个分株带3～5个芽。播种繁殖一般用于新品种选育，种子成熟后要即采即播，4～5年可开花。扦插在开花前约两周进行，取茎的中部带两个节，沙床扦插，40～60d生根。压条在春季进行。根插于秋季分根时进行。定植前深耕25～30cm，施足基肥。种时芽头与土面平齐，田间栽培株行距为50cm×60cm，园林种植可50～100cm间距。栽植过程，每年追肥3次左右，第一次在展叶现蕾期，第二次于花后，第三次在地上部枝叶枯黄前后。

4月份当植株茎端形成主蕾时，应及时剥除侧蕾，使养分集中，开花美而大。高型品种作切花栽培易倒伏，应设支架拉网支撑。花后立即剪去残花或果实，减少养分消耗，霜降后，地上部分枯萎，应及时剪去枝干，扫除枯叶。

芍药可利用低温进行促成和抑制栽培。如利用自然低温完成休眠后进行促成栽培，于9月中旬掘起植株，栽于箱或盆中，在户外接受自然低温，于12月移入15℃左右的温室，可于2月中下旬开花。要使芍药在冬令开花，则需进行人工冷藏，冷藏开始期应在8月下旬花芽分化后，冷藏温度为0～2℃，早花品种处理25～30d，中晚花品种40～50d。早花品种于9月上旬挖起，经冷藏后在15℃温室中栽种，60～70d后开花。晚花品种冷藏时间长，到开花所需时间也长。抑制栽培于早春芽萌动前挖起植株，贮藏在0℃湿润条件下抑制萌芽，于适宜时期定植，30～50d后开花。

［观赏与应用］芍药是配置花境、花坛及设置专类园的良好材料，在林缘或草坪边缘可作自然式丛植或群植。亦可作切花和药用，有保肝、健脾等多种疗效。

（二）花烛属

［学名］*Anthurium*

［英名］anthurium

［别名］安祖花

［科属］天南星科，花烛属

［形态特征］该属约550种，主要代表种有：花烛（*A. scherzerianum*），多年生常绿草本，直立；叶革质，披针形，长15～30cm，宽6cm，暗绿色；佛焰苞卵圆形，长5～20cm，宽5～10cm，火焰红色，肉穗花序圆柱形，螺旋状；园艺变种很多，佛焰苞有紫色带白斑、白色、红

色、黄色、绿带红斑、红带白斑等的变种。哥伦比亚花烛（*A. andraeanum*），叶鲜绿色，长椭圆状心脏形，佛焰苞阔心脏形，原产哥伦比亚。晶状花烛（*A. crystallnium*），茎上叶多数密生，叶阔心脏形，佛焰苞带褐色，原产哥伦比亚。胡克氏花烛（*A. hookeri*），叶长椭圆形，叶缘波状，肉穗花序紫色。

[产地与分布] 原产中美洲，在欧洲及东南亚栽培普遍，我国南方、北方都有栽培。

[习性] 不耐寒，生长适温 25～28℃，冬季越冬低温不低于 15℃。喜温暖多湿环境，喜半阴，要求疏松、排水良好的腐殖质土，或用水苔、木屑、碎花泥栽植。环境条件适宜可周年开花。

[繁殖与栽培] 主要通过分株、组培和播种繁殖。播种时，种子应随采随播，约 3 周可发芽，3～4 年开花。分株繁殖可直接将成年株根颈部蘖芽分割，对大型母株可先在分株部位切伤，用湿苔藓包裹，等发根后分切。对生长较弱的母株，可先将老茎上的叶片摘除，然后用轻基质埋没保湿，待新根和新叶萌发后分切。组织培养多以叶片为外植体，接种后 20～30d 形成愈伤组织，从愈伤组织到苗分化需 30～60d。种植后第三年才可开花。

矮生花烛多行盆栽，盆土用草炭或腐叶土加腐熟马粪和适量珍珠岩的混合基质。浇水以叶面喷淋为好，保持较高空气湿度。生长季每周施薄肥 1 次，每隔 1～2 年换盆 1 次。

切花栽培时，要深翻土壤 20～30cm，施足腐熟基肥，保持土壤湿润，或用碎花泥结合营养液滴灌种植。1～5 月定植，定植株行距 30cm×35cm，呈三角形栽植，每公顷用苗4 5000株左右。单株栽培 7～8 年后更新。生长期间注意温度、湿度和光照调节。夏季高温期要喷水、通风降温，冬季保持夜温 18℃左右。光照控制在 20～25klx，过强时作适当遮阴。生长期间，每年追肥 2～3 次。

[观赏与应用] 国际花卉市场上新兴的切花和盆花，花叶共赏。

（三）新几内亚凤仙

[学名] *Impatiens hawkeri* Bull.

[英名] New Guinea impatiens

[别名] 五彩凤仙花

[科属] 凤仙花科，凤仙花属

[形态特征] 多年生常绿草本。茎肉质，分枝多。株高 15～50cm。叶互生，有时上部轮生，叶片卵状，边缘有刺，叶脉红色，叶缘有锯齿。花单生或数朵成伞房花序，花柄长，花瓣桃红色、粉红色、橙红色、紫红白色等，四季开花。

[产地与分布] 原产新几内亚等地，现世界各地多有栽培。

[习性] 喜炎热，怕寒冷，光照 50%～70%最好，光照不足易徒长。要求深厚、肥沃、排水良好的微酸性土壤。

[繁殖与栽培] 播种或扦插繁殖，也可用组织培养技术进行种苗的快速繁殖。扦插时取母株 6～7cm 健壮枝条进行，插后 7～10d 生根。播种繁殖时，种子需光，要求温度 20～25℃，温度过高或过低均不利萌发。生长适温 21～26℃，高于 30℃叶片易发生灼伤。生长期保持土壤湿润，但浇水不宜直接浇于叶片上。

[观赏与应用] 新几内亚凤仙是周年供应的时尚盆花，也是花坛、花境的优良素材。

（四）虎纹凤梨

［学名］ *Vriesea splendens* Lem.

［英名］ vriesea

［科属］ 凤梨科，丽穗凤梨属

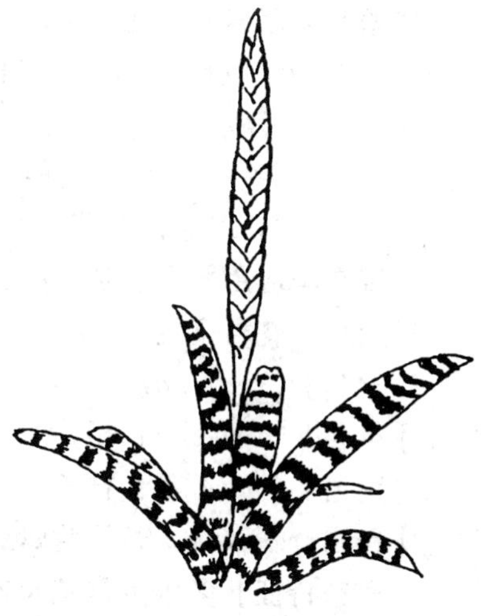

图 2-2-2　虎纹凤梨
（包满珠，2003）

［形态特征］ 多年生常绿附生草本植物。叶丛呈疏松的莲座状，可以贮水；叶长条形，平滑，多具斑纹，全缘。复穗状花序高出叶丛，时有分枝，顶生由多枚红色苞片组成的扁平剑形花序；小花多呈黄色，从苞片中生出。小花很快凋谢，艳丽的苞片维持时间长。冬春开花后，老株逐渐枯死，基部长出吸芽（图 2-2-2）。常见种类有彩苞凤梨（*V. poelmannii*）、莺哥凤梨（*V. carinata*）。

［产地与分布］ 同属植物约有 250 种，原产于中南美洲和西印度群岛。

［习性］ 喜温暖、湿润，不耐寒，冬季温度不低于 10℃。较耐阴，忌强光直射，春、夏、秋三季应遮光 50%左右。以疏松、肥沃、排水良好的腐叶土与沙混拌为宜。

［繁殖与栽培］ 常用分株或组织培养繁殖。植株在开花前后于叶丛基部生出吸芽，待芽长至 8～12cm 时，从基部切下分栽。目前商品苗工厂化生产多用腋芽组织培养。生长期叶面要充分浇水和施肥，叶筒保持有水，但土壤不宜太湿。冬季控制肥水，保持盆土不干，叶筒底部湿润即可。花后及时清除基部吸芽和枯黄叶可延长观赏期。

［观赏与应用］ 丽穗凤梨属植物叶色多变，苞片艳丽，花序独特优美，观赏期长，花叶皆可观赏，是优良的室内盆栽花卉。也可作切花。

（五）果子蔓

［学名］ *Guzmania lingulata*（L.）Mez.

［英名］ guzmana

［别名］ 红杯凤梨

［科属］ 凤梨科，星凤梨属

图 2-2-3　果子蔓

［形态特征］ 多年生常绿附生草本植物。株高 30cm 左右，冠幅可达 80cm，叶片呈稍松散的莲座状排列。花莛常高出叶丛 20cm 以上（图 2-2-3），花莛、苞片以及花莛基部的数枚叶片均呈红色，十分艳丽。在苞片内有黄色的小花，花期春季。真正花期比较短，但彩色的花莛和苞片保持时间比较长，观赏期可达 2 个月。有‘红星’星凤梨、‘火炬’星凤梨和‘丹尼斯大’星凤梨等品种。

［产地与分布］ 原产于南美洲热带地区和西印度群岛。

［习性］ 喜温暖、湿润气候，较耐阴，忌强光直射，要求疏松、肥沃、排水良好的土壤。

［繁殖与栽培］ 常通过组织培养或分吸芽繁殖。母株开花后，从株丛基部萌发子株，待子株长到 10～12cm 高时，切割下进行繁殖。除花期外，保持盆土湿润和较高的空气湿度。生长旺盛期，叶筒保持满水，叶片或叶筒 15d 左右施一次液肥。秋季减少浇水，冬季保持叶筒底部湿润即可，叶面每周喷水一次。为促进开花，可在叶筒中加乙烯利处理，3 个月左右即可开花。开花前后应适当控水，以保证花茎充实。

［观赏与应用］ 果子蔓是优良的观花赏叶室内盆栽花卉。

（六）大花君子兰

［学名］ *Clivia miniata* Regel

［英名］ scarlet kafirlily

［别名］ 剑叶石蒜、君子兰

［科属］ 石蒜科，君子兰属

［形态特征］ 多年生常绿草本，具粗壮而发达的肉质须根。叶宽大，基部合抱呈假鳞茎状，叶 2 列叠生，长 30～80cm，先端钝圆，质硬厚而有光泽。花莛自叶丛中抽出，粗壮，呈半圆或扁圆形，伞形花序顶生，小花数朵至数十朵，花被 6 片，组成狭漏斗状。浆果球形，紫红色，内含球形种子 1～6 粒，种子百粒重 80～90g。园艺变种主要有黄色君子兰（var. *aurea*）和斑叶君子兰（var. *stricta*）。同属相近种有垂笑君子兰（C. *nobilis*），花稍下垂，呈狭漏斗状，花被片和叶片均较大花君子兰稍窄。

［产地与分布］ 原产南非，现我国各地均有栽培。

［习性］ 不耐寒，生长适温 15～25℃，低于 10℃生长受抑制，低于 5℃停止生长，0℃以下受冻。喜湿润和半阴环境，忌夏季阳光直射。夏季高温，叶易徒长，叶片狭长，并抑制花芽形成。每一叶片在根颈上可存活 2～3 年。实生苗 4～5 年可开花，5～6 年生壮龄株开花最盛。寿命可达 20～30 年。花期 3～4 月，每一小花开花 25～30d，每一花序开放 30～40d。喜疏松并富含腐殖质的沙壤土，忌盐碱。

［繁殖与栽培］ 常用分株和播种繁殖。分株于春季 3～4 月进行，将母株周围发生的新株带肉质根切离，切口用木炭粉涂抹，待伤口干燥后上盆栽植，经 2～3 年即可开花。播种繁殖，当果实 8～9 月份成熟时，采后即播。播种时种孔向下，平置于沙床表面，间距 1～2cm，播后覆土以埋没种子为度。发芽适温 20～25℃，播后一般 30～45d 长出第一片叶，等第二片叶伸出时控水蹲苗，使叶片壮厚、浓绿、光亮。

君子兰施肥以有机肥为主，适当结合无机肥。常用有机肥有腐熟豆饼、菜饼、骨粉、鱼粉等。施肥量除随株龄增加而增加外，还应随季节而调整。春、秋季生长旺盛期可多施，夏季和冬季应少施或停止施肥。在冬季温度低、土壤水肥不足时会产生“夹箭”现象，“夹箭”是指花茎发育过短，花朵不能伸出叶片之外就开放的现象，可通过提高温度和增施液肥加以防止。

君子兰根肉质、肥大、无分枝，当土壤水分过多，盆土通气不畅，温度过高或肥料过浓时，常易发生烂根，在管理上应倍加注意。当发现烂根时，应及时将植株从盆中磕出，清除腐根，并用高锰酸钾或其他杀菌剂对根部进行消毒，在伤口处涂以混有硫黄粉的木炭灰，待伤口干燥后换土换盆栽种。

［观赏与应用］君子兰是优良的观花、观叶盆花，最宜室内盆栽观赏。摆放君子兰时，可使叶片的展开扇面与光源平行或垂直，并定期调换方向（180°），这样可使其两列叶片相对呈扇形整齐地开展，提高观赏品质。

（七）草原龙胆

［学名］*Eustoma grandiflorum*（Raf.）Shinn.

［英名］Andrew prairie gentian

［别名］洋桔梗

［科属］龙胆科，草原龙胆属

［形态特征］宿根草本。叶卵圆形，对生。花茎呈总状分枝式，通常在基部形成几个分枝，花枝长度一般为50～75cm。草原龙胆花呈漏斗状，花色非常丰富，有紫色花上带有黑斑、粉红色、纯白色等。花期4～7月。

［产地与分布］原产美国的内布拉斯加州到路易斯安那州的平原上，以及墨西哥境内。目前欧美、日本、朝鲜、我国都有栽培。

［习性］长日照植物，长日照和高温促进其提早开花。开花需经过低温春化阶段。温度过高、过低会导致开花不良。温度低于10℃，则进入休眠状态，开花不良。

［繁殖与栽培］播种、扦插繁殖。播种在7月份进行，翌年4～6月开花。秋冬季育苗，于2～3月定植，6～7月出花。扦插繁殖，用200mg/L的吲哚乙酸溶液蘸浸以促进生根，约15d生根。但扦插繁殖的苗顶芽易干枯，所以多用种子繁殖。定植1个月后可追肥，氮、磷、钾的比例为2.5∶2∶2.5。每两周追施一次，与灌水相结合。氮肥不宜过多，过多会引起徒长，茎秆发软。采用摘心来调节花期。生长期忌湿涝，进入开花期后，可逐渐减少水分供应，并根据叶色及发育状况来施液肥作追肥。注意防治立枯病、灰霉病、疫病、红蜘蛛等。

［观赏与应用］草原龙胆作切花和盆花栽培。

（八）锥花丝石竹

［学名］*Gypsophila paniculata* L.

［英名］babysbreath，panicle gypsophila

［别名］宿根霞草、满天星

［科属］石竹科，丝石竹属

［形态特征］多年生草本，高约90cm，多分枝，全株稍被白粉。叶对生，披针形至线状披针形。多数小花组成疏散的圆锥花序；萼短钟形，5齿裂；花瓣5枚，长椭圆形；小花梗细长。变种主要有大花变种（var. *grandiflora*）、矮性变种（var. *campacta*）和重瓣变种（var. *florepleno*）。

同属相近种有：

霞草（*G. oldhamiana*）　多年生草本，高60～100cm；叶短圆状披针形；聚伞花序顶生，花粉红或白色。原产我国。

匍匐丝石竹（*G. repens*）　多年生草本，高约15cm，茎匍匐或横卧；叶线状；花稍大，组成疏生圆锥花序。原产阿尔卑斯山及比利牛斯山。

卷耳状丝石竹（*G. cerastioides*）　多年生草本，高约10cm，茎匍匐生长；基生叶耳状；茎生叶倒卵形；花大。原产喜马拉雅山。

［产地与分布］原产地中海沿岸，现世界各地栽培甚广。

［习性］耐寒，喜向阳高燥地，怕积水，适宜含石灰质、肥沃和排水良好的土壤。花期6～8月。

［繁殖与栽培］可用组培、播种、分株和扦插繁殖，单瓣品种以种子繁殖为主，重瓣品种主要用组培繁殖。分株繁殖宜在秋季进行。种子在21～27℃条件下约10d出芽，在温室中，自12月至翌年4月播种，定植至开花约需3个月，即自3～7月均有花供应。组培快繁时，以发育充实的枝条上端幼嫩部位为外植体，消毒后分切成带有腋芽的小段，接种于MS＋0.5mg/L 6-BA＋0.1mg/L NAA的培养基中，半个月后叶片逐渐伸展，待苗高2.5～3cm时，转入1/2MS＋0.1mg/L NAA的生根培养基中，15～20d即可生根。

丝石竹生长初期应勤浇水，促进新芽生长，当植株长到30cm高时，要适当控水，防止徒长，现蕾期和开花期要求略干。丝石竹生长适温为15～25℃，当温度高于30℃或低于10℃时，易引起莲座状丛生，只长叶不开花。当气温降至10℃以下，日照少于10h时，节间停止生长，叶丛呈莲座状，植株进入半休眠状态。

定植后1个月左右，当苗长出7～8对叶时要进行摘心，即摘掉顶芽。摘心后2周，等侧枝长至10cm左右时，抹除瘦弱的芽，一般在1m^{2}保留15～20支切花即可。植株生长旺盛时，常易倒伏，应拉网固定或用竹竿支撑。

丝石竹在栽植过程中要不断追肥，追肥成分以氮、磷、钾的比例2.5∶2∶2.5为宜。每2周追肥1次或与灌溉相结合，至开花前20d停止。氮肥过多会引起徒长，茎秆软弱，影响切花品质。

高温高湿条件下，易发生冠腐病和疫病，可用0.6～1.2g/L氯唑灵或克菌丹进行防治。

［观赏与应用］丝石竹是切花重要材料，又宜布置花坛、花境和配置岩石园。

（九）香石竹

［学名］*Dianthus caryophyllus* L.

［英名］carnation

［别名］康乃馨、康纳馨、麝香石竹

［科属］石竹科，石竹属

［形态特征］常绿亚灌木，作宿根花卉栽培。株高30～80cm，茎细软，基部木质化，全身披白粉，节间膨大。叶对生，线状披针形，全缘，叶质较厚，基部抱茎。花单生或数朵簇生枝顶，苞片2～3层，紧贴萼筒，萼端5裂，花瓣多数，具爪（图2-2-4）。花色极为丰富，有大红、粉红、鹅黄、白、深红等色，还有玛瑙等复色及镶边色等，有香气。果为蒴果，种子褐色。

图2-2-4 香石竹

香石竹品种很多，依耐寒性与生态条件可分为露地栽培品种和温室栽培品种。依花茎上花朵大小与数目，可分为大花香石竹和散枝香石竹。大花香石竹中红色系品种有‘Ariane’、‘Castellaro’、‘Desio’、‘Grigi’等；粉红色系品种有‘Mabel’、‘Manon’、‘Miledy’、‘Zagor’等；黄色系品种有‘Candy’、‘Magic’、‘Pallas'等；白色系品种有'Delphi'、'White Candy'等；复色系品种有'Zvonne'、'Kristina'、'Tempo'等。散枝香石竹中红色系品种有'Darling'、'Elsy'、'Rony'等；粉红色系品种有'Carmit'、'Galinda'、'Karina'、'Medea'等；黄色系品种有'Ballet'、'Eilat'、'Lior'等；白色系品种有'Annelies'、'Bagatel'、'Bianca'等。

［产地与分布］原产南欧、地中海北岸、法国到希腊一带，现世界各地广为栽培，主要产区在意大利、荷兰、波兰、以色列、哥伦比亚、美国等。

［习性］不耐寒，最适宜的生长温度白天为16～22℃，夜间10～15℃。喜空气流通、干燥及日光充足的环境，要求排水良好、富含腐殖质的土壤，能耐弱碱，忌连作。花期5～10月。

［繁殖与栽培］可采用扦插、组培和播种繁殖。扦插繁殖多在春、秋季进行，选择中部健壮侧枝，剪成10cm左右长的插穗。扦插介质多用70%栽培土加30%草木灰，亦可用1/2泥炭加1/2珍珠岩或砻糠。插条摘下时宜略带主干皮层，选取中部粗壮侧枝，节间要短。一般插后3周左右生根。播种繁殖以秋播为主，播后10d左右发芽出苗。幼苗需经移植，养苗阶段2～3个月可以成苗。

香石竹种植前应施足基肥，每667m^2地施入腐熟鸡粪3 500kg、过磷酸钙150kg、草木灰200kg，并加入长效性复合肥，然后将地深翻整平，做成高20～30cm、宽1m左右的高畦。香石竹定植时间一般在5～6月份，株行距25cm×25cm，依品种习性不同，分枝性强的品种可略稀植，分枝性弱的可适当密植。从定植到开花所需时间，因光照、温度而异，最短为100～110d，最长约150d。定植后在植株四周浇水，避免从茎叶上淋水或从根蔸浇水，使根蔸土壤经常保持一定干燥。缓苗后，要适当减少浇水量，进行2～3次蹲苗，促进根系向土壤下层生长。生长旺盛期可适当增加浇水量，温度低时浇水量要严格控制，最好能应用滴灌设备。

种植后20d左右进行第一次摘心。当侧枝开始生长后，整个植株会向外开张，应尽早立柱张网。第一层网一般距离床面15cm高，共设4～5层。摘心是香石竹栽培中的基本技术措施，不同摘心方法对产量、品质及开花时间有不同影响。切花生产中常用的有三种摘心方式：①单摘心，仅对主茎摘心1次，可形成4～5个侧枝，从种植到开花时间短；②半单摘心，当第一次摘心后所萌发的侧枝长到5～6节时，对一半侧枝作第二次摘心，该法虽使第一批花产量减少，但产花稳定；③双摘心，即主茎摘心后，当侧枝生长到5～6节时，对全部侧枝作第二次摘心，该法可使第一批产花量高且集中，但会使第二批花的花茎变弱。

生产大花栽培品种应将侧蕾疏除，疏蕾适期为顶蕾横径达1.5cm，次顶蕾达可见程度时。散枝型品种应摘除顶蕾，促进侧枝生长整齐，保留上部3～4个侧枝，每枝开1朵顶花。疏蕾操作应及时并反复进行。

夏季高温会影响香石竹产量和品质，生产上于冬春季产花高峰之后，于6月下旬进行修剪，将一年苗龄的植株在地表上25～30cm处剪除，促使基部发生新枝，可在入冬时再次开花。修剪前1周应停止灌溉，待修剪过的植株出现新梢生长时才可进行灌溉，停止灌溉的时间为3～4周。

香石竹病害较为严重，5～9月高温多湿时更甚，主要病害有细菌性枯萎病、真菌性萎蔫病、枝腐病、锈病等，病毒病有环斑病毒、坏死斑点病毒、脉斑驳病毒、蚀环病毒、斑驳病毒等。

［观赏与应用］香石竹主要用于切花生产，也可盆栽观赏。花朵可提取香精。

（十）万年青

［学名］ *Rohdea japonica* Roth.

［英名］ omoto nipponlily

［别名］ 铁扁担、冬不凋草、乌木毒

［科属］ 百合科，万年青属

［形态特征］ 多年生常绿草本，地下具短粗根状茎，株高50～60cm。叶基生，带状或倒披针形，全缘波状，先端急尖，基部渐狭，长15～50cm，宽2.5～8cm，质厚，有光泽。花莛自叶丛中抽出，较短，高10～20cm，穗状花序顶生，小花密生，淡绿白色。浆果球形，橘红色，内含种子1粒。常见栽培品种有'金边'万年青（'Marginata'）、'银边'万年青（'Variegata'）和'花叶'万年青（'Pictata'）。此外尚有大叶、细叶及矮生等品种。

［产地与分布］ 原产我国及日本，我国各地常见栽培，在江南地区常有野生分布。

［习性］ 喜温暖湿润及半阴环境，忌强光直射，稍耐寒，喜疏松肥沃、排水良好的微酸性沙质壤土和腐殖质壤土。花期6～7月。

［繁殖与栽培］ 播种或分株繁殖，以分株为主，春、秋两季均可进行。栽培管理比较简单，早春可薄施液肥，夏季生长旺盛期加强灌溉，1周左右追肥一次。栽培期间应保持空气湿润并加强通风，否则易发生介壳虫。介壳虫可喷加水100～200倍的20号石油乳剂杀除或人工刷除。

［观赏与应用］ 万年青是优良的观叶观果盆栽花卉，也常作林下、路边地被植物栽培。根状茎及叶入药，有清热解毒和强心利尿之功效。

（十一）火炬花

［学名］ *Kniphofia uvaria* Hook.

［英名］ common torchlily，poker plant，torchflower

［别名］ 火把莲

［科属］ 百合科，火把莲属（火焰花属）

［形态特征］ 多年生宿根草本。叶自基部丛生，宽线形，长60～90cm，宽2～2.5cm，灰绿色。花茎高出叶丛，顶生密穗状总状花序，有小花130～250朵，由多数下倾花覆瓦状排列而成，下部黄色，上部花深红色（图2-2-5）。花期6～10月。常见的栽培品种有报春花型的'报春美'（'Primrose Beauty'）、红色型的'早杂'（'Early Hybrids'）和橙黄色的'春日'（'Springtime'）等。

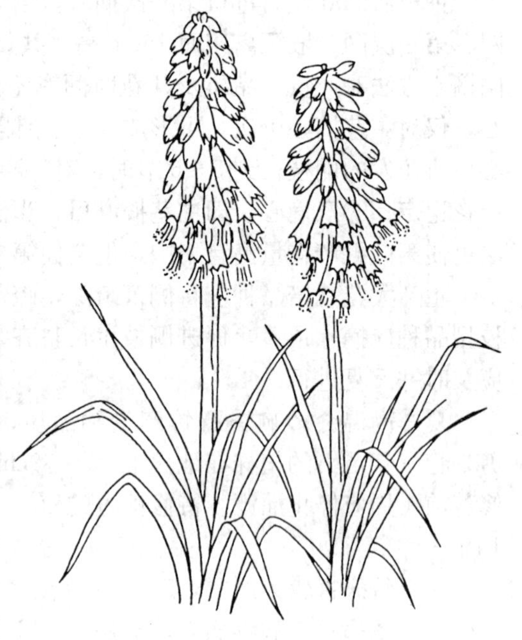

图2-2-5　火炬花

［产地与分布］ 原产南非，世界各国多有引种栽培。

［习性］ 性较耐寒，在南京地区能露地越冬。适宜排水良好、土层深厚的沙质壤土。喜阳光充足，也耐

半阴。

［繁殖与栽培］播种繁殖，春、秋季均可，在20～25℃温度下，播后3～4周出苗，播种苗第三年开花。播种繁殖后代易出现分离，故多用分株繁殖，于春、秋季进行，应首先掘起植株，剪去老叶，露出基部的短缩茎，连同下面的根系一起分离，栽植时应施基肥，以利复壮。

栽植前土壤需深翻，施足基肥，春、秋季生长旺季，每月施肥1次。夏季高温干旱时要注意浇水。冬季用干草或培养土稍加覆盖或培土，以防冻害。

［观赏与应用］火炬花植株挺拔，花序柱状，花色鲜艳，庭园中可栽植于草坪中或作背景植物。亦可作切花。

（十二）玉簪

［学名］*Hosta plantaginea* Aschers.

［英名］fragrant plantain lily

［别名］玉春棒、白鹤仙、白萼

［科属］百合科，玉簪属

［形态特征］多年生草本，地下具粗壮根状茎，株高60～80cm。叶基生，丛状，具长柄，叶片卵圆形，平行脉，先端略尖，基部心形，长15～30cm，宽10～15cm。花莛高出叶面，为顶生总状花序，着花7～15朵，具细长花被筒，先端花被6裂，白色。蒴果圆柱形，种子黑色，顶端有翅。重瓣玉簪（var. *plena*）部分雄蕊瓣化成内轮花瓣。

同属相近种有：

紫萼（*H. ventricosa*）　叶柄边缘有翅，叶片质薄；总状花序着花约10朵，堇紫色或雪青色。原产我国和日本。

狭叶玉簪（*H. lancifolia*）　叶披针形，花雪青或淡紫色。原产日本。

［产地与分布］原产我国和日本，在我国庭园中栽培甚多，欧美各国园林亦多有栽培。

［习性］性耐寒，喜阴湿，怕阳光直射，喜肥沃、排水良好土壤，也耐瘠薄和盐碱。花期6～7月。

［繁殖与栽培］常用分株繁殖，春、秋季均可进行。亦可用播种或组培繁殖，春播一般40d出苗，3～4年可开花。秋季种植前，施腐叶土作基肥。春季结合松土，在植株旁开沟再施一次基肥，开花前追施磷肥，可使叶绿花茂。生长期保持土壤湿润。秋冬季地上部分枯萎，可覆土保护越冬。

［观赏与应用］玉簪是园林及庭园荫蔽处优良地被美化材料，亦可作盆栽或切花观赏。根、叶可入药，花可提制芳香浸膏。

（十三）麦冬

［学名］*Liriope spicata*（Thunb.）Lour.

［英名］creeping liriope

［别名］麦门冬、大麦冬、土麦冬、鱼仔兰

［科属］百合科，麦冬属

［形态特征］多年生常绿草本，根状茎短粗，须根发达，须根中部膨大呈纺锤状肉质块根，地下具匍匐茎。叶基生，窄条带状，稍革质，每个叶丛基部具有2～3层褐色膜质鞘，叶长15～

30cm，宽 0.4～1cm。花莛自叶丛中抽出，顶生窄圆锥形总状花序，小花呈多轮生长，具短梗，花被 6 片，极微小，浅紫色至白色。浆果圆形，蓝黑色，有光泽。

同属相近种有：

阔叶麦冬（*L. platyphylla*） 地下不具匍匐茎，叶宽线形，稍呈镰刀状。

麦门冬（*L. graminifolia*） 地下具匍匐茎，叶较窄，花甚小。

［产地与分布］原产我国及日本，我国南方各地均有野生分布。

［习性］有一定耐寒性，喜阴湿，忌阳光直射。对土壤要求不严，在肥沃、湿润土壤中生长良好。花期 8～9 月。

［繁殖与栽培］以分株繁殖为主，多在春季 3～4 月进行。亦可春播繁殖，播种后 10d 左右即可出土。盆栽或地栽均较简单粗放，最好栽植在通风良好的半阴环境，栽植前施足基肥，生长期追肥 2～3 次，夏季保持土壤湿润，冬季减少浇水。盆栽每 2 年换盆一次，否则地下块根布满盆内，根系易枯死。常有叶斑病危害，可用 50%多菌灵可湿性粉剂1 500倍液喷洒。

［观赏与应用］麦冬是良好的园林地被植物和花坛、花境等的镶边材料，亦可盆栽观赏。全草可入药，主治心烦、咽干、肺结核等。

（十四）沿阶草

［学名］*Ophiopogon japonicus*（L. f.）Ker-Gawl.

［英名］dwarf lilyturf

［别名］书带草、绣墩草

［科属］百合科，沿阶草属

［形态特征］多年生常绿草本。株高 10～30cm，根状茎粗短，须根膨大成纺锤状，肉质。叶丛生，狭带形，墨绿色，革质。总状花序顶生，高达 15cm，着花十余朵，花常俯垂，淡紫色或白色。花期 5～8 月，果期 8～9 月。浆果球形，蓝黑色。栽培变型有：白脉沿阶草（f. *folius albo-striatu*），叶脉白色；金星沿阶草（f. *folius aureopunctalus*），叶片上有金黄色的星斑；金线沿阶草（f. *aureo-striatus*），叶片上有黄色线条；长叶沿阶草（f. *longifolius*），叶长超过 30cm，花莛、花序均短；矮沿阶草（f. *nanus*），叶长约 6cm，宽约 3mm，呈半圆弯曲。

［产地与分布］分布于我国和日本，我国中、南部有野生，多生于海拔2 000m 以下的山坡林下或溪边。

［习性］喜温暖湿润气候，要求通风良好，喜半阴，有一定耐寒力。要求土壤疏松、肥沃、排水良好，黏重、干旱土壤生长不良。

［繁殖与栽培］播种或分株繁殖，可在春季进行。管理简单，不需进行精细管理。经常保持土壤湿润。因其生长迅速，除栽植时施基肥外，生长期应增施追肥。盆栽者夏季置荫棚下，冬季移入温室或冷室。

［观赏与应用］沿阶草是优良的地被植物，园林中可点缀山石、路边小建筑附近，还可盆栽观赏。块根可入药，有滋养、强身之效。

（十五）萱草

［学名］*Hemerocallis fulva* L.

［英名］common orange daylily

[别名] 黄花菜、金针菜

[科属] 百合科，萱草属

[形态特征] 多年生草本，地下根状茎粗短，根系肉质。叶线状披针形，长 30～60cm，丛状基生。花葶高约 1m，顶生圆锥花序，着花 6～12 朵，花冠阔漏斗形，花被 6 片，分内外两轮，橘红至橘黄色。蒴果内含种子多数。品种多，亦有四倍体品种，花色变化丰富。变种主要有重瓣萱草（var. *kwanso*）、长筒萱草（var. *longituba*）、玫瑰红萱草（var. *rosea*）和大花萱草多倍体品种等。

同属相近种主要有北黄花菜（*H. lilioasphodelus*）、黄花菜（*H. citrina*）、小黄花菜（*H. minor*）和大苞萱草（*H. middendorffii*）等。

[产地与分布] 原产我国中南部，各地园林多有栽培。

[习性] 耐寒，喜阳光，亦耐半阴，对土壤选择性不强，耐瘠薄和盐碱，也较耐旱。花期6～8 月。

[繁殖与栽培] 以分株和播种繁殖为主。春、秋季掘起老株进行分株，每丛带 2～3 个芽。夏秋季种子采后即播，20d 左右出苗，2 年左右可开花。近年来，也运用组织培养进行繁殖。栽植前先施基肥，4～5 月间追肥 2 次，生长期间保持土壤一定湿度。冬季地上部分枯萎，可覆土保护宿根越冬。

[观赏与应用] 萱草除可成片栽培于园林隙地外，还可作边缘及背景材料，也可布置花境或栽成花丛及花群，亦可作切花之用。

（十六）宿根福禄考

[学名] *Phlox paniculata* L.

[英名] summer perennial phlox

[别名] 天蓝绣球、草夹竹桃、锥花福禄考

[科属] 花荵科，福禄考属

[形态特征] 多年生宿根草本。根茎半木质化，多须根。茎粗壮直立，株高 60～120cm，光滑或上部有柔毛，通常不分枝。叶呈十字状对生，茎上部叶常呈三叶轮生，质薄，长椭圆状披针形至卵状披针形，先端尖，基部狭，边缘具细硬毛。塔形圆锥状花序顶生，花冠粉紫色，呈高脚碟状，先端 5 裂。萼片狭细，裂片刺毛状。

[产地与分布] 原产北美，1732 年传入欧洲。我国近年有大量栽培。

[习性] 性喜阳，耐寒，宜排水良好、疏松、稍有石灰质的土壤。花期 6～9 月。

[繁殖与栽培] 分株、压条和扦插繁殖。分株宜在早春或秋季进行。压条可在春、夏、秋季进行。扦插分为根插、茎插及叶插。生长期追施 1～3 次追肥，需经常浇水，保持土壤湿润。每 3～5 年分株一次，以防衰老。

[观赏与应用] 宿根福禄考可布置花坛、花境，亦可点缀于草坪中，也可作盆栽及切花观赏。

（十七）蝎尾蕉属

[学名] *Heliconia* L.

[英名] heliconia

[别名] 赫蕉属

［科属］芭蕉科，蝎尾蕉属

［形态特征］多年生常绿草本植物，高1～3m，有些种类达4m以上。地下茎横生，地上部叶鞘互相抱持成假茎，叶与苞片同呈二裂。叶革质，长圆形或卵状披针形，形似美人蕉，长40～60cm，宽10～18cm。花序下垂或直立，多从叶鞘抽出，少数从叶腋中抽出。花色艳丽，具红、橙、黄、绿、蓝、紫等各种颜色，1至数朵花的萼片从苞片内伸出，极像蝎子的尾巴，故名蝎尾蕉。每朵花有3枚花瓣，3枚萼片，发育雄蕊5枚，退化雄蕊1枚，花瓣状；子房下位，3室，胚珠在每室的基底单生。蒴果天蓝色，3裂。种子近三棱形，无假种皮。常见种类有垂序蝎尾蕉（*H. rostrata*）、黄苞蝎尾蕉（*H. pstttacorum* 'Rubra'）、红黄蝎尾蕉（*H. latispatha* 'Red-yellow'）。

［产地与分布］原产于中南美洲热带地区以及南太平洋岛屿，目前在热带、亚热带地区广为栽培。

［习性］喜温暖、湿润、阳光充足的环境，要求土层深厚、肥沃、疏松、排水良好的黏质沙土。

［繁殖与栽培］常用播种、分株或组织培养方法进行繁殖。在我国种植时，由于积温不够，一般不结实，但在热带原产地种植时能结实。种子发芽温度为25～28℃，播后约20d萌发，实生苗需种植2～3年才能开花。分株繁殖一般在春季进行，在母株旁挖取四周尚未开花的健壮植株或新芽，每蔸1～3株，分栽移植。刚移栽时要注意遮阴，否则易发生日灼病。分株苗当年或第二年能开花。商业生产可用组织培养方法进行种苗快繁。

［观赏与应用］蝎尾蕉是高档切花材料，也可供室内盆栽观赏。

（十八）鹤望兰

［学名］*Strelitzia reginae* Ait.

［英名］bird of paradise

［别名］极乐鸟花、天堂鸟

［科属］芭蕉科，鹤望兰属

［形态特征］多年生常绿草本。高1～2m，根粗壮肉质，茎不明显。叶对生，两侧排列，有长柄，长椭圆形或长椭圆状卵形。花茎顶生或生于叶腋间，高出叶片；佛焰苞总苞片长约15cm，绿色，边缘具暗红色晕；花6～8朵露出苞片之外，花萼橙黄色，花被片3枚，天蓝色，花形奇特，好似仙鹤翘首远望。

同属栽培种有：

尼可拉鹤望兰（*S. nicolaii*）　茎高5～7m；叶大，柄长，基部心脏形；外花被片白色，内花被片蓝色。原产南非。

无叶鹤望兰（*S. parrifolia*）　叶棒状；花大，深橙红和紫色。

大鹤望兰（*S. augusta*）　茎高约10m；叶生茎顶，大；总苞深紫色，内外花被均为白色。

［产地与分布］原产南非，我国各地常见栽培。

［习性］不耐寒，喜光照充足、温暖湿润气候，怕水湿，要求富含腐殖质和排水良好的土壤。最适生长温度为23～25℃。成熟的鹤望兰植株，每片叶的叶腋都有可能形成花枝，从新叶出现到开花约需4个月。若温度适宜，从花莛出现到开花约60d。在一个佛焰苞中，第一朵花开放期

4～10d，在第一朵花开放后2～4d第二朵花开放，以后间隔时间逐渐延长，而单朵花开放期则逐次缩短。

［繁殖与栽培］多用播种和分株繁殖。鹤望兰是典型的鸟媒植物，在栽培条件下，必须人工辅助授粉，才可结实。播种时，种子应随采随播，播后浇透水，发芽适温为25～30℃，30d左右生根发芽。分株宜在4～5月进行，分株时将植株从土中挖起，抖掉根部土壤，用利刀从根颈空隙处将株丛切开，每株需保留2～3个蘖芽，根系不少于3条，切口涂以木炭粉或草木灰，置阴凉处晾放半天，再行种植。种植株行距一般为50cm×70cm或30cm×100cm，每公顷用苗量12 000～15 000株。直立型株距可略小，斜生型或弯曲型株行距应较大。栽植深度以根颈部在土表下2～3cm为宜，种植后浇透水，每天向叶面喷水1次，约15d可长新根。

从花芽分化到开花期间，温度应保持在20～27℃。在冬季严寒与夏季酷暑的地区，因难以保持适宜温度，植株会形成明显的生长旺盛期与停滞生长休眠期。每日光照时间不少于12h，夏季应适当遮荫。生长旺盛期水肥供应要充足，每7～10d追肥1次，用量为每平方米复合肥0.05kg，腐熟饼肥0.1kg。花茎形成后，可追施2～3次磷肥。空气不流通易发生介壳虫，可人工刷除或喷洒1：1 000乐果乳剂。

［观赏与应用］鹤望兰是大型盆栽观赏花卉和名贵切花。

（十九）鸢尾

［学名］*Iris tectorum* Maxim.

［英名］roof iris

［别名］蝴蝶花、蝴蝶蓝、铁扁担

［科属］鸢尾科，鸢尾属

［形态特征］多年生草本。根状茎短粗而多节，分枝丛生，株高30～60cm。叶基生，剑形，长20～50cm，宽2.5～3.0cm，基部抱合叠迭生长。花梗从叶丛中抽出，长30～50cm，每枝着花1至数朵，花被6片，基部联合呈筒状，雄蕊3枚，花柱瓣化，3片，与花被同色，均为蓝紫色。蒴果长圆柱形，多棱；种子多数，深褐色，具假种皮。白花变种（var. *alba*），花被为白色。

同属相近种有德国鸢尾（*I. germanica*）、香根鸢尾（*I. rallida*）、蝴蝶花（*I. japonica*）、花菖蒲（*I. kaempferi*）、黄菖蒲（*I. pseudacorus*）、溪荪（*I. orientalis*）、西伯利亚鸢尾（*I. sibirica*）、马蔺（*I. lactea* var. *chinensis*）和西班牙鸢尾（*I. xiphium*）。

［产地与分布］原产我国中部山区海拔800～1 800m处，在我国园林中栽培甚广。

［习性］耐寒性强，要求充足的阳光，但也耐半阴，喜排水良好而适度湿润的土壤，不耐水淹。花期5月。

［繁殖与栽培］可用分株或播种繁殖。分株繁殖于春、秋或花后进行，每隔2～4年进行一次。分株时，将老株挖起，切割根茎，每段2～3芽，待伤口晾干后即可栽植。播种繁殖一般于秋季种子成熟后即播，播后2～3年开花。以早春或晚秋种植为好，栽植前深翻土壤，施足腐熟的堆肥，亦可用油粕、骨粉、草木灰等作基肥。株行距30～50cm，生长季保持土壤湿润。生长期追施化肥及液肥，则更加株繁叶茂。

［观赏与应用］鸢尾是布置花坛、花境及自然式栽植的适宜材料，亦可作切花。地下茎可入药，能治跌打损伤、外伤出血及痈疮。

（二十）落新妇

［**学名**］*Astilbe chinensis* Franch. et Sav.

［**英名**］Chinese astilbe

［**别名**］红升麻

［**科属**］虎耳草科，落新妇属

［**形态特征**］多年生宿根草本。株高 40～100cm，根状茎粗壮块状，有棕黄色长绒毛及褐色鳞片，须根暗褐色。茎直立，被褐色长毛并杂有腺毛。基生叶二至三回或三出复叶，具长柄，小叶卵状长圆形，边缘有重锯齿。茎生叶 2～3 枚，较小，小叶片长 1.8～8cm，叶面疏生短刚毛，叶背特多。托叶膜质。圆锥花序长达 30cm，花小而密集，几无柄，花瓣 4～5 枚，紫或紫红色，狭条形，长约 5mm。雄蕊 10 枚，心皮 2 枚，离生。蓇葖果。品种多，花色有粉红、红、白及洋红等多种。花期 7～8 月。

［**产地与分布**］原产我国，在长江中、下游流域及华北地区均有野生。朝鲜、俄罗斯也有分布。

［**习性**］性耐寒，喜半阴、潮湿环境，适应性强，要求富含腐殖质的酸性和中性土壤，稍耐碱性。

［**繁殖与栽培**］播种或分株繁殖。播种在春、秋季进行，覆土以不见种子为度，再盖草，保持土壤湿润。种子发芽出土后要及时揭草并遮阴，见真叶后可间苗。株行距 6cm×15cm，栽后经常浇水保湿。分株可在芽鳞处分割。栽植时要选庇荫处或搭棚遮阴。栽后要及时松土、浇水。施肥可 1 年两次，以腐熟的氮肥为主，先淡后浓。分株后第二年可开花，花后应剪去残花。

［**观赏与应用**］落新妇宜植于荫木周围或点缀于石隙流水之处，亦可作盆花或切花。根茎可入药。

（二十一）非洲紫罗兰

［**学名**］*Saintpaulia ionantha* H. Wendl.

［**英名**］common African violet

［**别名**］非洲堇、非洲紫苣苔

［**科属**］苦苣苔科，非洲紫罗兰属

［**形态特征**］全株有毛。叶基部簇生，稍肉质，叶片圆形或卵圆形，背面带紫色，有长柄。花 1～6 朵簇生于具长柄的聚伞花序上；花有短筒，花冠二唇，花期长。栽培的均为杂交种，园艺品种甚多，有上千个。有单瓣和重瓣，白、粉、红和蓝花色等品种。

［**产地与分布**］原产非洲东部的坦桑尼亚，因花容酷似紫罗兰而得名。现世界各地广为栽培。

［**习性**］喜温暖，生长适温 18～24℃，16℃以下生长缓慢，忌高温，27℃以上花朵稀少。较耐阴，宜在散射光下生长。喜肥沃疏松的中性或微酸性土壤。

［**繁殖与栽培**］采用扦插、分株、播种和组织培养法繁殖。扦插以叶插为主，于 5～6 月份进行。取带有叶柄的叶片，斜插于沙中，使叶片平伏在沙面上。插后遮阴，保持较高温度，15d 左右即可生根，待长出新叶后便可移植上盆。组织培养以叶片或叶柄为外植体，消毒后接种于 MS 培养基上，20～30d 可分化成小植株，通过壮苗、生根后即可移栽。种植时花盆不需太大，盆土以腐叶土 3 份、河沙 2 份混合为宜。栽培过程注意遮阴，浇水不宜过多，保持盆土湿润即可。每 10d 左右施肥 1 次，忌氮肥过多，施肥时切勿玷污叶片。

［观赏与应用］ 非洲紫罗兰株型小而美观，四季开花，盆栽可布置窗台、客厅，是优良的室内花卉，素有“室内花卉皇后”的美称。

（二十二）秋海棠属

［学名］ *Begonia* L.

［英名］ begonia

［科属］ 秋海棠科，秋海棠属

［形态特征］ 多年生、稍肉质草本。根块状或纤维状。叶基生或互生于茎上，基部常偏斜。花单性同株，雌雄花同生于一花序上，雄花常先开放。雄花花瓣状，萼片和花瓣各 2 枚，雄蕊多数；雌花的花被片 2～5 枚，子房下位，2～3 室，有翅或有棱，花柱 3，常有弯曲或扭曲状的柱头；胚珠多数。果为蒴果，有翅或有棱。根据花色、花径大小、叶色、瓣性等可大致分为矮性品种、大花品种和重瓣品种。

该属主要有球根类的球根秋海棠（*B. tuberhybrida*）；根茎类的蟆叶秋海棠（*B. rex*）、莲叶秋海棠（*B. feastii*）和枫叶秋海棠（*B. heracleifolia*）；须根类的四季秋海棠（*B. semperflorens*）、银星秋海棠（*B. argentea-guttata*）、竹节秋海棠（*B. coccinea*）和绒叶秋海棠（*B. cathayana*）。

［产地与分布］ 该属多数观赏种类原产南美，现世界各地广为栽培。我国原产约 90 种，大部分产于我国南部和西南部。

［习性］ 不耐寒，喜温暖、湿润和半阴环境，忌夏季阳光直射。要求富含腐殖质而又排水良好的中性或微酸性土壤，既怕干旱，又怕水渍。

［繁殖与栽培］ 常用播种、扦插和分株繁殖。播种和扦插以春、秋两季最好。秋海棠种子细小，寿命短。播种常用浅盆，盆土下层为沙壤土，上层由 2 份消毒壤土、1 份细碎草炭、1 份沙土配成。取 2 份细沙与种子拌匀后，均匀撒播于育苗盆，播后不需覆土，用浸盆法浇水。将盆置于 18～21℃条件下，盆口覆盖玻璃保持湿度，播种后 1 周发芽。扦插以顶端嫩枝作插条，用 1/2 粗沙和 1/2 草炭作基质，插后 2 周生根。分株结合春季换盆时进行，将母株切开盆栽即可。盆栽基质可用 3 份泥炭土、1 份珍珠岩、1 份粗沙配成，并加少量基肥。生长季保持 16～18℃。生长期需水量较多，但不能积水，叶面应经常喷雾。幼苗期每 2 周施肥 1 次，初花后减少氮肥，增施 1～2 次磷肥。花后应打顶摘心，促进分枝，这时要控制浇水，待新枝发出后，继续正常管理。

［观赏与应用］ 秋海棠是优良的观赏盆花，亦是花坛的重要材料。有些可入药。

（二十三）随意草

［学名］ *Physostegia virginiana* Benth.

［英名］ physostegia virginiana，Virginia false dragonhead

［别名］ 芝麻花、假龙头花

［科属］ 唇形科，随意草属

［形态特征］ 多年生草本，株高 60～120cm，茎直立，四棱形，丛生状，具匍匐状根茎。叶披针形至长椭圆形，边缘有锯齿。穗状花序顶生，长 20～30cm，单一或有分枝，花淡紫、红至粉色，萼片花后膨大。有多数变种及品种，如大花种（var. *grandiflora*）、矮生种（var. *nana*）、大型种（var. *gigantea*）等。主要栽培品种有‘Bouquet Rosa’和‘Vivid’。

［产地与分布］ 原产北美，现广为栽培。

[习性] 喜湿润，宜在排水良好的壤土或沙质壤土上栽培。花期 7～9 月。

[繁殖与栽培] 可用分株或播种繁殖。一般 2～3 年分株 1 次，土壤残根亦可萌发繁衍。播种繁殖在早春 4～5 月进行。栽培过程应保持土壤湿润，特别在夏季，如果土壤干燥则生长不良，且叶片易脱落。

[观赏与应用] 随意草宜布置花坛、花境或作切花观赏。

(二十四) 大花金鸡菊

[学名] *Coreopsis grandiflora* Hogg.

[英名] big flower coreopsis

[科属] 菊科，金鸡菊属

[形态特征] 宿根草本。高达 30～60cm，稍被毛，有分枝。叶对生，基生叶及下部茎生叶披针形，全缘，上部叶或全部茎生叶 3～5 裂，裂片披针形至线形，顶裂片尤长。头状花序直径4～6cm，具长梗，内外列总苞片近等长。舌状花通常 8 枚，黄色，长 1～2.5cm，端 3 裂；管状花也为黄色。花期 6～9 月。

[产地与分布] 原产北美，世界各地广为栽培。

[习性] 喜温暖，对土壤要求不严。

[繁殖与栽培] 播种或分株繁殖。早春在室内盆播。夏季也可进行扦插繁殖，栽培容易，常能自播繁衍。

[观赏与应用] 大花金鸡菊宜作花坛及花境栽植，也可作切花应用。因其易自播繁衍，常逸生为地被。

(二十五) 金光菊

[学名] *Rudbeckia laciniata* L.

[英名] cutleaf coneflower

[科属] 菊科，金光菊属

[形态特征] 多年生宿根草本。高 60～250cm，茎直立多分枝。基部叶片掌状裂，上部叶片阔披针形至矩圆形，有时亦分裂，边缘具锯齿。头状花序 1 至数个着生在长梗上，总苞片稀疏，叶状，径 10～20cm。头状花序舌状花 6～10 枚，倒披针形，稍反卷，长 2.5～3.8cm，金黄色；管状花黄绿色。花期 7～9 月。瘦果四棱形。变种有重瓣金光菊（var. *hortensis*），是一完全重瓣变种。园艺品种有：‘乡色’（‘Rustic Colour’），为一矮生品种，花色橙黄；‘大橘黄’（‘Orange Bedder’），花径 7～8cm，亦为矮生品种。均适作花境及镶边材料。

[产地与分布] 原产加拿大及美国，各国园林广为栽培。

[习性] 性耐寒，强健，适应性强，喜阳光及肥沃沙质壤土。

[繁殖与栽培] 播种或分株繁殖。播种宜在秋季进行，或于早春在室内盆播，出苗后于春季移至露地。分株在秋季进行。生长期间及早春均应保持有足够的养分和水分，以便开花繁茂。分株后按 30cm×40cm 株行距栽植。

[观赏与应用] 金光菊用作花坛、花境或背景材料，切花亦可。

(二十六) 非洲菊

[学名] *Gerbera jamesonii* Bolus

图 2-2-6　非洲菊

［英名］gerbera，transvaal daisy

［别名］扶郎花、太阳花、灯盏花

［科属］菊科，大丁草属

［形态特征］多年生常绿草本。全株具毛，株高约 60cm。叶基生，叶缘羽状浅裂或深裂，裂片边缘具疏齿，圆钝或尖，基部渐狭。头状花序单生，花径约 10cm，花梗长，舌状花大，倒披针形，先端略尖，筒状花极小，先端二歧分叉，花柱突出于花筒之上，呈冠毛状（图 2-2-6）。品种丰富，按栽培方式可分为切花品种和盆栽品种；按花色可分为红色系、粉色系、黄色系、白色系等品种。红色系品种主要有'Beauty'、'Estelle'、'Vino Fairy'、'Conga'等；粉色系品种主要有'Cathy'、'Favoriet'、'Rosula'、'Rozamunde'、'Serena'等；黄色系品种主要有'King'、'Sundance'、'Tamara'、'Terrafame'、'Polka'等；白色系品种主要有'Bianca'、'Ballroom'等。开花以 5～6 月和 9～10 月为盛。

［产地与分布］原产南非，现世界各地广为栽培。

［习性］性喜冬季温暖、夏季凉爽、空气流通、阳光充足的环境，要求疏松肥沃、排水良好、富含腐殖质且土层深厚、微酸性的沙质壤土。对日照长度不敏感，在强光下花朵发育最好。生长期最适温度 20～25℃，低于 7℃停止生长。只要温度适宜，可四季开花。

［繁殖与栽培］用播种、分株和组培方法繁殖。组培繁殖常以花托作外植体，取直径 1cm 左右的花蕾洗净后，用 70%的酒精消毒 5s，用饱和的漂白粉上清液消毒 15～20min，再用无菌水冲洗 3～4 次，剥去苞片和小花，将花托切成 2～4 块，接种于 MS+10mg/L BA+0.5mg/L IAA 的培养基中，置 25℃，光照 16h/d 的条件下培养。继代培养所用培养基为 MS+10mg/L KT+0.5mg/L IAA。当试管苗叶片约 2cm 时，转移到 1/2MS+1mg/L IBA 培养基中进行生根。种子寿命短，采种后应即行播种，插种时种子尖端朝下，种子不要全部被泥土覆盖。发芽适温 20～25℃，约 2 周发芽，出芽率一般为 50%左右。分株一般在 4～5 月进行。

非洲菊根系发达，栽植床至少要有 25cm 以上土质疏松肥沃的壤土层。定植前应施足基肥，栽植时不宜过深，以根颈部略露土面为宜。生长期应充分供给水分，但冬季浇水时应注意，叶丛中心勿使着水，否则易使花芽腐烂。小苗期保持土面湿润，不可过湿或遭雨水，否则易发生病害或死苗。植株生长期最适宜温度为 20～25℃，冬季若能维持在 12～15℃以上，夏季不超过 30℃，则可终年开花。冬季应有强光照，夏季适当遮阴，并加强通风，以降低温度，防止高温引起休眠。

非洲菊为喜肥花卉，其氮、磷、钾的比例为 15∶8∶25。追肥时要特别注意钾肥的补充，在每 $100m^2$ 种植面积上每次施用硝酸钾 0.4kg、硝酸铵 0.2kg 或磷酸铵 0.2kg。春、秋季每 5～6d 追肥 1 次，冬、夏季每 10d 追肥 1 次。若植株处于半休眠状态，则应停止施肥。要随时清除枯萎黄叶，保持土面洁净。常撒布硫黄粉，以防止霉病。高温高湿容易发生立枯病和茎腐病。不宜连作，连作易罹病害。

［观赏与应用］非洲菊为重要的切花种类，国内目前发展极为迅速，亦可盆栽观赏。

（二十七）松果菊

［学名］*Echinacea purpurea* Moench

［英名］purple coneflower

［别名］紫锥花、紫松果菊

［科属］菊科，松果菊属

［形态特征］多年生草本植物。株高60～150cm，全株具粗毛，茎直立。基生叶卵形或三角形；茎生叶卵状披针形，叶柄基部稍抱茎。头状花序单生于枝顶，或数朵聚生，苞片革质，端尖刺状，花径达10cm，舌状花紫红色，管状花橙黄色。

［产地与分布］原产北美，世界各地多有栽培。

［习性］稍耐寒，喜生于温暖向阳处，喜肥沃、深厚、富含有机质的土壤。花期6～7月。

［繁殖与栽培］播种或分株繁殖，于春、秋两季进行。种子发芽适温20～25℃，3～4周萌发，早春播种当年可开花。定植株行距50～60cm。夏季干旱时，应适当浇水。生长健壮，管理简单。及时去除残花，花期追肥可延长花期。

［观赏与应用］松果菊可作背景栽植或作花境、坡地材料，亦作切花。

（二十八）勋章菊

［学名］*Gazania rigens*（L.）Gaertn.

［英名］treasure flower

［别名］勋章花

［科属］菊科，勋章花属

［形态特征］多年生具地下茎草本，有时作一年生栽培，高40cm。叶披针形或倒卵形，长8cm，表面绿色，背面有白柔毛，大部分基生簇状，茎生叶很少，全缘或羽状分裂。头状花序单生，有长花梗，总苞片2层或更多，基部相连成杯状，管状花两性，四周舌状花黄色或橙色，基部棕黑色，不孕。

［产地与分布］原分布于南非，现广为栽培。

［习性］喜光，花朵白天在阳光下开放，晚上闭合，喜排水良好的肥沃壤土。

［繁殖与栽培］播种繁殖。室内3月播种，无霜后定植于露地。暖地冬季稍加防寒，来年可照常生长。温室栽培者可常年开花。

［观赏与应用］勋章菊多用作花境边缘或作一年生花坛或地被植物。

（二十九）荷兰菊

［学名］*Aster novi-belgii* L.

［英名］New York aster

［别名］老妈散、蓝菊、柳叶菊、小蓝菊

［科属］菊科，紫菀属

［形态特征］多年生草本，多分枝，株高50～150cm。茎上叶互生，披针形，全缘，基部叶丛生，长圆形，基部抱茎。头状花序顶生而组成伞房状，舌状花暗紫色或白色，总苞片线形，端急尖，微向外伸展。瘦果小棒状，先端具多数冠毛。

同属相近种有：

紫菀（*A. tataricus*）　宿根草本，高0.4～2.0m。叶披针形至长椭圆状披针形。头状花序排成复伞房状，总苞半球形。原产我国、日本及西伯利亚。

美国紫菀（*A. novae-angliae*）　高60～150cm，全株被毛。叶披针形至线形。头状花序聚伞状。原产北美。

北美紫菀（*A. ptarmicoides*）　宿根草本，高30～60cm。叶线状披针形，有光泽。总苞长椭圆状披针形，头状花序径约2cm，舌状花白色，有光泽。原产北美。

[产地与分布] 原产北美，我国各地园林多有栽培。

[习性] 耐寒，耐暑热，喜日照充足及通风良好的环境，对土壤要求不严，在肥沃和排水良好的土壤上生长尤好。花期夏、秋两季。

[繁殖与栽培] 可用扦插或分株繁殖。扦插繁殖多在7～8月进行，选取当年春季发出的新梢作插穗，剪成10～15cm长，插入细沙中，保持湿润即能生根。分株繁殖在4月或10月进行。定植时，应施腐叶土或厩肥作基肥，生长期间追施液肥2～3次。要经常保持土壤湿润。在雨季易发生白粉病或黑斑病，要加强防治。

[观赏与应用] 荷兰菊多用于花坛、花境之布置，适合园林隙地作地被使用，亦可作切花或盆栽观赏。

(三十) 菊花

[学名] *Dendranthema morifolium* Tzvel.

[英名] chrysanthemum

[别名] 黄花、节花、秋英、秋菊、鞠花、九华、文华

[科属] 菊科，菊属

[形态特征] 多年生宿根草本，有时长成亚灌木状。茎粗壮，多分枝，基部略木质化，株高30～200cm。叶互生，具较大锯齿或缺刻，托叶有或无，叶型大，卵形至广披针形。头状花序单生或数朵聚生枝顶，由舌状花和筒状花组成，花型和花色极为丰富，花序直径2～30cm（图2-2-7）。“种子”（实为瘦果）褐色，细小，种子寿命3～5年。

图2-2-7　菊　花

菊属共约40个种，在我国分布的有20种左右，有菊花、毛华菊、紫花野菊、野菊、小红菊、甘野菊等。菊花品种丰富，全世界有2万～2.5万个，我国现存4 000个以上，按自然花期可分为春菊（4月下旬至5月下旬）、夏菊（5月下旬至8月中下旬）、早秋菊（9月上旬至10月上旬）、秋菊（10月中下旬至11月下旬）和寒菊（12月上旬至翌年1月）。按花径大小可分为小菊系（花序径小于6cm）、中菊系（花序径6～10cm）、大菊系（花序径10～20cm）和特大菊系（花序径20cm以上）。按栽培和应用方式可分为：①独本菊：一株只开一朵花，养分集中，能充分表现品种优良性状，故又称标本菊或品种菊。②立菊：一株着生数花，又称盆菊。③大立菊：

一株着花数百朵乃至数千朵以上的巨型菊花，为生长强健、分株性强、枝条易于整形的大、中菊品种。④悬崖菊：分枝多、开花繁密的小菊经整枝呈悬垂的自然姿态。⑤嫁接菊：以白蒿或黄蒿为砧木嫁接的菊花，一株上可嫁接不同花型及花色的品种。⑥案头菊：株高仅20cm左右，花朵硕大，常陈列在几案上欣赏。⑦菊艺盆景：由菊花制作的桩景或菊石相配的盆景。⑧花坛菊：布置花坛及岩石园的菊花。⑨切花菊：将鲜花从菊株上带茎叶剪切下来供插花，制作花束、花篮、花圈等。

菊花品种还常按瓣型及花型来进行分类，中国园艺学会和中国花卉盆景协会1982年在上海召开的品种分类学术研讨会上，将秋菊中的大菊分为5个瓣类，即平瓣、匙瓣、管瓣、桂瓣、畸瓣，花型分为30个型和13个亚型（表2-2-1）。南京农业大学李鸿渐教授按花径、瓣型、花型、花色对菊花品种进行了四级分类，在花型、花色分类上更为全面。

[产地与分布] 原产我国，现世界各地广为栽培。

[习性] 具有一定的耐寒性，小菊类耐寒性更强。在5℃以上地上部萌芽，10℃以上新芽伸长，16～21℃生长最为适宜。菊花不同类型品种花芽分化与发育对日长、温度要求不同，秋菊是典型的短日照植物，当日照减至13.5h、最低气温降至15℃左右时开始花芽分化，当日照缩短到12.5h、最低气温降至10℃左右时花蕾逐渐伸展。

菊花喜阳光充足，但夏季应遮除烈日照射。喜富含腐殖质、通气、排水良好、中性偏酸的沙质土壤，忌积涝和连作。花期4～12月。

[繁殖与栽培] 常用营养繁殖和播种繁殖。营养繁殖包括扦插、嫁接或组织培养繁殖。扦插繁殖多在4～5月份进行，剪取嫩枝7～10cm，插后2～3周即可生根。嫁接繁殖主要用于大立菊栽培。分株在清明前后进行，将植株掘出，依根的自然形态，带根分开，另植盆中。压条多在繁殖芽变时运用。嫁接可用黄蒿（*Artemisia annua*）或青蒿（*A. apiacea*）作砧木。培育新品种时可用播种繁殖。

菊花种植管理依栽培的方式不同而有别，常见栽培类型和技术如下：

（1）立菊。当苗高10～13cm时，留下部4～6片叶摘心，如需多留花头，可再次摘心。每次摘心后，可发生多数侧芽，除选留的侧芽外，其余均应及时剥除。生长期应经常追肥，可用豆饼水或化肥等，苗小时10d左右1次，立秋后1周左右1次，此时浓度可稍加大，但在夏季高温及花芽分化期应停止施肥或少施肥。菊花需浇水充足，才能生长良好，花大色艳，现蕾后需水更多。在高温、雨水大的夏季应注意排水。为使生长均匀、枝条直立，常设立柱。

（2）大立菊。于初冬开始在温室内培养脚芽，把带有一部分根茎的脚芽切下后，栽于15cm盆中。当菊苗长到6～7片叶时进行第一次摘心，侧芽萌发后留3～4个生长势均匀而健壮的侧枝作主枝，主枝向四方诱引于框架上。当主枝生长5～6片叶时留4～5片叶摘心，共摘心4～5次至7～8次。现蕾后剥除侧蕾，并设立正式竹架，裱扎成蘑菇形造型。

（3）悬崖菊。于秋冬季扦插脚芽，春季出室后定植于大盆中，选3个健壮的分枝作为主枝，用竹片向前诱引。主枝一般不摘心，但其上发生的侧枝长出3～4片叶时摘心，再发的侧枝长到2～3片叶时再摘心，如此反复进行直到花蕾形成前，茎基部萌出的脚芽也行多次摘心，以使枝叶覆盖盆面，保持菊株后部丰满圆整。

（4）独本菊。于秋冬季扦插脚芽，4月初移至室外，5月底留茎约7cm处摘心，当茎上侧芽长出后，选留最下面一个侧芽，其余全部剥除。待选留的侧芽长到3～4cm时，从该芽以上2cm处剪除原菊株全部茎叶。8月下旬至9月上旬，当苗高30cm左右时，由植株背面中央设立支柱，并随植株生长逐次裱扎，直至花蕾充实，将支柱多余部分剪掉。

（5）切花菊。切花菊根据用途不同可分为独头大花型和多头小花型两种。独头大花型品种要求花型规则，花色鲜艳，花颈短壮，花瓣质地厚实、有光泽，枝干直立强韧，花型以莲座型和半球型为好。多头小花型品种要求枝干强韧，分枝角度适中，开花一致。

依自然开花期可分为秋菊、寒菊、夏菊三大类。

（1）秋菊。在4月中旬至5月上旬扦插，扦插后20d左右定植。定植株行距为20cm×15cm。大花型和独本型适当稀植，中花型和多分枝型可密些。定植缓苗后，留下部5～6片叶摘心，形成分枝后，选留3～5个作为开花枝。当分枝上抽生侧枝时，要随时摘除。现蕾后，独头型品种应将主蕾以下所有侧蕾全部剥除；多头型品种则去除下部侧枝和中央冠芽。为了防止倒伏，可在植株长至30cm左右时架设1～2层尼龙网。生长期追施氮肥，进入花芽分化和孕蕾阶段，增施磷钾复合肥。

（2）寒菊。一般在6月下旬至7月上中旬扦插，7月下旬至8月上旬定植。种植株行距一般为20cm×15cm。定植后10～15d进行第一次摘心，留4片叶左右。12月采花，8月中旬左右定头；1～2月采花，9月上中旬定头。多结合电照栽培，于摘心后在夜间补光2～3h，以防止花芽分化，在10月上中旬结束照明。温度的高低直接影响花蕾发育，最适宜温度为夜间10～15℃，白天20℃左右。可通过调节温度来影响上市时间。

（3）夏菊。可于12月至翌年1月扦插或分株繁殖。种植密度根据品种和开花期而定，如果早产花则不进行摘心，可密植，株行距为10cm左右；如果6月以后产花，株行距为20cm×15cm。夏菊在栽培早期温度应控制在2～10℃，3月下旬以后温度上升至15～20℃。切花采收之后，对植株进行平茬，加强水肥管理，还可继续开花。

菊花常见病害有锈病、叶斑病、白粉病等，虫害有蚜虫、红蜘蛛、尺蠖、蛴螬、蜗牛等。

［观赏与应用］菊花是优良的盆花、花坛、花境用花及切花材料。花可入药，有清热解毒、平胆明目等功效。

表 2-2-1　菊花品种瓣型与花型分类

类	型	特　　征
平瓣（舌状花平展，基部管部短于全长1/3）	1. 宽带	舌状花1～2轮，花瓣较宽；筒状花外露
	（1）平展亚型	舌状花平展
	（2）垂带亚型	舌状花直伸下垂
	2. 荷花	舌状花3～6轮，花瓣宽厚，内抱；筒状花显著，盛开时外露
	3. 芍药	舌状花多轮或重轮，花瓣直伸，近等长；筒状花少或缺
	4. 平盘	舌状花多轮，花瓣狭直，向内渐短；筒状花不或微露
	5. 翻卷	舌状花多轮，外轮花瓣反抱，内轮向心合抱或乱抱；筒状花少
	6. 叠球	舌状花重轮，各瓣整齐，内曲，向心合抱，各瓣重叠；全花呈球形

（续）

类型		特征
匙瓣（舌状花管部为瓣长的1/2～2/3）	7. 匙荷	舌状花1～3轮，匙片船形；筒状花外露；全花整齐，呈扁球形
	8. 雀舌	舌状花多轮，外轮狭直，匙片如雀舌；筒状花外露
	9. 蜂窝	舌状花多轮，匙瓣短、直、排列整齐，匙瓣卷似蜂窝；筒状花少；全花呈球形
	10. 莲座	舌状花多轮，外轮长，匙片向内拱曲，各瓣排列整齐，似莲座；筒状花外露
	11. 卷散	舌状花多轮，内轮向心合抱，外轮散垂；筒状花微露
	12. 匙球	舌状花重轮，内轮间有平瓣，外轮间有管瓣，匙片内曲；筒状花少；全花呈球形
管瓣（舌状花管状，先端如开放，短于瓣长1/3）	13. 单管	舌状花1～3轮，多为粗或中管；筒状花显著，外露
	（3）辐管亚型	各瓣平展四射
	（4）垂管亚型	各瓣下垂
	14. 翎管	舌状花多轮，近等长；筒状花少或缺；全花呈球形或半球形
	15. 管盘	舌状花多轮，中或粗管，外轮直伸，内轮向心合抱；筒状花少；全花扁形
	（5）钵盂亚型	花型中心稍下凹
	（6）抓卷亚型	管瓣端部向内弯卷如钩状
	16. 松针	舌状花多轮，细管长直，各瓣近等长；筒状花不外露；全花呈半球形
	17. 疏管	舌状花多轮，中粗管，各瓣近等长；筒状花不外露
	（7）狮鬣亚型	管瓣蓬松披垂
	18. 管球	舌状花重轮，中管向心合抱；筒状花不外露；全花呈球形
	19. 丝发	舌状花多轮或重轮，细长管瓣弯垂；筒状花不外露
	（8）垂丝亚型	细长管瓣平顺，弯垂
	（9）扭丝亚型	细长管瓣捻弯扭曲
	20. 飞舞	舌状花多轮至重轮，卷展无定，参差不齐；筒状花少
	（10）鹰爪亚型	粗径长管直伸，端部弯大钩
	（11）舞蝶亚型	外轮管卷曲或下垂，内轮向心合抱
	21. 钩环	舌状花多轮，粗及中管，端部弯曲如钩或成环；筒状花外露或微露
	（12）云卷亚型	管端环卷，相集如云朵
	（13）垂卷亚型	管瓣下垂，管端卷曲
	22. 璎珞	舌状花多轮，细管直伸或下垂，管端具弯钩；筒状花少或缺
	23. 贯珠	舌状花重轮，外轮细长，或直或弯，内轮细短管，管端卷曲如珠；筒状花少或缺
桂瓣（舌状花少，筒状花先端不规则开裂）	24. 平桂瓣	舌状花平瓣，1～3轮；筒状花桂瓣状（或称星管状）
	25. 匙桂瓣	舌状花匙瓣，1～3轮；筒状花桂瓣状（或称星管状）
	26. 管桂瓣	舌状花管瓣，1～3轮；筒状花桂瓣状（或称星管状）
	27. 全桂瓣	全花序变为桂瓣状筒状花或仅1轮退化舌状花
畸瓣（管瓣先端开裂成爪状或瓣背毛刺）	28. 龙爪	舌状花数轮，管瓣端部枝裂，呈爪状或劈裂呈流苏状；筒状花正常
	29. 毛刺	舌状花上生有细短毛或硬刺；筒状花正常或少
	30. 剪绒	舌状花多轮至重轮，狭平瓣，瓣细裂，如剪切成绒；筒状花正常或稀少

（三十一）天竺葵

［学名］ *Pelargonium hortorum* Bailey

［英名］ fish pelargonium

［别名］ 石蜡红、入腊红、洋绣球

［科属］ 牻牛儿苗科，天竺葵属

［形态特征］ 多年生草本。基部稍木质化，茎多汁，全株有特殊气味。叶互生，圆形至心脏

形，边缘为钝锯齿，浅裂。伞形花序生于嫩枝上部，有总苞，花序梗长，小花数朵至数十朵，雄蕊 5 枚，子房上位（图 2-2-8）。果为五分果，成熟时裂开卷曲。园艺变种主要有银边天竺葵、金边天竺葵和银心天竺葵等。

图 2-2-8　天竺葵

同属相近种有：

大花天竺葵（*P. grandiflorum*）　叶面皱而具蹄纹，花朵较大。

盾叶天竺葵（*P. peltatum*）　茎蔓生，叶盾状似常春藤，肥厚，花淡红带褐色细条纹。

香叶天竺葵（*P. graveolens*）　茎叶芳香，叶片深裂。

麝香天竺葵（*P. odorratissimum*）　伞形花序含芳香油。

马蹄纹天竺葵（*P. zonale*）　叶上马蹄形纹明显而色美。

［产地与分布］原产南非，现我国各地均有栽培。

［习性］性喜温暖湿润和充足阳光，怕积水和霜雪，稍耐干燥，不喜高温，要求排水良好、富含腐殖质的土壤。花期 10 月至翌年 6 月。

［繁殖与栽培］常用播种或扦插繁殖。播种或扦插均以春、秋季为好。播种后 2 周左右发芽，春天播种可当年开花，秋播则翌年夏季开花。扦插以顶端嫩枝最好，插后 2 周生根。盛夏高温时应严格控制浇水。生长期每半月施肥 1 次，花芽形成期每 2 周追 1 次磷肥。花谢后需及时摘去花枝，促进新花枝的发育和开花。用 B_9 或 CCC 等矮化剂处理，植株可矮化、花大、色艳。

［观赏与应用］天竺葵适于盆栽室内装饰点缀或花坛布置，亦可露地散植装饰岩石园或作切花。全株可入药，有解毒、收敛之功效。

（三十二）蜀葵

［学名］*Althaea rosea* Cav.

［英名］hollyhock

［别名］熟季花、端午花、一丈红、饽饽花、蜀季花、棋盘花、麻秆花、斗篷花、光光花、饼子花、大麦熟

［科属］锦葵科，蜀葵属

［形态特征］多年生宿根草本。植株高达 1～3m，直立，少分枝，全株有柔毛。叶大而粗糙，圆心脏形，5～7 浅裂，边缘具齿，叶柄长，托叶 2～3 枚，离生。花大，直径 8～12cm，单生叶腋或聚成顶生总状花序；小苞片 6～8 枚，阔披针形，基部联合，附生于萼筒外面；萼片 5 枚，卵状披针形；花瓣短圆形或扇形，边缘波状而皱或齿状浅裂（图 2-2-9）；原种花瓣 5 枚，变化多，有单瓣、半重瓣、重瓣之分；花色有红、粉、紫、白、黄、褐、墨紫等色；雄蕊多数，花丝联合成筒状并包围花柱；花柱线形并突出于雄蕊之上。花期 6～8 月。分裂果，种子肾形，易于脱落，发芽力可保持 4 年。

［产地与分布］原产我国，分布我国各地，现世界各地广泛栽培。

［习性］性耐寒，华东地区可露地越冬，喜阳，亦耐半阴，喜深厚肥沃的土壤。

［繁殖与栽培］播种、分株或扦插繁殖。播种常于秋季进行。蜀葵幼苗易得猝倒病，应在床土上下功夫，选用腐叶土、大田土或进行土壤消毒，或播种时拌药土。用育苗盘播种，每平方米苗床播种量80～100g。播种后将育苗盘置于电热温床上，控制温度在20℃左右，播后7d出苗。浇水宜在晴天上午进行。白天温度控制在18～25℃，夜间10～15℃，出苗后降低温度至15～16℃，1片真叶期即可分苗。定植前1周左右进行低温炼苗，终霜前半个月左右定植于露地，苗小可适当延迟定植。

对优良品种可用扦插、分株繁殖。扦插宜选用基部萌蘖作插穗，插穗长7～8cm，沙土作基质，扦插后遮阴至发根。分株在花后秋末、早春进行，将嫩枝带根分割栽植。对于特殊品种也可用嫁接繁殖，在春季将接穗接于健壮苗根颈处。

［观赏与应用］蜀葵因品种多、花色艳丽、植株高大，在园林中常作背景材料或成丛栽植。根可入药。

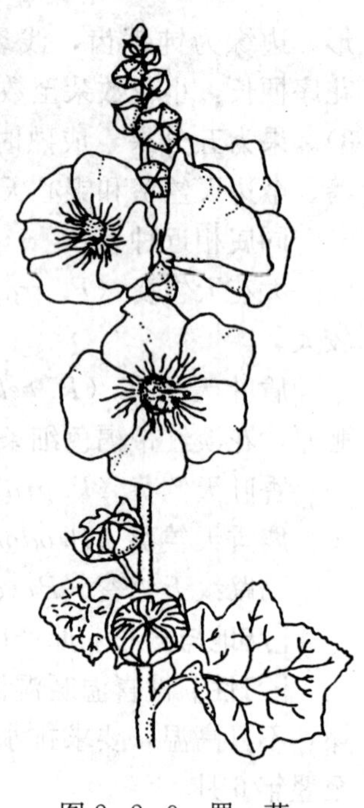

图2-2-9　蜀　葵
（包满珠，2003）

（三十三）补血草属

［学名］*Limonium* Mill.

［英名］statice

［别名］勿忘我、星辰花

［科属］蓝雪科，补血草属

［形态特征］多年生草本。叶簇生于茎基部，全缘或羽状分裂。小花具鳞片状苞片，排成聚伞花序、穗状花序或圆锥花序。萼片管状，干膜质，常有颜色，基部具10棱。花瓣分离或于基部合生；雄蕊5，着生于花瓣的基部。子房上位，1室，有悬垂的胚珠1颗，花柱5，通常分离，柱头线状。果包藏于萼片内，开裂或不开裂。常见栽培品种有早生品种‘早生蓝’（‘Early Blue’）、晚生品种‘超级蓝’（‘Super Blue’）和中生品种‘深蓝’（‘Midnight Blue’）。

［产地与分布］该属约300种，主要原产地中海沿岸地区，在我国东北、华北和东南沿海的盐碱沙荒地亦有野生分布。

［习性］喜阴植物，宜干燥凉爽、通风良好的环境，要求排水良好和疏松的微碱性土壤。

［繁殖与栽培］以组织培养或播种繁殖为主。种植株行距为30～40cm，种植深度以稍高于根颈部为宜。种植后需2个月左右低于15℃的温度完成春化作用。补血草属植物产花量大，日常生产中要加强肥水管理。除基肥外，还应在抽茎期适当追肥，可结合灌溉追施少量三元肥。每株可同时抽出数支花茎，一般保留健壮的3～5支，以集中养分，保证切花花枝长度和坚实度。栽培过程常见病虫害有白粉病、灰霉病、叶枯病及蚜虫、螨等，要及时防治。

［观赏与应用］补血草可作鲜切花，也可作干花。

（三十四）荷包牡丹

［学名］*Dicentra spectabilis*（L.）Lem.

［**英名**］common bleeding heart，showy bleeding heart

［**别名**］兔儿牡丹

［**科属**］罂粟科，荷包牡丹属

［**形态特征**］多年生宿根草本。具有肉质根状茎，株高 30～60cm。叶对生，三出羽状复叶，略似牡丹叶片。总状花序顶生呈拱形，花向一边下垂。花瓣 4 枚，外侧 2 枚基部囊状，形似荷包，玫红色；内侧 2 枚较瘦长，突出于外，粉红色。雄蕊 6 枚，合生成两束。花期 4～6 月。蒴果细长。有白花变种。

［**产地与分布**］原产我国，河北、东北均有野生，各地园林多有栽培。

［**习性**］性耐寒，不耐高温，夏季休眠，喜半阴，要求深厚、湿润、富含腐殖质的土壤，在沙土及黏土中生长不良。

［**繁殖与栽培**］以春、秋季分株繁殖为主。因其根部半肉质，挖时需小心，约 3 年分株一次。亦可扦插繁殖，成活率高，次年可开花。播种繁殖，可秋播或层积后春播，但实生苗需 3 年才开花。

荷包牡丹栽培容易，不需要特殊管理，在春季萌芽前及生长季施些饼肥及液肥则花叶茂盛。盆栽盆土宜深。荷包牡丹亦可促成栽培，休眠后栽于盆中，置于冷室，至 12 月中旬移至 12～13℃室内，注意养护管理，2 月即可开花。花后放回冷室，早春重新栽于露地。

［**观赏与应用**］荷包牡丹丛植或作花境、花坛栽植。耐半阴，可作地被植物，低矮品种可盆栽观赏。切花时，可水养 3～5d。

第三节　其他种类

表 2-2-2　其他宿根花卉简介

名　称	学　名	科　属	花期（月或季）	花　色	繁殖方法	特性及应用
大瓣铁线莲	*Clematis macropetala*	毛茛科铁线莲属	6～9	蓝、紫、红、粉、白	扦插、压条、嫁接、播种	耐寒，喜冷凉和半阴，蔓性，园林篱垣种植，可作切花
乌头	*Aconitum chinensis*	毛茛科乌头属	夏	淡蓝	播种、分株	耐寒，耐半阴，株高 1m，可作花境、林下栽植，亦可作切花
白头翁	*Pulsatilla chinensis*	毛茛科白头翁属	3～5	紫、粉	播种	耐寒，喜凉爽，耐旱，喜光，高 20～40cm，宜花坛、花境栽植或作地被
华北耧斗菜	*Aquilegia yabeana*	毛茛科耧斗菜属	5～6	蓝色	春、秋季播种	耐寒，喜半阴，高 30～60cm，宜花坛、花境栽植
金莲花	*Trollius chinensis*	毛茛科金莲花属	6～7	金黄	播种、分株	耐寒，喜光，喜冷凉，忌炎热，株高 40～90cm，宜花坛、花境栽植或作切花

（续）

名称	学名	科属	花期（月或季）	花色	繁殖方法	特性及应用
唐松草	*Thalictrum aquilegifolium*	毛茛科唐松草属	7～8	白	播种、分株	耐寒，喜光，高60～150cm，宜花境栽植
细叶婆婆纳	*Veronica linariifolia*	玄参科婆婆纳属	6～7	蓝紫色	播种、分株	耐寒，喜光，喜冷凉，高30～80cm，总状花序细长，宜花境栽植
少女石竹	*Dianthus deltoides*	石竹科石竹属	6～9	紫、粉、白、红	播种、扦插	匍匐地面，株高20～30cm，宜作地被或花坛栽植
石碱花	*Saponaria officinalis*	石竹科肥皂草属	6～8	白、玫红	播种、分株、扦插	耐寒，耐旱，株高30～100cm，宜花境、花坛栽植
常夏石竹	*Dianthus plumarius*	石竹科石竹属	5～10	紫、红、粉、白	播种、扦插	高30～40cm，宜花坛、花境栽植或作切花
剪秋罗	*Lychnis senno*	石竹科剪秋罗属	5～6	橙红	播种、分株	耐寒，喜冷凉，喜光，耐半阴，株高40～80cm，宜花坛、花境栽植或作切花
瞿麦	*Dianthus superbus*	石竹科石竹属	5～6	粉	播种	高30～50cm，宜花坛、花境栽植或作切花
黄花菜	*Hemerocallis citrina*	百合科萱草属	6～8	淡黄	播种、分株	耐寒，喜光，耐半阴，株高60～100cm，宜花坛、花境、岩石园、林下栽种，亦可作切花
宿根亚麻	*Linum perenne*	亚麻科亚麻属	6～7	淡蓝、白	播种、分株	耐寒，喜光，高40～80cm，宜花坛、花境丛植或镶边
射干	*Belamcanda chinensis*	鸢尾科射干属	7～8	橙至橘黄色	春季根茎切段或播种	耐寒，喜干燥，喜光，布置花境，隙地丛植、切花
香堇	*Viola odorata*	堇菜科堇菜属	早春	深紫、粉白	播种	耐寒，耐旱，喜光，株高10cm左右，宜作地被镶边植物，高梗种可作切花，可提炼香精
丛生风铃草	*Campanula carpatica*	桔梗科风铃草属	7～9	蓝紫、蓝白	播种	耐寒，喜凉爽，喜光，高20～40cm，宜花坛、花境栽植
沙参	*Adenophora tetraphylla*	桔梗科沙参属	6～8	蓝、白	播种、分株	耐寒，耐旱，喜半阴，株高30～150cm，宜花坛、花境、林缘栽种
泽兰	*Eupatorium japonicum*	菊科泽兰属	秋	白	播种、分株、扦插	耐寒，喜冷凉，高1～2cm，宜花境栽植

（续）

名　称	学　　名	科　属	花期（月或季）	花　色	繁殖方法	特性及应用
堆心菊	*Helenium bigelovii*	菊科堆心菊属	晚春	黄	播种，自播性强	耐寒，喜光，高约 1m，宜花境栽植或作切花
蓍草	*Achillea sibirica*	菊科蓍草属	夏	白	播种、分株	耐寒，喜光，耐半阴，高 60～100cm，宜花境、花坛栽种或作切花
垂盆草	*Sedum sarmentosum*	景天科景天属	6～8	黄	分株、扦插	半耐寒，喜光，铺地生长，宜作地被
红秋葵	*Hibiscus coccineus*	锦葵科木槿属	8～10	红	播种、分株、扦插	半耐寒，喜光，株高 1～2m，宜作花境背景或花坛丛植

第三章 球根花卉

第一节 概　述

一、概念与范畴

球根花卉（bulbous flower）是指植株地下部分的茎或根变态、膨大并贮藏大量养分的一类多年生草本植物。

1. 根据球根的来源和形态分类　球根花卉可分为五大类，详见第一章第二节。

2. 根据原产地及分布分类　球根花卉可分为六类。

（1）地中海地区。包括西亚、中亚和北美洲等。这些地区原产的球根花卉往往因夏季干热而休眠，冬季湿冷而开始萌发生长，如葡萄风信子、仙客来、番红花、贝母、水仙、郁金香、绵枣儿等。

（2）温带疏林地区。包括北美、中国、日本和喜马拉雅地区等。此地区原产的球根花卉与地中海地区的种类生长特性非常相似，但夏季需冷凉，如百合属、天南星属、根茎类延龄草等。

（3）冬季降雨地区。主要是南非好望角一带，是世界上原产球根花卉最为丰富的地区，至今仍能不断发现野生新种，如唐菖蒲属、肖鸢尾属等的小居群。原产该地区的球根花卉在冷凉、湿润的冬季生长，春季开花，有些也能在秋季发叶前开花，如香雪兰、网球花、鸟胶花属、尼润花属、虎眼万年青等。

（4）春夏降雨地区。包括南美、中美洲、马达加斯加和墨西哥等。这些地区原产的球根花卉在夏季生长期需大量充足的水分，且气温不高（夜温低于16～21℃）。此类型较为特异，如晚花型的唐菖蒲、虎皮花等。

（5）南美温带地区。包括南美洲、安第斯山脉高山地区。原产此地区的球根花卉在早春萌发生长，于春季或夏季开花，至夏末或冬季休眠，如孤挺花、六出花、晚香玉、葱兰等。

（6）热带地区。包括澳大利亚、南美西部的海岸地带。这些地区原产的球根花卉生育适温较高，或生态习性要求较为特殊，如石蒜科的网球花属、孤挺花属和鸢尾科的巴西鸢尾属、非洲鸢尾属的一些种类。

3. 根据栽培习性分类　球根花卉可分为两类。

（1）春植球根。多原产于南非、中南美洲、墨西哥高原地区等，这些地区往往气候温暖，周年温差较小，夏季雨量充足，因此春植球根的生育适温普遍较高，不耐寒。春植类球根花卉通常春季栽植，夏、秋季开花，冬季休眠。如唐菖蒲、朱顶红、美人蕉、香雪兰、大岩桐、球根秋海棠、大丽花、晚香玉等。

(2) 秋植球根。多原产于地中海沿岸、小亚细亚、南非好望角、北美洲东部等地，这些地区冬季温和、夏季凉爽，冬春多雨、夏季干旱，为抵御干旱的夏季，植株的茎变态肥大成球根状以贮藏大量水分和养分，因此秋植球根较耐寒，而不耐夏季炎热。如郁金香、风信子、水仙、百合、球根鸢尾、番红花、仙客来、花毛茛、石蒜等。

二、繁殖与栽培要点

球根花卉的种类和园艺栽培品种极其繁多，原产地涉及温带、亚热带和部分热带地区，因此生长习性各不相同。一般来说，球根花卉宜阳光充足、温度适宜，对土壤条件要求较高，喜疏松肥沃、排水良好的沙质壤土或壤土，最忌水湿或积水。

秋植类球根花卉往往在秋、冬季种植后植株生长，春季开花，夏季进入休眠期。其花期调控通常可利用种球花芽分化与休眠的关系，通过种球冷藏，即人工代替自然低温过程，再移入温室进行催花。这种促成栽培的方法，尤其对于那些在种球休眠期已完成花芽分化的种类，如郁金香、水仙、风信子等，应用最为成功并进入商业化栽培。

球根类花卉种类丰富，适应性强，栽培容易，管理简便，加之球根种源交流便利，适合园林布置，已被广泛应用于花坛、花境、岩石园或作地被栽植，也是商品切花和盆花的优良材料。

第二节　常见种类

（一）花毛茛

［学名］*Ranunculus asiaticus* L.

［英名］buttercup，ranunculus

［别名］波斯毛茛、芹菜花

［科属］毛茛科，毛茛属

［形态特征］多年生草本，地下具纺锤形的小块根，常数个聚生于根颈部。株高20～40cm，茎单生或稀分枝，具毛。基生叶阔卵形、椭圆形或三出状，叶缘有齿，具长柄，茎生叶羽状细裂，无柄。花单生枝顶或数朵着生长梗上，花径2.5～4cm，鲜黄色。

花毛茛的园艺栽培品种极多，花常高度重瓣且色彩丰富，有大红、玫红、粉红、白、黄、紫等色。

［产地与分布］原产欧洲东南与亚洲西南部，现各地广为栽培。

［习性］性喜凉爽和阳光充足的环境，也耐半阴。不甚耐寒，越冬需2～3℃以上，忌炎热。要求富含腐殖质、排水良好的沙质或略黏质壤土，土壤pH以中性或略偏碱性为宜。花期4～5月。

［繁殖与栽培］分球或播种繁殖。秋季分栽块根，注意每分株需带有根颈，否则不会发芽。亦常用播种繁殖，秋播，温度勿高，10℃左右约3周出苗。种子在超过20℃的高温下不发芽或

发芽缓慢。实生苗第二年即可开花。

花毛茛多盆栽，培养土要求含腐殖质多、排水良好的疏松土壤。立秋后下种，养成丛型，开春后生长迅速，追施 2～3 次稀薄肥水，促使花大色艳，防止盆土积水而导致块根腐烂。夏季球根休眠，宜掘起块根，晾干后藏于通风干燥处，秋后再种。为使其提早开花，冬季可以昼温15～20℃、夜温 5～8℃进行促成栽培。

[观赏与应用] 花毛茛开花极为绚丽夺目，花型优美，又适于室内摆放，是十分优良的盆花种类。也可植于花境或林缘、草地。

(二) 欧洲银莲花

[学名] *Anemone coronaria* L.

[英名] anemone，windflower

[别名] 罂粟秋牡丹、冠状银莲花

[科属] 毛茛科，银莲花属

[形态特征] 多年生草本，地下具褐色分枝的块根，株高 25～40cm。叶 3 裂或掌状深裂，裂片椭圆形或披针形，边缘齿牙状。总苞不与花萼相连，无柄，近于花下着生，多深裂为狭窄状。花单生茎顶，大型，萼片瓣化，多数，雄蕊也常瓣化。花色有红、紫、白、蓝和复色等。瘦果。

同属栽培的还有：

湖北秋牡丹（*A. hupehensis*）　又名打破碗花花，原产我国四川、陕西、湖北等地，花紫红色。

银莲花（*A. cathayensis*）　原产我国山西、河北等地，花白色或带粉红色。

[产地与分布] 原产地中海沿岸地区。

[习性] 性喜凉爽、阳光充足的环境，能耐寒，忌炎热。要求肥沃、湿润而排水良好的稍黏质壤土。栽培品种甚多，花色多样。花期 4～5 月。

[繁殖与栽培] 以分株繁殖为主，春季分栽块根，块根的上下位置不易辨别，注意勿使发芽部倒置。也可播种，随采随播，在保持 18～20℃条件下，约 2 周后出苗。

银莲花生长习性强健，地栽、盆栽均宜，管理简便。种植前施足基肥，播种幼苗经一次间苗后即可定植露地或上盆，分株苗直接上盆或定植。种后保持土壤稍湿润，夏季高温时应遮荫降温。春至初夏时开花，待茎叶枯黄后进入休眠期，可将块根掘出，经消毒、晾干后贮藏于凉爽干燥处越夏，秋后可再行种植。

[观赏与应用] 银莲花花形丰富，花色极其艳丽，花期长，为春季花坛、花境材料，尤适于林缘草地丛植，也可盆栽观赏。

(三) 马蹄莲

[学名] *Zantedeschia aethiopica* Spreng.

[英名] calla

[别名] 慈姑花、水芋、海芋、观音莲

[科属] 天南星科，马蹄莲属

[形态特征] 多年生草本，株高 60～70cm，地下块茎肥厚肉质。叶基生，叶柄一般为叶长的 2 倍，下部有鞘，抱茎着生，叶片戟形或卵状箭形，全缘，鲜绿色。花梗从叶旁抽生，高出叶

图 2-3-1　马蹄莲

丛，肉穗花序黄色、圆柱形，短于佛焰苞，上部为雄花，下部为雌花，佛焰苞大型，开张呈马蹄形，花有香气（图 2-3-1）。浆果，子房1～3室，每室含种子4粒。

同属栽培种有黄花马蹄莲（*Z. elliottiana*）、红花马蹄莲（*Z. rehmannii*）等彩色种，其佛焰苞分别呈深黄色和桃红色，均原产于南非。目前国内用作切花的马蹄莲多为白花种，其主要品种类型有：

（1）青梗种。地下块茎肥大，植株较为高大健壮。花梗粗而长，花呈白色略带黄，佛焰苞长大于宽，喇叭口大而平展，基部有较明显的皱褶。开花较迟，产量较低。上海及江浙一带较多种植。

（2）白梗种。地下块茎较小，1～2cm 的小块茎即可开花。植株较矮小，花纯白色，佛焰苞较宽而圆，但喇叭口往往抱紧、展开度小。开花期早，抽生花枝多，产量较高。昆明等地多此种。

（3）红梗种。植株生长较高大健壮，叶柄基部稍带紫红晕。佛焰苞较圆，花色洁白，花期略晚于白梗种。

彩色马蹄莲的常见栽培种包括：银星马蹄莲（*Z. albo-maculata*），又称斑叶马蹄莲，株高60cm左右，叶片大，上有白色斑点，佛焰苞黄色或乳白色，自然花期7～8月；黄花马蹄莲（*Z. elliottiana*），株高90cm左右，叶片呈广卵状心脏形，鲜绿色，上有白色半透明斑点，佛焰苞大型，深黄色，肉穗花序不外露，自然花期7～8月；红花马蹄莲（*Z. rehmannii*），植株较矮小，高约30cm，叶呈披针形，佛焰苞较小，粉红或红色，自然花期7～8月。

[产地与分布] 原产南非和埃及，现世界各地广泛栽培。

[习性] 性强健，喜好潮湿土壤，较耐水湿。生育适温为18℃左右，不耐寒，越冬应在4～5℃以上。生长期间需水量大，空气湿度宜大，好水好肥。花期从10月至翌年5月，自然盛花期4～5月，夏季高温期休眠。花期需要阳光，否则其佛焰苞带绿色。若气温合适，可四季开花，冬季保持夜温在10℃以上能够正常生长开花。红花种和黄花种的生长温度不低于16℃，越冬应在4～5℃以上。

在主茎上，通常每展开4片叶就各分化2个花芽，夏季遇25℃以上高温，会出现盲花或花枯萎现象，或中途停止发育。因此，从理论上讲，具有1个主茎的球根可在一年内分化6～8个花芽，然而在实际栽培中，每株只能采切3～4支花。

[繁殖与栽培] 自然分球繁殖。在花后或夏季休眠期，取多年生块茎进行剥离分栽即可，注意每丛需带有芽。一般种植两年后的马蹄莲可按1∶2甚至1∶3分栽。分栽的大块茎经1年培育即可成为开花球，较小的块茎需经2～3年才能成为开花植株。

栽培地要求疏松、肥沃的黏质壤土，定植前施足基肥。马蹄莲春、秋季下种均可，勿深植，覆土约5cm。因其喜湿，生长期内应充分浇水，空气湿度也宜大。夏季高温期休眠，需遮阴。10月下旬开始覆盖薄膜保温，冬季保持夜温在10℃以上就能正常生长开花。喜高温，气温较高时应多施肥水，而当气温低时应减少肥水供应。越夏若要保持不枯叶，至少遮光在60%以上。

与湿生的白花种不同，彩色马蹄莲多为陆生种，因此仅能在旱田栽培。栽培管理的要点有：以稍深植为佳，并以球根高度的2倍左右覆土；彩色马蹄莲既不耐寒，又不耐热，应保持保护地内的温度相对均衡，即白天18～25℃，夜间不低于16℃，切忌昼夜温差变化过大，越冬温度不能低于6℃；防止土壤过于潮湿，多雨季节应培土以防植株基部渍水，冬季宜干，尤其在花期要适当控水；喜半阴环境，夏季为休眠期，需充分遮阴越夏，并敷草以防地温上升；施肥量稍多，生长期每10d左右施1次以氮为主的液肥，每15d左右叶面喷施1次0.1%的磷酸二氢钾，特别在孕蕾期和开花前，增施磷、钾肥有助于花大色艳。

［观赏与应用］马蹄莲花形独特，洁白如玉，花叶同赏，是花束、捧花和艺术插花的极好材料，因花期不受日照长短的影响，栽培管理又较省工，我国南、北方广为种植。

（四）水仙

［学名］*Narcissus tazaetta* var. *chinensis* Roem.

［英名］Chinese narcissus，daffodil

［别名］中国水仙、金盏银台、天蒜、玉玲珑

［科属］石蒜科，水仙属

［形态特征］多花水仙即法国水仙（*N. tazaetta*）的主要变种之一，大约于唐初由地中海传入我国。多年生草本，地下鳞茎肥大，卵状或近球形，外被棕褐色皮膜。叶基生，狭带状，排成互生二列状，绿色或灰绿色。花单生或多朵（通常4～6朵）成伞房花序着生于花莛端部，下具膜质总苞。花莛直立，圆筒状或扁圆筒状，中空，高20～80cm。花多为黄色或白色，侧向或下垂，具浓香，花被片6枚，副冠高脚碟状。蒴果，种子空瘪。

在我国，水仙的栽培多分布在东南沿海温暖湿润地区。从瓣型来分，中国水仙有两个栽培品种：一为单瓣花，花被裂片6枚，称‘金盏银台’，香味浓郁；另一品种为重瓣花，花被通常12片，称‘百叶花’或‘玉玲珑’，香味稍逊。从栽培类型来分，有福建漳州水仙（为同源三倍体，$n=10$）、上海崇明水仙和浙江舟山水仙。其中漳州水仙的鳞茎形美，易出脚芽，且脚芽均匀对称，鳞片肥厚疏松，花莛多，花香浓，为中国水仙中之佳品。

根据英国皇家园艺学会制定的水仙属分类新方案，依花被裂片与副冠长度之比以及色泽异同进行分类，可分为喇叭水仙群（trumpet）、大杯水仙群（large-cupped）、小杯水仙群（small-cupped）、重瓣水仙（double）、三蕊水仙（triandrus）、仙客来水仙（cyclamineus）、丁香水仙（jonquilla）、法国水仙（tazetta）、红口水仙（poeticus）原种及其野生种、杂种（species & wild forms）和所有不属于以上者共十一类。目前国内广泛栽培和应用的原种和变种有中国水仙、喇叭水仙、明星水仙、丁香水仙、红口水仙、仙客来水仙及三蕊水仙。

（1）喇叭水仙（*N. pseudo-narcissus*）。又名洋水仙、欧洲水仙（图2-3-2）。原产南欧地中海地区，多年生草本，鳞茎球形，直径3～4cm，叶扁平线形，灰绿色，端圆钝。花单生，大型，径约5cm，黄或淡黄色，副冠与花被片等长或稍长，钟形至喇叭形，边缘具不规则的齿牙或皱折。花期3～4月。

（2）明星水仙（*N. incomparabilis*）。又名橙黄水仙，为喇叭水仙与红口水仙的杂交种。鳞茎卵圆形，叶扁平线形。花莛有棱，与叶同高，花平伸或稍下垂，大型，黄色或白色，副冠为花被片长度的一半。花期4月。主要变种有：黄冠明星水仙（var. *aurantius*），副冠端部橙黄色，

基部浅黄色；白冠明星水仙（var. *albus*），副冠白色。

（3）红口水仙（*N. poeticus*）。又名口红水仙，原产西班牙、南欧、中欧等地。鳞茎较细，卵形，叶线形，长 30cm 左右。1 莛 1 花，径 5.5～6cm，花被片纯白色，副冠浅杯状，黄色或白色，边缘波皱带红色。花期 4 月。

图 2-3-2　喇叭水仙

图 2-3-3　多花水仙

（4）丁香水仙（*N. jonquilla*）。又名灯芯草水仙、黄水仙，原产葡萄牙、西班牙等地。鳞茎较小，外被黑褐色皮膜，叶长柱状，有明显深沟。花高脚碟状，侧向开放，具浓香。花被片黄色，副冠杯状，与花被同长、同色或颜色稍深，呈橙黄色。花期 4 月。

（5）多花水仙（*N. tazetta*）。又名法国水仙，分布较广，自地中海直到亚洲东南部（图 2-3-3）。鳞茎大，1 莛 3～8 朵花，径 3～5cm，花被片白色，倒卵形，副冠短杯状，黄色，具芳香。有多数亚种与变种，花被片与副冠同色或异色。花期 12 月至翌年 2 月。

（6）仙客来水仙（*N. cyclamineus*）。原产葡萄牙、西班牙西北部。植株矮小，鳞茎亦小，叶狭线形，背隆起呈龙骨状。1 莛 1 花或 2～3 朵聚生，花冠筒极短，花被片自基部极度向后反卷，形似仙客来，黄色，副冠与花被片等长，径 1.5cm，鲜黄色。花期 2～3 月。

［产地及分布］水仙属约 30 种，园艺品种近3 000个。原产北非、中欧及地中海沿岸直至亚洲的中国、日本、朝鲜等，有众多变种与亚种。

［习性］性喜冷凉、湿润的气候，好阳光充足，也耐半阴，尤以冬无严寒、夏无酷暑、春秋多雨的环境最为适宜。多数种类亦甚耐寒，在我国华北地区不需保护即可露地越冬。好肥喜水，对土壤要求不甚严格，除重黏土及沙砾土外均可生长，但以土层深厚、肥沃湿润而排水良好的黏质壤土最好，土壤 pH 以中性和微酸性为宜。

水仙属秋植类球根花卉，秋冬季地下部生长，经一段低温期后在早春迅速发叶生长并开花，花期早晚因种而异，多数种类于 3～4 月开花，中国水仙的花期早，于 1～2 月开放。花后地上部的茎叶逐渐枯黄，地下鳞茎吸收、贮藏养分并膨大，于夏季进入休眠期。花芽分化在休眠期完成，整个花芽分化期大约需 2 个月时间，适合鳞茎花芽分化的温度为 18～20℃，而其花芽发育伸长则需经过一个相对低温期，适温为 9～10℃。

［繁殖与栽培］水仙为三倍体植物，具高度不孕性，虽子房膨大，但种子空瘪，无法进行有

性繁殖。通常以自然分球繁殖为主，可将母球上自然分生的小鳞茎掰下来作为种球，另行栽植培养。从种球到开花球，需培养3～4年。

中国水仙的种球生产通常为水田栽培法，而喇叭水仙则常用旱田栽培法。

以我国漳州水仙传统的培育法为例：将二年生鳞茎上着生的侧生子球经消毒后，于10月撒播于高畦上，覆土2～3cm。高畦四周挖成灌溉沟，沟内经常保持一定深度的水，以保证充足的土壤水分和空气湿度。翌年5月叶片开始衰老，待7月叶枯黄后起球，种球直径4～5cm；当年秋季再种，待第三年收获时可得直径5～8cm的开花球，且主球两侧又有1～3个侧生鳞茎，可重新作为繁殖子球。商品化的漳州水仙还常采用"阉割"技术，由于水仙芽的分化能力强，一个母鳞茎可分化3～4个子鳞茎，为保证主芽营养的集中供应，用匙形利刃将二年生圆球的两侧侧芽各挖除1～2个，注意勿伤及底盘和主芽。阉割后置于阴凉通风处，待伤口愈合后即可栽种，所养成的开花种球硕大，花莛数多，每莛花朵数亦多。

中国水仙多在盆中水养观赏，也可露地栽培作庭园观赏，并常应用促成栽培技术，使其在元旦或春节开花。水仙地栽常于10～11月下种，种植前深翻土壤并施足基肥，覆土约一球高，保持覆土湿润。促成栽培应先给予10℃以下的温度，待根系充分生长后，升至10～15℃，抽叶现蕾后，将植株小心拔出，洗去根系污泥即可供水养观赏。为保证提早开花和防止茎叶徒长，需勤换水，并将水盆置于室内采光处养护。

我国传统水仙常用雕刻技术除去部分鳞片和人工刻伤鳞茎，以控制叶片的营养生长，经水养后开花繁密，大大增添了观赏情趣。如常规的"蟹爪"水仙雕刻，可用"三刀法"，即将鳞茎纵向切除1/3～1/2，以露出花芽芽体，并根据造型需要，从纵向削割叶片阔度的1/3～1/2。为促使花茎矮化，在幼花茎的基部用针头略加戮伤。在生长过程中，还可人工处理使叶片、花茎等扭曲，并按人们的意愿进行各种艺术造型。

[观赏与应用] 水仙株丛低矮清秀、花色淡雅、芳香馥郁，花期正值春节，久为人们喜爱，是我国传统的十大名花之一，被誉为"凌波仙子"。既适宜室内案头、窗台点缀，又宜园林中布置花坛、花境，也宜疏林下、草坪上成丛成片种植。

喇叭水仙等洋水仙较之中国传统水仙，植株高大、花大色艳、品种繁多，但无香气。由于其耐寒和生长势强、花期早，可露地配置于疏林草地、河滨绿地，早春放叶开花，景观秀致。水仙类花朵水养持久，也是良好的切花材料。此外，中国水仙的鳞茎还可入药。

（五）石蒜

[学名] *Lycoris radiata* Herb.

[英名] lycoris，spider lily

[别名] 红花石蒜、蟑螂花、老鸦蒜

[科属] 石蒜科，石蒜属

[形态特征] 多年生草本。鳞茎椭圆状球形，皮膜褐色，径2～4cm（图2-3-4）。叶基生，线形，晚秋叶自鳞茎抽出，

图2-3-4 石 蒜

至春枯萎。入秋抽出花茎，高 30～60cm，顶生伞形花序，着花 5～7 朵，鲜红色具白色边缘。花被 6 裂，瓣片狭倒披针形，边缘皱缩、反卷，花被片基部合生成短管状，长 0.5～0.7cm，花径 6～7cm。雌雄蕊长，伸出花冠并与花冠同色。我国产物种染色体数 $2n=22$，能结实，蒴果；日本产物种染色体数 $2n=33$，不能结实。

有白花变种白花石蒜（*L. radiata* var. *alba*）。石蒜属在全世界的分布有 20 余种，我国有 15 种，主要种类包括：

（1）忽地笑（*L. aurea*）。又名黄花石蒜，分布于我国福建及中南、西南等山地、林缘阴湿处。鳞茎卵形，秋季出叶，叶阔线形，中间淡色带明显。花莛高 60cm 左右，花黄色，瓣片边缘高度反卷和皱缩。蒴果。花期 8～9 月，果期 10 月。

（2）夏水仙（*L. squamigera*）。又名鹿葱、紫花石蒜。主产日本，我国山东、江苏、浙江、安徽等地亦有分布。鳞茎较大，卵形，秋季发叶，叶带状，绿色。花淡紫红色，具芳香，边缘基部略有皱缩。蒴果。花期 8～10 月。

（3）中国石蒜（*L. chinensis*）。分布于我国江苏、浙江、河南等地。鳞茎卵形，春季出叶，叶带状，中间淡色带明显。花鲜黄色或黄色，花被裂片强度反卷和皱缩，花柱上部玫瑰红色。蒴果。花期 7～8 月，果期 9 月。

（4）玫瑰石蒜（*L. rosea*）。分布于我国江苏、浙江、安徽等地。鳞茎近球形，较小，秋季出叶，叶带状，中间淡色带略明显。花玫瑰红色，花被裂片中度反卷和皱缩。蒴果。花期 9 月。

（5）换锦花（*L. sprengeri*）。分布于我国江浙、华中等地。早春出叶，花淡紫红色，花被裂片顶端常带蓝色，边缘不皱缩。花期 8～9 月。

（6）香石蒜（*L. incarnata*）。分布于我国华中、华南等地。春季出叶，花初开时白色，后渐变为肉红色，花丝、花柱均呈紫红色。花期 9 月。

（7）乳白石蒜（*L. albiflora*）。分布于我国江苏、浙江等地。花开放时乳黄色，渐变为白色，花被裂片强度反卷和皱缩，花丝黄色，花柱上部玫瑰红色。蒴果。花期 7～8 月，果期 9 月。

［产地与分布］ 原产我国，分布于华中、西南、华南等地，日本亦有分布。

［习性］ 野生于山林及河岸坡地，喜温和阴湿环境，适应性强，具一定耐寒力，地下鳞茎可露地越冬，也耐高温、多湿和强光、干旱。不择土壤，但以土层深厚、排水良好并富含腐殖质的壤土或沙质壤土为好。

石蒜属植物依据生长习性可分为两大类：一类为秋季出叶，如石蒜、忽地笑、玫瑰石蒜等，8～9 月开花，花后秋末冬初叶片伸出，在严寒地区冬季保持绿色，直到高温夏季来临时叶片枯黄进入休眠。另一类为春季发叶，如中国石蒜、夏水仙、香石蒜、乳白石蒜、换锦花等，春季出叶后入初夏枯黄休眠，夏末初秋开花，花后鳞茎露地越冬，表现为夏季、冬季两次休眠。

［繁殖与栽培］ 分球繁殖为主，也可播种。春、秋两季用鳞茎繁殖，挖起鳞茎分栽即可，最好在叶片枯后、花莛未抽出之前分球，亦可于秋末花后未抽叶前进行，一般每隔 3～4 年掘起分栽一次。

暖地多秋栽，寒地春栽，栽植深度以将鳞茎顶部埋入土面为宜，过深则翌年不能开花。石蒜虽喜阴湿，但也耐强光和干旱，因此栽培简单，管理粗放。注意勿供水过多，以免鳞茎腐烂。花后及时剪除残花，9 月下旬花茎凋萎前叶片萌发并迅速生长，应追施薄肥 1 次。石蒜抗性强，几乎没有病虫害。

图 2-3-5 朱顶红

［观赏与应用］石蒜是园林中不可多得的地被花卉，素有"中国的郁金香"之称。冬春叶色翠绿，夏秋红花怒放，城市绿地、林带下自然式片植、布置花境，或点缀草坪、庭园丛植，效果俱佳。石蒜对土壤要求不严，花叶共赏，花莛茁壮，又能反映季相变化，可作专类园，也可作切花，矮生种亦作盆花。

（六）朱顶红

［学名］*Amaryllis vittata*（*Hippeastrum vittatum*）Ait.

［英名］amaryllis

［别名］孤挺花、百枝莲、华胄兰

［科属］石蒜科，孤挺花属

［形态特征］多年生草本，地下鳞茎球形，直径 7～8cm（图 2-3-5）。叶二列状着生，4～8 枚，带状，略肉质，与花同时或花后抽出。花莛粗壮，直立而中空，自叶丛外侧抽生，高于叶丛，顶端着花 4～6 朵，两两对生略呈伞状；花漏斗状，略平伸而下垂，花径 10～13cm，花色红、粉、白、红色具白色条纹等。蒴果近球形，种子扁平，黑色。

同属栽培的常见种还有孤挺花（*A. belladonna*）、杂种百枝莲（*A. hybrida*）、短筒孤挺花（*A. reginae*）、网纹孤挺花（*A. reticulata*）等。

［产地与分布］原产南美秘鲁、巴西，现世界各国广泛栽培。

［习性］性喜温暖、湿润的环境，较为耐寒。冬季地下鳞茎休眠，要求冷凉干燥，适温为5～10℃；夏季喜凉爽，生长适温为 18～25℃，喜光，但不宜过分强烈的阳光。好肥，要求排水良好而又富含腐殖质的沙质壤土。花期 5～6 月。

［繁殖与栽培］分球繁殖，于秋季将大球周围着生的小鳞茎剥下分栽，子球一般 2 年后开花。也可播种，即采即播，发芽率高，但需经3～4 年开花。

球根春播或秋播，地栽、盆栽皆宜。选取高燥并富含有机质的沙质土，并加入骨粉、过磷酸钙等基肥。浅植，使球根有 1/3 左右露出表土。鳞茎在地温 8℃以上开始发育，花芽分化的适温为 18～23℃。初栽时少浇水，待抽叶后开始正常浇水，至开花前逐渐增加浇水量。若要在春节前后开花，需将大规格鳞茎经低温冷藏后栽种，保持室温 20～25℃条件下进行人工促成。

［观赏与应用］朱顶红的花莛直立，花型硕大，色彩极为鲜艳，适宜盆栽，也可配置花境、花丛或作切花。

（七）雪滴花

［学名］*Leucojum vernum* L.

［英名］spring snowflake

［别名］雪片莲、雪铃花、铃兰水仙

［科属］石蒜科，雪滴花属（雪花水仙属）

［形态特征］多年生草本植物。株高约 30cm，鳞茎球形。叶基生，线形，长约 25cm，粉绿色。花单生花莛顶端，白色，芳香；花冠裂片 6 枚，呈钟状下垂，裂片长约 1.8cm，先端有绿色

斑点。变种有：双花雪滴花（var. *vagneri*），较原种高而强健，冬末春初开花，花莛先端有2朵花；黄尖雪滴花（var. *carpathicum*），花冠裂片先端带黄色。

［产地与分布］ 原产欧洲中部及高加索地区，现各国广泛栽培。

［习性］ 性喜湿润的冷凉环境，适应性强，耐寒，我国长江流域可露地越冬。冬春季要求阳光充足，初夏宜半阴，在疏林下生长良好。喜排水良好、肥沃湿润及稍黏质的壤土，根系怕涝。花期自早春至仲春。

［繁殖与栽培］ 分球繁殖为主，也可播种繁殖。初夏后地上部凋萎，即进行分球繁殖，一般隔3～4年再挖起分球。播种繁殖需3～5年才能开花。

地栽作高畦，以利排水，盆栽要注意盆土的排水性能。生长季节浇水要“见干见湿”，浇必浇透，忌浇拦腰水和大水浇灌。

雪滴花宜种植于疏林下。秋季种植的株行距以10cm×20cm为宜，每隔2～4年分栽1次，并更换栽植地点；生长期间每2～3周追施1次肥水。雨季注意排水。待出现花苞后，施用0.3%硝酸钙溶液，可促进生长，防止盲花现象。施肥以阴天为宜。盆栽11月进行，栽后放室外，发根、萌芽后搬入室内，置于南向阳台、窗口等光照充足处，50d左右开花。病虫害主要有叶斑病和根际线虫。

［观赏与应用］ 雪滴花的粉绿色叶丛清秀雅致，洁白的小花朵朵垂悬，似雪花飘逸，惹人喜爱，常用于花境、庭园配置或于草地上自然式丛植。

（八）晚香玉

［学名］ *Polianthes tuberosa* L.

［英名］ tuberose

［别名］ 夜来香、月下香

［科属］ 石蒜科，晚香玉属

［形态特征］ 多年生草本，地下部呈圆锥状的块茎（上半部呈鳞茎状）。叶互生，带状披针形，茎生叶较短，愈向上则呈苞状。穗状花序顶生，小花成对着生，每穗着花12～32朵；花白色，漏斗状，端部5裂，筒部细长，具浓香，至夜晚香气更甚（图2-3-6）。蒴果，自花授粉，但由于雌花晚于雄花成熟，自然结实率低。种子黑色，扁锥形。

图2-3-6　晚香玉

［产地与分布］ 原产墨西哥、南美，现世界各地广为栽培。

［习性］ 性喜温暖湿润和阳光充足的环境，在原产地无休眠期，为常绿草本。不耐寒，温带霜后叶枯，进入休眠期，翌年春萌发，生长适温25～30℃。喜光，不择土壤，需充足水分，但忌涝。典型夏花，花期长至秋季。

［繁殖与栽培］ 常用分球法繁殖，小块茎经栽种1年后即成为开花球。适宜地栽，且以黏壤土为好，不忌盐碱。取直径2cm左右的块茎，不必深种，露顶部亦无妨。春植为主，浇透水，待温度回升即萌发，但要注意排水良好，勿使烂球。在其叶丛形成后，经常浇水以保持土壤湿润，叶丛形成后期发生花芽，也要充分保湿，并追肥1次。晚香玉管理

较粗放，庭园栽培每2～3年需掘起分球1次。

[观赏与应用] 晚香玉花色纯白，香气馥郁，入夜尤盛，最适布置夜花园。也是重要的切花材料，还可提取香精。

(九) 葱兰

[学名] *Zephyranthes candida* Herb.

[英名] rainflower, zephyr lily

[别名] 葱莲、白花菖蒲莲、玉帘

[科属] 石蒜科，葱莲属（玉帘属）

[形态特征] 多年生常绿草本。地下具小鳞茎，颈部细长。叶基生，线形，稍肉质，鲜绿色。花茎从叶丛一侧抽出，顶生1花，白色或外略带紫红晕。

同属重要种有红花葱兰（*Z. grandiflora*），又名韭莲、红花菖蒲莲。原产中南美洲湿润林地，鳞茎卵球形，花莛长，花粉红色。

[产地与分布] 原产南美巴西、秘鲁、阿根廷、乌拉圭等地。

[习性] 性喜温暖、湿润和阳光充足的环境，也耐半阴和低湿。适应性强，要求肥沃、排水良好的略带黏质壤土。花期7～11月。

[繁殖与栽培] 分球法繁殖，也可种子繁殖。春植球根，种前施足基肥，每穴种3～4个鳞茎，覆土2～3cm，春夏生长季追施1～2次腐熟的肥水，保持土壤湿润，夏季高温时宜置遮阳处。秋后叶片枯萎，温暖地不必每年挖起，寒冷地入冬前可掘出鳞茎，稍晾干后置通风处或沙藏，至翌年春再种。

[观赏与应用] 葱兰株型低矮、清秀，开花繁多，花期长。现应用广泛，尤适林下、花境、道路隔离带或坡地半阴处作地被植物，丛植成缀花草地则效果更胜。

(十) 蜘蛛兰

[学名] *Hymenocallis americana* Roem.

[英名] spider lily

[别名] 水鬼蕉、美丽水鬼蕉

[科属] 石蒜科，水鬼蕉属（蜘蛛兰属）

[形态特征] 多年生草本。鳞茎大，卵形，株高1～2m。叶基生，倒披针形，花梗粗壮，高达1m以上。伞形花序顶生，花大型，形如蜘蛛，绿白色，径可达20cm，花被片深裂呈线形，基部合生呈漏斗状，长5cm，花被筒长7.5cm，绿白色。花期夏、秋季。

同属植物约40种。主要在美洲热带栽培的有：

美丽蜘蛛兰（*H. speciosa*） 又名美丽水鬼蕉，原产西印度群岛。叶阔带形，伞形花序着花9～15朵，花白色，花期夏秋。

蓝花蜘蛛兰（*H. calathina*） 又名蓝花水鬼蕉，原产秘鲁和玻利维亚。鳞茎球形，叶片带状，花被裂片披针形，伞形花序着花2～5朵，花白色，花期6～8月。

[产地与分布] 原产南美、墨西哥及西非等的热带地区。

[习性] 喜温暖环境，性健壮，适应性强。春季萌发，夏秋季开花，秋季叶黄进入休眠期。花芽在休眠期内分化，秋季高温、干燥可促进花芽分化。

［繁殖与栽培］以分球繁殖为主。于春季分栽小鳞茎，培育1～2年成为开花球。也可于春季进行播种。或将母株挖起，把幼株与母株分开另行栽植。

栽培管理简便，北方多盆栽，盆土应选沙质壤土加部分腐叶土，生长季除日常浇水外，每半月追肥1次。夏天炎热季节应将植株放于荫棚下；室内越冬，温度不低于15℃为宜，并保持一定的空气湿度。春季可翻盆换土。南方温暖地区可地栽，但要适当荫蔽，宜排水良好。

［观赏与应用］蜘蛛兰叶姿健美，花型别致。盆栽供室内、门厅、道旁、走廊摆放。园林中可作花境条植或草地上丛植观赏。

（十一）风信子

［学名］*Hyacinthus orientalis* L.

［英名］hyacinth，hyacinthus

［别名］洋水仙、五色水仙

［科属］百合科，风信子属

［形态特征］多年生草本。鳞茎呈球形或扁球形，外被皮膜呈紫蓝色或白色等，与花色相关。基生叶4～6枚，叶片肥厚，带状披针形。花莛高15～45cm，中空，总状花序密生，着花10～20朵，小花钟状，基部膨大，裂片端部向外反卷。花具香气，有蓝紫、白、红、粉、黄等色，深浅不一，单瓣或重瓣。蒴果。

［产地与分布］原产南欧、地中海东部沿岸及小亚细亚一带。现广泛用作商品盆栽。

［习性］性喜凉爽湿润和阳光充足的环境，耐寒，在长江流域可露地越冬，忌高温。好肥，要求排水良好、肥沃的沙质壤土。自然生长于早春2～3月出叶，花期3～4月。花后4～5周叶片枯黄，鳞茎休眠，通常于6月起球，在7月份鳞茎贮藏期内完成花芽分化。花芽分化的适温为25～27℃。

［繁殖与栽培］由于风信子鳞茎内一般不形成侧芽，因而也不易形成子球，自然分球的繁殖系数很低。为获得更多的子球，可采用刻伤母球或将鳞茎盘底部挖空，再倒置保湿沙培的方法。风信子易结实，也可以播种繁殖，但需培养5～7年才能成为开花球。

地栽或盆栽均可，也可水养。选高燥地或疏松培养土，取大规格种球（周径12～14cm以上），种植宜浅，甚至将鳞茎的1/3露土。初期保持15℃以利生根，发叶后升温至20～22℃，追施以磷、钾为主的液肥1次。

风信子常通过促成栽培以提早开花。种球先经高温处理以打破休眠，再置于7℃的冷室生根，待根系充分生长后，移至20～22℃温室中，仅需2～3周即可开花。

［观赏与应用］风信子花期早、花色艳丽，其独有的蓝紫色品种更是引人注目，适合早春花坛、花境布置或作园林饰边材料。鳞茎易促成栽培，广泛用作冬春室内盆栽观赏。

（十二）百合属

［学名］*Lilium* spp.

［英名］lily

［科属］百合科，百合属

［形态特征］多年生草本。地下具鳞茎，阔卵状球形或扁球形，由多数肥厚肉质的鳞片抱合而成，外无皮膜。地上茎直立，不分枝或少数上部有分枝，高50～100cm。叶多互生或轮生，线

形、披针形，具平行脉。花单生、簇生或成总状花序。花大型，漏斗状或喇叭状、杯状等，下垂、平伸或向上着生。花被片6枚，形相似，平伸或反卷，基部具蜜腺，花色多，常具芳香（图2-3-7）。蒴果3室，种子扁平。染色体基数$x=12$。

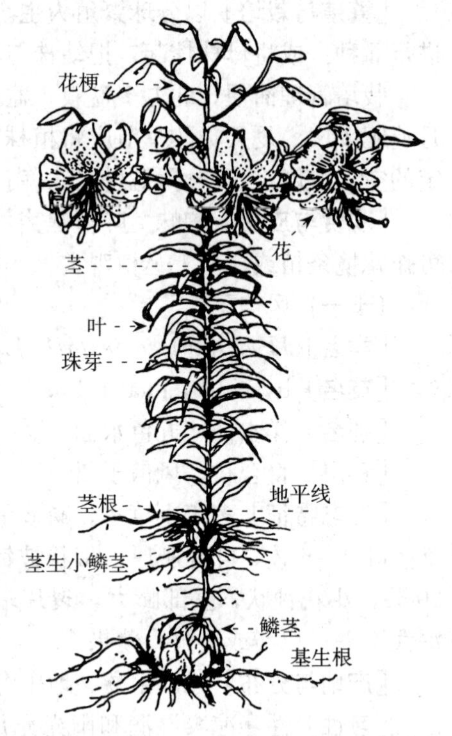

图2-3-7　百　合

1. **野生种的分类**　根据百合的形态特征可分为4个组。

（1）百合组。花朵呈喇叭形，横生于花梗上，花瓣尖端略向外弯，雄蕊的上部向上弯曲，叶互生。此类百合观赏价值较高，如著名的王百合（*L. regale*）、麝香百合（*L. longiflorum*）、百合（*L. brownii* var. *viridulum*）等。

（2）钟花组。花瓣较百合组短，花钟形，花朵向上、斜倾或下垂，雄蕊向中心靠拢，叶互生。我国这一类百合遗传资源特别丰富，如渥丹（*L. concolor*）、毛百合（*L. dauricum*）、玫红百合（*L. amoenum*）、紫花百合（*L. souliei*）等。

（3）卷瓣组。花朵下垂，花瓣向外反卷，雄蕊上端向外张开，叶互生。这类百合宜作庭园露地栽培，如卷丹（*L. lancifolium*）、湖北百合（*L. henryi*）、川百合（*L. davidii*），食用百合如兰州百合（*L. davidii* var. *unicolor*）也属此组。

（4）轮叶组。叶片轮生或近轮生，花朵向上或下垂。花朵向上的如青岛百合（*L. tsingtauense*），花朵下垂且花瓣反卷的如欧洲百合（*L. martagon*）、新疆百合（*L. martagon* var. *pilosiusculum*）等。

2. **园艺栽培种的分类**　百合的园艺品种众多，北美百合协会、英国皇家园艺学会依据百合的栽培品种和其原始亲缘种与杂种的遗传衍生关系，曾将百合园艺品种划分为9个种系，这种系统已在所有的百合展览中采用。常见栽培的主要有以下3个种系。

（1）亚洲百合杂种系（asiatic hybrids）。亲本包括卷丹、川百合、山丹、毛百合等。花直立向上，瓣缘光滑，花瓣不反卷。常见品种如‘Avignon’、‘Connecticut King’、‘Pollyanna’、‘Nove Cento’等。

（2）麝香百合杂种系（longiflorum hybrids）。又称铁炮百合、复活节百合。花色洁白，花横生，花被筒长，呈喇叭状。主要是麝香百合与台湾百合衍生出的杂种或品种，也包括这两个种的种间杂交种——新铁炮百合（*L. formolongo*），花直立向上，可播种繁殖，当年即可开花。常见品种如欧洲的‘雪皇后’、‘白狐’和日本的‘雷山’、‘Sayaka’等。

（3）东方百合杂种系（oriental hybrids）。包括鹿子百合、天香百合、日本百合、红花百合及其与湖北百合的杂种。花斜上或横生，花瓣反卷或瓣缘呈波浪状，花被片往往有彩斑。常见品种如‘Casablanca’、‘Star Gazer’、‘Siberlia’、‘Sorbonne’、‘Marco Polo’等。

［产地与分布］百合属有 100 余个原生种，主要原产北半球的温带和寒带，热带分布极少，而南半球几乎没有野生种的分布。我国原产约 47 个种，18 个变种，云南等西南地区为分布中心。现代栽培的商业品种则是由多个种反复杂交选育出来的。

［习性］百合属植物大多性喜冷凉、湿润气候，耐寒，喜阳，为长日照植物。要求腐殖质丰富、疏松、排水良好的微酸性壤土，适宜 pH 为 5.5～6.5，忌土壤高盐分。生育和开花的适温为 15～20℃，5℃以下或 30℃以上时生育近乎停止。

百合类为秋植球根，一般秋凉后萌发基生根和新芽，但新芽多不出土，经自然低温越冬于翌春回暖后萌发地上茎，并迅速生长开花，自然花期暮春至夏季。秋冬来临时地上部逐渐枯萎，再以鳞茎休眠态在深土中越冬。

［繁殖与栽培］百合的繁殖方法较多，以自然分球法最为常用，也可分珠芽、鳞片扦插、播种或采用组培法等。分球法具体为：将茎轴旁形成的小鳞茎与母鳞茎分离，选择冷凉地或海拔 800m 以上山地，于秋季 10 月中旬至 11 月上旬下种，适当深栽 15～20cm，翌年春追施肥水，及时中耕除草并摘除花蕾，10 月至 11 月中旬收获。对不易形成小鳞茎和珠芽的种类，常用鳞片扦插法来扩大繁殖量。取成熟大鳞茎，剥下健壮鳞片，稍晾干后斜插于沙土或蛭石等疏松介质中，保持环境温度 20℃左右，自鳞片基部伤口处可发生子球并生根，一般经 3 年培育可成开花球。

百合对土壤盐分很敏感，最忌连作，故以选新地并富含腐殖质、土层深厚疏松而又排水良好者为宜，东西向作高畦或栽培床。选用周径至少为 10cm 以上大小的百合鳞茎，东方百合则至少在周径 12cm 以上。9～11 月均可进行秋植，早春 2～3 月也可定植，但最忌在春末移栽种植，否则成活率、开花均受损。种前施入充分腐熟的基肥，百合所需的氮、磷、钾比例应为 1∶2∶2。

百合普通栽培，通常自 9～10 月定植，翌年 4 月下旬至 6 月中下旬开花。种植宜稍深为好，一般种球顶端到土面距离为 8～10cm。种植密度随种系和栽培品种、种球大小等而异。在种植后 3 周施氮肥，以 1kg/m^2 硝酸钙的标准施入，种时土壤应疏松、稍湿润。当百合茎开始长出土壤时，茎生根迅速生长并很快替代鳞茎上生长的老根，为植株提供 90%以上的水分和营养。至春暖时抽薹，并开始花芽分化，追施 2～3 次饼肥水等稀薄液肥以使生长旺盛。4 月下旬进入花期，增施 1～2 次过磷酸钙、草木灰等磷钾肥，施肥应离茎基稍远。孕蕾时土壤应适当湿润，花后水分减少。及时中耕、除草，并设立支柱、拉网，以防花枝折断。

百合的主要病害是真菌性病害和病毒病，多在高温多湿的环境下感染。防治方法包括在种植前检查鳞茎盘是否已被真菌侵染并消毒种球，消毒土壤，严格防止连作，注意避免土壤及空气过分潮湿。生长旺期后尽量勿向叶面浇水，避免栽植地内气温突然升高。及时喷施百菌清、代森锰锌等杀菌剂。发现病株及时拔除。百合还易出现生理性的叶烧病，往往是根系生长不良或土壤盐分过高所致，或由于空气过于干燥或气温变化过大、阳光过强使叶面蒸腾过大等。应注意适当深植，淋洗土壤盐分，阳光过强时进行遮阳、喷水、通风。

百合促成栽培可在 10 月至翌年 4 月开花。促成栽培需在定植前进行充分的种球冷藏处理。一般取周径 12～14cm 以上规格的大球，在 13～15℃条件下处理 6 周，在 8℃下再处理 4～5 周。冷藏时用潮湿的泥炭或新鲜木屑等填充物与种球同置于塑料箱内，并用薄膜包裹保湿。冷藏时，百合种球已充分发根，若发现新芽有 5～6cm 长时，应尽快下种。百合种球的长期冷藏或远距离运输需在−1～2℃条件下进行。

经冷藏处理的百合自下种到开花依不同品种一般需60～90d。在10月下旬后需加薄膜保温或加温至15℃以上，保持昼温20～25℃、夜温10～15℃，防止出现白天持续25℃以上的高温及夜晚持续5℃以下的低温。注意保护地内的通风透气，避免温度、湿度的剧烈变化，并在花期内少浇水。百合为长日照植物，尤其是亚洲百合杂种系对光照比较敏感，为防止出现盲花、落芽或消蕾现象，冬季促成栽培中需人工补光。

［观赏与应用］ 百合取意多数白色鳞片抱合，尤其白花百合一直被认为代表少女的纯洁，在欧洲被视为圣母玛利亚的象征，深受世界各国人民的喜爱。百合花期长、花姿独特、花色艳丽，在园林中宜片植疏林、草地，或布置花境。商业栽培常作鲜切花，也是盆栽佳品。

（十三）花贝母

［学名］ *Fritillaria imperialis* L.

［英名］ crown imperialis，fritillaria

［别名］ 皇冠贝母、璎珞贝母

［科属］ 百合科，贝母属

［形态特征］ 多年生草本。鳞茎较大，圆形，有异味。叶3～4枚轮状丛生，披针形或狭长椭圆形，上部叶呈卵形。伞形花序腋生，下具轮生的叶状苞片，花下垂，紫红色至橙红色，基部常呈深褐色，栽培品种较多，有各种花色及重瓣类型。蒴果。

贝母属常见的栽培种还有浙贝母（*F. thunbergii*）、川贝母（*F. cirrhosa*）、平贝母（*F. ussruiensis*）、黑贝母（*F. camtschatcensis*）等。

［产地与分布］ 原产欧亚大陆温带。

［习性］ 性喜凉爽湿润的气候，耐寒性强，冬季能耐−10℃低温，春季发芽早。喜阳光充足，也较耐阴。要求土层深厚、排水良好并富含腐殖质的沙质壤土，土壤以微酸性至中性为宜。花期4～5月。

［繁殖与栽培］ 自然分球法繁殖，于9～10月分栽小鳞茎，经培养1～2年后成为开花球。也可播种，但需经3～4年才能开花。

秋植球根，10～11月下种鳞茎，地栽、盆栽皆宜，适当深栽，覆土厚2倍球高。露地越冬后，于早春发叶，追施稀薄肥水2～3次，生长期间保持充足的土壤水分。夏季休眠期应保持土壤适当干燥，以免烂球。贝母的栽培管理较易，且不必每年掘出鳞茎，可隔2～3年分栽1次。注意避免土壤干燥和高温环境。

［观赏与应用］ 贝母宜作林下地被花卉，或于自然式庭园配置，也作盆栽观赏。有些种类为名贵药材，鳞茎和花入药，治疗伤风咳嗽、慢性支气管炎等常见病、多发病，尤其浙贝母、川贝母、平贝母均作专业性的药材生产。

（十四）郁金香

［学名］ *Tulipa gesneriana* L.

［英名］ tulip，tulipa

［别名］ 草麝香、洋荷花

［科属］ 百合科，郁金香属

［**形态特征**］多年生草本。地下鳞茎呈扁圆锥形，具棕褐色皮膜，茎、叶光滑具白粉。叶3～5枚，长椭圆状披针形或卵状披针形，全缘并呈波状。花单生茎顶，直立杯状，基部常带黑紫色或黄色，花被片6枚（图2-3-8）。蒴果开裂，种子扁平。

重要原种包括柯夫曼郁金香（*T. kaufmaniana*）、克氏郁金香（*T. clusiana*）、佛氏郁金香（*T. fosteriana*）、郁金香（*T. gesneriana*）、芬芳郁金香（*T. suaveolens*）、格里郁金香（*T. greigii*）等，多为叶片上有花斑或条纹。我国约产14种，主要分布在新疆地区，如伊梨郁金香（*T. iliensis*）、老鸦瓣（*T. edulis*）等。

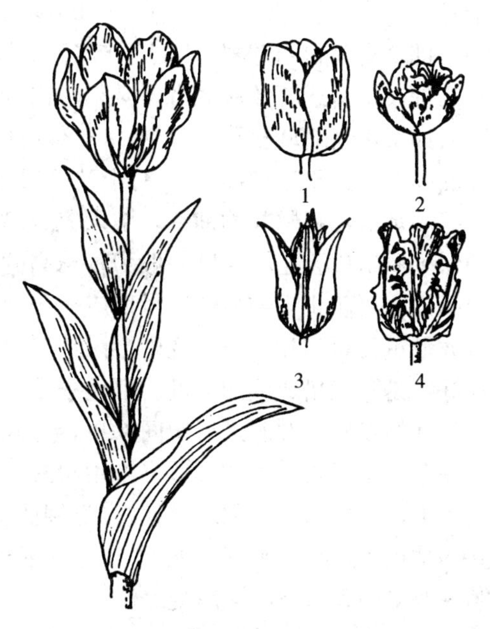

图2-3-8　郁金香及其花型
1. 杯型　2. 碗型　3. 百合型　4. 鹦鹉型

园艺栽培品种多达8 000余个，按花期可分为早、中、晚；按花型可分为杯型、碗型、百合型、皱边型、鹦鹉型及重瓣型等；按花色有白、粉、红、紫、褐、黄、橙、黑、绿斑和复色等，花色极繁多，唯缺蓝色。

常见的栽培品种主要属于中花型的‘凯旋’系、达尔文杂交种和晚花型的单瓣种等，如‘Apeldoorn’（大红）、‘Merry Christmas’（亮红）、‘Golden Apeldoorn’（黄）、‘Yokohama’（黄）、‘Angelique’（粉）、‘Negrita’（紫）、‘Kees Nelis’（红花黄边）、‘Leen v. d. Mark’（红花白边）、‘Inzell’（白）、‘Queen of Night’（黑）等。

［**产地与分布**］郁金香原产地中海沿岸、中亚细亚、土耳其，中亚为分布中心。

［**习性**］适宜富含腐殖质、排水良好的沙土或沙质壤土，最忌黏重、低湿的冲积土。耐寒性强，冬季地下鳞茎可耐－34℃的低温，但生根需要5℃以上、14℃以下，尤其在9～10℃最为适合，生长适温15～18℃。郁金香的花芽分化在鳞茎的夏季休眠期内完成，最适温度为17～23℃。花期3～5月，花朵白天开放，傍晚和阴雨天闭合。

郁金香的根系属肉质根，再生能力较弱，一旦折断后难以继续生长。地下鳞茎的寿命通常为1年，有1～2个较大的子鳞茎，在植株开花后将发育成更新鳞茎，翌年可开花，称开花球。母鳞茎中每层鳞片腋内均有1个子鳞茎，将来发育成子球，需继续培养1～2年方可开花。

［**繁殖与栽培**］郁金香的繁殖包括分球、播种和组培法。自然分球法为：在9～10月分栽小球，大者1年、小者2～3年可培育成开花球。通常采用分级繁育法，即用周径8～9cm、10～11cm的小种球经1年分别培育成周径为11～12cm或12cm以上的商品开花大球。郁金香最忌连作，荷兰的商品种球生产通常每隔5～6年才轮作1次，其间用旋耕机打碎留在地下的残余球根，并以马铃薯或大豆等豆科作物进行间作。

郁金香因繁殖系数较低，可用组培法来扩繁。郁金香的所有组织都可发生芽及愈伤组织，如新鲜鳞片、叶片、花茎、子鳞茎、花及鳞茎盘等，均可用作组培外植体，但并非所有组织都可发生再生茎和再生根。试验证明，用花茎茎段来诱芽培养最为成功，需8周，而子鳞茎诱芽则需6

个月。

郁金香为秋植球根，9月下旬至11月下旬均可定植。在定植前应首先检查鳞茎有无病虫害，若已罹染病害或开始腐烂者，必须捡出焚毁。病球捡出后，将球根浸泡于杀真菌的药剂溶液中消毒，如百菌清600倍液中浸泡20～30min。选择富含腐殖质、排水良好的沙质壤土，作20cm以上的高畦，并于定植前1个月用1%～2%的福尔马林溶液浇灌、覆盖以消毒土壤。栽培床底层最好用炉渣等粗颗粒物铺垫，施入充分腐熟的堆肥作基肥，充分灌水，定植前2～3d仔细耕耙，确保土质疏松。定植深度一般为种球高的2倍，切花栽培还可采用露出球肩的浅植方法。定植后表面铺草可防止土壤板结，早期应充分灌水，以促使其生根。郁金香的根系在整个冬季吸收并贮藏大量氮元素，如种植太晚则会因地温过低而影响植株根系的正常发育，而郁金香根系发育是否良好，是其栽培成败的关键。郁金香发根后经过一个自然低温阶段，期间注意保持土壤湿润。2月初开始发叶，及时进行田间除草，并检出病株，拔出销毁。当2片叶后追施1～2次肥，因郁金香对钾、钙较为敏感，适当施用磷酸二氢钾、硝酸钙等无机肥，可提高花茎的硬度。花期应控制肥水，花后追施1～2次磷酸二氢钾或复合肥，以利地下更新鳞茎的膨大发育。待郁金香叶片基本枯黄后，择干燥晴天掘球。注意掘球时勿伤球根，置阴处充分晾干或风干，在通风良好、20～25℃的条件下贮藏越夏。

郁金香的主要病害有病毒病、基腐病、疫病等。应尽可能选用脱毒种球栽培，进行充分的土壤消毒和种球消毒，及时焚毁病球、病株。此外，郁金香还易发生缺钙、缺硼的生理性病害。

郁金香的促成栽培主要包括5℃和9℃促成技术。需在鳞茎花芽分化完成后进行冷藏处理，于8月10日左右置于13～15℃条件下预冷处理2～3周，再以2～5℃进行正式冷藏8周左右。有些品种可用9℃冷藏处理技术，冷藏12～16周，其中最后6周需将种球种在木箱或塑料箱内，浇水后进入9℃冷库，在冷库内植株发根、抽芽。应用5℃促成栽培时，自种球下种到开花需50～60d，而9℃箱式栽培的温室促成开花时间仅为25d左右。郁金香促成栽培生长的最适温度为15～18℃。当气温降至5℃以下时，郁金香停止生长；当夜温降至10℃以下时，需加塑料薄膜覆盖保温或加温。但温度、湿度过高时，又易徒长及发生灰霉病、畸形花，应注意保护地内的通风透气。一旦发现病株，应及时拔除、焚毁。郁金香植株对光照不甚敏感，但花期忌强光。

[观赏与应用] 郁金香是重要的春花类球根花卉，以其独特的姿态和艳丽的色彩赢得各国人民的喜爱，成为胜利、凯旋的象征。花期早、花色多，可作切花、盆花，在园林中最宜作春季花境、花坛布置或草坪边缘呈自然带状栽植。

(十五) 虎眼万年青

[学名] *Ornithogalum caudatum* Ait.

[英名] whiplash, star of Bethehem

[别名] 海葱、鸟乳花、葫芦兰

[科属] 百合科，虎眼万年青属

[形态特征] 多年生草本植物。鳞茎大，卵状圆形。叶基生，厚质，带状，长达60cm，顶端内卷成尾状。每发生1片叶片，鳞茎上就会长出几个小子球，形似虎眼，因而称为虎眼万年青。

总状花序边开花边伸长，长 20～30cm，有花 50～60 朵；花梗长约 2cm，基部有苞片，苞片线状披针形；花被 6 枚，白色，中间有一条绿色带。

同属中，俯垂虎眼万年青（*O. nutans*）和伞花虎眼万年青（*O. umbellatum*）多为园林观赏栽培，而阿拉伯虎眼万年青（*O. arabicum*）、聚伞虎眼万年青（*O. thyrsoides*）、橙花虎眼万年青（*O. dubium*）既可作盆栽也可作切花栽培。

［产地与分布］ 原产于地中海地区和南非，我国各地有栽种。

［习性］ 性强健，喜阳光，亦耐半阴；耐旱、耐涝、耐瘠薄，不甚耐寒。夏季忌阳光直射，好湿润环境，冬季重霜后叶丛仍保持苍绿。

［繁殖与栽培］ 鳞茎可自然分球繁殖，也可播种繁殖。鳞茎分生能力强，夏季休眠。盆栽以疏松肥沃壤土为宜，盆底先垫一层粗沙粒或粗炉渣，以利排水通气。填土至离盆沿 5cm 左右时，将虎眼万年青小球栽植于盆土中，应多露鳞茎，使鳞茎生长速度加快。夏季需半阴条件，冬季需光照充足的环境。不耐寒，冬季栽培需保持在 8℃以上。因其生性强健，管理简单。

［观赏与应用］ 虎眼万年青常年碧绿，质如玛瑙，有透明感，置于室内观赏，清秀宜人。也可用作切花生产。

（十六）嘉兰

［学名］ *Gloriosa superba* L.

［英名］ glory - lily，gloriosa

［别名］ 嘉兰百合、火焰百合

［科属］ 百合科，嘉兰属

［形态特征］ 多年生蔓性草本，地下具肥大横生根状茎。叶无柄，互生、对生或 3 枚轮生，卵状披针形，叶色翠绿，基部钝圆，顶端渐尖，呈卷须状。花两性，大而下垂，单生或数朵生于顶端组成疏散的伞房花序；花被 6 片，离生，条状披针形，向上反曲，边缘呈皱波状（图 2 - 3 - 9）；花色多为鲜艳的红色。蒴果。

同属中常见栽培的还有宽瓣嘉兰（*G. rothschildiana*），花亮红至鲜红色，瓣缘金黄色，地下具块茎。

［产地及分布］ 原产我国云南南部、亚洲热带及非洲热带。

［习性］ 性喜温暖湿润气候，不甚耐寒，越冬需 10℃以上，生长适温为 17～25℃。喜光和较高的空气湿度，为球根类中的蔓生植物，又是典型的半阴性植物。块茎有毒，勿食用。自然花期 5～10 月。

［繁殖与栽培］ 切割块茎繁殖，早春进行，注意每个分块茎需带有芽眼；也可播种繁殖。温室地栽或盆栽，从定植到开花需 2～3 个月。定植地土壤宜肥沃，结构和排水良好。盆栽则用园土、腐叶土等份配制。覆土离根状茎芽眼 3cm 左右，

图 2 - 3 - 9　嘉　兰

经常浇水以保持土壤或培养土湿润，生长初期即设立支架，以免开花后折枝。夏季进入生长旺盛期，强光下需遮光，10月份开始地下部形成小块茎并进入休眠状态。

［观赏与应用］ 嘉兰花形特殊，有如一团燃烧的火焰，十分艳丽，花期长，尤其适合装饰豪华场面，是美丽的爬藤植物，还可用作切花和高档盆花。其块茎、果壳、种子均能提取秋水仙碱。

（十七）葡萄风信子

［学名］ *Muscari botryoides* Mill.

［英名］ grape hyacinth

［别名］ 蓝壶花、葡萄百合

［科属］ 百合科，蓝壶花属

［形态特征］ 多年生草本。鳞茎卵状球形，皮膜白色。基生叶线形，稍肉质，暗绿色，边缘略向内卷。花莛自叶丛中抽出，高10～30cm，直立，圆筒状；总状花序密生花莛上部，小花梗下垂，花小型，蓝色。蒴果。

［产地与分布］ 原产欧洲中部与西南部。

［习性］ 喜冬季温和、夏季冷凉的环境，耐寒，在我国华北地区可露地越冬。耐半阴，喜疏松肥沃、排水良好的沙质壤土。鳞茎夏季休眠，花期3月上旬至5月上旬。

［繁殖与栽培］ 自然分球繁殖，秋季分栽小鳞茎，经培养1～2年后可开花。葡萄风信子属秋植球根，常地栽，也可盆栽。适应性强，管理简便。自9月下旬至11月初均可下种，覆土5cm左右，选择地势高燥、土层深厚的树荫处栽种，发叶后追施1～2次稀薄液肥即可。促成栽培，需将鳞茎进行低温冷藏处理，并于12月移入温室，约经1个月后开花。

［观赏与应用］ 葡萄风信子植株低矮、习性强健，独特的蓝紫色花在早春开放，且花期长，尤其适合布置疏林草地或作地被花卉。

（十八）仙客来

［学名］ *Cyclamen persicum* Mill.

［英名］ cyclamen

［别名］ 兔耳花、兔子花、一品冠

［科属］ 报春花科，仙客来属

［形态特征］ 多年生草本，株高20～30cm。肉质块茎扁圆形，外被木栓质。叶丛生于球茎上方，叶心状卵圆形，边缘具细锯齿，叶面深绿色有白色斑纹；叶柄红褐色，肉质。花大，单生而下垂，由球茎顶端叶腋处生出，花梗细长；花冠5深裂，基部连成短筒，花冠裂片长椭圆形向上翻卷、扭曲，形如兔耳（图2-3-10），有白、绯红、玫红、紫红、大红各色，有些品种具有香气。蒴果球形，成熟后5瓣开裂，种子褐色。主要变种有大花仙客来（var. *giganteum*）、暗红仙客来（var. *splendens*）等。园艺栽培品种繁多，依花型可分为大花型、平瓣型、洛可可型、皱边型、重瓣型和小花型。

图2-3-10　仙客来

[产地与分布] 原产于地中海沿岸，希腊、叙利亚等地。

[习性] 性喜凉爽、湿润及阳光充足的环境，不耐寒，也不喜高温。秋、冬、春三季为生长季节，冬季温度宜12～20℃，夏季不耐暑热和强光，需遮阳，温度不宜超过30℃，超过则植株进入休眠。盆土忌过湿，叶片宜保持清洁，要求排水良好、富含腐殖质的微酸性土壤。花期长，可自10月陆续开花至翌年5月上旬。

[繁殖与栽培] 仙客来的块茎不能自然分生子球，通常采用播种繁殖。一般多在9～10月播种。播前浸种，撒播于装有培养土的浅盆中，约40d即可发芽。待播种苗长出1片真叶时进行移苗，小球带土移植于培养钵中。移植时，大部分球茎应埋入土中，只留顶端生长点部分露出土面。移植后灌水不宜过多，以保持表土稍湿润为好。1个月后松土，每隔2周施氮肥1次。翌年1～2月，小苗长至3～5片叶时移植于口径10cm的盆内。此时，球茎顶端稍露出土面，盆土不必压实，保持表土湿润。每周施氮肥1次，使叶片生长肥厚。3～4月气温转暖，仙客来发叶增多，宜翻换入口径20cm的盆中，球顶露出土面1/3。翻盆后喷水2次，使盆土湿透。同时，加强肥水管理，每周施氮肥1次，促使植株生长茂盛。4月底气温升高，中午遮阳以免叶片晒焦发黄。气温增高时，球茎及叶片极易腐烂，养护管理需特别小心，置于室外通风荫棚下的架上，需防雨，切忌球茎受到雨淋，以防烂球。夏季停肥，待立秋气温降低后，再重新开始施肥。10月下旬进入室内养护，11月开花，即播种后14～15个月开花。为使花蕾繁茂，在现蕾期间需给以充足的阳光，保温在10℃以上，并增施磷肥，加强肥水管理。施肥时，注意不要淹没球顶而造成腐烂。同时，发叶过密时可适当疏稀，以使营养集中，开花繁多。

[观赏与应用] 仙客来花期长达4～5个月，花叶俱美，尤因其形态似兔耳，且花期正值冬春，适逢元旦、春节等传统节日，故极受人们喜爱。为冬季重要的观赏花卉，主要用作盆花室内点缀装饰。

(十九) 香雪兰

[学名] *Freesia refracta* Klatt.

[英名] freesia

[别名] 小苍兰、小菖兰、洋晚香玉

[科属] 鸢尾科，香雪兰属

[形态特征] 多年生草本。地下小球茎圆锥形，外被棕褐色薄膜。基生叶约6枚，线状剑形，质较硬。穗状花序顶生，每花序着花5～10朵，花漏斗状，花序轴平生或倾斜，花偏生一侧，疏散而直立，具芳香。香雪兰的花色包括黄、白、红、粉、紫、蓝色等，主要栽培品种如'Aurora'（黄）、'Oberon'（大红）、'Rose Mary'（玫红）、'Katarina'（蓝）、'Ballerina'（白）等。

[产地与分布] 原产南非好望角一带，现广泛用作温室栽培。

[习性] 性喜冬季温暖湿润、夏季凉爽的环境，要求阳光充足，不耐寒，越冬一般需在5～8℃以上。在其生育过程中，生长点感受低温后花芽分化，花芽分化及初期的花芽发育在比较低的温度下进行（8～13℃）；而到花芽发育中期，逐渐喜好高温，适温为13～18℃。植株的生长发育以18～23℃最为适合。花期春季。

香雪兰的根细而多分枝，因此栽培土壤以富含有机质而呈疏松态最为理想。地下部形成圆锥形或卵圆形小球茎，于新生芽基部发育成新球，在新球基部发生1～3支牵引根，牵引根伸展后，有与地上部成直线的性质，因此在生长过程中，地上部易出现倒伏。香雪兰在刚掘起球根时，暂时进入休眠状态，在一般自然环境下越夏，秋后定植即可发芽。

［繁殖与栽培］ 分球法繁殖为主。花后在新球基部会发生5～6个或更多的小球，小球经培育后隔年开花。小球茎多采用露地栽培，10月下种，可密植，覆土4～5cm。出芽后，喷施代森锌等杀菌剂2～3次，以预防灰霉病。也可播种繁殖，通常5月初采种，采后即播，发芽的最适温度为22～23℃。实生苗需经3～5年方可开花。

香雪兰为秋植球根，多在温室盆栽。9～11月取较大规格的球茎，可2～3个植于一盆，盆土用充分透气、排水良好的腐殖质土、砻糠灰、河沙等配合。生长初期的室温不宜过高，维持5～10℃即可，以便其充分发根，随后升至15～18℃，并加强室内通风。当室外气温降到12℃以下时，需覆盖薄膜保温。在其生育的后半期，应保持昼温23℃、夜温13℃左右。同时，保持室内充分的通风换气，并结合遮阳、喷水等措施，以避免出现白天25℃以上的高温。浇水保持盆土稍湿为度，其间施2～3次稀薄肥水。花后待叶片枯黄时掘出球茎置通风干燥处。

地栽时多施基肥，在定植前2周施基肥，基肥以腐熟堆肥或复合肥为主。保护地设施栽培时应先拆除覆盖物，令其充分淋雨，以降低土壤中的盐类浓度。定植后切忌土壤干燥，要求灌水充足，保持土壤湿润。由于从定植到开花的时间短，因此，通常无需再施追肥，尤其花蕾抽生前后最好避免用追肥。

普通温室栽培，香雪兰在3～4月间开花。为调节花期，可采用冷藏促成栽培，夏季冷藏球根，秋季定植，早者于10～12月产花；无冷藏促成栽培，则于9月份定植于露地，而后移入温室，进行保温或加温，于1～3月间产花。

香雪兰的主要病害有茎腐病、球根腐败病和病毒病等，真菌性病害防治主要通过土壤和种球消毒、适当稀植、加强通风、降低室内温度和湿度、注意轮作等措施。虫害主要有蚜虫、蓟马、叶螨、夜盗蛾等，可用50%的杀螟硫磷等内吸杀虫剂1 000倍液喷杀防除。

［观赏与应用］ 香雪兰花色艳丽，花形独特，花期正值冬春，为室内观赏的优良盆花，也可用作切花。此外，还可用花提取芳香油浸膏。

（二十）唐菖蒲

［学名］ *Gladiolus hybridus* Hort.

［英名］ gladiolus，sword lily

［别名］ 剑兰、菖兰、十三太保

［科属］ 鸢尾科，唐菖蒲属

［形态特征］ 多年生草本。地下具球茎，球形至扁球形，外被膜质鳞片。基生叶剑形，嵌叠为二列状，通常7～8枚。穗状花序顶生，着花8～20朵；小花花冠筒漏斗状，色彩丰富，花径7～18cm，苞片绿色；雄蕊3枚，花柱单生，子房下位。蒴果，种子扁平，有翼。染色体基数$x=15$。

现代唐菖蒲由10个以上原生种经长期杂交选育而成，品种上万个。对现代唐菖蒲作出贡献的重要原生种有绯红唐菖蒲（*G. cardinalis*）、柯氏唐菖蒲（*G. colvillei*）、甘德唐菖蒲（*G. gandavensis*）、鹦鹉唐菖蒲（*G. psittacinus*）、多花唐菖蒲（*G. floribundus*）、报春花唐菖蒲

(*G. primulinus*) 等。唐菖蒲品种的主要色系包括红、粉、黄、橙、紫、白和复色等，常见栽培品种如 'Red Beauty'、'Mascagni'、'Friendship'、'Spic & Span'、'Early Yellow'、'Fidelio'、'White Friendship' 等。

[产地与分布] 原种多原产于南非好望角、地中海沿岸及小亚细亚地区。

[习性] 属于喜光性的长日照植物，畏寒，不耐涝，也不耐炎热。球茎在 4～5℃时萌动，生长适温 20～25℃。对土壤条件要求不严，但以肥沃深厚、排水良好的沙质壤土为好，避免土壤冷湿。适宜 pH 为 6.0～7.0，忌土壤高盐分。长到 6～7 片叶时开花，自然花期夏秋。

[繁殖与栽培] 通常以自然分球法繁殖，小球茎几个至几十个，经栽种 1～2 年后可开花。一般采用周径为 3～4cm 或 1～2cm 的优质子球，选择冷凉地或海拔 500m 以上的山地，施入基肥，春季条播，每 667m^2 可播种 4 万～6 万粒，播后及时喷施除草剂，或以稻草覆盖。为使养分集中供应地下部分生长，应及早剪除花枝。立秋后种球膨大发育迅速，注意追施复合肥 2～3 次。通常在 10 月下旬至 11 月中旬，即当叶片出现 1/3～1/2 枯萎时，开始收获地下球茎。优质的种球应浑圆、结实、芽点饱满、表面光滑、无病虫害侵染。选择四周空旷、采光充足、地势高爽、无氟无氯污染的田地栽植，最好是接近中性的沙质壤土，pH6.5～7.0。应避免连作，整地作畦前施入一定量的基肥，氮、磷、钾比例为 2∶2∶3。唐菖蒲对肥料要求不太高，生长前期主要耗用球茎中贮藏的大量养分，三叶期后应施追肥。

现代唐菖蒲多为春植球根，夏季开花，冬季球根休眠。开花种球宜选用周径 8～10cm、10～12cm 或直径 2.5～4cm 的球茎，定植前用托布津或高锰酸钾浸泡消毒 10～15min。种植深度春植一般为 5～10cm，秋植 10～15cm（秋植的生长后期需保温）。种植密度根据球茎大小及土壤性质而定，每 667m^2 种植11 000～15 000粒。生长期适时浇水，并经常保持土壤湿润。当植株发生 3～4 片叶时正值茎伸长和孕蕾，应节制浇水，并追施浓肥，以促使花枝粗壮、花朵大，注意勿施氮肥过多，以免引起徒长倒伏。四叶期后植株发生侧生的二次根（粗壮的牵引根），因此中耕除草应在四叶期前进行。

唐菖蒲的病害主要由真菌类引起，如灰霉病、干腐病、茎腐病、根腐病、锈病等，防治措施包括避免连作，土壤和种球消毒，保证种植地排水良好、空气通畅，及时拔除病株并销毁，定期喷施克菌丹、代森锰锌、百菌清等。江浙一带栽培唐菖蒲时，常因空气中的氟化氢、二氧化硫污染造成叶枯梢病，属一种生理性病害。因唐菖蒲对氟化氢气体特别敏感，当空气中氟化氢浓度达 1mg/L 时就受害，受害先在叶尖、叶缘出现褪绿斑，后向中部、基部扩展，严重时黄化或呈灰白色。

[观赏与应用] 唐菖蒲为世界著名的四大切花之一，花色繁多，广泛应用于花篮、花束和艺术插花，也可用于庭园丛植。

(二十一) 球根鸢尾

[学名] *Iris xiphium* L.

[英名] tuberous iris

[别名] 西班牙鸢尾、荷兰鸢尾

[科属] 鸢尾科，鸢尾属

[形态特征] 多年生草本。球茎长卵圆形，外被褐色皮膜。叶片线形，被灰白色，表面中部

具深纵沟。茎粗壮，花莛直立，高45～60cm，着花1～2朵，有梗，花径约7cm，紫色、淡紫色或黄色。花垂瓣圆形，中央有黄斑，基部细缢，爪部甚长；旗瓣长椭圆形，与垂瓣等长（图2-3-11）。荷兰鸢尾（var. *hybridum*）为其重要的变种，花色众多，色彩鲜艳。

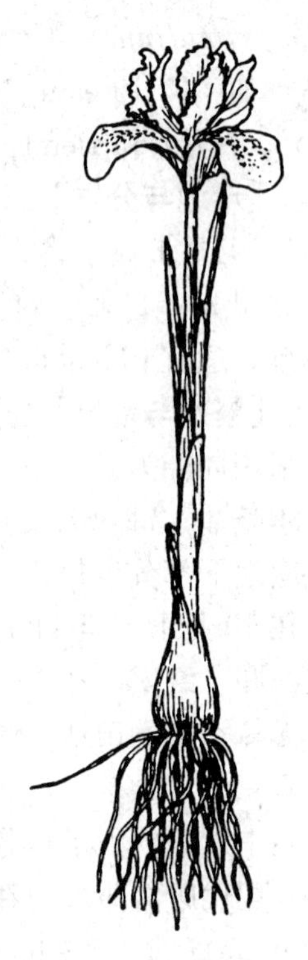

图2-3-11 球根鸢尾

球根鸢尾的花色繁多，尤以独特的蓝紫色著称。主要的栽培品种如'Blue Magic'（蓝紫色）、'Blue Ribbon'（深蓝紫色）、'Wedgewood'（淡青蓝色）、'Apollo'（黄色）、'White Wedgewood'（白色）等。

同属中常见栽培的种还有英国鸢尾（*I. xiphioides*）。

[产地与分布] 原产西班牙、法国南部及地中海沿岸，现广泛栽培。

[习性] 性强健，耐寒性与耐旱性俱强。喜排水良好、适度湿润、微酸性的沙质壤土，好凉爽，忌炎热，若土壤过湿，容易使球茎腐烂。生长适温为20～25℃，并能耐0℃低温。

当球根鸢尾植株生长到2～3cm时开始分化花芽。花芽分化及发育的适温一般为13～18℃。在自然状态下，球根鸢尾于秋季定植后立即发芽，花芽于冬季完成分化，但要到入春后才能抽薹开花。花后在其母球茎的基部附生多粒子球，6月份后，随着地上部的枯死，球茎暂时进入休眠状态。

[繁殖与栽培] 分球繁殖，母球茎花后养分耗尽，同时产生更新球茎，这种新球茎可再度开花。通常在新球周围会产生许多子球，将子球分开种植，经1～2年培育可成为开花球。子球的繁育栽培需在冷凉地或海拔600m以上的山地进行。

球根鸢尾为秋植球根，因球根鸢尾在生长期间需要相当水分，故土壤的保水性要强。球根鸢尾的养分供给主要以基肥为主，应至少在定植前2周尽早施足基肥，以有机质肥料或复合肥为主，可用腐熟的堆肥或菜饼、豆饼、骨粉、草木灰等为基肥，避免单用速效性肥料。球根鸢尾忌土壤高盐分，因此定植前应对栽培土进行淋洗，并避免连作。定植覆土的高度从球茎的顶部到地表约5cm。定植后应立即充分灌水，前期需进行遮阳。在生长期间，需经常灌水，避免土壤干燥，但当花茎抽生时，则应控制浇水。球根鸢尾所需追肥不多，可在开花前用0.1%～0.2%的磷酸二氢钾进行叶面喷施，以促进花茎硬挺、花色鲜艳。花后可于6月收球，当半数叶片枯黄时就应掘起。

球根鸢尾促成栽培时采用经低温冷藏处理的球茎，为避免脱春化现象，可先在露地条件下生长，到夜温降至15℃左右时，再加盖薄膜保温，白天要注意保护地内的充分通风换气，以免气温升到25℃以上。

[观赏与应用] 球根鸢尾是著名的切花材料，其适应性强，叶片青翠，花如鸢似蝶，也可作春季花境、花丛布置。

(二十二) 番红花

[学名] *Crocus sativus* L.

[英名] crocus

［别名］西红花、藏红花

［科属］鸢尾科，番红花属

［形态特征］多年生草本，球茎扁圆形，端部呈冠状。基生叶多数，狭线状，灰绿色，常与花同时抽出，但花后旺盛生长。花单生茎顶，苞片 2 枚，花大，芳香，花被片 6 枚，具细长筒部，花色雪青、红紫或白色。

番红花属的栽培种包括春花种和秋花种两类。春花种花期 2～3 月，花莛先于叶抽出，如番黄花（*C. maesiacau*）、春番红花（*C. vernus*）、高加索番红花（*C. susianus*）等；秋花种花期 9～10月，花莛常于叶后抽出，如番红花（*C. sativus*）、美丽番红花（*C. speciosus*）等。

［产地与分布］原产巴尔干半岛和土耳其、喜马拉雅山，后引入欧洲。

［习性］性喜凉爽、湿润和阳光充足的环境，也耐半阴，耐寒性强，能耐－10℃低温。忌高温和水涝，要求肥沃疏松、排水良好的沙质壤土。番红花类无论是春花种或秋花种均为秋植球根，即秋季开始萌动，经冬、春两季迅速生长至开花。夏季球茎进入休眠并开始花芽分化，花芽分化的适温为 15～25℃。

［繁殖与栽培］自然分球繁殖，番红花的球茎寿命为 1 年，即每年更新老球茎，新球于母球之上形成，秋季分栽新球附近的小球茎，两年后可开花。

番红花栽培简便，地栽或盆栽皆宜，选择地势高燥、采光充足的地块，并施足基肥。盆栽用土混入适量河沙和腐熟的有机肥如饼肥、厩肥等。番红花为秋植球根，自 9 月下旬至 11 月初均可下种，覆土 5 cm 左右，抽叶后追施 1～2 次稀薄液肥即可。喜光，但在半阴条件下花期长久。

［观赏与应用］番红花习性强健，花色艳丽，开花甚早，常片植、丛植形成美丽的色块，最宜作疏林地被，也是优良的阳台观花盆栽。

（二十三）大岩桐

［学名］*Sinningia speciosa* Benth.

［英名］gloxinia

［别名］六雪泥

［科属］苦苣苔科，苦苣苔属

［形态特征］多年生常绿草本，地下具扁球形的块茎。株高 15～25cm，茎极短，全株密布绒毛。叶对生，长椭圆形或长椭圆状卵形，叶缘钝锯齿。花顶生或腋生，花梗长，每梗 1 花；花冠阔钟形，裂片 5，矩圆形，花径 6～7cm（图 2-3-12）；花色多样，包括红、粉、白、紫、堇和镶边的复色等。

图 2-3-12　大岩桐

栽培多用杂交种（*S. hybrida*），园艺品种众多，常可分为大花型、厚叶型、重瓣型和多花型等。

［产地与分布］原产巴西热带高原，现世界各地普遍栽培。

［习性］喜冬季温暖、夏季凉爽的环境，忌阳光直射。生长适温为 18～20℃，冬季休眠，越冬室温在 5℃以上。生长期要求较高的空气湿度，宜疏松、肥沃而又排水良好的壤土。花期长，自春至秋。

[繁殖与栽培] 播种或扦插繁殖。种子极细小，每克种子有 2.5 万～3 万粒，能成苗5 000～6 000株。发芽适温为 18～20℃。播种后轻轻镇压，通常不覆土，2 周左右可发芽。大岩桐叶片肉质肥厚，可采用叶插繁殖，保温 25℃左右，约 2 周后生根。

常作盆花栽培，自上盆到开花需 4～5 个月。大岩桐好肥，应施足基肥，如腐熟的堆肥、骨粉等，春夏生长旺盛期追施腐熟的豆饼水，施肥后用清水淋洗叶面。夏季忌长期高温多湿，应适当遮阳。若要冬季开花，需保持昼温 23℃、夜温 18℃，并置采光充足处。

[观赏与应用] 大岩桐花大色艳，雍容华贵。如温度合适，周年有花，室内摆放时花期长，适宜窗台、几案等室内美化布置。

(二十四) 球根秋海棠

[学名] *Begonia tuberhybrida* Voss.

[英名] tuberous begonia

[科属] 秋海棠科，秋海棠属

[形态特征] 多年生草本。地下具块茎，呈不规则的扁球形，株高 30～100cm。茎直立或铺散，有分枝，肉质，有毛。叶互生，多偏心脏状卵形，尾渐尖，缘具齿牙和缘毛。总花梗腋生，花雌雄同株，雄花大而美丽，单瓣、半重瓣或重瓣，径 5cm 以上，雌花小型，5 瓣。花色有白、淡红、红、紫红、橙、黄及复色等。

球根秋海棠的园艺品种可分为大花类、多花类、垂枝类三大类型。常见的栽培品种有‘泰丽’（‘Santa Teresa’）、‘苏珊’（‘Santa Suzana’）、‘佳丽’（‘Calypso’）等。

同属中常见栽培的还有：

(1) 玻利维亚秋海棠（*B. boliviensis*）。块茎扁平球形，茎分枝下垂，绿褐色；叶长，卵状披针形；花橙红色，花期夏秋。原产玻利维亚，是垂枝类品种的主要亲本。

(2) 丽格海棠（*B. elatior - hybrid*）。又名冬花秋海棠、玫瑰海棠，为一杂交种（*B. socotrana* × *B. tuberhybrida*）。其花色美丽，适合盆栽，目前世界上广为栽培。属短日照植物，开花需每天少于 13h 的光照。花期长，夏秋季盛花。

(3) 圣诞海棠（*B. christmas - hybrid*）。为一杂交种（*B. socotrana* × *B. dregei*）。属“半球根类”秋海棠，其茎基部并非随植株的成熟而膨大，既没有块茎，也没有休眠期。花期长，夏秋季盛花。

[产地与分布] 为种间杂交种，原种产于秘鲁、玻利维亚等地。

[习性] 球根秋海棠喜温暖湿润环境，春暖时块茎萌发生长，夏秋开花，花期长，冬季休眠。不耐寒，越冬需保持在 10℃以上；夏季又忌酷热，若超过 32℃则茎叶枯落，甚至引起块茎腐烂。生长适温为 18～22℃，栽培期应保证一定的昼夜温差，夜温不超过 16℃时生长最好。长日照促进开花，短日照诱导其休眠。生长期要求较高的空气湿度（75%～80%以上）。栽培基质宜疏松、肥沃、排水良好的微酸性土壤。

[繁殖与栽培] 以播种繁殖为主，也可分球或叶插。种子采收后应有 1 个月的后熟期，虽可保存生活力达 9 年之久，但大多数种子宜 1 年之内播种。因种子极为细小（每克种子为 2.5 万～4 万粒），播种时应特别小心，可与细沙等拌和再播，基质尽量采用疏松的泥炭及苔藓。通常秋播，翌年春开花。

如用种球繁殖，一般于早春2～3月栽植，当年5～6月开花。比利时、美国加利福尼亚州、我国昆明等地的气候很适合种球生产，因夏末的短日照来临较早，可促进种球的早日更新形成，于11～12月收球，晚于通常的9月收球。种球可贮藏在10℃的干燥环境中。

栽培基质应富含有机质，并掺和一定的自然纤维如椰壳、树皮等。上盆宜浅，并严格遮雨栽培，以防根际和叶片腐烂。生长期应避免过于干旱和积水，保持盆土微湿即可。夏季遇高温引起叶片短缩、球茎休眠，应适当遮阳，并常喷水保湿，空气湿度宜在80%左右。秋冬季严格控水、停肥，并保证通风良好。

经促成栽培处理后，可种在口径10cm盆中，当2片子叶充分平展后移栽到口径15cm的盆中，于冬季室内开花。冬季还应每晚补光3～5h。

［观赏与应用］球根海棠花大色艳，花色多，花期长，可作大型盆栽，适合花园布置或作窗台盆花，室内布置尤显富丽堂皇，是近年来深受人们喜爱的高档盆花。

（二十五）姜花

［学名］*Hedychium coronarium* J. Koenig

［英名］butterfly ginger

［别名］香雪花、蝴蝶花、夜寒苏

［科属］姜科，姜花属

［形态特征］多年生草本，地下具根茎，株高1～2m。叶无柄，矩圆状披针形或披针形，先端渐尖，背面疏被短柔毛。穗状花序顶生，苞片绿色，卵圆形，内有花2～3朵，花极香，白色。

同属中常见栽培的观赏种还有：圆瓣姜花（*H. forrestti*），花白色，唇瓣近圆形；红丝姜花（*H. garderianum*），花黄色；峨眉姜花（*H. omeiensis*）。

［产地与分布］分布于我国南部及西南部，印度、越南、马来西亚至澳大利亚等地也有分布。

［习性］性喜温暖、湿润的气候和稍阴的环境，不耐寒，忌霜冻，生长适温为20～25℃，越冬地上部枯萎。宜土层深厚、疏松肥沃而又排水良好的壤土。花期长，夏秋开花。

［繁殖与栽培］分根法繁殖，将根茎切割分栽即可，常在春季进行。春植类球根，露地栽培为主。种植前施足基肥，如腐熟的堆肥、骨粉等，经常保持土壤湿润，春夏生长期间追施1～2次腐熟、稀薄的氮肥。姜花习性强健，适应性强，栽培管理简便。

［观赏与应用］姜花花形优美，芳香浓郁，宜群植或配置花境、花坛，也是夏季切花的优良材料。

（二十六）大花美人蕉

［学名］*Canna generalis* Bailey

［英名］canna

［别名］美人蕉、法国美人蕉、昙华

［科属］美人蕉科，美人蕉属

［形态特征］多年生草本，地下具粗壮肉质根茎，株高60～150cm。叶大，互生，阔椭圆形，茎、叶被白粉。总状花序有长梗，花大，径10cm，有深红、橙红、黄、乳白等色。花萼、花瓣亦被白粉，雄蕊5枚均瓣化成花瓣，圆形，直立而不反卷；其中1枚雄蕊瓣化，向下反卷为唇瓣（图2-3-13）。蒴果，种子黑褐色。

图 2-3-13　大花美人蕉

［产地与分布］本种为法国美人蕉的总称，主要由原种美人蕉（*C. indica*）杂交改良而来，原种分布于美洲热带。

［习性］性喜温暖、炎热气候，不耐寒，霜冻后地上部枯萎，翌年春再萌发。习性强健，适应性强，生长旺盛，不择土壤，最宜湿润、肥沃的深厚土壤。好阳光充足，生育适温较高（25～30℃）。花期长，8～10月间盛花。

［繁殖与栽培］以根茎分生繁殖为主，也可播种。春季切割分栽根茎，注意分根时每丛需带有 2～3 个芽眼。因其种皮坚硬，播种前需将种皮刻伤或用温开水浸泡，发芽适温为 25℃以上，经 2～3 周可发芽。宜露地栽种，一般以春植为主，长江流域地区也可秋季分栽。丛距 50～100cm，覆土约 10cm。美人蕉虽耐贫瘠，但也喜肥，地栽、盆栽均需施足基肥，保持土壤湿润，并在开花前施追肥 1 次。

美人蕉栽培容易，管理粗放，病虫害少，注意置采光充足的地方。花后及时摘去残花，略施肥水后可继续发枝开花。寒冷地待茎叶大部分枯黄后可将根茎掘出，适当干燥后贮藏于沙中或堆放在通风的室内，保持室温 5～7℃即可安全越冬。暖地冬季不必每年起球，但经 2～3 年后需挖出重新栽植。

［观赏与应用］美人蕉生长势极强，红花绿叶，花期甚长，适合大片自然栽植，或布置于花坛、花境、庭园隙地，矮生种还可盆栽观赏。

（二十七）大丽花

［学名］*Dahlia pinnata* Cav.

［英名］dahlia

［别名］大理花、西番莲、天竺牡丹

［科属］菊科，大丽花属

［形态特征］多年生草本，地下部分为粗大纺锤状的肉质块根。叶对生，一至二回羽状分裂，裂片呈卵形或椭圆形，边缘具粗钝锯齿。茎中空，直立或横卧，株高 40～150cm，因品种而异。头状花序顶生，具总长梗，外周为舌状花，一般中性或雌性，中央为筒状花，两性。总苞鳞片状，2 轮，外轮小，多呈叶状。瘦果黑色。

同属约 15 种，重要的原种有红大丽花（*D. coccinea*）、卷瓣大丽花（*D. juarezii*）、光滑大丽花（*D. glabrata*）等。大丽花的栽培品种极为繁多，已达 3 万个以上，其花型、花色、株高均变化丰富。依据花型可分为单瓣型、领饰型、托桂型、芍药型、装饰型、蟹爪型、球型、蜂窝型等；依据花色可分为红、粉、紫、白、黄、橙、堇以及复色等；依据株高可分为高型（1.5～2m）、中型（1～1.5m）、矮型（0.6～0.9m）和极矮型（20～40cm）。

［产地与分布］原产墨西哥热带高原，现世界各地广泛栽培。

［习性］喜高燥凉爽、阳光充足环境，既不耐寒，又忌酷热，低温期休眠。不耐旱，又怕涝，土壤以富含腐殖质、排水良好的沙质壤土为宜。

大丽花为春植类球根，并具短日照特性。春季萌芽生长，夏末秋初时进行花芽分化并开花，短日照条件促进花芽的发育。花期长，6～10 月盛花。

［繁殖与栽培］ 春季分球或播种繁殖，也可扦插。大丽花的块根由茎基部发生的不定根肥大而成，肥大部分无芽，仅在根颈部发生新芽，因此进行分栽时需带根颈部的芽眼。扦插一年四季均可进行，但以早春插为好，通常以沙或泥炭土等作介质，保持昼温20～22℃，夜温15～18℃，约2周可生根。花坛或盆栽用的矮生品种系列常用种子繁殖，可露地春播或早春温室播种。

大丽花露地栽培或盆栽皆宜，生长健壮，管理粗放。盆栽时选用中、矮型品种，浇水勿过多。大丽花喜肥，但初上盆时勿过肥，生长期间每2周左右追1次肥水，夏季停肥。块根于11月掘取，沙藏越冬，翌春再栽。大丽花虽喜光，但炎夏应适当遮阳。地栽种植深度以使根颈的芽眼低于土面6～10cm为宜，忌连作。

［观赏与应用］ 大丽花花大色艳，花型丰富，品种繁多，花坛、花境或庭前丛植皆宜，也是重要的盆栽花卉，还可用作切花。其块根内含菊糖，能入药，有清热、解毒、消肿之功效。

（二十八）蛇鞭菊

［学名］ *Liatris spicata* Willd.

［英名］ blazing star，button snakeroot

［别名］ 麒麟菊、马尾花、舌根菊

［科属］ 菊科，蛇鞭菊属

［形态特征］ 多年生草本，地下具块根，株高约1m。茎直立无分枝，植株呈锥形。叶线形。头状花序呈密穗状，长30～60cm，紫红色或淡红色。

同属植物约40种，常见栽培的有：细叶蛇鞭菊（*L. graminifolia*），叶片稀疏，具白点，花紫红色；胭红蛇鞭菊（*L. callilepis*），花胭脂红色。

［产地与分布］ 原产美国马萨诸塞州至佛罗里达州。

［习性］ 耐寒性强，喜阳光，生长适温为18～25℃。喜肥，要求疏松肥沃、湿润又排水良好的沙壤土或壤土。盛花期7～8月。

［繁殖与栽培］ 分球繁殖，春、秋季均可分栽，多在3～4月进行。也可播种繁殖，实生苗经培育2年后开花。栽培地宜选择排水良好处，种植前施足堆肥等作基肥，每平方米栽30～40株，覆土2～3cm。自定植到开花需80～110d。蛇鞭菊喜凉爽环境，最适生长的昼温为17～18℃，最高25～35℃；夜温为10～20℃，不要超过22℃。在生长旺盛期对缺水敏感，需充分灌水以保持土壤湿润，但又忌水分过多而导致烂根。

［观赏与应用］ 蛇鞭菊性强健，宜布置花境或植于篱旁、林缘，或庭园自然式丛植。其瓶插寿命长，也是重要的切花材料。

（二十九）红花酢浆草

［学名］ *Oxalis rubra* Hil.

［英名］ windowbox，oxalis

［科属］ 酢浆草科，酢浆草属

［形态特征］ 多年生草本，地下块状根茎呈纺锤形。叶丛生状，具长柄，掌状复叶，小叶3枚，无柄，叶倒心脏形，顶端凹陷，两面均有毛，叶缘有黄色斑点。花茎自基部抽出，伞形花序，小花12～14朵，花冠5瓣，色淡红或深桃红。蒴果。

同属其他种有：大花酢浆草（*O. bowiei*），原产欧洲；紫花酢浆草（*O. corymbosa*），原产美

洲热带；酢浆草（*O. griffithii*），一年生草本，原产温带及热带地区。

［**产地与分布**］原产南美巴西。

［**习性**］喜温暖湿润、荫蔽的环境，耐阴性强。盛夏高温季生长缓慢并进入休眠期，忌阳光直射。宜在富含腐殖质、排水良好的沙质壤土中生长。花期长，4～11月。

［**繁殖与栽培**］以分球繁殖为主，春季分栽切割后的根茎即可。亦可播种繁殖，其种子细小，且果实成熟后自动开裂，应及时采收。

露地春植，红花酢浆草好肥，种前应施足基肥，如腐熟的堆肥等，生长期间追施2～3次腐熟的稀薄肥水，施肥后用清水淋洗叶面。夏季适当遮阳，冷凉地区秋后茎叶枯萎，进入休眠期，温暖地区常绿。翌年春季回暖后恢复生长，可施肥水，促使茎叶繁盛。

［**观赏与应用**］红花酢浆草植株低矮、整齐，叶色青翠，花色明艳，且覆盖地面迅速，是优良的观花地被植物，也可作盆栽。

第三节　其他种类

表 2-3-1　其他常见球根类花卉简介

种名	学　名	科　属	原产地	花　色	习　性	繁殖方法	观赏与应用
魔　芋	*Amorphophallus rivieri*	天南星科魔芋属	亚　洲	肉穗花序黄色	7～8月开花，观叶，耐阴湿环境	春季分栽块茎	观赏地被植物
六出花（水仙百合）	*Alstromeria aurantiaca*	石蒜科六出花属	南　美	花色众多	5～7月盛花，较耐寒，适温20℃，喜光，长日照	播种或秋季分生肉质根	新型切花或园林丛植
文殊兰	*Crinum asiaticum*	石蒜科文殊兰属	亚洲热带	白色	花期夏秋，不耐寒，略喜阴	春季分栽肉质根	室内盆栽或作花境材料
火燕兰	*Sprekelia formosissima*	石蒜科龙头花属	墨西哥	红色	春夏开花，喜温暖	春季分栽鳞茎或播种	盆栽或作切花
尼　润（海女花）	*Nerine bowdenii*	石蒜科尼润属	南　非	红、粉、白色	花期春、秋，不耐寒，喜温暖湿润	春季分栽小鳞茎	切花或盆花
网球花	*Haemanthus multiflorus*	石蒜科网球花属	非洲热带	血红色	花期6～9月，不甚耐寒，入冬休眠	春季分栽小鳞茎或播种	优良室内盆栽、切花
亚马孙石　蒜	*Eucharis grandiflora*	石蒜科油加律属	中南美洲	白色	可冬、春、夏三季开花，喜高温，忌强光	鳞茎自然分球或播种	作花境、切花和室内盆栽
春星花	*Ipheion uniflorum*	石蒜科春星花属	阿根廷、乌拉圭	浅蓝色	春季开花，半耐寒，喜光，耐半阴	秋季分栽小鳞茎	丛植花坛或作地被
雪花莲	*Galanthus nivalis*	石蒜科雪花莲属	欧洲中部	白色	早春开花，耐寒，适应性强	秋季分栽小鳞茎	庭园山石配置或草坪上自然式丛植
大百部	*Stemona tuberosa*	百合科百部属	中　国	黄绿色	花期4～5月，攀缘性，喜温暖，略耐阴	春季分栽肉质块根或播种	垂直绿化或作林下地被
百子莲	*Agapanthus africanus*	百合科百子莲属	南　非	蓝、白、淡紫色	花期6～8月，较耐寒，需半阴环境	春季4月分栽根茎	室内盆栽、切花

（续）

种名	学　名	科　属	原产地	花　色	习　性	繁殖方法	观赏与应用
花　葱	*Allium giganteum*	百合科 葱　属	中　亚	红、紫红色	春夏开花，喜凉爽、半阴环境，适温15～25℃	春季分栽小鳞茎	布置花境或作盆栽、切花
延龄草	*Trillium tschonoskii*	百合科 延龄草属	亚　洲	花小，浆果黑紫色（头顶一颗珠）	耐寒，耐阴，喜酸性黄壤土	播种或分栽根状茎	作林下地被
秋水仙	*Colchicum autumnale*	百合科 秋水仙属	欧　亚	紫、黄、白色	春、秋开花，耐寒，喜凉爽、半阴环境	秋季分栽球茎或播种	作地被，提取秋水仙碱
铃　兰	*Convallaria majalis*	百合科 铃兰属	欧　洲	白色	花期早春，喜散射光和湿润的环境	秋季分栽根茎	林下地被花卉、切花
绵枣儿	*Scilla sinensis*	百合科 绵枣儿属	中　国	粉红、紫红色	春季开花，耐寒性强，喜光，也耐半阴	秋季分栽鳞茎或播种	配置岩石园、草地镶边
垂　花火鸟蕉	*Heliconia rostrata*	芭蕉科 火鸟蕉属	阿根廷、秘　鲁	花黄绿色，苞片美丽	不耐寒，喜湿润、半阴，越冬需10℃以上	春、秋均可根茎分栽，或播种	高档切花
三　色魔杖花	*Sparaxis tricolor*	鸢尾科 魔杖花属	南　非、好望角	红、紫、白色	花期5～7月，不耐寒，喜阳光	秋季分栽小球茎	布置花境、庭园或作切花
火星花（火焰兰）	*Crocosmia crocosmiflora*	鸢尾科 火焰兰属	地中海	大红色	夏季开花，耐寒，喜凉爽、湿润，喜阳光	秋季分栽小球茎	布置花境，庭园丛植，切花
鸟胶花（燕嬉花）	*Ixia maculata*	鸢尾科 鸟胶花属	南　非	红、粉、黄、橙、白等色	花期暮春至初夏，不甚耐寒，喜温暖湿润	秋季或早春分栽小块茎	适宜群植，布置庭园、花坛
观音兰	*Tritonia crocata*	鸢尾科 观音兰属	南　非	红、紫、粉色	花期5～6月，较耐寒，适应性强	秋季分栽小球茎	丛植布置花境、草坪，或作切花
鸢尾蒜	*Ixiolirion tataricum*	鸢尾科 鸢尾蒜属	欧亚暖温　带	蓝紫色	暮春至初夏开花，较耐寒，耐半阴	秋季分栽小球茎	林下地被或自然式丛植
虎皮花	*Tigridia pavonia*	鸢尾科 虎皮花属	墨西哥、南　美	黄、白等色	花期8～9月，不耐寒，喜阳光	秋季分栽小鳞茎	切花、盆花和花坛材料
狒狒花	*Babiana stricta*	鸢尾科 狒狒花属	南　非	紫、粉、黄色	春季开花，稍耐寒，喜阳光	秋季分栽小球茎，亦可播种	低矮花坛布置或作盆花
圆盘花（忌寒苦苣苔）	*Achimenes* spp.	苦苣苔科 忌寒苣苔属	美洲热带	红、粉、白、紫等色	花期夏至秋，不耐寒，忌强光和高温，浅根性	春季分栽根茎或扦插、播种	室内盆栽观赏
掌　叶秋海棠	*Begonia hemsleyana*	秋海棠科 秋海棠属	中国云南、越　南	粉红色	春夏开花，不耐寒，喜冬暖夏凉	春季分栽肉质块茎，亦可播种和扦插	盆栽或自然式丛植
艳山姜	*Alpinia zerumbet*	姜　科 山姜属	印　度、中国南部	花白色，观叶为主	花期6～7月，不耐寒，喜高温多湿	春季分栽根茎	庭园丛植观叶或作盆栽

第四章
木本观赏植物

第一节　花木类

一、概　　述

1. 概念与范畴　花木类树种，即木本观花植物，又分乔木、灌木、藤本植物等，从景观角度考虑一般选择灌木和小乔木为主，藤本植物将在本章第六节介绍，本节不作赘述。花木类树种很多种类花色丰富，花期较长，而且一次栽植可以每年开花，极富观赏价值，是园林绿化中不可缺少的观赏植物。研究利用花木类树种，除要讨论其形态特征、地理分布及生态习性、配置应用外，还必须注意对如下几方面进行研究：①花相，即花朵在植株上着生的状况，有密满花相、覆盖花相、团簇花相、星散花相、线条花相及干生花相诸种；②花式，即开花与展叶的前后关系；③花色，一般指花朵盛开时的标准颜色，包括色泽、浓淡、复色、变化等；④花瓣，花瓣类型有单瓣、复瓣、重瓣等；⑤花香，即花所分泌散发出的独特香味，包括香味的浓淡、类型、飘香距离等；⑥花期，即花朵开放的时期，又分初开、盛开及凋谢期；⑦花韵，即花所具有的独特风韵，是人们对客观所引起的一种感觉或印象。

2. 繁殖与栽培要点　花木类树种的繁殖与一般园林树木基本相同，以营养繁殖为主，部分正常结实且幼年期较短的种类可以采用播种繁殖，营养繁殖中又以扦插和嫁接为主，部分枝条柔软的种类可选择压条繁殖。

花木类树种由于每年开花，树体营养消耗较大，栽植时应选择优质栽培土壤，施足基肥，并注意适时追肥。对于嫁接繁殖的苗木栽植时一般应将嫁接口露在表土外，但对于一些嫁接后期不亲和及靠萌蘖苗更新的种类，如桂花、梅花、月季、玫瑰等，应将嫁接口埋入表土，促使接穗萌生自身根。花木类树种花后最好及时修剪影响观瞻的残花，以减少树体营养消耗。

二、常见种类

（一）紫薇

［学名］*Lagerstroemia indica* Linn.

［英名］crape myrtle

［别名］百日红、满堂红、痒痒树

［科属］千屈菜科，紫薇属

［形态特征］落叶小乔木或灌木，高可达7m。树冠不整齐，枝干多扭曲，树皮淡褐色，薄片状剥落后树干光滑，小枝四棱，无毛。叶对生或近对生，椭圆形至倒卵状椭圆形，长3～7cm，先端尖或钝，基部广楔形或圆形，全缘，无毛或背脉有毛，具短柄。花两性，整齐，顶生圆锥花序，花色紫，但有深浅不同，小花径3～4cm，花瓣6枚，有长爪，瓣边皱波状，萼片光滑，无纵棱，雄蕊多数，花丝长，花萼宿存。蒴果近球形。

紫薇有很多变种，常见的有：银薇（var. *alba*），花白色或微带淡堇色，叶色淡绿；翠薇（var. *rubra*），花紫堇色，叶色暗绿。

同属其他种有大花紫薇（*L. speciosa*）、福建紫薇（*L. limii*）、南紫薇（*L. subcostata*）等，均有较高的观赏价值。

近年流行矮生紫薇，可用种子繁殖，适用于山石及盆景制作等。

［产地与分布］原产亚洲南部至大洋洲北部，而以中国为其分布中心。在我国，华东、华中、华南、西南以及华北和东北南部均有露地栽培。

［习性］亚热带阳性树种，性喜光，稍耐阴，喜温暖气候，耐寒性不强，喜肥沃、湿润而排水良好的石灰性土壤。耐旱，怕涝，萌芽力和萌蘖性强，生长缓慢，寿命长。花芽在新梢停止生长后形成，高温少雨有利于花芽分化。抗二氧化硫和多种有害气体，适于工厂绿化等用。花期6～9月，单朵花期5～8d，全株花期在120d以上。

［繁殖与栽培］常用扦插、分株和播种繁殖。扦插容易成活，由于萌发迟，春季硬枝扦插的时间较长，于春季萌芽前选1～2年生旺盛枝，截成15～20cm的插穗插入土中2/3，基质以疏松、排水良好的沙质壤土为好，插后注意保湿，成活率可达90%以上。也可在夏季进行嫩枝扦插，但要注意遮阳、保湿。紫薇也可用老干扦插，于早春选3年生以上枝，截成20～30cm，入土2/3，注意保湿，此法常用于树桩盆景材料的培育。分株在春季芽萌动前将植株根部的萌蘖分割后栽植即可。播种繁殖时先将种子干藏，于早春播种，4月即出苗，保持土壤湿润，实生苗有的当年能见花。

栽培过程主要注意下列环节：

（1）栽植。应选择阳光充足的环境，湿润肥沃、排水良好的壤土。以春季移栽最佳。

（2）浇水。整个生长季节应经常保持土壤湿润。

（3）施肥。肥料充足是紫薇孕蕾多、开花好的关键。早春要重施基肥，5～6月酌施追肥，以促进花芽形成。

（4）整形修枝。紫薇耐修剪，可以剪成高干乔木和低干圆头状树形，用重剪甚至锯干的方法控制树冠高度和形态，萌发枝当年能开花。花后及时剪除花序，节省养分，利于下年开花。

（5）延迟花期：9月下旬已进入末花期，为使其能“十一”开放，可在8月上旬将盛花紫薇新梢短截，剪去全部花枝及1/3的梢端枝叶，加强肥水管理，约经1个月新梢又形成花芽，至10月初即可再度开花。

［观赏与应用］紫薇树干光洁，仿若无皮，筋脉粼粼，与众不同，风韵别具，逗人抚摩，俗名怕痒树、痒痒树、无皮树，其花瓣皱曲，艳丽多彩。适于庭园、门前、窗外配置，在园林中孤植或丛植于草坪、林缘，与针叶树相配，具有和谐协调之美；配置于水溪、池畔则有“花低池小

水平平，花落池心片片轻”的景趣；若配置于常绿树丛中，乱红摇于绿叶之间，则更绮丽动人。另外，紫薇对多种有害气体均有较强的抗性，吸附烟尘的能力比较强，是工矿、街道、居民区绿化的好材料。也是制作桩景的良好素材。

（二）山茶花

［学名］ *Camellia japonica* Linn.

［英名］ Japanese camellia

［别名］ 山茶、茶花、晚山茶、山椿

［科属］ 山茶科，山茶属

［形态特征］ 常绿阔叶小乔木或灌木，高可达 10～15m。小枝黄褐色，无毛，冠形有圆形、卵圆形、伞形、圆锥形、直筒形等。叶卵形或椭圆形，革质，互生，长 5～11cm，先端钝渐尖，基部楔形，缘有细齿，叶脉网状，叶面有明显光泽。花两性，常单生或 2～3 朵顶生或腋生，有单瓣、半重瓣及重瓣，瓣数 5～100，单轮至数轮覆瓦状排列；花朵直径 5～12cm，色彩鲜艳，有白、粉红、红、紫红和红白相间等色，瓣圆形或倒卵状匙形，先端凹或有缺口，基部楔形，瓣缘平坦或波状，花梗短或无；萼片 9～13，密被短毛，边缘膜质，花丝及子房均无毛。蒴果近球形，径 2～3cm，无宿存花萼，种子椭圆形。

常见变种有：白山茶（var. *alba*），花白色；白洋茶（var. *alba-plena*），花白色，重瓣；红山茶（var. *anemoniflora*），亦称杨贵妃，花粉红色，花形似秋牡丹，有 5 枚大花瓣，外轮宽平，内轮细碎，雄蕊有变成狭小花瓣者；紫山茶（var. *lilifolia*），花紫色，叶呈狭披针形，似百合叶形；玫瑰山茶（var. *magnoliaeflora*），花玫瑰色，近于重瓣；重瓣花山茶（var. *polypetala*），花白色而有红纹，重瓣，枝密生，叶圆形；金鱼茶（var. *trifide*），又称鱼尾山茶，花红色，单瓣或半重瓣，叶端 3 裂如鱼尾状，又常有斑纹；朱顶红（var. *chutinghung*），花形似红山茶，但花色为朱红色，雄蕊仅 2～3 枚。

山茶花园艺品种很多，已超过5 000个，我国目前常见栽培的有 300 余个，根据其雄蕊的瓣化、花瓣的自然增加、雄蕊的演变、萼片的瓣化，大概分为单瓣类、半重瓣类、重瓣类 3 大类 12 个花型，即单瓣型、半重瓣型、五星型、荷花型、松球型、托桂型、菊花型、芙蓉型、皇冠型、绣球型、放射型、蔷薇型。

同属植物还有云南山茶（*C. reticulata*）、茶梅（*C. sasanqua*），以及我国 20 世纪 60 年代发现的金花茶（*C. chrysantha*）等，都是重要的观赏花木。

［产地与分布］ 山茶花原产我国，野生山茶分布于浙、赣、川的山岳、沟、谷、丛林下和山东崂山及沿海岛屿。在我国除东北、西北、华北部分地区因气候严寒不宜种植外，几乎遍及我国各地园林之中。但大面积露地栽培则以浙江、福建、四川、湖南、江西、安徽等地为多。现日本、美国、英国、澳大利亚、意大利等国家都有栽培。

［习性］ 山茶花为暖温带树种。一年有 2 次枝梢抽生，第一次 3 月底至 4 月中下旬开始萌发，至 5 月中下旬停止生长，称春梢，第二次自 7 月中下旬到 9 月，称夏梢，以后即停止生长，春梢生长量大。在正常条件下，花期 2～4 月，单花开花期为 7～15d，但冬季可长达 1 个月。山茶花对低温的耐受程度各品种间存在差异，单瓣型品种耐寒力比一般品种要强，能耐－10℃的低温。忌高温，温度 30℃以上时即停止生长，超过 35℃会出现日灼，生长的最适温度在 18～25℃之

间，适于花朵开放的温度在10～20℃之间。喜半阴半阳，忌晒。幼树耐阴，大树则需一定光照，每天见阳光3～4h以上才有利于开花，但夏季强烈阳光直射会引起叶面严重灼伤、小枝枯萎。宜散射光，不宜直射光，故夏季需遮阳，冬季则以南面有全光、西北面能挡风为好。山茶花喜肥沃、疏松、酸性的壤土或腐殖土，pH在4.5～6.5范围内都能生长，以5.5～6.5之间为佳，偏碱土壤和黏重积水之地不适于山茶花生长。对土壤水分要求是喜润忌涝，要求土壤排水良好，在梅雨和台风季节要注意排水，以免引起根部腐烂致死。

[繁殖与栽培] 山茶花常用扦插、嫁接、播种法繁殖。扦插以6月中下旬梅雨季和8月上旬至9月初最为适宜，选树冠外部组织充实、叶片完整、腋芽饱满的当年生半成熟枝为插穗，长度一般4～10cm，先端留2片叶片，剪取时基部宜带踵。插于遮阳的苗床，随剪随插，密度视品种叶片大小而异，以叶片相互不重叠为准，插穗入土3cm左右。浅插生根快，深插发根慢。插后按紧床土，使插穗与沙土密接，并喷透水。以后每天叶面喷雾数次，保持湿润。插后约3周开始愈合，6周后生根。成活的关键是要有效地保持足够的湿度，在荫棚的东、西、南三面要挂帘子挡风，棚上要盖2层遮阳网，以减少热气流影响，切忌阳光直射，并注意叶面喷水，做到勤喷、少喷。遮阳网上面喷水是降低床内温度、提高湿度的有效方法。待新根产生，要逐步增加阳光，10月份开始只盖1层遮阳网，加速木质化，11月份拆除荫棚，改装暖棚越冬。

嫁接以5～6月为好，常用靠接、枝接和芽接。靠接易成活，生长快，但方法烦琐，管理不便，费材料。枝接和芽接实际应用较多，操作方便，只要温湿度适宜，精心管理，成活率可达80%以上。砧木以油茶为多，亦可用单瓣山茶，枝接的接穗带2片叶，芽接的接穗带1片叶。嫁接后必须将接口用塑料薄膜包扎，并分三次剪砧：第一次在绑扎时剪除梢顶，削弱砧木的顶端优势，促进愈合；第二次在接穗的第一次新梢充分木质化后，截断砧木上部1/3枝条，保留部分枝叶，以利光合作用；第三次在接穗第二次新梢充分木质化后，在与接口同高处向下剪一约45°的斜口，剪掉砧木。高温季节嫁接必须遮阳，使棚内基本上不见直射光，中午前后喷水降温。

播种主要是培育砧木和新品种，应随采随播，否则会失去发芽力，若秋季不能及时播种，应湿沙贮藏至翌年2月间播种。一般秋播比春播发芽率高。

栽培山茶花有地栽和盆栽两种方式。地栽首先要选择适合生态要求的地段，种植时间以秋植较春植为好。施肥要掌握三个关键时期：2～3月施肥以促进春梢和起花后补肥的作用；6月间施肥以促进二次枝生长，提高抗旱力；10～11月施肥使新生根慢慢吸收肥分，提高植株抗寒力，为翌年春梢生长打下良好基础。山茶花不宜强度修剪，只要疏除病虫枝、过密枝和弱枝即可。为防止因开花消耗营养过多及使花朵大而鲜艳，需及时疏蕾，保持每枝1～2个花蕾为宜。

盆栽的管理关键是：①盆的大小与苗木的比例要恰当，所用盆土最好在园土中加入1/3～1/2的松针腐叶土。②上盆时间以冬季11月或早春2～3月为宜，萌芽期停止上盆，高温季节切忌上盆。③新上盆时，水要浇足；平时浇水要适量，以盆底透水为度，并随季节变化而变化，夏季叶茎生长期及花期多浇水；新梢停止生长后要适当控制浇水，以促进花芽分化；梅雨季节应防积水，入秋后应减少浇水，浇水时水温与土温要相近。④春季和梅雨季要给予充足的阳光，否则枝条生长细弱，易引起病虫危害；高温期要遮阳降温。冬季要及时防冻，盆苗在室内越冬，保持

3～4℃为宜。若温度超过16℃，则会提前发芽，严重时还会引起落叶、落蕾。⑤梅雨季节空气湿度大，常发生病害，可喷波尔多液或25%多菌灵预防。山茶易受红蜘蛛、介壳虫危害，应注意防治。⑥盆栽山茶花的施肥、修剪等与露地栽培基本相同。

［观赏与应用］ 花大色艳，花姿多变，是我国十大名花之一。由于品种繁多，花期长（自11月至翌年5月），开花季节正当冬末春初，因此是丰富园林景色的好材料。孤植、群植均宜，唯山茶花喜酸、喜温、喜阴凉，应选择适宜之地配置，与落叶乔木搭配，尤为相宜。

（三）一品红

［学名］ *Euphorbia pulcherrima* Willd.

［英名］ common poinsettia

［别名］ 圣诞花、猩猩木

［科属］ 大戟科，大戟属

［形态特征］ 常绿或半常绿灌木。茎直立而光滑，质地松软，髓部中空，全身具乳汁。单叶互生，卵状椭圆形至阔披针形。开花时枝顶的节间变短，上面簇生出红色的苞片，向四周放射而出，苞片与叶片相似，只是较狭，是主要观赏部位。小花顶生在苞片中央的杯状花序中，雌雄同株异花，雌花单生于花序的中央，雄花多数，均无花被。蒴果，因雌花比雄花开得早，花期又在12月至翌年3月，故盆栽多不结实。

一品红园艺品种很多，近年培育出的四倍体新品种，观赏价值比原二倍体更高，茎粗壮，叶宽阔，"花"更大。在品种分类上，依茎的高矮可分为高型（宜作切花）和矮型（宜盆栽）；依自然花期分为早花种（11月中下旬开花）、中间种（12月上旬开花）和晚花种（12月中旬开花）。目前普遍按苞片的颜色进行分类，大致分为红苞、粉苞、白苞和重瓣品种。常见品种有'Freedom'、'Peter Star'、'Success'、'Pepride'、'Winter Rose'等。

［产地与分布］ 原产墨西哥和中美洲及热带非洲。

［习性］ 性喜温暖湿润环境，不耐寒，适宜生长的昼温为20℃，夜温15℃。气温降到10℃时开始落叶而休眠，气温回升后萌发新枝，开花时气温不得低于15℃。一品红属典型的短日照阳性植物，不耐阴，但在夏季高温强光时，要防止直射光，增加空气湿度，以减少叶片卷曲发黄，避免植株基部"脱脚"。对土壤要求不严，耐干旱、瘠薄，但喜酸性土壤，pH5.5～6最适宜生长。

［繁殖与栽培］ 主要采用扦插繁殖。一品红开花以后，即进入半休眠状态。为取插条，把植株放在2～3℃的环境里，保持适当的干燥状态，到3月份时，提高温度和浇水量，打破休眠，促使萌发生长，4～5月即可采条扦插。扦插时期决定于栽培的目的，如果作为切花栽培，扦插时期应早于盆栽观赏者，一般4月下旬至7月下旬均可进行。盆栽者以7月扦插较为适宜，扦插过早，生长期长，枝条长，植株高，降低观赏价值。如扦插迟于8月，冬季虽能开花，但苞片小，观赏价值降低。春季也可用未萌发的老枝进行扦插，将老枝剪成10～12cm插穗，插入干燥的基质中，经过1d以后再行浇水，使伤口乳汁在干燥状态停止外流。

嫩枝扦插采条之前需控制浇水，使盆土保持微干状态，抑制嫩枝生长，使其组织充实，有利于插穗成活。插条一般用带生长点的顶端枝段，这种枝段比其下部的枝段容易生根，成活率高，根系发达。插穗长度通常12～15cm，或带4～5片叶。插条基部的剪口位置与扦插成活率有明显关系，剪口在节下的比在节间的成活率高。插条下部的叶片剪去2～3片，保留上面2～3片叶，插穗剪好后立即直立浸泡在清水中，一是防止凋萎，二是浸去剪口分泌出的乳汁。浸泡时间1～2h，不宜太长，然后插入基质，扦插深度约为插穗长度的1/2。扦插基质一般用泥炭、蛭石、珍珠岩、纯河沙或园土加沙，配比为2：2：1：1。插后第一次浇足水，以后浇水不宜太多，可叶面每天喷水1～2次，注意遮阳并适当通风。水多、高温、空气不流通是引起插穗基部腐烂的主要原因。在15～20℃条件下，插后1周便开始生根，3～4周后可移栽。据试验，将插穗插入插花泥小块，然后埋入基质中，其成活率可大大提高。

一品红的根系对水分、温度、氧气和肥料浓度比较敏感。盆土通常用园土加腐叶土和堆肥土，一般调制比例为园土2份、腐叶土1份、堆肥土1份。设施栽培用基质pH为5.8～6.2，要求具有良好的透气性和排水性，粗粒成分应占30%左右，且干净无病菌。扦插苗上盆后需遮阳5～7d后再给予充足阳光。经3～4周生长后即可进行摘心，从基部往上数，留4～5片叶，把枝端剪去，使其发出3～4个侧枝。

夏天浇水每天早晚各1次，随着气温的下降，浇水次数也要适当减少。一般见表土1/3干就应浇水。浇水宜在午前进行，午后浇水会使土温下降，不利植株生长，每次浇水要求浇透，但忌积水。相对湿度保持60%～90%。

一品红喜肥，生长期内需氮肥较多，氮肥不足会引起下部叶片脱落。除施足基肥外，在摘心后7～10d即应开始追肥，每周1次，追肥以淡为宜，忌施浓肥，肥料可用腐熟的饼肥水等，在接近开花时宜施一些过磷酸钙等水溶液，可使苞片色泽艳丽。目前，规模化生产的企业一般都是在基质中施用各种肥料配方的缓释肥或采用营养液滴灌。

一品红生长强健，在正常管理下植株往往偏高，可采用药剂处理加以控制，一般用0.5%的B_9浇灌盆土或1 500～3 000mg/L矮壮素（CCC）、15～60mg/L的多效唑（PP_{333}）进行叶面喷布。使用浓度要严格掌握，尤其是PP_{333}，浓度过高，会出现叶面皱缩，植株太矮，开花延迟，而且不同品种之间有明显差异。因此，在未经过试验之前，应慎重处理。

秋冬气温下降，需搬入室内，晚间保持在15℃左右，开花后，室温降低至12℃左右，可以延长观赏时间。家庭培养一品红，往往秋后因光照和温度达不到需要而开花不好或不开花。可通过控制日照长度来实现花期调控，具体做法是：8月下旬，从18：00开始遮光，次日8：00揭开，每天给10h的自然光照，半月后再缩短光照到9h，这样经过35～45d的遮光处理，即能开花。

［观赏与应用］一品红12月上旬苞片开始转红，可保持至翌年3月，是热带和亚热带地区很好的风景树。其他地区进行盆栽观赏，亦是冬季重要的切花之一。

（四）牡丹

［学名］*Paeonia suffruticosa* Andr.

［英名］subshrubby peony

［别名］花王、洛阳花、国色天香、富贵花

［科属］毛茛科，芍药属

［形态特征］落叶灌木，高1～2m。树皮黑灰色，分枝短而粗。叶互生，纸质，通常为二回三出复叶，近枝顶叶为3小叶，有柄，顶生小叶宽卵形，3深裂，裂片上部3浅裂或不裂，侧生

小叶较小，斜卵形，不等2浅裂，上面绿色，无毛，下面有白粉，中脉上有疏柔毛，或近无毛。花单生枝顶，大型，径10～25cm，花梗长4～6cm；苞片5，长椭圆形，大小不等；萼片5，绿色，宽卵形；花瓣5，或为重瓣，花色丰富，有紫、深红、粉红、白、黄、豆绿等色，倒卵形，长5～8cm，宽4.2～6cm，先端常有2浅裂或不规则的波状；花盘杯状；革质，紫红色。蓇葖果卵形，先端尖，密生黄褐色毛。花期4月下旬至5月，果期9月。

除中原牡丹 *Paeonia suffruticosa* 外，该属还有：

矮牡丹（*P. jishamensis*）　花白色，瓣6～8（10），花盘暗紫红色，心皮5，密被黄白色粗丝毛，幼果密被黄白色粗丝毛。产于山西稷山、河南洛源、陕西延安等地，被认为是栽培牡丹的近缘祖先种之一。

杨山牡丹（*P. ostii*）　小叶15，披针形，全缘。产于豫西南、陕中、鄂西、湘西北。

紫斑牡丹（*P. rockii*）　花瓣内面基部具深紫黑斑，小叶多19以上。产于陇中及陇东、陕北、豫西。抗旱、抗病，适应性强。

紫牡丹（*P. delavayi*）　小叶19～70；花瓣多白色，罕淡红，腹面基部具黑紫大斑，为其关键特征；花外有大型总苞。产于滇西北、川西南、藏东南，盛栽于甘肃，品种甚多。

黄牡丹（*P. lutea*）　花黄，株矮，花小（径4～6cm），心皮多3～6。产于滇西北、川西南至藏东南。

狭叶牡丹（*P. potanini*）　叶裂片线状披针形或窄披针形，多开红花，花外无大型总苞。产于川西及滇中、滇西。

大花黄牡丹（*P. ludlowii*）　花黄，株高1.5～3.5m，蓇葖果和种子均特大。产于西藏东南部。

此外，牡丹近缘种和亚种、变种尚有：

四川牡丹（*P. decomposita*）　主产四川、马尔康、丹巴等地。心皮4（6），无毛，花瓣9～12，玫瑰色至粉红色，三至四回复叶，小叶33～63。

太白山紫斑牡丹（*P. rockii* subsp. *taibaishanica*）　小叶片多为卵形，有裂或缺刻。分布于秦岭北坡、陕西太白山、甘肃小陇山等地。

牡丹栽培品种及种间杂种丰富多彩，达1 000个以上，尤以牡丹（*P. suffruticosa*）、紫斑牡丹（*P. rockii*）为盛。栽培品种多按花型分类，仅李嘉珏主编《中国牡丹品种图志·西北、西南、江南卷》分为中原、西北、西南、江南品种群。如牡丹名品有‘姚黄’、‘魏紫’、‘赵粉’、‘状元红’、‘娇容三变’、‘青龙卧墨池’等；紫斑牡丹有‘醉桃’、‘桃花三转’、‘绿蝴蝶’、‘佛头青’、‘胭脂红’等。此外，据了解，国内已引种（大花）黄牡丹杂交品种，如‘金晃’、‘金帝’、‘金阁’等”。

[产地与分布] 原产我国西部及北部，属暖温带、温带树种。集中分布于陕西秦岭及河南伏牛山地区，栽培历史悠久，分布广，以山东菏泽、河南洛阳及安徽亳县栽培最负盛名。当代世界各国栽培的观赏牡丹最初均由我国引种。

[习性] 牡丹对气候要求比较严格，“宜冷畏热，喜燥恶湿，栽高敞向阳而性舒”基本概括了牡丹的生态习性，性喜温暖、干凉、阳光充足及通风干燥的独特环境。能耐－20℃低温，不耐热，日平均气温超过27℃，极端最高气温超过35℃时，生长不良，枝条皱缩，叶片枯萎脱落。

肉质根系，土壤平均相对湿度以50%左右为宜。萌蘖力强，容易分株，但不耐移植。

[繁殖与栽培] 牡丹可以采用分株、嫁接、播种等多种方法繁殖，其中最常用的是前两种方法。分株繁殖简单易行，但繁殖系数较低，通常在秋季进行，先将4～5年生的大丛牡丹整株挖出，去掉根上附土，放阴凉处晾2～3d，待根稍变软后用手掰开或用刀劈开，株丛大的每株可分4～5株，然后栽植。嫁接繁殖多以芍药根作砧木，于秋季进行，选用大株牡丹根际上萌发的新枝或枝干上一年生的短枝作接穗，用劈接或嵌接法进行嫁接。播种繁殖主要用于培育新品种，种子九分成熟时采收即播种，第二年春季发芽整齐，若种子老熟或播种过晚，第二年春季多不发芽，要到第三年春季才发芽。播种苗床要高，以防积水，播后覆草保持土壤湿润。

牡丹为肉质根，栽植时要选择疏松、肥沃、土层深厚的沙质壤土，并选择地势高燥、排水良好的地方。栽植宜在中秋，俗称"牡丹生日"时进行，挖苗时注意少断细根，宜随挖随栽。如需长途运输，宜先晾根1d，再行打包装运。栽培要对根部进行适当修剪，剪去病根和折断的根，再用0.1%硫酸铜溶液或5%的石灰水浸30min进行消毒，取出用清水冲洗后再栽，栽植深度以根茎交接处与土面齐平为好。

牡丹喜肥，要想使牡丹花大色艳，避免"隔年开花"的现象，每年至少需施3次肥，第一次为花前肥，在2月土壤解冻后施，第二次花后肥，在5月上旬施，第三次在入冬前施。为使牡丹生长健壮，每年开花，花多色艳，还要进行整形修剪，包括定干、修枝、除芽、疏蕾等。常见病害有叶（褐）斑病、炭疽病、根瘤线虫病，害虫有天牛、介壳虫等，用常规方法进行防治。

牡丹也适宜促成栽培，通过温度控制，可使其在元旦、春节开花。其方法是将牡丹于节前35～60d上盆，搬入温室后逐步升高温度，白天20～25℃（超过25℃要开窗通风），晚上10～15℃，并增加相对湿度，每隔10d施1次稀薄液肥，也可用0.2%～0.3%的磷酸二氢钾喷叶面作追肥，如花芽不萌动，可用300～500mg/L赤霉素液涂抹鳞芽，促使萌动，这样经过40～45d，最多60d即可开花。如开花提前，可将盆花移入低温（5～15℃）室内暂时贮放。

[观赏与应用] 牡丹是我国的传统名花，远在唐代就已赢得"国色天香"的赞誉。千百年来，牡丹以其雍容华贵的绰约风姿深为我国人民所喜爱，被尊为群芳之首、百花之王和中国名花之最。庭园中多种植于花台之上，称为"牡丹台"；若在山旁、树周分层栽植，配以湖石，也颇为别致；若成畦栽植，护以低栏，其间缀以湖石，亦甚优美。多数公园则另辟一区，以牡丹为中心，以叠石、树木、草花相互配合，构成以牡丹为主景的园中之园，称为"牡丹园"。牡丹盆栽应用更为灵活方便，可以在室内举办牡丹品种展览，也可在园林中的主要景点摆放，还可成为居民室内或阳台上的饰物。牡丹还可作切花栽培。

(五) 广玉兰

[学名] *Magnolia grandiflora* Linn.

[英名] southern magnolia，evergreen magnolia

[别名] 荷花玉兰、洋玉兰

[科属] 木兰科，木兰属

[形态特征] 常绿乔木，高达30m。树冠卵状圆锥形，小枝及芽有锈色柔毛。叶长椭圆形，长10～20cm，厚革质，边缘微反卷，表面有光泽，背面被锈褐色或灰色柔毛，叶柄上托叶痕不

明显。花白色，杯形，径 20～25cm，芳香。花期 5～7 月，果期 10 月（图 2-4-1）。

常见变种有：狭叶广玉兰（var. *lanceolata*），叶较小，椭圆状披针形或椭圆形，背面光滑或有少量绒毛，花较小，花期较短；卵叶广玉兰（var. *obovata*），叶呈倒卵形，背面光滑，叶色较淡，花径较大，花期较长。

［产地与分布］原产北美东部，分布于密西西比河一带。我国长江流域以南各地引种栽培，生长良好。

［习性］广玉兰为亚热带树种，性喜光，但幼树颇能耐阴，喜温暖湿润气候，有一定耐旱能力。能经受短期 -19℃低温而叶片无显著冻伤，但不耐长时间 -12℃以下低温。喜肥沃、湿润而排水良好的酸性或中性土壤。抗烟尘及二氧化硫气体，适应城市环境。根系深广，颇能抗风。

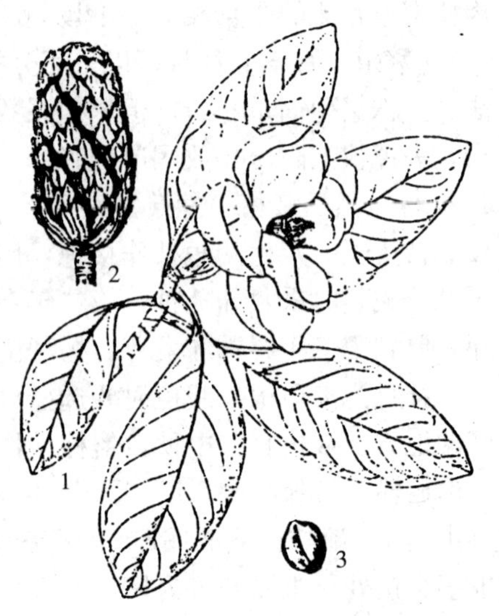

图 2-4-1　广玉兰
1. 花枝　2. 聚合果　3. 种子

［繁殖与栽培］繁殖一般以嫁接为主，播种次之。嫁接行于 3～4 月，用紫玉兰、玉兰实生苗等作砧木，因紫玉兰根系发达，适应性强，应用较广。接穗取自一年生侧生顶枝，去叶，实地切接，壅土及顶，待芽伸展后扒去壅土，剪除砧木萌蘖，在梅雨季前施肥。播种在 9～10 月间采种，阴处后熟，即采即播，也可湿沙层积至翌年 3 月播种，5 月出苗。幼苗生长缓慢，播种宜稍密，播后第二年移栽，培育 2～3 年后逐步放大株行距。实生苗生长缓慢，开花尤迟；嫁接苗常发生砧木萌蘖，需随时剪除。移植需带泥团，春植在 5 月以前，秋植不迟于 10 月。大树绿化，要适当疏枝修叶，定植后及时架立支柱，加强抚育。

［观赏与应用］广玉兰树姿端正雄伟，四季常青，绿荫浓密，花芳香馥郁。孤植或群植均甚相宜，庭园、公园、游园多有栽培。大树孤植于草坪边缘，或列植于甬道两边，中小型者可群植于花坛之中，成为纯林小园，与古建筑及西式建筑尤为调和，因其枝叶繁茂，绿荫遍地，若丛植于房屋前后，则幽然可观。广玉兰不仅姿态优美、花大洁白、清香宜人，且耐烟抗风，对二氧化硫等有害气体有较强的抗性，是净化空气、美化及保护环境的良好树种。

（六）玉兰

［学名］*Magnolia denudata* Desr.

［英名］magnolia

［别名］木兰

［科属］木兰科，木兰属

［形态特征］落叶乔木，高可达 20m，胸径 60cm，树冠广卵形，小枝灰褐色。顶芽卵形，与花梗密被灰黄色长绒毛。叶宽倒卵形或倒卵状椭圆形，长 10～18cm，宽 6～12cm，先端宽圆或平截，具短突尖，侧脉 8～10 对，叶柄长 1～1.5cm。花先叶开放，芳香，径 10～22cm，花梗显著膨大，花被片 9 枚，白色，长圆状倒卵形，长 7～10cm。聚合果圆柱形，蓇葖木质。种子斜卵形或宽卵形。

同属植物我国有 30 余种，均为优美的观花树种，各地常见栽培的有紫玉兰（*M. liliflora*）、日本厚朴（*M. hypoleuca*）、宝华玉兰（*M. zenii*）、天女花（*M. sieboldii*）、二乔玉兰（*M. soulangeana*）等。

［产地与分布］皖南及皖西大别山区海拔1 200m 以下、浙江天目山海拔 500～1 000m、江西庐山1 000m 以下、湖南衡山 900m 以上及广东北部海拔 800～1000m 有野生分布。自唐代开始，久经栽培，现北京及黄河流域以南至西南各地普遍栽培观赏。

［习性］性喜温暖湿润的环境，对温度很敏感，南北花期可相差 4～5 个月，即使在同一地区，每年花期早晚变化也很大。对低温有一定的抵抗力，能在－20℃条件下安全越冬。玉兰为肉质根，故不耐积水，低洼地与地下水位高的地区都不宜种植，根际积水易落叶，或根部窒息致死。肉质根系损伤后，愈合期较长，故移植时应尽量多带土球。最宜在酸性、富含腐殖质而排水良好的土壤生长，微碱土也可。花期 2～3 月，果期 8～9 月。

［繁殖与栽培］常通过播种或嫁接方法繁殖。播种时必须掌握种子的成熟期，当蓇葖转红绽裂时即采，早采不发芽，晚采易脱落。采下蓇葖果后经薄摊处理，将带红色外种皮的果实放在冷水中浸泡搓洗，除净外种皮，取出种子晾干，层积沙藏，于翌年 2～3 月播种，一年生苗高可达 30cm 左右。培育大苗者于次春移栽，适当截切主根，重施基肥，控制密度。3～5 年即可培育出树冠完整、稀现花蕾、株高 3m 以上的合格苗木，定植 2～3 年后即可进入盛花期。此种苗木生长势旺盛，适应力强，其效果不亚于嫁接繁殖的苗木。嫁接通常砧木为紫玉兰等的实生苗，方法有切接、劈接、腹接、芽接等。劈接成活率高，生长迅速，晚秋嫁接较早春嫁接成活率更有保障。

移栽时应不伤根系，大苗栽植需带土球，挖大穴，深施肥，适当深栽可抑制萌蘖，有利生长。移植时间以芽萌动前，或花刚谢、展叶前为好。除重施基肥外，酸性土壤应适当多施磷肥。花前与花后的追肥特别重要，花前追肥促使鲜花怒放，花后有利于孕蕾。追肥时期为 2 月下旬至 5 月份。夏季是玉兰的生长季节，高温与干旱不仅影响营养生长，并能导致花蕾萎缩与脱落，影响来年开花，故灌溉保墒应予重视，尤其在重点景区，更应保持土壤经常湿润。

修剪期应选在开花后及大量萌芽前。应剪去病枯枝、过密枝、冗枝、并列枝与徒长枝，平时应随时去除萌蘖。剪枝时，短于 15cm 的中等枝和短枝一般不剪，长枝剪短至 12～15cm，剪口要平滑、微倾，剪口距芽应小于 5mm。由于白玉兰的枝干愈合能力较差，十分必要时才进行修剪。

［观赏与应用］白玉兰花大香郁，玉树琼花，自古栽培观赏。在古典园林中常在厅前院后配置。若在路边草坪、亭台前后或漏窗内外、洞阁之旁丛植二三，饶有风趣。凡以玉兰为主体的树丛，其下配置以花期相近的山茶花，互为衬托，更富画意。玉兰与松配在一起，点缀山石若干，古雅成趣。

（七）红花木莲

［学名］*Manglietia insignis*（Wall.）BL.

［英名］redflower manglietia

［科属］木兰科，木莲属

［形态特征］常绿乔木，高可达 30m，胸径 40～60cm。树皮灰色、平滑，小枝灰褐色，有明显的托叶环状纹和皮孔，幼枝被黄褐色柔毛，后脱落。叶革质，倒披针形或长圆或尾状渐尖，基

部楔形，全缘，稍反卷，无毛，中脉具柔毛，侧脉12～24对；叶柄2～5cm；托叶痕为叶柄长的1/3～1/4。花清香，单生枝顶；花被片9～12枚，外轮3片倒卵状长圆形，长约7cm，黄绿色，腹面带红色，中内轮淡红或黄白色，倒卵状匙形，长5～7cm；雄蕊长1～1.8cm，花丝与药隔近等长；雌蕊群圆柱形，花梗长1.5～2cm。聚合果卵状长圆形，长5～10cm，直径3～4cm，成熟时深紫红色，外面有瘤状凸起；种子有肉质红色外种皮，内种皮黑色，无光泽。

[产地与分布] 主要分布于我国湖南西部、贵州北部、广西和云南等地。尼泊尔、印度东北部、缅甸及越南北部也有分布。

[习性] 耐阴，喜湿润肥沃的酸性土壤。一般春末换叶，结实有大小年。种子靠鸟类传播，果实成熟后，沿背缝开裂，种子成熟时悬挂于丝状珠柄上，招引鸟类吸食。对病虫害的抵抗力较强。

[繁殖与栽培] 红花木莲是木莲属中比较原始的种类，主要通过播种繁殖。于9月份果实开裂时筛出种子，除去红色种皮，洗净晾干，防止发霉，以免影响活力。用层积法贮藏至早春播种。播种后经1～2个月可发芽出苗，宜架搭荫棚，当年苗高达20～30cm时即可定植。

[观赏与应用] 红花木莲花大艳丽、花期长，可作庭园绿化观赏树种。同时也是我国珍稀优良用材树种，生长迅速，干形好，材质可作建筑、雕刻、乐器、家具等用材。

（八）含笑

[学名] *Michelia figo*（Lour.）Spreng.

[英名] banana shrub

[别名] 香蕉花

[科属] 木兰科，含笑属

[形态特征] 常绿灌木。树皮灰褐色，分枝密。芽、小枝、叶柄、花梗均密被锈色绒毛。叶革质，倒卵状椭圆形，先端钝短尖，背面中脉常有锈色平伏毛，托叶痕达叶柄顶端。花单生叶腋，淡黄色，边缘常紫红色，芳香，花径2～3cm。聚合果，先端有短尖的喙。

[产地与分布] 原产我国华南，生于阴坡杂木林中，溪谷、岸边尤盛。长江流域及以南各地普遍露地栽培。

[习性] 喜半阴、温暖、多湿环境，不耐干燥和暴晒。喜肥沃、湿润的酸性或微酸性土壤，不耐石灰质土壤，不耐干旱贫瘠，忌积水。耐修剪。对氯气有较强的抗性。花期3～5月，果熟期7～8月。

[繁殖与栽培] 扦插、嫁接或播种繁殖均可。扦插于6月花谢后进行，取当年生新梢作插穗，长8～10cm，保留2～3片叶。嫁接以紫玉兰或黄兰作砧木，在3月上中旬腹接或枝接。播种在11月将种子沙藏，翌年春种子裂口后盆播。幼苗需遮阳，江浙一带冬季需防寒。冬季要控制浇水，否则易烂根落叶。喜肥，但基肥充足情况下，生长期追肥不宜过多。冬季室温不宜低于5℃。一般每年翻盆换土1次，宜在花谢后进行。

[观赏与应用] 含笑“一点瓜香破醉眠，误他酒客枉流涎”，花香浓烈，花期长，树冠圆满，四季常青，是著名的香花树种。常配置于公园、庭园、街心公园的建筑周围，落叶乔木下较幽静的角落、窗前栽植，则香幽若兰、清雅宁静，深受群众偏爱。花可窨茶，叶可提取芳香油。

（九）紫玉兰

［学名］*Magnolia liliflora* Desr.

［英名］lily magnolia

［别名］辛夷、木笔、木兰

［科属］木兰科，木兰属

［形态特征］落叶灌木，高可达3m。小枝紫褐色。顶芽卵形。叶椭圆形，先端渐尖，背面沿脉有短柔毛，托叶痕长为叶柄的1/2。花叶同放；花杯形，外面紫红色，内面白色；花萼绿色，披针形。聚合蓇葖果圆柱形，淡褐色（图2-4-2）。

图2-4-2　紫玉兰
（潘文明，2001）

［产地与分布］原产我国湖北、四川、云南，现长江流域各省广为栽培。

［习性］喜光，幼时稍耐阴，不耐严寒。在肥沃、湿润的微酸性和中性土壤中生长最盛。根系发达，萌蘖力强，较玉兰耐湿。花期4月，果熟期8～9月。

［繁殖与栽培］通常进行分株、压条或播种繁殖，扦插成活率较低。播种宜采后即播，或除去外种皮后沙藏到翌春播种。压条在早春进行，经1～2年后与母株分离。一般不进行重剪，以免剪除花芽，必要时可适当疏剪。

［观赏与应用］紫玉兰的花"外烂烂似凝紫，内英英而积雪"，花大而艳，是传统的名贵春季花木。可配置于庭园的窗前和门厅两旁，丛植草坪边缘，或与常绿乔、灌木配置，与山石配小景，与木兰科其他观花树木配置组成玉兰园。紫玉兰花蕾、树皮可入药，花可提制芳香浸膏。

（十）丁香

［学名］*Syringa oblata* L.

［英名］lilac

［别名］华北紫丁香、百结、情客

［科属］木犀科，丁香属

［形态特征］落叶灌木或小乔木。冬芽卵形，被鳞片。小枝圆，髓心实。单叶对生，椭圆形或披针形，有叶柄，全缘或有时有分裂，罕为羽状复叶。花两性，呈顶生或侧生的圆锥花序。花萼小，钟形，具4齿裂或截形，宿存；花冠细小，漏斗状，具深浅不同的4裂片，白色、紫色、蓝紫色等；雄蕊2，着生于花冠筒中部或上部。种子长圆形，扁平，具细翅。蒴果长圆形（图2-4-3）。

紫丁香与欧洲丁香（*S. vulgaris*）杂交，选育出了许多栽培品种，如单瓣品种有'Blue Hyacinth'，花淡紫至灰绿色；'Esther Staley'，花红色至粉红色；'Sensation'，花瓣紫红，边缘白色。重瓣品种有'Charles Joly'，深紫红色；'Katherine Havemeyer'，紫色至淡紫色，褪成略带粉红色；'Mmo Lemoine'，花蜡黄至白色。

同属植物有30余种，我国有24种，多数都可作观赏植物在园林中应用。常见变种有：白丁香（var. *alba*），叶形较长，叶背微有短柔毛，花白色，香气浓；紫萼丁香（var. *giraldii*），叶先端狭尖，叶背及边缘有短柔毛，花序较大，花瓣、花萼、花轴均为紫色。

此外，中国科学院北京植物园用‘佛手丁香’（*Syringa vulgaris*‘Albo - plena’，花白色，重瓣，系国外欧洲丁香之品种）与紫丁香（*S. oblata*）杂交，育成了‘紫云’、‘春阁’、‘香雪’、‘罗兰紫’等优良新品种，受到国内外园林工作者的欢迎。

图 2-4-3 丁 香
1. 果枝 2、3. 花 4. 花冠纵剖面
5. 果 6. 种子

［产地与分布］原产我国华北，吉林、辽宁、内蒙古、山东、陕西、山西、河北、甘肃均有分布。栽培分布至长江流域各省。

［习性］属温带及寒带树种，耐寒性尤强，性喜光照，亦稍耐阴。性较耐旱，喜肥沃、湿润、排水良好的土壤，忌在低湿处种植，否则发育停止，枯萎而死。

［繁殖与栽培］南方常行嫁接和扦插繁殖，北方则以播种为主。播种在 8 月采种，连果序剪下，日晒脱粒，取净密藏，播前 1 个月拌沙湿藏催芽，2～3 月间行条播，4 月中下旬发芽出土，分次揭草，苗高 4～5cm 时间苗，当年秋后可移植培大。嫁接以女贞作砧木，3 月上中旬进行，为培养成高干乔木型，常离地 1.5m 处行高接，采用切接或劈接法，也可在生长期行芽接。休眠枝扦插在冬季选粗壮的一年生枝条作插穗，长 10～15cm，沙藏越冬，2～3 月扦插，南方可随剪随插，插穗萌芽时搭棚遮阳。6～7 月可行半木质化枝扦插，选粗壮枝，具 2～3 节，上部留 2 片叶，插后初时遮阳要严，后逐渐透光，湿度以保持叶不萎蔫为度。移栽在落叶期进行，中小苗带宿土，大苗需带泥球。丁香喜肥、好光，畏湿。发现病枝、枯枝、徒长枝要及时修剪，调整树姿，以使通风透光。冬季施足以磷、钾为主的基肥，促使来年花叶繁茂。危害丁香的病害有凋叶病、叶枯病以及病毒引起的病害，多发生在夏季高温高湿时期，虫害有毛虫、刺蛾、介壳虫等，应注意防治。

［观赏与应用］丁香属树种为北方最常见的花木，南方应用亦较普遍，已成为国内外在园林中不可缺少的花木。可丛植于路边、草坪或向阳坡地，或与其他花木搭配栽植在林缘，也可在庭前、窗外孤植，或布置成丁香专类园，还宜盆栽，亦是切花的良好材料。它对二氧化硫及氟化氢等多种有害气体都有较强的抗性，是工矿区等绿化、美化的良好材料。

（十一）迎春

［学名］*Jasminum nudiflorum* Lindl.

［英名］winter jasmine

［别名］迎春花、金腰带

［科属］木犀科，茉莉属

［形态特征］落叶灌木，高 0.5～4m。小枝四棱，细长呈拱形。叶对生，3 小叶复叶，小叶卵圆形或长卵圆形，长 1～3cm，端急尖，边缘具短毛。花单生，先叶开放，有叶状狭窄的绿色

苞片；萼片5～6裂；花冠黄色，裂片6，倒卵形或椭圆形，约为花冠筒长度的1/2。

同属中观赏植物甚多，常作观赏栽培的有：

探春（*J. floridum*）　半常绿灌木。枝条开展，拱形下垂，小枝绿色有角棱。叶互生，单叶或复叶混生，小叶3～5片。聚伞花序顶生，5～6月开花，花鲜黄色，稍畏寒。

云南黄馨（*J. mesnyi*）　又称南迎春，常绿灌木。花较大，花冠裂片较花冠筒长，常近于复瓣，生长比迎春更旺盛，花期稍迟。3月始花，4月盛放。

[产地与分布] 原产我国山东、河南、山西、陕西、甘肃、四川、云南、贵州、辽宁等地，长江流域各地广泛栽培观赏。

[习性] 温带树种，适应性强，喜温暖、湿润环境，较耐寒、耐旱，但怕涝，在排水良好的肥沃地生长繁茂。浅根性，萌芽、萌蘖力强，可行摘心、修剪、扎型。花期2～4月。

[繁殖与栽培] 扦插、压条、分株等法繁殖均可，由于扦插繁殖简便易行，成活率高，多采用扦插法。春、夏、秋三季均可扦插，可于2月下旬至3月上旬，选一年生粗壮休眠枝扦插；半木质化枝插于6月中下旬进行；成熟枝则在9月上旬扦插。插穗长12～15cm，插入土中1/3，揿实浇水，保持湿润，一般1个月内生根，成活率95%以上。压条可用硬枝或嫩枝，3～4月间用硬枝压条，5～6月可生根；5～6月间用嫩枝压条，20d左右即能生根。压条不必刻伤，翌年春与母株分离，移栽时用泥浆蘸湿根部。分株可在春季芽萌动前进行，极易成活。移栽在早春进行，带宿土。迎春栽培管理容易，但需注意防止积水涝害或过分干燥，花后适当修剪并施肥。

[观赏与应用] 迎春适于庭园应用，可作花篱、绿篱，也可植于池畔、斜坡及悬崖上，花时金色绚丽，花后枝蔓苍翠。又可做各式盆景，尤适悬崖式、半悬崖式造型。

（十二）金钟

[学名] *Forsythia viridissima* Lindl.

[英名] golden - bell

[别名] 黄金条、迎春条、细叶连翘、金钟花

[科属] 木犀科，连翘属

[形态特征] 丛生灌木。枝直立，有时呈拱形，小枝黄绿色，四棱形，枝髓片状。叶上半部有粗锯齿。花1～3朵腋生，先叶抽蕾，与叶同时开放；萼裂片卵圆形，长约为花冠筒之半，花深黄色，花冠裂片狭长椭圆形。果卵球形，长1.5cm，先端喙状。

[产地与分布] 产于我国长江流域及西南各地，华北各地园林广泛栽培。

[习性] 喜光、耐阴，喜温暖、湿润气候，较耐寒，耐干旱、瘠薄，根系发达，萌蘖性强。花期3～4月，果期7～8月。

[繁殖与栽培] 以播种为主，亦可扦插、压条、分株繁殖。

[观赏与应用] 金钟枝条拱曲，金花满枝，宛若鸟羽初展，极为艳丽，为优良的早春观花灌木。适于道边、篱下、池畔、草坪边缘、林缘丛植或成片栽植。如点缀于其他花丛之中，还可起到色彩对比之美。

（十三）茉莉

[学名] *Jasminum sambac*（L.）Aiton

［英名］jasmine

［别名］茉莉花

［科属］木犀科，茉莉属

［形态特征］常绿灌木，高0.5～3m。枝细长呈藤本状，幼枝有短柔毛。单叶对生，薄纸质，椭圆形或宽卵形，长3～8cm，端急尖或钝圆，基圆形，全缘。聚伞花序，通常有花3朵，有时多朵，花萼裂片8～9，线形，花冠白色，浓香。常见栽培有重瓣类型，花后常不结实。

［产地与分布］原产印度、伊朗、阿拉伯。我国多在广东、广西、福建、四川等地栽培。

［习性］喜光，稍耐阴。夏季高温潮湿、光照强则花多而香浓，若光照不足则叶大、节细、花小。喜温暖气候，不耐寒，在0℃或轻微霜冻时叶受害，月平均温度9.9℃时叶大部分脱落，−3℃时枝条冻害，25～35℃是最适生长温度。生长期要有充足的水分和潮湿的气候，空气相对湿度以80%～90%为好。不耐干旱，但也怕渍涝，在缺水或空气湿度不高的情况下新枝不萌发，而积水则落叶。喜肥，以肥沃、疏松的沙壤土为宜，pH5.5～7.0。花期5～11月，以7～8月开花最盛。

［繁殖与栽培］扦插、压条、分株均可。扦插只要气温在20℃以上，任何时候都可进行，20d左右即可生根。压条在5～6月间进行，压后十余天生根，40多天自母株切离，当年开花。北方盆栽茉莉叶易发黄，轻者生长不良、开花不好，重者则逐渐衰弱死亡。原因主要有盆土持续潮湿而烂根，或盆土、用水偏碱，或营养不良等。针对上述原因，应采取严格节制浇水，或施用稀矾肥水，或换盆施肥等。栽培中有时还出现枝叶生长旺盛，但不开花或花量少，多为光照不足或氮肥过多所致。

［观赏与应用］茉莉株型玲珑，枝叶繁茂，叶色如翡翠，花朵似玉铃，且花期长，香气清雅而持久，浓郁而不浊，可谓花木中之珍品。华南、西双版纳露地栽培，可作树丛、树群之下木，也有作花篱植于路旁，效果极好。长江流域及以北地区多盆栽观赏。花朵常作襟花佩戴，也作花篮、花圈装饰。茉莉的花朵可窨制茉莉花茶和提制茉莉花油。

（十四）桂花

［学名］*Osmanthus fragrans* Lour.

［英名］sweet osmanthus

［别名］木犀、岩桂、九里香

［科属］木犀科，木犀属

［形态特征］常绿灌木至小乔木，高可达12m。冬芽具2芽鳞，芽叠生。单叶对生，革质，椭圆形或椭圆状披针形，端急尖或渐尖，基楔形或阔楔形，幼树或萌芽枝上叶疏生，有锯齿，大树之叶全缘，叶柄长1～2cm。花序聚伞状簇生于叶腋，花小，黄白色，浓香；花梗纤细，长0.3～1cm，萼具4齿；花冠裂达基部，裂片长圆形，端圆；雄蕊2枚，罕为4枚，花丝极短，着生于花冠筒近顶部；雌蕊1枚，子房2室。核果椭圆形，长1～1.5cm，熟时紫黑色（图2-4-4）。

桂花品种繁多，有170余个，大致可归为4个品种群，分别为：

（1）金桂品种群（luteus group）。树身高大，树冠浑圆。叶广椭圆形，叶缘波状，浓绿而有光泽，幼龄树叶缘上半部有锯齿。花金黄色，易脱落，香气浓郁。

(2) 银桂品种群 (albus group)。花色黄白或淡黄，香气略淡。叶较小，椭圆形、卵形或倒卵形。

(3) 丹桂品种群 (aurantiacu group)。花色橙黄或橙红，香气较淡。叶较小，披针形或椭圆形。

(4) 四季桂品种群 (asiaticus group)。花色黄或淡黄，花期长，除严寒、酷暑外，每年数次开花，但以秋季为多，香味淡。叶较小，多呈灌木状。

[产地与分布] 桂花原产我国西南部，现云南尚有野生分布，四川、广西及湖北分布较多。南北各地均有栽培。

[习性] 喜光树种，但在幼龄期要求一定的庇荫，成年后要求有充足的光照。适生于温暖湿润的亚热带气候，有一定的抗寒能力。对土壤要求不高，除涝地、盐碱地外都可栽培，而以肥沃、湿润、排水良好的沙质壤土最为适宜，土壤不宜过湿，一遇涝渍危害根系就要腐烂，导致叶片脱落，全株死亡。花期9～10月。

图2-4-4　桂　花
1. 花枝　2. 果枝　3. 花冠展开，示雄蕊
4. 雄蕊　5. 去花冠及雄蕊之花

[繁殖与栽培] 可采用播种、压条、嫁接、扦插等方法繁殖，而以扦插和嫁接应用较为普遍。

种子5月成熟，采后即播，秋季有部分发芽出苗。也可经沙藏至翌春播种，4月间出苗，苗期生长快，经2～3年培育即可栽植，但始花期长，所以一般不采用播种繁殖。

压条法分高压、低压两种，四季均可进行，但以春季发芽前较好。高压因费工，繁殖率低，且易影响母株生长，应用不多。低压必须选用低分枝或丛生母株，一般在3～6月间，将其下部1～2年生的枝条压入3～5cm深的沟内，壅土平覆沟身，并用木桩或竹片固定好被压枝条，仅使梢端和叶片留在外，注意保持土壤湿润，第二年春季与母株分离，成为新植株。

嫁接是繁殖桂花苗木最常用的方法，以腹接成活率高，一般在3～4月进行，砧木多用女贞、小叶女贞、小蜡等，其中用女贞作砧木，嫁接成活率高，初期生长快，但亲和力差，接口愈合不好，风吹容易断离，要注意保护。

扦插在6月中下旬或8月下旬进行，选取半木质化带踵插条，顶部留2叶，插条入土2/3深，插后压实，充分浇水，双层荫棚遮阳，经常保持湿润，荫棚内的温度要求保持在25～28℃之间，相对湿度保持85%以上，2个月后插条产生愈伤组织，并陆续发出新根，11月份拆除荫棚，保护过冬。亦可用硬枝扦插，成活率亦高。

桂花耐移植，春、秋季均可进行，但以春植为好，暖地可秋植。定植前要施足基肥，春、夏各追肥1次。桂花萌发力强，有自然形成灌丛的特性，培育高植株需适当抹芽，凡生长旺盛的植株，1年需进行2次。

[观赏与应用] 桂花是我国传统十大名花之一，栽培历史悠久。终年常绿，枝繁叶茂，秋季开花，芳香四溢，可谓"独占三秋压群芳"，是现代都市绿化珍贵花木之一。在园林中常作园景树，有孤植、对植，也有成丛、成片栽种在古典园林中，常与建筑物、山石相配，以丛生灌木类的植株植于亭、台、楼、阁附近。旧式庭园常用对植，在住宅四旁或窗前栽植桂花，能收到"秋

风送香”的效果。由于它对二氧化硫、氟化氢等有害气体有一定的抗性，也是工矿区绿化的优良花木。

（十五）夹竹桃

［学名］ *Nerium indicum* Mill.

［英名］ sweetscented oleander

［别名］ 柳叶桃

［科属］ 夹竹桃科，夹竹桃属

［形态特征］ 常绿灌木，高可达 5m，嫩枝具棱。叶 3～4 枚轮生，在枝条下部常为对生，表面光亮，中脉显著，边缘稍有反卷。花冠红色或白色，单瓣或重瓣，具芳香。果长角状，长10～20cm。种子顶端有黄褐色种毛。

常见变种有：白花夹竹桃（var. *leucanthum*），花纯白色；重瓣夹竹桃（var. *plenum*），花红色，重瓣。

［产地与分布］ 原产印度及伊朗，我国引种已久，长江流域以南广泛栽培，黄河流域以南部分地区尚可地栽。

［习性］ 喜光，喜温暖、湿润气候，不耐寒，不耐水涝。对土壤要求不严，但以肥沃、湿润的中性土壤最宜，微酸性或轻碱土亦能适应。对多种有害气体有抗性，抗烟、抗尘。萌发力强，耐修剪。花期 6～9 月，果期 12 月至翌年 1 月。

［繁殖与栽培］ 以扦插繁殖为主，也可分株、压条或播种。扦插在早春或夏季均可进行。插条基部浸入清水 10d 左右，保持浸水新鲜，插后能提前生根。夏季嫩枝扦插选用半木质化的插条，保留顶部 3 片小叶，插于基质中，注意及时遮阳和水分管理，成活率也高。适应性强，栽培管理简单。移栽需在春季进行，移栽时应进行重剪。春季萌发需进行整形修剪，对徒长枝和纤弱枝可以从基部剪除。

［观赏与应用］ 夹竹桃叶狭长似竹，花红艳似桃花，自夏至秋，花开不绝，适于公园、绿地、路旁、交通绿岛上孤植、群植；是厂矿区优良的抗污染花木，亦可作为沿海防风林及固沙灌木。树皮、树叶有毒，人、畜误食有危险。

（十六）羊蹄甲

［学名］ *Bauhinia purpurea* Linn.

［英名］ purple bauhinia

［别名］ 红花紫荆、洋紫荆

［科属］ 苏木科，羊蹄甲属

［形态特征］ 常绿小乔木，高可达 8m。树皮光滑，灰色至褐色。叶近心形，2 裂至 1/3～1/2，裂片先端圆或钝，基部心形或圆，叶柄长 3～5cm，无毛。伞房花序分枝呈圆锥状，被绢毛；花大，萼筒长 0.7～1.3cm，被黄色绢毛，2 裂至基部，裂片反曲，长 2～2.5cm，1 片先端微缺，1 片具 3 齿；花瓣倒披针形，淡红色，长 4～5cm；发育雄蕊 3～4；子房具长柄，被绢毛。荚果长带状，长 13～24cm，宽 2～3cm（图 2-4-5）。

同属种类很多，常见栽培观赏的有洋紫荆（*B. variegata*）、红花羊蹄甲（*B. blakeana*）、白花羊蹄甲（*B. acuminata*）、黄花羊蹄甲（*B. tomentosa*）等。洋紫荆是香港特别行政区区花，花序呈总状或分支呈圆锥花序，花大，直径达10～15cm，5片红色或紫红色的花瓣长度相近，有香味，佛焰苞状的花萼具有2深裂，花萼裂片反曲，顶端有2～3片裂，花期很长，是很好的观赏树种，一般不结实，常用扦插或压条方法繁殖。

图2-4-5　羊蹄甲
1. 花枝　2. 果　3. 种子

［产地与分布］ 产于我国云南西双版纳、广东和海南、广西、福建、台湾等地，中南半岛、马来半岛、印度及斯里兰卡均有分布。

［习性］ 热带树种，不耐寒，较耐旱。速生，实生苗二年生即可开花结果。对土壤要求不严，以土层深厚、肥沃、排水良好的土壤为宜。幼年时喜湿耐阴，大树喜光。花期9～11月。

［繁殖与栽培］ 常用播种繁殖。夏、秋间种子采收后即可播种，或将种子干藏至翌年春播。当幼苗出齐后应及时分床，按20～25cm株行距植于肥沃的苗地。如供城市园林绿化，需再移植1次，培育1～2年，当苗高2m左右时再出圃定植。

移植宜在早春2～3月进行。小苗需多带宿土，大苗要带土球。春、夏宜水分充足，湿度大。夏季高温时要避免阳光直射。秋、冬应干燥，冬季需入温室越冬，最低温需保持5℃以上。

［观赏与应用］ 羊蹄甲树冠开展，枝叶低垂，花大而美丽，晚秋开放，为南方著名观花、观叶树种。在华南城市常作行道树及庭园风景树，北方可于温室栽培供观赏。

（十七）合欢

［学名］ *Albizzia julibrissin* Durazz.

［英名］ silktree albizzia，pink siris

［别名］ 绒花树、夜合树、马缨花

［科属］ 豆科，合欢属

［形态特征］ 落叶乔木，高可达16m，树冠伞形。小枝有棱，无毛。二回羽状复叶，羽片4～12对，小叶镰刀形，中脉明显偏上缘，仅叶缘及背面中脉有毛。头状花序，总梗细长，排成伞房状，萼及花冠均黄绿色。雄蕊多数，长25～40mm，伸出花冠。荚果扁条形（图2-4-6）。

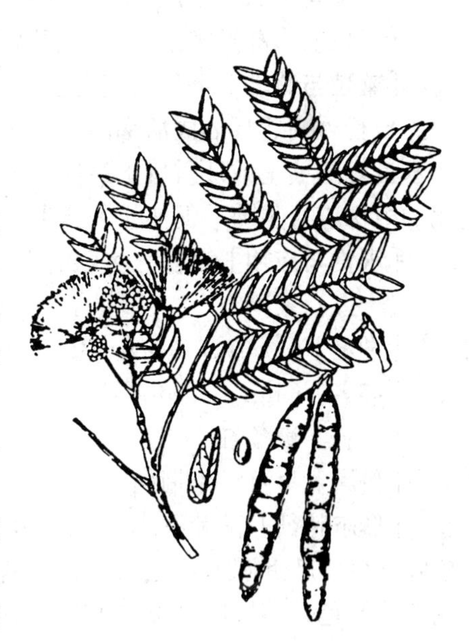

图2-4-6　合　欢
（卓丽环、陈龙清，2004）

［产地与分布］ 产于我国黄河流域以南，常生于温暖、湿润的山谷林缘。日本、印度及非洲东部也有分布。

［习性］ 喜光，耐半阴。稍耐寒，华北地区应选平原或低山小气候较好的地方种植。对土壤适应性强，喜排水良好的肥沃土壤，耐干旱瘠薄，不耐积水。浅根性，有根瘤菌，抗污染能力强，不耐修剪，生长快。树冠易偏斜，分枝点低，复叶朝开暮合，雨天亦闭合。花期6～7月，果熟

期9～10月。

［繁殖与栽培］播种繁殖。9～10月间采集种子后干藏到翌年春播种。播前用60～80℃温水浸种，每日换水1次，第三天取出，混以湿沙，堆积温暖处并保湿，7～8d后播种，3～5d可出苗。为培育通直的主干，育苗期应适当密植，及时剪侧枝，弱苗可截干，促其生长健壮。移植宜在芽萌动前进行，成活率高，大苗移栽要带土球，并设立支架。应注意防治天牛及树干溃疡。

［观赏与应用］合欢树冠开阔，绿荫浓密，叶清丽纤秀，夏日绒花满树，是优良的庭园观赏树种。可用作行道树、庭荫树，宜在庭园、公园、工矿区、郊区“四旁”及风景区种植。配置在山坡、林缘、草坪、池畔最为相宜。可孤植、列植、群植，姿态自然潇洒。合欢有固土作用，可作江河岸护堤林。

（十八）黄槐

［学名］*Cassia surattensis* Burm. f.

［英名］largeanther senna

［别名］粉叶决明

［科属］豆科，决明属

［形态特征］灌木或小乔木，高可达4～7m。偶数羽状复叶，叶柄及最下部2～3对小叶间的叶轴上有2～3枚棒状腺体，小叶7～9对，长椭圆形至卵形，长2～5cm，宽1～1.5cm，叶端圆而下凹，叶基圆形而常偏歪，叶背粉绿色，有短毛，托叶线形，早落。伞房状总状花序，生于枝条上部叶腋，长5～8cm；花鲜黄色，花瓣长约2cm；雄蕊10，全发育。荚果条形，扁平，长7～10cm，宽约1cm，有柄。

［产地与分布］原产印度、斯里兰卡、马来群岛及澳洲。我国南部多有栽培。

［习性］喜高温多湿气候，耐旱，不抗风，喜阳光充足。花全年不绝。

［繁殖与栽培］播种繁殖为主，亦可扦插。扦插宜在春、夏季进行，剪取当年生木质化枝条，用生根粉处理后扦插成活率高。日光强烈时用遮阳网遮盖，保持苗床潮湿，易生根。栽培土质以排水良好的壤土或沙质壤土最佳，生长期每1～2个月追肥1次。冬末至早春修剪整形1次，老化的植株应行重剪，促使枝条新生。

［观赏与应用］黄槐为美丽的观花树种，可作绿篱、行道树及园景树。

（十九）紫荆

［学名］*Cercis chinensis* Bge.

［英名］Chinese redbud

［别名］满条红

［科属］豆科，紫荆属

［形态特征］落叶乔木，高可达15m，栽培时通常呈丛生灌木状。小枝之字形，密生皮孔。单叶互生，叶近圆形，先端急尖，基部心形。花5～8朵簇生于二年生以上的老枝上，萼红色，花冠紫红色。荚果扁，腹缝线有窄翅，网脉明显（图2-4-7）。

常见变种有白花紫荆（var. *alba*），花白色。

［产地与分布］产于我国黄河流域以南，湖北有野生大树，陕西、甘肃南部、新疆伊宁、辽

宁南部亦有栽培。

［习性］喜光，稍耐阴。耐寒，对土壤要求不严，忌涝。萌蘖性强，深根性，耐修剪，对烟尘、有害气体抗性强。花期 4 月，果熟期 9～10 月。

［繁殖与栽培］播种繁殖为主，亦可分株繁殖。10～11 月采种，种子干藏，冬播或春播，4 月中下旬发芽出土。当小苗具 1～2 片真叶时，进行间苗和补苗，加强肥水管理，当年生苗高可达 20～30cm。分株繁殖通常在春季芽萌动前进行。移栽适期为落叶后或萌芽前，冬季不宜移栽。移栽时，大苗需带土球，由于其根系韧皮部发达，不易截断，移时应使用利刃或剪刀。紫荆在2～3年生以上的老枝上开花，因此不能疏剪老枝。主要病虫害有紫荆角斑病、枯萎病、黄刺蛾、云斑天牛等，要加强防治。

［观赏与应用］紫荆叶大、花密，早春繁花簇生，满枝嫣红，绮丽可爱。适宜在庭园建筑前、门旁、窗外、墙角点缀 1～2 丛；也可在草坪边缘、建筑物周围和林缘片植、丛植；也可与连翘、金钟花、黄刺玫等配置，花时金、紫相映更显艳丽；亦可列植成花篱，前以常绿小灌木衬托。

图 2-4-7　紫　荆
（卓丽环、陈龙清，2004）

（二十）马醉木

［学名］*Pieris polita* W. W. Sm. et J. F. Jeff.

［英名］pieris

［别名］梫木

［科属］杜鹃花科，马醉木属

［形态特征］常绿灌木，高可达 3.5m。叶簇生枝顶，革质，披针形至倒披针形，长 7～12cm，直立。花冠坛状，白色，长 7～8mm，口部裂片短而直立；雄蕊 10，花柱等长于花冠。蒴果球形。近年来，国内已引进许多栽培品种。

［产地与分布］广布于福建、浙江、江西、安徽等地。

［习性］性喜温暖气候和半阴环境，喜富含腐殖质、排水良好的沙质壤土。

［繁殖与栽培］可用扦插、压条或播种繁殖。扦插于夏末秋初用当年生半木质化枝作插穗。压条于秋季进行。早春播种。当枝条过密时可于花后疏剪，通常短截过长枝以保持树形即可。移植宜于在 9～10 月或在 4 月末至 5 月进行。

［观赏与应用］马醉木可作花篱或丛植观赏。叶有毒，可煎汁作农业杀虫药。

（二十一）杜鹃花

［学名］*Rhododendron* spp.

［英名］rhododendron

［科属］杜鹃花科，杜鹃花属

［形态特征］杜鹃花属全世界有 900 余种，在不同自然环境中形成不同的形态特征，既有常绿乔木、小乔木、灌木，也有落叶灌木。其基本形态是常绿或落叶灌木，分枝多；叶互生，表面

深绿色；总状花序，花顶生、腋生或单生，花色丰富。

世界上杜鹃花栽培品种已逾5 000个，我国目前广泛栽培的园艺品种约有两三百个，其主要血统是映山红亚属的多个种。根据形态、习性、亲本和来源，大致将其分为东鹃、毛鹃、西鹃和夏鹃四种类型，亦有的将其分为春鹃、夏鹃、春夏鹃和西鹃四类，但多数是倾向于前一种分类法。

(1) 东鹃。即东洋鹃，因来自日本之故。又称石岩杜鹃、朱砂杜鹃、春鹃小花种等。本类包括石岩杜鹃（*Rh. obtusum*）及其变种，品种甚多。其主要特征是体型矮小，高 1～2m，分枝散乱；叶薄色淡，毛少，有光泽；4 月开花，着花繁密，花朵最小，一般径 2～4cm，最大至 6cm；单瓣或由花萼瓣化而成套筒瓣，少有重瓣，花色丰富。传统品种有‘新天地’、‘雪月’、‘碧止’、‘日之出’以及能在春、秋两次开花的‘四季之誉’等。

(2) 毛鹃。俗称毛叶杜鹃、大叶杜鹃、春鹃大叶种等，本类包括锦绣杜鹃、毛白杜鹃及其变种、杂种。体型高大，达 2～3m，生长健壮，适应性强，可露地种植，是嫁接西鹃的优良砧木。幼枝密被棕色刚毛；叶长 10cm，粗糙多毛；花大，单瓣，宽漏斗状，少有重瓣，花色有红、紫、粉、白以及复色等。品种十余个，栽培最多的有‘玉蝴蝶’、‘紫蝴蝶’、‘琉球红’、‘玉玲’等。

(3) 西鹃。最早在西欧的荷兰、比利时育成，故称西洋鹃，简称西鹃，系皋月杜鹃（*Rh. indicum*）、映山红及毛白杜鹃反复杂交而成，是花色、花型最多、最美的一类。其主要特征是体型矮壮，树冠紧密，习性娇嫩，怕晒怕冻；叶片厚实，淡绿色，毛少，叶形有光叶、尖叶、扭叶、长叶与阔叶之分；花期 4～5 月，花色多样，有单色、镶边、点红、亮斑、洒金等，多数为重瓣、复瓣，少有单瓣，花瓣有狭长、圆阔、平直、后翻、波浪、飞舞、皱边、卷边等，径 6～8cm，最大可超过 10cm。传统品种有‘皇冠’、‘锦袍’、‘天女舞’、‘四海波’等，近年出现大量杂交新品种。

(4) 夏鹃。原产日本，称皋月杜鹃。发枝在先，开花最晚，一般在 5 月下旬至 6 月，故名夏鹃。主要特征是枝叶纤细，分枝稠密，树冠丰满、整齐，高 1m 左右；叶片狭小，排列紧密；花宽漏斗状，径 6～8cm，花色、花瓣同西鹃一样丰富，花有单瓣、复瓣、重瓣，是制作桩景的好材料。传统品种有‘长华’、‘大红袍’、‘陈家银红’、‘五宝绿珠’、‘紫辰殿’等。其中‘五宝绿珠’的花中有一小花呈台阁状，是杜鹃花中重瓣程度最高的一种。

[产地与分布] 杜鹃花是一个大属，分布于亚洲、欧洲和北美洲，而以亚洲最多，其中我国产种类占世界的 59%，特别是云南、西藏、四川三省（自治区）是世界杜鹃花的发祥地和分布中心，原种集中分布于海拔1 000～3 000m 的高山上。

[习性] 比较耐阴，最忌烈日暴晒，适宜在光照不太强烈的散射光下生长。光照过强则嫩叶灼伤，老叶焦化，植株死亡，花期缩短，其中西鹃尤忌强光直射。据观察，杜鹃花在 30klx 以上的中强光照下生长不良，而在 20klx 的中弱光照下花开繁密，在 7～8klx 的偏弱光处花蕾稀少，在 2～3klx 弱光下极难开花。杜鹃花的光补偿点约为 1.4klx。杜鹃花喜温和凉爽气候，忌酷热，怕严寒，生长最适温度为 12～25℃，超过 35℃则进入半休眠状态。各类之间稍有差异，原产南方的落叶或半常绿杜鹃耐热性较强，来自北方或高山地区者较差。西鹃耐热力弱，不耐霜雪，冬季温度到 0℃即可能受冻。春鹃比夏鹃稍耐寒，温室越冬适宜温度西鹃为 8～15℃，夏鹃 10℃左右，春鹃不低于 5℃即可。目前市场上作为商品化生产的比利时四季杜鹃温度不宜低于 2℃；近

年从国外引进的‘石楠花’品种耐寒力极强，可耐－10℃以下的低温。杜鹃花喜湿，也稍耐湿，最怕干旱，对空气湿度要求较高，相对湿度一般要求在60%以上，休眠期需水少，春及初夏需水多，夏季更多，西鹃能在饱和的空气湿度环境中生长发育良好，但杜鹃花根系较浅，故需土壤排水良好，切忌积水。杜鹃花为典型的喜酸性土植物，以pH4.5～6.5土壤为宜，最忌碱性及黏土，忌浓肥，喜多次薄肥。

［**繁殖与栽培**］由于杜鹃花属所涉及的范围很大，栽培技术各异。繁殖方法播种、扦插、嫁接均可。播种多用于培育杂种实生苗时进行，在生产上多采用扦插和嫁接繁殖。扦插是应用最广的方法，优点是操作简便，成活率高，生长快速，性状稳定。插穗取自当年生刚刚半木质化的枝条，剪去下部叶片，留顶端4～5片叶，如枝条过长可截短。若不能随采随插，可用湿布或苔藓包裹基部，套以塑料薄膜，放于阴处，可存放数日。以梅雨季节前扦插成活率最高，一般西鹃5月下旬至6月中旬，毛鹃6月上旬至下旬，东鹃、夏鹃6月中旬至下旬进行扦插，此时插穗老嫩适中，天气温暖湿润，成活率可达90%以上。基质可用泥炭、腐熟锯木屑、兰花泥、黄山土、河沙、珍珠岩等，大面积生产多用锯木屑＋珍珠岩，或泥炭＋珍珠岩，比例一般为3∶1，插床底部应填7～8cm排水层，以利排水，扦插深度为插穗的1/3～1/2。用生根粉或萘乙酸300mg/L、吲哚丁酸200～300mg/L快蘸处理。插后管理重点是遮阳和喷水，使插穗始终新鲜，高温季节要增加地面、叶面喷水，注意通风降温。毛鹃、东鹃、夏鹃发根快，约1个月，西鹃需40～70d。长根后顶部抽梢，如形成花蕾，应予摘除。一般生根后要及时移栽苗床。9月后减少遮阳，追施薄肥使小苗逐步壮实，10月下旬即可上盆。作为商品性生产的比利时杜鹃，只要有插穗，一年四季均可扦插，但以春、夏、秋三季为佳。

嫁接在繁殖西鹃时采用较多，其优点是接穗只需一段嫩梢，可随时嫁接，不受时间限制，可将几个品种嫁接在同一株上，比扦插苗长得快。最常用的嫁接方法是嫩枝顶端劈接，以5～6月进行最宜，砧木选用二年生独干毛鹃，要求新梢与接穗粗细相仿。嫁接后要在接口处连同接穗用塑料薄膜袋套住，扎紧袋口，然后置于荫棚下，忌阳光直射，注意袋中有无水珠，若无可解开喷湿接穗，重新扎紧。接后7d不萎即有成功把握，2个月后去袋，次春松绑。

常绿杜鹃和栽培品种中的毛鹃、东鹃、夏鹃可以盆栽，也可以在荫蔽条件下地栽。唯西鹃娇嫩，全行盆栽。现将西鹃栽培管理方法介绍如下，其他种类可参照掌握。

（1）场地。栽培西鹃需室内和室外两种环境。室内是为冬季防寒用，应不低于－3℃，江南地区4月中旬至11月上旬多于户外养护，要求自然荫蔽，或人工搭设荫棚，创造一个半阴而凉爽的生长环境。

（2）选盆。生产上都用通气性能好、价格低廉的瓦盆。大规模生产现多用硬塑料盆，美观大方，运输方便。杜鹃花根系浅、扩张缓慢，栽培要尽量用小盆，以免浇水失控，不利生长。

（3）用土。常用黑山土，俗称兰花泥，也可用泥炭土、黄山土、腐叶土、松针土、腐熟锯木屑等，要求pH在5～6.5之间，通透排水，富含腐殖质即可。目前大规模生产多用腐熟的锯木屑、泥炭、椰糠等作基质。

（4）上盆。一般在春季出房时或秋季进房时进行，盆底填粗粒土的排水层，上盆后放于阴处伏盆数日，再搬到适当位置。幼苗期换盆数较多，每年1次，10年后可3～5年换1次。

（5）浇水。要根据天气、植株大小、盆土干湿、生长发育需要灵活掌握，水质要不含碱性。

如用自来水浇灌，最好在缸中存放1～2d，水温应与盆土温度接近。11月后气温下降，需水量少，室内不加温时可3～5d不浇水；2月下旬以后要适当增加浇水量；3～6月开花抽梢，需水量大，晴天每日浇1次，不足时傍晚要补水；梅雨季节连日阴雨时要及时侧盆倒水；7～8月高温季节要随干随浇，午间、傍晚要在地面、叶面喷水，以降温增湿；9～10月天气仍热，浇水不能怠慢。

(6) 施肥。西鹃要求薄肥勤施，大面积生产多施用缓释肥料，一年只需施1～2次即可。但施用量应根据植株大小从严掌握，防止高温季节造成肥害。

(7) 遮阳。西鹃在4～11月都要遮阳，棚高2m，遮阳网的透光率为30%～40%，西侧也要挂帘遮光。

(8) 修剪。幼苗在2～4年内，为了加速形成骨架，常摘去花蕾，并经常摘心，促使侧枝萌发。长成大棵后，主要是剪除病枝、弱枝以及紊乱树形的枝条，均以疏剪为主。

(9) 花期管理及花期控制。西鹃开花时放于室内，不受日晒雨淋，可延续1个月以上。若室内通风差，则不宜久放，1～2周即应调换。杜鹃花花芽分化以后，移至20℃的环境约2周时间即可开花，但品种间差异很大。在国外，作为圣诞节开花的杜鹃花自冷藏室（3～4℃）移出后，必须在11月上旬置于15℃的温室中，才能保证应节上市，故借助于温度的调节，盆栽杜鹃花可四季开放。有些品种也可用植物生长调节剂促其花芽形成，普遍应用的是B_9和多效唑，前者用0.15%浓度溶液喷2次，每周1次，或用0.25%浓度喷1次，后者用0.03%的浓度喷1次，大约在喷施后2个月花芽即充分发育，此时的植株冷藏能促进花芽成熟。杜鹃花在促成栽培以前至少需要4周10℃或稍低的温度冷藏，冷藏期间植株保持湿润，不能过分浇水，每天保持12h光照。

[观赏与应用] 杜鹃花远在古代即被誉为“花中西施”，系我国十大名花之一。广布山野，花时簇聚如锦，万山遍红，最适宜群植于湿润而有庇荫的林下、岩际。园林中宜配置于树丛、林下、溪边、池畔，以及草坪边缘，在建筑物的背阴面可作花篱、花丛配置，以粉墙相衬。若是老松之下堆以山石，丛植数株其间，莫不古趣盎然；与观叶的槭树类相配合，组成群落景观，则相互争艳媲美，如红枫之下植以毛白杜鹃，青枫配以红花杜鹃，色彩鲜明，益觉动人。是年宵盆花的主要种类，部分种可作为盆景材料。

(二十二) 琼花

[学名] *Viburnum macrocephalum* f. *keteleeri*（Carr.）Rehd.

[英名] wild Chinese viburnum

[别名] 聚八仙花、木绣球

[科属] 忍冬科，荚蒾属

[形态特征] 落叶或半常绿灌木。枝广展，树冠球形。叶对生，卵形或椭圆形，叶缘具细齿，背面疏生星状毛。花序中部为可孕花，周围是白色大型的不孕花，一般8朵，故又称聚八仙。核果椭圆形，先红后黑。

同属中观赏价值高的种类很多，常见栽培的有：

木绣球（*V. macrocephalum*） 花球状，全部为不孕花。

天目琼花（*V. sargentii*） 叶先端3裂，头状聚伞花序，外缘为白色不孕花，核果鲜红色。

雪球荚蒾（*V. plicatum*）　又名斗球、粉团，聚伞花序全为不孕花。

［产地与分布］ 产于江苏南部、浙江、安徽西部、江西西北部、湖南南部及湖北西部，生于丘陵山区林下或灌丛中，石灰岩山地也有生长。

［习性］ 琼花为暖温带半阴性树种，较耐寒，能适应一般土壤，好生于湿润肥沃的地方。长势旺盛，萌芽力、萌蘖力均强，种子有隔年发芽习性。

［繁殖与栽培］ 常用播种繁殖。11 月采种，堆放后熟，将种子洗净，低温层积至翌春后播种，覆土需略厚，上面再盖草。6 月份有部分种子发芽出土，这时可揭草遮阳。留床 2 年可换床分栽，4～5 年可供移栽用于庭园美化。

琼花移栽容易成活，多早春萌动前进行，成活后注意肥水管理。主枝易萌发徒长枝，扰乱树形，花后可适当修枝，夏季剪去徒长枝先端，以整株形。花后应施肥 1 次，以利生长。

［观赏与应用］ 琼花花形扁圆，边缘着生洁白不孕花，宛若群蝶起舞，逗人喜爱。宜孤植草坪及空旷地段，使其四面开展，体现树姿之美。孤植庭中堂前、墙下窗外，作为配景，亦甚相宜。

（二十三）栀子花

［学名］ *Gardenia jasminoides* Ellis.

［英名］ cape jasmine

［别名］ 黄枝、山栀、黄栀子、玉荷花

［科属］ 茜草科，栀子花属

［形态特征］ 常绿灌木，树冠圆球形，高可达 3m。枝丛生。叶革质，对生或 3 叶轮生，翠绿色，表面光亮。花单生枝顶，白色，芳香，花冠肉质，呈高脚碟形，重瓣。果卵形或长椭圆形，黄色，具 5～9 纵棱。

常见观赏栽培的变种有：大花栀子（var. *grandiflora*），叶大，花大，具浓香；雀舌栀子（var. *radicana*），又名雀舌花、水栀子，植株矮小，枝常平展匍地，叶较小，倒披针形，花也小，重瓣。

［产地与分布］ 原产我国西南部，长江流域及以南地区广为分布。

［习性］ 栀子花性喜温暖湿润气候，好阳光但又不能经受烈日照射，适宜生长在疏松、肥沃、排水良好、轻黏性酸性土壤中，是典型的酸性花卉。花期 5～7 月，果期 10 月。

［繁殖与栽培］ 栀子花多采用扦插法和压条法进行繁殖，也可用分株和播种法繁殖，但很少采用。扦插可分为春插和秋插，春插于 2 月中下旬进行，秋插于 9 月下旬至 10 月下旬进行。压条在 4 月上旬选取 2～3 年生健壮枝条压于土中，30d 左右生根，6 月中下旬可与母株分离，移栽苗床。移栽宜在雨季进行，植株需带土球。夏季多浇水，开花前多施薄肥，促进花朵硕大。一般不进行修剪，如要修剪，8 月以后最适宜。盆栽用土以 40%园土、15%粗沙、30%厩肥土、15%腐叶土配制为宜。

［观赏与应用］ 栀子花洁白，花香浓郁，除供观赏外，也可供佩戴，其果还可作药用，有消炎解毒之功效。另外，栀子花具有抗烟尘、抗二氧化硫能力，是一种理想的环保绿化花卉。

（二十四）蜡梅

［学名］ *Chimonanthus praecox*（L.）Link.

［英名］wintersweet

［别名］腊梅、黄梅花、香梅、香木

［科属］蜡梅科，蜡梅属

［形态特征］落叶灌木，暖地半常绿，高可达3m。小枝近方形。单叶对生，全缘，叶卵状披针形或卵状椭圆形，长7～15cm，端渐尖，基部广楔形或圆形，表面粗糙，背面光滑无毛，半革质。花两性，单生，径约2.5cm，花被外轮蜡质黄色，中轮带紫色条纹，具浓香，先叶开放。花期初冬至早春，心皮离生，着生在一中空的花托内，成熟时花托发育成蒴果状，口部收缩，内含瘦果（俗称种子）数粒（图2-4-8）。

图2-4-8 蜡 梅

1. 花枝 2. 花纵部面 3. 雄蕊 4. 除去花被片示雌蕊 5. 果枝 6. 果托 7. 果

蜡梅在我国久经栽培，常见栽培的有：

‘狗蝇’蜡梅（‘Intermedius’） 也称红心蜡梅，为半野生类型。花淡黄色，花被片基部有紫褐色斑纹，香气淡，花瓣尖似狗牙，花后结实。

‘磬口’蜡梅（‘Grandiflorus’） 叶大，长达20cm；花亦大，径3～3.5cm，花被片宽，外轮淡黄色，内轮有浓红紫色边缘和条纹，花极耐开，香气浓。

‘素心’蜡梅（‘Concolor’） 花瓣内没有紫色斑纹，全部黄色，瓣端圆钝或微尖，盛开时反卷，香气较浓，栽培广泛。

‘小花’蜡梅（‘Parviflora’） 花特小，径约0.9cm，外轮花被片黄白色，内轮有浓紫色条纹，香气浓。

［产地与分布］原产我国中部湖北、陕西等地。在北京以南各地庭园中广泛栽培观赏，河南鄢陵为蜡梅传统生产中心。

［习性］喜光，亦能耐阴。较耐寒，耐旱，怕风，忌水湿，宜种在向阳避风处。喜疏松、深厚、排水良好的中性或微酸性沙质壤土，忌黏土和盐碱土。对二氧化硫气体抵抗力较弱。蜡梅发枝力强，耐修剪，有“蜡梅不缺枝”之谚语。除徒长枝外，当年生枝大多可以形成花芽，徒长枝一般在次年能抽生短枝开花，以5～15cm的短枝上着花最多。树体寿命较长，可达百年以上。花期12月至翌年2月，果6～7月成熟。

［繁殖与栽培］常用播种、分株、压条、嫁接等方法繁殖。播种多用于砧木繁殖及新品种选育，也可直接用于园林栽植。6～7月种子呈棕黑色时即可采收，以随采随播最好。播后10d即出苗，当年苗高可达10cm以上。如春播，种子应在阴凉处干藏，播前温水浸种12h。一般实生苗3～4年即可开花。分株在秋季落叶后至春季萌芽前进行，分株时，每小株需留有主枝1～2根，并在主干10cm处剪截后栽种。嫁接是蜡梅的主要繁殖方法，切接、腹接、靠接、芽接均

可。切接及腹接在3月当叶芽萌动如麦粒大小时进行，这一时期只有1周左右，如贮藏接穗和剥除母株枝条萌芽，则可延长嫁接期限，接活后要及时除尽砧木萌条。靠接在春夏进行，但以5月最适。芽接在7月中旬至8月中旬最佳。

移植蜡梅宜在秋、冬季落叶后至春季发芽前进行，大苗要带土球，种植深度与原地相同。管理中要勤施肥，每年早春和初冬各施1次，施肥后随即浇水。盆栽时盆土要用腐叶土掺沙壤土作底肥，上盆初期不再追施肥水。春季要施展叶肥，6～7月应少量多次施薄肥，促进花芽分化。蜡梅怕涝，土壤湿度过大生长不良，影响花芽分化和开放。盆栽土壤保持半墒即可，露地栽培在雨季尤其要防止积水。早春花谢后进行回剪，基部保留3对芽，促使蜡梅多抽枝，或者在新枝长出2～3对芽后摘去顶芽，促进萌发副梢。夏末秋初要修去当年生新顶梢，使中下部枝条花芽发育充实、饱满。

［观赏与应用］蜡梅花黄似蜡，气傲冰雪，冒寒怒放，清香四溢，是颇具中国园林特色的典型冬季花木，一般以自然式的孤植、对植、丛植、列植、片植等方式配置于园林或建筑入口处两侧、厅前亭周、窗前屋后、墙隅、斜坡、草坪、水畔、道路之旁。蜡梅与南天竹配置，隆冬呈现“红果、黄花”交相辉映的景色，是江南园林很早采用的手法。蜡梅作为冬季名贵切花，瓶插时间特长，可达数十天之久。也极宜作盆栽、盆景，供室内观赏。

（二十五）珙桐

［学名］*Davidia involucrata* Baill.

［英名］dove tree

［别名］中国鸽子树、水梨子、水冬瓜、土白果

［科属］珙桐科，珙桐属

［形态特征］落叶乔木，高可达20m。树皮深灰褐色，呈不规则薄片脱落。单叶互生，簇生于短枝，纸质，宽卵形或近心形，先端渐尖，基部心形，边缘有粗锯齿，幼时上面生柔毛，下面密生淡黄色粗毛，叶柄长4～5cm。花杂性，由多数雄花和1朵两性花组成顶生的头状花序，花序下有2片白色大苞片，纸质，椭圆状卵形，长8～15cm，中部以下有锯齿，羽状脉明显，基部心形。核果长卵形，紫绿色，密被锈色皮孔，含种子3～5粒（图2-4-9）。

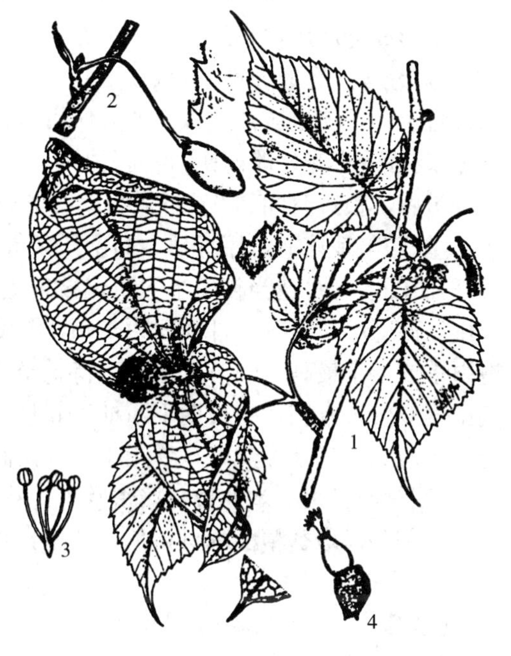

图2-4-9　珙　桐

1. 花枝　2. 果枝　3. 雄花　4. 雌花

［产地与分布］原产湖北西部、四川、贵州及云南北部。野生于海拔700～2 000m的山地林中，南京、杭州等地有栽培。

［习性］生于空气阴湿、云雾朦胧之处。喜中性或微酸性腐殖质深厚的土壤，在干燥多风、日光直射之处生长不良。幼苗生长缓慢，喜阴湿，成年树趋于喜光。花期4月，果熟期10月。

［繁殖与栽培］用播种、扦插及压条繁殖。播种

于10月采收新鲜果实，堆沤后熟，除去肉质果皮，将种子用清水洗净后拌上草木灰，随即播在3～4cm深的沟内。因果实厚硬，种子发芽困难，播后第二年只有约30%的种子发芽出土，所以苗床必须妥善保留2～3年。为了促进种子早发芽，可将种子放入桶或盘中，用微酸处理，使硬壳软化，再用清水洗净后播种，2～3个月可开始发芽出土。幼苗怕晒，需搭棚遮阳，并保持苗床湿润。扦插宜用嫩枝作插穗，可在5～7月进行。把当年生嫩枝剪成15cm长，去掉下部叶片，留上部叶，用500mg/L的萘乙酸或吲哚丁酸液处理24h，保持湿润，经30～40d即可生根。

苗木移栽宜在落叶后或翌春芽萌动前进行。中、小苗一般可裸根栽植，大苗需带土球，起苗时不可伤根皮和顶芽，对过长侧根、侧枝可适当修剪。栽植时要求穴大底平，苗正根展，压实泥土，灌足定根水。

[观赏与应用] 珙桐花奇色美，花盛时犹如满树群鸽栖息，被称为“中国鸽子树”，为我国特有的珍贵树种，也是世界驰名的庭园观花树种。在庭园中可丛植于池畔、溪旁，或与常绿针叶树或阔叶树种混栽。

（二十六）米兰

[学名] *Aglaia odorata* Lout.

[英名] Chu-lan tree

[别名] 树兰、米仔兰

[科属] 楝科，米仔兰属

[形态特征] 常绿灌木或小乔木，多分枝，高可达5m，盆栽呈灌木状，树冠圆球形。顶芽、小枝先端常被褐色星形盾状鳞。羽状复叶，叶轴有窄翅，小叶3～5，倒卵形至长椭圆形，长2～7cm，先端钝，基部楔形，全缘。花黄色，径2～3mm，极芳香，呈腋生圆锥花序，长5～10cm。浆果卵形或近球形，长约1.2cm，无毛。

[产地与分布] 原产东南亚，现广植于世界热带及亚热带地区。我国华南庭园习见栽培观赏，也有野生；长江流域及其以北各大城市常盆栽观赏，温室越冬。

[习性] 喜光，略耐阴，喜暖怕冷，喜土层深厚、肥沃的酸性或中性土壤，不耐旱。对温度十分敏感，很短时间的0℃下低温就会造成植株死亡。夏秋开花。

[繁殖与栽培] 可用扦插、高空压条等方法繁殖。老枝扦插在4～5月选上年枝条作插穗，嫩枝扦插在6～8月选当年生半木质化枝条进行，插穗长10cm，保留上部2～3片叶，扦插基质可选用河沙、珍珠岩等，扦插间距5cm，深度为插穗的1/3。高空压条在5～9月均可进行，以6月梅雨季成活率最高。幼苗上盆后，待长至20～25cm高时即要摘心，促使发侧枝。维持较高的空气湿度对生长有利。生长期不断抽生新枝，形成花穗，因此需要有充足的肥料，一般7～10d追施1次薄肥。夏季炎热时，要置于适度荫蔽地。冬季在室内越冬，温度不能低于5℃。

[观赏与应用] 米兰枝叶繁密常青，花香馥郁，花期特长。除布置庭园及室内观赏外，花可用以窨茶和提炼香精。木材黄色，致密，可供雕刻、家具等用。

（二十七）瑞香

[学名] *Daphne odora* Thunb.

[英名] frangrant daphne，winter daphne

[别名] 睡香、风流树

［科属］ 瑞香科，瑞香属

［形态特征］ 常绿灌木，高1.5～2m。枝细长，光滑无毛。叶互生，长椭圆形至倒披针形，长5～8cm，先端钝或短尖，基部窄楔形，全缘，无毛，叶质厚，表面深绿，有光泽，叶柄短。花被白色或淡红紫色，先端4裂，外面无毛，径1.5cm，甚芳香，呈顶生具总梗的头状花序。核果肉质，圆球形，红色。

常见栽培变种和品种有：毛瑞香（var. *atroculis*），花白色，花瓣外侧有绢状毛；蔷薇瑞香（var. *rosacea*），花淡红色；'金边'瑞香（'Aureo Marginata'），叶缘金黄色，花淡紫色，花瓣先端5裂，基部紫红，香味浓烈，为瑞香中之珍品，尤以江西大余的'金边'瑞香最为闻名。

［产地与分布］ 原产我国长江流域，江西、湖北、浙江、湖南、四川等地有分布，北方多盆栽。

［习性］ 喜阴凉通风环境，不耐寒，怕高温高湿，尤其一些园艺变种，遇烈日、高湿易引起萎蔫，甚至死亡。要求排水良好、富含腐殖质的土壤，忌积水。萌芽力强，耐修剪，易造型。花期3～4月。

［繁殖与栽培］ 繁殖以扦插为主，也可压条、嫁接或播种。扦插在春、夏或秋季均可进行。剪取母树上部枝条，长8～10cm，带踵，保留顶部叶片，插于沙床后遮阳，保持一定湿度，50d左右生根。高压除寒冻天外，全年均可进行，选二年生枝条，对枝条作环状剥皮，宽2cm，伤口稍干后，用塑料袋或竹筒将枝条套入，内衬苔藓，保持湿润，约100d生根，即可剪离母株另行栽植。寒冷地区需在室内越冬，要求温度不低于5℃。栽培时注意土壤不可太干或太湿，防止烈日直接照射。肉质根有香气，需防止蚯蚓危害。春季对过旺枝条应加以修剪。害虫主要有蚜虫和介壳虫，多在干热时期出现，应及时防治。病害有由病毒引起的花叶病，染病植株叶面出现色斑及畸形，开花不良和生长停滞，发现后需连根挖除烧毁。

［观赏与应用］ 瑞香枝干丛生，株形优美，四季常绿，早春开花，香味浓郁，有较高的观赏价值。作园林布置，宜栽在建筑物、假山的阴面及树丛前面。盆栽或制作盆景，颇有市场。

（二十八）木槿

［学名］ *Hibiscus syriacus* L.

［英名］ shrubby althaea

［别名］ 朱槿、朝开暮落花、篱障花

［科属］ 锦葵科，木槿属

［形态特征］ 落叶灌木，多分枝；小枝密被黄色星状绒毛。叶菱形至三角状卵形，端部常3裂，边缘具不整齐齿缺，三出脉。花单生于枝端、叶腋，径5～8cm，花冠钟状，浅紫蓝色；果卵圆形，密被黄色星状绒毛。

常见变种有：白花重瓣木槿（var. *alba-plena*），花纯白，重瓣；琉璃重瓣木槿（var. *coruleus*），枝直立，花重瓣，天青色；紫红重瓣木槿（var. *roseatriata*），花重瓣，花瓣紫红色或带白带。

［产地与分布］ 原产我国，北自辽宁，南达广东，西及四川、陕西，东至东南沿海各地均有分布。

［习性］ 喜光，耐阴。喜温暖、湿润气候，耐干旱及瘠薄土壤，抗寒性、萌芽力强，耐修剪，

易整形。花自6月起陆续开放，延至9月；果期10月。

［繁殖与栽培］以扦插为主，亦可播种繁殖。扦插繁殖简便易活，一般于3月上中旬选取粗壮的1～2年生休眠枝，截成12～15cm长，上下齐节，插入土中2/3，插后浇水，1个月左右生根，当年苗高可达60cm以上。单瓣品种可播种繁殖，种子干藏后春播。木槿生长强健，管理简单。移栽在落叶期进行，通常带宿土。如作绿篱栽植，当小苗长到适当高度时修剪。主要病虫害有叶斑病、枝枯病、绿盲蝽、糠皮盾蚧等。

［观赏与应用］木槿枝叶繁茂，为夏、秋炎热季节重要观花树种，花期长达4个月，花满枝头，娇艳夺目。因枝条柔软，作围篱时可进行编织，常用作花篱、绿篱。也可丛植或单植点缀于庭园、林缘或道旁。对有害气体抗性很强，又有滞尘功能，适宜工厂及街道绿化。全株均可入药。是韩国的国花。

（二十九）木芙蓉

［学名］ *Hibiscus mutabilis* Linn.

［英名］ cottonrose hibiscus

［别名］芙蓉花、拒霜花

［科属］锦葵科，木槿属

［形态特征］落叶灌木或小乔木，高2～5m，茎具星状毛及短柔毛。叶广卵形，3～5掌状分裂，基部心脏形，缘有浅钝齿，两面具星状毛。花大，径约8cm，单生枝端叶腋，花冠白色或淡红色，后变深红色，单瓣或重瓣，花梗5～8cm，近端有节。蒴果扁球形，径约2.5cm，有黄色刚毛及绵毛，果5瓣；种子肾形，有长毛，易于飞散。

栽培品种类型较多，主要有花粉红色、单瓣或半重瓣的红芙蓉和重瓣红芙蓉；花黄色的黄芙蓉；花色红白相间的鸳鸯芙蓉；花重瓣、多心组成的七星芙蓉；花重瓣，初开白色后变淡红至深红色的醉芙蓉等。

［产地与分布］木芙蓉原产我国，黄河流域至华南各省均有栽培，尤以四川成都一带为盛，故成都号称“蓉城”。

［习性］暖地树种，喜阳光，也略耐阴。喜温暖湿润的气候，不耐寒。忌干旱，耐水湿，在肥沃临水地段生长最盛。江、浙一带冬季植株地上部分枯萎，呈宿根状，翌春从根部萌发新枝，在华北常温室栽培。花期9～11月。

［繁殖与栽培］以扦插繁殖为主，分株次之，南方亦可用播种繁殖。扦插在冬季落叶后，选择粗壮的当年生枝条，由基部剪下，除去秋梢，剪成长15cm左右，分级捆扎沙藏。用沙不宜过湿，贮藏期防止插条受冻和霉烂。3月上中旬扦插，株行距8cm×25cm，插条采取开沟栽插，露出地面约6cm，插后填土揿实，充分浇水，行间铺草，保持土壤湿润，发根后加强肥水管理，当年苗高可达1m以上，翌春即可定植。分株在春季进行，先从基部以上10cm处截干，再行分株，成活率高。木芙蓉畏寒，应选择背风向阳处栽植，入冬培土防冻，春暖后扒开壅土。移栽在3月中下旬进行，带宿土。栽种易活，长势强健，萌枝力强，枝条多而乱，必须及时修剪、抹芽。在春季萌芽期需多施肥水，在生长期需施磷肥。若花蕾过多，应适当疏摘。常见害虫有蚜虫、红蜘蛛、盾蚧等，要注意防治。

［观赏与应用］木芙蓉宜丛植于墙边、路旁，也可成片栽在坡地。配置在池边、湖畔，波光

花影，相映益妍。木芙蓉适应性强，铁路、公路、沟渠边均能种植，可护路、护堤。更因对二氧化硫抗性特强，对氟气、氯化氢有一定抗性，在有污染的工厂绿化，既美化环境又净化空气。

（三十）月季

［学名］ *Rosa chinensis* Jacq.

［英名］ Chinese rose

［别名］ 斗雪红、月月红、四季花

［科属］ 蔷薇科，蔷薇属

［形态特征］ 常绿或半常绿灌木，高可达2m，其变种最矮者仅0.3m。小枝具钩刺，或无刺，无毛。羽状复叶，小叶3～5（7）枚，宽卵形或卵状长圆形，长2.5～6cm，先端渐尖，具尖锯齿，托叶大部与叶柄合生，边缘有腺毛或羽裂。花单生或几朵集生成伞房状，花径4～6cm，微香，花梗长3～5cm，常被腺毛，萼片卵形，先端尾尖，羽裂，边缘有腺毛，花瓣紫红、粉红，稀白色。子房被柔毛，蔷薇果卵形或梨形，径1.2cm，红色，萼片宿存（图2-4-10）。

图2-4-10　月　季

（卓丽环、陈龙清，2004）

现代月季栽培品种已达20 000多个，而且还在不断增加，多为我国月季传入欧洲后，与各种蔷薇属植物杂交育成。栽培的品种大致分为六大类，即杂种香水月季（简称HT系）、丰花月季（简称FL系）、壮花月季（简称Gr系）、微型月季（简称Min系）、藤本月季（简称CL系）和灌木月季（简称Sh系）。灌木月季是一个庞大的类群，几乎包括五类所不能列入的各种月季，有半栽培原种、老月季品种，也有新近育成的灌木月季新种。

常见变种有：

紫月季（var. *semperflorens*）　又名月月红。茎较纤细，常带紫红晕，有刺或近于无刺。小叶较薄，常带紫晕。花多单生，紫色至深粉红色，花梗细长且常下垂。

小月季（var. *minima*）　植株矮小，多分枝，高一般不过25cm。叶小而狭，花亦较小，径约3cm，玫瑰红色，单瓣或重瓣。

绿月季（var. *viridiflora*）　花淡绿色，花瓣呈带锯齿之狭绿叶状。

变色月季（var. *mutabilis*）　花单瓣，初开时硫黄色，渐变橙色、红色，后为暗红色，径4.5～6cm。

［产地与分布］ 月季原产我国。现代月季的栽培几乎已遍及除热带和寒带外的世界各地。

［习性］ 月季对气候、土壤的适应性强，我国各地均可栽培。花期5～10月，果期9～11月。现代月季虽对土壤要求不严，但以疏松、肥沃、富含有机质、微酸性的壤土较为适宜。性喜温暖、日照充足、空气流通、排水良好的条件。大多数品种最适温度白昼为15～26℃，晚上为10～15℃。冬季气温低于5℃即进入休眠。有的品种能耐－15℃的低温和35℃的高温，但夏季温

度持续 30℃以上时，即进入半休眠状态，植株生长不良，虽能孕蕾，但花小瓣少，色暗淡而无光泽，失去观赏价值。

月季喜水、肥，在整个生长期都不能失水，尤其从萌芽到放叶、开花阶段，应充分供水，花期水分需要特别多，土壤应经常保持湿润，以保证花朵肥大、鲜艳，进入休眠期后要控制水分。由于生长期不断发芽、抽梢、孕蕾、开花，必须及时追肥，防止树势衰退，使花开不断。

［**繁殖与栽培**］现代月季的繁殖方法有有性繁殖和营养繁殖两种。有性繁殖多用于培育新品种和以播种野蔷薇大量繁殖砧木；营养繁殖有扦插、嫁接、分株、压条、组织培养等方法，其中以扦插、嫁接简便易行，为人们所广泛采用。在长江流域，扦插多在春、秋两季进行。春插一般从 4 月下旬开始，5 月底结束，此时气候温暖，相对湿度较高，插后 25d 左右即能生根，成活率较高。秋插从 8 月下旬开始，至 10 月底结束，此时气温仍较高，但昼夜温差较大，故生根期要比春插延长 10～15d，成活率亦较高。也可充分利用冬季修剪下的枝条进行冬插，如能在温室中培育，成活率很高；若无温室，南方也可选择向阳背风、比较温暖的环境进行露地扦插，但管理上要特别注意防干冻。扦插时，用 500～1 000mg/L 吲哚丁酸或 500mg/L 吲哚乙酸快浸插穗下端，有促进生根的效果。土壤以疏松、排水良好的壤土、掺入 30%的砻糠灰（以体积）为佳。插条入土深度为穗条的 1/3～2/5，早春、深秋和冬季宜深些，其他时间宜浅些。嫁接是繁殖月季的主要手段。要获得优质的嫁接苗，首先要选择适宜的砧木，目前国内常用的砧木有野蔷薇、粉团蔷薇等。多用枝接和芽接，枝接在休眠期进行，南方 12 月至翌年 2 月，北方在春季叶芽萌动以前进行。芽接在生长期均可进行。嫁接后要加强管理。

月季栽培大致上有三种形式，即盆栽、地栽和切花栽培。

盆栽常用于室内观赏，管理可以概括为 10 条四字诀，即：盆土疏松、盆径适当、干湿适中、薄肥勤施、摘花修枝、防治病虫、常放室外、松土除草、剥除砧芽、每年翻盆。

地栽常于公园、风景区、工厂、学校、街道、庭园栽植。地栽方式有平面绿化、垂直绿化等，常用于花坛、花屏、花门、花廊、花带、花篱布置。管理过程最主要的环节是施肥、修剪和病虫害防治。施肥在冬季修剪后至萌芽前进行，此时操作方便，应施足有机肥料。月季开花多，需肥量大，生长季最好多次追肥。5 月盛花后及时追肥，以促夏季开花和秋季花盛。秋季应控制施肥，以防秋梢过旺，受到霜冻。春季开始展叶时新根大量生长，不能施用浓肥，以免新根受损，影响生长。修剪是月季栽培中最重要的工作，主要在冬季，但冬剪不宜过早，否则剪后引起萌发，易遭冻害。剪枝程度根据所需树形而定，低干的在离地 30～40cm 处重剪，留 3～5 个健壮分枝，其余全部除去；高干的适当轻剪。树冠内部侧枝需疏剪，剪去病虫枯枝，较大的植株移栽时要重剪，花后及时剪去花梗，嫁接苗的砧木萌蘖也应及时除去，直立性强的月季可剪成单干树状。

切花月季的栽培，首先要根据市场需求选好品种，通常以 HT 系品种为主，在栽培技术上主要抓住下列环节：

（1）环境选择与小苗定植。栽植地要地势高爽，通风良好，栽前要深翻，施足基肥。小苗定植的时间根据苗龄而定，可在春季或梅雨季节初期，保护地栽培也可在秋季进行。定植株行距以 6m 宽的大棚为例，作 1m 宽的畦 4 条，每畦种 2 行，行距 50cm、株距 20cm，品种不同略有差异。

（2）整枝修剪。修剪可以决定产花日期、单株出花数量和出花等级。一般 HT 系品种全年控制在每株 25～30 支的产量。花后要及时除去病枝、弱枝，适当调整植株高度。剪花时要保留下面两节叶片。萌芽初期要疏芽，及时摘去花枝上的侧芽和副蕾，勿使营养分散。

（3）肥水管理。切花月季喜肥水，春、夏、秋三季应隔天浇水，夏季高温，配合沟灌效果较好，冬天每 5d 浇 1 次水。由于经常浇水，土壤容易板结，应及时松土。施肥量一般 180m^2 的大棚施用腐熟的干饼肥 50kg 即可，营养生长期每周施尿素 5kg，进入开花期要增加磷、钾肥，减少氮肥，连续栽种 3 年的温室要增施微量元素。

（4）冬季保温。栽培切花月季最佳温度为白天 25℃、晚上 15℃，但一般大棚或温室难以达到。如果晚间加温维持在 10℃左右，即能正常生长。以 180m^2 的大棚为例，如能布设 3 根1 000 W 的加温线，则能承受室外－5℃的低温。室温低于 0℃时，花蕾极易冻坏。

［观赏与应用］月季是世界上栽培最广泛、品种最繁多的木本花卉，是我国十大传统名花之一，其花色艳丽，花期极长，是园林布置的好材料，宜作花坛、花境及基础栽培用，在草坪、角隅、庭园、假山等处配置也很合适，又广泛用作盆花及切花观赏。

（三十一）贴梗海棠

［学名］*Chaenomeles speciosa*（Sweet）Nakai.

［英名］Japan quince，common flowering quince

［别名］贴梗木瓜、皱皮木瓜

［科属］蔷薇科，木瓜属

［形态特征］落叶灌木，高可达 2m。小枝开展，无毛，有枝刺。叶卵形至椭圆形，叶缘锯齿尖锐，两面无毛，有光泽；托叶肾形、半圆形，有尖锐重锯齿。花红色、淡红色、白色，3～5 朵簇生在二年生枝上；萼筒钟状。梨果卵形至球形，径 4～6cm，黄色、黄绿色，芳香，近无梗。花期 3～5 月，果熟期 9～10 月。

［产地与分布］原产我国西北、西南、中南、华东，现各地均有栽培。

［习性］喜光，亦耐阴。适应性强，耐寒，耐旱，耐瘠薄，不耐水涝，土壤排水不良或积水常引起烂根。耐修剪。

［繁殖与栽培］分株、扦插或压条繁殖。分株在早春土壤解冻后进行。扦插于 6～7 月进行，选择粗壮的新枝，剪成 12～15cm 长的插穗，插入河沙或蛭石等基质中。栽培管理较简单，每年秋季施一次有机肥便可，生长期不施肥，肥水过量常造成徒长和着花减少。花后应对上年生枝条顶部适当短截，只留 30cm，以促使分枝，可增加翌年开花量。

［观赏与应用］贴梗海棠繁花似锦，花色艳丽，是早春重要观赏花木。常丛植草坪一角、树丛边缘、池畔、花坛、庭园墙隅，也可与山石、劲松、翠竹配小景，是制作盆景的好材料。果供观赏、闻香、泡药酒、制蜜饯。

（三十二）笑靥花

［学名］*Spiraea prunifolia* Sieb. et Zucc.

［英名］spiraea prunifolia，bridal wreath

［别名］李叶绣线菊

［科属］蔷薇科，绣线菊属

[形态特征] 落叶灌木，高可达3m。小枝细长，稍具棱，幼枝被柔毛，后渐脱落，老时近无毛，芽无毛，芽鳞数枚。叶卵形至长圆状披针形，先端急尖，基部楔形，具细尖的单锯齿，上面幼时微被柔毛，老时仅下面被柔毛，脉羽状。伞形花序，无总梗，花3～6朵，基部具数枚小叶，花梗长0.6～1cm，被柔毛，花重瓣，径达1cm，白色。

同属植物原产我国的有50余种，不少种类已作为庭园植物栽培，常见的有：

麻叶绣线菊（*S. cantoniensis*） 又称麻叶绣球，以花繁为特点，落叶小灌木，丛生，枝开展。小枝暗红色，枝皮有时呈剥落状。叶菱状披针形至菱状椭圆形，顶端急尖，近中部以上有缺刻状锯齿。花白色，10～30朵集成半球状伞形花序，4～5月与叶同时开放。蓇葖果直立。适应性强，栽培容易，城市园林中广泛应用。

珍珠绣线菊（*S. thunbergii*） 又称珍珠花，叶条状披针形，自中部以上具尖锯齿。伞形花序无总梗，具花3～7朵，白色。

中华绣线菊（*S. chinensis*） 小枝红褐色，叶菱状卵形至倒卵形。花白色，较小，花期自5月开花后陆续延至秋季。

粉花绣线菊（*S. japonica*） 又称日本绣线菊，叶椭圆状披针形至宽披针形。花粉红色或红色，伞形花序，着生在当年新梢顶端，5月下旬开花后陆续延至9月上旬。原产日本，我国各地都有栽培。

[产地与分布] 产于我国陕西、山东、江苏、安徽、浙江、江西、湖南、湖北、四川及贵州等地，习见栽培各地观赏庭园。朝鲜、日本均有栽培，喜生于溪谷河边。

[习性] 笑靥花性喜光，稍耐荫蔽。较耐干燥及寒冷气候，对土壤要求不严，微酸性、中性土壤均能适应，在排水良好、肥沃的土壤上生长特别繁茂。萌蘖力强，容易分株繁殖，萌芽力也较强，故耐修剪整形。花期3～5月。

[繁殖与栽培] 繁殖用扦插、分株、播种均可。休眠枝扦插在2月中下旬进行，插穗选一年生粗壮枝的中下段，长10～12cm，插入土中2/3，揿实浇水，之后经常保持土壤湿润，4月盖帘遮阳。半成熟枝扦插于6月中下旬进行，取已半木质化的壮枝，上端留2～3片叶，插入土中1/2，充分浇水，随即搭棚遮阳。分株在2～3月间进行，可结合移植，从母株分离出萌蘖条，适当修短后分栽。亦可培肥土促使母株多发萌蘖，在第二年掘取分栽。播种，种子采收后密藏过冬，翌年3月进行。

移植在落叶期进行，一般苗需带宿土，大苗株丛需带土球。花后需进行轻修剪，适当疏除过密枝条。植株衰弱时可在休眠期进行重剪，并施足基肥，使其更新。

[观赏与应用] 笑靥花仲春展花，与叶同放，翠叶青青，繁花皑皑，花姿圆润，笑颜如靥，为一优良观花灌木，丛植池畔、坡地、路旁、崖边或树丛边缘，颇饶雅趣，若片植于草坪及房屋前后，作基础栽培，亦甚相宜。

（三十三）海棠花

[学名] *Malus spectabilis*（Ait.）Borkh.

[英名] Chinese flowering crabapple

[别名] 梨花海棠

[科属] 蔷薇科，苹果属

［形态特征］落叶小乔木，枝干直立，树冠广卵形。树皮灰褐色，小枝粗壮，幼时疏生短柔毛。叶椭圆形，基部宽楔形或近圆形，锯齿紧贴，表面绿色而有光泽，叶柄细长，基部有2片披针形托叶。花5～7朵簇生，伞形总状花序，未开时红色，开后渐变为粉红色，多为半重瓣，也有单瓣者，萼片5枚，三角状卵形。梨果球状，黄绿色，基部不凹陷，梗洼隆起，萼片宿存（图2-4-11）。花期4～5月，果熟9月。

图2-4-11　海棠花
1. 花枝　2. 果枝

同属我国约有20余种或变种，多数可以观赏，城市中常见栽培者有：

垂丝海棠（*M. halliana*）　树冠疏散；叶狭长，质较厚，缘齿细而钝，表面暗绿色常带紫晕；萼片先端钝；花梗细长下垂，色红艳；果倒卵形。其变种有：重瓣垂丝海棠（*var. parkmanii*），花近似重瓣，色红艳；白花垂丝海棠（*var. spontanea*），花朵较小，略近白色。

湖北海棠（*M. hupehensis*）　乔木，枝坚硬开张，幼枝被柔毛，后脱落。与垂丝海棠极相似，主要区别在于叶缘具细锐锯齿，萼片先端尖，花柱3，果椭圆形。

西府海棠（*M. micromalus*）　树姿端直；小枝紫色；叶宽，质薄，缘齿尖锐；花梗略短而不下垂；花初放色浓如胭脂，开后渐淡。耐寒力强。

此外，欧美广为栽培通过远缘杂交育成的花果兼用的杂种海棠，品种丰富，美丽可观，国内已引入，并繁殖推广，深受欢迎，如‘火焰’（‘Flame’）、‘马卡’（‘Makamik’）、‘赛山’（‘Seekirk’）、‘金峰’（‘Golden Horner’）等。

［产地与分布］原产我国，陕西秦岭、甘肃、辽宁、河北、河南、山东、江苏、浙江、云南、四川等地均有分布。原产于海拔2 000m以下的山区、平原，但野生的已不易见到。现在全国各地普遍栽培。

［习性］喜光，不耐阴，宜植于南向之地。对严寒的气候有较强的适应性，其耐干旱力也很强。多数种类在干燥的向阳地带最宜生长，有些种类还能耐一定程度的盐碱，但以土壤深厚肥沃，pH5.5～7.0的微酸性至中性黏壤中生长最盛。忌水涝，萌蘖力强。

［繁殖与栽培］以播种或嫁接繁殖为主。种子繁殖的实生苗生长较慢，需10多年才能开花。播种在9月采种，堆放后熟，揉搓水洗，冬播或层积处理，种子必须经30～100d的低温层积催芽处理，翌年春播，种子不能干藏。园艺品种的实生苗多数会产生变异，不能保持原来的优良特性，故一般多行嫁接繁殖，嫁接可提早开花。嫁接常以野海棠、山荆子等作砧木。枝接、芽接均可，春季树液流动发芽前枝接，秋季7～9月间可芽接。枝接可用切接、劈接等法。接穗选取发育充实的一年生枝，取其中段（有2个以上饱满的芽）。芽接多用T形接。枝接苗当年苗高可达80～100cm，冬季截去顶端，促使翌春长出3～5条主枝，第二年冬再将主枝顶端截之，养成骨干枝，嗣后只修过密枝、向内枝、重叠枝，保持圆整树冠。移栽在落叶后至发芽前进行，中小苗

留宿土或裸根移植，大苗应带泥球。海棠一般多行地栽，但也可制作桩景盆栽。

［观赏与应用］海棠种类繁多，树形多样，叶茂花繁，丰盈娇艳，为著名观赏花木，有“花中神仙”之美誉，各地无不以海棠的丰姿艳质来装点园林。可在门庭两侧对植，或在亭台周围、丛林边缘、水滨池畔布置，若在观花树丛中作主体树种，其下配置春花灌木，其后以常绿树为背景，则尤绰约多姿，妩媚动人。若在草坪边缘、水边湖畔成片群植，或在公园步道两侧列植或丛植，亦具特色。海棠不仅花色艳丽，其果实亦玲珑可观。因它对二氧化硫有较强的抗性，故也适用于城市街道绿化和厂矿区绿化。

（三十四）梅花

［学名］*Prunus mume* Sieb. et Zucc.（*Armeniaca mume* Sieb.）

［英名］Japanese apricot，mume plant，mei flower

［别名］花梅、春梅、干枝梅、木九、木丹

［科属］蔷薇科，李属

［形态特征］落叶小乔木，高可达10m，常具枝刺。干褐紫色，多纵皱纹，小枝呈绿色或以绿为底色，无毛。叶广卵形至卵形，长4～10cm，先端长渐尖或尾尖，边缘具细锐锯齿，基部阔楔形或近圆形，幼时两面被短柔毛，后多脱落，成熟的叶片仅在下面脉上有毛，而以腋间为多，柄长0.5～1.5cm；托叶脱落性。花多每节1～2朵，多无梗或具短梗，淡粉红或白色，径2～3cm，有芳香，多在早春先叶而开，花瓣5枚，常近圆形；萼片5枚，多呈绛紫色；雄蕊多数，离生，子房密被柔毛，上位，花柱长（图2-4-12）。核果近球形，径2～3cm，黄色或绿黄色，密被短柔毛，味酸，核面有小凹点，与果肉粘着。6月果熟。

图2-4-12　梅　花
1. 花枝　2. 叶枝　3. 花纵剖面
4. 雄蕊　5. 雌蕊

我国主要梅树野生变种与变型有：长梗梅（曲梗梅）（var. *cernua*），果梗长至1cm；毛梅（var. *goethartbiana*），叶背面、花梗、萼片、子房等部位均有毛；小梅（var. *microcarpa*），枝细、花小、果亦小，滇、黔有野生；常绿梅（var. *sempervirens*），叶较厚、深绿，梅花开放时仍有大量绿叶在枝头。

我国梅花现有300多个品种，按国际园艺学会最新规定［《国际栽培植物命名法规》第7版，(2004，中文译版2006)］，在梅种之下设11个品种群，即：单瓣（江梅）品种群，开单瓣白花；宫粉品种群，花粉红至大红，复瓣至重瓣；玉蝶品种群，花复瓣至重瓣，白色；绿萼品种群，萼片绿色，花白色，单瓣至重瓣；黄香品种群，花单瓣至重瓣，淡黄色；跳枝（洒金）品种群，一树开具有斑点或条纹之二色花，单瓣至复瓣；朱砂品种群：枝内新生木质部淡暗紫色，花紫色至红紫色，单瓣至重瓣；垂枝品种群，枝斜垂至下垂，或先直上而后悬垂，花单瓣至重瓣，各色；龙游品种群，花白色，复瓣，花萼紫褐色，枝天然扭曲如游龙；杏梅品种群，花淡粉至红色，单

瓣至重瓣，无典型梅花香味，花托肿大，果核表面具小点穴；美人（樱李梅）品种群，叶紫红，花紫红，复瓣至重瓣，无梅花香味，花托无或部分肿大，果可鲜食，核表面具小点孔。原来分系（种系）、类、型之梅品种分类体系已为分 11 品种群之新系统所代替。

[产地与分布] 梅花原产我国，而以横断山脉、西藏、云南、四川、贵州一带为中心，其余则北至黄淮，南迄两广，跨海至台湾，均有野梅，但经多年人为破坏，现仅在安徽、湖北、湖南、浙江、江西、河南、福建、台湾等地有野生。

自 1957 年起，北京林学院（现称北京林业大学）即与中国科学院北京植物园及中国林业科学研究院等协作进行南梅北移的研究，通过直播、迁移驯化、远缘杂交等法，已将梅花成功引至华北、东北、西北直至大庆、乌鲁木齐露地开花，栽培分布也有极大扩展。

[习性] 梅喜温暖气候，亦较为耐寒，但一般不能抵抗－15～－20℃以下的低温，对温度很敏感。开花特早，一般在旬平均气温达 6～7℃时开花，乍暖之后尤易提前开放。梅喜空气湿度较大，但花期忌暴雨，要求排水良好，涝渍数日即可造成大量落叶或根腐致死。对土壤要求不严，且颇能耐瘠薄，几乎能在山地、平地的各种土壤中生长，而以黏壤土或壤土为佳，中性至微酸性最宜，微碱性也可正常生长。梅是阳性树种，最宜阳光充足，通风良好，但忌在风口栽培，在北方尤属大忌。寿命长，可达1 300年。萌芽、萌蘖力均较强。

[繁殖与栽培] 常用嫁接繁殖。作为梅的砧木，南方多用梅和桃，北方常用杏、山杏或山桃。杏和山杏都是梅的优良砧木，嫁接成活率高，且耐寒力强。梅共砧表现良好，尤其用老果梅树蔸作砧嫁接成古梅树桩，更为相宜。通常用切接、劈接、舌接、腹接或靠接，于春季砧木萌动后进行，腹接还可在秋季进行，芽接多于 6～9 月进行。为了培育新品种和砧木，可用播种繁殖，6 月收成熟种子，清洗晾干，秋播，如春播需进行层积处理。

梅花的栽培分为露地园林栽培和盆景栽培等方式。露地园林栽培最重要的是要适地适树，要选择适当的地点，符合其生态要求。一般栽 2～5 年生大苗，栽植方式有孤植、丛植或群植。栽前要掘树穴，施基肥，栽后要浇透水，加强管理。梅树整形，以自然开心形为宜。修剪一般宜轻度，并以疏剪为主，短截为辅。1 年一般应施 3 次肥，即秋季至初冬施基肥，含苞前尽早施速效性肥，新梢停止生长后（6 月底至 7 月初）要适当控制水分，并施过磷酸钙等速效性“花芽肥”，以促进花芽分化。盆景栽培，先将苗木经露地栽培数年后于年底上盆，栽前栽后均要整形修剪。修剪梅桩、盆梅，应较露地梅花为重。盆梅浇水要适度，太多易落黄叶，太干易落青叶，在新梢达 30cm 左右后，约在 6 月间要适当控制水分，并增施追肥，促进花芽分化。花前先置于冷室向阳处，含苞待放时移至室内观赏，花后应进行强度短截，仍移至露地培养，借以恢复元气，增强长势。因梅花对温度很敏感，要使它在元旦、春节开花，因时间已接近自然花期，很容易做到，但要注意增温不宜太快，要经常洒水，以保持其空气湿度，并将其放置于阳光充足之处，花蕾露色后，移至低温处，这样可维持 10～20d 不开花，若给予 10～15℃的条件，则经一周左右即可开花。

[观赏与应用] 梅苍劲古雅，疏枝横斜，花先叶开放，傲霜斗雪，色、香、态俱佳，是我国名贵的传统花木。孤植、丛植于庭园、绿地、山坡、岩间、池边以及建筑物周围，无不相宜；成片群植犹如香雪海，景观更佳；如与苍松、翠竹、怪石搭配，则诗情画意、跃然而出。梅桩作成树桩盆景，古雅风致，盎然可爱。亦可供瓶插。

（三十五）棣棠

［学名］ *Kerria japonica*（L.）DC.

［英名］ Japanese kerria

［别名］ 黄榆梅、黄度梅

［科属］ 蔷薇科，棣棠属

［形态特征］ 丛生落叶小灌木，高 1～2m。小枝绿色有棱，光滑，柔软下垂。叶卵形、卵状椭圆形，尖锐重锯齿，叶面皱褶。花金黄色，5 瓣，萼片宿存（图 2-4-13）。瘦果黑色，扁球形。花期 4～5 月，果熟期 7～8 月。

常见观赏栽培的品种有：'重瓣'棣棠（'Pleniflora'），花重瓣；'金边'棣棠（'Aureo-variegata'），叶边缘黄色；'银边'棣棠（'Picta'），叶边缘白色。

［产地与分布］ 产于我国和日本。我国长江流域及秦岭山区均有野生分布，现各地广泛用于园林绿化。

图 2-4-13　棣　棠

（卓丽环、陈龙清，2004）

［习性］ 喜半阴，忌烈日直射。喜温暖、湿润气候，不耐严寒，华北地区需选背风向阳处栽植。对土壤要求不严，耐湿。萌蘖力强，病虫害少。

［繁殖与栽培］ 以分株或扦插繁殖为主，播种次之。分株在春季发芽前进行，或从母株掘取萌芽分栽，成活甚易。休眠枝扦插在 3 月选取一年生健壮枝中下段作插穗，长 10～12cm，插入土中 2/3；半木质化枝条扦插以 6 月为宜，插穗长 10cm 左右，保留上部 2 叶片，插后遮阳浇水，约 20d 生根。播种在 8 月下旬采种，翌年 3 月条播。移植在春季进行，需带宿土，极易成活。生长迅速，每隔 2～3 年应重剪 1 次，新生枝不需短截或摘心。

［观赏与应用］ 棣棠花色金黄，枝叶鲜绿，花期从春末到初夏，重瓣棣棠可陆续开花至秋季。适宜于花境、花篱或建筑物周围作基础种植材料，墙际、水边、坡地、路隅、草坪、山石旁丛植或成片配置。

（三十六）榆叶梅

［学名］ *Prunus triloba* Lindl.

［英名］ flowering almond

［别名］ 小桃红

［科属］ 蔷薇科，李属

［形态特征］ 落叶灌木或小乔木。叶片宽椭圆形至倒卵形，先端渐尖，有时 3 裂，边缘有不等的粗重锯齿。花腋生，先叶开放，粉红色或近白色，花柄极短。核果橙红色，近球形，直径 1～1.5cm，有毛，味酸苦（图 2-4-14）。有单瓣、半重瓣、重瓣等品种和变种。

［产地与分布］ 原产我国，分布于黑龙江、河北、山东、山西、江苏、浙江等地，栽培甚广。

［习性］ 温带树种，喜光，耐寒。对土壤要求不严，但以中性至微碱性而疏松肥沃的沙壤土为佳，不耐水涝。根系发达，耐旱力强。花期 4 月上中旬，北方适当推迟，单株花期 10d 左右；果实 6 月成熟。

［繁殖与栽培］ 一般用嫁接或播种繁殖。嫁接的砧木多选用 1～2 年生的毛桃、山杏或本砧实

生苗，也可用梅实生苗。如欲将其培养成小乔木状，可在山杏等砧木的主干上进行高接，使树冠的位置提高。枝接宜在春季芽萌动前进行，芽接在7～8月进行。播种多在种子成熟后秋播，亦可沙藏后春播，在实生苗中可发现各种变异，可从中选出优良的单株。

栽植可在秋季落叶后至早春芽萌动前进行。如欲移植成龄植株，可在前一年的7～8月间，以保留根系完好为度，由两面或三面进行断根，可以促使多长须根，对栽后成活有利。栽培中需注意修剪。在幼龄阶段，花谢以后应对花枝适当短截，促使腋芽萌发后多形成侧枝。当植株进入中年以后，株丛已长得相当稠密，这时应停止短截，疏剪丛内过密枝条。花谢后要及时摘除幼果，以免消耗营养而影响来年开花。还可在定植以后修剪成小乔木状，由于该树型主干上的侧枝稠密适度，营养分配更加合理，因此不必再摘除幼果，让成串的果实挂满枝头，鲜红美丽，具有一定的观赏价值。花后需施以追肥，以利花芽分化，使来年花大而繁。如盆栽或孤植，应注重其姿态和神韵。

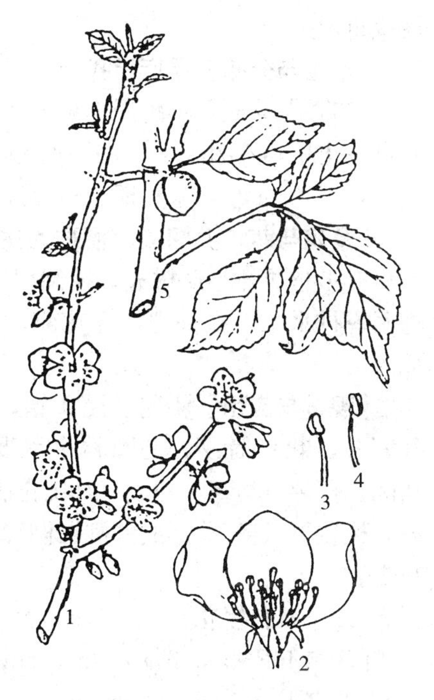

图2-4-14　榆叶梅
1. 花枝　2. 花纵部面
3、4. 雄蕊　5. 果枝

［观赏与应用］榆叶梅枝叶茂密，花繁色艳。宜栽于公园草地、路边，或庭园中的墙角、池畔。也适宜盆栽和作切花。

（三十七）桃

［学名］*Prunus persica*（L.）Batsch.

［英名］ornamental peach

［别名］桃花

［科属］蔷薇科，桃属

［形态特征］落叶小乔木，高可达4m。小枝红褐色或褐绿色，无毛。叶椭圆状披针形，叶缘具细钝锯齿，托叶线形，有腺齿。花单生，先叶开放，粉红色。果卵球形，表面密生绒毛，肉质多汁（图2-4-15）。

图2-4-15　桃　花
（卓丽环、陈龙清，2004）

桃树栽培历史悠久，品种多达3 000个左右，我国约有1 000个。按用途可分食用桃和观赏桃两大类。观赏桃常见类型有：碧桃（f. *duplex*），花粉红色，重瓣；白碧桃（f. *alba-plena*），花白色，重瓣；红碧桃（f. *rubro-plena*），花深红色，重瓣；寿星桃（f. *densa*），树型矮小，枝紧密，节间短，花有红色、白色两个重瓣品种；垂枝桃（f. *pendula*），枝下垂，花重瓣，有白、红、粉红、洒金等半重瓣、重瓣不同品种；紫叶桃（f. *atropurea*），叶常年紫红色，花淡红色，单瓣或重瓣。

［产地与分布］原产于我国甘肃、陕西高原地带，全国都有栽培，栽培历史悠久。

［习性］喜光，不耐阴。耐干旱，有一定的耐寒力。对土壤要求不严，耐贫瘠、盐碱，需排水良好土壤，不耐积水，在黏重土壤栽种易发生流胶病。浅根性，根蘖性强，生长迅速，寿命短。花期3～4月，果熟期6～8月。

［繁殖与栽培］嫁接、播种为主，亦可压条繁殖。嫁接以1～2龄实生苗或山桃苗作砧木。栽培时多整成开心形树冠，控制树冠内部枝条，使其透光良好。北方应注意春灌，南方应注意梅雨季排水。冬施基肥，开花前、花芽分化前施追肥。应加强病虫害的防治，尤其是天牛的危害。

［观赏与应用］桃花烂漫妩媚，栽培历史悠久，古有"桃之夭夭，灼灼其华"之誉，且品种繁多，栽培简易，是园林中重要的春季花木。孤植、列植、群植于山坡、池畔、山石旁、墙际、草坪、林缘，构成三月桃花满树红的春景。最宜与柳树配置于池边、湖畔，"绿丝映碧波，桃枝更妖艳"，形成"桃红柳绿"之动人春色，可用各种品种配置成专类景点。也可盆栽观赏。

（三十八）樱花

［学名］*Prunus serrulata* Lindl.

［英名］ornamental cherry

［别名］山樱花、福岛樱、青肤樱

［科属］蔷薇科，李属

［形态特征］落叶乔木，高10～25m。树皮暗褐色，光滑，小枝无毛。叶卵形至卵状椭圆形，长6～12cm，先端尾状，缘有尖锐重锯齿或单锯齿，齿端短刺芒状，两面无毛，背面苍白色，幼叶淡绿褐色，叶柄长1.5～3cm，无毛，常有2～4个腺体。花白色或淡粉红色，径2.5～4cm，萼筒钟状，无毛，萼裂片有细锯齿，3～5朵聚成短总状花序。

变种和品种有：毛叶山樱花（var. *pubescens*），叶之两面、叶柄、花梗及花萼均多被毛；山樱花（'Spontanea'），花单瓣，较小，径约2cm，白色或粉红，花梗及花萼无毛，2～3朵聚成总状花序。

此外，樱花的相近种及变种和品种亦较多，常见栽培的有：

日本晚樱（*P. lannesiana*）　叶缘有长芒状重锯齿；花大，重瓣，具芳香，花色不一，花梗也有色。品种有50个以上，主要变种和品种有：重瓣白樱花（var. *albo-plena*），花白色重瓣，栽培广泛；红白樱花（var. *albo-rosea*），花重瓣，花蕾淡红色，开后变白色，有2叶状心皮夹其中；瑰丽樱花（var. *superba*），花甚大，淡红色，重瓣，花有长梗；重瓣红樱花（'Rosea'），花粉红色，重瓣。

东京樱花（*P. yedoensis*）　也称吉野樱、东京樱。花朵纷繁，花态美丽，单瓣或重瓣，品种繁多。

大叶早樱（*P. subhirtella*）　也称日本早樱。开花早，桃红色。主要品种有垂枝樱花（'Pendula'），枝开展而下垂，花粉红色，瓣多至50枚以上，花萼有时为10片。

［产地与分布］产于我国长江流域至东北、华北，朝鲜、日本均有分布。

［习性］樱花为温带树种，性喜光，喜深厚肥沃而排水良好土壤，有一定耐寒能力，栽培品种在北京地区宜选小气候条件较好处栽植。根系较浅，对海潮风抵抗力较弱。对烟尘及有害气体抗性不强。花期 4 月，与叶同放；7 月果熟。

［繁殖与栽培］常用嫁接繁殖。嫁接砧木可用适应性强的单瓣樱花或樱桃实生苗，于 3 月下旬切接或 8 月下旬芽接，接活后经 3～4 年的培育即可出圃。移植在落叶后至萌芽前进行。栽植后除幼树适当修剪外，大树尽量少修剪。樱花也可高枝换头嫁接用于老树更换新品种，采用劈接，成活率可达 90%以上。

［观赏与应用］樱花春日繁花竞放，浓艳喜人，我国栽培观赏已久，秦汉时期即已应用于宫苑之中，唐代已普遍于私家庭园栽植。其妩媚多姿，繁花似锦，孤植、丛植或群植，无不适宜，尤以群植于公园及名胜地区、风景区为佳；亦可列植于道旁，背衬常绿树，前流溪水，则红绿相映，相得益彰，且景色清幽；植为堤岸树或风景树，盛开时节，佳景媚人。

（三十九）金丝桃

［学名］*Hypericum chinensis* L.

［英名］Chinese hypericum

［科属］藤黄科，金丝桃属

［形态特征］常绿、半常绿或落叶灌木，高 0.6～1m。小枝圆柱形，红褐色，光滑无毛。叶无柄，长椭圆形，长 4～8cm，先端钝，基部渐狭而稍抱茎，表面绿色，背面粉绿色。花鲜黄色，径 3～5cm，单生或 3～7 朵成聚伞花序；萼片 5，卵状矩圆形，顶端微钝；花瓣 5，倒卵形；雄蕊多数，5 束，较花瓣长；花柱细长，顶端 5 裂。蒴果卵圆形（图 2-4-16）。

图 2-4-16　金丝桃
（卓丽环、陈龙清，2004）

［产地与分布］原产我国，广泛分布于河北、河南、陕西、江苏、浙江、台湾、福建、江西、湖北、四川、广东等地。日本也有分布。

［习性］暖温带树种，性喜光，略耐阴，喜生于湿润的河谷或半阴坡地沙壤土上，耐寒性不强，畏积水。萌芽力强，耐修剪。花期 6～7 月，果熟期 8～9 月。

［繁殖与栽培］可用播种、分株及扦插等方法繁殖。播种繁殖在 3～4 月进行，种子细小，播后覆土要薄，注意保湿，实生苗第二年即可开花。扦插多于夏秋用嫩枝插于床中，插后当年可长到 20cm，第二年可移栽。北方多行盆栽，结合换盆可行分株。露地宜选大建筑物前避风向阳处栽植，冬季宜根际培土防寒。金丝桃管理粗放，但需进行修剪，花谢后宜剪去花头及过老枝条进行更新。

［观赏与应用］金丝桃花叶秀丽，是南方庭园中常见的观赏花木。可植于庭园内、假山旁及路边、草坪处。华北多行盆栽观赏，也可作为切花材料。果及根可入药，果可治百日咳，根有祛风湿、止咳、治腰痛之效。

三、其他种类

表2-4-1 其他花木类树种简介

中名	学名	科属	性状	习性	观赏特性及应用
云南山茶花	*Camellia reticulata*	山茶科 山茶属	常绿大灌木或小乔木	喜侧方庇荫，耐寒性比山茶花弱，畏严寒酷暑，忌碱土	全世界享有盛名的观花树种之一
油茶	*Camellia oleifera*	山茶科 山茶属	常绿灌木或小乔木	喜光，暖地阳性树种，不耐盐碱土，深根性，生长缓慢，萌蘖力强	观花及木本油料植物，适于在树丛、道旁拐角处配置，或丛植、群植、孤植
茶梅	*Camellia sasanqua*	山茶科 山茶属	常绿灌木或小乔木	性强健，喜光，有一定抗旱性，抗寒力较强	同山茶，可作基础种植及篱木材料
四照花	*Dendrobenthamia japonica* var. *chinensis*	山茱萸科 四照花属	落叶灌木或小乔木	喜光，喜温暖湿润气候，有一定的耐寒力	在庭园中常丛植于草坪、林缘、池畔
白兰花	*Michelia alba*	木兰科 白兰属	常绿乔木	喜光、不耐阴，喜温暖、湿润、通风，喜微酸性土，忌积水，抗烟力弱	一般盆栽，在广东、广西、云贵等地可露地群植、孤植
连翘	*Forsythia suspensa*	木犀科 连翘属	落叶灌木	喜光，耐寒力强，忌涝，病虫害少	优良的早春观花灌木，宜于宅旁、篱下及路边配置
海仙花	*Weigela coraensis*	忍冬科 锦带花属	落叶灌木	喜光，耐寒性不及锦带花，北京能露地越冬	同锦带花，稍逊色
锦带花	*Weigela florida*	忍冬科 锦带花属	落叶灌木	温带树种，喜光，耐寒，忌涝	丛植于草坪、路边、建筑物前，密植作花篱或用作盆栽观赏
猬实	*Kolkwitzia amabilis*	忍冬科 蝟实属	落叶灌木	喜光，耐寒	在园林中可植成花篱，还可用作切花
糯米条	*Abelia chinensis*	忍冬科 六道木属	落叶灌木	喜凉爽湿润环境，耐瘠薄干旱，萌蘖力、萌芽力强，耐修剪整形	宜在庭园、池畔、路边配置，也可群植作花篱
金缕梅	*Hamamelis mollis*	金缕梅科 金缕梅属	落叶灌木或小乔木	喜光，喜温暖湿润气候，有一定耐寒力	孤植或丛植于庭园观赏，亦可作切花用
蜡瓣花	*Corylopsis sinensis*	金缕梅科 蜡瓣花属	落叶灌木	喜光，喜温暖湿润气候及酸性土壤，忌干燥	花期甚早，宜丛植于林缘、草地边缘，作基础种植亦甚适宜
八仙花	*Hydrangea macrophylla*	虎耳草科 八仙花属	落叶灌木	亚热带树种，不耐寒，华北多盆栽，不耐积水，忌强烈日光	宜配置在林丛边缘或门庭入口处，或列植成花篱、花境，可用于盆栽欣赏
山梅花	*Philadelphus incanus*	虎耳草科 山梅花属	落叶灌木	喜光，耐寒，耐旱，怕水湿，性强健	作庭园及风景区观赏材料，宜丛植或片植
溲疏	*Deutzia scabra*	虎耳草科 溲疏属	落叶灌木	亚热带及温带树种，有一定的耐寒力，萌芽力强，耐修剪	观花点缀树种，也可作花篱，花枝可供切花插瓶
六月雪	*Serissa foetida*	茜草科 六月雪属	常绿或半常绿小灌木	亚热带树种，抗寒力不强，萌芽力、萌蘖力均强，耐修剪	适宜作花坛境界、花篱及下木，也可制作盆景
芫花	*Daphne genkwa*	瑞香科 瑞香属	落叶灌木	喜光，耐干旱，耐寒性较强，萌蘖力较强	春天先叶开花，是一种很好的矮生花木

（续）

中名	学　名	科　属	性　状	习　性	观赏特性及应用
结香	*Edgeworthia chrysantha*	瑞香科 结香属	落叶灌木	暖温带树种，耐寒力较差，怕积水，根颈处易长萌蘖	适宜孤植、列植、丛植于庭前、道旁，也可盆栽
白鹃梅	*Exochorda racemosa*	蔷薇科 白鹃梅属	落叶灌木	喜温暖气候，喜光，耐干燥瘠薄，耐寒力较强	美丽的观赏树种，适于草坪、林缘、路边及假山岩间配置
杏	*Prunus armeniaca*	蔷薇科 李属	落叶乔木	适应性强，尤其适应大陆性气候环境，耐寒力强，不耐涝	早春开花，有“北梅”之称，可植于庭园、堂前
李	*Prunus salicina*	蔷薇科 李属	落叶小乔木	温带树种，性喜光，耐寒性强，不耐干旱瘠薄，萌芽力强	宜群植，远距离观赏，也可孤植山石之间，或片植
香水月季	*Rosa odorata*	蔷薇科 蔷薇属	常绿或半常绿灌木	原产我国西南部，喜肥沃湿润、排水良好的土壤，忌炎热，不耐寒	花型优雅，开花不断，为珍贵的花木之一，配置方式同月季
珍珠梅	*Sorbaria kirilowii*	蔷薇科 珍珠梅属	落叶丛生灌木	喜光，耐寒，萌蘖性强	优良的庭园观赏树种，宜丛植
金丝梅	*Hypericum patulum*	金丝桃科 金丝桃属	常绿或半常绿灌木	喜光，有一定的耐寒能力，不耐积水	同金丝桃

第二节　叶 木 类

一、概　　述

1. 概念与范畴　叶木类专指叶形或叶色等具有良好观赏价值的树种，按照它们的各自特点，大致可以分为下列三类。

（1）亮绿叶类。本类均为常绿树种。枝叶繁茂，叶幕厚密，叶色浓绿而富有光泽，是各类庭园中最为常见的树种。如海桐、蚊母树、石楠、珊瑚树、大叶黄杨等。

（2）异形叶类。叶绿色但叶形奇特，与其他树种迥异。如鹅掌楸、苏铁、柽柳、七叶树、八角金盘、蒲葵、棕榈、棕竹、丝兰、凤尾兰等。

（3）异色叶类。叶色异于常规树种，可分为终年彩色树种和季节性变色树种两类。

①终年彩色树种：多数为常绿树，叶片从幼叶到衰老，彩色始终存在，四季可观，丰富园林景色。根据叶身彩色的分布特点，可细分成如下各类：

嵌色：如金心大叶黄杨、金心胡颓子、银斑大叶黄杨。

洒金：如洒金桃叶珊瑚、洒金千头柏。

镶边：如金边黄杨、银边黄杨、玉边胡颓子。

复色：如变叶木、红背桂、银白杨、木半夏。

全年红：如红枫、红花檵木。

全年紫：如紫叶李、紫叶桃、红枫、紫叶小檗。

②季节性变色树种：绝大多数为落叶树，叶色在落叶前3～5周转色。

秋红型（含大红、洋红、橙红、紫红等）：如鸡爪槭、枫香、黄栌、盐肤木、黄连木、紫薇、檫木、乌桕、卫矛、山麻杆、榉树、南天竹等。

秋黄型（含鲜黄、淡黄、橙黄等）：如银杏、复叶槭、刺楸、无患子、槲栎、七叶树、金钱松、山胡椒等。

2. 繁殖与栽培要点　叶木类树种繁殖方法的选用与具体种类有关。亮绿叶类和异形叶类播种繁殖和营养繁殖均可，如果树种的结实量大，且种子品质高，可采用播种繁殖，否则常采用扦插为主的营养繁殖。而对异色叶类中终年彩色树种而言，为了保持彩叶性状，一般只能采用扦插、嫁接为主的营养繁殖法。此外，一些高档彩色树种还可采用组培快繁方法。异色叶类中的季节性变色树种多采用播种繁殖。

叶木类树种中的异色叶种类的栽培要确保树木合成足够的色素，光照过强及不足都会影响彩叶的着色。在氮肥充足的基础上通过平衡施肥促进植物积累足够的光合产物，才会使叶木类着叶丰富、变色纯正。

二、常见种类

（一）乌桕

［学名］*Sapium sebiferum*（L.）Roxb.

［英名］Chinese tallow-tree

［别名］桕树、木蜡树

［科属］大戟科，乌桕属

［形态特征］落叶乔木，高可达15m，胸径50cm，树冠圆球形。树皮灰褐色，条状剥落；小枝细。叶菱形至阔菱形，先端尾尖，基部有1对密腺。花单性，雌雄同株；穗状花序顶生，6月开黄绿色小花，最初全为雄花，随后有1～4朵雌花生于花序基部。蒴果梨状球形，11月成熟，黑褐色，开裂时露出被白色蜡层的种子。

［产地与分布］在我国分布很广，主产于长江流域及珠江流域，浙江、湖北、四川等地栽培较集中。日本、印度亦有分布。垂直分布一般多在海拔1 000m以下，在云南可达2 000m左右。

［习性］暖温带喜光树种。适应性强，耐间歇水淹，对酸碱度适应范围广，无论红黄壤、水稻土，pH5.5～8均能适应，在含盐量0.2%的盐碱地上生长良好，含盐量0.6%时尚能出苗，因主、侧根很发达，要求土层深厚肥沃。春季要求雨水充足，花期怕低温多雨，种子发育期又需雨水均匀，长期干旱则发育不良。

［繁殖与栽培］以播种为主，繁殖优良品种也可用嫁接。11月当果壳呈黑褐色时即可采种，暴晒脱粒，取净干藏。种子千粒重170g，发芽率70%～80%。冬春均可播种，条播行距25cm，每667m^2 播种量约10kg。播前如将种子进行去蜡处理（草木灰温水浸种或碱水脱脂等法），可促使种子提早发芽和提高发芽率。春播25～30d发芽出土，幼苗高12～15cm时间苗，伏天后停施追肥，雨季注意排涝，一年生苗高60～80cm。嫁接繁殖以一年生实生苗作砧木，接穗由优良品种的母树上选取生长健壮、树冠中上部的1～2年生枝条，2～3月间行腹接，成活率可达95%以上。移栽在落叶后至萌芽前进行，株行距3～4m，挖穴50cm见方，穴底施基肥。栽后2～3年内每年要进行除草、松土、追肥等抚育工作。

[观赏与应用] 乌桕入秋叶红，不亚丹枫，绚丽诱人，是很好的秋色叶树种。适于配置池畔、江边、草坪中央或边缘，混植林内，红绿相间，尤觉可爱；若成片栽植坡谷，秋时霜叶满谷，灿烂若霞；在园林建筑角隅植以一二，衬以白墙，亦颇具特色。冬日，桕子挂满枝头，经久不凋，则又有“火树银花”的诗情画意。乌桕对二氧化硫、氯化氢等有害气体抗性强，是厂矿绿化的优良树种。

（二）山麻杆

[学名] *Alchornea davidii* Franch.

[英名] david chrismasbush

[别名] 桂圆树

[科属] 大戟科，山麻杆属

[形态特征] 落叶小灌木，高 1～2m；丛生。幼枝密被茸毛，老枝光滑，有时紫红色。叶纸质，阔卵形或扁圆形，先端急尖或钝圆，基部心形，上面绿色，背面带紫色，新生幼叶红色，基出三脉，边缘具浅疏锯齿。花单性，雌雄同株，无花瓣，花萼紫色，雄花密生，呈圆柱状穗状花序，雌花为总状花序。蒴果近圆形，密生短柔毛；种子球形（图 2-4-17）。

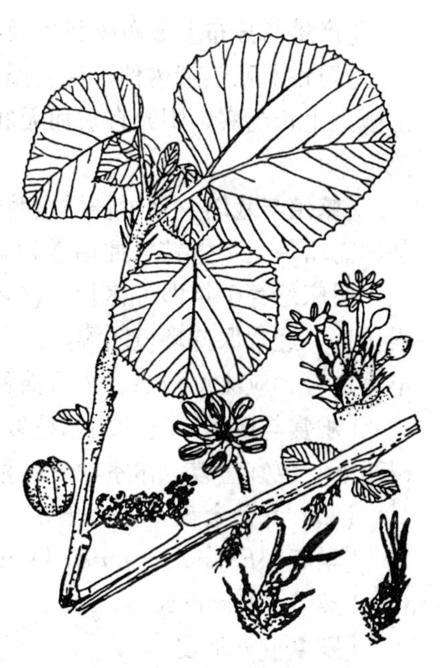

图 2-4-17　山麻杆
（卓丽环、陈龙清，2004）

[产地与分布] 产于我国长江流域及陕西，常生于山野阳坡灌木丛中。

[习性] 暖地阳性树种，稍耐阴。性喜温暖湿润气候，常生于阳坡灌木丛中。对土壤要求不严，微酸性、中性土均生长良好。萌蘖力强，易更新。花期 4～5 月，果期 7～8 月。

[繁殖与栽培] 一般行分株育苗，亦可扦插和播种繁殖。分株在早春芽未萌动前或秋末落叶后进行，从母株周围萌蘖的健壮株中选取，也可在母株根部施肥培土，促使多发萌蘖条，翌年春初或秋末分株。扦插在 2～3 月进行，选一年生枝作插穗，长 12～15cm，埋土及半，压实，充分浇水，经常保持苗床湿润，成活率 70%～80%。移植在 3 月进行，一般裸根移植，叶芽萌动后则需带宿土。植后要加强管理，适当施肥，生长快速。山麻杆是观春季嫩叶的树种，必须利用其萌芽力强的特性，常进行更新。

[观赏与应用] 山麻杆春季新枝、嫩叶俱红，是园林中主要的春季观叶树种之一。丛植庭前、路边或山石之旁，均甚相宜，若与其他花木成丛成片配置，能起到增加层次、丰富色彩的效果。

（三）日本桃叶珊瑚

[学名] *Aucuba japonica* Thunb.

[英名] Japanese aucuba

[别名] 青木、东瀛珊瑚

[科属] 山茱萸科，桃叶珊瑚属

[形态特征] 常绿灌木，小枝粗圆。叶对生，薄革质，椭圆状卵圆形至长椭圆形，先端急尖或渐尖，边缘疏生锯齿，两面油绿光泽。雌雄异株，雄花为圆锥花序，长约 5cm 或倍之，雌花

序较短，紫红色或暗红色。浆果状核果，鲜红色。

栽培变种、品种甚多，常见栽培的有：'洒金'桃叶珊瑚（'Variegata'），叶面散生大小不等的黄色或淡黄色斑点；姬青木（var. *borealis*），株型矮小，株高仅0.3～1m，耐寒性强；大叶桃叶珊瑚（var. *limbata*），叶大，黄色，边缘具粗锯齿。

同属中常见栽培的还有桃叶珊瑚（A. *chinensis*），叶全缘，薄革质，短圆形。

［产地与分布］分布于日本及我国台湾，在我国南方各地广泛栽培观赏。

［习性］亚热带树种，性喜温暖阴湿环境，不甚耐寒，在林下疏松、肥沃、微酸性土或中性土壤上生长茂盛，阳光直射而无庇荫之处则生长缓慢、发育不良。花期3～4月，果熟期11月至翌年2月。

［繁殖与栽培］常用扦插繁殖，宜在梅雨期间进行。取半木质化枝条作插条，长15cm左右，基部需略带上年生枝。插后盖以薄膜，其上再搭棚遮阳，保持苗床湿润，早晚通气，约30d发根，留床培育1年即可移栽。移栽宜在春季或雨季进行，需带泥球，种植前施足基肥，定植后加强抚育，经常保持环境阴湿，3～5年后即能起到绿化效果。由于桃叶珊瑚停止生长较迟，易受早霜危害，应注意防寒。也可播种繁殖，种子宜采后即播。

［观赏与应用］桃叶珊瑚枝繁叶茂，临冬不落，雌株红果鲜艳，宜在庭园中栽植于荫蔽处或树荫下；也宜盆栽，作室内观叶植物。

（四）八角金盘

［学名］*Fatsia japonica* Decne. et Planch.

［英名］Japanese fatsia

［别名］五加皮

［科属］五加科，八角金盘属

［形态特征］常绿灌木，茎高达4～5m，常数干丛生。叶掌状7～9裂，径20～40cm，基部心形或截形，裂片卵状长椭圆形，缘有齿，表面有光泽，叶基部膨大，无托叶，叶柄长10～30cm。花两性或杂性，多个伞形花序成顶生圆锥花序，花朵小，白色。果实近球形，黑色，肉质，径约0.8cm。

栽培变型有：'白边'八角金盘（'Alba-marginata'），叶缘白色；'黄斑'八角金盘（'Aureo-variegata'），叶面具黄色斑点或斑纹；'白斑'八角金盘（'Alba-variegata'），叶面上多白色斑纹；'波缘'八角金盘（'Undulata'），叶缘波状，有时卷缩。

［产地与分布］原产日本暖地近海的山中林间。我国早年引种，现广泛栽培于长江流域以南地区，作城市绿化和庭园观赏，江南和台湾一带尤多。

［习性］亚热带树种，喜阴湿温暖气候，不耐干旱，不耐严寒，以排水良好而肥沃的微酸性土壤为宜，中性土壤亦能适应。萌蘖力尚强。花期11月，果期翌年4～5月。

［繁殖与栽培］以扦插繁殖为主，亦可播种和分株。扦插行于3～4月，以沙土作基质，选2～3年生枝，近基部剪下，截成15cm长，插入土中2/3，按实紧压，充分浇水，经常保持土壤湿润。插穗先萌芽，后发根，约有1个月假活期，要搭棚遮阳，加强管理，成活率较高。6～7月扦插，发根快，但管理难度大。播种繁殖在4月下旬，种子采收，堆放后熟，水洗取净，稍阴干即可播种，出苗率高，如不能当年播种，需拌沙层积，低温贮藏。播前应先搭好荫棚，播后1

个月左右发芽出土，及时揭草，保持床土湿润，入冬幼苗需防寒，留床1年或分栽培大，培育地应选择庇荫而湿润之处，在旷地栽培，需搭荫棚。移植在3～4月进行，需带泥球。在栽培中，不供采种的植株开花后要及时剪除花梗以减少养分消耗。八角金盘也可盆栽，冬季室温保持在5℃以上，否则需温室越冬。

［观赏与应用］八角金盘绿叶扶疏，托以长柄，状似金盘，为重要的阴生观叶树种。适于配置庭前、门旁、窗边、墙隅及城市高架桥下、建筑物背阴面。点缀在溪流跌水之旁、池畔桥头树下，亦幽趣横生；若在草坪边缘、林地之下成片群植，尤觉引人入胜。对二氧化硫抗性较强，可供厂矿等处绿化。亦可盆栽供室内观赏，叶片也常用于插花配叶。

（五）枫香

［学名］*Liquidambar formosana* Hance

［英名］beautiful sweetgum

［别名］枫树

［科属］金缕梅科，枫香属

［形态特征］落叶乔木，高可达40m，胸径1.5m，树冠卵形或略扁平，树液芳香。单叶互生，叶掌状3裂，长6～12cm，基部心形或截形，裂片先端尖，缘有锯齿，幼叶有毛，后渐脱落。花单性同株，无花瓣，雄花无花被，头状花序常数个排成总状，花间有小鳞片混生，雌花长有数枚刺状萼片。果序球形，径3～4cm，蒴果木质，宿存花柱长达1.5cm，刺状萼片宿存（图2-4-18）。

常见变种有：短萼枫香（var. *brevicalycina*），宿存花柱粗，长不及1cm，刺状苞片短，产于我国江苏；光叶枫香（var. *monticola*），幼枝及叶无毛，叶基截形或圆形，产于我国湖北西部与四川东部交界处。

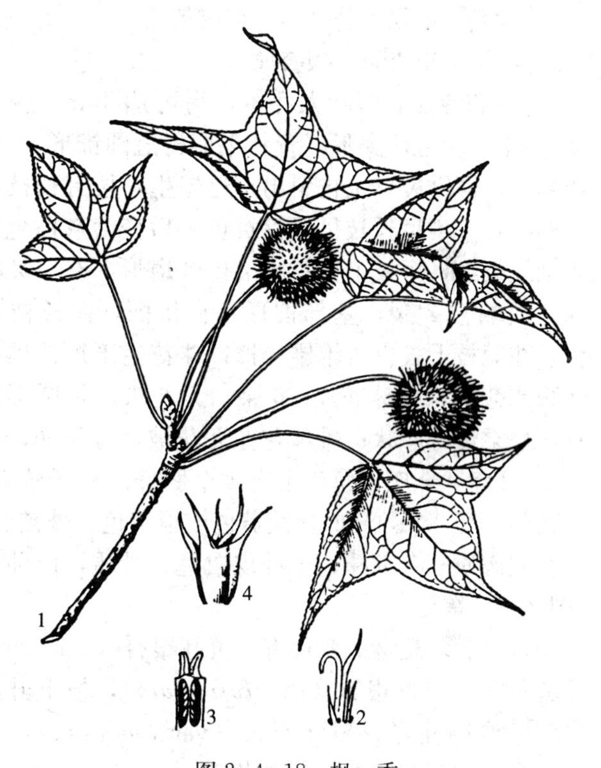

图2-4-18　枫　香

1. 果枝　2. 花柱及假雄蕊　3. 子房纵剖面　4. 果

［产地与分布］产于我国南部、中部及台湾省。日本、朝鲜和越南也有分布。垂直分布于海拔1 000～1 500m以下。

［习性］热带及亚热带树种，性喜光，幼年稍耐阴，喜温暖湿润气候，以湿润、肥沃、深厚的红黄壤为佳。主根粗长，抗风而耐干旱。萌芽力、萌蘖力强，易于自然更新。对二氧化硫及氯气有一定抗性。花期3～4月，果期10月。

［繁殖与栽培］播种繁殖。10月采种，摊开暴晒，筛出种子，去杂干藏。种子发芽率30%～50%。2月播种，播前将种子倒入清水中浸泡约10min，捞去浮粒，取下沉种子，消毒阴干后宽幅条播，每公顷播纯净种子15～20kg，筛土覆盖，以不见种子为度，并盖草。播后20～30d发芽出苗，及时除草、松土、间苗、施肥，注意防止地老虎危害。当年苗高可达30～40cm，即可出圃造林；用于城市道路和园区绿化，尚需分栽培大。因枫香主根发达，大树移栽困难，大苗应

多次移栽培大，栽植时应带土球。

[观赏与应用] 枫香树干通直，气势雄伟，深秋红叶艳艳，灿若披锦，是南方著名的红叶树种。孤植、丛植、群植均相宜，山边、池畔以枫香为上木，下栽常绿小乔木，间以槭类，入秋层林尽染，分外壮观，若以松为背景，画意倍增。此外，也可孤植或丛植于草坪或旷地，并伴以银杏、无患子等黄叶树种，对丰富园林效果尤佳。厂矿区绿化亦甚相宜。

(六) 银杏

[学名] *Ginkgo biloba* Linn.

[英名] ginkgo，maidenhairtree，silver apricot，white fruit

[别名] 白果、公孙树、鸭脚树

[科属] 银杏科，银杏属

[形态特征] 落叶大乔木，高可达 40m，胸径达 4m 以上。树冠广卵形（青壮年期树冠圆锥形），树皮灰褐色，深纵裂，主枝斜出，近轮生，枝有长枝和短枝两种，一年生长枝呈浅棕黄色，后变为灰白色，并有细纵裂纹，短枝上密被叶痕。叶扇形，有二叉状叶脉，顶端常 2 裂，基部楔形，有长柄，在长枝上互生，在短枝上簇生。雌雄异株，球花生于短枝顶端的叶腋或苞腋；雄球花 4～6 朵，无花被，长圆形，下垂，呈柔荑花序状；雌球花亦无花被，有长柄，顶端有 1～2 盘状珠座，每座上有 1 个胚珠。种子核果状，椭圆形，径 2cm，熟时呈淡黄色或橙黄色，外被白粉，外种皮肉质，有臭味，中种皮白色，骨质，内种皮薄（图 2-4-19）。

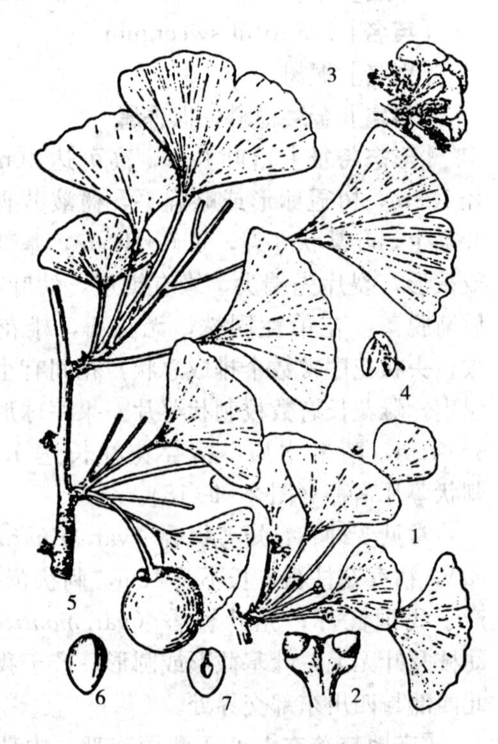

图 2-4-19 银 杏

1. 雌球花枝 2. 雄球花示珠座和胚珠 3. 雄球花枝 4. 雄蕊 5. 长短枝及种子 6. 去外种皮种子 7. 去外、中种皮种子的纵剖面

常见栽培观赏的变种有：黄叶银杏（var. *aurea*），叶鲜黄色；塔形银杏（var. *fastigiata*），枝上升成窄尖塔形或圆柱形；裂叶银杏（var. *laciniata*），叶较大，有深缺刻或分裂；垂枝银杏（var. *pendula*），小枝下垂；斑叶银杏（var. *variegata*），叶有黄色斑纹。

常见作为果用的栽培品种有‘洞庭小佛手’、‘鸭尾银杏’、‘佛指’、‘卵果佛手’、‘圆底佛手’、‘橄榄佛手’、‘无心银杏’、‘大梅核’、‘桐子果’、‘棉花果’、‘大马铃’等。

[产地与分布] 银杏是我国特产树种，最古老的孑遗植物之一，各地广为栽培。我国浙江天目山尚有野生分布，山东莒县、四川灌县青城山、江西庐山均有数百年甚至上千年大树，江苏吴县、泰兴、浙江诸暨多作果树栽培。宋朝传至朝鲜、日本，18 世纪中叶传至欧美各国。

[习性] 耐寒而喜光，根深，萌蘖力强。喜生于温凉湿润、土层深厚、土质肥沃、排水良好的沙质土壤，酸性、中性、钙质土壤（pH4.5～8）均能适应。抗干旱，不耐水涝，盐碱土、黏

重土及低洼地不宜种植。寿命长，对大气污染有一定抗性。花期4～5月，种子成熟期9～10月。

［繁殖与栽培］以播种和嫁接繁殖为主，亦可行扦插。10月果熟即可采收，此时仅形态成熟，尚未生理成熟，采收后堆沤腐烂、洗净、晾干沙藏。翌春点播，种子发芽率一般可达60%～90%，株行距5cm×20cm，种子横放，覆土3～4cm，播种量1 100～1 500kg/hm^2，播后40d可发芽出土，当年苗可高达20cm；翌春分床移栽，经2年培育，苗高可达100cm以上。嫁接繁殖接穗用壮龄丰产的优良母树，选择向阳、健壮的2～3年生枝条，用4～6年生的实生苗作砧木，在清明前后10d内进行嫁接成活率最高。

银杏应选择向阳避风、土层深厚肥沃及排水良好的地段栽植，移栽宜在落叶后至萌芽前进行，并施以基肥，小苗可裸根栽植，大苗宜带土球，株行距4m×5m。作为城市绿化树种时，为防止果实污染地面，多以雄株为主。栽后需加强水肥管理，注意防治病虫害，以促进生长。

［观赏与应用］银杏树姿雄伟，极为壮观，是园林绿化的珍贵树种。宜列植于甬道、广场和街道两侧作行道树、庇荫树或配置于庭园、大型建筑物四周及前庭入口处。银杏老根古干是制作盆景的好材料。

（七）棕榈

［学名］*Trachycarpus fortunei*（Hood. f）H. Wendl.

［英名］fortune windmill palm，hemp palm

［别名］棕树、拼棕

［科属］棕榈科，棕榈属

［形态特征］常绿乔木，树干圆柱形，高可达10m，径达20～24cm。叶簇生干顶，近圆形，径50～70cm，掌状裂深达中下部，叶柄长40～100cm，两侧细齿明显，叶顶2浅裂。雌雄异株，圆锥状肉穗花序腋生，花小而黄色，花萼、花瓣各3枚，雄蕊6，花丝分离，花药短。核果肾状球形，径约1cm，蓝褐色，被白粉；种子腹面有沟。

［产地与分布］原产我国，在日本、印度、缅甸均有分布。我国主要分布于北起陕西南部，南到广州、柳州和云南，西至西藏边界，东达上海及浙江范围内。

［习性］热带及亚热带树种，为棕榈科中之耐寒种，成年树可耐－7℃低温。耐阴能力强，幼苗尤耐阴。喜排水良好、湿润肥沃的中性、石灰性或微酸性的黏质壤土，亦耐轻盐碱土，较耐干旱及水湿。喜肥，对有害气体抗性强。根系浅，须根发达，生长缓慢。花期4～5月，果期10～11月。

［繁殖与栽培］播种繁殖。11月果熟后，连果穗剪下，阴干后脱粒，随采随播，或选高燥处混沙贮藏。春播宜早，播前用60～70℃温水浸种一昼夜催芽，行条播，播种量750～1 000kg/hm^2，覆土2cm。播后约50d发芽出土，苗期及时除草、松土，加强肥水管理。棕榈初期生长缓慢，当年苗高仅3cm，次年留床，第三年分栽培大，用于绿化的至少要7年以上，起苗时多留须根，小苗可以裸根，大苗需带土球，栽种不宜过深，否则易引起烂心。大苗移栽时应剪除其叶片1/2，以减少水分蒸发，提高成活率。新叶发生后，应及时剪去下垂的老叶。

［观赏与应用］棕榈树干挺直，叶形若扇，清姿幽雅，棕皮用途广泛，是园林结合生产的优良树种。适于对植、列植在庭前、路边及入口；或孤植、群植于池边、林缘、草坪边角、窗边，翠影婆娑，别具南国风韵。若与美人蕉、鸢尾等草本花卉搭配，尤为适宜；或营造棕榈纯林，则

棵棵高耸，更是南国景色，几可入画。棕榈对多种有害气体有抵抗和吸收能力，故可在污染区大面积栽植，美化净化环境。

（八）榉树

［学名］*Zelkova schneideriana* Hand-Mazz.

［英名］schneider zelkova

［别名］大叶榉树、榉榆

［科属］榆科，榉属

［形态特征］落叶乔木，高达25m，树冠倒卵状伞形。树皮深灰色，不裂，老时薄鳞片状剥落后仍较光滑。小枝纤细，无毛。单叶互生，叶卵状长椭圆形，长2～8cm，先端尖，基部广楔形，锯齿整齐，近桃形，侧脉10～14对，表面粗糙，背面密生淡灰色柔毛。坚果小，径约0.4cm，歪斜且具皱纹。

［产地与分布］分布于我国黄河流域以南，长江中下游流域至广东、广西、云南、贵州等地，垂直分布多在海拔500m以下山地及平原，在云南可达海拔1 000m。

［习性］温带及亚热带树种，好光，但稍耐阴。喜温暖气候及深厚、肥沃、湿润之土壤，在微酸性、中性以及石灰质土、轻盐碱土上均可生长。深根性，侧根广展，抗风力强，生长较慢，寿命较长。花期3～4月，果期10～11月。

［繁殖与栽培］播种繁殖。11月采种，除杂取净，阴干贮藏，2～3月播种，播前用清水浸种1～2d，除去上浮瘪粒，取下沉充实饱满种子，晾干后条播。播种量90～150kg/hm^2，覆焦泥，上盖草，4月下旬幼苗发芽出土，防鸟啄食，及时间苗，加强松土、除草、浇水、施肥，苗期常出现分杈现象，应及时修剪。当年苗高可达60～80cm，用作庭园绿化或行道树，宜分栽培育3～4年以上。移栽在冬季落叶后至翌年萌芽前均可进行。因根细长而韧，起苗时应先将四周的根切断后再挖取，以免撕破根皮。养护管理应特别注意两点：①修枝，榉树系合轴分枝，发枝力强，梢部常不萌发，每年春季由梢部侧芽萌发3～5个竞争枝，在自然生长情况下，即能形成庞大的树冠，如作为庭荫树者一般不要修剪，若作为行道树应加大株行距，进行适当修剪，即栽后每年进行修剪，并在树旁立杆，进行固定，防止主干弯曲，待主干枝下高达5m左右时，留养树冠，停止修剪，这样可培育通直、高大、圆满的主干；②纵伤，榉树树皮光滑，没有纵裂，紧包着树干，可用纵伤的方法，促进树干的增粗生长，即在每年春季榉树萌芽时，用锋利的刀对树皮进行几道纵切割，深达木质部，可以促进树干的粗生长。

［观赏与应用］榉树冠似华盖，绿荫浓密，枝细叶美，秋叶红色或古铜色，为我国珍贵的阔叶树种之一。孤植、列植、群植均宜。孤植草坪之中，或三五株点缀于亭台池边，富有趣味。榉树有耐烟尘、抗有害气体和净化空气的作用，适于作公路、人行道和街道绿地、宅前屋后的遮阴树，也宜选作厂矿绿化树种。因抗风力很强，又是营造防风林的理想树种。

（九）鸡爪槭

［学名］*Acer palmatum* Thunb.

［英名］Japanese maple

［别名］青枫、雅枫

［科属］槭树科，槭属

[形态特征] 落叶小乔木，高可达 8m。枝条细长，横展，光滑。叶 5～9 掌状深裂，径 5～10cm，基部心形，裂片卵状长椭圆形至披针形，先端锐尖，缘有重锯齿，背面脉腋有白色簇毛。花紫色，径 6～8mm，萼背面有白色长柔毛，伞房花序顶生，无毛。翅果无毛，两翅展开成钝角（图 2-4-20）。

栽培品种或变种很多，常见栽培的有：‘紫红叶’鸡爪槭（‘Atropurpureum’），又名红枫，枝条紫红色，叶掌状，常年紫红色，极美丽；‘金叶’鸡爪槭（‘Aureum’），叶全年金黄色；‘细叶’鸡爪槭（‘Dissectum’），又名羽毛枫，枝条开展下垂，叶掌状 7～11 深裂，裂片有皱纹；‘深红细叶’鸡爪槭（‘Dissectum Ornatum’），又名红羽毛枫，枝条开展下垂，叶细裂，嫩芽初呈红色，后变紫色，夏日橙黄色，入秋逐渐变红；‘条裂’鸡爪槭（‘Linearilobum’），叶深裂几达基部，裂片线形，缘有疏齿或近全缘；小鸡爪槭（var. *thunbergii*），又名蓑衣枫，叶较小，掌状 7 深裂，基部心形，裂片卵圆形，先端长尖。

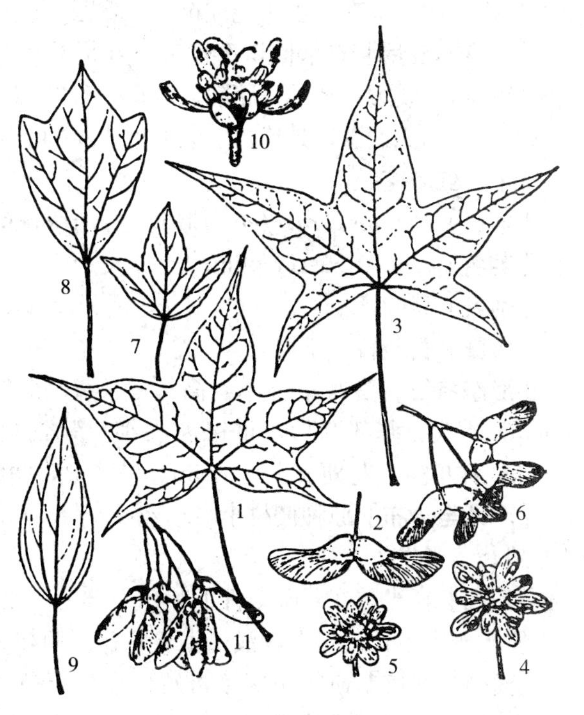

图 2-4-20　鸡爪槭
1、2. 五角枫　3～6. 元宝枫　7～11. 三角枫
1、3、7、8、9. 叶　2、6、11. 果
4. 雄花　5、10. 两性花

同属植物有 200 余种，我国有 140 余种，多数可以观赏，园林中常见栽培的有：

三角枫（*A. buergerianum*）　乔木。叶 3 裂或不分裂，裂片三角状，边缘通常全缘。花小，伞房状圆锥花序。翅果，2 翅张开成锐角或近直角。

元宝槭（*A. truncatum*）　落叶乔木。叶掌状深裂或浅裂，裂片全缘，入秋后，叶变红色。北京驰名的“西山红叶”，其是主要树种之一。

红翅槭（*A. fabri*）　乔木。叶披针状椭圆形，嫩叶与花序、果实均为红色，为春季红叶槭类。

[产地与分布] 原产我国及朝鲜、日本，在辽宁南部和甘肃兰州以南可露地栽培应用。

[习性] 喜湿润、凉爽气候，耐阴，在背阴或有其他树遮阴、土壤湿润肥沃、排水良好的环境下生长快速而强健。酸性土、中性土以及石灰质土均可适应。阳光直射之处孤植，夏季易遭日灼、旱害。花期 5 月，果期 10 月。

[繁殖与栽培] 多用播种繁殖，其栽培变种则行嫁接繁殖。10 月采种略晒去翅，即行秋播或湿沙层积。春播行于 2 月，条播、覆土、盖草，播种量 60～75kg/hm^2。3 月下旬发芽出土，为防日灼，幼苗在 7～8 月需短期遮阳，浇水防旱，当年生苗高可达 30～50cm；翌春分栽培大，二年生苗再行移栽，根据园林绿化需要，培育不同规格的苗木。移栽应选择阴湿肥沃之地，在落叶期进行，大苗带泥球。园艺变种嫁接用 2～3 年生实生苗作砧木，枝接在春季砧木芽膨大时进行，但成活后生长缓慢；若离地面 50～80cm 处截断高接，当年抽枝高可达 50cm 以上。单芽腹接在

夏季进行，成活率高，当年能成苗。

［观赏与应用］鸡爪槭树姿优美，叶形秀丽，秋叶艳红，其品种甚多，为珍贵的观叶佳品。在园林中植于溪边、池畔、路隅、墙垣，红叶摇曳，颇有自然淡雅之趣。槭类中的一些小叶树种可以盆栽，制成盆景，是树桩盆景的珍贵材料。

（十）红叶李

［学名］*Prunus cerasifera* Ehrh. 'Atropurpurea'

［英名］redleaf cherry plum

［别名］紫叶李

［科属］蔷薇科，李属

［形态特征］落叶小乔木，高可达8m。小枝光滑，幼时紫色。叶卵形至倒卵形，长3～4.5cm，端尖，基部圆形，重锯齿尖细，紫红色，背面中脉基部有柔毛。花淡粉红色，径约2.5cm，常单生，花梗长1.5～2cm。果球形，暗红色。

［产地与分布］原种樱桃李（*P. cerasifera*）原产于亚洲西南部。红叶李在我国各地园林中已普遍栽培观赏。

［习性］喜光，在荫蔽条件下叶色不鲜艳。喜较温暖、湿润的气候，不甚耐寒。较耐湿，可在黏质土壤中生长。根系较浅。生长旺盛，萌枝力较强。花期4～5月。

［繁殖与栽培］通常用嫁接繁殖，也可压条。扦插生根慢，成活率低。嫁接可用毛桃、李、梅、杏作砧木。嫁接成活后1～2年就可出圃定植。移栽春、秋两季均可进行，以春季为好。栽培管理中，需注意剪除砧木的萌蘖条，并对长枝进行适当修剪，将过密的细弱枝去除，使之形成圆整的树冠。

［观赏与应用］红叶李幼枝紫色，生长季叶色红紫，颇为美观。适于庭园及公园中群植、孤植、列植或与桃、李同植，构成色彩调和、花叶耐赏之景色，尤为喜人；或于建筑物门旁、园路角隅、草坪边角丛植数株，并适当选择其他观叶树与之搭配，则效果亦佳。

（十一）黄栌

［学名］*Cotinus coggygria* Scop.

［英名］common smoke-tree，smoke bush

［别名］红叶树、烟树

［科属］漆树科，黄栌属

［形态特征］落叶灌木或小乔木，高达5～8m。树冠圆形，树皮暗灰褐色；小叶紫褐色；被蜡粉。单叶互生，通常倒卵形，长3～8cm，先端圆或微凹，全缘，无毛或仅背面脉上有短柔毛，侧脉顶端常二叉状，叶柄细长，1～4cm。花小，杂性，黄绿色，成顶生圆锥花序。果序长5～20cm，有多数不育花的紫绿色羽毛状细长花梗宿存；核果肾形，径3～4mm（图2-4-21）。

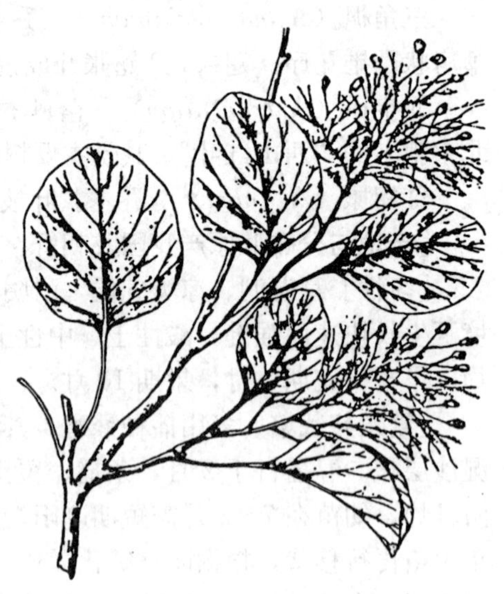

图2-4-21　黄　栌
（卓丽环、陈龙清，2004）

常见变种有：毛黄栌（var. *pubescens*），小枝有短柔毛，叶近圆形，两面脉上密生灰白色绢状短柔毛；垂枝黄栌（var. *pendula*），枝条下垂，树冠伞形；紫叶黄栌（var. *purpurens*），叶紫色，花序有暗紫色毛。

[产地与分布] 产于我国西南、华北和浙江。南欧、叙利亚、伊朗、巴基斯坦及印度北部亦有分布。多生于海拔 500～1 500m 之间向阳山林中。

[习性] 喜光，也耐半阴；耐寒；耐干旱瘠薄和碱性土壤，但不耐水湿，以深厚、肥沃而排水良好的沙质壤土生长最好。生长快，根系发达，萌蘖性强。对二氧化硫有较强的抗性，对氯化物抗性较差。花期 4～5 月，果熟期 6～7 月。

[繁殖与栽培] 繁殖以播种为主，压条、根插、分株也可。种子成熟早，6～7 月即可采收，采回沙藏，至 8～9 月间播种；如不沙藏，则在播种前浸种 2d，捞出后晾干即可播种。播前灌足底水，覆土1.5～2cm，每 667m^2 播种量约为 12.5kg。北方苗床需覆草或落叶防寒越冬，春暖后撤去覆草，约于 3 月底可出苗。也可将种子沙藏过冬，至翌年春播。幼苗生长迅速，当年苗高可达 1m 左右，3 年后即可出圃定植。须根较少，移栽时应对枝条进行强修剪，以保持树势平衡。栽培粗放，不需精细管理。

[观赏与应用] 黄栌秋叶变红，鲜艳夺目，著名的北京香山红叶即为本种。初夏花后有淡紫色羽毛状的伸长花梗宿存树梢很久，成片栽植时，远望宛如万缕罗纱缭绕林间，故英名有“烟树”之称。在园林中宜丛植于草坪、土丘或山坡，亦可混植于其他树群尤其是常绿树群中，能为园林增添秋色。此外，可在郊区山地、水库周围营造大面积的风景林，或作为荒山造林先锋树种。

（十二）盐肤木

[学名] *Rhus chinensis* Mill.

[英名] Chinese sumac

[别名] 盐肤子、五倍子树

[科属] 漆树科，盐肤木属

[形态特征] 落叶小乔木，高达 8～10m。枝开展，树冠圆球形。小枝有毛，冬芽被叶痕所包围。奇数羽状复叶，叶轴有狭翅，小叶 7～13，卵状椭圆形，长 6～14cm，边缘有粗钝锯齿，背面密被灰褐色柔毛，近无柄。圆锥花序顶生，密生柔毛；花小，乳白色。核果扁球形，径约 5mm，橘红色，密被毛（图 2-4-22）。

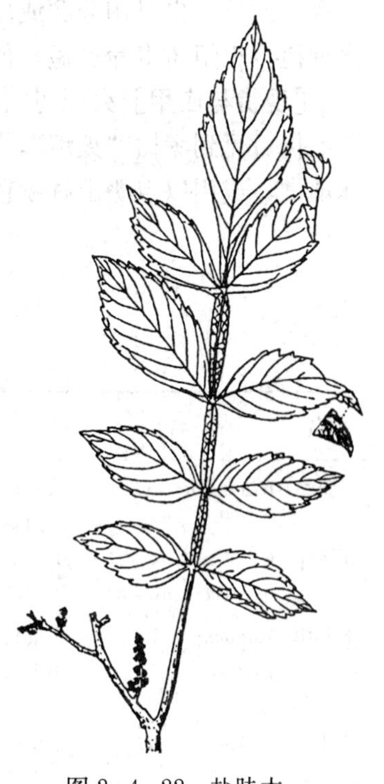

图 2-4-22　盐肤木
（卓丽环、陈龙清，2004）

[产地与分布] 我国分布甚广，北自东北南部、黄河流域，南达广东、广西、海南，西至甘肃南部、四川中部和云南。垂直分布通常在海拔1 000m 以下，西部最高可达1 600m。朝鲜、日本、越南及马来西亚亦有分布。

[习性] 喜光，喜温暖湿润气候，也能耐寒冷和干旱；不择土壤，在酸性、中性及石灰性土壤以及瘠薄干燥的沙砾地上都能生长，但不耐水湿。深根性，萌蘖性强；生长快，寿命较短，是荒山瘠地常见树种。花期 7～8 月，果 10～11 月成熟。

[繁殖与栽培] 繁殖可用播种、分蘖、扦插等法。因果皮厚而有蜡质，种子需经处理才能发芽整齐。一般秋季采种后，在冷凉处

混沙贮藏至翌春3月，用80℃热水浸种并搅拌约30min，经一昼夜后捞出，与2倍的沙混合后催芽约2周，待种子有30%发芽时再播。当年苗高可达1m，4～5年生苗高达3m左右时即可出圃定植。育苗期间要注意排水，否则易致烂根。

［观赏与应用］ 盐肤木秋叶鲜红，果实成熟时也呈橘红色，颇为美观。可植于园林绿地观赏或用来点缀山林风景。

（十三）火炬树

［学名］ *Rhus typhina* L.

［英名］ staghorn sumac

［别名］ 鹿角漆

［科属］ 漆树科，盐肤木属

［形态特征］ 落叶小乔木，高可达8m。分枝少，小枝粗壮，密生长绒毛。羽状复叶，小叶19～23，长椭圆状披针形，长5～13cm，缘有锯齿，先端长渐尖，背面有白粉，叶轴无翅。雌雄异株，顶生圆锥花序，密生有毛。核果深红色，密生绒毛，密集成火炬形。

［产地与分布］ 原产北美洲，现欧洲、亚洲及大洋洲许多国家都有栽培。我国自1959年引入栽培，目前已推广至华北、西北等许多省市。

［习性］ 喜光，适应性强，耐寒，抗旱，也耐盐碱。根系发达，萌蘖力特强。生长快，但寿命短，约15年后开始衰老。花期6～7月，果8～9月成熟。

［繁殖与栽培］ 常用播种繁殖，种子在播前用90℃热水浸烫，除去蜡质，再催芽，可使出苗整齐。此外，也可用分蘖或埋根法繁殖。管理得当，一年生苗可高达1m以上，可用于造林或绿化种植。火炬树寿命虽短，但自然根蘖更新非常容易，只需稍加抚育，即可恢复林相。

［观赏与应用］ 火炬树因雌花序和果序均红色且形似火炬而得名，即使在冬季落叶后，在雌株上仍可见到满树"火炬"，颇为奇特。秋季叶色红艳或橙黄，是著名的秋色叶树种。宜植于园林观赏，或用以点缀山林秋色，近年在华北、西北山地推广作水土保持及固沙树种。

三、其他种类

表2-4-2 其他叶木类树种简介

中名	学名	科属	性状	习性	观赏特性及应用
红茴香	*Illicium henryi*	八角科 八角属	常绿灌木或小乔木	喜阴湿生境，也稍耐旱，适微酸环境	可作林下耐阴常绿灌木栽培，注意其果实有毒
红背桂	*Excoecaria cochinchinensis*	大戟科 土沉香属	常绿小灌木	热带树种，不耐寒冷	南方栽植于公园，其他地区多盆栽，温室越冬
十大功劳	*Mahonia fortunei*	小檗科 小檗属	常绿灌木	喜温暖湿润气候，萌蘖力强，较耐寒，华北多盆栽，温室越冬	观叶、观果兼备之树种，对有害气体有一定的抗性，可用于厂矿绿化美化
阔叶十大功劳	*Mahonia bealei*	小檗科 十大功劳属	常绿灌木	性耐阴，较耐寒，华北多盆栽	观叶、观果兼备之树种，点缀于假山、岩隙、溪边颇具特色

（续）

中名	学　名	科　属	性　状	习　性	观赏特性及应用
卫矛	*Euonymus alatus*	卫矛科 卫矛属	落叶灌木	暖温带树种，性喜光，萌芽力强	枝翅奇特，又是赏叶观果之佳木，作绿篱尤为别致
丝棉木	*Euonymus bungeanus*	卫矛科 卫矛属	落叶小乔木	温带树种，喜光，耐寒力强，萌蘖力强，生长较缓慢	宜植于林缘、路旁、房前屋后、墙角左右，并与其他观叶树配置
木荷	*Schima superba*	山茶科 木荷属	常绿乔木	喜暖热湿润气候，性喜光，但幼树能耐阴，对土壤的适应性强	可作庭荫树及风景林，耐火烧，萌芽力强，可作防火带树种
厚皮香	*Ternstroemia gymnanthera*	山茶科 厚皮香属	常绿小乔木或灌木	性喜温热湿润气候，不耐寒，喜光也较耐阴	宜配置于门庭两侧、道路角隅、草坪边缘，在林缘、树丛下成片栽植，尤能达到丰富色彩、增加层次的效果
刺楸	*Kalopanax septemlobus*	五加科 刺楸属	落叶乔木	暖温带树种，喜光，忌积水，耐寒力强	观叶树种，宜配置于庭隅、林间空地
苏铁	*Cycas revoluta*	苏铁科 苏铁属	常绿棕榈状木本	热带及亚热带南部树种，喜光亦耐阴，不耐水渍，不耐寒	体形优美，有反映热带风光之效，常置于花坛中心或大型会场内
槲栎	*Quercus aliena*	壳斗科 栎属	落叶乔木	温带树种，喜光，耐干旱瘠薄，抗风力强	多孤植于山坡林缘，更宜群植用于营造大片风景林
柽柳	*Tamarix chinensis*	柽柳科 柽柳属	落叶小乔木或灌木	亚热带及温带树种，耐强阳光，耐沙荒、盐碱，抗风力强，萌芽力强	由于其耐盐碱力超群，是改造及绿化盐碱及沙荒严重地区的优良树种
五角枫	*Acer mono*	槭树科 槭属	落叶乔木	在我国槭类中分布最广，弱阳性树种，喜温凉湿润气候	可作庭荫树及行道树
日本槭	*Acer japonicum*	槭树科 槭属	落叶小乔木	弱阳性，耐半阴，耐寒性不强	观叶、观花树种，宜布置庭园，适作盆栽、盆景及假山配置
黄连木	*Pistacia chinensis*	漆树科 黄连木属	落叶乔木	亚热带及温带树种，畏严寒，萌蘖力强，生长缓慢	美丽的观叶树、庭荫树及行道树
山胡椒	*Lindera glauca*	樟科 山胡椒属	落叶小乔木	喜光，适生于温暖地区，适应性强	可间植丘林山坡林木中
檫木	*Sassafras tsumu*	樟科 檫木属	落叶乔木	亚热带树种，性畏严寒，忌积水，喜酸性红壤，易受日灼	世界观赏名木之一，适宜于庭前、草地边角配置，也可作园路行道树

第三节　果木类

一、概　　述

1. 概念与范畴　果木类树种是指果实具有观赏价值的木本植物，通常以色泽醒目、果实繁多、经久不落，尤以富含香味或形状奇特者为上乘。园林中配置一些观果树种，当其硕果盈枝之时，会给人以丰盛欢乐之感受。尤其当花事冷落的深秋和冬季，美果挂枝、红黄相间，风姿优美，可打破园景萧条寂寞之感。观果树木为园林增色，应予足够重视。

2. 繁殖与栽培要点　果木类树种多进行播种繁殖或营养繁殖。苗木生产中营养繁殖使用较多，营养繁殖又以扦插和嫁接为主，而种实量大的种类在生产中通常用播种繁殖以获得最大繁殖系数。

果木类树种由于要经历开花、最终以果实为主要观赏目标，树体的营养消耗最大，为了保证树木具有长期稳定的观赏效果，栽植时应选择光照充足的地点，栽培宜土壤肥沃、疏松。树体适宜整成通透或开展的结构以接受更多光照，施足基肥，并注意适时追肥，控制氮肥，避免长势过旺影响开花、坐果、果实成形及着色。

二、常见种类

（一）紫珠

［学名］ *Callicarpa japonica* Thunb.

［英名］ Japanese beautyberry

［别名］ 日本紫珠

［科属］ 马鞭草科，紫珠属

［形态特征］ 落叶灌木，高约2m。小枝幼时有毛，很快变光滑。叶倒卵形至椭圆形，长7～15cm，端急尖或长尾尖，基部楔形，两面通常无毛，叶缘自基部起有细锯齿，叶柄长5～10cm。聚伞花序，花萼杯状，花冠白色或淡紫色。果球形，紫色。

同属观赏种还有小紫珠（*C. dichotoma*），小枝带紫红色，叶缘仅上半部疏生锯齿，表面稍粗糙，背面无毛，密生细小黄色腺点，果蓝紫色。

［产地与分布］ 产于我国东北南部、华北、华东、华中等地。日本、朝鲜也有分布。

［习性］ 性喜光，耐阴，亦耐寒，喜肥沃、湿润土壤。花期6～7月，果期8～10月。

［繁殖与栽培］ 扦插、分株或播种繁殖。6～7月选健壮充实枝条扦插极易成活。在北方栽植时宜选背风向阳的环境。栽植时应施足腐熟堆肥，落叶后在根际周围开沟埋入腐熟堆肥，并浇透冻水。幼龄植株耐寒力差，冬季应注意防寒。

［观赏与应用］ 紫珠植株矮小，入秋紫果累累，色美而具光泽，为庭园中美丽的观果灌木，植于草坪边缘、假山旁、常绿树前效果均佳；用于基础栽植也极适宜；果枝常作切枝。

（二）石榴

［学名］ *Punica granatum* L.

［英名］ pomegranate

［别名］ 安石榴、苦榴、丹苦、金罂

［科属］ 石榴科，石榴属

［形态特征］ 落叶灌木或小乔木，高5～7m，树冠常不整齐。小枝有角棱，无毛，端常呈刺状，芽小，具2芽鳞。叶倒卵状长椭圆形，长2～8cm，无毛而有光泽，在长枝上常对生，在短

枝上簇生。花两性，整齐，1朵独生或数朵集生枝顶。花红色，也有白色、黄色者，径约3cm，花萼钟形，紫红，肉质，端5～8裂，宿存，花瓣5～7。浆果近球形，径6～8cm，古铜黄色或古铜红色，具宿存花萼，种子多数，有肉质外种皮。

石榴经数千年的栽培驯化，发展成为果石榴和花石榴两大类。果石榴以食用为主，并有观赏价值，我国有近70个品种，花多单瓣。花石榴观花兼观果，又分为一般种和矮生种两类，常见栽培变种有：月季石榴（var. *nana*），植株矮小，叶线状披针形，5～9月每月开花1次，红色半重瓣，花果较小，其重瓣者称重瓣月季石榴；重瓣红榴（var. *pleniflora*），亦称千瓣大红榴或重瓣红石榴，花大重瓣，大红色，花果都很艳丽夺目，为主要观赏品种；白花石榴（var. *albescens*），亦称银榴，5～6月间开花1次，白色，其花重瓣者称重瓣白榴或千瓣白榴，花大，5～9月开花3～4次；黄花石榴（var. *flavescens*），又称黄白榴，花色微黄而带白色，其重瓣者称千瓣黄榴；玛瑙石榴（var. *legrellei*），又称千瓣彩色榴，花重瓣，有红色和黄白色条纹。

[产地与分布] 原产伊朗及阿富汗。汉代张骞出使西域时引入我国，现黄河流域及以南地区均有栽培。

[习性] 亚热带和温带树种，性喜温暖，较耐寒。耐瘠薄和干旱，畏水涝，生育季节需水较多。对土壤要求不严，但不耐过度盐渍化和沼泽的土壤，酸碱度在pH4.5～8.2之间均可，土质以沙壤土或壤土为宜，过于黏重的土壤会影响生长。喜肥，喜阳光，在阴处开花不良。萌蘖力强，易分株。花期5～8月，果熟期9～10月。

[繁殖与栽培] 常行播种、分株、压条、嫁接和扦插繁殖，以扦插为主。扦插繁殖冬、春取硬枝，夏、秋取嫩枝扦插均可，硬枝扦插以二年生枝条最好，嫩枝扦插选当年生已充实的半木质化枝条。北方多在春、秋季行硬枝扦插，长江流域及以南还可在梅雨季节和初秋进行嫩枝扦插。硬枝插穗长15cm，插入土中2/3，插后充分浇水，之后保持土壤湿润即可。嫩枝插穗长10～12cm，带叶4～5片，插入土中5～6cm，插后随即遮阳，经常保持叶片新鲜，20d后发根。播种繁殖在9月采种，取出种子，摊放数日，揉搓洗净，阴干后湿沙层积或连果贮藏，至翌年2月播种，发芽率高。分株是利用健壮的根蘖苗，掘起分栽，只要稍带须根即能成活。压条繁殖可在春、秋两季进行。芽萌动前将根部分蘖枝压入土中，经夏季生根后，割离母体，秋季可成苗，翌春移栽。长势旺盛，出现分枝和萌蘖应经常修剪整形，但用于观赏的石榴一般不必整枝，只需对过繁枝桠略加修除，使其通风透光，并在生长期内多次摘心即可。

[观赏与应用] 石榴为花果俱美的著名园林绿化树种，可孤植，亦可丛植于草坪一角，无不相宜。重瓣品种有三季开花者，花尤艳美，多供盆栽观赏，石榴老桩盆景，枯干疏枝，缀以红果更堪赏玩。又因对有害气体抗性很强，是美化有污染源厂矿的重要树种。

（三）荚蒾

[学名] *Viburnum dilatatum* Thunb.

[英名] linden viburnum

[别名] 山梨儿、野花绣球、酸梅子、火柴果

[科属] 忍冬科，荚蒾属

[形态特征] 落叶灌木，高可达3m，树冠球形。叶对生，半圆形至广卵形或倒卵形，长6～12cm，先端突尖或渐尖，基部圆形或半心脏形，边缘有粗锯齿，叶背有散生黄色半透明腺点及

星状毛，叶表疏生星状毛。聚伞花序，花白色，全为可孕花。果广卵形，熟时殷红色，鲜艳可爱。

[产地与分布] 产于我国江苏、浙江、山东、河南、陕西、江西、湖北等地，多见于山野，分布于海拔300～1 000m之间。

[习性] 喜光，稍耐阴，耐寒性中等。喜深厚、肥沃、排水良好的沙质壤土，不耐水涝。花期5月，果熟期9～10月。

[繁殖与栽培] 播种繁殖。10月下旬采种，堆放后熟，搓去果皮，洗净阴干，湿沙层积或冬播。由于荚蒾种子有二年发芽的习性，未经处理的种子，春播需2年才能萌发，或延迟到10月份出土，故以随采随播最宜。条播行距20cm，播种沟深3cm，覆土厚1.5cm，上盖草。4月上中旬开始出土，揭草搭棚遮阳，苗期加强管理，施追肥。秋季拆荫棚，当年苗高10～15cm。留苗床1年，第三年春选择半阴湿环境分栽培大。移栽在落叶后或萌芽前进行，小苗带宿土，大苗需带泥球。

[观赏与应用] 荚蒾树形低矮，姿态清秀，春季开花美奇可观，深秋结果，红若赤丹，鲜艳悦目，宜配置于路边道口或庭园角隅，或在树丛、林缘、草坪边缘丛植三五，尤为相宜。

(四) 金柑

[学名] *Fortunella margarita*（Lour.）Swingle

[英名] oval kumquat，nagami kumquat

[别名] 罗浮、金枣

[科属] 芸香科，金柑属

[形态特征] 常绿灌木，高可达3m，树冠半圆形。枝密生，节间短，几无刺。叶披针形或矩圆形，表面深绿色，光亮，背面淡绿色，散生腺点，叶柄具狭翅。7月开白色小花，1～3朵簇生叶腋，芳香。柑果长圆形或长倒卵形，金黄色，12月成熟，汁多、味酸甜。

同属常见观赏种还有：金弹（*F. crassifolia*） 果大而圆，熟时呈金黄色，皮厚味甜。

圆金柑（*F. japonica*） 果小而圆，大如樱桃，皮松，鲜橙黄色。

月月橘（*F. obovata*） 可能系金橘与金枣的杂交种，果倒卵形，顶端凹入而基部微尖，味酸而香，一般多盆栽作观赏。

[产地与分布] 分布于我国华南，现各地有盆栽。

[习性] 性喜温暖湿润气候，不耐寒，由枸橘作砧木育苗可提高抗寒性，但长江流域亦需择南向缓坡栽培，遇特寒年份均需防寒，沿海或湖泊地区因昼夜温差小，寒害明显减轻。对土壤要求不严，以土层深厚、肥沃而排水良好的中性、微酸性沙壤或黏质壤土为宜。

[繁殖与栽培] 嫁接育苗。采用一年生枸橘或酸橙作砧木，嫁接前砧木先施一次肥。枝接行于3月下旬至4月中旬，接穗选择粗壮的一年生春梢，随剪随用，每枝带1～2芽，剪去叶片，留叶柄。多行切接，亦可劈接和腹接，接后培土埋没接穗。芽接在8月下旬至9月份进行，一般采取T字形芽接，如用L形或倒L形方式则更合适，接活一年后即可带泥球移栽。培育中加强肥水管理，幼果形成时增施速效肥料，采果后以饼肥、牛粪拌草木灰作基肥。整形修枝虽不及柑橘重要，但为端正树冠、通风透光、扩大结实位置，宜适当疏枝。可通过培土、包草等措施防寒。

[观赏与应用] 金柑叶翠绿，花乳白，具清香，果圆而色金黄，逗人喜爱。适于院落、庭前、

门旁、窗下配置，或群植草坪、树丛周围。各地多盆栽作观果赏玩。金柑对二氧化硫抗性强，可选作工厂、矿山等有污染地区的绿化树种。

（五）佛手

［学名］*Citrus medica* var. *sarcodactylis* Swingle

［英名］finger citron，fingered citron

［别名］香橼子、香橼、五指柑

［科属］芸香科，柑橘属

［形态特征］常绿灌木或小乔木，高可达3～4m。枝条粗壮，分枝开展，枝有短刺。叶长椭圆形，长约10cm，叶先端钝圆或微凹，叶缘有钝齿，叶面粗糙，油腺点明显，叶柄短，无翼，柄顶端无关节。花单生或成总状花序，花白色，外面淡紫色。果先端裂如五指状，或开张伸展，或卷曲如拳，皮皱有光泽，一般径10～25cm，果大者径可达50cm。

［产地与分布］原种枸橼（*C. medica*）原产印度、缅甸以及地中海地区。我国云南、贵州、广西、广东、四川、湖南和福建等地有栽培。浙江金华是佛手的重要栽培产区。

［习性］热带和亚热带树种，喜光，不耐寒，适生于温暖气候。喜土层深厚、通气、排水良好的土壤，但在黏土及潮湿生境也能生长。花期夏末，果期11～12月。

［繁殖与栽培］以扦插、嫁接繁殖为主，砧木可用原种，也可用空中压条方法培育矮化带果小盆景。佛手一年中可开花数次。盆栽观赏时为保证坐果，可保留花序中花大且花蕊带绿色的花朵，并将花序中其他花摘除。过冬时应避免树木落叶，以利于次年坐果。

［观赏与应用］佛手果实形态奇特多变，香气馥郁持久，色泽金黄靓丽，具有很高的观赏价值。“佛手”谐音“福、寿”，是多福长寿的象征，是我国传统观果植物。北方多行盆栽，生长期移到室外，冬季置于室内。

（六）杨梅

［学名］*Myrica rubra*（Lour.）Sieb. et Zucc.

［英名］Chinese waxmyrtle，Chinese bayberry

［科属］杨梅科，杨梅属

［形态特征］常绿乔木，高可达13m。树冠整齐、浑圆；树皮黄灰黑色，老时浅纵裂；小枝粗壮，皮孔明显。叶厚革质，倒披针形或矩圆状倒卵形，表面深绿色，具光泽，背面色稍淡，有金黄色腺体。雌雄异株，花序腋生，花紫红色。核果圆球形，有深红、紫红、白等色，多汁，野生植株果小味酸，栽培品种果甘甜微酸。

［产地与分布］产于我国长江流域以南各省区，以浙江栽培最多。日本、朝鲜及菲律宾也有分布。

［习性］中性树种，幼苗好阴。喜温暖湿润气候，在日照短的低山谷地酸性沙质壤土上生长良好，微碱性土壤也能适应。杨梅不甚畏寒，要求空气湿度大，长江流域以北不宜栽培。种子在冰点能萌芽，正常发芽温度在5～15℃之间，萌芽力强。花期4月，果6～7月成熟。

［繁殖与栽培］可播种、压条或嫁接繁殖。在小暑前采种，洗净果肉，随即播种或低温湿沙层积到翌年3月播种。条播行距20cm左右，覆土厚2cm，上盖草，每667m^2播种量为40kg。播后保持土壤湿润，20d左右出土，6月下旬幼苗已开始木质化，即可移植，如密度适当则延至次

年4月上旬移栽，培育2～3年可供嫁接。嫁接行于3月下旬至4月上旬，用2～3年生杨梅实生苗作砧木，接穗选品种优良、盛果初期的植株，剪取生长健壮的2～3年生枝条，长约10cm，去叶，用切接法，接后壅土，培育2年，待苗略粗即可定植；如行皮下接或劈接，应将小苗预先定植，待基径3cm以上时就地嫁接，接后扎紧，再用黏土封闭接口。压条选择生长旺盛的壮龄母树，在3月下旬至4月上旬用高压法或将下部枝切伤埋入地下，覆盖肥土10cm，压上石块，枝条上部保持直立，次春4月初与母株分离，再培养1～2年即可定植。定植宜择低山丘陵北坡，在阳坡应有松树间植。杨梅雌雄异株，应适当配置雄株，以利授粉。移栽时间以3月中旬至4月上旬为宜，需带泥球。

［观赏与应用］ 杨梅枝繁叶茂，绿荫深浓，初夏结实累累，仿若宝珠，烂漫可爱。丛植、列植于路边、草坪，或作分隔空间、隐蔽遮挡的绿墙，均甚相宜，或在门庭、院落点缀三五株，亦饶有趣味。对二氧化硫、氯气等有害气体抗性较强，可选作厂矿绿化树种，也是城市隔噪声的理想树种。

（七）胡颓子

［学名］ *Elaeagnus pungens* Thunb.

［英名］ thorny elaeagnus

［别名］ 羊奶子、蒲颓子、半春子

［科属］ 胡颓子科，胡颓子属

［形态特征］ 常绿灌木，高可达4m。枝条开展，通常有刺，小枝褐色。叶长椭圆形或长圆形，边缘波状而常反卷，表面暗绿色，有光泽，背面银白色杂有褐色鳞片。花银白色略带芳香，1～4朵簇生于叶腋，下垂。浆果状核果，长椭圆形，棕红色，味酸甜。

同属常见栽培观赏的变种和种有：

银边胡颓子（var. *variegata*） 叶缘黄白色，萌芽力强，宜作盆栽。

牛奶子（*E. argyi*） 半常绿大灌木，偶为小乔木，高可达6m，呈伞形树冠。叶发于春、秋两季，大小不一，叶形差异很大，大的多为椭圆状倒卵形，小的长椭圆形，背面银白色，散生褐色鳞片。果柄短细，果形较大。生长势、适应性均较胡颓子强。

［产地与分布］ 分布于我国长江流域以南各地，日本也有分布。

［习性］ 暖地树种，庭园偶有栽培。喜光而又耐阴，常生于山坡疏林下或林缘灌丛的阴湿环境。对土壤要求不严，中性、酸性或石灰质土壤均能生长。抗寒性尚强，稍北地区亦能越冬。10月开花，果翌年5月成熟。

［繁殖与栽培］ 一般采用播种繁殖，亦可扦插和嫁接。5月份采种，堆放后熟，洗净阴干，随即播种。种子千粒重20g，发芽率约50%。条播行距20cm，覆土厚1.5cm，上盖草，保持苗床湿润，1个月后发芽出土，搭棚遮阳，及时除草松土，并施追肥。扦插行于梅雨期，取半熟枝作插穗，长10cm，留叶3～4片，直插，深1/2，遮阳，经常保持棚内湿润。嫁接在冬春季行枝接。移植以春季3月最适宜，小苗带宿土，大苗则带泥球。

［观赏与应用］ 胡颓子枝条交错，叶背银灰，花含芳香，果色红艳，极为可爱，宜配置于花丛或林缘。同属另一种牛奶子枝叶茂密，树冠如盖，适宜孤植在阳光充足的空旷地或配置假山石旁、草坪之中，颇具特色；若在儿童游戏场上孤植几株，整其干枝，促使广展，其下围以圆椅供

休憩纳凉，则饶有趣味。对多种有害气体抗性强，也适于工厂污染区绿化。

（八）柿树

［学名］ *Diospyros kaki* Linn. f.

［英名］ persimmon，kaki，kaki persimmon，Japanese persimmon

［别名］ 朱果、猴枣

［科属］ 柿树科，柿树属

［形态特征］ 落叶乔木，高可达15m，树冠钝圆锥形。树皮淡灰褐色，不规则纵裂；新梢有褐色毛。叶质厚，椭圆状卵形或倒卵形，表面暗绿色，仅脉上有疏毛，背面被短柔毛。花雌雄异株或杂性同株，单生或聚生于新生枝的叶腋，花冠钟状，初为乳白色，后转为乳黄色。浆果扁球形，橙黄色，萼宿存。

同属观赏树种还有：

君迁子（*D. lotus*） 幼枝被灰色毛；叶较狭长，背面灰绿色，有毛；果球形，熟时蓝黑色，外被白蜡层。

浙江柿（*D. glaucifolia*） 全体无毛；叶较君迁子长，背面略被白粉；果球形，熟时红色，外被白霜。

油柿（*D. oleifera*） 树皮灰褐色，裂片成薄片剥落，内皮白色；叶宽大，两面密被灰黄色毛；果扁卵形，具4纵槽，有毛。

老鸦柿（*D. rhombifolia*） 树皮灰色，平滑；多枝，分枝低，有枝刺；叶为菱状倒卵形，最宽处在叶片中部以上，宿存萼的裂片为长圆状披针形；果柄较短，长1.5～2.5cm。

［产地与分布］ 原产我国，分布极广，北自河北长城以南，西北至陕西、甘肃南部，南至东南沿海、广东、广西及台湾，西南至四川、贵州、云南均有分布。

［习性］ 阳性树种。喜温暖，亦耐寒，年平均温度在9℃以上，绝对低温在－20℃以上均能适应。耐旱力强，但年降水量不能少于500mm。对土壤要求不严，酸性、中性、石灰性土壤皆可生长，以排水良好、富含有机质的壤土或黏壤土最为适宜，也耐轻微盐碱土，但不喜沙质土。根系发达，萌芽力强，寿命较长。花期5月，果9～10月成熟，

［繁殖与栽培］ 常用嫁接繁殖。北方以君迁子作砧木，南方则用野柿、油柿或老鸦柿作砧木。柿树富含单宁，嫁接愈合较难，故必须掌握适宜的嫁接时期。春季树液开始流动时是枝接成活率最高的时期，芽接则以开花时最适宜。嫁接时取芽、削砧均不能耽搁过久，以免接穗和砧木伤面与空气接触过久，形成隔离层而影响成活率。枝接用的接穗选取一年生的营养枝；芽接则取上年的潜伏芽或当年的叶芽。枝接方法有劈接、切接等，而以劈接应用较广；芽接则以嵌接法最普遍。当年枝接苗枝长可达50cm，翌年春分栽培大，1年后可出圃栽种。冬季落叶后至春季萌芽前均可移栽，大苗需带泥球。以后每年要进行树盘深耕、松土施肥、整形修剪等抚育管理。

［观赏与应用］ 柿树枝繁叶大，广展如伞，秋时叶红，丹实似火，是观叶、观果俱佳的树种。园林中可孤植、群植于草坪周围、湖边、池畔、园路两旁及建筑物附近；门庭两侧、公园入口配置数株，亦甚适宜；孤植于庭前、宅旁，既可庇荫，又可欣赏；成片群植于山边坡地或公园一隅，其下配置常绿灌木，背衬常绿乔木，秋风初起，丹翠交映，自有佳趣。

（九）紫金牛

［学名］*Ardisia japonica*（Hornsted）Bl.

［英名］Japanese ardisia

［别名］矮地茶、千年矮、平地木、四叶茶、野枇杷叶

［科属］紫金牛科，紫金牛属

［形态特征］常绿小灌木，高10～30cm。根状茎长而横走，暗红色；茎直立，不分枝，表面紫褐色，具短腺毛，幼嫩时毛密而显。叶常成对或3～4枚集生茎顶，坚纸质，椭圆形，长4～7cm，叶端急尖，叶基楔形或圆形，叶缘有尖锯齿，两面有腺点，侧脉5～6对，叶背中脉处有微柔毛。短总状花序近伞形，通常2～6朵，腋生或顶生；萼片5；花冠青白色，径约1cm，先端5裂，裂片卵形，有红色腺点；雄蕊5，着生于花冠喉部，花丝短；子房上位。核果球形，熟时红色，有宿存花萼和花柱，径5～6mm，有黑色腺点。

同属观赏种还有朱砂根（*A. crenata*），又称大罗伞、富贵子、红铜盘，常绿小灌木，茎直立，高达80cm，有少数分枝，无根状匍匐茎，叶椭圆状披针形或倒披针形，叶缘有波状圆齿，生长习性与紫金牛相似。

［产地与分布］分布广，在我国东起江苏、浙江，西至四川、贵州、云南，南达福建、广西、广东均有分布。

［习性］性喜温暖潮湿气候，多生于林下、溪谷旁之阴湿处。花期4～5月，果期6～11月。

［繁殖与栽培］用播种、分株或扦插法繁殖。当年种子不发芽，待第二年5～6月才能发芽，且自然发芽率较低，一般只有3%～5%，种子采用浓硫酸处理10min，可使发芽率提高到40%～60%。分株繁殖通常在春、秋两季进行，切分根状茎，保证每一段根状茎上有1个分枝，然后栽植到准备好的容器中或平整好的土地上，保持湿润，20d左右即可成活。如果采用扦插繁殖，可于5～6月剪取分枝，高5～8cm，去掉一部分老叶，插于准备好的扦插床，保持叶面水分和介质湿润，1个月左右即可生根。

［观赏与应用］紫金牛枝叶常青，果实鲜艳，经久不凋，观赏价值较高。适作阴湿处及疏林下地被栽植，也可在庭园角隅、假山旁、小溪边种植，富有自然气息。

（十）火棘

［学名］*Pyracantha fortuneana*（Maxim.）Li

［英名］fortune firethorn

［别名］火把果、救军粮

［科属］蔷薇科，火棘属

［形态特征］常绿灌木，高约3m。枝拱形下垂，幼时有锈色短柔毛，短侧枝常呈刺状。单叶互生，叶倒卵形至倒卵状长椭圆形，长1.5～6cm，先端钝或微凹，有时具短尖头，基部楔形，缘具圆钝齿，齿尖内弯，近基部全缘，两面无毛。花白色，径约1cm，成复伞房花序。梨果，近球形，径约5mm，红色，经久不落（图2-4-23）。

同属观赏树种还有：

全缘火棘（*P. atalantioidesi*）　叶暗绿色，具光泽，阔椭圆形至卵圆形，长8cm；花小，白色，伞房花序密集，有花约20朵；浆果深红色，簇生。

狭叶火棘（*P. angustifolia*）　叶狭长圆形至披针状长圆形，边缘几无锯齿，微向下卷，表面暗绿色，背面及花序密生灰白色茸毛，果橙红色。

［产地与分布］产于我国陕西、江苏、浙江、福建、湖北、四川、云南、贵州、广西等地，野生于海拔500～2 800m的山地灌丛中或河沟旁。

［习性］亚热带树种，性喜光，稍耐阴，耐旱力强，山地、平原均能适应。对土壤要求不严，在湿润的疏松酸性土、中性土中生长快速。萌芽力强，耐修剪造型。花期5月，果期9～11月。

［繁殖与栽培］播种和扦插繁殖。在11月上中旬采种，堆放后熟，捣烂漂洗，阴干冬播或沙藏至翌年2月阔幅条播，4月上中旬发芽，出苗整齐，见真叶后间苗，及时松土、除草、施肥。入秋苗高约20cm，翌年春再分栽培大。主根长而粗，侧根稀少，分栽以芽萌动前数天进行为宜，起苗时要深挖，多留须根，随挖随栽，及时修剪，当天栽不完需打泥浆假植。休眠枝扦插在2～3月，半熟枝扦插行于6月，插穗长8～10cm，带踵，留叶数片，插后及时遮阳。移植在3月进行，需带泥球。移栽时枝梢宜重剪，成树后易抽出强势生长枝，需要疏剪或短截。

图2-4-23　火　棘
1. 全缘火棘　2. 火棘（花枝）

［观赏与应用］火棘枝叶繁茂，初夏白花满树，入秋果红如火，留存枝头甚久，美丽可爱。宜作绿篱或成丛栽植，草坪、路隅、岩坡、池畔点缀数丛，也很别致。其姿态丛出披散，配置在岩坡、山石之间，既能达到隐蔽的效果，又起到相互映衬之作用。火棘制作为盆景，甚可赏玩，老桩古雅多姿。小苗经过加工，扎成微型盆景，也很别致。果枝插瓶，经久不落，颇具特色。

（十一）枇杷

［学名］*Eriobotrya japonica*（Thunb.）Lindl.

［英名］loquat

［科属］蔷薇科，枇杷属

［形态特征］常绿小乔木，高可达10m，枝条广展，呈圆形树冠。树皮灰褐色，粗糙；小枝粗壮，密被锈色或灰棕色绒毛。叶革质，长倒卵形或椭圆状矩圆形，边缘上部疏生锯齿，表面暗绿色，多皱，有光泽，背面及叶柄生灰棕色绒毛。秋末抽蕾如小球，为顶生复总状花序，花白色，芳香。梨果球形或矩圆形，外有鹅黄色毛茸，果色因品种而异，以橙黄为多，主要品种有‘大红袍’、‘白沙’等（图2-4-24）。

［产地与分布］原产我国，四川、湖北有野生分布，浙江塘栖、江苏洞庭及福建莆田都是枇杷的著名产地。越南、缅甸、印度、印度尼西亚、日本也有栽培。

［习性］暖地树种，久经栽培。深根性，稍耐阴。喜温暖湿润气候，耐寒力较强，唯花期忌

风，幼果期尤怕霜冻。对土壤适应性较广，最宜生长于排水良好、富含腐殖质的中性或微酸性的沙质壤土和少风害之地。11～12月开花，果翌年5月成熟，

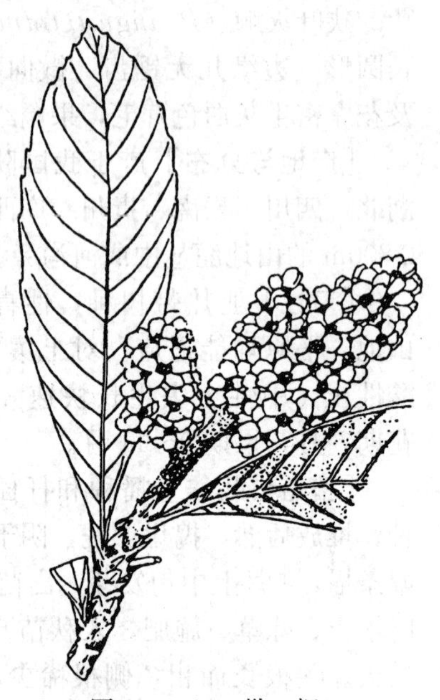
图2-4-24 枇 杷
（卓丽环、陈龙清，2004）

[繁殖与栽培] 主要采用播种和嫁接繁殖。播种育苗简易，虽变异较多，但近年已掌握了种子和苗木生长发育的规律，善于选种，不仅能获得良好的变异，且可保持种性和提早结果。从长势健旺、连年丰产的壮年母株采收充分成熟、大小均匀的果实，从中再选少核、形态正常、饱满的种子，洗净后随即播种，播种不宜太深，播后覆土盖草，经常保持土壤湿润。一年生苗高达30～70cm，即可移植，第二年可长至1.3～1.5m高，此时已能开花。嫁接在3月中下旬进行，一般以二年生实生苗作砧木，选用2～3年生春梢为接穗，长10～15cm，带2～3个芽，行切接。嫁接成活后注意遮阴，扶干，以免风折。移栽在2月下旬前后进行，无论大小苗均需带泥球。以后每年开花前施1次速效肥，果实采收后应施堆肥。枇杷一般较少修剪，通常只需把内向枝、病枯枝等剪除即可。

[观赏与应用]“树繁碧玉叶，柯叠黄金丸”是枇杷的真实写照，其观赏与食用兼备。一般宜丛植或群植草坪边缘、湖边池畔、山麓坡地；可以枇杷作为基调树种，与其他观果树种组成树丛。江南园林中，常配置在亭、堂、院落之隅，其间点缀山石、花卉，意趣颇佳。枇杷对二氧化硫抗性较强，适用于街坊、厂矿绿化。

（十二）樱桃

[学名] *Prunus pseudocerasus* Lindl.

[英名] falsesour cherry

[别名] 荆桃、莺桃、含桃、朱樱

[科属] 蔷薇科，李属

[形态特征] 落叶小乔木，高可达8m。叶卵形至卵状椭圆形，长7～12cm，先端锐尖，基部圆形，缘有大小不等之重锯齿，齿尖有腺体，叶上面有毛或微有毛，背面疏生柔毛。腋芽单生，叶在花芽中对折状，具顶芽。花白色，径1.5～2.5cm，萼筒有毛，花3～6朵簇生或成总状花序。核果近球形，果实外面无沟槽，径1～1.5cm，红色。

[产地与分布] 原产我国中部，河北、山西、陕西、甘肃、山东、江苏、江西、贵州、广西等地均有分布。日本、朝鲜亦有栽培。

[习性] 温带及亚热带树种，性耐寒抗旱，对土壤要求不严，唯因生长期短，新梢生长集中在早期，故早春霜冻常影响结实。在长江流域以北各地，以沙质壤土或砾质壤土的表土较深而下层由沙砾构成者为宜；在长江流域以南各地，以砾质黏土及沙地为宜。阳性树种，不耐庇荫，光照良好则果实成熟时期早，色彩亦佳。花期3～4月，先叶开放；果期5～6月。

[繁殖与栽培] 用分蘖、播种、嫁接和扦插繁殖。初春于母株基部堆土，翌年即可掘取生根萌蘖移栽。种子冬藏后春播。嫁接多用芽接和枝接。砧木用山樱桃（*P. serrulata*）、马哈利樱桃

（*P. mahaleb*）等，枝接在 3 月下旬至 4 月上旬，芽接在 7 月中下旬进行，亦可用软枝扦插，时间在 6 月上中旬，35d 左右即可生根。栽植宜在秋季，但在寒冷地区以春季栽植为宜。因伤口愈合较难，一般不宜作强修剪，仅在枝条过密时酌量疏枝。秋季落叶后需结合松土，施以腐熟的厩肥。

［观赏与应用］樱桃花若彩霞，新叶娇艳，果若珊瑚，秋叶丹红，是常见的观花、观果树种。宜作孤植、丛植，配置在山坡、建筑物前及园路旁，亦可作樱桃专类园布置。

三、其他种类

表 2-4-3　其他果木类树种简介

中名	学　名	科　属	性　状	习　性	观赏特性及应用
南天竹	*Nandina domestica*	小檗科 南天竹属	常绿灌木	暖温带树种，较耐寒，不耐高温干燥及强光照	最宜点缀假山，常植于庭园角隅，老桩作盆景
金银木	*Lonicera maackii*	忍冬科 忍冬属	落叶灌木或小乔木	性强健，耐寒，耐旱，喜光	孤植或丛植
柑　橘	*Citrus reticulata*	芸香科 柑橘属	常绿小乔木或灌木	喜温暖湿润气候，耐寒性较强	宜于庭园、绿地及风景区栽植，北方多盆栽
柚　子	*Citrus grandis*	芸香科 柑橘属	常绿小乔木	亚热带树种	园林结合生产的良好树种
甜　橙	*Citrus sinensis*	芸香科 柑橘属	常绿小乔木	不耐寒，要求年均气温 17℃以上	同柑橘
枸　杞	*Lycium chinense*	茄科 枸杞属	落叶灌木	性强健，稍耐阴，喜温暖，较耐寒，对土壤要求不严，耐干旱、耐盐碱力强，忌黏质土	可供池畔、河岸、山坡、径旁悬崖石隙以及林下、井边栽植，老桩作盆景
无花果	*Ficus carica*	桑科 榕属	落叶小乔木	亚热带树种，性喜光，不耐寒，华北多盆栽	庭园栽培
秤锤树	*Sinojackia xylocarpa*	野茉莉科 秤锤树属	落叶小乔木	性喜光，耐高温能力较强	丛植于路旁、草坪角隅、房屋前后，孤植亦可
枣	*Zizyphus jujuba*	鼠李科 枣属	落叶乔木或灌木状	性喜光，耐干燥，耐寒，萌蘖力强	宜孤植、群植，适用于工矿区绿化
山　楂	*Crataegus pinnatifida*	蔷薇科 山楂属	落叶小乔木	温带树种，喜光，耐寒，萌蘖力强	可作绿篱、花篱或丛植、孤植，作庭荫树
木　瓜	*Chaenomeles sinensis*	蔷薇科 木瓜属	落叶小乔木	喜光，喜温暖，较耐寒，不耐湿和盐碱	可孤植或丛植
郁　李	*Prunus japonica*	蔷薇科 李属	落叶灌木	喜光，耐寒，耐旱，耐水湿	观赏价值较高，适于群植，还可用作花境、花篱
平　枝 栒　子	*Cotoneaster horizontalis*	蔷薇科 栒子属	常绿低矮灌木	喜光，耐土壤干燥，较耐寒，不耐涝	布置岩石园、庭园、绿地和墙沿角隅的优良材料，也可作地面覆盖植物、盆景
刺　梨	*Rosa roxburghii*	蔷薇科 蔷薇属	落叶或常绿灌木	适应性强，耐寒，耐旱	观花、观果兼备，可丛植或作隔离栽植材料

第四节 荫木类

一、概　　述

1. 概念与范畴　荫木类亦称绿荫树或荫树，又可将其分为绿荫树（庇荫树）与行道树两类。选用为庇荫树者，需具有茂密的树冠、挺秀的树形、花果香艳、叶大荫浓、树干光滑而无棘刺，可供人们树下庇荫休息；选为行道树者，需具有通直的树干、优美的树姿，根际不生萌条，生长迅速，适应性强，分枝点高，不妨碍人行和车辆通行，同时要耐修剪，抗烟尘，少病虫害，寿命长。行道绿荫树关系到城市的美化和环境卫生，所以荫木类的选定，也是城市园林绿化的重要内容。由于不少荫木类树种兼有庇荫和行道树的功能，很难将其截然分开。

2. 繁殖与栽培要点　荫木类植物多以播种繁殖为主。一般秋季采种，秋播，也可将种子层积到翌年春播。少数生命力短的树种，如榆、杨等种子成熟即播，宜夏播。一些种类如柳属、悬铃木等扦插繁殖率也很高，春季可进行扦插。

荫木类要注意在其幼年阶段培养合理的株形，绿荫树（庇荫树）与行道树都要有足够的枝下高及搭配合理的树冠枝组，幼年阶段是养干和养冠的关键。对于单轴分枝型的树木，通直主干易自然形成，需要选留好朝向及间距合理的数个主枝，以形成匀称、饱满的树冠骨架；对于合轴分枝型的树木，还要通过修剪以培养足够的枝下高和通直主干。

定植前，行道树种苗地下部的规格要求在单株间基本一致，否则会造成栽植后的生长速度不同，导致参差不齐。

二、常见种类

（一）七叶树

［学名］*Aesculus chinensis* Bunge

［英名］Chinese buckeye

［别名］桫椤树、天师树、七叶枫树

［科属］七叶树科，七叶树属

［形态特征］落叶乔木，高可达 25m。树皮灰褐色，片状剥落；小枝粗壮，栗褐色，光滑无毛。掌状复叶，小叶常为 7 枚，倒卵状长椭圆形，长 8～20cm，先端渐尖，基部楔形，缘具细锯齿，侧脉 13～17 对，仅背面脉上疏生柔毛，小叶柄长 0.4～1.7cm。花小，白色或微带红晕，组成直立密集圆锥花序，近无毛。蒴果球形或倒卵形，径 3～4cm，黄褐色，无刺，内含种子 1～2 粒，种子形如板栗，种脐大，占种子一半以上（图 2-4-25）。

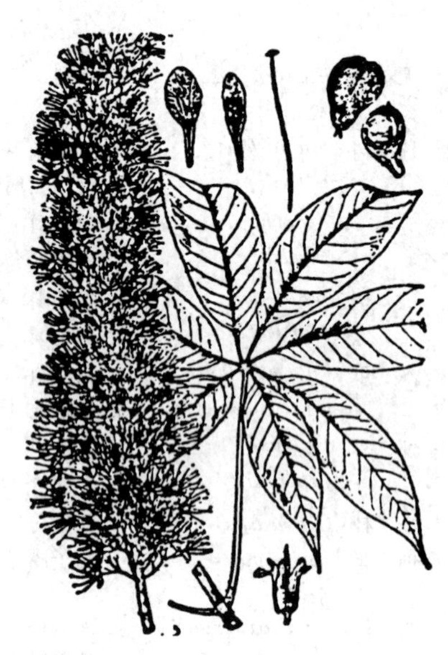

图 2-4-25　七叶树

变种有浙江七叶树（var. *chekiangensis*），小叶较薄，叶柄无毛，圆锥花序较长而狭。

［产地与分布］ 原产我国黄河流域及东部，包括陕西、甘肃、河南、江苏、浙江等地，自然分布于海拔700m以下山地。北京也有栽培观赏。

［习性］ 亚热带北缘及温带树种，性喜光，稍耐阴，怕日灼，喜温和气候，亦能耐寒。喜深厚、肥沃、湿润而排水良好的土壤，以山谷的酸性土或溪边石砾土生长发育最好。深根性，萌芽力不强，生长缓慢，寿命较长。花期5月，果期9～10月。

［繁殖与栽培］ 播种繁殖。种子的生命活力很难保持，由于种子内含水量高，如去果皮干藏，未及1个月即丧失发芽力。故9月上旬采收后应随即播种，或带果皮拌沙在低温处贮藏至翌年春播。据试验，在半密闭状态下，在泥炭中贮藏半年仍保持100%生活力。一般采用条状点播，株行距15cm×25cm。播种时种脐向下，覆土，上盖草，以不见土为宜。在秋末温暖多雨情况下，有一部分种子发芽出土，这些幼苗霜冻前需防寒。未发芽的种子翌年3月见苗，因幼苗出土力弱，并畏日晒，故苗床要遮阳，并保持湿润，防止板结。当年苗高可达50cm，来年春天再分栽培大，以后每隔1年分栽1次，培育5～6年可供绿化。移栽在深秋落叶后至翌春发芽前进行，均需带泥球，栽后必须用草绳卷干，以防树皮灼裂。

［观赏与应用］ 七叶树叶形优美，树姿壮丽，冠如华盖，被誉为世界四大行道树之一。种植时最好与其他树种多行搭配，以构成适宜的生境。在草坪及空旷地作树丛配置也很相宜。因其喜凉爽，畏干热，在傍山近水之处配置，可免除灼皮枯叶之患。

（二）重阳木

［学名］ *Bischofia polycarpa*（Lévl.）Airy-Shaw

［英名］ Java bishopwood，Java bishop-wood，katang，autumn maple tree，red cedar，Chinese bishopwood

［科属］ 大戟科，重阳木属

［形态特征］ 落叶乔木，高可达15m，胸径50cm。大枝斜展，树冠伞形，树皮褐色纵裂。小叶3片，膜质，卵圆形或椭圆状卵形，先端突尖，基部圆形或近心形，边缘有细钝锯齿，入秋后叶转红色，别具趣味。花单性，雌雄异株，4～5月间与叶同放，淡绿色，组成稀疏的圆锥花序，腋生而下垂。浆果球形，11月成熟，暗红褐色（图2-4-26）。

同属观赏树种还有秋枫（*B. javanica*），常绿或半常绿乔木，圆锥花序，果熟时蓝黑色。

图2-4-26　重阳木
（卓丽环、陈龙清，2004）

［产地与分布］ 产于我国秦岭、淮河流域以南至两广北部，在长江中下游平原习见。

［习性］ 暖温带速生树种。性喜光，稍耐阴，好水湿，耐寒力较秋枫强。对土壤要求不严，在湿润肥沃的沙质壤土上生长快速。根系发达，抗风力强。

［繁殖与栽培］ 播种繁殖。11月中旬采种，潮湿处

堆放后熟，揉烂果皮，洗净晾干，拌沙贮藏。种子千粒重约6.6g，发芽率30%～40%。2～3月条播，行距20cm，每667m^2播种量为2～2.5kg，覆土厚0.5cm，上盖草。播后约30d发芽出土，及时揭草，适当间苗，加强除草松土和水肥管理，一年生苗高40～50cm，供公园绿化或行道树用需分床培育3～4年。小苗分枝往往很低，且基部常抽出萌条，培育中应注意修剪、剥芽，越冬需防寒。移栽宜在春季发芽前进行，栽后1～2年每年进行2～3次中耕、除草、培土等抚育工作。

［观赏与应用］ 重阳木树姿优美，绿荫如盖，秋叶转红，艳丽悦目。宜作庭荫树和行道树，用作堤岸造林亦佳。在湖边、池畔及草坪上成丛点缀，颇为相宜，若与枫香、无患子、鸡爪槭、红枫、漆树搭配成树丛或林片，并以常绿树作背景，入秋后层林尽染，分外壮观。重阳木对二氧化硫有一定抗性，亦可用于街道、厂矿绿化。

（三）无患子

［学名］ *Sapindus mukorossi* Gaertn.

［英名］ Chinese soapberry，soap-nut-tree

［别名］ 皮皂子

［科属］ 无患子科，无患子属

［形态特征］ 落叶乔木，高可达25m，胸径60cm，树冠圆球形。树皮灰白色、平滑，老树则不规则纵裂。芽2个叠生，枝条开展。偶数羽状复叶，小叶8～14片，互生，厚膜质，卵状披针形，全缘，网脉显著。5～6月开黄白色花，杂性同株，通常两性，由多朵组成顶生圆锥花序。核果近球形，肉质，有棱，11月成熟，淡黄褐色，内含种子1粒，硬骨质，黑色。

［产地与分布］ 原产我国长江流域及以南各省区。越南、老挝、印度、日本亦有分布。为低山、丘陵及石灰岩山地习见树种，垂直分布在西南海拔高达2 000m左右。

［习性］ 暖地阳性树种，喜温暖湿润气候，适应性强。对土壤要求不严，酸性土、微碱土或钙质土均能适应，在土层深厚肥沃、排水良好之地生长较快。深根性，抗风力强；萌芽力弱，不耐修剪。

［繁殖与栽培］ 播种繁殖。10～11月果熟时，采回浸水沤烂，洗净阴干，湿沙层积或冬播。种子千粒重1 200～1 589g，发芽率65%～70%。条播行距25cm，每667m^2播种量为50～60kg，覆土厚2.5cm，播后30～40d发芽出土，当年苗高达40cm，即可出圃。用作行道树或庭园绿化需分栽培大。在3月芽未萌动前移栽，小苗留宿土，大苗需带泥球。

［观赏与应用］ 无患子树姿挺秀，枝叶宽展，秋叶金黄，绮丽悦目，适于用作庭荫树和行道树。孤植、丛植在草坪、路边及建筑物附近，配以枫香、鸡爪槭、银杏等观叶树种，色彩绚丽，醉人心目。若与常绿树混交，黄绿相间，别有风趣。无患子对二氧化硫抗性较强，适用于居住区绿地、工厂、矿区绿化。

（四）栾树

［学名］ *Koelreuteria paniculata* Laxm.

［英名］ goldenrain tree，varnish tree

［别名］ 摇钱树、灯笼花

［科属］ 无患子科，栾树属

[形态特征] 落叶乔木。二回奇数羽状复叶，小叶7～17片，对生于总叶轴上，卵状长椭圆形，边缘有不规则粗锯齿。花金黄色，成顶生的大圆锥花序。蒴果膨大，成熟时红色，种子圆形，黑色（图2-4-27）。

同属常见种还有复羽叶栾树（*K. bipinnata*），西南、华东和华中多见分布。

[产地与分布] 产于我国东北、华北、陕西、甘肃、华东、西南等广大地区。

[习性] 速生树种。喜光，稍耐阴。喜湿润的气候，但对寒冷和干旱有一定的忍耐力。深根性，并有较强的萌蘖力。对土壤要求不严格，在微酸性与微碱性的土壤上都能生长。对二氧化硫有较强抗性。花期8～9月，果熟期9～10月。

[繁殖与栽培] 主要通过播种繁殖，可于秋季采种后直接播种，也可将种子用湿沙层积后于次年春播，方法同其他阔叶落叶树种；还可将根际萌蘖移植利用。栽后管理简便，树冠具有自然整枝特性，不必多加修剪，可任其自然生长，仅于秋后将枯、病枝及干枯果穗剪除即可。

图2-4-27　栾　树
1. 花枝　2. 花　3. 花瓣　4. 果及种子

[观赏与应用] 栾树树冠圆球形或伞形，春季红叶似醉，入秋丹果盈树，适于园中、池畔及路旁或草地中栽植，也可作行道树。

（五）鹅掌楸

[学名] *Liriodendron chinense*（Hemsl.）Sarg.

[英名] Chinese tulip-tree

[别名] 马褂木

[科属] 木兰科，鹅掌楸属

[形态特征] 落叶乔木，高可达40m，胸径1m以上，树冠圆锥形。树皮灰色，老时交错纵裂；小枝灰色或灰褐色。叶形似马褂，长12～15cm，先端截形或微凹，两侧各有1阔浅裂，老叶背面有乳头状白粉点，托叶痕不延至叶柄。花两性，单生枝顶，杯形，径5～6cm；花被片外面为淡绿色，内面为黄色，花丝长约0.5cm。翅状小坚果先端钝或钝尖，组成聚合果，长7～9cm（图2-4-28）。

同属常见栽培的还有：

北美鹅掌楸（*L. tulipifera*）　小枝褐色或棕褐色。叶较小，长、宽均为6～12cm，每边有2～4短而渐尖的裂片，背面淡绿色。花较大，直径6～8cm；花被片黄色，内侧基部黄棕色。聚合果上的小坚果顶端尖或突尖。原产北美东南部，我国上海、南京等地园林中有栽培。

杂种鹅掌楸（*L. chinense*×*L. tulipifera*）　叶形变异大，叶两侧各1或2阔浅裂，介于两亲本之间；花黄白色，略带红色。生长势旺。

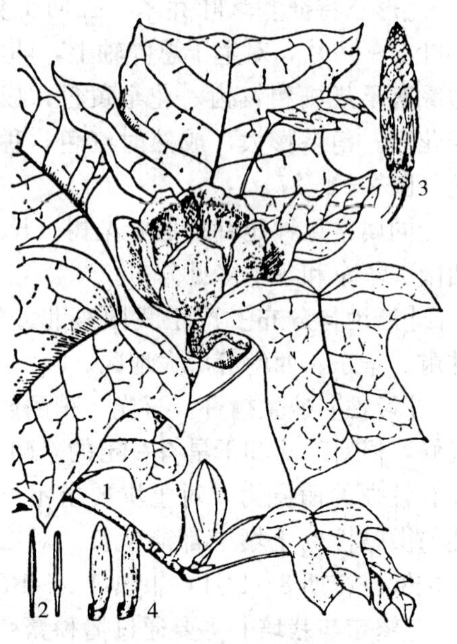

图 2-4-28 鹅掌楸
1. 花枝 2. 雄蕊 3. 果 4. 具翅小坚果

［产地与分布］原产我国，主要分布于浙江、安徽、江西、湖南、湖北、四川、贵州、云南等地。垂直分布于海拔 500～1 700m 间，常与其他树种混生。

［习性］为中性偏阳的速生树种，喜温和凉爽的湿润气候，在长江流域以南各地均能生长。耐寒性强，在－15～－17℃条件下不受冻害。在土层深厚、肥沃、湿润、排水良好的酸性或微酸性土壤上生长良好，不耐水湿和干旱。夏季高温、强烈的直射光会使树皮受灼伤，提早落叶。生长迅速，寿命长。实生苗 10～15 年开始开花，异花授粉，应采用人工授粉。花期 5～6 月，果期 10 月。

［繁殖与栽培］以播种繁殖为主，扦插次之。种子发芽率很低，其原因主要是雌雄蕊成熟异期，采用人工授粉，种子发芽率可达 75%。10 月采种，摊晒数日，取净后干藏。春季进行条播，20～30d 幼苗出土，揭草后及时中耕除草，间苗后适度遮阳，注意肥水管理，一年生苗高可达60～80cm。扦插繁殖在 3 月上中旬进行，以 1～2 年生粗壮枝作插穗，长 15cm 左右，每穗应具有2～3 个芽，插入土中 3/4，成活率可达 80%。移植在落叶后早春萌芽前进行。应选择土壤深厚、湿润、肥沃的地段和半庇荫的环境栽植。冬季适当修剪整形。

［观赏与应用］鹅掌楸干直挺拔，冠形端正，叶形奇特，花如金盏，古雅别致，为稀有珍贵树种之一。又因树冠浓郁，病虫害少，不污染环境，生长迅速，耐修剪，是城市行道树中取代悬铃木的选择树种之一。丛植、列植、片植于草坪、公园入口两侧和街坊绿地均甚相宜，若以此为上木，配以常绿花木于其下，效果更好。对有害气体二氧化硫有一定抗性。

（六）女贞

［学名］*Ligustrum lucidum* Ait.

［英名］glossy privet

［别名］桢木、蜡树、将军树

［科属］木犀科，女贞属

［形态特征］常绿小乔木，高可达10m，枝无毛。单叶对生，全缘，叶革质，卵形、宽卵形、椭圆形或卵状披针形，无毛，长 6～12cm，先端尖或渐尖，基部常为宽楔形，叶具短柄。花两性，白色，顶生圆锥花序长 12～20cm，无毛，花冠筒、花萼与花冠裂片近等长，雄蕊约与花冠裂片等长。果矩圆形，蓝紫色。

同属常见栽培的植物还有：

日本女贞（*L. japonica*） 叶较女贞圆而厚，主脉常紫红色。

水蜡（*L. obtusifolium*） 落叶或半常绿灌木，枝开展，呈拱形，叶背有毛，花序下垂。

小叶女贞（*L. quihoui*） 落叶或半常绿灌木，枝铺散，花无梗。

小蜡（*L. sinense*）　常绿或半常绿灌木，小枝密生短柔毛，具花梗。

［产地与分布］ 主产我国长江流域以南各省区及陕西、甘肃南部，现全国各地广泛栽培。垂直分布，东部地区在海拔 500m 以下，西南可达2 000m。

［习性］ 暖地阳性树种，久经栽培。喜温暖气候，稍耐阴。适应性强，在湿润肥沃的微酸性土壤上生长快速，中性、微碱性土亦能适应。根系发达，萌蘖、萌芽力强，耐修剪整形，可形成灌木状。花期初夏，果期 11～12 月。

［繁殖与栽培］ 播种繁殖。11 月采种，搓擦去果皮，洗净阴干，湿沙层积，早春条播，播种量 120～150kg/hm^2，播后覆土盖草。一般 4 月中旬开始发芽出苗，待幼苗大部分出齐时揭草，及时间苗。一年生苗高达 40～60cm，可出圃作绿篱。如作行道树或庭园绿化，需栽培 2～3 年，当苗高 1.5～2m 即可移植。大苗移栽要带泥球，并剪去部分枝叶，以提高成活率。供绿篱栽植的苗，离地面 15～20cm 处截干，促进侧枝萌发。作行道树要整枝培干。

［观赏与应用］ 女贞宜作绿篱，可用于隐蔽遮挡，在草坪边缘、建筑物周围、街道绿地可孤植、列植为庇荫树，亦可作行道树配置。不仅对二氧化硫抗性强，对氯化氢也有一定的抗性，还具有滞尘、抗烟的功能，用于污染源周围和产生粉尘的厂矿绿化，最为适宜。

（七）冬青

［学名］ *Ilex purpurea* Hassk.

［英名］ purple-flowered holly

［别名］ 四季青

［科属］ 冬青科，冬青属

［形态特征］ 常绿乔木，高可达 20m，胸径 55cm，主干通直，树冠卵圆形。树皮淡灰色；小枝具棱线。叶互生，薄革质，通常长椭圆形，边缘有疏浅圆锯齿，表面深绿色，具光泽，背面淡绿色。花雌雄异株，排列成聚伞花序，着生于当年嫩枝的叶腋内，5 月初开淡紫红色花，有香气。核果椭圆形，11 月成熟，红色光亮，经冬不凋，鲜艳悦目（图 2-4-29）。

同属观赏树种还有：

毛梗铁冬青（*I. rotunda* var. *microcarpa*）　叶革质，旋状互生，椭圆形，暗绿色；花梗有毛；果圆，深红色。

大叶冬青（*I. latifolia*）　又名苦丁茶，叶大，厚革质，边缘具疏锐齿；果圆而密，深红色。

［产地与分布］ 产于我国长江流域及以南各地，常生于山地杂木林中。日本亦有分布。

［习性］ 暖地树种，耐寒力尚强，深根性。喜温暖湿润气候，常生于土层深厚、腐殖质丰富的向阳坡地、山麓疏林中，阴湿之地也能适应，积水洼地则生长不良。

图 2-4-29　冬　青
（卓丽环、陈龙清，2004）

［繁殖与栽培］ 播种繁殖。11 月采种，堆放后熟，待软化后置木桶内捣烂，漂洗取净，阴干。种子千粒重 11g。冬青种子有二年发芽的特性，为节省用地和劳动力，以低

温湿沙层积1年，沙藏期间每隔2个月翻拌1次，保持一定湿度和防止种子变质。翌年冬季条播，行距15cm，沟深2～3cm，覆土厚1cm，上盖草。4月上中旬发芽出土，分次揭草，及时搭棚遮阳。幼苗期加强抚育，如出苗太密，可在雨后间苗，留床1年分栽。分栽要深掘、快栽，夏秋需适当庇荫。移栽在3月间进行，带泥球。

［观赏与应用］冬青枝叶繁茂，葱郁如盖，果熟时宛若丹珠，分外艳丽。孤植草坪、水边或丛植林缘甚相宜，如在门庭、墙际、甬道两侧列植，或在山石、小丘之间点缀数株，更为葱郁可观。冬青对有害气体二氧化硫抗性强，并有防尘耐烟的功能，可用于城市街道、厂矿绿化。

（八）山杜英

［学名］*Elaeocarpus sylvestris*（Lour.）Poir.

［英名］common elaeocarpus

［别名］胆八树

［科属］杜英科，杜英属

［形态特征］常绿乔木，高可达26m，胸径80cm，主干挺拔，树冠卵圆形。树皮灰黑色。叶薄革质，倒卵状椭圆形或倒卵状披针形，边缘疏生钝锯齿，脉腋有时具腺体，入秋后部分叶转紫红色。总状花序腋生，7月开黄白色花。核果椭圆形，10～11月成熟，暗紫色。

［产地与分布］产于我国南部，浙江、江西、福建、台湾、湖南、广东、广西及贵州南部均有分布。多生于海拔1 000m以下之山地杂木林中。

［习性］暖地树种，较速生。喜温暖阴湿环境，多与常绿阔叶树混生于低山溪谷。适生于酸性黄壤和红黄壤，较耐寒，在平原有林之处栽植生长快而繁茂，但排水必须良好。根系发达，萌芽力强，耐修剪。

［繁殖与栽培］播种繁殖。11月上旬采种，堆放后熟，待果肉软化，水洗取净，阴干后随即播种或湿沙层积，种子千粒重187g。条播行距20cm，沟深5cm，覆土厚2cm，盖草保湿。5月上中旬发芽出土，及时揭草，苗高4～5cm时分次间苗，幼苗出齐后保留5～6cm株距，6～7月间追施薄肥2～3次，当年苗高达50～60cm，入冬搭棚或覆草防寒。翌年3月分栽培大，掘苗时要适当深挖，少伤根系，做到随掘随栽随浇水，并修去部分叶片。幼苗期勤除草松土，及时施肥、防旱。移栽在秋初、晚春进行，小苗带宿土，大苗需带泥球。移后结合整形删去部分枝叶。

［观赏与应用］山杜英枝叶茂密，霜后部分叶绯红，红绿相间，鲜艳悦目。尤其适于丛植、片植，宜作树丛的常绿基调树种和花木的背景树；如列植成绿墙，有隐蔽遮挡之作用；对植庭前、入口、曲径小路之侧或群植草坪边缘、落叶林缘，均甚美观别致。还适于作隔声防噪林带的中层树种；对二氧化硫抗性强，可选作有污染源的厂矿绿化。

（九）槐

［学名］*Sophora japonica* L.

［英名］Chinese scholar tree，Japanese pagoda tree，scholars tree

［别名］国槐、家槐

［科属］豆科，槐属

［形态特征］落叶乔木，高可达25m，胸径1.5m，树冠圆球形，老则呈扁球形。树干端直，枝叶密生，绿荫如盖。树皮暗灰色，纵裂。单数羽状复叶，小叶7～15片，卵状矩圆形，全缘，

色浓绿而有光泽，背面淡绿色，有白粉和细毛，叶痕下的芽被紫黑色毛。6～7 月开淡黄绿色蝶形花，由多花组成顶生圆锥花序。荚果肉质，串珠状，10 月成熟，黄绿色，经冬不凋（图 2-4-30）。

常见栽培的变种有：

盘槐（var. *pendula*）　又名龙爪槐。叶似槐，枝扭曲下垂，形成华盖状树冠。

紫花槐（var. *pubescens*）　小叶 15～17 枚，叶背有蓝灰色丝状短柔毛；花的翼瓣和龙骨瓣常带紫色，花期最迟。

五叶槐（var. *oligophylla*）　又称蝴蝶槐。小叶 3～5 簇生，顶生小叶常 3 裂，侧生小叶下部常有大裂片，叶背有毛。

图 2-4-30　槐
（卓丽环、陈龙清，2004）

［产地与分布］ 原产我国北部，北自辽宁，南至广东、台湾，东自山东，西至甘肃、四川、云南均有栽培。

［习性］ 温带树种。喜光，稍耐阴。幼年生长较快，能适应干冷气候。喜生于土层深厚、湿润肥沃、排水良好的沙质壤土，中性土、石灰质土及微酸性土均可适应，在轻度盐碱土（含盐量 0.15%左右）也能正常生长。但在过于干旱、瘠薄、多风的地方难成大材，低洼积水处常落叶死亡。深根性，根系发达，抗风力强，萌芽力亦强，有利于截干养材。

［繁殖与栽培］ 多用播种繁殖。10～11 月采种，浸泡水中，搓去果皮，洗净阴干，沙藏，种子千粒重 125g，发芽率 60%～80%。春播前用 80℃热水浸种 5～6h，捞出掺沙 2～3 倍，摊放室内催芽，上盖一层塑料薄膜，保湿保温，待种子有 30%开裂即可播种。每 667m^2 播种量为 10～15kg，约 20d 发芽出土，当年苗高 60～100cm。槐苗顶端芽密节短，易使苗干弯曲，要育成主干挺直的优质壮苗需行平茬养干，方法是在翌年春将一年生苗按株行距 40cm×60cm 移栽，苗期加强抚育，次年早春在离地表面 3cm 处截干，松土后施基肥，春暖时截干处萌芽发出许多萌条，长 20cm 时，选留一健壮的直立枝，余皆剪除，当年苗高可达 3～4m，即可出圃。若用于“四旁”绿化、庭荫树或行道树，栽植株行距 4m×5m，穴径 70cm，深 50cm，栽时要求苗正、根舒，根土密接，踏实土面，浇足底水。

［观赏与应用］ 槐树姿态优美，绿荫如盖，历来作城市庭荫树和行道树。栽培历史久远，北方颇多古树，但在江南一带作行道树容易衰老，效果不很理想。配置于公园绿地、建筑物周围和居住区比较适宜。栽培变种龙爪槐枝盘曲下垂，姿态古雅，对植门前、庭前两旁或孤植于亭台山石一隅，雅趣横生。槐对多种有害气体抗性强，并有一定的吸毒功能，可作污染区绿化。

（十）垂柳

［学名］ *Salix babylonica* L.

[英名] weeping willow，babylon weeping willow

[别名] 水柳、倒杨柳

[科属] 杨柳科，柳属

[形态特征] 落叶乔木。小枝纤细下垂。叶狭披针形，先端长尖，表面带白色，叶柄有短柔毛。雌雄异株，柔荑花序。3月开黄绿色花，果4月成熟。

同属相近种很多，主要有：

旱柳（*S. matsudana*） 形态与垂柳近似，树干挺直，小枝向上伸展，耐寒力强，生长迅速，树形美观，分布较垂柳广，以黄河流域为中心。

龙爪柳（*S. matsudana* f. *tortuosa*） 系旱柳的变型，灌木状小乔木，枝条卷曲向上，末端稍下垂，如龙爪状，姿态极为别致，为园林中常用。

河柳（*S. chaenomeloides*） 小枝广展，叶宽而稍短，具半心形托叶，树龄可达百余年。

银叶柳（*S. chienii*） 灌木状小乔木，小枝上展，叶近短圆形，背面密被银白色伏毛。

金丝垂柳 由垂柳为基础亲本与黄枝白柳（*S. alba* f. *vitellina*）杂交培育出的无性系，枝条下垂，生长季叶色为黄绿色，具有独特的观赏价值。

[产地与分布] 我国各省区均有栽培。亚洲、欧洲及美洲多数国家都有悠久的引种栽培历史。

[习性] 湿生阳性树种。喜生于河岸两旁湿地，短期水淹不致死亡；高燥地及石灰质土壤也能适应。发芽早，落叶迟，生长迅速，但不及旱柳耐寒。寿命较短。

[繁殖与栽培] 繁殖以扦插为主。于早春进行，选择生长快、病虫害少的优良植株作为采条母树，在萌芽前剪取2～3年生枝条，截成15cm左右长作插穗。直插，插后充分浇水，经常保持土壤湿润，及时抹芽和除草，发根后施追肥3～4次，幼苗期注意病虫防治。移植宜在冬季落叶后至翌年早春芽未萌动前进行，栽后要充分浇水并立支柱。

[观赏与应用] 垂柳最适于在河岸、湖边栽植，枝拂湖面，倒影水中，别有风致。江南园林中常与桃树间植，桃红柳绿，更显春光明媚，亦可选作高水位地段的行道树、庭荫树、防浪护岸树种。对有害气体有一定抗性，适于厂矿绿化。但鉴于柳絮飘扬繁多，作为城市行道树或在精密仪器厂附近栽植，以选雄株为好。

（十一）臭椿

[学名] *Ailanthus altissima*（Mill.）Swingle

[英名] ailanthus，tree of heaven

[别名] 樗

[科属] 苦木科，臭椿属

[形态特征] 落叶乔木，高可达20m，胸径1m，树干端直，枝粗大开展，呈宽卵形树冠。树皮淡灰色，老则暗灰色，具刀痕状裂纹。奇数羽状复叶，小叶卵状披针形，全缘，近基部有1～3对粗齿，其上具腺体，有异味，嫩叶紫红色，后转为绿色。5月开黄绿色小花，单性或杂性，圆锥花序顶生。翅果扁平，纺锤形，9月成熟，灰褐色，经冬不凋。

栽培品种有‘千头’椿（‘Qiantou’），树冠圆球形，分枝较多，无明显的主干。

[产地与分布] 我国东北南部、华北、西北至长江流域各地均有分布。朝鲜、日本也有栽培。

[习性] 速生阳性树种。适应性强，耐寒，耐旱，亦耐中度盐碱土，在含盐量0.6%左右地

区仍能生长，对瘠薄的微酸性、中性及石灰性土壤均能适应，但以土层深厚、排水良好的沙质壤土生长最好，黏重土、水湿地则生长不良，淹水会引起烂根。侧根发达，常致地面隆起。萌芽力很强。

[繁殖与栽培] 播种繁殖。种子8～9月采收，暴晒数天，搓去果翅，取净干藏。种子（翅果）千粒重28～32g，发芽率60%～85%。冬春均可播种，条播行距25cm，每667m^2播种量5～7.5kg。播前如用40℃温水浸种一昼夜催芽，或在1～2℃低温下层积30～45d，有提早发芽的效果。幼苗出现1～2对真叶时间苗，每平方米留苗8～10株。幼苗忌水湿，雨季注意排涝。一年生苗高70～80cm，地径0.8～1.5cm，即可在落叶后至萌芽前出圃。臭椿虽耐瘠薄，但栽植时仍需整地挖穴，栽后1～2年内进行松土、除草等抚育管理。用于行道树或厂矿绿化的苗需移植培大。

[观赏与应用] 臭椿树冠伞形，干耸直，分枝高，树皮灰白光滑，羽叶大而披斜，姿态优美，是重要的庭荫树和行道树。孤植、列植、群植都相宜，在园林中适于甬道两侧、草坪、园路周围配植，如混植于常绿林中，可增添色彩和空间线条变化。适应性强，适于荒山造林和盐碱地区绿化。对有害气体抗性很强，在二氧化硫严重污染的地方亦能生长，距氯气污染源50m处生长良好，并有吸尘抗烟功能，是厂矿、街道绿化的优良树种。

（十二）枫杨

[学名] *Pterocarya stenoptera* C. DC.

[英名] Chinese wing-nut

[别名] 溪沟树、元宝树

[科属] 胡桃科，枫杨属

[形态特征] 落叶乔木，高可达30m，胸径2m，树冠广卵形。树皮幼年赤褐色而平滑，迨老则灰褐色，浅纵裂。裸芽有梗，密被锈褐色毛。偶数羽状复叶，稀为奇数，叶轴具窄翅。4月开黄绿色柔荑花，雌雄同株，雄花序生于叶腋，雌花序生于枝顶。坚果近球形，具2斜展之翅，形似元宝，成串悬于新枝顶，8月果熟，灰褐色（图2-4-31）。

图2-4-31 枫 杨
（卓丽环、陈龙清，2004）

[产地与分布] 广布于我国华北、华中、华南和西南各地，在长江流域和淮河流域最为常见。朝鲜亦有分布。

[习性] 阳性树种，稍耐阴，生长迅速。喜温暖多湿气候，常见于山麓溪沟和平原。对土壤要求不严，酸性及中性土壤均可生长，耐水湿，不畏浸淹，干燥之处虽能适应，但易衰老。萌芽力强，伐后萌芽发枝比同期幼苗生长快。

[繁殖与栽培] 播种繁殖。种子8月采收，

去翅晾干，袋藏或拌沙贮藏。种子千粒重80g，发芽率70%～80%。立冬前后播种可提早发芽出土。春播可在立春至雨水进行，播前用40℃温水浸种24h，可促使发芽整齐。常用条播，条距30～35cm，每667m² 播种量为7.5～10kg。播后约20d出土，当苗高10cm时进行间苗，保持株距15～20cm。生长期做好除草松土、浇水施肥及防治病虫害工作，一年生苗可达100cm，每667m² 产苗10 000～15 000株。移栽宜在清明前后进行，随起苗随栽植，假植越冬不仅新梢易冻害，且成活率低。

[观赏与应用] 枫杨树冠广展，树叶茂密，生长快速，适应性强，可作行道树和公路两侧绿化。根系发达，是固堤护岸的优良树种。在低洼地、溪滩中可成片种植，孤植于草坪和坡地，绿荫深浓，是江、河、湖畔适宜的绿化树种。较耐烟尘，对二氧化硫等有害气体也有一定抗性，适于厂矿、街道和乡村绿化。

(十三) 二球悬铃木

[学名] *Platanus hispanica* Muenchh. ［*Platanus acerifolia*（Ait.）Willd.］

[英名] London planetree, London plane

[别名] 英国梧桐、槭叶悬铃木

[科属] 悬铃木科，悬铃木属

[形态特征] 落叶大乔木，高可达35m。树皮薄片状不规则剥落，内皮淡绿白色。嫩枝叶密被褐黄色星状绒毛，叶长10～24cm，宽12～25cm，基部平截或微心形，3～5深裂，中裂片长宽近相等，全缘或疏生粗锯齿，叶柄长3～10cm，托叶长1～1.5cm。果序1～3，果序径约2.5cm，花柱宿存，刺状（图2-4-32）。花期4～5月，果期9～10月。

同属中常见栽培的还有：

三球悬铃木（法国梧桐）(*P. orientalis*) 落叶大乔木，叶5～7深裂至中部或中部以下，裂片窄长，总柄具球形果序2～6。原产欧洲东南部、亚洲西部、印度及喜马拉雅地区。我国山东青岛、陕西武功等地有栽培，陕西户县鸠摩罗竹庙有胸径达3m的大树，传为晋朝引入。

一球悬铃木（美国梧桐）(*P. occidentalis*) 落叶大乔木，树皮小块片剥落。叶宽10～22cm，长较宽短，基部平截或心形，稀楔形，3～5浅裂，中裂片宽大于长；果序单生，稀2个，径3～4cm。原产北美，我国北京、南京等地有栽培，生长良好。

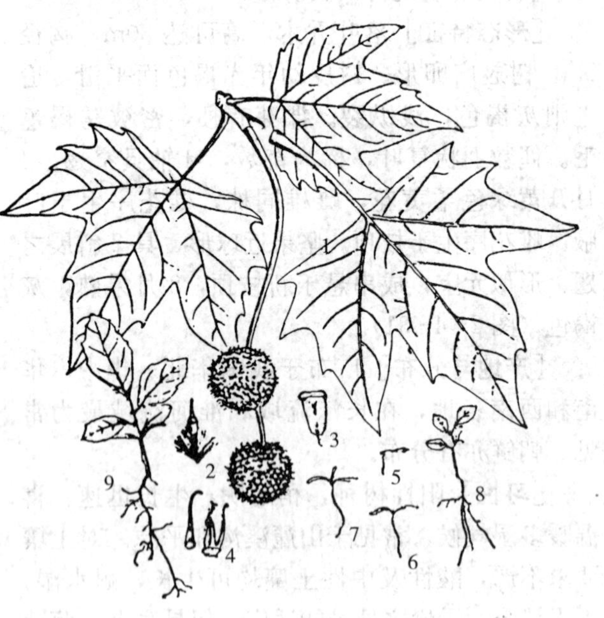

图2-4-32 二球悬铃木
1. 果枝 2. 果 3. 雄蕊 4. 雌花及离心皮雌蕊
5. 种子萌生幼根 6. 子叶出土 7～9. 幼苗

[产地与分布] 二球悬铃木为三球悬铃木与一球悬铃木的杂交种，在英国伦敦育成，故又名英国梧桐，广植于世界各地。我国引入栽培有百余年历史，北至大连、北

京，西北到西安、武功、天水，西南至成都、昆明，南至南宁，均有栽培，生长良好。

［习性］喜温暖湿润气候，在年平均气温13～20℃、年降水量800～1 200mm的地区生长良好。在北方，春季晚霜常使幼叶、嫩梢受冻害，并使树皮冻裂。阳性速生树种，抗性强，能适应城市街道透气性差的土壤条件，但因根系发育不良，易被大风吹倒。对土壤要求不严，以湿润肥沃的微酸性或中性壤土生长最盛，微碱性或石灰性土也能生长，但易发生黄叶病，短期水淹后能恢复生长。萌芽力强，耐修剪。

［繁殖与栽培］以扦插繁殖为主。扦插于2月进行，结合冬季修剪时选粗壮一年生枝，剪成15～20cm长的插穗，分层贮藏于湿沙中。扦插株行距20cm×20cm，插后叶芽易先根而发，形成假活，应勤检查，发现萎蔫现象要及时除芽、摘叶。5月中旬定芽，留1个强健挺直枝条培育主干，其余皆剪除。6月和8月两个生长高峰期应加强肥水管理。当年苗高可达1.5m左右。若培育作行道树，于翌春截干，加强肥水管理，年终高可达2～3m；第三年冬季在树高3.2～3.4m处截干；第四年早春间株移植，株行距1.2m×1.2m。当截干处萌条长20～30cm时，留4～5个分布均匀、生长健壮的作主枝，冬季截短，留30～50cm；第五年萌芽后在每一主枝剪口附近留2支向两侧生长的萌条作第一级侧枝，冬季在侧枝30～50cm处截短，始育成行道树大苗，带土球移栽，架设支柱。

［观赏与应用］悬铃木适应性强，又耐修剪整形，是优良的行道树种，广泛应用于城市绿化。在园林中孤植于草坪或旷地、列植于甬道两旁，尤为雄伟壮观。又因其对多种有害气体抗性较强，并能吸收有害气体，作为街道、厂矿绿化颇为合适。唯其小瘦果具有残存刺毛花柱，基部又有毛，与种子同时散落，每年4～5月间造成空气污染，有碍健康，故应选育果球较少的单株进行繁殖推广，以减少环境污染。

（十四）梧桐

［学名］*Firmiana simplex*（L.）W. F. Wight

［英名］phoenix-tree，Chinese parasol-tree

［别名］青桐

［科属］梧桐科，梧桐属

［形态特征］落叶乔木，高可达16m，干挺直，树冠圆形，绿荫浓密。树皮光滑，灰绿色，老时灰白色，细裂。侧枝近于轮生，小枝粗壮。叶掌状3～5裂，裂片全缘，基部心形，下面密生星状毛，叶柄硕长。花单性或杂性，为顶生圆锥花序，6月开淡黄色小花，无花瓣。蓇果呈蓇葖果状，在成熟之前开裂，果瓣叶状；9月种子成熟，球形，黄褐色，着生于果瓣的边缘。

［产地与分布］原产我国及日本。我国华北至华南、西南各地广泛栽培。

［习性］暖温带阳性树种，喜湿润肥沃的沙质土壤，且喜钙，酸性土、中性土亦能适应，生长快速，不耐水湿。深根性，萌芽力弱，不宜修剪。

［繁殖与栽培］播种繁殖。9月采种，日晒取净，湿沙层积。种子千粒重120～150g，发芽率85%。2～3月行条播，行距25cm，每667m^{2}播种量约15kg，覆土厚1.5cm。沙藏种子播后4～5周发芽，干藏则常有一部分不萌芽，可用温水浸种催芽。当年苗高可达50～60cm。次年移植培大，苗高1m以上时即可出圃。庭园或“四旁”绿化，株距4～5m，挖穴栽植，穴径60cm，深50cm，栽时要求苗正、根舒，大苗栽后宜立支柱。

[观赏与应用] 梧桐碧叶青干，绿荫浓密，乃庭园之佳树。适于孤植庭前、宅后，亦可丛植路边、草坪及坡地，在湖畔、居住区作行道树倍觉清新。我国历来以梧桐、芭蕉配置一起，间点缀以山石，颇觉协调古雅。至于“屋前植桐，屋后种竹”，更是一种传统习惯。梧桐对多种有害气体抗性强，工厂绿化极为相宜。

（十五）喜树

[学名] *Camptotheca acuminata* Decne.

[英名] common camptotheca

[别名] 旱莲、千丈树

[科属] 蓝果树科，喜树属

[形态特征] 落叶大乔木，高可达 25m。树冠倒卵形，主干耸直，姿态雄伟。树皮淡褐色，光滑；枝多向外平展，幼时绿色，具突起黄灰色皮孔。叶长椭圆状卵形，下面疏生短柔毛，羽状脉弧曲状，叶柄常红色。花单性同株，雌花顶生，雄花腋生，常排列成球形头状花序，7～8 月开淡绿色花。瘦果长三菱形，有狭翅，11 月成熟，褐色（图 2-4-33）。

图 2-4-33 喜 树
（卓丽环、陈龙清，2004）

[产地与分布] 我国四川、安徽、江苏、河南、江西、福建、湖北、云南、贵州、广西、广东等各地均有分布和栽培。垂直分布在1 000m 以下。

[习性] 暖地速生树种。喜光，不耐严寒干燥。常生于山麓沟谷，土层深厚、湿润而肥沃的土壤。在干旱瘠薄地种植则生长瘦长，发育不良。深根性，萌芽力强。较耐水湿，在酸性、中性、微碱性土上均能生长，在石灰岩风化土及冲积土上生长良好。

[繁殖与栽培] 播种繁殖。11 月采种，晒干筛净，干藏或混沙湿藏。种子千粒重 33～40g，发芽率 65%～80%。早春条播，行距 30cm，每 $667m^2$ 播种量 3～4kg，播后 20～30d 幼苗出土。苗高 3～4cm 时间苗 1 次，保持株距 25～30cm，苗期要勤松土、除草、浇水、施肥，并及时防治病虫。一年生苗高达 80～100cm 即可出圃，如用于行道树与庭园栽植，株行距为 4～5m。大苗移栽要立支柱，以防风吹摇动，影响成活。

[观赏与应用] 喜树树姿端直雄伟，绿荫浓郁，花清雅，果奇异，是优良的行道树。适于公园、庭园作绿荫树，居住区、公路用作行道树；在树丛、林缘与常绿阔叶树混植或孤植宅旁、湖畔，均甚相宜。对有害气体二氧化硫抗性较强，适宜一般工厂和农村绿化。根系发达，可营造防风林。

（十六）香樟

[学名] *Cinnamomum camphora*（L.）Presl.

[英名] camphor-tree，camphor wood

[别名] 樟、乌樟、芳樟

[科属] 樟科，樟属

［形态特征］常绿乔木，高20～30m，最高可达50m，胸径4～5m，树冠卵球形。树皮灰褐色，纵裂。单叶互生，叶卵状椭圆形，长5～8cm，薄革质，离基三出脉，叶基有腺体，揉之有芳香，叶背灰绿色，无毛。圆锥花序腋生于新枝，花被淡黄绿色，6裂，花各部3裂数，花被片2轮，雄蕊3～4轮，第四轮通常退化，花药瓣裂。核果球形，径约0.6cm，熟时紫黑色，果托盘状。花期5月，果期9～11月。

［产地与分布］主要分布于我国长江流域以南各地，尤以台湾、福建、江西、湖南、江苏、浙江、湖北、四川等地栽培较多。日本、朝鲜及越南也有分布。垂直分布一般在海拔500～600m以下，我国台湾中部可达海拔1 000m，最高达海拔1 800m。

［习性］亚热带树种。喜温暖湿润气候及肥沃、深厚的酸性或中性沙壤土，盐碱土含盐量在0.2%以内可适应，不耐干旱瘠薄。适于年平均气温16～17℃，绝对最低气温不低于－7℃的条件。对氯气、二氧化硫、臭氧及氟等气体具有抗性。能耐短期水淹，主根发达，萌芽力强。

［繁殖与栽培］以播种繁殖为主，也可用软枝扦插及分栽根蘖等法繁殖。10～11月采种，及时处理，以防变质发霉。鲜果浸水2～3d擦去果肉，再拌草木灰脱脂12～24h，然后洗净晾干，用含水量30%的沙按2∶1混种贮藏。翌年2月下旬至3月上旬进行条播，行距25cm，播种量150～200kg/hm^2。播前用0.5%高锰酸钾溶液浸种2h消毒，然后在50℃温水中间歇浸种3～4d，可提早10～13d发芽，且幼苗出土整齐均匀。当幼苗长出几片真叶时要开始间苗，并行切根，即用锋利铁铲与苗株成45°切入，将根切断，以促使侧根生长，深度以5～6cm为宜。当年生苗高50～60cm，冬季宜在风口处设风障防寒。供城市绿化的苗木应分栽培大3～4年，待苗高2m以上时带泥球移栽，并修去枝叶约1/2，随掘随栽，充分浇水，并立支柱。在气候较寒冷地区，栽植后应采取适当防寒措施，当寒气侵袭前可用稻草捆缚幼树干部，以免冻害。因樟树多枝，常影响主干生长，故一般栽植数年后，可酌量进行摘芽，以促进其主干生长。由于树冠广展，易遭雪压之害，应注意防护。病虫害主要有扁刺蛾、樟叶蜂、樟梢卷叶蛾、樟天牛、梨圆介壳虫，以及苗期的白粉病、黑斑病等，应及时防治。

［观赏与应用］香樟作庭荫树、行道树皆可，配置池边、湖畔、山坡、平地无不相宜。孤植草坪旷地，树冠充分舒展，浓荫覆地，尤觉宜人。丛植、片植作背景树，酷似绿墙，亦甚得体。如在树丛之中作常绿基调树种时，搭配落叶小乔木和灌木，富有层次，季相变化亦多。能吸收多种有害气体，对二氧化硫和臭氧有较强抗性，可选作厂矿绿化树种。

三、其他种类

表2-4-4　其他荫木类树种简介

中名	学　名	科　属	性　状	习　性	观赏特性及应用
美国白蜡	*Fraxinus americana*	木犀科白蜡属	落叶乔木	喜光，对气温适应范围广，耐含盐量0.5%的土壤	行道树树种
白花泡桐	*Paulownia fortunei*	玄参科泡桐属	落叶乔木	同紫花泡桐，分布较南	优良的庭荫树及行道树，适于“四旁”绿化及桐粮间作

（续）

中名	学　名	科　属	性　状	习　性	观赏特性及应用
紫花泡桐	*Paulownia tomentosa*	玄参科 泡桐属	落叶乔木	性极喜光，不耐荫蔽，根肉质，萌芽、萌蘖力均很强	同白花泡桐
红豆树	*Ormosia hosiei*	豆科 红豆树属	常绿乔木	喜光，幼树耐阴，喜肥沃适湿土壤，萌芽力较强	可植为片林或作行道树
皂荚	*Gleditsia sinensis*	豆科 皂荚属	落叶乔木	喜光稍耐阴，耐干燥、寒冷，生长慢	优良的庭荫树，可列植、孤植、群植
刺槐	*Robinia pseudoacacia*	豆科 刺槐属	落叶乔木	温带强阳性树种，耐寒力、耐旱力、耐瘠薄力均甚强，萌蘖力强	可作庭荫树及行道树
肥皂荚	*Gymnocladus chinensis*	豆科 肥皂荚属	落叶乔木	暖地阳性树种，深根性，耐干旱	优良的庭荫树，可列植、孤植、群植
杜仲	*Eucommia ulmoides*	杜仲科 杜仲属	落叶乔木	温带及热带树种，喜光，喜温暖湿润气候，深根性，萌芽力极强	宜作庭荫树，丛植坡地、池边或与常绿树混交成林均甚相宜，并适作郊区行道树
毛白杨	*Populus alba*	杨柳科 杨属	落叶乔木	强阳性，喜温暖凉爽气候，较耐寒冷，对土壤要求不严，抗烟尘和污染力强	宜作行道树及庭荫树，若规则列植，则气势壮观，也可作厂矿、防护林树种
梓树	*Catalpa ovata*	紫葳科 梓树属	落叶乔木	喜光，耐寒，对烟尘及二氧化硫抗性强	作绿荫树、行道树
楸树	*Catalpa bungei*	紫葳科 梓树属	落叶乔木	喜光，喜温暖湿润气候，不耐严寒、干旱和水湿，对二氧化硫、氯气有抗性，吸滞灰尘、粉尘能力较高，根蘖和萌芽力很强	宜作庭荫树及行道树，孤植于草坪中也极适宜
南京椴	*Tilia miqueliana*	椴树科 椴树属	落叶乔木	喜光，深根性，萌蘖力较强	优良的庭荫树，亦可作行道树栽培
苦楝	*Melia azedarach*	楝科 楝属	落叶乔木	阳性速生树种，性喜光，不耐阴，不耐寒，萌芽力强	良好的庭荫树
香椿	*Toona sinensis*	楝科 香椿属	落叶乔木	喜光，不耐阴，萌生力强，生长快	优良的庭荫树
朴树	*Celtis sinensis*	榆科 朴属	落叶乔木	温带南部及亚热带阳性树种，喜光，耐轻盐碱，深根性，寿命较长	庭荫树
榔榆	*Ulmus parvifolia*	榆科 榆属	落叶或半常绿乔木	温带及亚热带阳性树种，喜光，较耐干旱瘠薄，寿命尤长	宜孤植作庭荫树
枳椇	*Hovenia dulcis*	鼠李科 枳椇属	落叶乔木	喜光，耐寒	优良的庭荫树、行道树

第五节　林 木 类

一、概　　述

1. 概念与范畴　凡适于片植、群植而形成林相或风景林的树木，称为林木类。林木类需具有耸直的树干、葱茏的树冠、丰富的色彩，可以构成森林之美，富有自然山林群落的景观。所以林木类树种多较高大、挺直，适应性强。对林木类的选材，一是用于风景点或小型庭园栽植的著名观赏树木，二是作为大型公园的背景树，乃至营造森林公园的材料。前者要求树形优美，枝叶秀丽，体态端庄，具有较强的个体美；后者在体态上可能缺少某些风采，但在整体风貌上，可使游人产生雄伟壮丽、清新宁静的感受，能构成大片绿荫，供游人休憩。

林木类树种很多，包括针叶树、阔叶树两大类型。本节仅对部分松、杉、柏类针叶树作简介。松科含 3 亚科 10 属，松属为其模式属，有 80 多种，我国产 20 余种，其他为从国外引入种类。杉科有 10 属 16 种，我国产 5 属 7 种，引入 4 属 7 种。柏科共 22 属约 150 种，我国产 9 属约 30 种，分布几乎遍布全国，引入栽培的有 5 属。

2. 繁殖与栽培要点　松属植物的繁殖多以播种繁殖为主。一般秋季采种，可秋播，也可将种子进行层积催芽后春播。苗床育苗宜选用酸性、湿润、疏松、排水良好的土壤。为了提高育苗质量，近些年来逐渐推广应用容器育苗。一些栽培种类和品种可以黑松为砧木进行嫁接（多用腹接、髓心形成层靠接）繁育苗木。松树扦插成活率较低，应用较少。柏科植物也多以播种繁殖为主，采种后进行层积后熟，翌年春季播种，也可雨季播种。一些种类扦插繁殖率也很高，扦插在秋季或春季均可进行。特殊造型或扦插成活率低的种类，也可以圆柏或侧柏为砧木进行嫁接繁殖。杉科植物与柏科植物相似，也多以种子播种繁殖为主，其次是扦插。

这三类针叶树移栽时均需要带土球，否则成活率极低。除池杉、落羽杉、水杉等以外，大多数忌积水，故不宜栽于低洼之处。起苗、运输、移栽和管理过程中，尽量不要伤及顶枝（芽），否则难以形成优雅树形。栽后要立支架，防止倒伏。

二、常见种类

（一）水杉

［学名］ *Metasequoia glyptostroboides* Hu et Cheng

［英名］ dawn redwood，water larch，water fir

［别名］ 水桫

［科属］ 杉科，水杉属

［形态特征］ 落叶乔木。大枝不规则轮生，小枝对生或近对生。冬芽卵形或椭圆形，芽鳞6～8 对，交互对生。叶条形柔软，交叉对生，基部扭转成羽状二列，入冬时与无冬芽侧生短枝一同脱落。花期 2 月下旬。球果当年 11 月成熟，下垂，近球形，有长梗；种鳞木质，先端凹缺；种子倒卵形、圆形或长圆形，长约 5mm，宽 4mm（图 2-4-34）。

［产地与分布］ 孑遗植物，现仅我国有 1 种。最早于 20 世纪 40 年代初在湖北省利川水杉坝、谋道溪被发现。天然分布仅限于湖北利川县、重庆市石柱县以及湖南龙山县，但集中分布于利川西部小河附近约 600km^2 的范围内。1948 年发表后，被广泛引种栽培。

［习性］ 对气候的适应范围较广，适生于年平均气温 12～20℃、年降水量 800mm 以上的地区，冬季能耐－25℃低温而不致受冻。若降水较少，只要有灌溉条件或地下水源充足也可生长良好。对土壤要求不严，酸性山地土壤、黄褐土、石灰性土壤、轻度盐碱土均可生长，但干旱瘠

薄、土层浅薄、多石或土壤过于黏重、排水不良均不适宜。喜光，实生苗略能耐荫蔽。对二氧化硫有一定抗性。

[繁殖与栽培] 用播种或扦插繁殖。一般 30 龄才开始结子，40～60 龄进入盛期，故现阶段多用扦插育苗。硬枝和嫩枝均可扦插，成活率取决于插穗母树的树龄和插穗本身的健壮程度，以从 1～5 年生实生苗上剪取一年生充实健壮枝条作插穗者成活率最高。硬枝扦插于 2 月下旬至 3 月中下旬进行，插穗应于落叶后即剪取，捆扎成束，沙藏越冬，插后揿实，随即浇水，保持床面湿润。在发芽展叶期要勤浇水，搭荫棚，亦可行全光照育苗。嫩枝扦插于 6 月上中旬，在清晨露水未干时，选取长 12～15cm 的半木质化嫩枝，留顶部 2～4 片叶子，插入土中 4～6cm，扦插密度 180～200 株/m^2。插后喷水宜勤，遮阳要严，20～25d 发根。当年苗高达 25～30cm。播种在 3 月下旬进行，条播行距 20cm 左右，播种量 15kg/hm^2 左右，播后 10d 发芽出土，苗期要注意搭棚遮阳，经常浇水，适当施肥。春插苗和播种苗年生长最高可达 1m。用于城镇绿化，需再分床栽培。水杉挖起后如经长途运输，到达目的地后应将苗根浸于水中，这样苗木移栽容易成活。栽植小苗要多带宿土，大苗要带土球，并施基肥，栽后水要浇透。

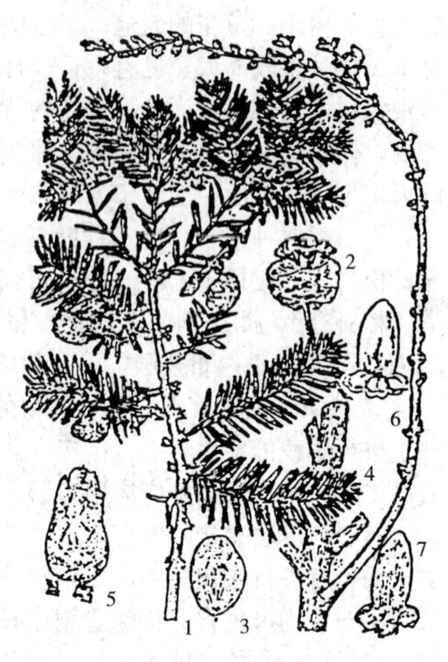

图 2-4-34 水 杉

1. 球果枝 2. 球果 3. 种子 4. 雄球花枝 5. 雄球花 6、7. 雄蕊

[观赏与应用] 水杉树干耸直，叶色翠绿，是著名的庭园观赏树种。秋季叶色转棕褐色，观赏效果较好。最配置溪边、湖畔，是工厂绿化的好树种。在公园绿地中，低洼之地可以池杉大片群植。若在湖边、池岸近水处，宜作成丛点缀，背衬柳杉或松柏，则显得非常和谐。

(二) 柳杉

[学名] *Cryptomeria fortunei* Hooibrenk

[英名] loverly goldenlarch, Chinese goldenlarch

[别名] 孔雀杉、孔雀松、长叶柳杉

[科属] 杉科，柳杉属

[形态特征] 常绿大乔木，高可达 40m，胸径 2m。树干通直，树冠圆锥形。大枝斜向上伸展，小枝明显下垂。叶线状针形，长 1～1.5cm，先端向内弯曲，四面有气孔线；果枝上的叶较短，不及 1cm。雄花黄褐色；雌花淡绿色或微带紫色。球果直径 1～2cm，熟时深褐色；果鳞约 20 片，先端裂齿较短，苞鳞尖头也短（图 2-4-35）。花期2～4 月，10～11 月种子成熟。

图 2-4-35 柳 杉

（卓丽环、陈龙清，2004）

［产地与分布］主产于我国长江流域。江西庐山、浙江西天目山有古老大树。河南的郑州、开封、洛阳和山东的青岛、泰安有栽培。

［习性］稍喜光，喜温暖湿润气候及肥厚、排水良好的酸性沙质土壤。在空气湿度大的高山地区生长良好，略耐寒。夏季酷热、干旱则叶尖发黄变褐色，影响观赏。浅根性，侧根发达。寿命长，可达500年以上。

［繁殖与栽培］播种或扦插繁殖。通常5年生开始结子，10～15年丰产。种子易丧失发芽力，需密封储藏。一般春播为主，夏季需搭荫棚，冬季需暖棚，次春移植。移植时要注意不要使根部受干，否则成活率降低。园林中初栽后，夏季最好设临时性荫棚，以防枝叶枯黄，待充分复原后再拆除荫棚。

［观赏与应用］柳杉树形圆整而高大，树姿优美，绿叶婆娑，是优良的园林绿化树种。可植作风景林，也可独植、对植、丛植或群植。江南习俗中，自古以来常作墓道树。材质轻，纹理美观，不翘曲，易加工，可供建筑、器具、桥梁、造船、造纸等用；树皮含鞣质，可提栲胶，可入药。

（三）池杉

［学名］*Taxodium ascendens* Brongn.

［英名］pond cypress

［别名］池柏、沼落羽松、沼杉

［科属］杉科，落羽杉属

［形态特征］落叶乔木，在原产地高可达28m。树干基部膨大，常有屈膝状的呼吸根，在低湿地生长者“膝根”尤为显著，但比落羽杉的“膝根”少而小。树皮褐色，纵裂成长条片。枝向上展，冠形较窄，为尖塔形。当年生小枝下弯。叶多为钻形，内卷，在枝上螺旋着生，下部多贴近小枝，基部下延，先端渐尖。叶有二型：主枝上叶钻形或锥形；侧生小枝上叶为条形，冬季与小枝一同脱落。花期3～4月。球果10～11月成熟，圆球形或长圆状球形，有短梗，向下斜垂；种子不规则三角形，边缘有锐脊（图2-4-36）。

主要品种有‘垂枝’池杉（‘Nutans’）、‘锥叶’池杉（‘Zhuiyechisha’）、‘线叶’池杉（‘Xianyechisha’）、‘羽叶’池杉（‘Yuyechisha’）等。

［产地与分布］原产于美国弗吉尼亚州南部至佛罗里达州南部，沿墨西哥湾至阿拉巴马州及路易斯安那州东南部均有分布，常在沿海平原的沼泽及低湿地生长，海拔一般在30m以下。我国自20世纪初引至南京、南通等地，现已在许多城市尤其是长江南北水网地区作为重要园林观赏树种栽培。

图2-4-36　落羽杉与池杉
1、2. 落羽杉（1. 叶枝　2. 叶）　3～6. 池杉（3. 球果枝　4. 雄球花枝　5. 小枝一段　6. 种子）

[习性] 速生树种。强阳性，喜湿热、水肥，耐寒性较强，极耐水，也耐干旱，在土层深厚肥沃、疏松湿润的酸性土壤上生长最快。幼苗、幼树对土壤酸碱性反应敏感，当土壤 pH 7 以上时，易出现不同程度的黄化现象。抗风力强。

[繁殖与栽培] 播种或扦插繁殖。球果一般在 10 月下旬即可采收，采回摊放室内通风处晾干，揉搓脱粒，取净干藏。千粒重 70～100g，发芽率 35%～60%。冬播或春播均可，如行春播需用 40℃温水浸种 4～5d（每天换水 1 次），或在采种后长时间冷水浸种，可促进种子发芽早而整齐。宽幅条播，行距 25cm，播后覆土和盖遮阳网，幼苗出土后及时揭除。苗期要勤浇水、松土、施肥，当年苗高可达 80～100cm。扦插可用休眠枝和嫩条。休眠枝扦插于 2～3 月间进行，用 1～2 年生的实生苗截干作插穗，苗干基部成活率最高，中部次之，梢部最差，插穗长 10～12cm，插入土中约 2/3，至 6 月中下旬发根。嫩条扦插于 5 月中旬至 8 月间进行，取当年萌发的嫩条，剪成 10～20cm 作插穗，插后 1 个月左右生根。移栽一般于 3 月间进行，1～2m 高的苗可裸根移植，2m 以上的大苗需带泥球。

[观赏与应用] 池杉树干挺直，姿态秀美，为林木中最耐水湿者。宜成片配置在河滩、湖边及沼泽地，尤其适于平原水网、水库周围易淹水的地段栽植。秋叶棕褐色，秋景甚美丽，可孤植或丛植，构成园林佳景。

（四）落羽杉

[学名] *Taxodium distichum*（L.）Rich.

[英名] bald cypress

[别名] 落羽松

[科属] 杉科，落羽杉属

[形态特征] 古老孑遗植物之一。落叶大乔木，原产地高可达 50m，树冠幼年期呈圆锥形，老则开展成伞形。树干基部常膨大，具膝状呼吸根。小枝有两种，一是宿存的有腋芽枝条，二是脱落的无腋芽枝条，近枝梢的芽小而圆，有鳞片。大枝水平开展，树皮隆起成条裂。叶条形，扁平，叶基扭转排成羽状二列。冬季叶与脱落小枝俱落。雌雄同株，雄花多数，集生于下垂的枝梢上，排成圆锥状花序；雌花单生枝顶。球果圆形，灰褐色，有树脂，果期 11～12 月，熟后开裂。

变种有垂枝落羽杉（var. *nutans*），枝略细长、下垂。

同属还有墨西哥落羽杉（*T. mucronatum*），能在 1m 深水中生长，也具膝状呼吸根，叶较短，果较长，花期秋季。我国约于 20 世纪 80 年代引入，近几年浙江省已经选育出一些新的类型和品种在园林中推广应用。

[产地与分布] 原产美国密西西比河两岸，多生于排水不良的沼泽地区。我国于 20 世纪初引入，长江流域多有栽培。

[习性] 强阳性树种，喜光，喜温暖、湿润气候，抗风性较强，极耐水湿，生长较快。生长在水中或水边时有直立的膝状呼吸根，高者可达 1m。

[繁殖与栽培] 播种或扦插繁殖。种子每千克5 000～10 000粒，发芽率 20%～60%。播种前种子用温水浸泡 4～5d，每天换水，可提早发芽。扦插繁殖可采用休眠枝或半熟枝，休眠枝扦插成活率受采穗母株年龄影响很大，1～2 年生苗上所采的插穗成活率可达 90%；半熟枝扦插在5～10 月进行，雨季扦插 20～30d 即可生根。定植后主要应防止中央领导干成为双干，见有双干者

应及时疏剪弱干。

[观赏与应用] 落羽杉树形整齐美丽，羽状叶颇为有趣，春叶翠绿色，夏叶浓绿色，入秋则变为金黄色或红褐色，为良好的秋色叶树种。适宜栽植在河岸、堤围、湖滨、沟渠等地作风景林，但对有害气体抵抗力较差。

(五) 日本冷杉

[学名] *Abies firma* Sieb. et Zucc.

[英名] Japanese fir

[科属] 松科，冷杉属

[形态特征] 常绿大乔木，高可达 50m。主干挺拔，枝条纵横，树冠阔圆锥形。树皮灰褐色，常龟裂；幼枝淡黄灰色，凹槽中密生细毛。叶线形，扁平，基部扭转呈 2 列，向上呈 V 字形，表面深绿色而有光泽，先端钝，微凹或二叉分裂（幼龄树均分叉），背面有两条灰白色气孔带。花期 3～4 月。球果筒状，直立，10 月成熟，褐色，种鳞与种子一起脱落（图 2-4-37）。

图 2-4-37　日本冷杉
（卓丽环、陈龙清，2004）

[产地与分布] 原产日本。我国北京、大连、青岛、南京、江西庐山、浙江莫干山以及台湾等地有引种栽培，供庭园观赏，生长良好。

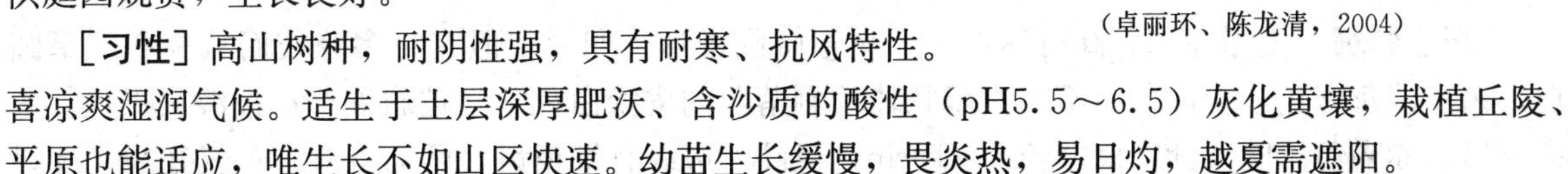

[习性] 高山树种，耐阴性强，具有耐寒、抗风特性。喜凉爽湿润气候。适生于土层深厚肥沃、含沙质的酸性（pH5.5～6.5）灰化黄壤，栽植丘陵、平原也能适应，唯生长不如山区快速。幼苗生长缓慢，畏炎热，易日灼，越夏需遮阳。

[繁殖与栽培] 繁殖以播种为主，亦可扦插繁殖。10 月中下旬种子成熟，球果采收后摊晒脱粒，取净干藏。露地播种行于 3 月中下旬。播种地选择庇荫凉爽环境和湿润、排水良好的酸性土壤。精细整地，并搭棚遮阳。苗期及时松土、除草，加强肥水管理，当年生苗高 4～6cm。留床 1 年，仍需庇荫，第三年春选择阴湿环境培大，如庇荫不够，需搭棚或栽荫蔽植物。由于幼苗主根长而侧根少，为促进侧根发达，应在苗芽萌动前进行换床，换床时应注意保留根部宿土，以免影响生长。扦插繁殖应取幼龄母树的枝条作插穗，休眠枝扦插时间以 2～3 月为宜，嫩枝扦插则行于 6 月中下旬，插后 100d 左右发根。苗期常有立枯病发生。

日本冷杉初期生长缓慢，绿化多采用 5～10 年生幼树，移栽在 11 月上旬至 12 月中旬或 2 月中旬至 3 月下旬进行，需带泥球。幼树畏烈日和高温，需选择适宜环境栽植。因萌芽力弱，故修剪易损树势，应尽量保持自然生长状态。抗烟性差，易遭烟害。

[观赏与应用] 日本冷杉大枝平展，树冠塔形，甚为雅丽，适于公园、陵园、广场甬道之旁或建筑物附近成行配置。园林中在草坪、林缘及疏林空地中成群栽植，极为葱郁优美。在其老树之下点缀山石和观叶灌木，则更可收到形、色俱佳之景。

(六) 五针松

[学名] *Pinus parviflora* Sieb. et Zucc.

[英名] Japanese white pine

[**别名**] 日本五针松、日本五须松、五钗松、姬小松

[**科属**] 松科，松属

[**形态特征**] 乔木，在原产地高可达30m，胸径1m。若生长不良，则成灌木状小乔木。树冠圆锥形。幼时树皮淡灰、平滑，老时呈不规则鳞片状开裂，内皮赤褐色。小枝黄褐色，有淡黄色柔毛。冬芽长椭圆形，黄褐色。叶较细，5针1束，长3～6cm，内侧两面有白色气孔线，边缘有细锯齿，在枝上能生存3～4年。球果卵形，长7.5cm，熟时淡褐色。种子黑褐色而有光泽，种翅三角形。

[**产地与分布**] 原产日本南部。我国长江流域及青岛等地有栽培。

[**习性**] 阳性树种，也能耐阴，不耐寒，畏热忌湿，不适沙地，生长较慢，结实不正常。

[**繁殖与栽培**] 可通过播种和扦插繁殖，但我国常用嫁接繁殖，砧木用3年生以上的黑松实生苗，采用腹接法或切接法。五针松是较难移栽成活的树种，必须注意操作和养护。

[**观赏与应用**] 五针松是珍贵的园林观赏树种，可与山石配置形成优美的园景。由于生长较慢，叶形、叶色优美，特别适宜作盆景材料。

（七）白皮松

[**学名**] *Pinus bungeana* Zucc. et Endl.

[**英名**] lace - bark pine

[**别名**] 白骨松、虎皮松、蛇皮松

[**科属**] 松科，松属

[**形态特征**] 常绿乔木，高可达30m，树冠阔圆锥形、卵形，但有时多分枝而缺少主干呈圆形。树皮淡灰绿色或粉白色，不规则鳞状块片剥落，内皮淡白色。大枝斜展，小枝淡灰绿色。冬芽卵形，赤褐色。叶3针1束，长5～10cm，粗硬，边缘有细锯齿，两面均有白色气孔线。球果卵形，鳞背宽阔而隆起，有横脊。花期4～5月，翌年9～10月种子成熟。

[**产地与分布**] 我国特产，是东亚唯一的三针松。华北及西北南部普遍栽植。

[**习性**] 阳性树种，喜光照充足，但也稍耐阴，较耐寒。耐瘠薄和轻盐碱土壤，在深厚的钙质土壤中生长良好。耐旱能力比油松强。抗二氧化硫气体，抗烟尘。生长缓慢，寿命长，可达1 000年以上。

[**繁殖与栽培**] 以播种繁殖为主。于9月上旬球果由绿色变为黄绿色时即可采收。干藏或沙藏，3月中旬播种。当年苗高仅3～4cm，2年生苗可进行一次裸根移植，加大株行距，4～5年生苗高可达50cm，再进行第二次带土团移植。园林中多用10年生以上的大苗。由于主根长，侧根少，故移植时要少伤根，带大土球。

[**观赏与应用**] 白皮松树姿优美，树皮洁净雅致，为珍贵的观赏树种，自古以来就常配置于宫廷、寺院、墓地及名园之中，庭园中也常应用。最适成片成群栽植成林，或列植成行，也可孤植庭园或对植堂前。北京常见古树，已经成为北京古都园林中的特色树种。

（八）金钱松

[**学名**] *Pseudolarix kaempferi*（Lindl.）Gord. [*Pseudolarix amabilis*（Nelson）Rehd.]

[**英名**] Golden - larch

[**别名**] 金松

［科属］松科，金钱松属

［形态特征］落叶乔木，高可达40m，胸径达1.5m。树干通直，树皮粗糙，深裂成不规则鳞片状，大枝平展，树冠宽塔形。一年生长枝淡红褐色或淡红黄色，无毛，有光泽；2～3年生长枝淡黄灰色或淡褐色。叶长2～5.5cm，宽1.5～4mm，上部稍宽，先端锐尖或尖，绿色，秋后呈鲜艳的金黄色。叶在长枝上螺旋状排列，散生；在短枝上簇生状，辐射平展呈圆盘形。条形叶，柔软。雄球花簇生于短枝顶端，雌球花单生短枝顶，花期4～5月。球果当年10月至11月上旬成熟，直立，有短梗；种鳞卵状披针形，木质，熟时脱落，苞鳞小；种子卵圆形，上部有宽大的翅，白色（图2-4-38）。

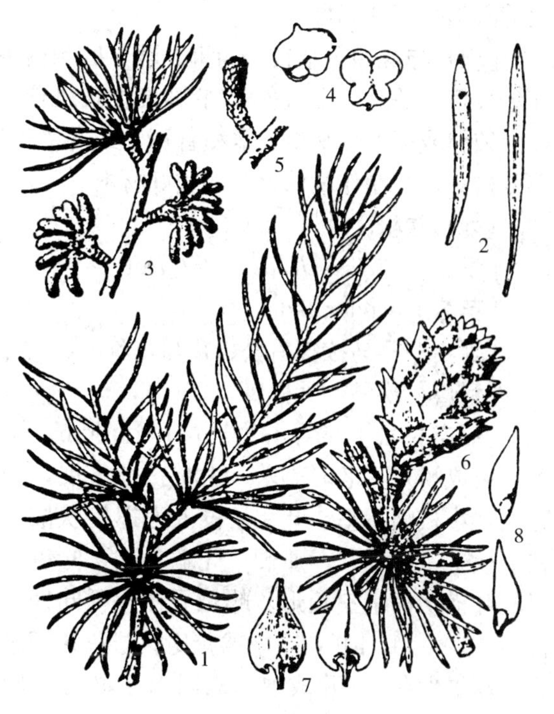

图2-4-38　金钱松
1. 长、短枝　2. 叶　3. 雄球花枝　4. 雄蕊
5. 雌球花枝　6. 球果枝　7. 种鳞　8. 种子

金钱松有3个变种：垂枝金钱松（var. *anneleyana*），矮小灌木，高2～3m，枝密，侧枝平展，小枝下垂；矮型金钱松（var. *dawsorii*），矮小灌木，高50～60cm，树冠圆锥形；丛生金钱松（var. *nana*），丛生小灌木，高0.3～1m。

［产地与分布］我国特产树种，国家二级保护植物。主产于江苏南部、浙江、安徽南部及大别山区，福建北部、江西、湖南、湖北利川县至四川万县交界地。垂直分布在海拔1 500m以下山地，散生于针阔叶树混交林中。安徽九华山海拔340～800m地带有大树数百株。

［习性］喜阳又喜凉爽，耐寒而抗风，喜温暖湿润的气候和深厚、肥沃、排水良好的酸性土或中性山地，不耐干旱瘠薄，也不适应盐碱地和积水的低洼地，在干旱、瘠薄环境下生长缓慢，常封顶，且易发生落叶病。

［繁殖与栽培］多行播种繁殖，亦可扦插繁殖。在10年生以内的幼树上剪取插条扦插，成活率可达70%～80%。嫁接繁殖主要用于建立优良品种无性系种子园。

金钱松结果大小年明显，一般相隔3～5年，有的甚至7年才能丰产1次。幼树球果内的种子多为空粒，采种应选择20年生以上生长旺盛的母树。10～11月采种，在室内摊放后熟，每100kg球果可得净种子8～12kg，种子发芽率一般在60%以上。育苗地应先掺入金钱松林下土壤，以便使菌根带入。2月下旬至3月上旬播种，播前将种子放入40℃温水中（自然冷却）浸一昼夜，条播或撒播，播种量200kg/hm^{2}左右，播后用有菌根的土覆盖，以不见种子为度，上盖稻草或其他覆盖物，通常20d后发芽出土，应及时揭草，苗期需半阴环境，在晴天可喷波尔多液预防病害。幼苗期因不耐干旱，水肥管理宜勤，9月前后进入旺盛生长期，更要加强管理，促使快速生长，当年生苗高可达10～15cm，可留床1年。因金钱松与菌根有共生关系，故在新地区繁殖栽培，需拌入菌根土。春季移栽在叶芽萌动前，秋、冬则在落叶后。中小苗移栽多带宿土，大苗必须带泥球起掘。

[观赏与应用] 金钱松为世界著名庭园树种之一。因叶在短枝上簇生成圆形如铜钱，又深秋叶色金黄，故名“金钱松”。它树姿挺拔雄伟，叶色多变，秋叶金黄色，树冠色彩丰富，雅致悦目。纯林或孤植、丛植、群植皆可，或与雪松等常绿树配置一处，入秋时黄绿相映则更为美丽。亦可盆栽，是制作丛株盆景的极好材料。

(九) 雪松

[学名] *Cedrus deodara* G. Don

[英名] deodar cedar

[别名] 喜马拉雅雪松、喜马拉雅杉、香柏

[科属] 松科，雪松属

[形态特征] 常绿乔木，高可达 50m。树皮灰褐色，裂成鳞片，老时剥落。大枝一般平展，为不规则轮生，小枝略下垂。叶在长枝上为螺旋状散生，在短枝上簇生，叶针状，质硬，先端尖细，叶色淡绿至蓝绿，叶横切面呈三角形。雌雄异株，稀同株，花单生枝顶，10～11 月开花，雄球花比雌球花花期早 10d 左右。球果翌年 10 月成熟，椭圆形至椭圆状卵形，成熟后种鳞与种子同时散落。种子具翅（图 2-4-39）。

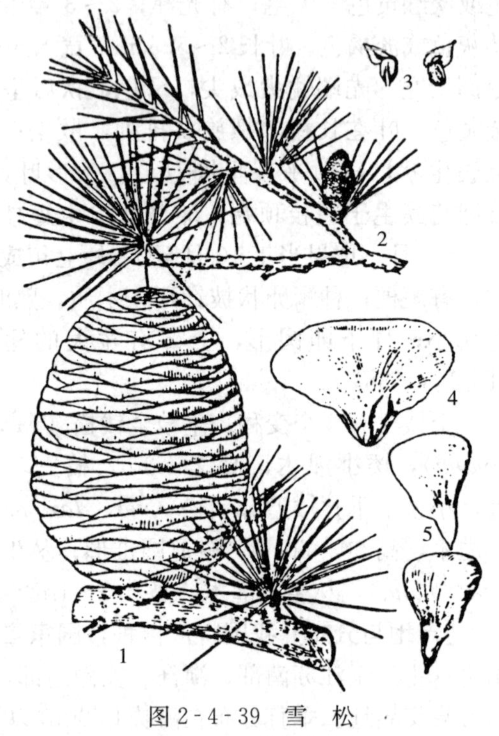

图 2-4-39 雪 松

1. 球果枝 2. 雄球花枝 3. 雄蕊 4. 种鳞 5. 种子

栽培品种较多，约 30 个，主要有：‘银梢’雪松（‘Albospica’），小枝梢呈绿白色；‘银叶’雪松（‘Argentea’），叶较长，银灰蓝色；‘金叶’雪松（‘Aurea’），春季针叶金黄色，入秋变成黄绿色，冬季则为粉绿黄色；‘垂枝’雪松（‘Pendula’），大枝散展，下垂。

[产地与分布] 原产喜马拉雅山地区，广泛分布于不丹、尼泊尔、印度及阿富汗等国家，垂直分布高度为海拔1 300～3 300m。我国于 1920 年引种栽培，现广泛栽培于南北各地园林。

[习性] 适宜在我国年降水量 600～1 000mm 的暖温带至中亚热带地区生长，而以长江中下游一带生长最好。抗寒性较强，大苗可耐－25℃的短期低温，但对湿热气候适应能力较差。对二氧化硫气体极为敏感，抗烟雾能力很弱，空气中的高浓度二氧化硫往往会造成死亡，尤其 4～5 月间发新叶时很易造成危害。

喜光，幼年稍耐庇荫，大树要求充足的光照，否则生长不良或枯萎。对土壤要求不严，深厚、肥沃、疏松的土壤生长最好，也能在黏重的黄土和瘠薄干旱地生长。酸性土、微碱性土均能适应，耐干旱，不耐水湿，低洼积水或地下水位高的地方生长不良，甚至死亡。系浅根树种，易被风刮倒。

通常雄株在 20 龄以后开花，而雌株更迟，要 30 龄以后才能开花。由于多数都是雌雄异株，加之花期不遇，自然授粉效果较差，即使生长良好的雪松球果中的种子，95%～100%都是瘪的。为获得饱满的种子，需进行人工授粉。

[繁殖与栽培] 常用播种和扦插繁殖。播种可于3月中下旬进行，提早播种可增加幼苗抗病能力，播种量75kg/hm²。不耐水湿，苗圃地应选择排水通气良好的沙质壤土。播种前用冷水浸种1～2d，晾干后即可播种，经3～5d种子即开始萌动，半个月左右相继出土，持续时间可达1个月余，发芽率达90%。幼苗期需搭棚遮阳，并注意病虫危害，尤以猝倒病和地老虎危害最烈，要及时防治。一年生苗高达30～40cm，春季即可移植。扦插繁殖在春、夏两季均可进行，春季在3月20日前，夏季在7月下旬较宜。春季插条取自幼龄母树的一年生粗壮枝条，插床用透气良好的沙壤，插后充分浇水，搭双层荫棚遮阳。夏季扦插以当年半木质化枝为插穗，在管理上除加强遮阳外，还要加盖塑料薄膜以保持湿度，插前如用生根粉或500mg/L萘乙酸处理能促进生根，插后30～50d可形成愈伤组织，这时可以0.2%尿素和0.1%的磷酸二氢钾溶液进行根外施肥。

繁殖苗留床1～2年后可移植。移植可于2～3月进行，植株需带土球，并立支竿。初次移植时株行距约为50cm，第二次移植的株行距应扩大到1～2m。生长期应施2～3次追肥，一般不必整形修枝，只需疏除病枯枝和树冠紧密处的阴生弱枝即可。

[观赏与应用] 雪松主干耸直，侧枝平展，姿态雄伟，是世界著名的庭园观赏树种之一，与金钱松、日本金松、南洋杉、北美红杉合称为世界五大庭园名木。孤植于花坛中央或丛植于草坪边缘和建筑物两侧最为适宜，列植于干道、广场亦极雄伟壮观。但抗烟性较差，不宜在接近烟源的地方栽植。

(十) 黑松

[学名] *Pinus thunbergii* Parl.

[英名] Japanese black pine

[别名] 日本黑松、白芽松、海风松

[科属] 松科，松属

[形态特征] 大乔木，高可达30 m，胸径2m，枝条开展，老枝略下垂。树冠幼时呈狭圆锥形，老龄时呈扁平的伞形。树皮幼时暗褐色，老则灰褐色或灰黑色，裂成粗厚块片脱落。冬芽圆筒形，银白色。叶2针1束，粗硬，长6～12cm，深绿色。球果圆锥状卵形，熟时褐色，横脊显著。种子倒卵形。花期3～5月，翌年10月种子成熟。

主要栽培品种有：'花叶'黑松（'Aurea'），针叶基部黄色，绿叶与黄叶混生；'蛇目'黑松（'Oculus-draconis'），针叶上有2黄色段；'虎斑'黑松（'Trigina'），针叶上有不规则的黄白斑；'垂枝'黑松（'Pendula'），小枝下垂；'锦枝'黑松（'Corticosa'），又称'锦松'，树干木栓层特别发达，深裂，形态奇特，适作盆景；'一叶'黑松（'Monophylla'），2叶愈合成1叶，或仅叶端分开。

[产地与分布] 原产日本及朝鲜南部，我国山东沿海地区及辽宁、江苏、上海、浙江、湖北等地有引种。

[习性] 最喜光，耐干旱、瘠薄，耐盐碱，抗海潮风。深根性，生长快，适宜在温暖多湿的海滨生长，病害较少，抗松毛虫及松干蚧。

[繁殖与栽培] 以播种繁殖为主，嫁接、扦插繁殖亦可。种子千粒重约18g，发芽率约为85%。春播前种子应进行消毒和催芽。当年苗高10～15cm，次春移栽一次，将主根切断，第三

年再移栽一次，每次移栽后要施肥，4 年生苗高可达 2m 多。若任其生长，很难获得理想的树形，必须进行整形修剪，时间多在 4～5 月间或秋末。

[**观赏与应用**] 黑松树干通直无节，树形姿态雄伟，适用于面积较大的公园植以纯林，或与其他针叶或阔叶树混交，或作背景树，也用作行道树、庭荫树。在海风频袭之地，可作防风林及防潮林。国外亦有密植成行并修剪成高篱者，围绕于建筑或住宅之外，达到美化与防护作用。黑松是嫁接日本五针松的主要砧木。由于其木材富含松脂，较坚韧，耐久用，供建筑、矿柱、薪炭等用；种子可榨油；针叶可入药。

（十一）侧柏

[**学名**] *Platycladus orientalis*（L.）Franco

[**英名**] Chinese（orientalis）arborvitae

[**别名**] 柏树、扁松、扁柏、扁桧、黄柏、香柏

[**科属**] 柏科，侧柏属

[**形态特征**] 常绿乔木，高可达 20m，胸径达 1m 以上。幼树及青年期树冠尖塔形，老树广圆形。树皮薄，褐色，呈片状纵裂与树干剥离。大枝开展斜上；小枝细，直展扁平。叶小鳞形，紧抱小枝，长 1～3mm，先端钝，冬转土褐色。雄球花 6 对雄蕊，各有花药 2～4；雌球花有 4 对球鳞。球果卵形，嫩时绿色，近熟时蓝紫色，被白粉。种鳞顶端反曲，尖头，成熟后变木质，开裂，红褐色（图 2-4-40）。种子长卵形，无翅，种脐大而明显。花期 3～4 月，种子 10～11 月成熟。

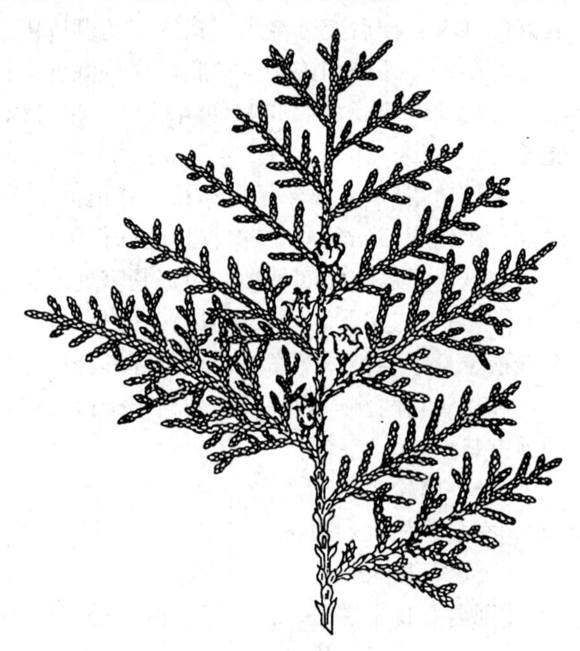

图 2-4-40 侧 柏

（卓丽环、陈龙清，2004）

品种很多，在国内外较多应用的品种有：

‘千头’柏（‘Sieboldii’） 别名子孙柏、凤尾柏、扫帚柏。丛生灌木，高 3～5m。无主干，枝叶茂密，叶鲜绿色，树冠近球形。种鳞有锐尖头，被极多白粉。播种繁殖遗传特点稳定，也可扦插繁殖。我国长江流域及华北地区南部多栽作绿篱或园景树，也用于造林。

‘金枝’千头柏（‘Aurea Nana’） 别名‘洒金’千头柏，高约 1.5m，嫩枝叶黄绿色。

‘金黄球’柏（‘Semeraurescens’） 别名‘金叶’千头柏，矮灌木，树冠球形，叶全年金黄色。

‘金塔’柏（‘Beverleyensis’） 别名金枝侧柏，小乔木，树冠塔形，叶金黄色。

‘窄冠’侧柏（‘Zhaiguancebai’） 树冠窄圆柱形，干直，分枝细，向上或斜上伸展，叶亮绿色，生长旺盛。

‘北京’侧柏（‘Pekinensis’） 乔木，高可达 18m。小枝纤细，叶片甚小，两边叶相互重叠。树姿优美。

‘圆枝’侧柏（‘Cyclocladus’） 小枝细长，柔软。全树婆娑多姿，观赏价值高。

［产地与分布］ 原产我国黄河中下游地区，华北有野生分布。现全国南北各地普遍栽培。

［习性］ 喜光，幼时较耐阴，20 年树龄后需光量大增。耐干旱瘠薄，岩石裸露之处亦能生长。耐干冷气候（−27～−35℃），耐热（40℃）。生长缓慢，寿命长。浅根性，侧根发达，抗风力弱。萌芽力强，耐修剪。

［繁殖与栽培］ 播种繁殖，亦可嫁接、扦插繁殖。播种苗当年苗高可达 25cm；3 年生苗高 60～70cm，可用于布置绿篱；5～6 年生苗高 2m 以上时，可用于园林绿化。移栽大苗需带土球。耐修剪，生长慢。

［观赏与应用］ 侧柏树姿优美，枝繁叶茂，为良好的观赏树，在我国北方园林绿地中应用普遍，常植成风景林，或栽作园景树。与圆柏混交，浑然一体，犹如纯林，并能防止病虫蔓延。也可与圆柏、松类、黄栌、椿树等混交成片栽植。寺庙园林、陵墓园林中栽植侧柏，是中国自古以来的一种传统手法，有肃静清幽气氛。对二氧化碳、氯气、氯化氢、氟化氢等抗性较强，滞尘能力强，可用于工厂绿化。国外多使用彩叶类型装饰布置庭园，并有杀菌、净化空气的作用，很适合作绿篱和彩叶篱。材质致密，有香气，可供建筑、桥梁、造船等用。枝叶、根皮及种子均可入药。

（十二）圆柏

［学名］ *Juniperus chinensis*（*Sabina chinensis*）（L.）Ant.

［英名］ Chinese juniper

［别名］ 红心柏、真柏、桧柏、珍珠柏、刺柏、圆松，古代称桧、栝

［科属］ 柏科，圆柏（桧柏）属

［形态特征］ 常绿乔木，高达 20m，胸径达 3.5m。树冠尖塔形或圆锥形，老年时呈广卵形、球形或钟形。树皮呈浅纵条状剥离，有时呈扭转状。老枝常呈扭曲状，小枝直立或斜伸或略下垂。冬芽不甚显著。叶有两种，鳞叶交互对生，多生于老树或老枝上；刺叶常 3 枚轮生，叶上面微凹，多见于幼树及幼枝上。雌雄异株，稀同株。花期 4 月下旬，雄球花黄色，雌球花有珠鳞6～8 对，对生或轮生。球果次年 10～11 月成熟，熟时暗褐色，卵圆形，种鳞合生，肉质，不开裂。苞鳞与种鳞合生，种子卵圆形，无翅而具有棱脊（图 2-4-41）。

图 2-4-41　圆　柏

1. 雄球花枝　2. 球果枝　3. 鳞叶枝　4. 刺叶枝　5. 刺叶横断面　6. 种子

圆柏属世界约 60 种，我国产 20 余种，多作观赏树、地被树种。我国各地根据其表现或变异、杂种和芽变，常以地名命名，如河南桧、西安桧、蜀桧、丹东桧等。

圆柏栽培品种、变种多达 60 个以上，最常见的有：'金叶'桧（'Aurea'），灌木，鳞叶初为深金黄

色，后渐变为绿色；'金球'桧（'Aureoglobosa'），灌木，树冠球形，枝密生；'球'柏（'Globosa'），矮小灌木，树冠球形，枝密生，多为鳞叶，间有刺叶；'鹿角'桧（'Pfitzeriana'），丛生灌木，主干不发达，大枝自地面向上斜展，状如鹿角分叉，多为鳞叶；'塔'柏（'Pyramidalis'），树冠圆柱状塔形，枝多贴主干斜生，密集，叶多为刺叶，间有鳞叶；'偃'柏（'Sargentii'），匍匐灌木，小枝直展成密丛状，刺叶常交叉对生，排列紧密，微斜展；'翠'柏（'Varicgata'），丛生灌木，顶端小枝乳白色，叶多为鳞片状；'垂枝'圆柏（'Pendula'），枝长，小枝下垂。

[产地与分布] 原产我国东北南部及华北，北达内蒙古及沈阳，南至两广北部，东自滨海各省，西抵川、滇。朝鲜及日本亦有分布。

[习性] 喜光树种，但耐阴性也较强。耐寒，耐热。对土壤要求不严，适应性强，酸性、中性、钙质土及干燥瘠薄地均能生长，但在温凉湿润及土层深厚地区生长快。忌水湿。深根性，萌芽力强，耐修剪，易整形。

[繁殖与栽培] 原种多行播种育苗，园艺品种多用扦插、嫁接繁殖。播种育苗者11月采种，堆放后熟，洗净后冬播或催芽至翌春播种。种皮坚硬，不易透水，其胚又需后熟始能发芽，故播前必须进行催芽处理。将种子浸于5%的福尔马林溶液中消毒2min，再用清水洗净，置于5℃的低温约100d。经过处理的种子可以提早发芽，出苗整齐，否则当年不发芽。播后约20d发芽出土，搭棚遮阳，加强肥水管理，当年生苗高可达10～20cm，再经数次分床培大，可用作庭园绿化。扦插可采用休眠枝或半熟枝扦插，休眠枝在2月下旬至3月中旬扦插，半熟枝扦插于8月中旬至9月上旬进行。插穗应选用侧枝顶梢，长15cm左右，剪去下部小枝及叶，插入土中5～6cm，揿实后充分浇水，搭棚遮阳，以后经常喷水，保持苗床湿润。扦插初期忌阳光直射，需全日庇荫，待愈合后早晚逐渐增加光照。河南鄢陵地区则于秋季采用0.5m长粗枝蘸泥浆扦插，成活率很高。园艺品种多数发根都比较慢，根数少，宜留床1年，第三年春分栽。在培育绿化大苗时需注意修剪、摘心、扎枝、造型。本种可作砧木嫁接龙柏、翠柏等，通过修剪可培育成各种高干造型。嫁接方法多采用腹接。移栽时小苗要带宿土，大苗需带泥球。

[观赏与应用] 圆柏枝叶密集葱郁，老树奇姿古态，是古典庭园中不可缺少的观赏树，宜与宫殿式建筑相配，古时常配置于陵园、庙宇、甬道等处或植成柏林。现代多将圆柏栽植于园路转角、亭室附近，或于树丛林缘列植、丛植，或群植于草坪边缘作主景树的背景。用作绿篱柏墙优于侧柏，下枝不易枯，冬季叶色不变褐色或黄色。可把圆柏盘扎修剪整形，作成各种动物或建筑等形体，供人们观赏，颇具情趣。此外，圆柏也是制作盆景的上好材料。其变种球柏宜作规则式配置。圆柏对多种有害气体抗性较强，有一定的吸收、防尘能力，很适合城市及工矿区绿化。

（十三）龙柏

[学名] *Juniperus chinensis*（*Sabina chinensis*）（L.）Ant.'Kaizuca'

[英名] Chinese juniper

[别名] 龙桧

[科属] 柏科，圆柏属

[形态特征] 小乔木或灌木，圆柱形树冠。侧枝短，干梢及幼枝皆扭转上升，状如游龙。小枝密，在枝端形成几个等长的密簇状。叶多为鳞叶，密生，但树冠下部有时偶具少数刺叶。叶嫩

时黄绿色，老则变为灰绿色或翠绿色。球果蓝灰色，略被白粉，倒卵形至卵形。

此外还有‘金龙柏’（‘Kaizuka Aurea’）、‘匐地龙柏’（‘Kaizuka Procumbens’）等。

[产地与分布] 同圆柏。

[习性] 喜光，也能耐阴。耐寒，耐热性较强。对土壤要求不严，酸性、中性、钙质土及干旱瘠薄地均能生长，忌水湿。深根性，萌芽力强，耐修剪，易整形。

[繁殖与栽培] 多用扦插、嫁接繁殖，也可播种育苗，但极易产生变异，成为圆柏株形。嫁接常用二年生侧柏作砧木，接穗选择生长健壮的母树侧枝顶梢，长10～15cm。露地嫁接行于3月上中旬；室内嫁接可提早到2月间，但接后需假植保暖，3月中下旬再移栽圃地。嫁接方法采用腹接。小苗移栽带宿土，大苗需带泥球，否则不易成活。

[观赏与应用] 龙柏园艺品种甚多，侧枝扭转，宛若游龙盘旋，是华北南部及华东各城市最常见圆柏之栽培品种，庭园中常广泛应用，园林中可列植于道路两侧，或丛植于草坪。经过修剪，可成球状，观赏效果也较好，亦可用于制作盆景。

三、其他种类

表2-4-5　其他林木类树种简介

中　名	学　名	科　属	性　状	习　性	观赏特性及应用
水　松	*Glyptostrobus pensilis*	杉　科 水松属	半常绿乔木	强阳性树种，喜暖热多湿气候，性强健，耐水湿，唯忌盐碱土	河边池畔绿化
北美红杉	*Sequoia sempervirens*	杉　科 北美红杉属	常绿乔木	喜空气湿润	可作园景树
杉　木	*Cunninghamia lanceolata*	杉　科 杉木属	常绿乔木	亚热带树种，畏干旱，萌蘖性强	长江流域以南各地特有用林树种，适于群植或与其他树种混交
台湾杉	*Taiwania cryptomerioides*	杉　科 台湾杉属	常绿乔木	喜温凉、夏秋多雨、冬春较干等环境条件	园景树
秃　杉	*Taiwania flousiana*	杉　科 台湾杉属	常绿乔木	喜气候温暖、夏秋多雨、冬春干燥等条件，不耐干旱、炎热	宜作园景树
马尾松	*Pinus massoniana*	松科松属	常绿乔木	亚热带乡土树种，在pH4.5～6.5的土壤中生长最佳，畏水湿，不耐阴	长江流域各地荒山造林的优良先锋树种
火炬松	*Pinus taeda*	松科松属	常绿乔木	亚热带速生树种	适于群植，也可列植
红　松	*Pinus koraiensis*	松科松属	常绿乔木	弱阳性树种，性耐寒冷	宜作北方森林风景区绿化树种
华山松	*Pinus armandii*	松科松属	常绿乔木	喜光树种，温度过高则分布受限制	作园景树、庭荫树、行道树及林带树
赤　松	*Pinus densiflora*	松科松属	常绿乔木	深根性树种，极喜光，有海岸气候的特性	适于孤植，亦为树桩盆景之佳木
油　松	*Pinus tabulaeformis*	松科松属	常绿乔木	强阳性树种，耐寒，耐干燥气候，不耐盐碱	可孤植、丛植、群植，或作配景
黄山松	*Pinus taiwanensis*	松科松属	常绿乔木	喜凉润的高山气候，喜光，耐寒冷，畏酷暑	最适合植于山丘风景区

（续）

中名	学名	科属	性状	习性	观赏特性及应用
湿地松	*Pinus elliottii*	松科松属	常绿乔木	最喜光树种，极不耐阴	为营造风景林和水土保持林的优良树种
罗汉松	*Podocarpus macrophyllus*	罗汉松科罗汉松属	常绿乔木	为半阴性树种，耐寒性较弱	宅院、南方寺庙孤植，制作树桩盆景
竹柏	*Podocarpus nagi*	罗汉松科罗汉松属	常绿乔木	性喜温暖、湿润的气候环境，耐阴性强，耐寒性弱	对植或列植，亦可盆栽
日本花柏	*Chamaecyparis pisifera*	柏科扁柏属	常绿乔木	温带及亚热带树种，喜温暖湿润气候及深厚沙壤土	在不规则式园林中列植成绿篱、绿墙、绿门
日本扁柏	*Chamaecyparis obtusa*	柏科扁柏属	常绿乔木	温带及亚热带树种，耐干燥，浅根性	孤植、丛植或群植作隐蔽树或背景树
北美香柏	*Thuja occidentalis*	柏科崖柏属	常绿乔木	阳性树种，浅根性，生长缓慢	庭园观赏，或作绿篱材料
刺柏	*Juniperus formosana*	柏科刺柏属	常绿乔木	性喜光，稍耐阴，耐寒性强	地栽或盆栽制作盆景
罗汉柏	*Thujopsis dolabrata*	柏科罗汉柏属	常绿乔木	温带树种，耐阴性强	适于孤植或作中心树用
柏木	*Cupressus funebris*	柏科柏木属	常绿乔木	喜温暖湿润的气候，喜阳，抗寒力较强	我国特有的亚热带树种及钙质土指示树种，丛植或列植
铅笔柏	*Sabina virginiana*	柏科圆柏属	常绿乔木	对环境适应性强，喜温暖气候，较耐盐碱	列植或成丛散植
铺地柏	*Sabina procumbens*	柏科圆柏属	匍匐灌木	阳性树种，忌低凹湿地	地被栽培或盆栽作桩景
福建柏	*Fokienia hodginsii*	柏科福建柏属	常绿乔木	最低气温不低于－12℃，萌蘖性强	片植或盆栽作桩景
东北红豆杉	*Taxus cuspidate*	红豆杉科红豆杉属	常绿小乔木	耐阴树种，抗寒性强，浅根性，生长缓慢	适宜植于庭园或较阴的环境
南方红豆杉	*Taxus mairei*	红豆杉科红豆杉属	常绿乔木	我国特有树种，强阴性树种，耐寒性远较罗汉松强	宜植于庭园荫处作园景树
白栎	*Quercus fabri*	壳斗科栎属	落叶乔木	喜光，稍耐阴，适应性强，萌芽性强	同麻栎
栓皮栎	*Quercus variabilis*	壳斗科栎属	落叶乔木	阳性树种，能忍受－18℃低温，根系发达，不耐移植	群植于山地、坡谷
麻栎	*Quercus acutissima*	壳斗科栎属	落叶乔木	温带树种，喜光，耐寒，耐旱	与其他林木类树种混交成林，在工厂附近配置，也适用于风景林及防护林
白桦	*Betula platyphylla*	桦木科桦木属	落叶乔木	阳性树种，尤耐严寒，沼泽地、干燥阳坡及湿润阴坡均能生长	东北林区主要阔叶树种之一，也可孤植、群植或列植
白榆	*Ulmus pumila*	榆科榆属	落叶乔木	喜光，耐寒，能适应干冷气候，萌芽力强	列植或孤植
紫楠	*Phoebe sheareri*	樟科楠属	常绿乔木	喜生于山谷坡地的阴湿环境，不耐寒	背景林，规则式列植

第六节　蔓 木 类

一、概　　述

（一）概念与范畴

蔓木类树种在我国应用已经有2 000多年的历史，著名的古籍《山海经》和《尔雅》中就记载有栽培紫藤的描述。唐代诗圣李白曾被棚架下的串串紫藤花所折服，留下了"紫藤挂云木，花蔓宜阳春。密叶隐歌鸟，香风流美人"的诗篇存世。

蔓木类树种是指主茎细长，一般不能直立，而要以某种方式攀附于其他植物或物体上才能正常生长的木本植物。藤蔓类树种是园林植物中特殊的一类，是园林中进行多种形式垂直绿化不可缺少的材料，广泛应用于棚架、绿廊、凉亭、墙面、篱垣、假山、置石、立柱、阳台、屋顶等多种造景方式，形成各种宜人景观。蔓木类具有许多其他树种所没有的优点：第一，生长速度快，攀缘能力非凡，许多蔓木类树种栽后2～3年即可获得绿荫满壁、花果盈枝的效果；第二，占地面积少，不到1m^2的空地就可栽植，易于扩大绿化面积；第三，可以通过支撑物造就各种各样的艺术形式，增添植物造景的艺术魅力。

蔓木类树种根据其茎的特点可分为攀缘、匍匐和垂吊三大类群。

1. 攀缘类　攀缘类群通常称为藤蔓植物，是指具有借助自身的作用或特殊结构攀附他物向上伸展的攀缘习性的一类植物。因攀缘方式不同，又可分为缠绕、卷攀、吸附、依附和棘刺类等。

（1）缠绕类。主茎细长，主枝或徒长枝幼时螺旋状卷旋缠绕他物向上伸展。买麻藤科、豆科、忍冬科、卫矛科、使君子科、五味子科、大血藤科、木通科、猕猴桃科、夹竹桃科等科中许多属、种具缠绕习性，有大量资源可供园林观赏应用，如常见的油麻藤、紫藤、金银花、南蛇藤等。

（2）卷攀类。茎不旋转缠绕，而以枝、叶变态形成的卷须或叶柄、花序轴等卷曲攀缠较细的柱状他物而直立或向上生长的一类，如炮仗花、菝葜、葡萄等。

（3）吸附类。茎不能缠绕，也不具备卷曲缠绕器官，但可借其茎卷须末端膨大形成的吸盘或气生根吸附于他物表面或穿入内部而附着向上的一类，有些种类可牢固吸附于光滑物体如玻璃、瓷砖等的表面，常见的有爬山虎、常春藤、胡椒、凌霄、薜荔、扶芳藤等。

（4）依附类。茎基部能直立，能借自身的分枝或叶柄依靠他物的衬托而上升很高，如南蛇藤属、胡颓子属和酸藤子属的许多种。

（5）棘刺类。茎或叶具刺状物，可攀附他物上升或直立，由于攀缘能力较弱，生长初期需要人工牵引或捆绑，辅助其向上生长，如叶子花、钩刺藤、黄檀、蔷薇、悬钩子属等多数种。

2. 匍匐类　匍匐类群是指茎缺乏向上攀升能力，但可匍匐或平卧地面或向下垂吊的蔓木类树种。匍匐平卧的有甘薯蔓、蔓长春花等。

3. 垂吊类　垂吊类是指植株或枝条向下倒伸或俯垂的类型，如垂枝桑、垂枝榆、垂枝樱花、垂枝桃、垂枝槐、垂枝梅等。也包括一些枝长而柔软的类型，如木香、云南素馨、金钟花等。

按观赏特性，蔓木类可分为观叶类如海金沙、络石、花叶薜荔、爬山虎、扶芳藤、花叶常春藤等，观花类如蔷薇、木香、荷包藤、凌霄、炮仗花、叶子花、云实、软枝黄蝉、紫藤、金银花、使君子等，观果类如中华猕猴桃、胡颓子、五味子、葡萄、南蛇藤等，以及花果叶共赏类如铁线莲、金樱子、北清香藤、木通等。

凡是有花园的地方，就有蔓木类植物与之相伴。蔓木类在园林中的应用形式要根据环境特点、建筑物的类型，并结合绿化功能要求，选择生态习性、体量大小、寿命长短、生长速度、物候变化和观赏特性相适宜的类型与种类。如对粗大柱形物体，可选用缠绕类或吸附类，如常绿油麻藤、尖叶清风藤等，来盘绕或包裹，形成绿柱、花柱、古藤盘柱的景观。绿廊、绿门等，可选攀缘、匍匐、垂吊类，如葡萄、美叶油麻藤、金银花、炮仗花等，可形成绿廊、果廊、绿帘、花门等装饰景观。园林中常见的棚架、绿亭，可选用生长旺盛、枝叶茂密、开花观果的蔓木类，如紫藤、木香、藤本月季、十姊妹、油麻藤、炮仗花、金银花、叶子花、葡萄、凌霄、铁线莲、猕猴桃、使君子等。对篱垣和栅栏，使用蔓木类可形成绿墙、花墙、绿篱、绿栏、花栏等景观，常见的藤本月季、十姊妹、木香、叶子花、黄素馨、云南素馨、爬山虎为首选材料。墙面和屋面绿化时，可选用吸附型或具气生根的爬山虎、薜荔、常春藤、金银花、木香、蔓长春花、云南素馨等种类。在假山、岩石的局部可用络石、薜荔、爬山虎、常春藤、石楠藤等攀附其上，能使山石顿生姿态，更富自然情趣。蔓木类不仅是垂直绿化的主要材料，许多种类还可以用作地被，如甘薯蔓、常春藤、蔓长春花、金脉金银花、爬山虎、铁线莲、络石、凌霄等。

为了弥补单一蔓木种类观赏特性的缺陷，可以利用不同种类间的搭配以延长观赏期，创造四季皆有景可赏的景观。如爬山虎与络石、常春藤或小叶扶芳藤合栽，可以弥补单一使用爬山虎的冬季萧条景象，而络石、常春藤或小叶扶芳藤在爬山虎叶下，其喜阴的习性又得以满足，这种配置可用于墙面、石壁、立柱等的绿化。紫藤与凌霄混栽，可用于棚架造景。春季紫藤花穗悬垂，清香四溢；夏秋凌霄朵朵红花点缀于绿叶中，十分吸引人的眼球。蔷薇与不同花色品种的藤本月季搭配，最适于栅栏、矮墙等篱垣式造景，不同花色品种间花色相互衬托，深浅相间，或分段种植形成几种色彩相互镶嵌的优美图案。凌霄与爬山虎可用于墙面、棚架、凉廊、矮墙绿化，如拙政园的四季漏窗。凌霄与络石或小叶扶芳藤搭配可用于枯树、灯柱、树干或阳面墙的绿化。

此外，一些蔓木类经整形修剪后，可形成灌木状形态，以进一步丰富观赏特性。有些种类可以作为地栽或盆栽、盆景材料，如硬骨凌霄、迎春、连翘、藤本月季、金银花、黄素馨、胡颓子、叶子花、木香、葡萄等。

（二）繁殖与栽培要点

蔓木类树种，其茎与地面或其他物体接触面大，普遍形成了很强的营养繁殖能力。由于茎上很容易产生不定根，所以大部分种类可用扦插繁殖。常绿类在生长季节可用带叶绿枝扦插。南方温暖地区，几乎全年均可扦插。在北方，多数落叶种类在春季萌芽前进行硬枝扦插，或在生长季采用半木质化枝扦插。一些种类与地面接触后产生不定根或气生根，可将带根的茎切下进行分株繁殖。对扦插较难生根的种类，可用压条方法进行繁殖。能够开花结果的蔓木类，也可以采集种子进行播种育苗。播种苗寿命长，生长健壮，抗性强，但容易发生变异。

蔓木类树种的栽培与其他木本树种相似。为了缩短缓苗期，使生长旺盛，应在栽植前深翻土壤（40～60cm），施入适量有机肥。栽植深度以埋过苗木茎干原土痕 1cm 为宜。填土后压实，使土壤与根密接，浇足两遍水。栽后月余，及时做好牵引工作，立支架引缚枝蔓定向生长伸展，使枝蔓爬向规划目标的绿化部位。生长期间，加强肥水管理，使生长迅速，花色浓艳。

为增强观赏效果，应重视蔓木类的造型。常用的形式有单柱式、牌坊式、拍子式、筒式或螺旋式、圆盘式、象形式、格子式、悬垂式、披垂式、棚架式、附壁式、凉亭式、垣篱式等。成型布满绿化部位后，为避免植株脱离附着物，或因枝叶过密影响通风透光，生长季要注意调整各枝的生长势，及时引缚和整理，在冬季也应进行相应的整形修剪。

二、常见种类

（一）扶芳藤

［学名］ *Euonymus fortunei*（Tyrcz.）Hand. - Mazz.

［英名］ fortune euonymus

［别名］ 爬行卫矛

［科属］ 卫矛科，卫矛属

［形态特征］ 常绿藤本，茎长达10m。枝密生小瘤状突起。叶革质，长卵形至椭圆状倒卵形，长2～7cm，缘有钝齿，基部广楔形；叶色浓绿，对生；叶柄长5cm。聚伞花序，花小，花白绿色，径约4mm。蒴果近球形，径约1cm，淡橙红色，具橘红色假种皮。花期5～7月，果期9～11月。

变种、变型颇多，常见的有：爬行卫矛（var. *radicans*），叶较小，长椭圆形，先端较钝，叶缘锯齿明显，背面叶脉不明显；红边扶芳藤（var. *roseo - marginata*），叶缘粉红色；银边扶芳藤（var. *argents - marginata*），叶缘绿白色；花叶扶芳藤（f. *gracilis*），叶小，似爬行卫矛，但叶缘呈白色、黄色或粉红色，生长较弱，抗寒性差，常作盆栽观赏，南方可装饰山石；小叶扶芳藤（f. *minimus*），叶小，长卵形至广披针形，叶面沿主脉呈明显白色，枝条较细；紫叶扶芳藤（f. *colorata*），叶小，椭圆形至长椭圆形，秋季正面变为深紫色，背面变为浅紫色。

卫矛属常见种还有藤本卫矛（*E. bockii*）、常春卫矛（*E. hederaceus*）、刺果卫矛（*E. acanthocarpus*）、荚蒾卫矛（*E. viburnoides*）等，也以气生根吸附攀缘，应用同扶芳藤相似。

［产地与分布］ 我国华北以南地区均有分布。多生于海拔300～2 000m的山坡或林缘岩石之上。

［习性］ 耐阴，也耐强光；喜温暖，亦较耐寒，北京以南可露地越冬。对土壤要求不严，耐旱，耐瘠薄。生长旺盛，攀缘能力强。

［繁殖与栽培］ 扦插繁殖极易成活，也可进行播种或压条繁殖。栽培管理粗放，枝条生长过长时，可于6月或9月进行适当修剪。

［观赏与应用］ 扶芳藤叶色油绿，入秋部分叶片变红，有较强的攀缘能力，常用以掩盖墙面、坛缘、山石或攀缘老树、花格、灯柱、围栏等之上，极优美。亦可作常绿地被或盆栽观赏。

（二）大血藤

［学名］ *Sargentodoxa cuneata* Rehd. et Wils.

［英名］ sergeant glory vine

［别名］血藤、红藤

［科属］大血藤科，大血藤属

［形态特征］落叶缠绕性藤本，茎紫红色，长达 15m 以上。掌状三出复叶，互生；小叶全缘，顶生小叶倒卵形，侧生小叶基部不对称。花单性异株，黄绿色，雌花穗状花序下垂。浆果，深蓝色，被白粉，聚生于一球形花托上。花期 5～7 月，果期 9～10 月。

［产地与分布］大血藤为我国特产单属、单种植物。主产长江流域，分布于河南、安徽、江苏、浙江、江西、湖南、湖北、四川、广西及云南东南部。常生于海拔较高的阳坡疏林中，攀缘于树上。

［习性］喜光亦耐阴，在温暖湿润环境和肥沃疏松的酸性土壤中生长良好，适应性较强。

［繁殖与栽培］播种、扦插、压条繁殖均可。秋季播种，也可将种子阴干沙藏至次年 3 月播种，播后约 40d 出苗。扦插在早春发芽前进行。压条宜在雨季进行，采用水平压条或蛇形压条法均可。

［观赏与应用］大血藤枝紫红色；叶茂盛，叶形奇特，光亮；花朵虽小，但着花繁密，下垂，并具芳香；果实蓝色，观赏价值极高，被誉为中国最奇特的植物之一。适于庭园、花架、花格、墙垣等处作垂直绿化材料，但目前在园林中应用尚不普遍。根茎可入药，有强筋活骨、活血通经、消炎等功效。亦可作造纸原料。

（三）常春藤

［学名］*Hedera nepalensis* var. *sinensis*（Tobl.）Rehd.

［英名］Chinese ivy

［别名］中华常春藤、爬树藤、爬墙虎

［科属］五加科，常春藤属

［形态特征］常绿攀缘藤本。枝蔓细弱而柔软，具气生根。蔓梢部分呈螺旋状生长，能攀缘在其他物体上。叶互生，革质，深绿色，有长柄。营养枝上的叶三角状卵形，全缘或 3 浅裂；花枝上的叶椭圆状卵形或卵状披针形，全缘，叶柄细长。伞形花序单生或 2～7 顶生，小花淡绿白色。核果球形，成熟时红色或黄色。

同属中还有：

洋常春藤（*H. helix*）　又名洋常春藤。常绿木质大藤本，茎长可达 30m，营养枝上的叶 3～5 裂，黄色，花期 10 月。

加那利常春藤（*H. canariensis*）　叶卵形，全缘，革质，下部叶 3～7 裂。

革叶常春藤（*H. colchica*）　叶阔卵形，全缘，革质，有光泽。

日本常春藤（*H. rhombea*）　又名百脚蜈蚣。叶硬，有光泽，3～5 裂，花枝上叶卵圆形至披针形。

常见栽培的品种有'彩叶'常春藤（'Discolor'）、'金心'常春藤（'Goldheart'）、'金边'常春藤（'Aureovariegata'）、'银边'常春藤（'Silver Queen'）、'三色'常春藤（'Tricolor'）等。

［产地与分布］原产我国，分布于华中、华南、西南及甘、陕等地。

［习性］典型的阴性藤本植物，也能生长在全光照的环境中。在温暖湿润的气候条件下生长

良好，有一定耐寒性，对土壤和水分要求不严，喜湿润、疏松、肥沃的土壤，以中性或酸性土为好。

［繁殖与栽培］ 节部在潮湿的空气中能自然生根，接触到地面以后即会自然入土，所以多用扦插繁殖。用营养枝作插穗，插后需及时遮阳，空气湿度要大，但床土不宜太湿，20d 左右即生根。

常春藤栽培管理简单粗放，但需栽植在土壤湿润、空气流通之处。移植可在初秋或晚春进行，定植后需加以修剪，促进分枝。南方各地栽于园林荫蔽处，令其自然匍匐在地面上或者假山上。北方多盆栽，盆栽可绑扎各种支架，牵引整形，夏季在荫棚下养护，冬季放入温室越冬，室内要保持较高空气湿度，但盆土不宜过湿。

［观赏与应用］ 常春藤是最理想的室内外壁面垂直绿化材料，又是极好的地被植物，适宜让其攀附建筑物、围墙、陡坡、岩壁及树荫下地面等处。盆栽者日渐增多，可用于室内悬挂装饰。

（四）木通

［学名］ *Akebia quinata*（Thunb.）Decne.

［英名］ fiveleaf akebia

［别名］ 五叶木通、八月瓜、八月柞、八月榨、山黄瓜

［科属］ 木通科，木通属

［形态特征］ 落叶木质藤本。掌状复叶互生，或簇生于短枝；小叶 5，倒卵形或椭圆形，全缘，先端钝或微凹。腋生总状花序，花单性同株，甚芳香；无花瓣，萼片 3，淡紫色；雌花较大，生于花序基部，雄花生于花序上部，花期 4 月。聚合蓇葖果肉质，熟时紫黑色，果期 10 月（图 2-4-42）。

图 2-4-42　木　通
（卓丽环、陈龙清，2004）

同属植物还有三叶木通（*A. trifoliata*），三出复叶，小叶边缘浅裂或呈波状，产于我国河北、山西、山东、河南和长江流域等地。

［产地与分布］ 我国特产植物，广布于我国，西至四川，南至广东、广西，东至沿海各省，北至陕西。多生于山坡或疏林间。

［习性］ 喜光，稍耐阴，生性强健，不择土壤。喜温暖湿润气候。

［繁殖与栽培］ 常用播种、压条或分株繁殖。播种苗开花结实较晚，开花期花朵勿受雨淋，否则不利其授粉。同株授粉常致早期落果。一旦出现花枝，常于同枝上年年开花，故修剪时要注意保留。

［观赏与应用］ 木通花叶秀丽，宜作荫棚、花架、篱垣、门庭的绿化材料，也可缠绕大树，点缀山石。春天紫花成簇，芳香宜人；秋季紫色果实可赏，且可入药，能解毒利尿、通经除湿。果味甜可食，也可酿酒。蔓茎可用于编织用具。

（五）络石

［学名］ *Trachelospermum jasminoides*（Lindl.）Lem

［英名］ star jasmine，confederate jasmine

［别名］白花藤、石龙藤、钻骨风、云花

［科属］夹竹桃科，络石属

［形态特征］常绿藤本。茎长可达10m，赤褐色，有皮孔，具乳汁。气生根发达。单叶对生，革质，椭圆形或卵状披针形，长2～10cm，全缘，表面无毛，背面被绒毛。二歧聚伞花序，花冠白色，高脚碟状，径约2.5cm，芳香，常可引来蜂蝶飞舞；5裂片开展并右旋，形如风车；花期4～7月。蓇葖果双生，线状披针形，长达20cm，直径1cm，种子有毛，果期7～12月。

常见栽培变种或品种有：石血（var. *heterophyllum*），异形叶，通常狭披针形，茎褐色，分布地区同络石；变色络石（'Variegatum'），叶圆形，杂色，初为绿、白色相间，后变为淡红色，我国广东南部有栽培。

同属常见种还有紫花络石（*T. axillare*）、乳儿绳（*T. cathayanum*）、短柱络石（*T. brevistylum*）、锈毛络石（*T. dunnii*）、细梗络石（*T. gracilipes*）等。

［产地与分布］主产我国长江流域，分布极广，江苏、浙江、江西、湖北、四川、陕西、山东、河北、福建、广东、台湾等地均有分布。朝鲜、日本也有分布。

［习性］喜光，耐阴；喜温暖湿润气候，不耐寒；不择土壤，耐干旱，忌水淹，抗海潮风。萌蘖性强。黄河流域以南为适宜生长地区。

［繁殖与栽培］扦插、压条均易生根。花多生于一年生枝上，对老枝进行适当修剪，可促生新枝，开花繁密。

［观赏与应用］络石叶色浓绿，四季常青；花色淡雅繁茂，且具芳香。长江流域及华南等地多植于枯树、假山、桥梁、驳岸、墙垣之旁，令其攀缘而上，颇为优美自然。因较耐阴，宜作林下或常绿孤立树下常青地被。华北地区常盆栽，用于窗台、阳台等绿化观赏。

（六）油麻藤

［学名］*Mucuna sempervirens* Hemsl.

［英名］evergreen mucuna

［别名］常绿油麻藤、常春油麻藤、常绿黎豆藤、过山龙、牛马藤

［科属］豆科，油麻藤属

［形态特征］常绿或半常绿藤本，枝长可达30m以上。羽状三出复叶，革质，顶生小叶卵状椭圆形，长7～12cm，宽4～5.5cm，先端渐尖，基部圆楔形，侧生小叶基部斜卵形，无毛。总状花序生于老茎上；花冠深亮紫色，蝶形，长约6.5cm，蜡质，有臭味。荚果木质，条状，长达60cm，无翅，种子间缢缩，种子棕色。花期4～6月，果期9～10月。

同属常见种还有：白花油麻藤（*M. birdwoodiana*），花序生于老茎上，花淡白绿色，也甚美丽；宁油麻藤（*M. paohwashanica*），萼被柔毛及棕色硬毛，花瓣紫色；土色黎豆（*M. Terrens*），顶生小叶宽椭圆形，花紫色；波氏黎豆（*M. bodinieri*），花淡白色；大果黎豆（*M. macrocarpa*），花紫红色；美叶油麻藤（*M. calophylla*），花紫色。

［产地与分布］产于我国西南至东南部，为暖地树种，云南、四川、贵州、湖北、河南、安徽、江西、浙江、福建等地多有栽培。

［习性］常生于石灰岩上。耐阴，喜温暖湿润气候，耐干旱，喜排水良好的肥沃石灰质土壤。

［繁殖与栽培］播种繁殖。种子要及时采收和播种。生长快，茎粗壮，成苗定植时应设置好

支柱，以便攀缘。

［观赏与应用］油麻藤花序长，花色美丽。生长势强健，能盘树缠绕，攀石穿缝，是良好的大型棚架、绿廊、绿门、墙垣等的垂直绿化材料，也可用于岩坡、悬崖、叠石、林间绿化。全株可入药。

（七）紫藤

［学名］*Wisteria sinensis* Sweet.

［英名］Chinese wisteria，bean tree

［别名］藤花、藤萝、朱藤、葛藤

［科属］豆科，紫藤属

［形态特征］大型落叶木质藤本。奇数羽状复叶，小叶7～13，通常9片，卵形或卵状披针形，长5～10cm，幼叶有毛，老则光滑。花大，色紫，形成下垂的总状花序。荚果，长10～20cm，密被灰色有光泽的绒毛。花期4～5月，与叶同放或稍早于叶开放。

栽培品种主要有：'银'紫藤（'Alba'），花白色，芳香；'重瓣'紫藤（'Plena'），花重瓣，堇紫色；'葡萄'紫藤（'Macrobotrys'），花序长达1m，花蓝紫色；'玫瑰'紫藤（'Rosa'），花粉红或玫瑰红色，翼瓣紫色；'重瓣多花'紫藤（'Violacea-Plena'），花重瓣，蓝紫色；'矮生'紫藤（'Nana'），植株低矮。

同属中常见的还有多花紫藤（*W. floribunda*）、日本藤萝（*W. japonica*）、白花藤（*W. venusta*）、藤萝（*W. villosa*）、美国紫藤（*W. frutescens*）等。

［产地与分布］原产我国和日本。我国从东北南部至广东、四川、云南均有分布。

［习性］亚热带及温带植物，对气候和土壤的适应性强，较耐寒，喜光，较耐阴，能耐水湿及瘠薄土。以土层深厚、排水良好、向阳避风的地方栽培最适宜。主根深，侧根浅，不耐移栽。生长较快，寿命长。缠绕能力强，能绞杀其他植物。

［繁殖与栽培］可用播种、扦插、嫁接繁殖。但多行播种繁殖。种子于秋后采收，晒干贮藏，翌春用60℃温水浸种1～2d，见种子膨胀后即点播于土中，大约1个月出苗，出苗率90%左右。因植株不耐移植，故播种时株行距应稍大，2～3年后直接移往定植处。扦插繁殖需秋季采条，捆束埋藏至次年，剪留2～3节扦插。优良品种可以用嫁接法繁殖，选用优良品种作接穗，接在普通品种的砧木上，多于春季萌芽前进行，枝接、根接均可。

直根性强，移植时宜尽量多带侧根，并带土坨。多于早春定植，定植前先搭架，并将粗枝分别系在架上，使其沿架攀缘。由于紫藤寿命长，枝粗叶茂，制架材料必须坚实耐久。幼树初定植时，枝条不能形成花芽。如栽种数年仍不开花，一是因树势过旺，枝叶过多；二是树势衰弱，难以积累养分。前者采取部分切根和疏剪枝叶；后者增施肥料即能开花，多施钾肥，生长期一般追肥2～3次，开花后可将中部枝条留5～6个芽短截，并剪除弱枝，以促进花芽形成。

盆栽紫藤除选较矮小种类和品种外，更应加强修剪和摘心，控制植株勿使过大。如作盆景栽培，整形、修剪更需加强，必要时还要用老桩上盆，嫁接优良品种。

［观赏与应用］紫藤枝叶茂密，花大色艳，可用来装饰花廊、花架、凉亭等。如植于水畔、台坡，沿他物攀生，极其优美。若将其修剪成拱门、廊架等形状植于草坪之中点缀，效果也极佳。也是良好的枯树绿化材料，掩丑增色，给人以枯木逢春之感，如泰安岱庙、曲阜孔庙、北京

中山公园等处均用紫藤攀附枯死的柏类古树。此外，紫藤亦可盆栽，或制作树桩盆景观赏。

（八）金银花

［学名］*Lonicera japonica* Thunb.

［英名］Japanese honeysuckle，gold - and - silver flower

［别名］忍冬、金银藤、二花、鸳鸯藤

［科属］忍冬科，忍冬属

［形态特征］半常绿缠绕性藤本。茎枝长达 9m，小枝中空，有柔毛。叶卵形，长 3～8cm，先端短渐尖至钝，基部圆形或近心形，全缘；叶柄短，密生柔毛。花成对着生叶腋；花冠二唇形，上唇 5 浅裂，花冠初开白色后变为黄色，黄白相间，花具芳香。花期 5～7 月。果期 10 月，浆果球形，成熟时黑色（图 2 - 4 - 43）。

图 2 - 4 - 43　金银花
（卓丽环、陈龙清，2004）

变种和栽培品种有：红金银花（var. *chinensis*），枝条皆带紫红色，叶背、叶柄、叶脉均为红色，花冠紫红色或有紫晕；紫脉金银花（var. *repens*），叶脉带紫色，花冠白色或淡紫色，上唇的分裂约为 1/3；'黄脉'金银花（'Aureo - reticulata'），叶较小，叶脉黄色；'紫叶'金银花（'Purpurea'），叶紫色；'斑叶'金银花（'Variegata'），叶有黄斑；'四季'金银花（'Semperflorens'），晚春至秋末开花不断。

同属相近种还有盘叶忍冬（*L. tragophylla*）、淡红忍冬（*L. acuminata*）、毛萼忍冬（*L. trichosepala*）、大花忍冬（*L. macrantha*）、锈毛忍冬（*L. ferruginea*）、短柄忍冬（*L. pampaninii*）、吊子金银花（*L. similis*）等。

［产地与分布］产于我国辽宁、华北、华东、华中及西南地区。朝鲜、日本也有分布。

［习性］生性强健，萌蘖力强。喜光，也耐阴，但在背阴处开花不良。耐旱，耐水湿，耐寒性较强。喜肥沃沙质土壤，忌重碱土。

［繁殖与栽培］播种、扦插、压条繁殖均可。春季为扦插适期，枝插、根插成活率均极高。每年早春修剪 1 次，春、秋季各施肥 1 次。性喜温暖至高温，生育适温 15～28℃。

［观赏与应用］金银花为轻细藤木，夏日开花不绝，黄白相映，且有芳香，是良好的垂直绿化及棚架材料，可用于篱垣、花架、花廊的绿化，或攀附山石。因其耐阴，也适合在林下作地被。秋末时节，老叶枯落，叶腋间又可簇生新叶，凌冬不凋，故称"忍冬"，颇能点缀冬季园林景色。老藤适于制作盆景，姿态古雅，别具一格，具有很高的工艺价值。金银花也是优良的蜜源植物和药用植物，其花为著名的药材，可制金银花露，又可清热解毒、抗菌消炎，治风寒感冒和疮疥肿痛。此外，其花还可提炼芳香精油。

（九）凌霄

［学名］*Campsis grandiflora*（Thunb.）Loisel.

［英名］Chinese trumpet - creeper

［别名］紫葳、中国凌霄、大花凌霄、女葳花

［科属］紫葳科，凌霄属

［形态特征］落叶木质大藤本，以气生根攀缘上升，茎长达10m。树皮灰褐色，呈细条状纵裂；小枝紫褐色。奇数羽状复叶，对生，小叶7～9枚，稀11枚，卵形至卵状披针形，长4～6cm，端渐尖，缘有粗锯齿，两面光滑无毛。花较大，由三出聚伞状花序集成顶生圆锥花序；花冠内面鲜红色，外面橙红色，钟形，大而色艳；萼长约花冠筒之半，5深裂几达中部，裂片三角形，渐尖。蒴果细长如荚，先端钝。

同属中常见栽培观赏的还有美国凌霄（*C. radicans*），小叶7～13片，叶背脉间有细毛，花冠较小，筒长，橘黄色。园艺品种很多。

［产地与分布］原产我国长江流域至华北一带，以山东、河北、河南、江苏、江西、湖北、湖南等地多见。日本亦有分布。

［习性］喜阳，也较耐阴；喜温暖湿润，不甚耐寒，在华北，苗期需包草防寒，成长后能露地越冬。要求排水良好、肥沃湿润的土壤，也耐干旱，忌积水。萌芽力、萌蘖力均强。花期自6月下旬至9月中下旬，长达3个月之久。

［繁殖与栽培］主要通过扦插和压条，也可用分株和播种繁殖。扦插容易生根，春、夏都可进行，剪取具有气生根的枝条更易成活。压条时把枝条弯曲埋入土中，深达10cm左右，保持湿润，极易生根。分株时将植株基部的萌蘖带根掘出，短截后另栽，也容易成活。播种，种子采收后在温室播种，或干藏至翌春播种。

凌霄栽培管理比较容易。移植在春、秋两季进行，植株通常需带宿土，植后应立引竿，使其攀附，在萌芽前剪除枯枝和密枝，以整树形。发芽后应施1次稍浓的液肥，紧接着浇1次水，以促其枝叶生长和发育。

［观赏与应用］凌霄柔条细蔓，花大色艳，花期甚长，为庭园中棚架、花门之良好的绿化材料，亦适于配置在枯树、石壁、墙垣等处，也可作桩景材料。由于为阳性植物，宜选择向阳环境处栽植，否则，开花不佳。

（十）爬山虎

［学名］*Parthenocissus tricuspidata*（Sieb. et Zucc.）Planch.

［英名］Japanese ivy，boston ivy

［别名］地锦、爬墙虎

［科属］葡萄科，爬山虎属

［形态特征］大型落叶藤本。分枝多，卷须短且多分枝，顶端扩大成吸盘。单叶3裂或3小叶，互生，叶广卵形，长10～20cm，基部心形，缘有粗齿，表面无毛，背面脉上常有柔毛，幼苗或下部枝上的叶较小，常分成3小叶或为3全裂。花两性；花被5出数，聚伞花序通常生于短枝顶端的两叶之间。浆果球形，径6～8mm，熟时蓝黑色，被白粉。花期6月，果期10月。

同属植物栽培观赏的还有：

五叶地锦（美国地锦）（*P. quinquefolia*）　幼枝带紫红色；卷须与叶对生，顶端吸盘大；掌状复叶，具长柄，小叶5枚，质较厚，卵状长椭圆形至倒长卵形，长4～10cm，先端尖，基部楔形，缘具大齿牙，表面暗绿色，背面略具白粉并具毛。原产美国东部，我国有引种栽培。

花叶爬山虎（*P. henryana*）　小枝四棱形；5小叶，叶背紫红色，叶面有白色斑点。原产我国陕西、甘肃、河南、湖北等地。国外已经引种栽培。

异叶爬山虎（*P. heterophylla*） 植株无毛。营养枝上叶常为单叶，心形，较小；果枝上的叶为三出复叶。花序多分枝。产于我国河南、浙江、江西、福建、湖北、湖南、安徽等地。

此外，还有亮绿爬山虎（*P. laetevirens*）、三叶爬山虎（*P. himalayana*）、粉叶爬山虎（*P. thomsonii*）、东南爬山虎（*P. austro-orientalis*）等。

[产地与分布] 在我国分布极广，北起吉林，南至广东均有分布，以辽宁、河北、山东、陕西、浙江、湖南、湖北、广东等地为多见。日本亦有分布。

[习性] 性喜阴湿，也不畏强烈阳光直射，能耐寒冷、干旱，适应性强，在一般土壤上皆能生长，生长快速。

[繁殖与栽培] 扦插和压条均可繁殖，枝条入土后发根容易。可于早春压条，也可在雨季扦插，在苗期需庇荫养护并保持土壤湿润。

栽培管理简单粗放，在早春萌芽前可裸根沿建筑物的四周栽种。初期每年追肥1～2次，并注意灌水，使它尽快沿墙吸附而上，2～3年后可逐渐将数层高楼的壁面布满，以后可任其自然生长。

[观赏与应用] 爬山虎蔓茎纵横，密布气根，翠叶遍盖如屏。春季幼叶和秋季霜叶绯红色或橙红色，堪供观赏，是一种极为优美的蔓木树种。在建筑物东南西北四面、庭院墙壁、庭园入口、桥头石壁、枯木墙垣、假山、长廊、栅栏、岩壁、棚架、阳台等处均宜配置，尤其是在水泥墙面上伸展自若，有降温消暑之功效。若在园林建筑物上攀附或屋顶绿化，更觉别致调和。在假山石立峰之旁栽植一二，则穿云破石，意趣尤浓。除攀缘绿化外，也可用作地被。

（十一）葡萄

[学名] *Vitis vinifera* L.

[英名] European grape，wine grape，grape vine

[别名] 蒲陶、草龙珠

[科属] 葡萄科，葡萄属

[形态特征] 落叶大藤本，茎长达10～30m。树皮呈条片状剥落。新枝具卷须，间歇性与叶对生，可攀附他物。单叶互生，心形或掌状裂，叶缘有不规则锯齿，两面无毛或背面稍有短柔毛。花小，黄绿色，多两性；圆锥状花序，与叶对生。浆果球形，熟时绿色、紫红色、黄绿色或黑色等，被白粉。花期4～5月，果期7～9月。

葡萄属约60种，我国有38种及许多变种。栽培品种很多，可根据需要进行选择。

[产地与分布] 原产亚洲西部至欧洲东部，温带地区广为栽培。我国栽培普遍，以黄河流域为主。

[习性] 喜光，耐干旱，喜温暖气候。适应性强，喜肥沃、疏松土壤。

[繁殖与栽培] 多用扦插繁殖，也可嫁接、压条或播种繁殖。冬季落叶后，春末萌芽前，剪中熟枝条扦插极易成活。土壤以表土深厚的肥沃壤土为佳，排水、日照需良好。成株每年冬季大寒前后修剪1次。全年约施肥3次，春季萌芽期、果实未成熟前、采果后各施1次。

[观赏与应用] 葡萄是优良的叶、花、果俱佳的绿化树种。可用于庭园、棚架、绿廊、曲径、山头、入口、天井、窗前等处的遮阳观赏。在大型公园、风景区或观光园，可采用平棚式、斜棚

式或墙垣式整形，布置成葡萄园。果实为著名果品。根和藤可入药。

（十二）叶子花

［学名］*Bougainvillea spectabilis* Willd.

［英名］brazil bougainvillea，beautiful bougainvillea

［别名］光叶子花、三角花、三角梅、九重葛、宝巾花、红苞藤、南美紫茉莉、簕杜鹃

［科属］紫茉莉科，叶子花属

［形态特征］常绿攀缘大型枝刺型藤木，茎长可达5m，具弯刺。叶互生，全缘，卵形，密生柔毛。花生于新梢顶端，常3朵簇生于3枚较大的苞片内，花梗与苞片中脉合生，苞片叶状，椭圆形，颜色极其丰富，有玫瑰红色、桃红色、大红色、纯白色、橘黄色、鲜黄色、双色（桃红和白色）等。花期特长，有些品种一年四季盛花，繁花似锦。另外，还有重瓣叶子花，花（苞片）多聚生成团，艳丽的苞片红艳欲燃。瘦果，五棱形。

叶子花属全世界共有18种，除了巴西原产的*B. arborescens*为可生长至高达15m的高大乔木外，其余种类均为蔓性木本或灌木。多数种原产于南美洲，其中光叶子花（*B. glabra*）和叶子花（*B. spectabilis*）的栽培品种较多。目前，叶子花品种多达300余个，花色丰富。按叶色划分，可分为绿叶系列和花叶系列品种。按苞片的形态可分为单瓣品种系列和重瓣品种系列，而单瓣品种系列又可细分为大苞片种、中苞片种和细苞片种。按花期长短分为常年花类和季节花类。按苞片颜色可细分为紫色系、红色系、粉色系、橙色系、黄色系、白色系和杂色系等。杂交品种是叶子花中的珍品，花苞集生于枝条先端，原有的花萼和雄蕊退化，变成与花苞同色的薄片，小而重叠似绣球，其花期比单瓣品种长，观赏价值更高。如'黄'叶子花（*B. buttiana* 'Mrs Mc Lean'）、'金'叶子花（*B. buttiana* 'Golden Glow'）、'矮'叶子花（*B.* × *buttiana* 'Helen Johnson'）、'西施'叶子花（*B. buttiana* 'Tahitian Maid'）、'金心'叶子花（*B. spectaglabra* 'Mary Palmer'）等。

［产地与分布］原产巴西，后传入亚热带及温带国家，我国各地均有栽培。

［习性］喜温暖湿润环境，但不耐涝，耐寒性差，生长适温13～24℃，夏季温度在35℃以上时生长仍不受影响，冬季温度要求不低于7℃。对土壤要求不严，以沙壤土最好。喜充足阳光，过阴对开花不利。性强健，萌芽力强，耐修剪。

［繁殖与栽培］繁殖以扦插为主。可于6～7月花后剪取成熟的枝条，长20cm，插于沙床或喷雾插床，在21～27℃温度下，1个月后可生根。温度过低，生根慢，成活率低。如用吲哚丁酸或萘乙酸处理，有促进生根的作用，浓度一般为100～200mg/L，处理时间10～20s。也可用直径2～3cm以上的老枝干扦插。较名贵的品种如'金心双色'叶子花等，只能通过嫁接繁殖。嫁接多采用芽接法，春季气温在15℃以上时进行。为了增加单株的花色变化，可进行多品种嫁接，如可以紫花品种作砧木，用黄、红等色花的品种枝条嫁接，使一盆花中开出几种颜色的花朵，观赏价值大大提高。

叶子花地栽必须设立支架，使其攀缘而上。因属喜光树种，如光照不足或过于荫蔽，新梢则生长细弱，叶片暗淡，因此必须选择阳光充足的地方种植。对水分需要量较大，特别是盛夏季节，如水分供应不足，易产生落叶现象，直接影响植株的正常生长或延迟开花，因此夏季和花期浇水应及时，花后浇水可适当减少。如土壤过湿，也会引起落叶和根部腐烂。生长期要经常追

肥，花期要增施磷肥。

我国云南、广东、广西、福建、台湾等地可露地种植，长江流域及以北地区多温室盆栽。西双版纳热带花卉园叶子花专类园目前已引种保存了近30个品种。盆栽的管理措施与地栽大同小异，但常需造型，使其分枝多，开花茂密。修剪一般都在花后进行，将枯枝、密枝及顶梢剪除，以促生更多新枝，保证年年开花旺盛。5~6年还需短截或重剪更新。

[观赏与应用] 叶子花苞片大而美丽，鲜艳似花，因此而得名。当嫣红姹紫的苞片展现时，给人以奔放、热烈的感受，因此又名贺春红。适合门廊、庭园、厅堂入口处盆栽摆设，盆栽时还可做成各种造型。在阳台宜植于坐北向西南、阳光充足的地方，让其自然生长，使成串的花和枝条垂伸于阳台外。在华南地区，叶子花是十分理想的垂直绿化材料。如种植于墙体花坛里让其生长成绿幕，花开时可以变成一堵花墙。老茎可制作成桩景，也可以长成树状，作为景区的风景树等。

（十三）木香

[学名] *Rosa banksiae* Ait.

[英名] banksia rose

[别名] 木香藤、七里香

[科属] 蔷薇科，蔷薇属

[形态特征] 半常绿攀缘灌木，高可达6m。枝细长，绿色，光滑而少刺。小叶3～5枚，稀为7枚，卵状长椭圆形至披针形，长2.5～5cm，先端尖或钝，缘有细锐齿，表面暗绿色而有光泽，背面中肋常微有柔毛，托叶线形，与叶柄离生，早落。花常为白色，径约2.5cm，芳香，萼片全缘，花梗细长，光滑，3～15朵排成伞形花序。果近球形，红色，径3～4mm，萼片脱落。花期4～5月，果期9～10月。

常见栽培的变种或品种有：单瓣白木香（var. *normalis*），花白色，单瓣，芳香；重瓣白木香（var. *albo-plena*），花白色，重瓣，香气最浓；单瓣黄木香（'Lutescens'），花单瓣，淡黄色，近无香；'重瓣'黄木香（'Lutea'），花重瓣，黄色，淡香。

同属栽培的还有大花白木香（*R. fortuneana*），花大，花径5～6cm，单生或2朵并生，重瓣，白色。

[产地与分布] 原产我国南部、西南部，生于山区灌丛中。陕西、甘肃、青海、华北，南至福建，西南至四川、贵州、云南等地多有分布。

[习性] 亚热带树种，喜光好暖，适应性强。对土壤要求不严，中性土、微酸性黄壤均能生长，排水良好的沙质土壤尤为相宜。耐寒力不强，北京需选背风向阳处栽植。萌芽力尚强，耐修剪整形，生长快速。易抽生拱形长枝，长枝次年均能密生短花枝。

[繁殖与栽培] 通过扦插、压条或嫁接繁殖。扦插一般于12月初进行，选用生长强健的当年生枝作插条，剪成10～20cm长的插穗，扦插后应加覆盖物防寒。嫩枝扦插可在梅雨季节进行。压条在初春至初夏进行，压条时在入土部位需刻伤。嫁接选用野蔷薇或十姊妹作砧木，在12月至翌年1月室内切接或2～3月露地切接。

木香栽培管理简便，在休眠季节可裸根移植，移植时对枝蔓做强修剪。为控制树形，冬季需适当修剪，并除去密生枝、纤弱枝，以利通风。若能注意施肥，则花繁荫浓。

［观赏与应用］木香香馥清远，白者望若香雪，黄者灿若披锦。园林中多用于棚架、花格墙、篱垣和岩壁的垂直绿化。孤植草坪、路隅、林缘坡地亦甚相宜。于堡坎、崖边作垂吊应用，效果亦佳。

三、其他种类

表 2-4-6　其他蔓木类树种简介

中　名	学　名	科　属	性　状	习　性	观赏特性及应用
苦皮藤	*Celastrus angulatus*	卫矛科 南蛇藤属	落叶蔓木	喜光，亦耐半阴，耐干旱、瘠薄，适应性强	用于岩壁、山坡等绿化
南蛇藤	*Celastrus orbiculatus*	卫矛科 南蛇藤属	落叶蔓木	喜光，喜温暖，也耐寒，耐旱，耐瘠薄，不择土壤	作棚架、绿廊、假山、枯树绿化材料
木通马兜铃	*Aristolochia manshuriensis*	马兜铃科 马兜铃属	落叶蔓木	耐寒，耐阴，耐瘠薄，喜潮湿	用于阴湿地、北向墙垣、阳台、屋顶、凉亭等绿化
白簕	*Acanthopanax trifoliatus*	五加科 五加属	常绿蔓木	喜温暖湿润，稍耐阴，较耐寒，抗性强	用于棚架或攀缘大树
五味子	*Schisandra chinensis*	五味子科 五味子属	落叶蔓木	喜光也耐阴，耐寒性强	适于棚架、山石绿化，亦作地被
南五味子	*Kadsura japonica*	五味子科 南五味子属	常绿蔓木	喜温暖湿润，不耐寒冷	宜篱垣和阴湿的岩石绿化，也可缠绕松、枫等大树
素方花	*Jasminum officinale*	木犀科 素馨属	常绿蔓木	喜温暖向阳环境，要求肥沃、疏松、湿润壤土，不耐寒	用于堂前、门首、阳台、窗前、墙隅、花架、栅栏、山石、堤岸、坡坎绿化
七叶莲	*Stauntonia chinensis*	木通科 野木瓜属	常绿蔓木	喜冬暖夏湿热，耐阴	花架、绿廊、绿门等处配置
五叶瓜藤	*Holboellia fargesii*	木通科 朱姆瓜属	常绿蔓木	喜温暖、湿润，耐阴，耐干旱瘠薄，不耐寒	用于花架、绿廊、篱栏、山石、坡坎绿化
鹰爪枫	*Holboellia coriaceae*	木通科 朱姆瓜属	常绿蔓木	喜温暖，不耐寒，耐干旱瘠薄	适于花架、绿廊、绿门等处配置
串果藤	*Sinofranchetia chinensis*	木通科 串果藤属	落叶蔓木	我国特产，喜光，喜温和凉润的气候环境，较耐寒，萌蘖力强	适于花架、绿廊、绿门等处配置
铁线莲	*Clematis florida*	毛茛科 铁线莲属	落叶蔓木	喜冷凉，喜肥沃疏松石灰质土壤，耐寒，不耐水湿	点缀园墙、棚架、凉亭、门廊、假山、置石等
香花藤	*Aganosma acuminata*	夹竹桃科 香花藤属	常绿蔓木	喜温暖、湿润气候，不耐寒，耐阴	点缀花廊、花架、篱垣
买麻藤	*Gnetum montanum*	买麻藤科 买麻藤属	常绿蔓木	喜炎热潮湿的热带气候，较耐阴，不耐寒	配置花架、走廊、墙栏、拱顶、棚架、门前
木防己	*Cocculus trilobus*	防己科 木防己属	落叶蔓木	适应性强，不择气候、土壤，耐寒，耐旱，耐瘠薄	装饰拱门、廊柱、墙垣、绿篱等

（续）

中　名	学　名	科　属	性　状	习　性	观赏特性及应用
千金藤	*Stephania japonica*	防己科 千金藤属	落叶蔓木	喜温暖湿润气候，耐半阴，耐水湿，耐瘠薄	适于篱栏、墙垣、偏阴山石绿化和阳台垂吊
防己	*Sinomenium acutum*	防己科 防己属	落叶蔓木	适应性强，不择土壤，耐寒，耐旱，喜光，喜温暖	装饰假山、拱门、廊柱、绿篱、围墙等
金线吊乌龟	*Stephania cepharantha*	防己科 千金藤属	落叶蔓木	喜温暖湿润气候，耐半阴，耐水湿	可攀缘山石、树干和小型棚架、栅栏等
蝙蝠葛	*Menispermum dauricum*	防己科 蝙蝠葛属	落叶蔓木	耐寒冷，耐干旱，不耐炎热，不择土壤	用于墙垣、山石、栅栏和棚架等的绿化
云实	*Caesalpinia sepiaria*	豆科 苏木属	落叶蔓木	耐干旱瘠薄，适应性强	宜用于花架、花棚及花廊的垂直绿化
龙须藤	*Bauhinia championii*	豆科 羊蹄甲属	落叶蔓木	喜温暖湿润，较耐阴	长江流域作绿篱和围墙绿化
鸡血藤	*Millettia reticulata*	豆科 鸡血藤属	落叶蔓木	喜光，喜温暖，耐瘠薄，适应性强	适宜搭设棚架、装饰假山
葛藤	*Pueraria lobata*	豆科 葛藤属	落叶蔓木	较喜光和温暖潮湿，耐干旱瘠薄，不苛求土壤	适于围墙、绿篱、凉棚等处攀缘绿化
湖北羊蹄甲	*Bauhinia hupehana*	豆科 羊蹄甲属	常绿蔓木	喜温暖湿润环境，较耐阴，对土壤要求不严	用于墙垣、棚架、山石绿化，或植为花篱
使君子	*Quisqualis indica*	使君子科 使君子属	常绿蔓木	喜光，喜温暖，怕寒，喜偏酸性壤土	作绿篱、凉棚、荫棚和围墙绿化材料
冠盖藤	*Pileostegia viburnoides*	虎耳草科 冠盖藤属	常绿蔓木	喜温暖湿润气候，较耐阴	宜用于墙面、阳台、凉棚、绿廊等处绿化
钻地风	*Schizophragma integrifolia*	虎耳草科 钻地风属	落叶蔓木	喜光，耐半阴，要求湿润环境和酸性黄壤土	用于树体、山岩、花架、毛石墙等的绿化
钩藤	*Uncaria rhynchophylla*	茜草科 钩藤属	常绿蔓木	喜温暖湿润和半阴环境，对土壤要求不严	适宜南方作绿篱、墙垣、棚架、凉棚等绿化
蔓胡颓子	*Elaeagnus glabra*	胡颓子科 胡颓子属	落叶蔓木	喜光，喜温暖，耐旱，稍耐寒，对土壤要求不严	绿篱、凉棚、花架和建筑物遮阳材料
胡椒	*Piper nigrum*	胡椒科 胡椒属	常绿蔓木	亚热带树种，喜光，喜温暖湿润，畏积水，不耐寒	适于小型花架、墙垣
地石榴	*Ficus tikoua*	桑科榕属	落叶蔓木	温带树种，耐干旱，忌涝，尤忌降水过多	覆盖山石、围墙，攀附棚架、门廊
薜荔	*Ficus pumila*	桑科榕属	常绿蔓木	亚热带树种，耐阴，耐旱力强，稍耐寒，喜光	用于岩石园绿化覆盖，或假山上点缀
杠柳	*Periploca sepium*	萝藦科 杠柳属	落叶蔓木	喜光，耐寒，耐干旱，耐瘠薄	用于栅栏和棚架绿化
夜来香	*Telosma cordata*	萝藦科 夜来香属	常绿蔓木	喜光，喜温暖湿润和肥沃土壤，忌积水，畏寒怕旱	适于棚架、篱栏、绿廊、矮墙、墙隅点缀
猕猴桃	*Actinidia chinensis*	猕猴桃科 猕猴桃属	落叶蔓木	喜光，也耐阴，不耐水湿，较耐寒，不苛求土壤	良好棚架、花架、墙垣绿化材料，也可孤植草坪

（续）

中　名	学　名	科属	性　状	习　　性	观赏特性及应用
清风藤	*Sabia japonica*	清风藤科 清风藤属	落叶蔓木	喜温暖湿润，忌干燥和寒冷，较耐阴	用于篱垣、绿廊、棚架、柱状体绿化
瓜馥木	*Fissitisgma oldhamii*	番荔枝科 瓜馥木属	常绿蔓木	喜温暖、湿润，耐水湿，不耐旱，不耐寒	用于花架、篱栏、墙垣绿化
鹰爪	*Artabotrys hexapetalus*	番荔枝科 鹰爪属	常绿蔓木	喜温暖亚热带气候，不耐寒	栅栏、花架、花墙的绿化材料
炮仗花	*Pyrostegia ignea*	紫葳科 炮仗花属	常绿蔓木	喜温暖和阳光充足，要求疏松、肥沃土壤	装饰棚架、凉廊、墙垣
硬骨凌霄	*Tecomaria capensis*	紫葳科 硬骨凌霄属	常绿蔓木	喜光，喜温暖，怕寒，喜肥沃壤土	绿篱、凉棚、荫棚和围墙及阳台、屋顶绿化材料
白粉藤	*Cissus rhombifolia*	葡萄科 白粉藤属	常绿蔓木	喜温暖湿润，忌干燥和寒冷，较耐阴	点缀阴湿山石、水边驳岸
省藤	*Calamus platyacanthoides*	棕榈科 省藤属	常绿蔓木	喜高温高湿热带气候，耐阴	用于热带攀缘绿化
锈毛莓	*Rubus reflexus*	蔷薇科 悬钩子属	落叶蔓木	喜温暖潮湿，较耐阴	宜作绿篱、凉棚和建筑物遮阳材料
多花蔷薇	*Rosa multiflora*	蔷薇科 蔷薇属	落叶蔓木	喜光，耐寒，对肥力、水分要求不严	花篱、花架绿化
藤本月季	*Rosa hybrida*	蔷薇科 蔷薇属	常绿蔓木	喜光，耐寒，不耐水湿	用于花架、阳台、围墙、篱笆等装饰

第七节　篱木类

一、概　　述

1. 概念与范畴　绿篱是指利用绿色植物（包括叶片有其他颜色的色叶植物）组成的有生命、可以不断生长壮大的、富有田园气息的篱笆，除防护作用外，还可装饰园景、分隔空间、屏障视线，能作小品或建筑的基础栽植，或制作成各种绿色雕像造型。绿篱按所用的植物材料可分为针叶树绿篱和阔叶树绿篱，后者又可分为常绿阔叶树绿篱和落叶阔叶树绿篱；按观赏特性分为观叶篱、观花篱、观果篱、枝篱、刺篱等类型，观叶篱又可细分为普通绿篱和彩叶绿篱两类。因此，篱木类就是指用于密集栽植形成绿篱的一类木本植物，多数为灌木，少量为小乔木。

理想的绿篱植物要求枝叶繁茂，萌芽强，成枝力高；耐修剪而愈伤力、再生力强；耐粗放管理，病虫害少；枝叶青翠或具有美丽的彩叶或花果；适于在密植条件下生长，寿命较长；能够在当地越冬，枝叶不受寒害；繁殖容易，能获得大量苗木，并耐移植；具有较长的观赏期。我国北方常绿阔叶树很少，北纬45°左右的寒冷地区可用山楂、杜梨、榆树等作绿篱，但冬季则无叶可赏；北纬40°左右可选用侧柏、圆柏或榆树、黄杨等。长江流域适用女贞、金叶女贞、小叶女贞、珊瑚树、石楠、黄杨、大叶黄杨等。

2. 繁殖与栽培要点　绿篱植物的繁殖与其他木本植物的繁殖相似，多采用营养繁殖，尤其是扦插繁殖法，如黄杨类、圆柏类、小檗类、黄刺玫类、木槿类、叶子花类、迎春类、绣线菊类、红瑞木类等。也可采用种子播种繁殖，如海桐、火棘、女贞属、酸枣、花椒类、冬青属等。绿篱的栽培养护要点是：保持篱面完整，勿使下枝空秃；控制肥水，防止旺长、徒长；按照树种生长发育规律进行修剪；注意预防病虫蔓延。

二、常见种类

（一）小檗

［学名］ *Berberis thunbergii* DC.

［英名］ Japanese barberry

［别名］ 日本小檗

［科属］ 小檗科，小檗属

［形态特征］ 落叶灌木，多分枝。小枝带黄色或紫红色，刺细小、单一，很少3分叉。叶互生，菱状倒卵形或匙状矩圆形，长0.5～2cm，全缘。花序伞形或近簇生，有花2～5朵，稀单生；花黄色，萼片6，花瓣状，排列成2轮，花瓣6，倒卵形；花期4～5月。浆果椭圆形，鲜红色（图2-4-44），果期8～9月。

图2-4-44　小　檗
（卓丽环、陈龙清，2004）

常见栽培品种有：'紫叶'小檗（'Atropurpurea'），叶深紫色或紫红色；'矮紫'小檗（'Atropurpurea Nana'），株高约60cm，叶深紫色；'银边'小檗（'Argenteo Marginata'），叶具白色斑纹。欧美一些国家还培育出了许多园艺新品种，如'绿锦'小檗（'Green Carpet'）、'绿彩'小檗（'Green Ornament'）、'金环'小檗（'Golden Ring'）、'粉后'小檗（'Pink Queen'）、'玫瑰红'小檗（'Rose Glow'）、'金黄'小檗（'Aurea'）等。

同属植物中常见栽培的常绿种类有粉叶小檗（*B. pruinosa*）、湖北小檗（*B. gagnepainii*）、蚝猪刺（*B. julianae*）等；半常绿种类有金花小檗（*B. vilsonae*）、刺黄花（*B. polyantha*）；落叶种类有川滇小檗（*B. jamesiana*）、细叶小檗（*B. poiretii*）等。

［产地与分布］ 原产日本，我国南北均有栽培。

［习性］ 喜光，稍耐阴，耐干旱瘠薄，不耐水湿。喜温暖湿润气候。耐寒性强，北京可露地越冬。适应性强。

［繁殖与栽培］ 繁殖以扦插为主，也可播种育苗。种子需层积，翌年春季播种。移植在春、秋季均可进行。萌芽力强，耐修剪，修剪宜在春季萌芽前进行。

［观赏与应用］ 小檗分枝力强，枝条致密，姿态圆整。春开黄花，秋结红果，深秋叶片变成紫红色，果实经冬不落，因此是叶、花、果俱佳的观赏花木，适用于园林中作绿篱，也可修剪成球形孤植，或丛植于草坪，盆栽和果枝瓶插效果也较好。根茎含小檗碱，可制黄连素。

（二）大叶黄杨

［学名］*Euonymus japonicus* Thunb.

［英名］Japanese spindle - tree，evergreen euonymus

［别名］冬青卫矛、正木

［科属］卫矛科，卫矛属

［形态特征］常绿灌木或小乔木，高可达8m，栽培变种一般不超过1～2m。小枝绿色，略为四棱形。叶革质而具光泽，椭圆形至倒卵形，长3～6cm，缘有钝齿，两面无毛，叶柄长0.6～1cm。花绿白色，5～12朵成聚伞花序，腋生枝条顶部；花各部4～5基数，雄蕊着生于花盘边缘。蒴果扁球形，径约0.8cm，淡粉红色，熟时4瓣裂，假种皮橘红色。花期5月，果期10月。

大叶黄杨为上好绿篱材料，常见变种与栽培品种有：'银边'大叶黄杨（'Albo - marginatus'），叶边缘白色；'金边'大叶黄杨（'Aureo - marginatus'），叶边缘黄色；'金心'大叶黄杨（'Aureo - variegatus'），叶中脉附近金黄色，有时叶柄及小枝亦为黄色；'银斑'大叶黄杨（'Argenteo - variegatus'），叶有白斑和白边；'斑叶'大叶黄杨（'Viridi - variegatus'），叶较大，鲜绿色，中部有深绿色斑及黄色斑；'狭叶'大叶黄杨（'Microphyllus'），叶较狭小，长1.2～2.5cm。

同属中常见栽培的观赏植物有：

大花卫矛（*E. grandiflorus*）　半常绿小乔木。叶对生，近革质，长倒卵形；花黄白色，聚伞花序；种子黑色，外包红色假种皮。为园林中优良的观果树种。

卫矛（*E. alatus*）　落叶灌木。小枝四棱形，有2～4排木栓质的阔翅，假种皮红色鲜明，叶片经霜转红，鲜艳可爱。

大翅卫矛（*E. macropterus*）　别名金丝吊蝴蝶。落叶灌木。叶卵状长圆形，蒴果具4翅；果柄长4～6cm；假种皮红色鲜明，开裂后似蝴蝶随风飞舞。

［产地与分布］原产日本，我国南北各地均有栽培，尤以长江流域各地为多。

［习性］阳性树种，久经栽培，喜温暖湿润的海洋性气候。对土壤要求不严，以中性而肥沃的壤土生长最速。适应性强，耐干旱瘠薄。极耐修剪整形。

［繁殖与栽培］以扦插繁殖为主，也可播种。扦插春、夏、秋三季都可进行，而以6月中下旬扦插发根快，生长好。夏季扦插选半成熟枝作插穗，长8～12cm，基部带踵，留叶2对，插入土中5～7cm，株行距以叶片不相互重叠为度，保持苗床湿润，愈伤组织形成后逐渐增加光照，20d左右发根。成活率很高，90%以上。翌年可分栽培大，培育2～3年即可供绿篱使用。移植宜在3～4月进行，小苗可裸根，大苗需带泥球。

［观赏与应用］大叶黄杨因耐整形扎剪，园林中多用为绿篱。其变种有'金边'、'金心'、'银边'等品种，叶色斑斓，更为艳丽。经修剪成型的大叶黄杨适于规则式对称配置，花坛中心栽以球形树，更觉协调和谐。它不仅适用于庭园、甬道、建筑物周围，而且也用于主干绿带。又因对多种有害气体抗性强，并能吸收有害气体而净化空气，抗烟吸尘功能亦强，是污染区理想的绿化树种。

（三）金叶女贞

［学名］*Ligustrum*×*vicaryi* Hort. Hybrid

［英名］hybrida vicary privet，goldleaf privet

[别名] 黄叶女贞

[科属] 木犀科，女贞属

[形态特征] 为杂交种。落叶或半常绿灌木，高达 2～3m。叶对生，薄革质，椭圆形，光滑无毛，基部楔形或狭楔形，全缘；新叶全部或大部分为金黄色，在阴处则变为绿色。圆锥花序长 7～21cm；花白色，芳香，无梗；花冠裂片与筒部等长，花药超出花冠裂片。核果宽椭圆形，紫黑色。

同属植物栽培观赏的还有：

女贞（*L. lucidum*） 别名冬青、蜡树，常绿小乔木。枝开展，叶对生，被蜡质，全缘。花白色，有香气，花期 6～7 月。萌发力强，耐修剪，二年生苗即可栽成绿篱。

小叶女贞（*L. quihoui*） 落叶或半常绿灌木，枝条铺散，小枝具细短柔毛。叶薄革质，椭圆形至卵状椭圆形，光滑无毛，端钝，基部楔形或狭楔形，全缘，略向外反卷，叶柄有短柔毛。花白色，芳香，无梗；花冠裂片与筒部等长，花药超出花冠裂片。

小蜡（*L. sinense*） 落叶或半常绿灌木，枝密生短柔毛。叶端锐尖或钝，基圆形或阔楔形，叶背沿中脉有短柔毛。花梗明显，花冠筒比花冠裂片短，雄蕊超出花冠裂片。

[产地与分布] 金叶女贞是由卵叶女贞的变种金边女贞（*L. ovalifolium* var. *aureo-marginatum*）与欧洲女贞（*L. vulgale*）杂交而成的新种，1983 年北京园林科学研究所从德国引入，现已经在北京以南各地普遍栽培。

[习性] 性强健，喜光，稍耐阴，较耐寒。萌枝力强，对二氧化硫、氯气、氟化氢、氯化氢等有害气体抗性均强。长江流域以北地区秋季叶片经霜后变紫褐色，冬季落叶或部分落叶。

[繁殖与栽培] 以扦插繁殖为主，亦可播种。于 11 月采种，堆放后熟，洗净阴干后随即播种，或层积至翌年 2 月播种。休眠枝扦插在 2～3 月进行，半熟枝扦插行于 6～7 月。移植在10～11 月或翌年 3 月进行，一般带宿土，大苗以带泥球为好。为保持叶片金黄色，必须经常整形修剪。

[观赏与应用] 金叶女贞最适宜作绿篱、绿墙和隐蔽遮挡的绿屏。在规则式布局的庭园中，可整修成长、短、方、圆各种几何圆形，作模纹花坛的材料。也可对植于门庭入口及路边，在山石小品中作衬托树种，亦甚得体。老干古根，虬曲多姿，可作树桩盆景。对二氧化硫等有害气体抗性较强，可用于工厂绿化。

（四）枸骨

[学名] *Ilex cornuta* Lindl.

[英名] horned holly

[别名] 鸟不宿、圣诞树、八角刺

[科属] 冬青科，枸骨属

[形态特征] 常绿灌木或小乔木，高 3～4m，枝冠倒卵形。树皮灰白色，小枝开展，密生。叶硬革质，短圆形，表面亮绿色，叶缘具 5 硬刺齿。花黄绿色，簇生于二年生枝叶腋，花期 4～5 月。核果球形，鲜红色，9～10 月成熟（图 2-4-45）。

常见变种或栽培品种有：无刺枸骨（var. *fortunei*），叶无刺齿；‘黄果’枸骨（‘Luteocarpa’），果暗黄色。

[产地与分布] 产于我国长江流域。朝鲜也有分布。

[习性] 喜光，稍耐阴，耐干旱瘠薄，喜温暖湿润气候。耐寒性稍差，黄河流域以南可露地

越冬。不耐水湿。萌芽力强，耐修剪，生长较慢。抗二氧化硫等多种有害气体。

［繁殖与栽培］繁殖以播种为主，也可扦插。秋季果熟后采种，堆放后熟，待果肉软化后捣烂，取出种子阴干。种子有隔年发芽习性，常沙藏到第二年秋后条播，第三年春幼苗出土。扦插多在梅雨季节进行。移栽可在春、秋两季进行，以春季较好，需带土球。一般无需修剪，耐粗放管理。

［观赏与应用］枸骨枝叶茂密，树姿球形，早春嫩叶鲜红，秋冬又结红果，是美丽的园林观叶、观果树种，是作绿篱的好材料。也可点缀岩石园、制作盆景，果枝瓶插观赏效果也很好。

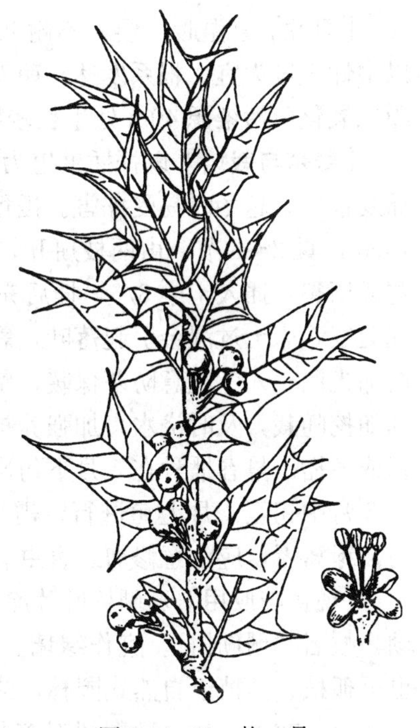

图 2-4-45　枸　骨
（卓丽环、陈龙清，2004）

（五）波缘冬青

［学名］*Ilex crenata* Thunb.

［英名］Japanese holly

［科属］冬青科，冬青属

［形态特征］常绿矮灌木，多分枝，小枝密生。叶小而密，椭圆形至倒长卵形，缘有浅钝齿，厚革质，叶表面深绿而有光泽。花小，白色；雌花单生。果球形，熟时黑色。

其中最常见的栽培品种为‘龟甲’冬青（‘Convexa’），其叶面凸起似龟甲。

［产地与分布］产于我国福建、广东、山东等地。日本、朝鲜也有分布。

［习性］喜光，稍耐阴；喜温暖湿润气候，耐潮湿，不耐寒。萌芽力强，耐修剪。生长较慢。抗有害气体。

［繁殖与栽培］以播种繁殖为主，但种子有隔年发芽习性，且不易打破休眠，故需层积 1 年后再播种。扦插也可，但生长较慢。扦插多在梅雨季用软枝作插穗。移栽可在春、秋两季进行，移时应带土球。

［观赏与应用］波缘冬青适宜在园林绿地中种植，可植为绿篱，或制作盆景。

（六）珊瑚树

［学名］*Viburnum odoratissimum* K. Koch

［英名］Japanese viburnum

［别名］日本珊瑚树、法国冬青

［科属］忍冬科，荚蒾属

［形态特征］常绿灌木或小乔木，高可达 10m，全株无毛。单叶对生，叶厚革质，长椭圆形，长 5～15cm，全缘或近先端有不规则波状钝齿，侧脉 4～5 对，叶柄带褐色。圆锥花序广金字塔形，长 5～10cm，花小而白，芳香；花冠辐射状，5 裂，雄蕊 5 枚，着生于花冠管上。核果椭圆形，红色。花期 6 月，果期 10 月。

［产地与分布］广布于我国广东、广西、云南、贵州、湖南、江西、福建、台湾、浙江等地。日本及印度也有分布。

[习性] 喜温暖气候，不耐寒，喜湿润、肥沃土壤，稍能耐阴。能适应酸性土及微碱性土，以中性土壤为宜。根系发达，萌芽力强。抗有害气体能力强，距氯气污染源300m处生长良好，距二氧化硫污染源40m处生长较好，能吸收汞、氟等污染物质。

[繁殖与栽培] 以扦插繁殖为主，亦可播种。6月中旬用半熟枝扦插，成活率高；9月上旬秋插发根慢，越冬时易受冻害。插穗尽可能选择粗壮的上部枝，下部短侧枝不易成活。插穗长12～15cm，具2～3节，由两枝掰开，带踵扦插最好，留上部平展的1对叶，随剪随插，勿使叶片萎蔫或撕裂，插入土中3/5，插后充分浇水，搭棚遮阳，以后浇水掌握量少次多原则，着重保持空气湿度，床土过湿会引起落叶，影响成活。插后20d开始发根，40d叶芽伸长展开，此时需逐渐增加光照。入冬注意防寒保暖，留床1年分栽。珊瑚树根系质脆易断，分栽时需注意保护，并做到随挖随栽，及时浇水，加强养护管理。播种在10月下旬采种，堆放后熟，洗净阴干，湿沙层积或冬播。早春播种在5月下旬出土，幼苗畏强日照，应及时遮阳，当年苗高10cm左右。移植在3月中旬至4月上旬进行，需带泥球。如欲枝叶繁茂，应待至适当高度时剪其顶端。作为绿门、绿篱者，应注意修剪。害虫有大蓑蛾危害叶片，红蜡蚧危害枝、叶，应注意防治。

[观赏与应用] 珊瑚树叶片厚实，终年碧绿光亮，深秋时果实鲜红，累累垂于枝上，状若珊瑚，故名“珊瑚树”。宜作绿墙、高型绿篱配置。规则式庭园常修剪使之为绿墙、绿门、绿廊。也可孤植、丛植于自然式园林，或对植于入门路口两旁，或孤植于林间空地，颇觉雅丽。用于隐蔽栽植，效果尤佳。珊瑚树对多种有害气体不仅有较强的抗性，而且具有吸收功能。防尘、隔声，防火效果也极好。为工厂、街道绿化美化的良好树种。

（七）红花檵木

[学名] *Loropetalum chinense* var. *rubrum* Yieh ex Chang

[英名] Chinese loropetalum

[别名] 红桎木、红檵花

[科属] 金缕梅科，檵木属

[形态特征] 常绿灌木或小乔木，高4～9m，多分枝。小枝、嫩叶及花萼均有锈红色星状短柔毛。嫩叶淡红色，叶卵形或椭圆形，成龄叶暗紫色；单叶互生，长2～5cm，先端短尖，基部不对称，全缘。花瓣带状线形，淡红或紫红色，长1～2cm；先花后叶或花叶同放，3～8朵簇生于小枝端；花期3～5月。果8～9月成熟，蒴果褐色。根据叶色和花色可分为许多栽培品种。

[产地与分布] 产于我国中部、南部及西南各地，湖南为主要栽培集中区。

[习性] 喜光，稍耐阴，喜温暖气候及微酸性丘陵及山地土壤，适应性较强。不甚耐寒，耐旱，耐瘠薄，忌积水。萌芽力强，耐修剪。

[繁殖与栽培] 扦插、嫁接繁殖为主，也可压条繁殖。生产上多以半木质化枝条于生长期扦插，如需培育高干大树可用白花檵木为砧木进行高接。

[观赏与应用] 红花檵木叶茂花繁，为优良的观叶、观花树种。庭园和园林绿地中可栽成彩叶观花篱。丛植于草地、林缘或与石山相配也颇为美丽，亦可作风景林之下木。古桩可制作盆景，花枝也适于瓶插。其叶、花、果均可药用，能解热、止血，通经活络。

（八）黄杨

[学名] *Buxus sinica* Cheng

［英名］Chinese littleleaf box

［别名］瓜子黄杨、小叶黄杨、豆瓣黄杨

［科属］黄杨科，黄杨属

［形态特征］常绿灌木或小乔木。树皮淡灰褐色，小枝具四棱脊，小枝及冬芽外鳞均有短柔毛。叶对生，革质，倒卵形或椭圆形，先端圆或微凹，基部楔形，表面暗绿色，背面黄绿，两面均光亮，长2～3.5cm，叶柄及叶背中脉基部有毛。花簇生叶腋或枝顶，雌花生于花簇顶端，雄花数朵生于雌花两侧，黄绿色。蒴果卵圆形，熟时紫黄色。花期4月，果期7月。

同属中常见栽培观赏的还有：

雀舌黄杨（*B. bodinieri*） 常绿矮小灌木，分枝多而密集，成丛。叶形较长，倒披针形或倒卵状椭圆形，顶端钝圆而微凹，表面绿色、光亮，叶柄极短。

细叶黄杨（*B. harlandii*） 其区别在于叶较窄，分枝较疏，产于南方。

锦熟黄杨（*B. sempervirens*） 常绿灌木。小枝密集，四棱形，具柔毛。叶椭圆形至卵状长椭圆形，最宽部在中部以下，长1～3cm，先端钝或微凹，表面深绿色、有光泽，背面绿白色，叶柄短，有毛。花淡绿色，花药黄色。蒴果三脚鼎状，熟时黄褐色。花期4月，果期7月。

［产地与分布］产于我国中部各省区，现各地都有栽培。

［习性］暖地树种，喜温暖气候；耐阴，通常在湿润庇荫下生长，幼树尤喜生长在大树的庇荫下，凡阳光强烈的地方，叶多呈黄色。要求疏松、肥沃的沙质壤土，但在山地、河边、溪旁同样能生长良好，耐碱性较强。萌芽力强，耐修剪和盘扎。

［繁殖与栽培］通过播种或扦插繁殖。种子成熟采后阴干，果壳开裂后脱出种子，除杂干藏，冬播或春播。播后覆土切忌过厚，覆土后应适当予以镇压，以使种子与土壤能紧密结合，保持苗床湿润。翌春3月换床移植，加大株行距。苗期生长极为缓慢，在移植后仍需留床培育3～4年，根据绿化所需规格出圃。扦插多在梅雨期进行，取半熟枝作插穗，长10～12cm，带踵，留叶10片左右，插入土中1/2～2/3，插后揿实，充分浇水，以后视天气情况掌握浇水量和遮阳，留床1年后分栽。苗木移栽和定植多在冬、春两季进行，均需带宿土。

［观赏与应用］黄杨在园林中常作绿篱和大型花坛镶边，或修剪成圆球形点缀山石，也可制作盆景。黄杨对多种有害气体抗性强，并能净化空气，是厂矿绿化的重要材料。

（九）石楠

［学名］*Photinia serrulata* Lindl.

［英名］photinia

［别名］石南、枫药、千年红

［科属］蔷薇科，石楠属

［形态特征］常绿灌木或小乔木，高4～6m，全株几乎无毛。叶互生，革质，长椭圆形至倒卵形，缘有具腺细尖锯齿；叶面深绿而有光泽，幼叶红色；叶柄长2～4cm。花白色，径6～8mm，复伞房花序。果球形，径5～6mm，红色。花期4～5月，果期10月。

目前生产上栽培有红叶石楠（*P. fraseri*），常绿小乔木或多枝丛生灌木，新梢嫩叶鲜红色。同属植物可供观赏的还有光叶石楠（*P. glabra*）和椤木石楠（*P. davidsoniae*）等。

［产地与分布］产于我国华东、中南及西南地区。日本、菲律宾、印度尼西亚也有分布。常

生于海拔1 000～2 500m 的杂木林中。

[习性] 喜光，稍耐阴；耐干旱瘠薄，不耐水湿。喜温暖湿润气候，尚耐寒，生长较慢。抗多种有害气体。

[繁殖与栽培] 繁殖以播种为主，种子需层积，翌年春天播种。也可在7～9月选当年生半成熟枝进行带踵扦插或压条繁殖。宜春季带土球移植，剪除部分枝叶。萌芽力强，耐修剪。

[观赏与应用] 石楠枝叶茂密，树姿球形。早春嫩叶、嫩芽均呈鲜红色，部分老叶脱落前也呈红色，入夏白花成团，秋冬红果覆枝，是美丽的芽、叶、花、果俱赏的园林绿化树种。除作绿篱外，孤植、丛植及基础栽植也都甚为合适。木材坚硬致密，可作器具柄、车轮等材料；叶、根可入药。实生苗可作嫁接枇杷的砧木。

三、其他种类

表2-4-7　其他篱木类树种简介

中名	学　名	科属	树性	习　性	用　途
红瑞木	*Cornus alba*	山茱萸科山茱萸属	落叶	喜光，耐寒，适应性强	绿篱、花境
海州常山	*Clerodendrum trichotomum*	马鞭草科赪桐属	落叶	耐寒，耐旱，不择土壤	花篱、基础栽植
五色梅	*Lantana camara*	马鞭草科马缨丹属	常绿	喜光，喜温暖湿润，耐旱耐瘠，不耐寒，喜沙壤土	花篱
红桑	*Acalypha wilkesiana*	大戟科铁苋菜属	常绿	喜光，喜温暖，不耐寒，喜肥沃疏松土壤，怕涝	彩叶篱、花篱
探春花	*Jasminum floridum*	木犀科茉莉属	常绿	耐寒，耐碱，耐旱，怕涝	作花篱或点缀墙隅
雪柳	*Fontanesia fortunei*	木犀科雪柳属	落叶	耐阴，耐寒，喜光，好肥	绿篱
凤尾兰	*Yucca gloriosa*	龙舌兰科丝兰属	常绿	耐水湿，耐寒，耐旱	作绿篱或点缀山石和草坪
狗牙花	*Ervatamia divaricata*	夹竹桃科狗牙花属	常绿	喜半阴，喜酸性土，不耐寒	花篱
枸橘	*Poncirus trifoliata*	芸香科枳属	落叶	性喜光，颇耐寒，耐修剪	绿篱
九里香	*Murraya paniculata*	芸香科九里香属	常绿	喜光，稍耐阴，喜温暖，不耐寒，喜肥沃疏松土壤	绿篱、花篱，丛植、孤植、盆栽
金雀儿	*Caragana rosea*	豆科锦鸡儿属	落叶	耐寒，耐旱，喜光	绿篱、基础栽植、护坡
蚊母树	*Distylium racemosum*	金缕梅科蚊母属	常绿	喜光，稍耐阴，耐烟尘	高篱、基础栽植
太平花	*Philadelphus pekinensis*	虎耳草科山梅花属	落叶	喜光，耐寒，忌水湿	花篱、基础栽植
老鸦柿	*Diospyros rhombifolia*	柿树科柿属	落叶	喜光，喜温暖湿润气候，略耐寒，不择土壤	果篱、刺篱
海桐	*Pittosporum tobira*	海桐科海桐属	常绿	喜光，略耐阴，喜温暖湿润和沃土，耐寒，抗旱	绿篱、基础栽植、孤植
黄刺玫	*Rosa xanthina*	蔷薇科蔷薇属	落叶	喜光，耐寒，耐旱，耐瘠薄，性强健	花篱、果篱、基础栽植、花台
玫瑰	*Rosa rugosa*	蔷薇科蔷薇属	落叶	喜光，耐寒，耐旱，耐瘠薄，性强健	花篱、果篱、花境
绣线菊	*Spiraea* spp.	蔷薇科绣线菊属	落叶	喜光，喜温暖，耐寒，耐旱，耐瘠薄	花篱、观叶篱、丛植

第八节 竹 类

一、概 述

（一）概念与范畴

竹类不仅是重要的林业资源，素有“第二森林”之誉，亦用于园林建设。它婀娜多姿，寒冬不凋，四时青翠，是东方美的象征。自古以来，竹类深受我国人民的喜爱，被当作做人的楷模。在我国传统造园中，常用比兴手法，借竹虚心劲节、严冬不凋的形象、品格，将其应用配置赋予特定的主题和寓意，创造意境，抒情言志。如把竹和松、梅组合配置，誉为“岁寒三友”；把竹与梅、兰、菊相配置，称为“花中四君子”。竹子秆形挺拔秀丽，枝叶洒脱多姿，四季常青，独具风韵，有声、影、意、形“四趣”。观赏竹是园林植物中的特殊分支，主要是以姿态美、色彩美、风韵美与时空节奏美等来表现，通过其表象来领会其内涵，陶冶情操，鼓舞精神。竹子在园林绿化中的地位及其在造园中的作用，非树木所能取代。不论是古典园林，还是近代园林，竹都是重要的园林植物材料，是园林绿化配置的要素，也是园林建筑材料之一。

我国竹资源种类多，有30余属500余种。除按植物学分为合轴型（丛生竹）、单轴型（散生竹）和复轴型（混生竹，既有丛生又有散生）外，为了在庭园及各类园林中栽植方便，常按形态、色彩、配置应用等进行分类。如按竹秆的高矮分为大型竹、中型竹、小型竹、矮型竹、低型竹及地被竹等六个类型。按竹秆的秆色分为紫秆竹、白秆竹、黄秆竹和斑纹秆竹等。按竹叶色分为绿叶具白纹类（如小寒竹、菲白竹等）和叶具其他色彩条纹类（如菲黄竹、黄纹倭竹等）。竹秆畸形的竹类有方竹、罗汉竹、龟甲竹、佛肚竹、球节苦竹、螺节竹等。

观赏竹在园林中的应用形式有孤植、丛植、片植、竹林、绿篱、地被等。孤植以色泽艳丽、清秀雅致的丛生竹为最佳，如孝顺竹、凤尾竹、佛肚竹、银丝竹等。片植多以秆形奇特、姿态秀丽的竹类为好，如斑竹、紫竹、方竹、黄金间碧玉竹、碧玉间黄金竹、螺节竹、罗汉竹、金镶玉竹等。创造竹林景观宜用毛竹、淡竹、桂竹、刚竹、茶秆竹、慈竹、紫线青皮竹、花毛竹等。营造绿篱，以丛生竹和混生竹为好，可用孝顺竹、青皮竹、慈竹、吊丝竹、凤尾竹等。地被、镶边等宜用低矮地被竹种，如铺地竹、箬竹、菲白竹、菲黄竹、鹅毛竹、倭竹、山白竹、黄条金刚竹等。

竹类在园林中配置应用时，只有与自然景色融为一体，才能形成优雅清静、令人赏心悦目的景观。在大型园林中，可将形态奇特、色彩鲜艳的竹种栽于重要位置，构成独立的竹景，或创造出竹径通幽、幽篁夹道、绿竹成荫、万秆参天的幽静景观，人们置身其间，会产生一种深邃、雅静、优美的意境。在庭园中，竹间可以栽植春花类如桃花、梅花、山茶花、杜鹃花等，秋实类如紫金牛、朱砂根、荚蒾等，红叶类如枫、槭、乌桕等灌木，与竹相映，艳丽悦目。竹宜与亭、台、楼、阁、堂、榭等建筑物配置，可起到色彩和谐并陪衬出建筑物的秀丽的作用，使硬质规则的建筑物显现出自然、优美的质感，也使景观显得层次丰富，造型活泼，环境变得更为优雅。亭、台、楼、阁在竹的遮掩下若隐若现，呈现出“竹里登楼人不见，花间问路鸟先知”的意境。

在屋室和书房的窗外配置几丛中小型绿竹，可形成一个活的屏障。向内看有“犹抱琵琶半遮面”之感，同时秆秆翠竹又为居室带来了“日出有清阴，月照有清影，风来有清声，雨来有清韵”的妙境。竹与其他植物组景，如与桃混栽，可成“竹外桃花三两枝，春江水暖鸭先知”的春来早的意境。在有石笋的修竹丛中植几株桂花，则是春意永存的象征。

（二）繁殖与栽培要点

竹子在形态特征、生长特性、繁殖方法等方面与树木有较大的差异。根据竹子地下茎的形态特征和分生繁殖特点，可分为单轴型散生竹、合轴型丛生竹和复轴型散生竹和丛生混合竹3类，不同类别的繁殖与栽培技术也不尽相同。

1. 散生竹的繁殖与栽培

（1）散生竹的繁殖育苗。一般有母竹移栽育苗和竹鞭育苗及种子育苗等方法。生产上一般多采用母竹移栽方法，适于大田造林和园林造林。母竹移栽育苗指将母竹从原生竹林里分离出来，移植到苗圃里培育2～3年，待竹苗增殖以后，再起苗栽植于园林中。母竹移栽育苗的最好季节是2月份，母竹的年龄以1～2年生为好。第一年的竹笋要全部留养，第二年以后要适当删除靠近母竹的竹笋，留养距母竹远的竹笋。所留竹笋要大小相对一致，竹苗必须带泥球，并适当修剪多余的枝叶。起苗和运输过程中尽量不要损伤竹蔸和竹根。长途运苗时要喷水保湿，减少竹叶水分蒸发。

（2）散生竹的栽培技术要点。多数直接从竹园中挖取移栽，但从苗圃培育出来的竹苗移植容易成活。栽植时，大型散生竹的株行距以4m×（4～5）m为宜，中小型则以3m×3m为宜。栽植深度0.3～0.5m，覆土深度要比母竹入土部分稍深3～6cm。栽后可设支架防倒伏。

2. 丛生竹的繁殖与栽培

（1）丛生竹的繁殖育苗。有分蔸、埋秆、埋节和埋蔸、竹枝育苗和种子育苗等（图2-4-46）。

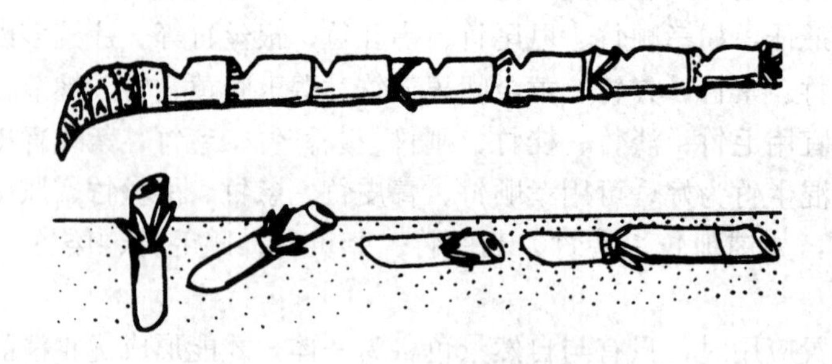

图2-4-46　竹子育苗方式
上：丛生竹埋秆育苗　下：丛生竹埋节育苗

（2）丛生竹的栽培技术要点。丛生竹比散生竹畏寒，宜选择冬季稳风、日照时间长、向阳、温暖的栽植地点种植。栽植穴尺寸宜为竹苗蔸的1.5～2倍才能使根系舒展，一般为50～70cm见方。竹苗在栽植穴中要与地面成45°～60°（图2-4-47），深度以原来挖掘出母竹生长深度为标准再稍深入土5～10cm，干旱地区可入土10～15cm。

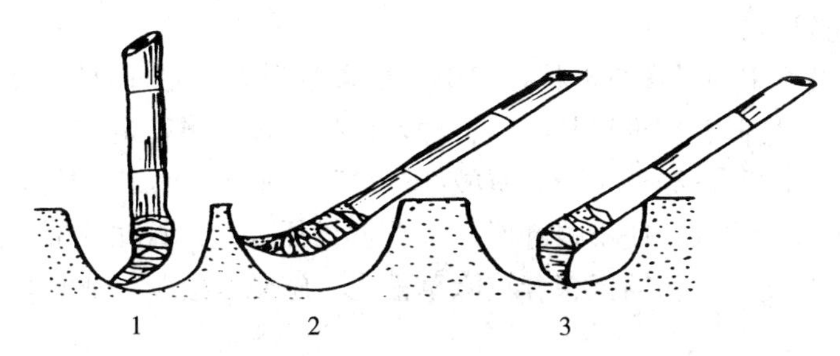

图 2-4-47　丛生竹的倾斜栽植

1. 直立栽植　2. 正面栽植　3. 反面栽植

二、常见种类

（一）毛竹

［学名］*Phyllostachys heterocycla* var. *pubescens* Chuii

［英名］moso bamboo，giant hairysheath edible bamboo

［别名］江南竹、楠竹、孟宗竹、茅竹、猫竹

［科属］禾本科，刚竹属

［形态特征］大型竹，秆散生，高可达 20m，径约 16cm，中部节间长可达 40cm，基部节间较短。新秆密被柔毛，有白粉，老秆无毛，节下有白粉环，后渐变黑，分枝以下秆环不明显，箨环隆起，初被一圈毛，后脱落。笋期 3 月下旬至 4 月。秆箨厚革质，褐紫色，密被棕色毛和黑褐色斑点，在箨鞘先端密集成块；箨耳小，耳缘有毛；箨舌宽短、弓形，两侧下延；箨叶较短，长三角形至披针形，绿色，初直立，后反曲。枝叶二列状排列，每小枝 2～3 叶，叶较小，披针形，长 4～11cm，宽 0.5～1.2cm；叶舌隆起，叶耳不明显，有肩毛，后渐脱落。花序穗状，每小穗 2 小花，颖果针状。幼苗分蘖丛生，每小枝 7～14 片叶，叶片大，叶耳小，肩毛长。

常见栽培变种、变型有：

龟甲竹（var. *heterocycla*）　又称佛面竹，也有的把其列为 *Ph. heterocycla*。接近根部之秆的节间倾斜，一部分交相结合，下部节间全膨大呈臃肿状，高 3～6m。

花毛竹（f. *taokiang*）　秆具黄绿相间纵条纹，叶片有时也具有黄色条纹。毛竹产区有零星分布，长江流域园林常见栽培。

金丝毛竹（f. *gracilis*）　中小型竹，秆高不过 8m，径 3～4cm，竹壁较厚，呈黄色。江、浙、皖多见。

［产地与分布］原产于我国秦岭、汉水流域至长江流域以南海拔1 000m 以下的酸性土山地。分布广泛，东起台湾，西至云南东北部，南自广东和广西中部，北至安徽北部，分布范围在北纬 24°～32°和东经 102°～122°之间，以浙江、江西、湖南、福建为其分布中心。

［习性］好光而喜凉爽，要求温暖湿润气候。年平均温度不低于 15℃，年降水量不少于 800mm 的地区都能生长。垂直分布高度与纬度、经度、地形有密切关系，一般分布在海拔 800m 以下。对土壤的要求不严，以土层深厚肥沃、湿润而排水良好的酸性土壤最宜，过于干燥的沙荒石砾地、盐碱土或积水的洼地都不能适应。竹鞭的寿命可达 10 年以上，1～6 年为幼、壮龄阶

段，嗣后逐渐失去萌发力。

[繁殖与栽培] 虽可用种子育苗造林，但由于从育苗到成林的时间长，故一般多用移竹造林。选择二年生秆较小、发枝低、竹鞭粗壮者作竹种，挖掘时按竹鞭行走方向找鞭，一般留来鞭20～30cm，去鞭 40～50cm，宿土 20～30kg，留枝 3～5 盘，削去顶梢。母竹远距离运输时，必须包好扎紧。种竹要深挖穴，浅栽，使鞭根舒展，不强求竹秆直立，竹蔸下部垫土密接，分次回土踏实，浇足定根水，设置支架。初期抚育着重除草松土、施肥、灌溉，成林后进行护笋养竹、间伐及病虫害防治。

[观赏与应用] 毛竹秆形粗大，端直挺秀，清雅宜人。风景区、城市郊区营造纯林或与阔叶树混交，对净化空气、减弱噪声、防风和改善小气候都有很好作用。不适于小面积庭园内栽植。秆材长而通直，韧性较强，富有弹性，抗拉力强，可搭工棚、脚手架或作风帆撑桅、捕鱼浮筒以及美术雕刻等材料。劈篾性能好，可编织各种用具。纤维长，是造纸的优良原料。此外，竹鞭、根蔸、枝箨都可加工利用。笋味鲜美，除一般食用外，还可制笋干和罐头。

（二）孝顺竹

[学名] *Bambusa glaucescens*（Willd.）Sieb. ex Munre.

[英名] hedge bamboo

[别名] 慈孝竹、凤凰竹、凤尾竹

[科属] 禾本科，簕竹属

[形态特征] 灌木型丛生竹。秆高 2～7m，径 1～3cm；节间圆柱形，绿色，老时变黄色，长20～30cm；秆箨宽硬，向上渐狭，先端近圆形；箨叶直立，三角形或长三角形，顶端渐尖而边缘内卷；箨鞘硬而脆，背面草黄色，无毛，腹面平滑而有光泽；箨耳不明显或不发育；箨舌甚不显著，全缘或细齿裂。叶片线状披针形，长 4.5～13cm，宽 6～12mm，顶端渐尖，叶表深绿色，叶背粉白色，叶鞘无毛，叶耳不明显，叶舌截平，6～9 月发笋。

常见栽培品种有：

‘凤尾’竹（‘Fernleaf’） 以其矮而细的竹秆和小型的竹叶有别于其他品种和变种，秆高 2～3m，径不超过 10mm，通常自基部第二节开始分枝，每小枝具叶 10 枚以上，长 1.7～3cm，宽 3～8mm，宛若羽状。尤其适宜盆栽或作为低矮绿篱材料。

‘小琴丝’竹（‘Alphonse’） 竹秆黄色，间有绿色纵条纹。

[产地与分布] 原产我国，分布于广东、广西、云南、贵州、四川、湖南、浙江、福建、江西等地。

[习性] 性喜温暖湿润气候，但在南方暖地竹种中，孝顺竹的耐寒力较强，在一般年份南京地区小气候好的地段能安全越冬。喜排水良好、湿润的土壤。

[繁殖与栽培] 种植最宜在 3 月进行，选择生长健壮、大小适中、无病虫害、秆茎芽眼肥大、须根发达的 1～2 年生母竹。挖掘时，要连蔸带土 3～5 株成丛挖起。母竹留枝 2～3 盘，余截去，及时种植，否则应放在阴凉避风处浇水保湿，远距离运输应妥善包装，防止损伤根眼及振落宿土。孝顺竹地下茎节间短缩，向外延伸慢，栽植密度应比散生竹大。要使根与土壤密接，覆土需比母竹原着土略深 2～3cm。也可移蔸栽植，即削去竹秆，只栽竹蔸。

[观赏与应用] 孝顺竹竹秆青绿，叶密集下垂，姿态婆娑秀丽，长江流域以南广泛在庭园中

作高型绿篱，或植于建筑物附近及假山边。在大门内外入口角道两侧可列植或对植。在宽阔的绿地散植，其下可设座椅，翠叶蔽日，使人有素雅清静之感。

（三）佛肚竹

［学名］*Bambusa ventricosa* McClure

［英名］buddha belly bamboo，buddha bamboo

［别名］佛竹、密节竹

［科属］禾本科，簕竹属

［形态特征］植株多呈灌木状。丛生秆无毛，幼秆深绿色，稍被白粉，老时转为榄黄色。秆二型，正常秆圆筒形，畸形秆秆节甚密，节间较正常秆为短，基部显著膨大呈瓶状。箨叶卵状披针形；箨鞘无毛，初时深绿色，老后则变成橘红色；鞘口刚毛多，纤细；箨耳发达，圆形或倒卵形至镰刀形，榄黄色至褐色；箨舌极短，长0.3～0.5cm。叶片卵状披针形，长12～21cm，两面同色，背面被柔毛。

［产地与分布］我国广东省特产。广州、阳江、九龙、香港等地均有栽培。

［习性］喜温暖湿润，不耐寒。

［繁殖与栽培］用移植母竹或竹蔸栽植，栽培中应注意松土培土，施以有机肥，以促进生长。当立地条件好时，秆发育正常，因此要使节间畸形，应控制肥水。

［观赏与应用］佛肚竹竹秆畸形，状若佛肚，奇异可观，在广东等地可露地栽植于庭园显目处，群栽成独景，或与建筑小品点缀成景。其他地区盆栽观赏，室内越冬。

（四）茶秆竹

［学名］*Pseudosasa amabilis*（McClure）Keng f.

［英名］tonkin cane

［别名］青篱竹、沙白竹、厘竹

［科属］禾本科，茶秆竹属

［形态特征］中型竹，地下茎单轴散生或复轴混生。有横走之竹鞭，局部缩短。秆在地面散生成小丛；秆坚硬直立，高6～15m，径可达3cm，节间长30～40cm；秆环平整，箨环似线状，箨鞘棕绿色，干枯后呈灰褐色，脱落迟，被栗色刺毛。箨耳小，肩毛发达，直立；箨舌圆弧形，褐色；箨叶舟状，直立，上部的箨叶稍长于箨鞘，边缘内卷，粗糙。分枝高度中等，枝细小而短。一年生竹的下部节生枝1枚，中、上部节生枝3枚。叶4～8片着生枝端，披针形，长13～35cm；叶鞘细长，鞘口有扭曲硬毛。出笋期4月下旬至5月中旬。

［产地与分布］原产我国广东、广西、湖南、福建、江西、安徽、江苏、浙江、四川、重庆、云南等地，多见于丘陵、河谷地带。江浙一带有引种栽培，生长尚佳。

［习性］性较耐寒，能耐－13℃低温，喜深厚、肥沃、湿润而排水良好的酸性或中性沙质壤土，亦能适应土层厚30cm的红、黄壤。根较少，两侧有2～3对芽，可发育为竹鞭或竹秆。在疏松肥沃的土壤条件下，竹鞭上的芽或形成新鞭，或长出新竹，形成的竹林具有散生竹特征；在贫瘠黏重的土壤条件下或经过滥伐，秆基芽大多数萌发抽笋，长出成丛竹秆，表现出丛生竹的特征。

［繁殖与栽培］竹鞭、鞭蔸隐芽都能成竹，其栽培法以移竹为主，兼用鞭蔸。选择1～2年生生长健壮、无病虫害、手指粗细的3根以上为一丛。掘母竹时留来鞭和去鞭各15～20cm，适当

带土，保留3～4盘枝条，截去竹梢，然后按3～4m行距及时种植。也可在早春未出笋前挖掘2～4年生健壮、芽饱满的竹鞭（带竹蔸或不带均可）栽植。就近种植母竹无需包扎，若长途运输，应妥善包装，防止宿土松落。运输时要喷水保湿，若经过长时间运输，则栽前要将竹丛置水中浸8～24h。

［观赏与应用］ 茶秆竹竹秆直立，叶大，密集而下垂，油绿发光，具独特风趣。公园绿地中可成丛配置或成片栽植，制作隔景和障景，或在亭榭叠石之间、房屋窗前点缀造景，也非常适宜。竹材经沙洗加工后，洁白如象牙，可制各种家具、运输器材、手杖、旗杆、钓鱼竿等。竹材纤维长，适用于造纸和人造丝浆。劈篾性能良好，可编各种农具、用具。

（五）紫竹

［学名］ *Phyllostachys nigra*（Lodd.）Munro

［英名］ black bamboo

［别名］ 乌竹、墨竹、黑竹、水竹子

［科属］ 禾本科，刚竹属

［形态特征］ 大型竹，秆散生，高3～6m，径2～4cm。新秆淡绿色，密被细柔毛，有白粉，箨环有毛；一年生后，秆渐变为紫黑色，无毛，箨环与秆环均甚隆起。笋期4月下旬，笋浓红褐色或带绿色。箨耳发达，短圆形或裂成二瓣，紫黑色，上有紫黑色、弯曲的长肩毛；箨舌紫色；箨叶三角形或三角状披针形，舟状隆起，初皱折，直立，后微波状，外展。每小枝2～3叶，叶鞘初被粗毛，叶片披针形，长4～10cm，宽1～1.5cm，质地较薄，下面基部有细毛。

［产地与分布］ 原产我国，分布于浙江、江苏、江西、安徽、河南、湖北、湖南、福建及陕西等地。北京紫竹院公园亦有栽培。

［习性］ 适应性较强，华北至长江流域及西南地区均有分布。性较耐寒，可耐－20℃低温，亦耐阴，但忌积水。山地平原都可栽培，对土壤要求不严，以疏松、肥沃的微酸性土最为适宜，瘠薄地往往矮化而成丛生状。

［繁殖与栽培］ 移竹植鞭较易成活，母竹选2～3年生为好。除冰冻季节外，从春至秋均可进行，但以2～3月栽种最宜。紫竹易发笋，过密应随时删除老竹。作为盆景用竹，需抑制其生长，使之秆节缩短，故当竹笋拔节长至10～12片笋箨时剥去基部2片，嗣后随生长状况陆续向上层层剥除，至分枝以下一节为度。

［观赏与应用］ 紫竹秆紫叶绿，扶疏成林，别具特色，在园林中广泛栽培。可以片植形成紫竹园或紫竹林景观，也多见丛植于庭园山石之间，或植于斋、厅堂四周，园路两旁，池边水旁，营造竹石、竹水或竹子与建筑物的小景，显现幽篁环绕、清风瑟瑟的意趣。

三、其他种类

表2-4-8 其他观赏竹类简介

中名	学名	科属	竹性	习性	用途
罗汉竹	*Phyllostachys aurea*	刚竹属	大型	较耐寒，耐旱，喜温暖湿润	点缀山石，或盆栽作盆景

（续）

中　名	学　　名	科属	竹性	习　　性	用　　途
黄槽石绿竹	*Ph. arcana* f. *luteosulcata*	刚竹属	大型	较耐寒，耐旱，喜温暖湿润	点缀溪石、假山
黄槽竹	*Ph. aureosulcata*	刚竹属	大型	较耐寒，耐旱，喜温暖	大面积片植、丛植
淡竹	*Ph. glauca*	刚竹属	大型	较耐寒，耐旱	大面积片植、宅旁片植
刚竹	*Ph. viridis*	刚竹属	大型	较耐寒，耐旱，耐阴	山间、园中、宅旁片植
早园竹	*Ph. propinqua*	刚竹属	大型	较耐寒，耐盐碱，耐水湿	庭园观赏、入口对植
斑竹	*Ph. bambusoides* f. *tanakae*	刚竹属	中型	较耐寒，耐旱，耐阴，不耐水湿	宜亭、台、轩、榭、窗框、水边、院旁种植
黄金间碧玉竹	*Ph. bambusoides* var. *castilloni*	刚竹属	中型	耐寒性稍差，耐旱，耐阴，不耐水湿	宜亭、台、轩、榭、洞窟、窗框、水边种植
金竹	*Ph. sulphurea*	刚竹属	中型	耐寒性稍差，耐旱，耐阴，不耐水湿	宜亭、台、轩、榭、窗框、水边、院旁种植
碧玉间黄金竹	*Ph. sulphurea* f. *houzeauana*	刚竹属	中型	耐寒性稍差，耐旱，耐阴，不耐水湿	宜亭、台、轩、榭、窗框种植
乌哺鸡竹	*Ph. vivax*	刚竹属	大型	适应性强，不耐积水、盐碱	观笋，大面积宅旁种植
阔叶箬竹	*Indocalamus latifolius*	箬竹属	小型	喜温暖湿润，耐阴，不耐寒	林下、水边、山石、庭园丛植
菲黄竹	*Sasa auricoma*	赤竹属	小型	喜温暖湿润，不耐寒	庭园栽培或作地被、盆景
菲白竹	*Sasa fortunei*	赤竹属	小型	喜温暖湿润，不耐寒	庭园栽培或作地被、盆景
矢竹	*Pseudosasa japonica*	茶秆竹属	小型	性较耐寒，喜深厚、肥沃、湿润的酸性土	庭园栽培或盆栽
粉单竹	*Bambusa chungii*	簕竹属	大型	不耐寒，喜深厚、肥沃、湿润的酸性土	水边、村旁、庭园栽培
方竹	*Chimonobambusa quadrangularis*	寒竹属	小型	耐寒，喜深厚、肥沃、湿润的酸性土	点缀庭园、湖石
鹅毛竹	*Shibataea chinensis*	倭竹属	小型	不耐寒，喜深厚、肥沃、湿润的酸性土	庭园栽培，用作矮篱、地被

第五章 室内观叶植物

第一节 概　　述

一、概念与范畴

广义的观叶植物（foliage plant）是指以叶片作为主要观赏对象的植物类别，观叶植物既有草本，也有木本。室内观叶植物（indoor foliage plant）特指在室内条件下，经过精心养护，能长时间或较长时间正常生长发育，用于室内装饰与造景的植物。室内观叶植物以阴生观叶植物（shade foliage plant）为主，也包括部分既观叶又观花、观果或观茎的植物。

室内观叶植物是花卉的重要组成部分，在远离大自然的都市生活中，能带来大自然气息、丰富生活情趣的室内观叶植物变得越来越不可缺少。室内观叶植物除具有美化居室的观赏功能外，还可以吸收二氧化硫、甲醛、苯等有害气体，起到净化室内空气的作用。近年来，国内外市场对室内观叶植物的需求与日俱增，主要是由于生活水平的提高和家庭供暖条件的改善，为家庭摆放室内观叶植物提供了客观可能性；再者由于室内观叶植物奇异多变，几乎可以周年观赏，因而广受大众青睐，生产和销售呈快速上升，已成为我国花卉生产的重要内容。

室内植物种类繁多，由于原产地的自然条件相差悬殊，不同产地的植物均有自己独特的生活习性，对光、温、水、土及营养的要求各不相同。另外，不同的室内空间和房间的不同区域，其光照、温度、空气湿度亦有很大差异，故室内摆放植物必须根据每个具体位置的具体条件，选择适合的种类和品种，从而满足各种植物的生态要求，使植物健壮生长，充分显示其固有特性，达到最佳的观赏效果。

（一）室内光照与室内观叶植物选择

由于室内的光照条件比较差，因此适用于室内装饰的花卉多为耐阴的观叶类及部分耐阴的观花、观果类。由于花卉耐阴程度的差异，使花卉在室内摆放的时间和适宜摆放的位置有所不同，大致可分为以下几类。

1. *极耐阴室内观叶植物*　如一叶兰、蕨类、白网纹草、虎皮兰、八角金盘、虎耳草等。在室内极弱光线下也能供较长时间观赏，适应离窗户较远的区域摆放。一般可在室内摆放 2～3 个月。

2. *耐半阴室内观叶植物*　如千年木类、竹芋类、喜林芋、绿萝、凤梨类、巴西木、常春藤、发财树、橡皮树、朱蕉、吊兰、文竹、花叶万年青、粗肋草、冷水花、白鹤芋、豆瓣绿、龟背竹、合果芋等。在接近北向窗户或离有直射光的窗户较远的区域摆放，一般可在室内摆放1～2个月。

3. 中性室内观叶植物　要求室内光线明亮，每天有部分直射光线，是较喜光的种类。如彩叶草、花叶芋、蒲葵、龙舌兰、鱼尾葵、散尾葵、鹅掌柴、榕树、棕竹、叶子花、一品红、天门冬、仙人掌类、鸭跖草类等。在近东、西朝向的窗户附近或其他有类似光照条件的区域摆放，一般观赏期为0.5～1个月。

4. 阳性室内观叶植物　要求室内光线充足，这类植物有变叶木、短穗鱼尾葵、沙漠玫瑰、铁海棠、蒲包花等。只适宜在室内短期摆放，摆放期10d左右。

总之，不同室内位置、不同季节，室内光线强弱有很大差异，室内观叶植物之间耐阴的程度也各不相同。即使是比较耐阴的室内观叶植物，也不等于它们在阴暗处生长最好，过于荫蔽的环境对它们也是一种逆境。因此，应根据具体情况进行室内观叶植物的更换，或调整其摆放位置。

（二）室内温度与室内观叶植物选择

冬季低温是室内植物生存的限制因子。根据室内植物对低温的忍耐程度不同，分为以下几种类型。

1. 耐寒室内观叶植物　能耐冬季夜间室内温度3～10℃的室内植物。如一叶兰、八仙花、芦荟、八角金盘、酒瓶兰、加那利海枣、朱砂根、吊兰、薜荔、常春藤、波斯顿蕨、罗汉松、虎尾兰、虎耳草等。

2. 半耐寒室内观叶植物　能耐冬季夜间室内温度10～16℃的室内植物。如蟹爪兰、君子兰、倒挂金钟、天竺葵、棕竹、冷水花、龙舌兰、南洋杉、文竹、鱼尾葵、鹅掌柴、喜林芋、白粉藤、朱蕉、旱伞草、莲花掌等。

3. 不耐寒室内观叶植物　必须保持冬季夜间室内温度16～20℃才能正常生长的室内植物。如富贵竹、变叶木、扶桑、叶子花、凤梨类、合果芋、豆瓣绿、喜林芋、竹芋类、火鹤、彩叶草、袖珍椰子、铁线蕨、秋海棠、吊金钱、小叶金鱼藤、千年木、花叶万年青、白网纹菜、金脉爵床、白鹤芋等。

不同室内观叶植物生长发育所要求的温度各不相同，所以要随季节的变化采取相应措施，以保证植物的安全越冬和促进植物健壮生长。另外，夏季高温也是很多室内观叶植物生长的限制因子，因此，在夏季高温季节应选用原产热带、亚热带的植物进行装饰，不宜选用倒挂金钟等不耐高温的植物摆设。

（三）室内空气湿度与室内观叶植物选择

水分对植物的影响包括土壤水分和空气湿度。根据室内植物对土壤水分和空气湿度的要求，大致可分为以下几类。

1. 耐旱室内观叶植物　该类植物一般叶片或茎干肉质肥厚，细胞内贮有大量水分，叶面有较厚的蜡质层或角质层，能够抵抗干旱环境，如金琥、龙舌兰、芦荟、景天、莲花掌、生石花等。在北方干旱、多风或冬季取暖的季节，室内空气湿度较低时栽植效果较好。

2. 半耐旱室内观叶植物　该类植物大都具有肥胖的肉质根，根内能够贮存大量水分，或者其叶片呈革质或蜡质状，甚至叶片呈针状，蒸腾作用较小，短时间干旱不会导致叶片的萎蔫，如人参榕、苏铁、五针松、吊兰、文竹、天门冬等。

3. 中性室内观叶植物　该类植物生长季节需供给充足的水分，干旱会造成叶片萎蔫，严重时叶片凋萎、脱落，一般土壤含水量应保持在60%左右，如巴西铁、蒲葵、棕竹、散尾葵等。

4. 耐湿室内观叶植物　该类植物根系耐湿性强，缺水时易萎蔫，如花叶万年青、粗肋草、花叶芋、虎耳草等。特别是一些需要高空气湿度的室内植物，如白网纹菜、竹芋类、鸟巢蕨、铁线蕨、白鹤芋、薜荔等，可通过喷雾、套水盆及室内植物组合群植来增加空气湿度，也可将这些植物栽于封闭或半封闭的景箱、景瓶中，以保持足够的湿度。

二、繁殖与栽培要点

室内观叶植物的繁殖可分为有性繁殖和无性繁殖，大部分室内观叶植物均用无性方法进行繁殖，有扦插、压条、分株等。然而，某些棕榈科植物，由于无性繁殖有一定困难，故要获得批量植株，只有用种子繁殖。有些室内观叶植物可用扦插和播种法繁殖，但通过种子繁殖的实生苗，其根颈处特别膨大，栽入浅盆中，突出肥大的根颈部位，具有极特殊的观赏价值，往往采用播种法繁殖，如马拉巴栗、榕树、沙漠玫瑰等。

实际生产中，某些室内观叶植物种苗需求量较大，当进行大规模集约化生产时，仅凭常规育苗手段来进行繁殖无法满足生产的需要。只有采用组培技术，才能保证生产的顺利进行，因此，组织培养也是室内观叶植物大规模繁殖的重要手段。

室内观叶植物的栽培要掌握以下要点：

（一）栽培基质

室内观叶植物栽培容器的容积小、土层浅，因此要求栽培基质供应水、肥的能力较强，以最大限度地满足室内观叶植物生长发育的需要。具体要求如下：①均衡供水，持水性好，但不会因积水导致烂根；②通气性能良好，有充足的氧气供给根部；③疏松轻便，便于操作；④含营养丰富，可溶性盐类含量低；⑤无病虫害。为了尽可能满足上述各点以及植物的要求，常选用几种基质配制应用。

另外，采用水培栽植室内观叶植物既清洁又省力。适合水培的观叶植物种类有富贵竹、绿萝、常春藤、万年青、一叶兰、南洋杉、鹅掌柴、红鹤芋、绿巨人、袖珍椰子、合果芋、喜林芋、旱伞草、龟背竹等。

（二）栽培容器

栽培室内观叶植物的容器，无论从外形、质地还是审美学的观点看，虽有多种选择，但都不得违背能使植物在其中正常生长，并与植物在形式和色彩上协调的原则。因植物和用途不同，常用的容器有素烧泥盆、塑料盆、陶盆、玻璃钢盆、金属盆、木桶、吊篮和木框等，每一类中还有不同大小、式样和规格，可依需要选用。

（三）室内观叶植物造型及艺术栽培

室内观叶植物主要用于装饰室内环境，要求有较高的艺术观赏价值，对室内观叶植物进行造型及艺术栽培，可大大提高观赏效果。主要的造型及艺术栽培方式有以下几种。

1. 艺术整形

（1）单干树形。单干树形即选一枝干，保留顶芽，去侧芽、侧枝，当顶芽向上直立生长到一定高度形成主干后，再对顶芽摘心，促使由一定高度附近发出数个侧芽，然后再对长成的侧枝进行1～2次摘心，以形成具茂密分枝的树冠，如扶桑、垂叶榕等。

（2）编绞造型。编绞造型为近年来流行的造型，也是单干树形的姿态。是将几株植株编绞成螺旋状、辫状，成为三辫、五辫、七辫编织盆栽和猪笼辫等，常用于发财树、垂叶榕等。

（3）柱式栽培。用于直立性不强、易倒伏的植株，即在盆中心设支柱供植株攀附，如绿萝、长心叶蔓绿绒等。

（4）塔式造型。富贵竹的茎秆切段可组合造型，组合的"富贵塔"形似中国古代宝塔，称为"开运塔"。

2. 组合盆栽　利用花艺设计的理念，将各种不同形态（如直立、团状焦点、下垂、星状填充等）的室内植物进行设计造型，组合在一起。可制作成盘皿庭院、针叶树木箱、沙漠公园、彩石组合栽培、吊篮组合栽培等，大大提高室内观叶植物的艺术观赏价值。

3. 瓶景　在封闭或半封闭的瓶中种植植物而制造的景观叫作瓶景。用底部没有排水孔的容器来水培植物，结合沙艺技术，可形成优美独特的植物景观。应选择合适的阴生观叶植物制作瓶景，适合的植物有蕨类、冷水花、袖珍椰子、薜荔等，选用高低不同、形状和叶色各异的植株材料组合在一起可以起到很好的效果。

4. 趋光性管理和除尘

（1）趋光性管理。由于植物生长素分布不匀，常使植物趋向光源弯曲，因此应每3～5d向一个方向转盆90℃，以保持株型直立。

（2）除尘。室内观叶植物放在室内不同环境中，常会在叶面上落上灰尘甚至油烟等，满布于植物叶面，宜用软布擦拭、软刷清除或喷水冲除。为增加室内观叶植物叶片的光亮度，可在清洗后喷植物光亮剂，提高观赏效果。

5. 利用植物生长调节剂延长室内观叶植物的观赏期

（1）延缓叶片衰老脱落。在运输前对已成型盆栽的绿萝用0.5～1.0mmol/L硫代硫酸银喷洒干、叶背面，可以防止绿萝叶片脱落，摆入室内后喷施1%的亚硫酸钠可防止叶片黄化。

（2）增加产品的观赏品质。株形是室内观叶植物观赏品质的一个重要指标。因此，在生产过程中，常需要采用生长调节剂处理来控制株形。一般而言，矮化后的植株节间明显短化，但叶片及花朵的形状、大小不会受到影响。在室内植物成型以后，需较长时间保持株形，可选用生长延缓剂，如多效唑、矮壮素等处理，以控制植株的高度，延长观赏期。

第二节　常见种类

（一）粗肋草

［学名］*Aglaonema modestum* Schott

［英名］Chinese evergreen

［别名］亮丝草

［科属］天南星科，广东万年青属

［形态特征］茎直立，不分枝，株高50～80cm。叶亮暗绿色，椭圆状卵形，边缘波状，顶端

渐尖至尾尖状，叶片长15～30cm，叶柄为叶长的2/3。总花梗长7～10cm，青绿色，佛焰苞长6～7cm，肉穗花序，花小，白绿色。花期夏秋。浆果成熟时由黄色变为红色。

同属常见栽培的还有：

变叶粗肋草（*A. commutatum*） 叶长30cm，宽10cm，浓绿色，沿主脉灰绿；佛焰苞淡绿色；浆果密集生于肉质花穗上，转黄后变红。

白柄粗肋草（*A. commutatum* 'Pesudobracteatum'） 又称金皇后。叶片布满乳白或黄绿色的斑块，是该属观赏价值较高的品种。

爪哇万年青（*A. costatum*） 又称心叶粗肋草。茎短，多分枝，叶暗绿色，中脉为明显的乳白色，有光泽，具灰绿色斑点。

［产地与分布］ 原产我国南部、马来西亚和菲律宾等地，为广东万年青属最早栽培的重要类群。

［习性］ 性喜温暖湿润，生长适温为20～27℃，越冬保持4℃以上，可耐0℃低温。最适宜的光照度为16～27klx，在热带地区夏季需遮阳80%，忌阳光直射，在微弱光照下也不会徒长。

［繁殖与栽培］ 常用茎秆切段扦插繁殖，或于春季换盆时进行分株，还可用新鲜种子播种繁殖。喜阴湿环境，叶面应经常喷水。当空气干燥时，叶片发黄并失去光泽。能在浅水中生长。冬季应减少灌水。夏季应加强通风，防暑降温，及时剪除茎秆下面的枯黄老叶。土壤宜微酸性，适宜的土壤pH为5.5～6.5，以园土与腐叶土混合配制。生长期每半月施肥1次，以氮、钾肥为主，其氮、磷、钾的比例以2∶1∶2为好，对钾、镁和铜的要求高，要注意补给。

［观赏与应用］ 粗肋草四季常青，极耐阴，栽培容易，常盆栽或植于篮中作室内陈设，还可作切叶。

（二）花叶芋

［学名］ *Caladium bicolor*（Ait.）Vent

［英名］ caladium，angel - wing

［别名］ 二色花叶芋、彩叶芋

［科属］ 天南星科，花叶芋属

［形态特征］ 多年生草本。具扁球形块茎，黄色，有膜质鳞叶。叶从块茎的芽眼上抽生，具长叶柄；叶柄纤细，圆柱形，长15～25cm，基部扩展呈鞘状，有褐色小斑点。叶大型，盾状，先端渐尖，基部心形，叶缘有皱；叶纸质，暗绿色，叶面有红色、白色或淡黄色、橙色等各色透明或不透明的斑点或斑块。佛焰苞具筒，外部绿，内部白绿，喉部通常紫色，苞片坚硬，尖端白色，肉穗花序黄至橙黄色。浆果白色。花期4～5月（图2-5-1）。

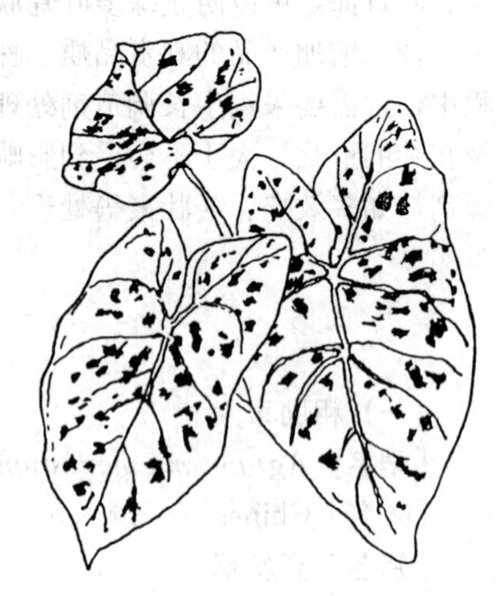

图2-5-1 花叶芋

（包满珠，2003）

［产地与分布］ 原产南美热带地区。我国广东、广西、福建、云南、台湾等地常见栽培。

［习性］ 性喜温暖湿润、半遮阳环境，全光照在中午会引起日灼，光照太弱会导致徒长、叶色不艳，适宜的光照度为

6.9～53.8klx，夏季应进行60%～80%的遮阳。不同品种对光照度要求不同，红色和粉色品种需较高光照度。生长适温21～32℃，18℃以下停止生长，在12.8℃时植株受冻害，2℃以下植株会冻死。在低温下，植株落叶休眠，以块茎越冬。要求疏松、肥沃、排水良好的土壤，不耐积水。

［繁殖与栽培］ 以分株繁殖为主，常在块茎开始抽芽时，用利刀将块茎带芽切下，晾干切口后另植即可。盆栽时先将块茎埋于沙床催根，待长根后再上盆定植。栽培基质为泥炭、腐叶土、沙按2∶2∶1配制，pH5.5～6.5，肥料中氮、磷、钾的比例为2∶2∶3或1∶1∶1，氮肥过多叶色不艳，对钾、镁、钙和硼有较高的要求。空气干燥、低温易引起叶缘和叶尖枯焦。怕冷风吹袭。生长季节保持盆土湿润，每月施肥2～3次。不耐强光，栽培时应置荫棚下。花叶芋叶片寿命仅有一年，当冬季低温时会引起休眠，可待其叶片干枯后，将块茎挖起晾干后去残根，用沙层积储藏或留于盆中保持半干半湿状态，块茎完成休眠后可重新萌发新叶。花叶芋病毒病较严重，可用茎尖组培脱毒。

［观赏与应用］ 花叶芋叶色艳丽夺目，为优良观叶花卉。作室内盆栽，布置案台、茶几等极为雅致。在温暖地区，也可在户外栽培观赏。

（三）花叶万年青

［学名］ *Dieffenbachia maculate*（Load.）G. Don.

［英名］ spotted dumb cane

［别名］ 黛粉叶

［科属］ 天南星科，花叶万年青属

［形态特征］ 常绿亚灌木状草本。茎绿色，高达1.0～1.5m。单叶互生；叶片长圆形、长圆状椭圆形或长圆状披针形，长17～29cm，宽8～18cm，两面暗绿色，有多数不规则的、白色或黄绿色的斑块或斑点；叶基圆形或渐狭，先端钝尖；叶柄鞘状抱茎。肉穗花序圆柱形，直立，先端稍弯垂，花序柄短，隐藏于叶丛之中；佛焰苞长圆状披针形，与肉穗花序等长（图2-5-2）。

常见栽培的还有：

‘白玉’万年青（*D. amoena*‘Camilla’）　株高35～40cm，叶卵状椭圆形，叶片乳白色，仅叶缘约1cm处为浓绿色。

‘夏雪’黛粉叶（*D. amoena*‘Tropic Snow’）　叶片椭圆形，光滑，薄革质，浓绿色叶面上沿侧脉有乳白色斑条。

‘乳肋’黛粉叶（*D. seguine*‘Wilson's Delight’）　叶长30～40cm，叶浓绿色，中脉白色。

图2-5-2　花叶万年青
（包满珠，2003）

［产地与分布］ 原产南美洲热带。我国广东、福建、海南、台湾等地常见栽培。

［习性］ 要求高温、多湿环境。生长适温20～28℃，喜较强光线，但忌阳光直射，适宜的光照度为16.2～32.3klx，光照度低，观赏品质较好，但生长慢，病害多，栽培时保持75%～80%的遮阳。不耐寒，8℃以下低温易引起叶片受冻

伤，10℃以上可安全越冬。要求肥沃、疏松、排水良好的酸性土壤。

[繁殖与栽培] 常用扦插法繁殖，取带芽的茎节，使芽向上平卧基质中，在20℃下经1个月即可生根。扦插时要先晾干插穗下端切口，再插于苗床，床土不宜过湿。植株基部产生吸芽，亦可分芽繁殖。常盆栽，可单株或高矮不同多株组合栽培，在荫棚下培植。不耐干旱，生长期应充分灌水，并经常向叶面喷水。生长季每月施稀薄完全肥1~2次，氮、磷、钾的比例为3∶1∶2。室内观赏时，适宜的光照度为1.6～2.7klx。冬季要置温室内，保持10℃以上。常见的病害有细菌性叶斑及镰刀菌引起的茎腐；生理病害有叶缘焦枯，主要是因为土壤中盐分含量高、极端高温或低的空气湿度，可针对具体原因进行防治。

[观赏与应用] 花叶万年青品种繁多，叶色优美，耐阴性强，宜盆栽装饰室内。

（四）长心叶喜林芋

[学名] *Philodendron erubescens* C. Koch. et Aug. ‘Green Emerald’

[英名] spade leaf phillodendron

[别名] 绿宝石、蔓绿绒

[科属] 天南星科，喜林芋属

[形态特征] 常绿多年生藤本。茎圆柱形，坚硬木质化，节间长，有分枝，节上有气生根。单叶互生，叶长25～35cm，宽12～18cm，长心形，先端突尖，基部深心形，浓绿色，光滑，较厚，有光泽；叶柄有鞘，花序梗长3cm，佛焰苞长7～8cm，较肉穗花序为长（图2-5-3）。

图2-5-3　长心叶喜林芋
（包满珠，2003）

同属常见栽培的还有：

羽裂喜林芋（*P. selloum*）　又名春羽，无茎，叶柄长，叶片浓绿，有深缺刻至二次羽裂。

红苞喜林芋（*P. imbe*）　又名红柄蔓绿绒、红宝石蔓绿绒，攀缘植物，嫩茎节间淡红色，老茎灰白色，嫩叶鲜红色，老叶表面绿色，背面淡红褐色；叶柄红褐色。

黄金叶蔓绿绒（*P. golden-pride*）　植株蔓性，多气生根，叶片心形，叶色金黄。

琴叶蔓绿绒（*P. panduraeforme*）　植株蔓性，具气生根，叶片掌状五裂，形似提琴状。

箭叶蔓绿绒（*P. wind-imbe*）　茎直立，叶丛生，椭圆形，全缘，叶基凹心形，叶面有丝缎光泽。

[产地与分布] 原产巴西南部温暖潮湿的热带雨林中。

[习性] 喜高温、湿润环境，生长适温为20～30℃，最低温度不低于13℃；需较少光照；喜湿润的空气，要求空气湿度为70%左右。

[繁殖与栽培] 扦插繁殖，剪取至少有2个节的茎插入沙中，在21～24℃下生根最为适宜。也可用水插或压条法繁殖，还可用种子繁殖，当果实成熟后，采后即播，勿使种子干燥。生长期需水较多，每半月施稀薄液肥1次，氮、磷、钾的比例以3∶1∶2为佳。适合盆栽，使其缠绕于用棕皮或椰子壳纤维制成的圆柱上。室内观赏期间，最低光照度为0.5klx，一般以0.8～1.6klx为宜。

［观赏与应用］ 喜林芋叶色艳丽，耐阴性强，生长强健，是常见的室内观叶植物之一。在温暖地区，还可作庭园林荫处攀附栽培。

（五）白鹤芋

［学名］ *Spathiphyllum floribundum*（Linden & André）N. E. Br.

［英名］ peace lily，snow flower

［别名］ 银苞芋、白掌、多花苞叶芋、翼柄白鹤芋

［科属］ 天南星科，苞叶芋属

［形态特征］ 多年生常绿草本，具短根状茎。叶片基生，有亮光，薄革质，长椭圆形或长圆状披针形，长20～35cm，叶基部圆形或阔楔形，先端长，渐尖或锐尖；叶柄长而纤细，基部扩展呈鞘状，腹面具浅沟，背面圆形。佛焰状花序生于叶腋，具长梗，其形状似一只白鹤或手掌；花序高出叶丛；佛焰苞白色，卵状披针形，先端锐尖；肉穗花序白色或绿色；花两性。花期2～6月。

［产地与分布］ 原产哥伦比亚。我国南方地区如广东、福建等地常见栽培。

［习性］ 喜高温、多湿、半阴环境，极耐阴，怕阳光暴晒。生长适温18～30℃，10℃以上可安全越冬。喜肥沃、疏松、湿润而排水良好的微酸性土壤。不耐干旱，要求空气湿度50%以上。

［繁殖与栽培］ 常用分株繁殖，以5～6月进行为好，常将2～3个萌芽从母株上分离另栽即可。大规模生产用组织培养方法繁殖。栽培基质要求透气透水，可用泥炭土、腐叶土和粗沙及少量过磷酸钙混合调制而成。生长季节每月施肥2次，保持湿润。冬季要注意防寒。

［观赏与应用］ 白鹤芋叶片浓绿光亮，是观叶植物中较耐阴的种类，花多而持久，是优良的室内观叶、观花植物，点缀室内厅堂、门庭、内庭十分别致，也可作林荫下地被栽植。花是插花的好材料。

（六）绿萝

［学 名］ *Scindapsus aureus*（Linden & André）Engl. & K. Krause

［英名］ ivy arum

［别名］ 黄金葛、黄金藤

［科属］ 天南星科，藤芋属

［形态特征］ 多年生常绿藤本。茎蔓粗壮，长达数米，茎节处有气生根，能吸附性攀缘。单叶互生，幼叶卵心形，全缘，成熟叶常呈长卵形，叶缘有时羽裂状，叶片绿色而富有光泽，叶面上有不规则的黄色斑块或条纹，叶基心形或圆形，先端短，渐尖；叶片大小变化大：茎吸附他物时，叶片长30～48cm，宽20～38cm，叶柄粗壮，长26～40cm，呈鞘状扩大，腹面具槽，上端关节（叶枕）2.5～3cm；茎枝悬垂时，叶长6～10cm，宽5～6cm，叶柄长8～10cm，呈鞘状达顶部；中肋粗壮，侧脉8～9对，两面隆起。佛焰状花序腋生，具粗壮花序柄；佛焰苞卵状阔披针形（图2-5-4）。

图2-5-4　绿　萝

（包满珠，2003）

常见栽培品种有白金葛（‘Marble Queen’），叶片上具有鲜明的银白色斑块。

［产地与分布］原产所罗门群岛。我国南方各地常见栽培。

［习性］要求高温、高湿、有明亮散射光的环境。耐阴性强，但过阴时叶片上色斑消失或不明显，怕强光直射。生长适温20～32℃，稍耐寒，10℃以上可安全越冬。要求空气湿度40%以上。土壤以肥沃、疏松的腐叶土和含腐殖质丰富的沙质壤土为佳。较耐水湿，可用水插莳养，稍耐旱。

［繁殖与栽培］常用扦插繁殖，成活率高，只要保持温度25～30℃，同时保持湿润，约1个月可生根并萌发新芽。常用4～6株苗攀附以纤维材料、棕皮等包扎成的桩柱上生长。亦可用带顶芽、具3～4节长的枝条直接上盆，无需育苗。生长季节保持盆土湿润，每两周施肥1次，并补施1～2次磷、钾肥。每年5～6月换盆时，摘除下部萎黄的老叶，并更新修剪，促发新梢，重新造型。冬季要注意防寒。

［观赏与应用］绿萝金绿相嵌，叶色艳丽悦目，易于适应室内环境，常作柱式盆栽，用于各种室内装饰布置，也可作室内悬挂观赏或水插莳养，是目前我国各地最为常用的室内观叶植物。在温暖地区可作庭园绿化，攀附于山石或树干上。还可作为插花的衬叶。

（七）绿巨人

［学名］*Spathiphyllum floribundum*（Dryand）Schott‘Sensation’

［英名］peace lily

［别名］绿巨人白掌、大叶白掌

［科属］天南星科，苞叶芋属

［形态特征］多年生常绿阴生草本观叶植物，株高可达1m以上。茎较短而粗壮，少有分蘖，叶宽披针形，长40～50cm，宽15～25cm，亮绿色，叶柄长30～50cm，叶色浓绿，富有光泽。花苞硕大，如人掌，高出叶面，长18～20cm。

常见栽培的有：

多花苞叶芋（*S. floribundum*）　叶片长椭圆形，两侧不对称，叶面深绿色，叶脉明显，叶背淡绿色；佛焰苞白色，内穗花序黄绿色。

‘大白鹤’芋（‘Madonna Lily’）　佛焰苞白色，顶端绿色，花柄细长，高出叶丛，肉穗花序细长，白色。

‘和平’芋（‘Clevelandii’）　株高40～50cm，叶片椭圆状披针形，叶脉明显，叶柄长；花序高出叶丛，直立，佛焰苞白色。

国外常见栽培的品种还有‘白公主’（‘White Princess’）、‘前奏曲’（‘Prelude’）、‘宁静’（‘Adagio’）等。

［产地与分布］原产美洲热带地区。

［习性］喜高温、多湿、半阴环境，不耐寒，怕强光暴晒。生长适温为18～25℃，冬季温度不能低于15℃，室温低于10℃时叶片易受冷害。土壤以富含有机质的壤土为佳。

［繁殖与栽培］常用分株和组培繁殖。在生长点没有被破坏以前，绿巨人不长到老熟程度不会萌芽；人为破坏生长点后，每株可分蘖3～5个芽，当新芽长至15～20cm高时可将其分切，插于珍珠岩或粗沙中，让其长根。分切时注意带部分茎部，用木炭灰蘸伤口，以防腐烂。但传统

的分株繁殖无法满足市场的需求，现多利用组培法快速繁殖种苗。也可采用播种繁殖，种子发芽适温为30℃，播后10～15d发芽，如室温过低，种子易腐烂。生长过程对水分需求量很大，且对缺水反应敏感，稍一缺水，叶片即萎蔫；如短期缺水，灌水后容易恢复，但严重缺水时会造成脱水焦叶，且不易恢复。所以栽培养护时要保证土壤水分充足，保持较高的空气湿度。高温干燥的夏秋季除保持盆土湿润外，还需增加叶面喷水量，以便降温保湿。绿巨人对光照反应敏感，在散射光下即可正常生长；但长期过于荫蔽也会引起植株生长不良，降低观赏价值。

［观赏与应用］ 绿巨人株形挺拔俊秀，威武壮观，叶片宽大气派，绿意盎然，是常见的一种绿色观叶植物。它花大如掌，在绿叶的衬托下亭亭玉立，娇美动人。耐阴性好，常用于宾馆、酒楼、家庭的室内装饰；南方配置庭园、池畔亦格外秀丽。其花也是插花和花篮装饰的极好材料。

（八）美叶光萼荷

［学名］ *Aechmea fasciata* Bak.

［英名］ fasciate aechmea

［别名］ 蜻蜓凤梨、粉菠萝

［科属］ 凤梨科，光萼荷属

［形态特征］ 多年生附生草本，高40～60cm，具短茎，茎基多萌株。叶莲座状基生，基部相互交叠卷成筒状，无柄；叶片带状条形，长20～60cm，宽6～8cm，两面被有白粉，有银白色横纹，边缘有黑色刺状细锯齿，先端弯垂。花莛直立，穗状花序，有短分枝，在花上部密集呈头状，深红色、红色或粉色；花序轴下部有多数苞片，紧贴花梗，粉红色；小苞片生于花序上部，斜向上伸展，粉红色，锐三角状披针形，边缘有细锯齿，先端具硬尖头；小花无柄，淡蓝色。聚花果状浆果。自然花期春夏季（图2-5-5）。

图2-5-5　美叶光萼荷
（包满珠，2003）

常见栽培品种有‘花叶’蜻蜓凤梨（‘Albo-marinata’），上部叶片中央有纵向黄色宽带。相近种有斑叶光萼荷（*A. chantinii*‘Variegata’），叶面有墨绿色和白色相间的横斑，十分显眼。

［产地与分布］ 原产亚马孙河流域、哥伦比亚、厄瓜多尔的热带雨林。我国广东、福建、台湾常见栽培。

［习性］ 喜明亮散射光、温热湿润的环境。生长适温18～22℃，开花温度不低于18℃，不耐寒，低于2℃易受害，6℃以上可以安全越冬。耐阴，但过分荫蔽叶片会徒长伸长、色斑暗淡，忌暴晒。喜排水良好、富含腐殖质和纤维质的土壤，耐旱。

［繁殖与栽培］ 常用分株繁殖，大量繁殖时用组培法。盆栽观赏的盆土可用泥炭土、腐叶土、河沙等配制。在夏秋季遮光70%～80%，冬春季遮光40%～50%的荫棚或温室栽植。生长季节应多施液肥并保持湿润，冬季要注意防寒。只要环境温度在20℃以上，植株成熟，可用乙烯利喷叶催花，喷后约2个月开花。

［观赏与应用］ 美叶光萼荷叶色秀丽，花期持久，为优良的室内观赏植物。

（九）‘金心’香龙血树

图 2-5-6 ‘金心’香龙血树
（包满珠，2003）

［学名］ *Dracaena fragrans*（L.）Ker-Gawl. ‘Assangeana’

［英名］ dragon tree

［别名］ 金心巴西木、金心巴西铁

［科属］ 龙舌兰科，龙血树属

［形态特征］ 常绿单干小乔木，偶有分枝，高可达 6m，径达 20cm，茎干直立。叶簇生茎顶，长椭圆状披针形或宽条形，长 40～80cm，宽 8～10cm，叶片向下弧形弯曲，基部渐狭呈鞘状，叶绿色，中央有黄色宽带状条纹，新叶黄带尤为鲜明（图 2-5-6）。圆锥花序顶生，长 30～45cm，花 1～3 朵簇生花轴上，芳香；花两性，有香味，由伞形花序顶生，花小，无观赏价值。

常见栽培品种有‘金边’香龙血树（‘Victoriae’），又称金边巴西木。叶片边缘有黄色宽条状，中间有淡白色或乳黄色线状条纹。

［产地与分布］ 原产非洲西部的加那利群岛及亚洲热带地区。我国南方地区广泛栽培。

［习性］ 喜高温多湿环境，喜散射光，耐阴性强，忌烈日暴晒，最适宜的光照度为 32.4～38.7klx。生长适温 18～35℃，低于 13℃则停止生长，不耐寒，7℃左右低温即会引起叶片伤害，10℃以上可安全越冬，过高的温度会引起叶枯。70%～80%的空气湿度有利于生长，湿度过低叶尖易枯。要求肥沃、疏松、含钙量高和排水良好的土壤，pH 6.0～6.5，而当氟害严重时，应提高基质的 pH。

［繁殖与栽培］ 常用扦插繁殖。老茎、嫩枝均可扦插，插穗长短不限。幼茎剪成长 5～10cm 的插穗，平放于沙床中，保持湿润，在 25～30℃温度条件下，约 30d 生根。也可在茎干上的新芽长出 3～4 片叶时，剪下重新扦插。粗茎常作 3 株一盆的高、中、低柱式栽培，可将茎干分别锯成长 60cm、90cm 和 120cm 的茎段，上端锯口涂蜡防止失水，将下端埋入沙床中，深约 15cm，保持湿润，经常喷淋树干，约 1 个月可生根发芽。生根后再选芽体长短相近，高、中、低不同茎长的植株上盆定植。花盆大小与高矮根据栽培形式而定。小型植株常用普通塑料盆，柱式栽培用宽口径高筒盆。在生长季节每月施追肥 1 次，其间喷施 1 次叶面肥，使叶色更鲜艳。施肥中氮、磷、钾的比例为 3∶1∶2。注意防止风害和冷害。室内养护以 0.8～1.6klx 的明亮光线及 40%以上的空气湿度为宜。

［观赏与应用］ 香龙血树植株挺拔、秀丽，耐阴性强，叶姿优美，是重要的室内观叶植物。由几株高低不一的茎干组成的大型盆栽，是布置会场、办公室、宾馆酒楼和家居客厅的好材料，小型盆栽可点缀居室。叶片是插花的重要配材。

（十）朱蕉

［学名］ *Cordyline terminalis*（Linn.）Kunth

［英名］ tiplant

［别名］ 铁树、红铁

［科属］龙舌兰科，朱蕉属

［形态特征］常绿灌木，高可达4～5m，常单干，偶有分枝，节明显，茎干直立细长。叶聚生茎顶，绿色或紫红色，披针状椭圆形至长矩圆形，长30～50cm，宽5～10cm，中脉明显，侧脉羽状平行，顶端渐尖，基部渐狭；叶柄长10～15cm，腹面具宽槽，基部扩展，抱茎。圆锥花序生于叶腋，多分枝。果为浆果。

常见栽培品种有：'亮叶'朱蕉（'Aichiaka'），叶阔针形至长椭圆形，新叶亮红色，成熟叶颜色多样，叶缘艳红色；'三色'朱蕉（'Tricolour'），叶革质，箭状，斜向上聚生枝顶，叶面纵生绿、黄、红三色纵条纹；'五彩'朱蕉（'Goshikiba'），叶椭圆形，淡绿色，有不规则红色斑，叶缘红色。

［产地与分布］分布于我国南部热带、亚热带地区。印度东部至太平洋诸群岛也有分布。现各地广泛栽培。

［习性］喜高温、湿润的环境，喜光线明亮处，在全光照或半阴条件下均能正常生长，但烈日下叶色较差，叶片带色彩的品种相对较耐阴。最适光照度32～37klx，在过弱的光照下生长欠佳，在热带地区宜遮阳63%～73%。最适生长温度20～35℃，稍耐寒，低于4℃叶片易受伤害，10℃以上可安全越冬。基质要求排水良好。

［繁殖与栽培］可用播种、扦插及压条繁殖。扦插繁殖时，老枝、嫩枝均可作插穗，但商业上常用嫩枝扦插。温度在20℃以上，插后20～30d生根。适应性强，可粗放管理。栽培基质应含50%～60%的泥炭土，pH6.5，并含有高水平的钙，要求低氟含量的磷肥，灌溉水中的氟含量应低于0.2mg/L，氮、磷、钾的比例以3∶1∶2为佳。主要病害为细菌性软腐病，可通过喷波尔多液，或保持较高的土壤pH及叶片不要过于潮湿来防治。

［观赏与应用］朱蕉栽培品种十分丰富，叶色、叶形富于变化，且适应性强，是优良的观叶植物和庭园绿化植物。盆栽可作室内观赏，在温暖地区也可用于布置庭园。

（十一）富贵竹

［学名］*Dracaena sanderiana* Sander

［英名］lucky bamboo

［别名］绿叶仙达龙血树、万年竹

［科属］龙舌兰科，龙血树属

［形态特征］常绿灌木，株高1～1.2m，植株细长，直立不分枝。叶长披针形，互生，薄革质，长18～20cm，宽4～5cm，浓绿色，叶柄鞘状，长约10cm。

同属常见栽培的有：'银边'富贵竹（'Margaret'），叶缘乳白色；'金边'富贵竹（'Virescens'），叶缘金黄色。

［产地与分布］原产非洲西部的喀麦隆及刚果一带。

［习性］喜高温多湿和阳光充足的环境。生长适温20～28℃，12℃以上才能安全越冬，不耐寒，耐水湿。喜疏松、肥沃、排水良好的轻质壤土。

［繁殖与栽培］可通过扦插或分株繁殖。目前流行富贵竹的塔式栽培。制作"开运塔"的材料在田间生产时不遮阳或少遮阳，生长较为缓慢，节间较短，茎较粗。施肥中氮、磷、钾的比例以3∶1∶2为宜。冬季注意保温和提高空气湿度，避免叶尖干枯。在收获时植株连根拔起，取中

段部位，去掉叶片，洗净后消毒，按需要剪成切口平整的一定长度，并涂抹愈合剂，放入盛有水的盘子里进行养护。冬天约需2个月，夏天15d以上，养好的切段富贵竹就可以用来绑塔。

［观赏与应用］ 富贵竹的茎秆可塑性强，可以根据人们的需要单枝弯曲造型，也可以切段组合造型。切段组合的“富贵塔”形似中国古代宝塔，象征吉祥富贵，开运聚财，也被称为“开运塔”，在公司、机关、店堂、宾馆等场合，人们把它作为吉祥物摆于大厅之中，以求得吉祥平安，镇邪聚财。

（十二）花叶竹芋

［学名］ *Maranta bicolor* Ker.

［英名］ bicolor arrowroot

［别名］ 二色竹芋、双色葛郁金

［科属］ 竹芋科，竹芋属

［形态特征］ 多年生常绿草本，植株矮小，高25～38cm，株型紧凑。地下具块茎，地上直立茎有分枝。叶片长圆形、椭圆形至卵形，长8～15cm，先端圆形具小尖头，叶基圆或心形，边缘多波浪形，叶面粉绿色，中脉两侧有暗褐色斑块，背面粉绿色或淡紫色；叶枕长4～5mm，叶柄长3～4cm，下部鞘状。花小，白色，具紫斑和条纹。

［产地与分布］ 原产巴西和圭亚那。我国南部和东南部各地区有栽培。

［习性］ 喜半阴、温暖、多湿环境，喜充足散射光，但不耐强光直射。生长适温20～30℃。怕炎热，35℃以上高温叶片易受灼伤；畏寒，低于5℃叶片易受冷害。喜肥沃、疏松、保湿而又不积水的土壤。要求较高的空气湿度。

［繁殖与栽培］ 通过分株或扦插繁殖，宜在春季进行。扦插可剪取2～3个节长的插穗，去叶，插于沙床，30d左右生根。盆栽以泥炭土和园土以及少量的基肥混合作基质。要注意遮阳。生长季节要保持高空气湿度，每月施肥1～2次。

［观赏与应用］ 花叶竹芋叶片有美丽色斑，叶形优美，叶色多变，植株小巧玲珑，是一种很雅致的室内观赏植物，常作盆栽用于各种室内装饰布置。

（十三）红背竹芋

［学名］ *Calathea insignis* Peter.

［英名］ rattlesnake plant

［别名］ 紫背竹芋、红背葛郁金

［科属］ 竹芋科，肖竹芋属

［形态特征］ 多年生草本，高近60～70cm。根状茎匍匐，粗壮，近肉质。叶2列，叶片椭圆状披针形，长30～55cm，光滑，顶端渐尖，基部圆，叶面淡黄绿色，光亮，叶面上有大小不等的深绿色羽状斑块，叶背紫红色；基生叶具长柄，下半部鞘状，上半部圆柱状；茎生叶柄呈鞘状，较短，上端仅有叶枕与叶片相连（图2-5-7）。穗状花序，黄色，生于叶腋。

图2-5-7　红背竹芋
（包满珠，2003）

［产地与分布］原产中美洲及巴西。我国南部各省区有栽培。

［习性］喜温暖、高湿、半阴的环境，耐阴性强，喜散射光。需水较多，不耐干旱。生长适温25～30℃，较耐热，稍耐寒，5℃以上可安全越冬。怕霜冻。喜疏松、肥沃、湿润而排水良好的酸性土壤。

［繁殖与栽培］常用分株繁殖，温度在15℃以上时均可进行分株。生命力强，耐粗放管理。但要注意防止土壤积水，盆栽时盆土要疏松透水。

［观赏与应用］红背竹芋叶色秀丽，是优良的室内观赏植物，可作各种室内布置。在温暖地区，也可在庭荫或林荫下作地被栽植。亦可作切叶观赏。

（十四）肖竹芋

［学名］*Calathea ornata*（Lindl.）Koern.

［英名］prayer plant

［别名］大叶蓝花蕉

［科属］竹芋科，肖竹芋属

［形态特征］多年生常绿草本，高达1m。叶椭圆形，长60cm，叶面黄绿色，沿侧脉有白色或红色条纹（图2-5-8）。穗状花序，紫堇色。

图2-5-8 肖竹芋
（包满珠，2003）

［产地与分布］原产圭亚那、哥伦比亚、巴西等地。

［习性］喜温暖、高湿、半阴环境。生长适温20～30℃，怕炎热。越冬温度在12℃以上，低于12℃易受伤害；夏季遇高温，叶尖及叶缘易出现焦状卷叶，一旦发生就难以恢复，应注意夏季降温。生长适宜的光照度为10.5～16klx。需水较多，但土壤不宜太湿，保持空气湿度60%以上。

［繁殖与栽培］分株繁殖。栽培时采用富含腐殖质的壤土，土壤pH5.5左右。生长期每2～3个月施稀薄液肥1次，肥料氮、磷、钾的施用比例为4∶2∶3较适宜。室内养护时注意光照度不能低于1.6klx，并维持室内温度13℃以上。

［观赏与应用］肖竹芋宜盆栽布置厅、堂门口或室内装饰。

（十五）绒叶肖竹芋

［学名］*Calathea zebrina*（Lindl.）Koern.

［英名］zebra plant

［别名］天鹅绒竹芋、斑马竹芋、斑叶肖竹芋

［科属］竹芋科，肖竹芋属

［形态特征］多年生常绿草本，株高50～100cm，有根状茎，多萌蘖，呈丛生状。叶基生，椭圆状披针形，长30～45cm，顶端钝尖，基部渐狭；叶面深绿色，有天鹅绒光泽，间以灰绿色的横向条纹，外形十分美丽；叶背幼时浅灰绿色，老时深紫红色，两面无毛；叶柄鞘状，长25～45cm，顶端以关节和叶片相连。花两性，蓝紫色或白色。花期6～8月。

［产地与分布］原产巴西。我国广东、福建等地有栽培。

［习性］喜温暖、湿润、阴暗的环境，不耐烈日强光。不耐干旱。生长适温20～26℃，冬季

夜间温度不能低于 16℃，低于 5℃易引起叶片损伤，超过 35℃生长不良。要求疏松、肥沃、湿润的轻质壤土。

［繁殖与栽培］ 常用分株繁殖。宜作盆栽，栽培基质可用腐叶土与泥炭土按 1∶1 比例混合配制而成。生长季要注意经常浇水，保持充足水分，多向叶面及植株周围喷水以提高空气湿度。每月施肥 1～2 次。

［观赏与应用］ 绒叶肖竹芋叶色秀美，是世界著名的室内观叶植物，可作各种室内装饰摆设，其叶片可作插花配材。

（十六）吊兰

［学名］ *Chlorophytum comosum*（Thunb.）Baker

［英名］ spider plant

［别名］ 钓兰、垂盆钓兰、挂点

［科属］ 百合科，吊兰属

［形态特征］ 多年生常绿草本。根茎短，肉质，横走或斜生，丛生。叶基生，细长，条形或条状披针形，基部抱茎，鲜绿色。叶丛中常抽生细长花葶，花后成匍匐枝下垂，并于节上滋生带根的小植株，总状花序，花白色。花期夏、秋季。蒴果圆三棱状扁球形。

常见栽培的品种还有：'金心'吊兰（'Picturatum'），叶中心具黄色纵条纹；'金边'吊兰（'Vittatum'），叶缘黄白色；'银心'吊兰（'Variegatum'），叶中心具白色纵条纹。

［产地与分布］ 原产南非。

［习性］ 喜温暖湿润和半阴环境，适宜疏松肥沃和排水良好的土壤，以 20～25℃生长最快，也容易抽生匍匐枝，30℃以上时植株停止生长，叶片常常发黄干尖。冬季室温应保持 12℃以上，低于 6℃就会受冻。耐阴力强，怕阳光暴晒，在稀疏树荫下生长良好。

［繁殖与栽培］ 繁殖以分株为主，在春季换盆时进行，亦可切取花葶上带根的幼株随时分栽。还可用种子繁殖。室内栽培应置光照充足处，光线不足常使叶色变淡而呈黄绿色。在干燥空气中叶片失色，干尖现象严重。生长旺盛期每月施稀薄液肥 2～3 次，保持盆土湿润，冬季控制灌水。

［观赏与应用］ 吊兰株型小巧，叶质青翠，匍匐枝于盆边垂挂，是布置几架、阳台或悬挂室内的良好观赏植物。温暖地区还可植树下作地被或栽于假山石缝之中。

（十七）文竹

［学名］ *Asparagus plumosus* Baker

［英名］ asparagus fern

［别名］ 云片竹

［科属］ 百合科，天门冬属

［形态特征］ 常绿蔓性亚灌木状多年生草本。根部稍肉质；茎丛生，柔细伸长，多分枝；叶状枝纤细，6～12 枚簇生于枝条两侧。叶小，呈鳞片状，主茎上则呈钩刺状。花小，白色，两性，1～4 朵着生于短柄上。浆果球形，紫黑色，内有种子 1～3 粒。

同属常见栽培的还有：

天门冬（*A. densiflorus*）　别名武竹、天冬草。半蔓性草本，具纺锤状肉质块根；叶状枝线形，簇生；花色淡红；浆果鲜红色。适合盆栽或作切花配叶材料。

‘狐尾’武竹（*A. densiflorus*‘Myers’）　叶片鲜绿色，细针状而柔软，枝条长30～50cm，状如狐狸之尾。

［产地与分布］原产南非。

［习性］性喜温暖、湿润、半阴环境。适宜的光照度为27～49klx。不耐干旱，忌积水。既不耐寒，也怕暑热，冬季室温不得低于10℃，5℃以下易落叶甚至死亡，夏季室温如超过32℃则生长停止，叶片发黄。在通风不良的环境下，会大量落花而不能结实。适宜种植在富含腐殖质、排水良好、肥沃的沙质土壤中。

［繁殖与栽培］繁殖以播种为主。果实变黑成熟后，宜采后即播或沙藏，以防丧失发芽力。播种在20℃左右均可进行，但以春季为佳。盆栽用土以50％腐叶土、20％园土、20％沙和10％腐熟厩肥，再加适量的磷、钾肥配制而成。生长期盆土要求见湿见干，施肥不宜多，以氮、钾薄肥为主，以防徒长。暖地可露地栽培，蔓生枝攀缘向上，在支架上可高达5m以上。一般7月份开花，12月份以后果实陆续成熟。春季重剪老叶，可促使新叶萌发。

［观赏与应用］文竹枝叶青翠，叶状枝平展如云片重叠，甚为雅丽，宜盆栽陈置书房、客厅或作切叶。

（十八）一叶兰

［学名］*Aspidistra elatior* Blume

［英名］common *aspidistra*

［别名］蜘蛛抱蛋、箬兰

［科属］百合科，蜘蛛抱蛋属

［形态特征］多年生常绿草本，根状茎粗壮匍匐。叶基生、质硬，基部狭窄呈沟状，长叶柄，叶长可达70cm，叶柄直接从地下茎上长出，一柄一叶，带有挺直修长叶柄的片片绿叶拔地而起，故名一叶兰。花单生，开短梗上，紧附地面，花径约2.5cm，褐紫色，花期4～5月。蒴果球形，似蜘蛛卵，故又名蜘蛛抱蛋。

常见栽培的有：条斑一叶兰，叶片上有纵向的黄色或白色条斑；金点一叶兰，叶片上有或稀或密的黄色或白色斑点。

［产地与分布］原产我国海南岛、台湾等地。

［习性］性喜温暖、湿润、半阴环境，较耐寒，极耐阴。生长适温为10～25℃，但能够生长的温度范围为7～30℃，越冬温度为0～3℃。喜疏松、肥沃、排水良好的沙质壤土。

［繁殖与栽培］繁殖以分株为主，可于春季结合换土时进行，将生长茂密的株丛切分成2～3片叶一丛栽植。生长期内需充足的水分，栽培环境需阴湿，夏季在荫棚下养护，冬季在0℃以上即可安全越冬。施肥以氮肥为主，可每月施2次稀薄液体肥。一叶兰抗性较强。

［观赏与应用］一叶兰叶形挺拔整齐，叶色浓绿光亮，姿态优美、淡雅而有风度，是室内绿化装饰的优良材料，适于家庭及办公室布置摆放。可单独观赏，也可以与其他观花植物配合布置，以衬托出其他花卉的鲜艳和美丽。此外，它还是现代插花极佳的配叶材料。

（十九）铁线蕨

［学名］*Adiantum capillus-veneris* L.

［英名］maidenhair

图 2-5-9 铁线蕨
(包满珠，2003)

[别名] 水猪毛

[科属] 铁线蕨科，铁线蕨属

[形态特征] 常绿草本，株高 15～40cm，根状茎横走。叶薄革质，叶柄栗黑色似铁线，叶呈卵状三角形，鲜绿色，长10～15cm，宽 8～16cm，中部以下二回羽裂，小羽片斜扇形或斜方形，外缘全至深裂，不育叶裂片顶端钝圆，具细锯齿，叶脉扇状分叉。孢子囊群生于变形裂片顶端反折的肾形至短圆形的囊群盖上（图 2-5-9）。

同属常见栽培还有：

掌叶铁线蕨（*A. pedatum*） 叶片阔扇形，长 30cm，宽 40cm，二叉分枝，每枝生一回羽状叶片。

团羽铁线蕨（*A. capillus-junonis*） 叶片披针形，长 8～15cm，宽 2.5～3.5cm，一回羽状，叶轴顶端着地生根。

鞭叶铁线蕨（*A. caudayum*） 叶片长 10～30cm，宽 2～4cm，下部一回羽状，叶轴顶端着地生根。

[产地与分布] 广布于世界热带地区，我国长江流域以南各地以及陕西、甘肃、河北各省也有分布。

[习性] 喜温暖、湿润、半阴环境。生长适温 17～26℃，冬季要求 7℃以上，持续低温会引起落叶。在肥沃、疏松、微酸至微碱性土壤中生长较快，为钙质土指示植物。稍耐水湿，可耐旱。

[繁殖与栽培] 通过孢子或分株繁殖。分株为分离横生根茎，冬末进行。栽培时要求空气湿度高，在生长期甚至冬季土壤都要保持湿润，应注意防止冷风侵袭，避免阳光直射。

[观赏与应用] 铁线蕨株形美观，叶色碧绿，适应性强，是室内盆栽观赏的优良材料，可用于各种室内装饰摆设，在南方地区也可作庭园背阴处及林荫下的地被栽培。枝叶可制作插花和干燥花。

(二十) 鸟巢蕨

[学名] *Neottopteris nidus* (L.) J. Sm.

[英名] bird-nest fern

[别名] 巢蕨、山苏花

[科属] 铁角蕨科，巢蕨属

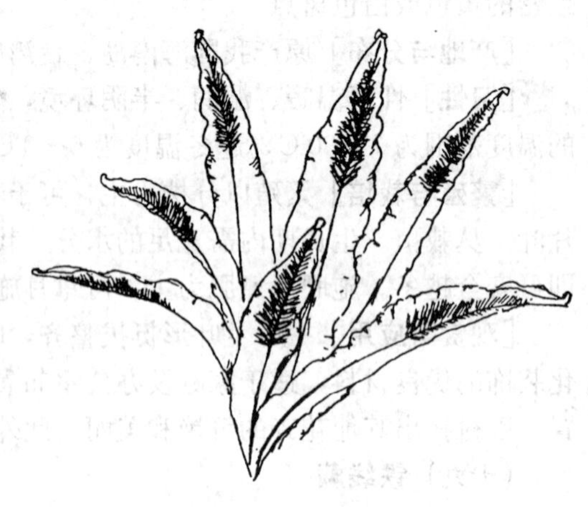
图 2-5-10 鸟巢蕨
(包满珠，2003)

[形态特征] 常绿草本，大型附生植物，高 60～100cm，成丛附生于雨林中的树干或岩石上。根状茎粗短，直立。叶辐射状丛生于根状茎边缘顶端，中间无叶，空如鸟巢状；单叶，叶片带状阔披针形，顶端渐尖，全缘；孢子囊群条形，生于叶背面上部的侧脉上，向叶边伸达 1/2；囊群盖条形，厚膜质，向上开裂（图 2-5-10）。

同属种有狭基巢蕨（*N. antrophyoides*）、大鳞巢蕨（*N. antiquum*）。近年引进的鸟巢蕨品种有皱叶巢蕨（‘Plicatum’）、卷叶巢蕨（*N. nidus* ‘Volulum’）、圆叶巢蕨（‘Avis’）等。

［产地与分布］原产热带、亚热带地区，分布于我国广东、广西、海南、云南、福建、台湾等地，其他亚洲热带地区也有分布。

［习性］喜温暖、阴湿环境，生长适温为白天21～32℃，夜温16℃，不耐寒，冬季不得低于5℃。生长季节宜充足灌水，并喷洒叶面。避免阳光直射，最适宜的光照度为12.9～21.6klx。

［繁殖与栽培］常用孢子或分株繁殖。将孢子收集播于水苔上，保持水苔湿润，置于遮阳处，1～2个月即可出苗，小苗长至2～3片叶时可移植上盆。也可以进行分株繁殖，分株以春季为宜，在母株上带叶4～5片，连同根茎从母株上切下另栽即可。盆土要透气透水，可用泥炭土、木屑和少量腐叶土拌制。

［观赏与应用］鸟巢蕨常用作盆栽，也可吊篮状悬挂式栽培或种植在木框中观赏，在温暖地区也可在庭园中较阴处种植，或植于古树上进行装饰。是很好的插花配叶。

（二十一）二叉鹿角蕨

［学　名］*Platycerium bifurcatum*（Cav.）C. Chr.

［英名］staghorn fern

［别名］蝙蝠蕨、鹿角蕨

［科属］鹿角蕨科，鹿角蕨属

［形态特征］常绿草本，附生状气生型蕨类植物，全株灰绿色，高40～50cm。叶有二型，不孕叶或称裸叶，较薄，生于基部，圆或心形，成熟后呈纸质褪色，附生包在树干或枝上；可孕叶或称实叶，丛生，长45～90cm，基部狭，向上逐渐变宽，顶端分叉下垂，形似鹿角（图2-5-11）。

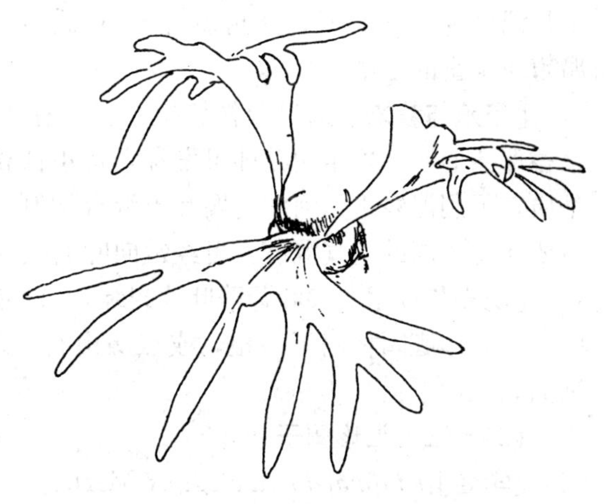

图2-5-11　二叉鹿角蕨
（包满珠，2003）

［产地与分布］原产澳大利亚与波利尼西亚，我国西双版纳雨林中有野生分布。

［习性］喜明亮的散射光，生长适温10～18℃，可耐3～5℃低温。要求高空气湿度，适宜生长的空气湿度为70%。

［繁殖与栽培］通过分株或孢子繁殖。分株繁殖宜在春、秋两季进行，可将母株在根茎处以4～5叶为一丛分株另植，也可将吸根分生的小苗分植。孢子繁殖宜用无菌培养。盆栽宜用吊盆，可以用轻质陶粒、木屑、木炭、树皮、泥炭等疏松、透气、透水材料作基质，也可以附植在木桩或树干上。在荫棚或树荫下培植，夏季要经常向叶面喷水，提高空气湿度。春、秋两季为生长旺盛季节，每月施薄肥1次，可以用有机肥与无机肥相间施用。

［观赏与应用］鹿角蕨叶形奇特，姿态优美。盆栽悬挂室内或公园的亭、台、楼阁下装饰，也可附生于树桩上作室内装饰。

（二十二）尖叶肾蕨

［学名］*Nephrolepisacuminata*

［英名］tuberous sword fern

［别名］圆羊齿、肾蕨、蜈蚣草、石黄皮

［科属］骨碎补科，肾蕨属

［形态特征］多年生草本，附生或地生。根状茎有直立主轴及从主轴向四面横走的匍匐茎，从匍匐茎短枝上可长出圆形或卵形块茎；主轴及匍匐茎上密生钻形鳞片。叶簇生，一回羽状复叶，长 32～58cm；小叶条状披针形，长 2～3cm；孢子囊群生于小叶背面每组侧脉的上侧小脉顶端，囊群盖肾形。

同属常见栽培的还有：波斯顿蕨（*N. exaltata* 'Bostoniensis'），分布于热带和亚热带地区，常绿草本，叶丛生，长 1.0～1.75cm，鲜绿色，密集并向四周披散，羽叶紧密相接；皱叶波斯顿蕨（*N. exaltata* 'Teddy Juunior'），小叶呈波形扭曲状。

［产地与分布］原产我国长江流域以南及亚洲热带地区。

［习性］喜温暖、潮湿、半阴环境，忌烈日直射，最适宜的光照度是 12.9～19.3klx。最适生长温度为 20～26℃，能耐短暂－2℃低温，越冬温度不宜低于 5℃。要求疏松、透气、透水、腐殖质丰富的土壤。

［繁殖与栽培］通过分株繁殖，宜在春季进行。也可用孢子繁殖，将成熟孢子播于水苔上，水苔保持湿润，置半阴处即可发芽，待小苗长至 5cm 左右高时即可移植。盆栽要用疏松透水的基质，可用泥炭土、河沙与腐叶土混合配制。上盆后置遮光 60%～70%的荫棚下培植。生长季节要保持较高的空气湿度，可经常向叶面喷水；每月施肥 1～2 次，宜施薄肥。也可以进行地栽。

［观赏与应用］尖叶肾蕨叶片碧绿，可盆栽作室内装饰，叶片是插花的良好叶材。在温暖地区，可以作庭园林荫下片植，或点缀山石。还可以把叶片经干燥、漂白后加工成干叶，作为装饰品。

（二十三）袖珍椰子

［学名］*Chamaedorea elegans* Mart.

［英名］parlor palm

［别名］分株鱼尾葵、丛立孔雀椰子

［科属］棕榈科，袖珍椰子属

［形态特征］常绿小灌木。茎直立，高可达 1～3m，茎干直立，不分枝，盆栽者一般 30～60cm。叶片由顶部生出，细软而弯曲下垂，长达 60cm，有全裂羽片 12 对以上，绿色，有光泽。肉穗花序腋生，花淡黄色，雌雄异株，春季开花。果卵圆形，橙红色。花期 3～5 月，果期 9～11 月。

同属常见栽培的还有：

竹茎玲珑椰子（*C. erumpens*） 高约 2m，干径 1.5cm，状如竹子，直立，呈丛生状，叶片为一回羽状复叶。

雪拂里椰子（*C. asaseifrizii*） 株高可达 3m，干径 1.5～2.0cm，茎干丛生，全叶长 40～60cm。

［产地与分布］原产墨西哥和危地马拉。

［习性］喜温暖、湿润、通风环境。要求较强光照，但忌夏季阳光直射，适宜光照度为 16～

32klx，在室内摆放时，至少需 0.8～1.6klx 的光照度。生长适温 24～32℃，温度过高生长不良，当土温低于 18℃时生长缓慢；稍耐寒，可耐短时 0℃低温，7℃以上可安全越冬。要求肥沃、疏松、排水良好的土壤，不耐干旱、瘠薄。

［繁殖与栽培］ 播种繁殖为主，也可进行分株繁殖。种子不耐脱水贮藏，宜随采随播，或用半湿河沙层积至春季播种。宜用沙床播种，覆土 2～3cm，种子发芽温度要求 15℃以上，播种后 4～6 个月开始发芽。忌烈日，宜在荫棚下培植。苗期生长较慢，要加强肥水管理，生长季节每月施薄肥 1～2 次。夏季闷热时要加强通风，冬季要注意保温防寒，待真叶长出后即可上盆。生长期吸水能力强，尤其是夏季应供给充足水分，每月施肥 1 次，氮、磷、钾的施用比例以 3∶1∶2为宜。定期喷药，以防除红蜘蛛，并使叶片保持清洁。叶尖干枯是主要的生理病害，主要是因为土壤通气性差或土壤积水、土壤盐分高于1 000mg/L 造成，增加土壤通气性和排盐可减轻该生理病害的发生。

［观赏与应用］ 袖珍椰子植株矮小，树形清秀，叶色浓绿，耐阴性强，极为适宜作室内盆栽观赏，叶片也可作插花素材。

（二十四）散尾葵

［学名］ *Chrysalidocarpus lutescens* H. Wendl

［英名］ Madagascar palm

［别名］ 黄椰子

［科属］ 棕榈科，散尾葵属

［形态特征］ 丛生常绿灌木至小乔木，在原产地可高达 3～8m；干上有明显的环状叶痕。叶羽状全裂，有裂片 40～60 对；裂片狭披针形，2 列排列，长 40～60cm，先端尾状渐尖并呈不等长的 2 裂；叶轴和叶柄光滑，黄绿色，腹面有浅槽；叶鞘初时被白粉。肉穗花序腋生，多分枝。果稍呈陀螺形或椭圆形，橙黄色至紫黑色。花期 5～6 月，果期翌年 8～9 月。

［产地与分布］ 原产马达加斯加群岛。我国华南至东南部常见栽培。

［习性］ 喜温暖、湿润、半阴环境。耐阴性强，生长最适光照度为 37～60klx，生长最适温度 21～27℃，不耐寒，5℃低温会引起叶片伤害，使叶片变成橙色甚至干枯，10℃以上可安全越冬。要求疏松、肥沃、深厚的土壤，不耐积水，亦不甚耐旱。

［繁殖与栽培］ 播种繁殖，宜随采随播。播后覆土厚度以种子的 3～4 倍为宜，在温度 20℃以上时，2～3 周发芽。待幼苗长至 10～15cm 高时可以分植。散尾葵幼时喜半阴环境，宜于荫棚下培植。较喜肥，在生长季节要勤施薄肥，以有机肥和无机肥配合施用较好。移植宜在生长季节进行。植株根系发达，生长较快。对镁和微量元素有相当高的要求，叶面喷雾镁和微量元素可改善叶色；铁、镁之间不平衡，会导致散尾葵心叶出现发黄的生理障碍。氟过多会引起叶尖干枯，可通过提高土壤钙水平来克服。在生长季节需经常保持盆土湿润和植株周围较高的空气湿度。冬季应保持叶面清洁，可经常向叶面少量喷水或擦洗叶面。

［观赏与应用］ 散尾葵株形优美，枝叶茂密，叶色翠绿，四季常青，且耐阴性强，是著名的室内观赏植物，可盆栽作各种室内布置。在温暖地区也可作庭园绿化。

（二十五）棕竹

［学名］ *Rhapis excelsa*（Thunb.）Henry ex Rehd

［英名］broad - leaf lady palm

［别名］筋头竹、观音竹

［科属］棕榈科，棕竹属

［形态特征］常绿丛生灌木，高2～3m。茎绿色，竹状，径2～3cm，常有宿存叶鞘。叶掌状，5～10深裂或更多；裂片线状披针形，长达30cm，宽2～5cm，顶端有不规则齿缺，边缘和主脉上有褐色小锐齿，横脉多而明显；叶柄长8～20cm，横切面呈椭圆形，叶柄下扩展成鞘状；叶鞘边缘有粗的黑褐色纤维。肉穗花序腋生，雌雄异株。果倒卵形或近球形，熟时黑褐色。花期4～5月，果期10～11月。

常见栽培的变种和相近种有：花叶观音竹（var. *variegata*），叶片上具有黄色或白色条纹；矮棕竹（*Rh. humilis*），又称细叶棕竹，叶掌状深裂，裂片10～20枚。

［产地与分布］原产我国西南、华南至东南部。

［习性］适应性强，喜温暖、阴湿环境，生长适温20～30℃，夜温10℃。耐阴性强，也稍耐日晒，适宜的光照度为27～64klx，夏季60%～70%的遮阳较为适合。较耐寒，可耐0℃以下短暂低温。宜湿润而排水良好的微酸性土壤，在石灰岩区微碱性土上也能正常生长，忌积水。

［繁殖与栽培］常用播种繁殖，播后约3个月发芽。也可分株繁殖，宜于早春新芽萌动前进行。常作盆栽，在南方地区也可地栽，宜在荫棚下培植。生长期用氮、磷、钾比例为3∶1∶2的复合肥进行追肥，每2～3周一次。

［观赏与应用］棕竹株丛饱满，秀丽青翠，叶形优美，生长势强健，是优良的室内观赏植物。作园景时宜植于林荫处或庭荫处。

（二十六）马拉巴栗

［学名］*Pachira macrocarpa*（Cham. & Schl.）Schl.

［英名］money tree，Malabar chestnut

［别名］发财树、大果木棉、美国花生

［科属］木棉科，瓜栗属

［形态特征］半常绿乔木，高可达15m。主干直立，枝条轮生，茎基常膨大，有疏生栓质皮刺。掌状复叶，互生；小叶4～7片，长椭圆形，长9～20cm，宽3～6cm，小叶具柄；叶具长柄10～18cm，两端稍膨大。花大，两性，单生叶腋，粉红色（图2-5-12）。果卵状椭圆形，种子四棱状楔形，可食。花期5～6月，果期9～11月。

常见栽培变种有花叶马拉巴栗（var. *variegata*），叶面有黄白色斑纹。

［产地与分布］原产墨西哥。我国广东、海南、台湾等地大量种植，已成为全球最大的生产与供应中心。

［习性］适应性极强。无论在全光照、半光照或荫蔽处均能生长良好。喜高温高湿和阳光充足的环境，生长

图2-5-12　马拉巴栗
（包满珠，2003）

适温 20～30℃，不畏炎热，稍耐寒，成年树可耐短暂 0℃左右低温，但低于 5℃时，茎叶会停止生长，引起落叶。喜疏松肥沃、排水良好的微酸性沙质壤土，忌积水，较耐旱。

［繁殖与栽培］通过播种或扦插繁殖。播种宜随采随播，新鲜种子播种，保持室温 20～25℃，一般 3～5d 即可发芽。马拉巴栗为多胚植物，每粒种子可出苗 1～4 株，20～30d 幼苗就可移植盆栽。也可进行扦插繁殖，但扦插苗茎基常不膨大，观赏效果差。生长速度快，耐移植。矮化盆栽室内观赏，常用粗桩单干式或利用马拉巴栗幼苗枝条柔软、可随意弯曲、耐修剪的特性，一般在实生苗高 80～100cm，以数株栽植于一盆，绞成辫状（3～6 辫）作桩景式盆栽，也可几株编织成菱形或筒形。耐粗放管理，但冬季要注意防寒。只要温度 10℃以上，全年均可裸根移植。每 1～2 个月施肥一次，室内观赏不必施肥。应摆放在光线明亮的位置。盆栽马拉巴栗需 1～2 年进行一次修剪，并更换较大的盆，以促进茎围膨大和株形美观。另外，必须注意马拉巴栗极怕烟熏，熏烟后叶片会黄化枯萎。

［观赏与应用］马拉巴栗茎基膨大而奇特，叶形优美，叶色翠绿，盆栽可作家居、宾馆、办公楼的各种室内布置。在温暖地区，可作各种园景种植，或作为庭荫树和行道树栽培。

（二十七）变叶木

［学名］*Codiaeum variegatum* Bl. var. *pictum* Muell. - Arg.

［英名］variegated leaf croton

［别名］洒金榕

［科属］大戟科，变叶木属

［形态特征］多年生常绿灌木或小乔木，高 0.5～2m。叶片大小、形状和颜色变化极丰富，形状有线形、矩圆形、戟形，全缘或分裂，扁或波状甚至螺旋状，叶片长 8～25cm，叶色有黄、红、粉、绿、橙、紫红和褐色等，常具有斑块或斑点，叶厚而光滑，具叶柄。花单性，花不明显，总状花序腋生，雄花白色，雌花绿色。花期 3 月。

常见栽培的变型有：戟叶变叶木（f. *lobatum*），叶片宽大，常具 3 裂片，似戟形；阔叶变叶木（f. *platyphyllum*），叶片卵圆形或倒卵形，叶长 5～20cm，宽 3～10cm；螺旋叶变叶木（f. *crispum*），叶片波浪起伏，呈不规则的扭曲与旋卷；长叶变叶木（f. *ambiguum*），叶片长披针形，长约 20cm；细叶变叶木（f. *taenisum*），叶带状，宽仅为叶长的 1/10。

［产地与分布］原产亚洲热带地区。

［习性］喜高温、湿润的气候，生长适温 20～32℃，冬季不宜低于 15℃，否则易落叶。喜强光，适宜的光照度为 27～35klx，光照及钾肥充足，则叶色鲜艳。喜肥沃、保水性较好的土壤，土壤 pH 以 5.5～6.0 为好。

［繁殖与栽培］常通过扦插繁殖，在 4～5 月剪取 10cm 长的新梢进行扦插。施肥时氮、磷、钾的比例以 1∶1∶1 为宜。变叶木是所有室内观叶植物中光照度要求较高的种类，在室内摆放时，至少需要 5.4～10.8klx 的光照度才能保持叶色。

［观赏与应用］变叶木的叶形、叶色、叶斑千变万化，盆栽是布置客厅、会场的理想装饰植物，在南方可作庭园布置。叶片是插花的良好材料。

（二十八）'花叶'垂榕

［学名］*Ficus benjamina* L. 'Variegata'

［英名］variegated mini - rubber

［别名］花叶垂枝榕

［科属］桑科，榕属

［形态特征］常绿灌木。株高1～2m，分枝较多，小枝柔软下垂。叶片互生，密集，革质，倒卵形，淡绿色，长5～6cm，宽2～3cm，叶脉及叶缘具不规则的黄色斑块。全株具乳汁。

常见同属观赏种有垂榕（*F. benjamina*），叶片淡绿色。

［产地与分布］原产亚洲热带地区。

［习性］喜温暖、湿润和散射光的环境。生长适温为20～25℃，越冬温度为8℃，温度低时容易引起落叶。土壤要求肥沃、疏松和排水良好的沙质壤土。

［繁殖与栽培］常用扦插、嫁接和压条繁殖。扦插宜于春末夏初气温较高时进行，剪取10～15cm长的枝条作插穗，剪口常分泌乳汁，为防止乳汁流出，可将剪口浸于水中或蘸上草木灰，插入沙床后保持插床湿润，在温度为24～30℃及半阴条件下，30d可生根。嫁接在春、夏季均可进行，砧木采用2～3年生有独立主干的橡皮树，将长15～20cm的'花叶'垂榕接穗通过枝接法嫁接，成活率高。也可高空压条，在离枝顶20～25cm处环状剥皮，宽1.5cm，外敷苔藓或腐叶土，再用薄膜包扎，秋季即可剪下盆栽。生长旺盛期需充分浇水，并在叶面上多喷水，保持较高的空气湿度。如果盆土干燥脱水，则易引起落叶，顶芽也会变黑干枯。对光线要求不严格，夏季高温期在室外需适当遮阳。生长期间每月应施1～2次复合肥，以促进枝叶生长繁茂。

［观赏与应用］'花叶'垂榕树形优美，叶片绮丽，耐阴性好，是十分流行的室内盆栽观叶植物，适于宾馆、车站、商厦的厅堂摆设，也可用于点缀客厅、书房，清新悦目，自然大方。

（二十九）'斑叶'薜荔

［学名］*Ficus pumila* L. 'Variegata'

［英名］creeping fig

［别名］雪荔、凉粉藤、斑叶爬墙果、花叶木莲

［科属］桑科，榕属

［形态特征］蔓性植物，茎蔓长80～100cm，节间易长气生根。叶互生，卵形，革质，全缘，深绿色，叶缘有不规则的圆弧形缺刻，镶嵌乳白色斑纹。

同属常见观赏种还有：

锦荔（*F. sagittata* 'Variegata'） 蔓性常绿植物，初生直立，成熟时枝蔓下垂，单叶互生，披针形，全缘波状，叶面起波皱，浅灰绿色，叶缘有乳白色镶边。

薜荔（*F. pumila*） 全株叶色浓绿色，茎蔓可长到数米。

［产地与分布］原产我国台湾及日本。

［习性］喜温暖、湿润、半阴环境。耐寒，耐旱，耐湿。生长适温20～25℃，能耐短时间－7℃低温。忌强光暴晒，以散射光最为理想，否则叶片绿、白斑纹不显著。土壤要求富含有机质的疏松沙质壤土。

［繁殖与栽培］常用扦插和压条繁殖。扦插以6～9月为宜，采用嫩枝扦插，剪取当年生枝条10～12cm，顶端留3～4片叶，下部叶剪除，插于沙床，室温20～24℃，保持较高的空气湿度，插后30～40d生根，成活率较高。

[观赏与应用]‘斑叶’薜荔株型小巧，叶色四季翠绿，无论是盆栽还是吊盆悬挂，观赏效果均极佳，适于书房、茶几、案头摆放，有清幽典雅之感。

第三节 其他种类

表 2-5-1 其他观叶植物简介

中名	学名	科属	繁殖方法	特性与用途
紫凤梨	*Tillandsia cyanea*	凤梨科紫凤梨属	播种、分株	附生草本，盆栽观叶、观花
姬凤梨	*Cryptanthus acaulis*	凤梨科姬凤梨属	吸芽	陆生草本，小型观叶盆栽
海芋	*Alocasia macrorrhiza*	天南星科海芋属	分株、扦插	草本，大型盆栽
彩叶芋	*Caladium hortulanum*	天南星科花叶芋属	分株	块茎类，盆栽观叶
合果芋	*Syngonium podophyllum*	天南星科合果芋属	扦插	蔓性草本，柱式盆栽
鹅掌柴	*Schefflera octophylla*	五加科鹅掌柴属	播种、扦插	灌木或小乔木，盆栽
玫瑰竹芋	*Calathea roseopicta*	竹芋科肖竹芋属	分株、扦插	草本，盆栽、切叶
金花肖竹芋	*Calathea crocata*	竹芋科肖竹芋属	扦插	草本，盆栽观花、观叶
捕蝇草	*Dionaea muscipula*	茅膏菜科捕蝇草属	播种、扦插	草本，盆栽或点缀庭园
茅膏菜	*Drosera peltata* var. *lunata*	茅膏菜科茅膏菜属	播种、扦插	草本，盆栽或点缀庭园
瓶子草	*Sarracenia purpurea*	瓶子草科瓶子草属	播种、分株	草本，盆栽或点缀庭园
花叶艳山姜	*Alpinia zerumbet* var. *variegata*	姜科山姜属	分株	草本，盆栽或点缀庭园
南洋杉	*Araucaria cunninghamia*	南洋杉科南洋杉属	播种、扦插	乔木，盆栽，可作圣诞树
旱伞草	*Cyperus alternifolius*	莎草科莎草属	播种、分株	草本，盆栽、制作盆景或切叶
吊竹梅	*Zebrina pendula*	鸭跖草科吊竹梅属	分株、扦插	蔓性匍匐草本，盆栽或吊挂
软叶刺葵	*Phoenix roebelenii*	棕榈科刺葵属	播种	灌木，地栽或盆栽
扁竹蓼	*Homalocladium platycladum*	蓼科竹节蓼属	扦插	灌木，盆栽观奇特枝叶
姬白网纹草	*Fittonia verschaffeltii* var. *argyroneura* ‘Minima’	爵床科网纹草属	扦插	匍匐状草本，小型盆栽，垂吊式装饰，或植密闭玻璃容器制作瓶景
金脉单药花	*Aphelandra squarrosa* ‘Dani’	爵床科单药花属	扦插	灌木状草本，观叶、观花盆栽
贯众	*Cyrtomium fortunei*	鳞毛蕨科贯众属	分株、孢子	地生草本，盆栽、切叶

注：以上所列均为常绿多年生植物。

第六章 兰科花卉

第一节 概 述

一、概念与范畴

兰科（Orchidaceae）为单子叶植物，均为多年生草本，地生、附生或腐生。该科是有花植物中最大的科，约有800个属，3万～3.5万个原生种，人工杂种4万个以上，且以每年1 000种以上的速度增加。

兰花分布广泛，从北纬72°至南纬52°均有分布，80%～90%种类分布在以赤道为中心的热带、亚热带地区。园艺上的栽培种主要分布于南、北纬30°以内，尤以亚洲热带和亚热带、美洲热带地区为主。

由于兰花种类众多，其分类方法也较多，常见的有：

（一）按生态习性分类

1. 附生兰类　主要产于热带，它们多生长于树干上（少部分生长于岩石、悬崖上），以粗壮根系附着在树干、岩石等表面，根系裸露于空气中，不从树干、岩石上吸取养分（故不为寄生），而自雨水、露水、雾水中吸取水分、无机盐，也从落叶、脱落树皮、昆虫等动物残体中吸取养分。常见有卡特兰属（*Cattleya*）、蝴蝶兰属（*Phalaenopsis*）、万带兰属（*Vanda*）、石斛兰属（*Dendrobium*）、文心兰属（*Oncidium*）等属的种类。

2. 地生兰类　在寒带、温带、热带及亚热带地区均有分布。根系生长在杂有落叶、腐殖质的土壤中，从土壤中吸取水和养分。根系上具丝状根毛（附生兰没有）。主要有兰属（*Cymbidium*），包括春兰、蕙兰、墨兰、建兰、寒兰等种类及兜兰属（*Paphiopedilum*）、虾脊兰属（*Calanthe*）等。

3. 腐生兰类　通常生存于腐烂的植物体上，如朽木等。仅有少数属、种，如天麻，长年生于地下，仅开花时从地下抽出花序。

（二）按消费习惯分类

1. 中国兰　通常指兰属（*Cymbidium*）中一部分地生种，如春兰、蕙兰、建兰、墨兰、寒兰等。这些种类花小且不鲜艳，但甚芳香，叶态优美，深受我国、日本、朝鲜等地人们的喜爱。中国兰在长期的栽培中选择了以花形变异为主的大量“花兰”品种，在日本、中国台湾等地还对兰花的观叶品种即“艺兰”特别重视，并广为栽培。

2. 洋兰 是相对于中国兰而言的，它兴起于西方，现已在世界各地广为栽培。洋兰涉及的种类十分广泛，早期主要指原产热带、花大而色艳的附生兰类，如卡特兰，故有人常把洋兰和附生兰、热带兰等同起来。但随着兰花事业的发展，许多地生兰日益受到重视，栽培增多。由此，部分地生兰种类也列入洋兰的行列。因此，可把洋兰分成附生和地生两类。附生兰包括卡特兰属、石斛兰属、蝴蝶兰属、文心兰属、万带兰属、蕾丽兰属（*Laelia*）、指甲兰属（*Aerides*）、树兰属（*Epidendrum*）及兰属的虎头兰类等。地生兰包括兜兰属、虾脊兰属、白芨属（*Bletilla*）、米尔顿兰属（*Miltoni*）、鹤顶兰属（*Phaius*）等。

（三）按属形成方式分类

1. 自然形成属 这些属未经人为干涉，由自然演化或天然杂交而成。早期栽培的兰花多属此类。主要栽培的属有兰属、白芨属、兜兰属、虾脊兰属、鹤顶兰属、石斛兰属、蝴蝶兰属、指甲兰属、卡特兰属、万带兰属、文心兰属、蕾丽兰属、树兰属、杓兰属（*Cypripedium*）、独蒜兰属（*Pleione*）、贝母兰属（*Coelogyne*）、蜘蛛兰属（*Arachnis*）、火焰兰属（*Renanthera*）、乌舌兰属（*Ascocentrum*）、假万带兰属（*Vandopsis*）等。

2. 人工杂交属 在近代栽培的兰花中，除种间杂种外，还有许多两属、三属甚至多属间的人工杂交而形成的新属。均按《国际栽培植物命名法规》（The International Code of Nomenclature for Cultivated Plants）的规定给予一个新的组合属名。这些属间杂种不仅在花形、花径、花色上比亲本更好，而且对环境的适应力更强，已逐渐成为当今商品生产的主要品种。现将部分新属名及其亲本列举如表 2-6-1。

表 2-6-1 部分人工杂交属属名及其亲本

属　名	亲 本 属 名
Aeridachnis	*Aeridis*×*Arachnis*
Aeridocentrum	*Aeridis*×*Ascocentrum*
Aeridovanda	*Aeridis*×*Vanda*
Arachnopsis	*Arachnis*×*Phalaenopsis*
Aranda	*Archnis*×*Vanda*
Aranthera	*Archnis*×*Renanthera*
Ascocenda	*Ascocentrum*×*Vanda*
Ascohopsis	*Ascocentrum*×*Phalaenopsis*
Brassocattaleya	*Brassavola*×*Cattleya*
Laeliacattleya	*Laelia*×*Cattleya*
Odontonia	*Miltonia*×*Odontoglossum*
Opsisanda	*Vanda*×*Vandopsis*
Renades	*Aerides*×*Renanthera*
Renanopsis	*Renanthera*×*Vandopsis*
Renanthopsis	*Phalaenopsis*×*Renanthera*
Renantanda	*Renanthera*×*Vanda*
Vandachnis	*Arachnis*×*Vanda*
Vandaenopsis	*Phalaenopsis*×*Vanada*
Burkillara	*Aerdes*×*Vanda*×*Arachnis*
Christieara	*Aerides*×*Ascocentrum*

（续）

属名	亲本属名
Dialaeliocattleya	*Diacrium*×*Laelia*×*Cattleya*
Holttumara	*Arachnis*×*Renanthera*×*Vanda*
Kagowara	*Ascocentrum*×*Renanthera*×*Vanda*
Laycockara	*Arachnis*×*Phalaenopsis*×*Vandopsis*
Mokara	*Arachnis*×*Phalaenopsis*×*Rendanthera*
Trevorara	*Archnis*×*Phalaenopsis*×*Vanda*
Potinara	*Brassavola*×*Cattleya*×*Laelia*×*Sophronitis*

二、繁殖与栽培要点

由于兰花分布广泛、种类繁多，其生态习性也有较大差异。不同种类有各自不同的繁殖方法，对栽培条件包括基质、光照、水分等的要求也各不相同，在此仅概括性地加以简单介绍。

（一）兰花的繁殖

1. 播种繁殖　由于兰花不易结果，种子成熟期长，种子又极细小，胚乳退化，几乎无养分储藏，种子生活期短等原因，兰花用传统方法播种繁殖发芽率很低。直至1922年美国人Kundson首先在无菌条件下用含糖培养基使兰花种子发芽才获得幼苗，为现代兰花的有性繁殖、杂交育种及组培繁殖奠定了基础。

(1) 种子的收获与储藏。在蒴果成熟且未开裂时采下，用50%次氯酸钾灭菌后，置于阴凉干燥的无菌条件下使蒴果开裂并散出种子。种子宜及时播种。在干燥密闭的低温条件下（5℃左右）可保持生活力几周至几个月。

(2) 培养基。不同属、种甚至品种对培养基配方要求常有差异，近年较为常见的配方有Kundson C（KC）培养基（表2-6-2）、Vacin and Went（VW）培养基（表2-6-3）及MS培养基。

表2-6-2　Kundson C培养基

成分	分子式	含量（g）
硝酸钙	$Ca(NO_3)_2 \cdot 4H_2O$	1
磷酸二氢钾	KH_2PO_4	0.25
硫酸镁	$MgSO_4 \cdot 7H_2O$	0.25
硫酸铵	$(NH_4)_2SO_4$	0.50
硫酸亚铁	$FeSO_4 \cdot 7H_2O$	0.25
硫酸锰	$MnSO_4 \cdot 4H_2O$	0.007 5
琼脂		15
蔗糖		20
蒸馏水		1 000ml
pH		5.0～5.2

表 2-6-3　Vacin and Went 培养基

成　分	分子式	含量（g）
磷酸钙	$Ca_3(PO_4)_2$	0.20
硝酸钾	KNO_3	0.525
硫酸铵	$(NH_4)_2SO_4$	0.50
硫酸镁	$MgSO_4 \cdot 7H_2O$	0.25
硫酸二氢钾	KH_2SO_4	0.25
酒石酸铁	$Fe(C_4H_4O_5)_3 \cdot 2H_2O$	0.028
硫酸锰	$MnSO_4 \cdot 4H_2O$	0.007 5
蔗糖		20
琼脂		16
蒸馏水		1 000ml
pH		5.0～5.2

（3）种子发芽条件。播种后应置于光照充足但无直射光的室内发芽，光照度 2～3klx，每天光照 12～16h，温度在 20～25℃为宜。

2. 营养繁殖

（1）组培繁殖。自 1960 年法国人首次成功地把组培方法用于虎头兰的繁殖后，目前有近 70 个属数百种兰科植物可以用组培的方法进行繁殖，且已广泛应用于许多种或品种的规模化商品苗生产，如虎头兰、卡特兰、蝴蝶兰、石斛兰等。

兰花组培的外植体均取自分生组织，可用茎尖、侧芽、休眠芽、花序等，但以茎尖最为常用。兰花组培过程包括四个培养阶段，即原球茎的形成、增殖、分化、幼苗成长。在不同阶段需要不同培养基，常用的有 MS、White、VW、KC 等培养基。一般前两个阶段宜用液体振荡培养，可大量增加原球茎的形成数量。

（2）分株繁殖。多用于具假鳞茎的兰科植物，如兰属、卡特兰属、米尔顿兰属、石斛兰属等。时间上一般只要不是兰花的旺盛生长季节，均可进行分株。不同种类分株方法各有不同，常见类型有：

①兜兰属类：包括蝴蝶兰属、万带兰属等不具假鳞茎的种类，分株常每隔 1～2 年结合换盆进行，只需将植株从盆中取出后用手将苗根系扯开即可。

②兰属类：兰属种类每年从顶端假鳞茎上产生 1～3 个新的假鳞茎。一般每隔 2～3 年可结合换盆进行分株。将全株脱盆后，在适当位置剪成 2 至数丛，每丛不能少于 4 个假鳞茎，以利于后期生长开花。

③卡特兰属类：分株最好在能辨识根茎上的生活芽时进行。不需将植株取出，在原盆内选好位置割成两段，并在原盆内生长，待翌年春季旺盛生长前取出，分开栽植。

（3）扦插繁殖。根据插穗的来源不同可分为：

①顶枝扦插：适用于具长地上茎的单轴分枝、多不具假鳞茎的种类，如万带兰属、火焰兰

属、蜘蛛兰属等。剪取具一定长度并带有2～3条以上气生根的顶枝作插条，扦插后遮阳保湿即可。

②假鳞茎扦插：适用于具假鳞茎的种类，如卡特兰属、石斛兰属等。剪去假磷茎作插条，石斛兰属假鳞茎细长，可切成几段，兰属等则每一假鳞茎作一插条。插条可插于具湿润、通气基质的木箱中，几周后即可出芽发根。

（二）兰花的栽培条件

兰花的栽培主要受基质、肥水、光照、温度等影响，不同属、种由于原产地环境条件不同，对栽培条件要求差异也较大，这里仅介绍一般的要求与管理。

1. 基质　基质是兰花栽培的首要条件，它在很大程度上决定了根部水气状况。大多兰花尤其是附生兰类，在自然环境中均处于通气、排水良好的条件，陆生类型也多处于质地疏松、排水透气良好的土壤中。因此，兰花的栽培基质首先应具备排水、通气良好的特点，使根部有足够的空隙透气条件。由于兰花本身对肥料要求不高，同时在栽培中可通过追肥满足其生长所需，因此其基质可不考虑肥力要求。兰花的栽培基质常用苔藓、木炭、树皮、椰糠、蕨类根茎、碎砖块、泥炭、蛭石、珍珠岩、陶粒等。具体选用种类或混配比例视种类不同而异。

2. 水肥　兰科植物绝大多数喜湿润的环境条件，但忌基质排水不良。兰花浇水的次数、多少要视具体种类、生长期、温度、基质、植株大小而定。此外，水质对兰花生长有较大影响，尤忌水中可溶性盐含量过高。T. J. Sheehan认为，水中可溶性盐含量以低于125mg/L最好，125～500 mg/L也安全，500～800 mg/L应慎用，800 mg/L以上忌用。北方含盐碱高的地区可积蓄雨水浇灌。专业化的兰花生产可用微雾喷灌及滴灌等手段来供应水肥。

由于栽培兰花的基质不含或含较少养分，不能满足兰花旺盛生长的需要，因此在生长季节应不断补充肥料。施用肥料可用有机肥或化肥。有机肥有人粪尿、牛粪、猪粪、禽粪等，经发酵后对水浇施。无机肥用复合肥、尿素、过磷酸钙等，可干施，也可对水浇施。尿素、过磷酸钙和专用叶面肥可叶面追施。近年来，缓释化肥及生物有机肥也较多用于兰花栽培，既避免了传统有机肥污染多、带病菌、操作不便等缺点，又避免了速效肥追施时易出现的烧苗、肥效短等不足。由于兰花尤其是附生兰类在自然环境中肥料来源少、浓度低，故有适应低浓度肥料的习性。因此，在兰花施肥时应坚持宜稀不宜浓的原则，一般以盐分总浓度不高于500 mg/L为好。

3. 光照　光照是影响兰花生长的重要环境因子。光照若不足，则生长缓慢、茎细弱、开花不良甚至不开花。光照过强，则易使叶片发黄或灼伤，严重时甚至全株死亡。一般情况下，大多兰花种类喜阴或半阴条件。一些种类要求在春末夏初至初秋时适度遮阳，如兰属；一些种类要求全年有50%左右的遮光，如卡特兰属、蝴蝶兰属、万带兰属；也有一些种类要求全年在全光照下生长，如蜘蛛兰属、火焰兰属等。

4. 温度　由于兰花分布广泛，原产地气温差异大，使不同兰花对温度要求也有很大差别。一般来说，原产高海拔冷凉地区的种类较耐寒、不耐热，如米尔顿兰属、齿瓣兰属、兜兰属的一些种等；而原产于亚热带及热带高山地区的一些种类则属于喜温类型，如兰属、石斛兰属、兜兰属的部分种等；原产于热带雨林的种类则喜高温，很不耐寒，如蝴蝶兰属、万带兰属等。此外，昼夜温差变化对许多兰花的花芽分化和开花有很大的影响。

第二节　常见栽培种或属

（一）春兰

［学名］*Cymbidium goeringii* Rchb. f.

［英名］goering cymbidium

［别名］草兰、山兰、朵朵香

［科属］兰科，兰属

［形态特征］多年生草本。根肉质白色，假鳞茎球形，较小。叶4～6片集生，狭线形，边缘有细齿，叶脉明显。花单生或双生，花茎直立，高10～20cm，花径4～5cm，花色浅黄绿色，常在萼片及花瓣上有紫褐色条纹或斑块，有香气（图2-6-1）。

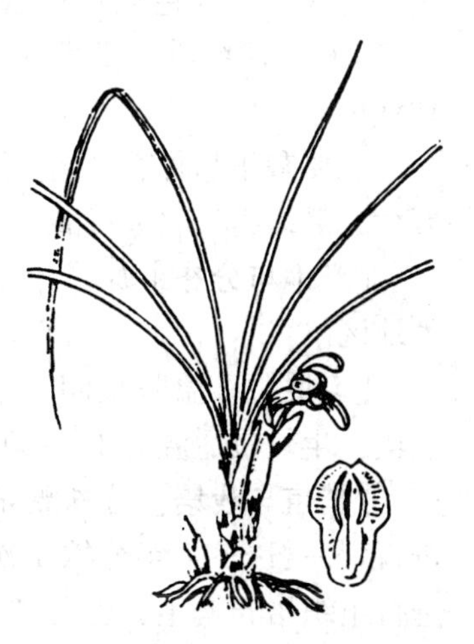

图2-6-1　春　兰

品种甚多，按花被片的形态可分为梅瓣型、水仙瓣型、荷瓣型和蝴蝶瓣型四大类。主要栽培品种有‘宋梅’、‘天兴梅’、‘郑同荷’、‘绿云’、‘赤龙’、‘汪字’、‘冠蝶’、‘素蝶’等。

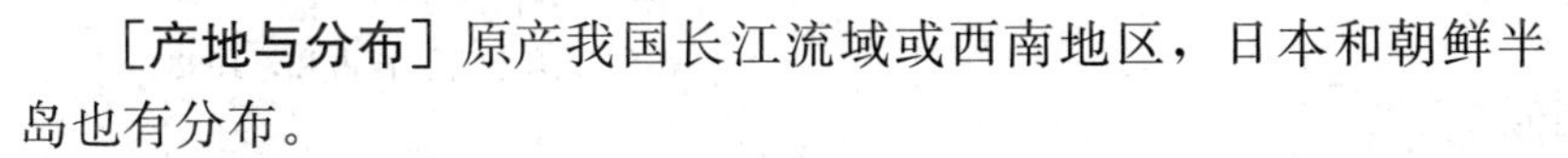

［产地与分布］原产我国长江流域或西南地区，日本和朝鲜半岛也有分布。

［习性］耐寒力较强，喜温暖湿润和疏阴环境，要求富含腐殖质而又排水良好的酸性土壤。生长适温为16～24℃。花期2～3月。

［繁殖与栽培］常用分株法，也可播种繁殖。分株可在春季或秋季进行，尤以春季植株休眠期至新芽未出土前为好。分株苗一般以2～3筒为宜。播种繁殖由于春兰种子极细、发芽力低，土播方法采用较少。目前较多在人工培养基上播种或用茎尖进行组培繁殖。春兰要求通风良好，春夏季应予遮阳，秋冬季给予充足光照。浇水是养好春兰的关键之一，空气湿度大可少浇；夏季气温高，水分消耗大，应多浇；冬季气温低应少浇。从新芽萌发至冬季休眠前，可半个月左右施薄肥1次。此外应注意黑斑病和介壳虫的防治。

［观赏与应用］春兰是早春重要室内盆花之一，可用于书房、厅堂等点缀，亦可与其他兰花种类共同设兰花专类园。

（二）蕙兰

［学名］*Cymbidium faberi* Rolfe

［英名］faber cymbidium

［别名］九子兰、九节兰、夏兰

［科属］兰科，兰属

［形态特征］多年生草本。原产地和分布情况与春兰基本相同。根粗而长，肉质，淡黄色，假鳞茎不明显。叶线形，5～7枚，比春兰叶更直立而宽长，基部常对褶，横切面呈V字形，边缘有较粗的锯齿。花莛直立，花5～13朵组成总状花序，花瓣稍小于萼片，唇瓣不明显3裂，中裂片长椭圆形，上面有许多小乳突状毛，顶端反卷，边缘有短绒毛，唇瓣白色，上具紫红色斑点，香味稍逊于春兰（图2-6-2）。

变种有：峨眉春蕙（var. *omeiense*），叶丛生，4～5 枚，花茎高 15～17cm，着花 3～4 朵，花淡黄绿色，萼片有紫红色中脉，花瓣有紫红色斑点；送春（var. *szechuanicum*），叶丛生，8～13 枚，薄革质，花茎高 30～50cm，稍弯曲，着花 5～9 朵，黄绿色。

主要栽培品种有‘老上海梅’、‘解佩梅’、‘温州素’、‘翠萼’、‘潘绿梅’、‘大一品’、‘极品’等。

[产地与分布] 原产于我国秦岭以南、南岭以北及西南广大地区。

[习性] 喜温暖湿润和半阴环境，耐寒力较强，喜微酸性土壤，生长最适温为 15～20℃。花期 3～5 月。

[繁殖与栽培] 分株繁殖，多在 9～10 月生长基本停止时进行，一般 3～4 年分株 1 次。现也采用茎尖和侧芽作外植体进行组织培养繁殖。也可进行播种繁殖，于 3～4 月间在消毒土壤或人工培养基上播种，发芽率较高。栽培方法与春兰相似。

图 2-6-2 蕙 兰
（陈心启、吉占和，1998）

[观赏与应用] 与春兰相似。

（三）建兰

[学名] *Cymbidium ensifolium* (L.) SW.

[英名] swordleaf cymbidium

[别名] 秋兰、秋蕙、雄兰、四季兰、骏河兰、秋红

[科属] 兰科，兰属

[形态特征] 多年生草本。假鳞茎椭圆形，较小。叶 2～6 枚丛生，长 30～60cm，宽 1.2～1.7cm，广线形，叶缘光滑，略有光泽。花莛直立，高 25～35cm，花序总状，着花 5～9 朵，花浅绿色，有香味，苞片长三角形，基部有蜜腺，萼片短圆披针形，浅绿色，花瓣稍向内弯曲，有紫红色条斑，唇瓣 3 裂不明显，宽圆形（图 2-6-3）。

建兰可分为彩心建兰（var. *ensifolium*）和素心建兰（var. *susin*）两个变种。名贵品种很多，属彩心建兰的有‘银边建兰’、‘大青’、‘白梗四季兰’等，属素心建兰的有‘金丝马尾’、‘荷花素’、‘龙岩素心’、‘十八学士’、‘观音素’等。

[产地与分布] 原产于我国华南和西南山区，东南亚及印度等地也有分布。

[习性] 多年生草本。耐寒性较春兰要差一些。花期 7～10 月。

图 2-6-3 建 兰
（陈心启、吉占和，1998）

[繁殖与栽培] 分株繁殖，多在春季新芽未抽生前进行。

现也有通过播种于人工培养基或组培的方法繁殖。其栽培要求同春兰、蕙兰相似。

［观赏与应用］ 建兰叶片宽厚、直立如剑，花莛长而挺拔，花多而芳香。常盆栽供室内陈设观赏，在多雨的南方亦可在湿润疏阴的小型庭园内布置。

（四）墨兰

［学名］ *Cymbidium sinense*（Andr.）Willd

［英名］ Chinese cymbidium

［别名］ 报岁兰、拜岁兰、丰岁兰

［科属］ 兰科，兰属

［形态特征］ 多年生草本。根长而粗，假鳞茎椭圆形。叶丛生，4～5枚，叶片剑形，长 60～80cm，宽约 3cm，深绿色，光滑，有光泽。花茎直立，粗壮，高约 60cm，常高出叶面，着花5～17 朵，苞片小，基部有蜜腺；萼片淡褐色披针形，有 5 条紫褐色的脉；花瓣宽短，唇瓣 3 裂不明显，先端下垂反卷（图 2-6-4）。

图 2-6-4 墨 兰

耐阴湿环境，在我国栽培历史久远，品种极丰富，主要有‘秋榜’、‘小墨’、‘金边’墨兰、‘大明报岁兰’、‘银边’墨兰、‘富贵名兰’、‘国香牡丹’、‘十八娇’、‘西双版纳’墨兰等。

［产地与分布］ 原产我国广东、福建等地山区，在越南、缅甸也有分布。

［习性］ 与春兰相似，但耐寒性较差。花期 1～3 月。

［繁殖与栽培］ 分株繁殖为主，宜在 8～9 月间进行，分割成 3～4 筒为一丛盆栽。也可用人工培养基播种或用幼茎组培。墨兰栽培春季温度不宜过高，否则易感病。生长期每月追肥 1～2 次，盛夏每天浇 1 次水，冬天 4～5d 浇 1 次，应做到“春不日，夏不射，秋不干，冬不湿”。

［观赏与应用］ 墨兰是室内陈设的名贵盆栽花卉。

（五）寒兰

［学名］ *Cymbidium kanran* Makino

［英名］ cymbidium kanran

［科属］ 兰科，兰属

［形态特征］ 多年生草本。叶 3～7 枚丛生，直立性强，叶长 35～100cm，宽 1～1.7cm，略带光泽。花茎直立、细而坚挺，同叶面等高或高出叶面，着花 8～12 朵；花瓣短而宽，长 3cm 左右，唇瓣 3 裂不明显（图 2-6-5）。该种与建兰、墨兰相比，其花被片窄而长，花茎细。花具芳香。

我国大陆栽培时间较短，品种不多，而以我国台湾、日本选育品种较多。常分成以观花为主的花兰和以观叶为主的叶艺寒兰。

［产地与分布］ 原产我国广东、广西、福建、江西、湖南、云南、贵州、台湾等地。日本、朝鲜也有分布。

［习性］ 与春兰相似，但耐寒性较差。花期 11 月至翌年 2 月。

［繁殖与栽培］ 分株繁殖，宜在 8～9 月间进行。栽培要求同墨兰相近。

图 2-6-5 寒 兰

[观赏与应用] 寒兰是室内陈设的名贵盆栽花卉。

(六) 卡特兰属

[学名] *Cattleya* Ldl.

[英名] cattleya

[科属] 兰科，卡特兰属

[形态特征] 多年生常绿草本。在兰花中以花大、色艳而著称，且花期长，具浓香，为栽培最广的兰花，在国际上有“洋兰之王”的美称。该种假鳞茎大小依品种变化较大，直径3～40cm，多为长纺锤形。假鳞茎顶端着生1～2枚厚革质叶片，叶片表面有较厚的角质层，叶色淡绿色。花径5～20cm，各瓣离生，唇瓣大而显著，边缘多皱曲，色彩多；其侧裂片包围蕊柱，蕊柱长而粗，先端宽；花色从纯白至深紫红色、朱红色。

该属在自然界有60余种，常见原生种有波氏卡特兰（*C. bowringiana*）、花叶卡特兰（*C. mossiae*）、黄卡特兰（*C. citrina*）、两色卡特兰（*C. bicolor*）、大花卡特兰（*C. gigas*）等。它不仅有许多种间杂种，还与其他近缘属如*Brassavola*、*Diacrium*、*Laelia*、*Sophronitis*等杂交而形成许多新属，如*Braassocattleya*、*Dialaeliocattleya*、*Laeliocattleya*、*Sophrolaeliocattleya*等。这些杂交种已成为现代兰花的重要组成部分。

[产地与分布] 原产美洲热带，从墨西哥到巴西均有分布。

[习性] 附生性兰花，不耐寒，喜温暖湿润和半阴环境，在兰科中属对光线要求较多的种类。常用泥炭藓、蕨根、树皮块等通气性和保水性较好的基质作盆栽材料。花期秋冬。生长适温为25～30℃，冬季温度不宜低于15℃，当温度为10℃时花期推迟，5℃时出现寒害。昼夜温差不宜超过10℃。

[繁殖与栽培] 常用分株或组培繁殖。分株多在3月份左右新芽刚长出时进行，分离后每丛不少于3个假鳞茎，并带有新芽，若分剪过小，不利于新株恢复生长和开花。育种时也用播种繁殖，由于种子细小，胚发育不全，可在无菌条件下进行胚培养。

卡特兰的栽植材料很多，常使用的有水苔、木屑、椰子壳、稻壳、槟榔茎、树皮等，用2～3种按一定比例混合，较利于促进卡特兰的生长和开花。如生产中多以水苔、稻壳、木屑按3∶1∶1或3∶1∶2比例混合。

卡特兰最适的光照度为20～35klx，一般需要50%～60%的遮光，此时叶色呈黄绿色，植株生长状态良好。如果光线太弱，叶色呈浓绿色，开花形状变差；光线过强会引起灼伤，叶片会黄化，产生烧焦现象。

卡特兰为CAM植物，光合作用大部分在晚上进行，因此昼夜温差不能过大。理想的栽培温度是：夏季的日温为20～25℃，夜温16～18℃；冬季的日温为15～22℃，夜温12～13℃。夏季最高温度不能超过38℃，否则会导致植株休眠；冬季温度不得低于10℃，否则会引起花芽凋落。在开花期夜间温度过高会导致花期缩短。

卡特兰怕干，在生长季节要保持较高的空气湿度和水分供给，适宜的相对湿度在60%左右。春、秋季旺盛生长时需充足水分和较高空气湿度。夏季应注意通风和遮阳，以免发生腐烂病。浇水时，水的pH应控制在5.5～7之间，过低或过高均不利于植株生长。

生长期每半个月施肥1次。幼苗期需氮肥多些，促进生根、长叶；中苗期提高钾肥用量，可用硝酸钾肥，使生长健壮；成年植株应增加磷肥，促进开花。冬季如日平均气温降至15℃以下，应停止施肥，否则会伤及根部，导致少开花或不开花。

病害主要有黑腐病、炭疽病和细菌性软腐病等，虫害主要有蓟马、蛞蝓、红蜘蛛和白粉虱等。生长期应注意定期采用杀菌剂和杀虫剂进行预防和早期防治，并注意基质、容器和栽培环境的消毒，保持通风环境。

[观赏与应用] 卡特兰是珍贵的盆花和重要的高档切花。

（七）兜兰属

[学名] *Paphiopedilum* Pfitz.

[英名] paphiopedilum

[科属] 兰科，兜兰属

[形态特征] 常绿，无假鳞茎的多年生草本，根茎稍呈匍匐性。叶片革质，表面有沟。花莛自叶间抽生而出，通常每莛1～2花，外花被的背部有1片直立，唇瓣呈囊状（拖鞋状），背萼极发达，呈扁圆形或倒心形，腹萼不明显，花药2枚，着生在蕊柱的两侧（图2-6-6）。

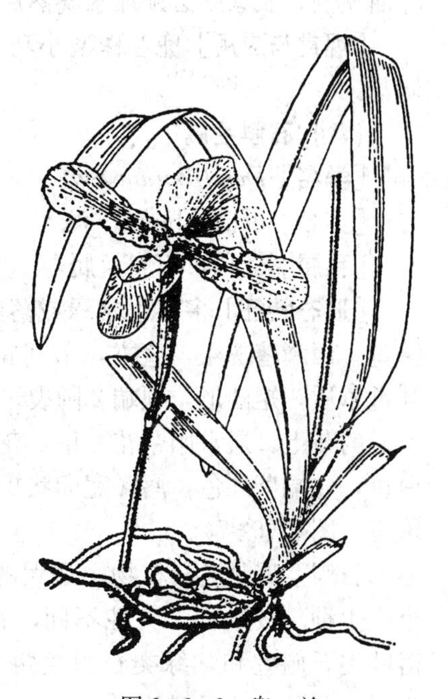

图2-6-6　兜　兰

（包满珠，2003）

该属在自然界约有50种，常见原生种主要有美丽兜兰（*P. insigne*）、白花兜兰（*P. niveum*）、香港兜兰（*P. purpuratum*）、卷萼兜兰（*P. appletonianum*）、黄花兜兰（*P. concolor*）、硬叶兜兰（*P. micranthum*）、带叶兜兰（*P. hirsutissimum*）、杏黄兜兰（*P. armeniacum*）等。目前国际上广为栽培的多为现代杂交种和品种。

[产地及分布] 原产印度、马来西亚、印度尼西亚及我国，是世界上栽培最早和最普及的洋兰之一。我国产8种，分布于华南、西南各地。

[习性] 地生兰类，抗寒性较差，喜温暖湿润及半阴环境，不耐旱，喜较高空气湿度，宜用疏松、排水良好的腐殖质土或泥炭土、苔藓等栽植。花期11月至翌年3月。

[繁殖与栽培] 多用分株繁殖，以4～5月最为适宜，每丛2～3株上盆。种子细小、发芽差，播种时常需胚培养，也可用茎尖组培。

兜兰喜阴，除冬季外，生长期应适当遮阳，夏季可遮光60%～70%，春、秋季则为40%～50%。由于兜兰无假鳞茎，抗干旱能力较弱，生长期应保持较高的基质湿度和空气湿度。但夏季易发生软腐病等病害，出现幼叶和嫩芽逐渐变黑枯死，严重时整株死亡，这是由于湿度过高引起的，发现后必须停止叶面喷水，加强通风，降低室内温度，并喷洒抗菌剂。原产于我国云南、贵州等高海拔地区的种类，如杏黄兜兰、硬叶兜兰等，夏季应特别注意室内温度过高、湿度过大的问题，要加强通风和遮阳，降低温室内的温度和湿度。

总的来说，兜兰的抗寒能力不如兰属植物，若室温降至1～2℃，叶片会慢慢枯萎变褐、脱落，最终死亡；若温度长期维持在5℃左右，植株叶片虽为绿色，但颜色暗淡、无光泽。一般原产印度、我国山区的种类，在10℃左右能正常生长；原产东南亚地区的种类要求14～18℃；而广为栽培的现代杂交种则要求更高温度。但如温度过高则植株叶片生长过于肥大而下垂，形成的花芽不能开花，花芽及植株还常常会出现腐烂现象。

适当施肥是兜兰生长健壮的重要保障。除秋冬季节气温过低、植物停止生长期间不施肥外，其他时间应两周左右施1次追肥。化肥和农家肥都可以施用，化肥需注意氮、磷、钾配比，氮肥不可过高，化肥施用浓度应控制在0.1%～0.3%之间，不可过浓，可以根部浇灌施用，也可以叶面喷洒；农家肥必须加水腐熟后方可稀释施用。

[观赏与应用] 兜兰株型小巧，花形奇特，花期长，是室内陈设的珍贵盆花之一，也可作切花。

（八）石斛兰属

[学名] *Dendrobium* Sw.

[英名] dendrobium

[科属] 兰科，石斛兰属

[形态特征] 多年生常绿或落叶草本。短根茎上密生假鳞茎，假鳞茎丛生，直立，节间膨大，基部收窄，呈枝状。叶近革质，矩圆形，顶端2圆裂。花序着生于二年生假鳞茎上部的节上，通常两朵花一束，花径约6cm，浅玫瑰红色或白色，先端紫红色，唇瓣宽卵状矩圆形，唇盘上有1个明显紫斑（图2-6-7）。

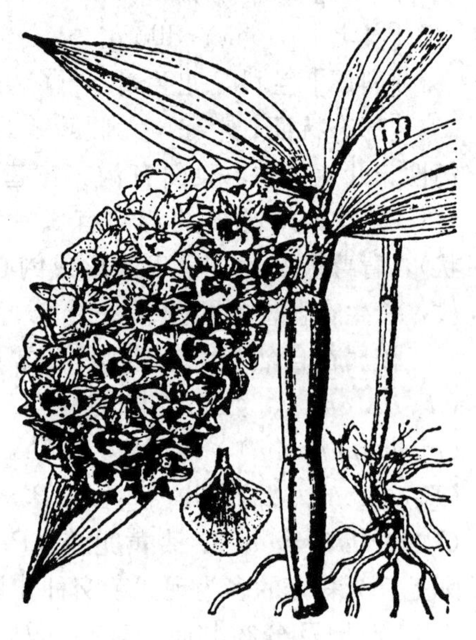

图2-6-7　密花石斛
（包满珠，2003）

石斛兰属是兰科植物中最大的属之一，有1 500～1 600个原生种。按生物学特性不同，石斛兰属植物大体可分为落叶类石斛兰和常绿类石斛兰两大类。按花期不同，可分为春石斛兰和秋石斛兰。

（1）落叶类石斛兰。每年生长季节开始时从假鳞茎的基部长出新芽，当年生长成熟为新的假鳞茎，老茎则逐渐皱缩，一般不再开花。在生长季节末，当旱季到来时，假鳞茎上的叶片脱落，或保留到次年春季。这一类包括了我国西南和华南原产的大多数种类，如金钗石斛、报春石斛、兜石斛、短唇石斛等。此类石斛兰通常在前一年生长的假鳞茎上部的节上抽出花序，2～3朵花一束。

（2）常绿类石斛兰。无明显休眠期，叶片可维持数年不脱落。花序常从假鳞茎的顶部及附近的节上抽出，有时一个假鳞茎要连续数年开花。属于常绿类石斛兰的有石斛（*D. nobile*）、密花石斛（*D. densiflorum*）、蝴蝶石斛（*D. phalaenopsis*）、鼓槌石斛（*D. chrysotoxum*）、球花石斛（*D. thyrsiflorum*）等及其杂交种。这一类石斛兰在旺盛生长时期对栽培条件的要求与落叶种类基本相同，但喜欢更高的温度和湿度。

我国产石斛兰种类大多为春石斛兰类，如石斛、密花石斛、球花石斛、鼓槌石斛等。秋石斛兰类多常绿，主要分布于大洋洲的澳大利亚、新西兰、新几内亚等地，其杂交品种的主要原种为蝴蝶石斛。

[产地与分布] 主要分布于亚洲的热带和太平洋岛屿的东亚、东南亚及澳大利亚等地区。该属大约有60种产于我国，北自秦岭、淮河以南，南至海南岛南部，大多数种类都集中于北纬

15°30′～25°21′之间，主要分布在云南、广西、贵州和台湾等省（自治区）。

［习性］石斛兰属植物为附生兰类，野生时附生在森林中的树干或岩石上，喜欢一定的阳光，夏季宜庇荫。喜高温、高湿，耐寒性较差，落叶种类越冬的温度夜间可低至10℃或更低，常绿种类则不可低于15℃；此外，石斛兰类对昼夜温差比较敏感，最好应保持10～15℃的温差，温差过小，则不利于生长和开花。

［繁殖与栽培］分株或组培繁殖。分株通常在春季开花后，新芽未抽生前进行，每株应不少于3～4条老枝（假鳞茎），3年左右换盆并分株1次。

石斛兰类的盆栽通常采用蕨根、树蕨块、泥炭藓、树皮块、碎砖块和木炭等作盆栽材料，材料在种植前必须清洗干净，清水浸泡1d后备用。栽植时注意不要伤新芽和新根，栽培两年以上的植株长大，根系过满，盆栽材料已腐烂，应及时换盆。通常在开花后、新芽尚未生长之前换盆并更换栽培材料，也可结合换盆进行分株。

生长期可视季节适当遮光，春夏季可利用上午10：00前的直射光，此后光线可遮去70%左右，冬季可不遮光或只遮去20%光照。

石斛兰在新芽萌发至新根形成时期比较娇气，需要充足的水分，但此时温度较低，过于潮湿会引起腐烂。旺盛生长季节应保持较高的空气湿度，但应注意避免盆中积水。落叶种类在冬季可适当干燥，少浇水，但盆栽材料不宜过分干燥，空气湿度不应太低。常绿种类冬季只要温室温度高，仍需保持充足水分；温度低可适当少浇水，但盆栽材料仍需保持湿润。

生长期每7～10d追肥1次，浓度不宜过高。叶面追施或根浇化肥时浓度不宜超过0.1%。落叶种类在冬季休眠期应停施肥料。常绿种类如冬季温度高，仍在继续生长的还要施肥；若温度低，处于强迫休眠的，则应停止施肥。

［观赏与应用］秋石斛兰是重要的高档切花之一，同时也可作盆栽观赏；春石斛兰多作为盆花栽培。

（九）大花蕙兰

［学名］*Cymbidium hybrida*

［别名］虎头兰、西姆比兰

［科属］兰科，兰属

［形态特征］为兰属中的常绿多年生大花附生种类的总称。假鳞茎粗壮肥大，长椭圆形，稍扁。每假鳞茎上有叶片7～8枚，叶长60～90cm，宽2～3cm，基部关节明显，相对抱合，近草质。总状花序近直立或弯曲，根据花枝的直立性分为直立型大花蕙兰和垂花型大花蕙兰。花序有花6～12朵或更多，花大型，直径8～10cm，花色各异，分为白花系、黄花系、绿花系、红花系、粉红花系、橙黄花系、斑纹花系等（图2-6-8）。

图2-6-8　虎头兰
（卢思聪，1994）

目前世界各地栽培的大花蕙兰均为多年杂交选育出来的品种。花大色艳，花型丰满，生长健壮，花期长。主要亲本有：独占春（*C. eburneum*），白花、粉花品种亲本；

美花兰（*C. insigne*），白花、粉花品种亲本；红柱兰（*C. erythrostyllum*），白花品种亲本；黄蝉兰（*C. iridioides*），黄花、绿花品种亲本；碧玉兰（*C. lowianum*），绿花品种亲本；西藏虎头兰（*C. tracyanum*），黄花、斑点花品种亲本；虎头兰（*C. hookerianum*），绿花品种亲本；多花兰（*C. floribundum*），红花垂花品种亲本；地旺兰（*C. devonianum*），垂花品种亲本；台兰（*C. pumilum*），小花和垂花品种亲本；建兰（*C. ensifolium*），小花、香花、早花品种亲本。

[产地与分布] 主要原产于我国西南部及印度、泰国北部。

[习性] 属附生兰类，喜温和冷凉，不耐高温和寒冷，较大的昼夜温差有利其生长和花芽分化。适宜的生长温度范围为10～25℃，其中生长期适宜日温为18～30℃，最适日温为22～28℃；夜温为15～25℃，最适夜温为18～22℃；花芽分化期日温最适为18～22℃，夜温最适为12～18℃，不能过高或过低，否则花芽分化不良；花期适宜日温20～25℃，夜温15～20℃。

喜湿润，生长期空气湿度应保持在80%～90%，开花期则应控制在70%～80%。但夏季高温高湿条件下，大花蕙兰易患病害，因此应注意通风换气。

稍喜阳光，也较耐阴，在幼苗期光照度应控制在15～30klx；到了中苗期以后，光照度应控制在40～50klx。光照度也应随温度和水分条件的变化作适当调节。当温度太高，强烈的光照会使植株呈休眠状态，停止生长，甚至造成灼伤；温度太低时，光照不足也会使植株呈休眠状态，停止生长。而过度遮阳会使植株生长细弱，开花少而小。大花蕙兰因其植株大，生长旺盛，生长期较喜肥。

[繁殖与栽培] 可分株繁殖，多在3～5月花期结束后结合换盆进行，若过迟则新芽、新根已长出，易受损伤。规模化生产多用组培法繁殖，从组培苗培育成开花植株一般需要4～5年，少数3年可开花，其间至少应换盆3次。

大花蕙兰冬季生长期间温度不宜过高，否则花茎软弱，花期缩短；而若低至5℃左右，则出现叶片发黄，花芽生长缓慢，花茎短小等现象。夏季宜在凉爽湿润条件下生长，高温不利花芽形成，生产上可利用微雾系统降温增湿。

大花蕙兰在夏秋季宜适当遮光，尤在春末至秋初季节，应遮去50%以上光照，否则若光照过强，易灼伤叶片。

大花蕙兰在旺盛生长时期需水量多，需要充足的水分，特别是光合作用旺盛时不能缺乏水分，而冬季植株生长慢，需水少，2～3d灌水1次即可。灌水以保持适量水分为宜，开花期如水分过多易导致新陈代谢加速，反而缩短花期；水分过少，则无法满足开花消耗的养分及水分，花朵会过早萎蔫。总之，灌水应掌握见干见湿。灌水时注意水温应与土温相近，否则容易伤根。水的pH应控制在5.2～5.5，太酸或偏碱均会影响植株的正常生长。

大花蕙兰生长旺盛期较其他洋兰喜肥。使用的无机肥以复合肥为主，浓度为0.1%～0.2%，每周施肥1次。幼苗期一般以根外追肥为主，应薄肥勤施，每7d施1次，氮、磷、钾按1∶1∶1稀释1 000倍液喷施；中苗期和大苗期氮、磷、钾按1∶2∶3，花期氮、磷、钾按1∶4∶2，均稀释1 000倍液喷施。冬季停施。

大花蕙兰从中苗期开始需进行适当疏芽。其新假球茎每年可繁殖2次，为充实假鳞茎，生长中途假鳞茎发生的芽必须全部除去。1个球茎若同时长出2个或更多芽，可留下茁壮芽1个，将其余的摘除。若1个球茎同时长出花芽（先端饱满）和叶芽（先端瘦长），应将叶芽摘除，否则影响花芽生长。

大花蕙兰常见的病害有黑腐病、疫病、软腐病、炭疽病、叶枯病、灰霉病；常见的虫害有介壳虫类、蜘蛛、蛞蝓、蚜虫、蓟马和螨类等。应支持以防为主，防治结合，主要做好下列工作：保持兰棚通风良好，并定期清除杂草；定期对植床、花架、地面等进行消毒；定期对兰株喷药杀菌除虫；对已发病植株应及时移出兰棚处理或烧毁。

[观赏与应用] 大花蕙兰以盆栽观赏为主，同时也是极好的切花种类，南方地区也可用于园景布置。

（十）蝴蝶兰属

[学名] *Phalaenopsis* Bl.

[英名] phalaenopsis，moth orchid

[科属] 兰科，蝴蝶兰属

[形态特征] 多年生常绿草本，单轴分枝。茎短而肥厚，没有假鳞茎。叶短而肥厚，多肉，长20～30cm，宽5～8cm。根系发达，呈扁平丛状，从节部长出。总状花序腋生，长20～30cm，下垂，着花10朵左右；花色常见有白色、紫色、粉色等，且常具斑点（图2-6-9）。

该属主要的原生种有大白花蝴蝶兰（*P. amabilis*）、蝴蝶兰（*P. gigantean*）、桃红蝴蝶兰（*P. equestris*）、荧光蝴蝶兰（*P. violacea*）、雷氏蝴蝶兰（*P. lueddemanniana*）等，均为杂种蝴蝶兰家族的重要原始亲本。蝴蝶兰因花色特点及亲本来源等因素而将之分为五种色系，分别是：点花系，品种有'Perfection'、'Jungle Queen'、'Jun'等；粉红色花系，品种有'Toki'、'Miwa'等；白色花系，品种有'Doris'、'Show Girl'、'Mount Kaala'等；条花系，品种有'Tokyo'、'Hanabusa'等；黄色花系，品种有'Canary'等。此外，蝴蝶兰属在与其近缘属如指甲兰属、蜘蛛兰属、鸟舌兰属、火焰兰属、万带兰属、风兰属等相互杂交，形成两属或多属间的人工杂交属多达100多个。

[产地与分布] 约有35种，原产亚洲南部热带森林的林下，现全世界广泛栽培。我国产4种，分布于云南、海南、台湾等地。

[习性] 附生兰类，喜高温、高湿环境，生长适温白天25～30℃，夜间15～20℃。当夏季35℃以上高温或冬季10℃以下低温时，蝴蝶兰停止生长。若持续低温，根部停止吸水，形成生理性缺水，植株死亡。蝴蝶兰花芽分化不需高温，以16～18℃为宜。生长环境温度若低于10℃，其生长会缓慢停顿下来；温度低于6℃时进入休眠状态；如果温度低于4℃时，则受寒害或死亡。

生长期应保持较高的空气湿度，一般相对湿度应保持在70%～80%。生长基质应保持良好的透气性，忌积水，否则根系易腐烂。此外，蝴蝶兰喜阴怕晒，不耐直射光照射。

[繁殖与栽培] 分株繁殖，现多用组织培养繁殖。分株繁殖多在春季新芽萌发前进行。蝴蝶兰具气生根，盆栽基质必须疏松、透气、排水良好，可选用椰壳、苔藓、树皮或陶粒等，生产上以采用苔藓较为常见。

生长期应注意夏季降温，最好不超过32℃，高温会促使其进入半休眠状态而影响花芽分化。此外，冬季应注意保温。

属附生兰，在原产地大多着生在树干上，根部暴露于空气中，可以从湿润的空气中吸取水分。浇水应掌握见干见湿的原则，水温最好与室温接近。春季是兰花根系生长最旺盛时期，当栽培基质干燥时应及时浇水。夏季高温，叶片上不可凝聚水分，以免造成叶灼。梅雨期尽量保持干燥一些，不可给水太多。

蝴蝶兰施肥时应注意薄肥多施，一次施用量不能太大，否则易发生肥害。不同生长期对氮、磷、钾肥需求量不同，幼苗期氮、磷、钾的施用比例约 3∶1∶1，成苗期约 1∶1∶1，开花期约 1∶3∶1。施肥最适宜气温为 18～25℃，初春气温稳定回升，芽开始萌动，应开始施肥，一般每 7～10d 施 1 次稀释2 000倍的液肥；到盛夏高温期应暂停止施肥，气温回落到 25℃时可继续施肥；到秋末逐渐进入休眠期，即可免施肥。施肥一般在傍晚进行为好，叶面肥宜在 10:00 前进行。为增进蝴蝶兰的色润和芳香，应在花芽分化前补充养分。

蝴蝶兰叶片宽大、肥厚，忌强光照射，一旦遇到阳光直射，水分丧失较快，叶片很容易出现日灼；但光线太弱又易造成植株徒长，容易发病。幼苗期适宜的光照度为 10klx 左右，开花期适宜的光照度为 20～30klx。春、秋季遮光 40%左右，夏季遮光 60%左右。

蝴蝶兰经历一定低温环境之后才完成花芽分化。其自然开花期在 3～5 月，如果要提早到元旦、春节等节日开花，需提早给予低温环境。据研究，在每日 16～18h 光照、20℃左右的低温下，经过 3～6 周（时间长短因品种特性而异）可完成花芽分化。如果温度在 15～20℃还可增加花梗数，但必须增加光照度，否则低温降低光合作用效率，养分不足会造成花苞数减少。花芽分化以后，花梗继续伸长，花苞继续发育，至开花时间长短因品种特性和环境温度而异，一般为 100d 左右。这段时间提高温度可加快开花，如当花茎长至 10cm 左右时，提高温度至 20～25℃，可诱使花梗快速生长，但是温度过高会影响顶端花芽和花梗侧枝发育。后期可通过温度调节控制花期，28℃下生长加快，利于催花；18℃时，几乎停止生长，延迟花期。

如花期在春节前后，观赏期可长达 2～3 个月。当花枯萎后，需尽早将凋谢的花剪去，这样可减少养分的消耗。

［观赏与应用］蝴蝶兰花型丰满，花色淡雅，花期长，既是高档盆栽花卉，也是切花的优良材料。

（十一）文心兰属

［学名］*Oncidium* Sw.

［英名］dancing lily

［科属］兰科，文心兰属（金蝶兰属）

［形态特征］多年生常绿草本，绝大多数为附生兰。该属种形态变化较大，假鳞茎为扁卵圆形，较肥大，少部分种没有假鳞茎。叶片 1～3 枚，通常可分为薄叶种、厚叶种和剑叶种。一般每个假鳞茎上产生 1 个花茎，花茎长短和着花数因种类、品种不同而异，从 1～2 朵至数百朵不等；花色以黄色、棕色为主，还有绿色、白色、红色或粉红色；花瓣与背萼几乎相等或略大；唇瓣通常 3 裂，或大或小，呈提琴状，中裂片上有鸡冠状的瘤状突起。

主要种类有大文心兰（*O. ampliotum*）、黄花文心兰（*O. luridum*）、大花文心兰（*O. macranthum*）、金蝶兰（*O. papilio*）等。

［产地与分布］原产地以巴西、哥伦比亚、厄瓜多尔及秘鲁等为主，而从美国佛罗里达和墨西哥至阿根廷均有分布。

［**习性**］因种类、品种不同而差异较大，但大多喜温暖、湿润气候条件，不耐寒。耐阴，忌强光直射。厚叶种耐干旱能力强于薄叶种。最适宜的生长温度为18～25℃，空气相对湿度为75%～85%，光照度为10～25klx。

［**繁殖与栽培**］分株或组织培养繁殖。栽培时基质应疏松通气，可用树蕨3份，苔藓、沙各1份或砻糠、陶粒、泥炭、木炭等混配后栽植，木炭以直径0.5～2cm为宜，并在栽种前用水浸泡冲洗以除去炭粉。

生长季应注意遮光，夏季遮光50%～60%、冬季20%～30%。小苗生长量少，一般光照度以5～15klx为宜；中、大苗生长量大，一般光照度以15～25klx为宜。荫棚不能太低，以4～5m为宜，太低则影响通风效果；栽培架高以0.6～1.0m为宜。

春季及阴雨天应注意控制浇水；夏秋季及干燥天气应增加浇水次数，并适当加喷叶面水以增加空气湿度；冬季干冷天气每2～3d喷1次叶面水，6～7d浇1次透水。

旺盛生长期应每月施液肥2～3次，浓度0.05%～0.1%。4～10月为文心兰生长盛期，每月还可施1～2次氮、磷、钾比例为1∶2∶4左右的缓释颗粒肥，防止植株徒长及提高抗病能力，此外还应适当补充钙元素以增加叶片厚度。冬季休眠期应停止浇肥，并控制水分。

文心兰病害主要有细菌性软腐病、细菌性叶斑病、疫病、炭疽病、赤斑病等。细菌性软腐病是文心兰的主要病害，高温高湿、通风不良是其发病的主要原因，发现有病株时应先将其挑出及时销毁，并采用杀菌剂防治。常见虫害有蜗牛、介壳虫、白粉虱等，可定期撒石灰粉于兰园四周及栽培架支脚处，并及时施用相应杀虫剂喷杀。

［**观赏与应用**］文心兰花色鲜艳、着花多，极适合切花应用，也是高档盆栽花卉。

第三节　其他种类

表2-6-4　其他兰科花卉简介

属　名	代表种	产　地	花　期	习　性	繁殖
指甲兰属 *Aerides*	指甲兰 *A. odoratum*、多花指甲兰 *A. multiflorum*、费氏指甲兰 *A. fieldingii*	我国南部、南亚、东南亚等	夏季	附生类，喜温暖、湿润	分生、扦插
风兰属 *Angraecum*	长距风兰 *A. sesquipedale*、象牙风兰 *A. eburneum*	马达加斯加等	秋冬季	附生类，喜温暖、湿润	分生
蜘蛛兰属 *Arachnis*	蜘蛛兰 *A. clarkei*、香花蜘蛛兰 *A. hookeriana*	我国南部、东南亚等	夏秋季	附生类，喜温暖、湿润，较喜光，喜肥	分生
竹叶兰属 *Arundina*	禾叶竹叶兰 *A. graminifolia*	我国长江流域以南及亚洲热带	全年	地生类，较喜光，喜温暖、湿润，略耐寒	分生
鸟舌兰属 *Ascocentrum*	鸟舌兰 *A. ampullaceum*、朱红鸟舌兰 *A. miniatum*、美花鸟舌兰 *A. hendersonianum*	我国西南部、南亚等地	春夏季	附生类，喜温暖、湿润	分生

（续）

属　名	代表种	产　地	花　期	习　性	繁殖
白芨属 *Bletilla*	白芨 *B. striata*、黄花白芨 *B. ochracea*	我国长江流域以南	春夏季	地生类，较喜光，稍耐阴；喜温暖、湿润，较耐寒	分生
巴索拉兰属 *Brassavola*	钩巴索拉兰 *B. cucullata*、迪氏巴索拉兰 *B. digbyana*	中南美洲	全年	附生类，喜温暖、湿润	分生、播种
虾脊兰属 *Calanthe*	虾脊兰 *C. discolor*、长距虾脊兰 *C. masuca*、毛茎虾脊兰 *C. vestita*	我国长江流域以南	冬春或夏秋季	地生类，较喜光，稍耐阴；喜温暖、湿润，较耐寒	分生
独花兰属 *Changnienia*	独花兰 *C. amoena*	我国长江流域以南	春季	地生类，喜温暖、湿润，较耐寒，较耐阴	分生
贝母兰属 *Coelogyne*	毛唇贝母兰 *C. cristata*、粗糙贝母兰 *C. asperata*	我国南部、东南亚、南亚等地	冬春或春夏	附生类，喜温和、湿润	分生、播种
杓兰属 *Cypripedium*	杓兰 *C. calceolus*、黄花杓兰 *C. flavum*、大花杓兰 *C. macranthum*	欧亚温带	春季	地生类，耐阴；喜冷凉、湿润，耐寒	分生、播种
树兰（柱瓣兰）属 *Epidendrum*	玛丽柱瓣兰 *E. mariae*、紫花柱瓣兰 *E. atropurpureum*、蚌壳柱瓣兰 *E. cochleatum*	中南美洲	春夏季或全年	附生或地生类，喜温暖、湿润，生长强健，喜肥	分生
蕾丽兰属 *Laelia*	白花蕾丽兰 *L. albida*、扁平蕾丽兰 *L. anceps*、金黄蕾丽兰 *L. flava*、紫脉蕾丽兰 *L. purpurata*	中南美洲	秋冬或春夏季	附生类，喜温暖、湿润，较喜光	分生
血叶兰属 *Ludisia*	血叶兰 *L. discolor*	我国南部及东南	春夏季	地生类，喜温暖、湿润，喜阴	分生
米尔顿兰属 *Miltonia*	美花米尔顿兰 *M. spectabilis*、白花米尔顿兰 *M. candida*、瑞氏米尔顿兰 *M. regnellii*	南美	春夏或夏秋	附生类，喜温暖、湿润，喜阴；原产高海拔种类喜夏季凉爽	分生
细瓣兰（三尖兰）属 *Masdevallia*	细瓣兰 *M. chestertoni*、美丽细瓣兰 *M. bella*、绯红细瓣兰 *M. coccinea*	南美	春夏或夏秋	附生类，喜温暖、湿润，喜阴	分生
鹤顶兰属 *Phaius*	鹤顶兰 *Ph. tankevilliae*、黄花鹤顶兰 *Ph. flavus*	我国南部、南亚、东南亚	春夏季	地生类，较喜光，稍耐阴；喜温暖、湿润	分生
独蒜兰属 *Pleione*	独蒜兰 *P. bulbocodioides*、台湾独蒜兰 *P. formosana*	我国南部	春或秋季	附生或地生，生长期喜温暖、湿润，冬季休眠期宜冷凉、干燥，喜阴	分生
火焰兰属 *Renanthera*	火焰兰 *R. coccinea*、艾姆氏火焰兰 *R. imschootiana*	亚洲热带	春夏季	附生类，喜温暖、湿润，较喜光	分生
钻喙兰属 *Rhynchostylis*	钻喙兰 *R. retusa*、大钻喙兰 *R. gigantea*	我国南部、南亚、东南亚	夏秋或秋冬季	附生类，喜温暖、湿润	分生

（续）

属　　名	代表种	产　地	花　期	习　　性	繁殖
丑角兰属 *Sophronitis*	粉红丑角兰 *S. coccinea*	巴西	秋冬季	附生类，喜温暖、湿润，较耐阴	分生
万带兰属 *Vanda*	散氏万带兰 *V. sanderiana*、大花万带兰 *V. coerulea*、棒叶万带兰 *V. teres*	我国南部、东南亚等	春或秋季	附生类，喜温暖、湿润，较喜光，喜肥	播种、分生
假万带兰属 *Vandopsis*	假万带兰 *V. gigantea*、菲律宾假万带兰 *V. lissochiloides*	我国南部、东南亚、南亚等地	春夏季	附生类，喜温暖、湿润，较喜光，喜肥	分生

第七章
仙人掌类及多肉多浆植物

第一节 概 述

一、概念与范畴

多浆植物或称多肉植物，系瑞士植物学家琼·鲍汉（Jean Bauhin）在1619年首先提出的。词义来源于拉丁词succus（多浆、汁液），意指这类植物具有肥厚多汁的肉质茎、叶或根。广义的多浆植物指茎、叶特别粗大或肥厚，含水量高，并在干旱环境中有长期生存力的一群植物。大部分生长在干旱或一年中有一段时间干旱的地区，所以这类植物多具有发达的薄壁组织以贮藏水分，其表皮角质或被蜡层、毛或刺，表皮气孔少而且经常关闭，以降低蒸腾强度，减少水分蒸发。它们之中相当一部分的代谢形式与一般植物不同，多在晚上较凉爽潮湿时气孔开放，吸收二氧化碳并通过β-羧化作用合成苹果酸，白天高温时气孔关闭，不吸收二氧化碳而靠分解苹果酸放出二氧化碳供光合作用。

该类植物主要原产于美洲的巴西、阿根廷、墨西哥等热带及亚热带地区，少数产于亚洲、非洲。植物形态奇特，变化无穷，有棒状、球状、掌状、扁平状等，花更是美观别致，色彩鲜艳，花色有红、白、黄、紫等，有的亭亭玉立，有的娇嫩清秀，有的古朴典雅，形成了独特的一类观赏花卉植物。

多浆植物包括仙人掌科（Cactaceae）、景天科（Crassulaceae）、百合科（Liliaceae）、龙舌兰科（Agavaceae）、番杏科（Aizoaceae）、萝藦科（Asclepiadaceae）、夹竹桃科（Apocynaceae）、菊科（Compositae）、大戟科（Euphorbiaceae）、马齿苋科（Portulacaceae）等55个科在内的多肉多浆植物。

二、繁殖与栽培要点

（一）繁殖技术

仙人掌类和多肉多浆植物繁殖较容易，常用的方法为扦插、分株与播种，嫁接在仙人掌科中应用最多。

1. 扦插繁殖　利用这类植物的茎节或茎节的一部分、带刺座的乳状突以及子球等营养器官具有再生能力的特性，进行扦插繁殖。扦插成活的个体不仅比播种苗生长快、开花早，并且能保持原有品种特性。切取时应保持母株株形完整，并选取成熟者，过嫩或过于老化的茎节都不易成活。切下部分首先置于阴处4～5d后再插。扦插基质应选择通气良好、既保水又排水良好的材料，如珍珠岩、蛭石，含水较多的种类也可使用河沙。在有保护设施的条件下，四季均可进行，但以春夏为好，雨季扦插易烂根。一些种类不易产生侧枝，可在生长季中将上部茎切断，促其萌发侧芽，以取插穗。

2. *嫁接繁殖*　把嫁接技术应用到仙人掌类及多肉多浆植物的繁殖上是近几十年才进行的。多用于根系不发达、生长缓慢或不易开花的种类，珍贵稀少的畸变种类，或自身球体不含叶绿素等不宜用其他方法繁殖的，或为便于观赏，如将球形接在柱形上，或像蟹爪兰等呈悬吊下垂式观赏者。嫁接应在生长期进行，最适季节以春、秋季为好，在温暖及湿度大的晴天嫁接，空气干燥时宜在清晨操作。砧木与接穗均不用太老已木质化的部分，但太幼嫩的也不适宜，应健壮无病。嫁接时，砧木与接穗均应含水充足，萎蔫者成活较难。若接穗已经萎蔫，必要时可在嫁接前先浸水几小时，使其吸水复原。嫁接操作时，砧木与接穗表面均要干燥、无水，否则容易腐烂。砧木接口的高低由多种因素来决定：无叶绿素的种类要接得高些，以保证有足够的光合产物供给；下垂或自基部分枝的种类也要接得高些，以便于造型，使其美观；鸡冠状的种类也应接得高些，才能充分体现其形态特点；除上述情况外，一般都接得较低，低接后应移栽或换盆1～2次，逐渐使砧木埋入土中，不再露出土表，则更美观。仙人掌类的嫁接操作比较简单，用较薄的刀刃将嫁接口削平即可。切口切开后要尽快接上，表面干燥后便不易成活。接穗接好后再轻轻转动一下，排除切合面间的空气，使砧木与接穗紧密吻合，然后再固定。固定方法有多种，用仙人掌类自身的棘刺，或用绳索缠扎，或用重力从顶上压牢均可。接后放荫蔽处，不能日光直射，在完全愈合前也不能使接口处沾水。温度保持在20～25℃易于愈合。成活后，由砧木上生出的侧芽、侧枝均应尽早去除，以免影响接穗生长。

3. *播种繁殖*　仙人掌类及多肉多浆植物在原产地均易结实，可进行种子繁殖。但也有不少种类，如仙人掌科、景天科、番杏科等植物的种子细小，播种及管理要精细，才能取得较高的发芽率和成苗率。室内盆栽仙人掌类及多肉多浆植物，常因光照不足或授粉不良而花后不容易结实，可采取人工辅助授粉的方法促进结实。这类植物在杂交授粉后50～60d种子成熟，多数种类为浆果。除去浆果的皮肉，洗净种子备用。种子寿命及发芽率依品种而异，多数种类的种子生活力为1～2年。

播种一般在春季进行。仙人掌类的种子无休眠期，在环境适宜时，成熟的种子可采后即播。种子发芽的最适温度是昼温25～30℃，夜温15～20℃。在条件适宜时，发芽最快的为豹皮花属，播后2d便发芽，多数种类在10～20d内发芽。

种子、用具、基质应事先消毒杀菌。基质用微酸性、低肥力及透性好的材料。水分是播种成败的重要环节，水质应为微酸性及无菌水，可用雨水或煮沸后的自来水。播种后保持基质和空气湿润，要经常检查水分状况及病虫发生情况。

仙人掌类移栽多在播种后第二年，当幼苗已开始长出棘刺，小球直径超过0.5cm时进行。具有大型叶的观叶种类生长较快，发芽后几周便可移栽。移栽时避免幼苗受到任何损伤，否则容易腐烂。移栽应在生长季节进行，春季最好。幼苗一般需移栽1～2次。

（二）栽培要点

1. 浇水　多数仙人掌类及多肉多浆植物原产地的生态环境干旱而少水，因此在栽培过程中，盆内不应积水，土壤排水良好才不致造成烂根现象。

对于多毛及有细刺的种类、顶端凹入的种类等，不能从上部浇水，可采用浸水的方法，否则上部存水后易造成植株溃烂而有碍观赏，甚至死亡。这类植物休眠期以冬季为多（温带自 10 月以后；暖地在 12 月左右），因而冬季应适当控制浇水，使体内水分减少，细胞液渐浓，可增强抗寒力，也有助于翌年着花。

由于地生类与附生类的生态环境不同，在栽培中也要区别对待。地生类在生长季可以充分浇水，高温、高湿可促进生长；休眠期宜控制浇水。附生类则不耐干旱，冬季无明显休眠期，要求四季均较温暖、空气湿度较高的环境，因而可经常浇水或喷水。

2. 温度及湿度　地生类冬季通常在 5℃以上就能安全越冬，但也可置于温度较高的室内继续生长。附生类四季均需温暖环境，通常在 12℃以上为宜，空气湿度也要求较高；当温度超过 30～35℃时生长趋于缓慢。

3. 光照　地生类耐强光，室内栽培若光照不足，则易引起落刺或植株变细；夏季在露地放置的小苗应有遮阳设施。附生类除冬季需要阳光充足外，以半阴条件为好，室内栽培多置于北侧。

4. 土壤及肥料　多数种类要求排水通畅、透气良好的石灰质沙土或沙壤土。地生类可用壤土、泥炭、粗沙比例为 7∶3∶2 的基质，有时也可加入少许木屑、石灰石或石砾等，幼苗期可施入少量骨粉或过磷酸盐，大苗在生长季可少量追肥。附生类可采用粗沙 10 份、附叶土 3～4 份、鸡粪（蚓粪）1～2 份混配的基质，若在其中加入少许石灰石、木炭屑、草木灰则生长尤佳，在生长季施稀薄液肥，并且加硫酸亚铁，以降低 pH，更有利于生长。

第二节　常见种类

（一）仙人掌

［学名］ *Opuntia ficus-indica* Mill.

［英名］ Indian fig，spineless cactus

［别名］ 仙桃、梨果仙人掌、大型宝剑

［科属］ 仙人掌科，仙人掌属

［形态特征］ 多分枝，茎基部木质化，上部肉质，茎节扁平，椭圆形或长圆形，肥厚而绿色。刺窝处着生 1～21 条针刺，叶小，呈针状而早落。单花或数朵着生于茎节上部边缘，萼片绿色，有不明显红晕，花瓣多数，黄色，雄蕊多数，数轮排列，短于花瓣，花柱直立，中部略肥厚。浆果肉质卵形，紫红色，种子扁平，白色。

同属广泛栽培种类主要有：褐毛掌（*O. basilaris*），小窝深陷，具褐色倒刺毛；白毛掌（*O. leucotricha*），茎上簇生白毛，刺毛特硬；黄毛掌（*O. microdasys*），小窝大而密，具黄色倒刺毛；月月掌（*O. vulgaris*），灌木状，茎卵圆形或长圆形，有光泽。

［产地与分布］ 原产北美，现世界各地广泛栽培。

［习性］ 喜温暖向阳环境，耐旱，忌寒冷，忌积水。对土壤要求不严，但必须排水良好。花

期5～6月。

[繁殖与栽培] 扦插、播种和嫁接繁殖，以扦插为主。扦插以春夏季最好，选择健壮茎节1～2节或一部分，切成10cm左右插穗，晾晒至略向内收缩后，插入粗沙中2～3cm，保持低湿，一般30d左右生根。播种和嫁接常用于育种或保存某种特性。

仙人掌栽植不宜过深，根颈与土面平齐。浇水时，水温略高于气温，切勿浇在茎枝或茸毛上。冬季昼夜温差过大易受冻害，夏季温度高于35℃时需加强遮阳，防止日灼病。仙人掌最易感染腐烂病，一般为过湿引起，应立即切除病部，伤口用熟石灰或硫黄粉涂抹。

[观赏与应用] 可作其他仙人掌类植物嫁接的砧木，多盆栽观赏，南方亦可作绿篱。

(二) 金琥

[学名] *Echinocactus grusonii* Hildm.

[英名] golden barret，golden ball cactus

[别名] 象牙球、无极球

[科属] 仙人掌科，金琥属

[形态特征] 植株单生，圆球形，最大球径可达1m左右，球体碧玉色，球体顶部密生金黄色绒毛。具有23～37个棱脊高峰的直棱，棱上排列整齐的刺座较大，其上着生金黄色辐射状刺8～10枚，强硬稍弯中刺3～4枚。花金黄色，钟状，着生于球体顶部周围的绒毛丛中。花期4～11月。

同属相近种尚有白刺金琥、狂刺金琥、短刺金琥等。

[产地与分布] 原产墨西哥中部干燥炎热的沙漠地区。

[习性] 喜阳光充足、通风良好环境，幼株在盛夏季节要适当遮阳。要求排水良好、肥沃、含适量石灰质的土壤。越冬温度需在5℃以上。

[繁殖与栽培] 常采用切顶促生子球来繁殖。大型植株开花时经人工授粉，可获多数种子，适时播种，出苗率高。性强健，栽培容易，但生长一段时间后盆中长满根须，排水透气不良，土壤酸化（根系会分泌有机酸），每年需换盆一次，可促进生长良好。

[观赏与应用] 金琥可作盆栽观赏或布置专类展区。

(三) 翁柱

[学名] *Cephalocereus senilis*（Haw.）Pfeiff.

[英名] old - man cactus

[别名] 翁丸、白头翁

[科属] 仙人掌科，翁柱属

[形态特征] 茎圆柱状，多不分枝，茎粗8～15cm，高2～3m，具12～15个浅棱，刺座排列很密，有绵毛和很多灰色的刺毛，绵毛可长达25cm。白色细针状辐射刺20～30枚，长0.6～1cm，中刺1～5枚，长1.5～2cm。花座最初侧生，以后顶生，密被黄褐色绵毛和灰白刺毛。花筒钟状，玫瑰红色，长约9cm，直径6cm，花晚间开放。果倒卵形，玫瑰红色，种子黑色。

[产地与分布] 原产墨西哥南部石砾缝隙中。

[习性] 喜温暖及阳光充足。栽培要求排水良好的沙土。夏季可耐40℃高温，冬季越冬温度12～15℃。

［繁殖与栽培］播种繁殖；亦可切顶促其产生子球，然后进行嫁接。栽培中忌盆土过度潮湿。换盆不宜太早，可晚春或初夏进行。盆栽根系较弱，需立柱防倒状。白毛易脏，可用肥皂水冲洗，晾干后再上盆。

［观赏与应用］翁柱作盆栽观赏，其全株密被白毛，顶部白毛长而多，似白发老翁，观赏价值极高。

（四）昙花

［学名］*Epiphyllum oxypetalum*（DC.）Haw.

［英名］Dutchman's pipe，queen of the night

［别名］月下美人、琼花

［科属］仙人掌科，昙花属

［形态特征］老枝圆柱形，新枝扁平，茎基部呈黄褐色。叶大（实为变态枝），长椭圆形，叶缘波状，肉质，中筋木质化，表面有光泽。花生于叶状枝的边缘，无梗，花大，花萼筒状、红色，花重瓣，花瓣披针形，白色。

本属植物约有20种，除白花种外，尚有黄、玫瑰红、橙红等许多种类。我国栽培的多为白花种。

［产地与分布］原产热带美洲及墨西哥。我国各地温室都有栽培。

［习性］不耐寒，喜阴湿和温暖环境，不宜在阳光下暴晒，要求排水良好又富含腐殖质的沙性土壤，较耐干旱。花期7～8月，多数于晚上开放。

［繁殖与栽培］扦插繁殖。夏秋季选择健壮的叶状枝，剪成10cm左右短节，置阴凉处3～4d待伤口缩水后插入沙性土中，置于温暖地方，保持土壤湿润，1个月后即可生根。在管理养护过程中应经常保持盆土湿润、松软。夏季忌阳光直射，冬季应适当控制浇水。开花前多施磷、钾肥，可保证花朵大。植株长高后应设立支架，以防枝条折断。

［观赏与应用］昙花作盆栽观赏，为珍奇名贵花卉。叶、花可入药，有清热润燥、治肺结核等功效。

（五）令箭荷花

［学名］*Nopalxochia ackermanni*（Haw.）Kunth.

［英名］red orchid cactus

［别名］令箭、红孔雀

［科属］仙人掌科，令箭荷花属

［形态特征］老茎基部木质化。叶状枝与昙花相似，但中筋粗壮，边缘具大型钝圆的缺刻，嫩枝上有短刺，枝面比昙花狭而长。花着生在叶状枝先端两侧，花型大，花筒短，花被开张翻卷，重瓣或复瓣，花色极为丰富，有黄、粉红至红紫等各色，也有外面深红、内面洋红、喉部黄绿色的复色花冠。

同属相近种有小花令箭荷花（*N. phyllanthoides*），花小，着花繁密。

［产地与分布］原产墨西哥。我国各地温室栽培较广。

［习性］喜阳光充足和通风良好的环境，怕雨水，要求肥沃、疏松和排水良好的微酸性土壤，抗旱性较强。花期4月。

［繁殖与栽培］以扦插繁殖为主，亦可分株或嫁接繁殖。扦插 3～10 月均可进行，以春季最好。分株多在春季结合换盆进行。嫁接以昙花作砧木，在春夏季进行。生长期多施磷、钾肥，切忌过多施用氮肥或置阳光不足之处，以免徒长而不开花。酷暑忌强光直射，每日可喷水降温。

［观赏与应用］令箭荷花供盆栽观赏。

（六）蟹爪兰

［学名］*Zygocactus truncatus*（Haw.）K. Schum.

［英名］crab cactus，Christmas cactus，claw cactus，yoke cactus

［别名］锦上添花、仙人花、蟹足霸王树

［科属］仙人掌科，蟹爪属

［形态特征］老株基部木质化。茎多分枝，扁平，常成簇而悬垂，节间短，节部明显，每节呈倒卵形或矩圆形，边缘有少数粗钝齿，多数连续如蟹足状。花着生于先端之茎节处，萼片基部连成短筒，顶端分裂，花被 3～4 轮，呈塔状叠生，基部 2～3 轮为苞片，呈花瓣状，向四周平展伸出（图 2-7-1）。蒴果梨形，深红色。有桃红、深红、白、橙、黄等多种花色品种。

［产地与分布］原产南美巴西一带。我国各地温室多有栽培。

［习性］不耐寒，喜温暖湿润和荫蔽的环境，但冬季阳光要充足，是典型的短日照植物，要求排水良好并含腐殖质的土壤。花期 11～12 月。

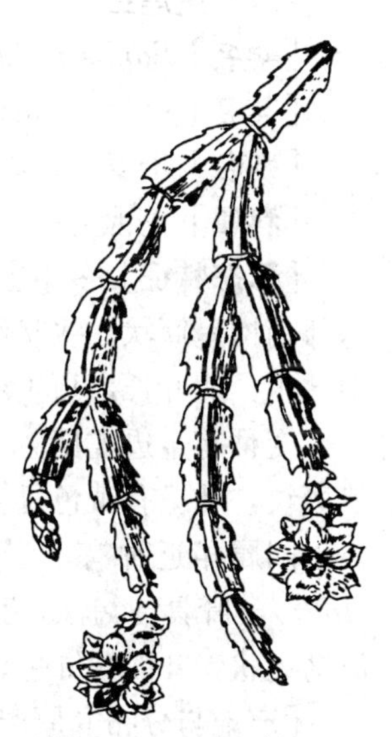

图 2-7-1 蟹爪兰

［繁殖与栽培］以扦插为主，亦可用量天尺或叶仙人掌作砧木进行嫁接繁殖。扦插多在春、秋季节，选取健壮茎作插穗，每穗要有 3～4 节，扦插深度一般为插穗的 2/3，室温 20℃左右，稍遮阳，20d 以上即可生根。生长期注意保持土壤湿润，4～6 月每月施 1 次以磷肥为主的追肥，夏季进入半休眠状态，应置凉爽荫蔽处，减少肥水，立秋后半个月施 1 次饼肥水。在花芽形成前 4～5 周，白天只需 8～9h 光照，孕蕾期保持白天 21℃，晚间 16～21℃，开花前以 10～13℃为宜。缺水或 10℃以下温度，花蕾易大量脱落。短日照处理可提前开花。

［观赏与应用］蟹爪兰是冬季室内优良的观花种类，可悬挂观赏。

（七）龙舌兰

［学名］*Agave americana* L.

［英名］common century plant

［别名］剑麻

［科属］龙舌兰科，龙舌兰属

［形态特征］茎极短。叶自植株基部呈轮状互生，肉质，长带状，表面具较厚的蜡质，灰绿色，上被白霜，叶缘具钩刺，端部有硬刺尖。圆锥花序自叶丛中抽出，花梗长 1m 以上，小花多数，淡黄色。蒴果圆形或球形。

主要变种有金边龙舌兰（var. *marginata*）、金心龙舌兰（var. *mediopicta*）、银边龙舌兰（var. *marginata alba*）、绿边龙舌兰（var. *marginata pallida*）和狭叶龙舌兰（var. *striata*）。

［产地与分布］原产墨西哥。现我国各地有栽培。

［习性］不耐寒，喜干燥、阳光充足的环境，喜排水良好的腐殖质土壤，耐旱。花期5～6月。

［繁殖与栽培］分株繁殖。春、秋季结合换盆切取母株旁萌生的幼苗，另栽一盆即可。每年春季应换盆1次，用蹄角片作底肥，生长期每月追肥1次。彩叶品种夏季忌强光直射。此外，还要注意通风良好，否则介壳虫危害严重。夏季应每天浇水1次，冬季可每周浇水2～3次，浇水时最好从盆边缘徐徐注入，以免烂叶。

［观赏与应用］龙舌兰是良好的大型室内观叶盆花。

（八）虎尾兰

［学名］*Sansevieria trifasciata* Prain

［英名］snake sansevieria

［别名］千岁兰、虎皮兰、虎皮掌、虎尾掌

［科属］龙舌兰科，虎尾兰属

［形态特征］多年生肉质草本，具匍匐的根状茎。叶从地下茎的顶芽抽生而出，丛生，直立，基部稍抱呈筒状，线状倒披针形，先端渐尖，灰绿色，有不规则暗绿色横带状斑纹。花梗自叶丛中抽生，比叶长，顶生散穗状花序，小花白色或淡黄色。

变种有金边虎尾兰（var. *laurentii*），叶簇生，线状披针形，灰绿色，有不规则暗绿色横带状斑纹，叶缘有黄色复轮斑。

同属相近种有：圆叶虎尾兰（*S. cylindrica*），叶圆筒形稍扁平；广叶虎尾兰（*S. thyrisiflora*），叶具匍匐性，宽而扁平；短叶虎尾兰（*S. hahnii*），株高10cm，叶片短而宽，回旋重叠似鸟巢状，叶面深绿色，有横向银灰色斑纹。

［产地与分布］原产热带非洲。我国普遍栽培。

［习性］喜温暖，不耐寒，耐干旱，较耐阴，怕夏季强光暴晒，要求疏松、肥沃的沙质土壤。

［繁殖与栽培］可用分株或叶插法繁殖。分株于春季结合换盆进行，金边虎尾兰为保持其品种特性，必须采用分株繁殖。叶插于春、秋两季进行，将成熟叶片切成7～10cm小段，扦插于沙质壤土中，1个月即可生根。生长适温为20～30℃，在生长期浇水可稍多，但也不宜过多，否则叶片色泽变淡。每月施1次腐熟的饼肥水或复合肥。夏季需遮光50%；越冬温度要求在10℃以上，并减少浇水。2～3年换盆1次，盆土可用腐殖土、堆肥加1/3河沙混合配成。

［观赏与应用］虎尾兰是小型肉质观叶植物，以盆栽为主。因其株形优美，叶面斑纹雅致清新，是点缀阳台、窗台、书桌的理想材料。

（九）芦荟

［学名］*Aloe vera* var. *chinensis*（Haw.）Berg.

［英名］Chinese aloe

［别名］油葱、草芦荟、龙角、狼牙掌

［科属］百合科，芦荟属

［形态特征］多年生常绿肉质草本。叶轮生于圆柱状肉质茎上，基部抱茎，节间短，叶狭长

披针形，肥厚，多汁，中央主脉处下凹，两侧叶缘翘起，边缘有刺状小齿。总状花序自叶丛中抽生，直立向上生长，小花密集，花黄色或具红色斑点，花萼绿色。

同属相近种主要有：翠叶芦荟（*A. barbadensis*），叶灰绿色，新叶有斑条，花黄色；翠花掌（*A. variegata*），叶三出呈覆瓦状排列，花红色；绫锦（*A. aristata*），叶三角状披针形，表面有白色点状斑纹，花橙红色。

［产地与分布］ 原产印度。在我国云南南部的元江地区有野生分布，一般于温室栽培。

［习性］ 不耐寒，喜温暖、干燥和阳光充足环境，要求排水良好的沙壤土，耐干旱和盐碱。花期3～4月。

［繁殖与栽培］ 分株、扦插或组培繁殖。分株在3～4月结合换盆进行。扦插多在5～6月进行，按8～10cm长度剪取顶梢，晾1～2d，插于沙质插床中，约2周即可生根。春季生长最盛，要充分浇水，每半个月追氮肥1次；夏季高温时有短暂休眠期，应适当遮阳并减少浇水量，以免引起烂根；秋季注意增加光照；冬季不低于5℃，以免受冻。每2年换盆1次。

［观赏与应用］ 芦荟供盆栽观赏。花、叶、根可入药，根、花味甘淡，性凉，清热利湿，叶汁可治小儿疳积、热结便秘等症。

（十）景天

［学名］ *Sedum spectabile* Boreau.

［英名］ common stonecrop

［别名］ 八宝、蝎子草

［科属］ 景天科，景天属

［形态特征］ 多年生草本。茎不分枝，呈小棍棒状，稍木质化，直立而稍被白粉，株高30～50cm。叶对生或轮生，倒卵形，扁平肉质，边缘稍有波状齿，灰绿色。顶生伞房花序，直径10～13cm；萼片5枚，绿色；花瓣5枚，淡粉红色，披针形；雄蕊10枚，排列成两轮，高出花冠（图2-7-2）。蓇葖果5室。

同属相近种主要有：白花蝎子草（*S. alborseum*），花瓣白色，雌蕊淡红色；垂盆草（*S. sarmentosum*），茎纤细，匍匐或倾斜，叶3片轮生；景天三七（*S. aizoon*），茎直立，高50～80cm，少分枝，单叶互生，花黄色；费菜（*S. kamtschaticum*），根状茎粗而木质，高15～40cm，叶互生，间或对生，花瓣橙黄色、披针形。

图2-7-2　景　天

［产地与分布］ 原产我国，现各地园林均有栽培。

［习性］ 耐寒，喜阳光充足及干燥通风环境，也稍耐阴，对土壤要求不严，能耐盐碱和干旱。花期秋季。

［繁殖与栽培］ 扦插繁殖。春、秋季选用组织充实的1至多年生枝条，剪成10～12cm长的插穗，插入河沙或锯末中，3～4周生根，6～7周可上盆。盆栽时底部宜垫一层炭渣或木炭，以便排水，并以骨粉或饼肥作基肥。生育期每周浇水2～3次，以保持土壤湿润为度，雨季应防止暴雨淋湿，以免烂根。

［观赏与应用］ 景天常盆栽观赏，亦可布置花坛、花境或岩石园。

（十一）石莲花

［学名］ *Echeveria glauca* Bak.

［英名］ gray echeveria

［别名］ 莲花掌、宝石花、仙人荷花、大叶莲花掌

［科属］ 景天科，石莲花属

［形态特征］ 茎短，具匍匐枝。叶片肥厚，倒卵形，先端锐尖，基部楔形，叶面中央下凹，灰绿色，表面具白粉，丛生如莲花状。花序自叶丛中抽出，花序梗长，顶生聚伞花序，花瓣5枚，菱形，粉红色，萼片5枚，雄蕊10枚，子房5室。

同属相近种主要有：绒毛掌（*E. pulvinata*），全株密生红褐色绒毛，叶倒卵形；紫莲（*E. rosea*），茎高25cm，分枝，花淡黄色；大叶石莲花（*E. gibbiflora*），叶倒卵形，有蜡粉，花红色。

［产地与分布］ 原产墨西哥。在我国栽培比较普遍。

［习性］ 不耐寒，不耐阴，喜温暖、干燥及阳光充足的环境，要求排水良好的沙质土壤。花期4～6月。

［繁殖与栽培］ 主要用扦插繁殖。8～10月切取单叶、蘖枝或顶枝作插穗，晾至切口稍干燥后插于沙床中，20d即可生根。生长期保持土壤微润即可，若水分过多，将导致根腐、叶烂。每月施1次饼肥水或复合肥，确保叶片翠绿，但忌用肥过量，导致枝叶徒长。冬季温度不宜低于10℃。

［观赏与应用］ 石莲花可供盆栽观叶，亦可与数种多浆植物组合盆栽。

（十二）落地生根

［学名］ *Kalanchoe pinnata*（Lam.）Pers.

［英名］ air plant，life plant，floppers

［别名］ 干不死、宽叶落地生根、锦上添花

［科属］ 景天科，伽蓝菜属

［形态特征］ 茎直立，全株蓝绿色，被蜡粉，茎粗壮而中空，基部半木质化，株高60～80cm。叶对生，肉质，卵圆形，基部圆形或心形，叶缘有稀疏的钝锯齿，每个锯齿先端可萌发出2枚很小的对生叶，一触即落。顶生聚伞花序具长总梗，花冠长漏斗形，花萼4裂，花瓣4片，雄蕊8枚，子房4室（图2-7-3）。果实为肉质膏葖果。

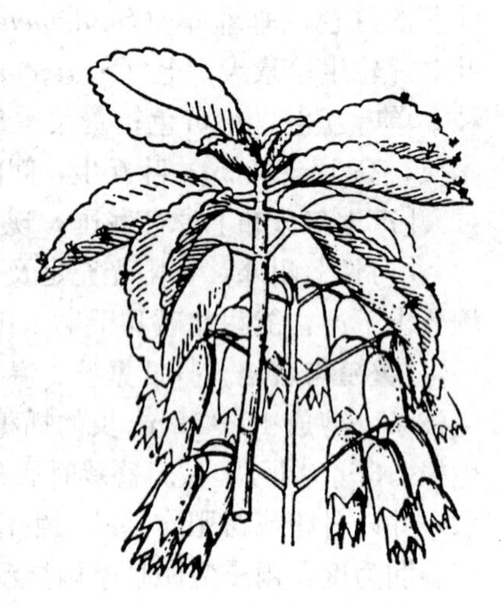

图2-7-3 落地生根

同属相近种主要有玉海棠（*K. flammea*）、伽蓝菜（*K. laciniata*）、复叶落地生根（*K. pinnata*）、细叶落地生根（*K. verticillata*）、大花伽蓝菜（*K. marmorata*）、红景天（*K. blossfeldiana*）和月兔耳（*K. tomentosa*）等。

［产地与分布］ 原产南非，分布极广。

［习性］ 不耐寒冷潮湿，喜温暖、干燥和阳光充足的环境，对土壤要求不严，耐瘠薄和盐碱，亦耐旱。花期7～9月。

［繁殖与栽培］主要采用扦插繁殖。叶片平铺在湿沙上，几天后叶缘锯齿缺刻处即可生根、发芽，形成小植株。也可剪取枝条，插入培养土中，几天后开始生根。盆栽土壤要多加粗沙，不可过肥，浇水不宜过多，否则易引起落叶、根腐或植株死亡。生长期内进行多次摘心，促进分枝。

［观赏与应用］落地生根是窗台绿化的好材料，点缀书房、卧室，美观大方。

（十三）长寿花

［学名］*Kalanchoe blossfeldiana* Poelln.

［英名］Christmas kalanchoe

［别名］寿星花、圣诞伽蓝菜、矮生伽蓝菜

［科属］景天科，伽蓝菜属

［形态特征］多年生肉质草本。全株光滑无毛，株高 10～30cm。叶肉质，交互对生，长圆形，叶片下半部全缘，上半部具圆齿或呈波状。圆锥状聚伞花序直立，长 7～10cm；小花高脚碟状，花瓣片多为 4 枚，花色有绯红、桃红或橙红、黄等。

［产地与分布］原产非洲马达加斯加岛阳光充足的热带地区，栽培极广。

［习性］性强健，喜温暖及阳光充足环境。对土壤要求不严，一般沙壤土即可，耐干旱。生长适温 15～25℃，冬季保持 12～15℃，温度偏低（5～8℃）则叶片发红。花期 1～4 月。

［繁殖与栽培］多用扦插繁殖，在 5～6 月或 8～9 月剪取 6～8cm 长茎段插于沙壤土中，保持土壤湿润，在 20～30℃下，10～15d 即可生根。亦可用叶插法繁殖。在栽培过程中要定期追施腐熟液肥或复合肥，缺肥则叶片变小，叶色变淡。长寿花为短日照植物，可经短日照处理进行花期调节，一般每天光照 8～9h，3～4 周后即可出现花蕾。

［观赏与应用］长寿花宜作冬季布置窗台、书桌、几案的室内盆花，其株型低矮、紧凑，花朵细密簇拥成团，观赏效果极佳。

（十四）生石花

［学名］*Lithops pseudotruncatella*（A. Berger）N. E. Br.

［英名］living stone，stoneface

［别名］石头花

［科属］番杏科，生石花属

［形态特征］无茎。叶对生，肥厚密接，外形酷似卵石；幼时中央只有一孔，长成后呈中间缝状、顶部扁平的倒圆锥形或筒形球体，灰绿色或灰褐色；新的 2 片叶与原有老叶交互对生，并代替老叶；叶顶部色彩及花纹变化丰富。花从顶部缝中抽出，无柄，有黄、白、红、粉、紫等色，午后开放。花期 4～6 月。

［产地与分布］原产南非和西非的干旱地区。在我国栽培比较普遍。

［习性］喜温暖，不耐寒，生长适温 15～25℃，喜半阴和干燥通风环境，要求疏松、排水良好的沙质土壤。

［繁殖与栽培］可用播种和分株繁殖。用疏松、排水良好的沙质壤土进行栽培。浇水最好浸灌，以防水从顶部流入叶缝，造成腐烂。春季生长较旺盛，需要经常浇水，并薄肥勤施；夏季高温时进入休眠，此时应严格控制浇水；入秋后要逐渐增加浇水量，并施少量复合肥，以利孕蕾开

花，花谢后又要逐渐减少浇水；越冬期间要放在阳光充足处，冬季休眠，越冬温度应保持在10℃以上，此时可不浇水，过干时喷水即可。

［观赏与应用］生石花是室内观叶花卉之佳品，多盆栽作趣味观赏用。

（十五）佛手掌

［学名］*Glottiphyllum uncatum*（Salm-Dyck）N. E. Br.

［英名］glottiphyllum linguiforme

［别名］舌叶花

［科属］番杏科，舌叶花属

［形态特征］全株肉质，外形似佛手。茎斜卧，为叶覆盖。叶宽舌状，肥厚多肉，平滑而有光泽，常3～4对丛生，成2列包围茎，先端略向下翻。花自叶丛中央抽出，黄色。花期4～6月。

［产地与分布］原产南非冬季温暖、夏季凉爽的地区。在我国栽培比较普遍。

［习性］喜温暖、阳光充足环境，不耐寒，宜较干燥，忌阴湿。要求疏松、排水良好的沙质土壤。

［繁殖与栽培］常用分株繁殖。春季换盆，去除干枯叶片。生长期每半个月施肥1次。夏季高温时浇水需谨慎，盆土宜略干燥，如高温多湿，茎叶易腐烂，此时需遮阳和通风，以凉爽、半阴为好，达到安全越夏；秋季生长最旺盛，浇水应多些；入冬后气温下降，生长减慢，浇水相应减少；早春开花期，浇水可酌量增加。

［观赏与应用］佛手掌多盆栽作趣味观赏用。温暖地区也可用于岩石园。

第三节　其他种类

表2-7-1　其他仙人掌类及多肉多浆植物简介

中名	学名	科属	产地	形态特征	繁殖
光棍树	*Euphorbia tirucalli*	大戟科 大戟属	东南非及印度东部	肉质乔木，无刺，高4～7m。小枝分叉或轮生，圆棍状，浅绿色具纵线，幼枝上具线状披针形小叶，不久脱落	扦插
回欢草	*Anacampseros arachnoides*	马齿苋科 回欢草属	南非	多年生肉质草本，茎长5cm，匍匐。叶肉质，倒卵状圆形，有网状白丝。叶腋有少数刚毛状毛。花粉色，直径3cm	播种或扦插
山影拳	*Cereus monstrosus*	仙人掌科 天轮柱属	南美	植株肋棱错乱，不规则增殖成参差不齐的岩石状，刺座排列及刺和毛的颜色因种类不同而异	扦插或嫁接
仙人球	*Echinopsis tubiflora*	仙人掌科 仙人球属	阿根廷及巴西	幼株球形，老株圆筒状，球体暗绿色。具棱11～12，刺锥状，黑色。花着生于球体侧方，白色	子球扦插或播种

（续）

中名	学　名	科　属	产　地	形态特征	繁　殖
仙人镜	*Opuntia robusta*	仙人掌科 仙人掌属	墨西哥	植株高4～5m，茎节圆或近圆形，节长25cm。刺座稀，刺8～12，白色。花黄色	扦插
叶仙人掌	*Pereskia aculeata*	仙人掌科 叶仙人掌属	墨西哥	藤状灌木，分枝多，茎和分枝均很细。叶短披针形或长卵形。刺座大，具绵毛。花白、黄或粉红色	扦插或播种
念珠掌	*Hatiora salicornioides*	仙人掌科 念珠掌属	巴西	主茎直立，分枝横卧或悬垂。茎很细，茎节形似串起来的念珠。刺座有绵毛。花钟状，黄色	扦插或播种
松露玉	*Blossfeldia liliputana*	仙人掌科 松露玉属	阿根廷	株型极小，易萌生子球而成丛生。球体不分棱，刺座螺旋状排列，无刺。早春开花，淡黄色	播种或嫁接
假昙花	*Rhipsalidopsis gaertneri*	仙人掌科 假昙花属	巴西	主茎木质化，分枝呈节状，茎节扁平长圆形，绿色。刺座在节间，有刚毛。花着生顶端，红色，直径6～8cm	扦插或嫁接
绯牡丹	*Gymnocalycium mihanovichii* var. *friedrichii*	仙人掌科 裸萼球属	日本	植株小球形，直径3～5cm，球体橙红、粉红、紫红或深红色。具棱8，辐射刺短或脱落。花红色	嫁接
黄毛掌	*Opuntia microdasys*	仙人掌科 仙人掌属	墨西哥	植株高约60cm，茎节扁平，椭圆或长圆形，淡绿色。刺座密，具金黄色钩毛，无刺。花黄色	扦插
量天尺	*Hylocereus undatus*	仙人掌科 量天尺属	墨西哥及西印度群岛	茎攀缘性，分节。三棱形，棱宽而薄。刺座间距3～4cm，有刺1～2。花漏斗状，外瓣黄绿色，内瓣白色	扦插
鼠尾掌	*Aporocactus flagelliformis*	仙人掌科 鼠尾掌属	墨西哥	变态茎细长，匍匐，具气生根。浅棱10～14，刺座小，辐射刺10～20。花期4～5月，粉红色	扦插或嫁接
金边虎尾兰	*Sansevieria trifasciata* var. *laurentii*	龙舌兰科 虎尾兰属	斯里兰卡及印度	多年生草本，具匍匐根状茎，每一根状茎长叶8～15片。叶剑形，革质，边缘有金黄色条纹镶边。花淡绿色，总状花序	分株
酒瓶兰	*Nolina recurvata*	龙舌兰科 酒瓶兰属	墨西哥	茎干直立，基部膨大，高可达10m。叶簇生茎干顶部，线形，长1m以上，宽1～2cm，粗糙。圆锥花序，小花白色	播种或扦插
沙漠玫瑰	*Adenium obesum*	夹竹桃科 腺叶属	非洲	乔木状，盆栽高约1m，茎基部膨大，呈块状。叶肉质，长圆形，长6～10cm，集生小枝顶端	扦插、嫁接或压条
水晶掌	*Haworthia cymbiformis* var. *translucens*	百合科 十二卷属	南非	肉质叶莲座状，叶长1.5～2.5cm，宽0.8～1.5cm，叶面有8～12条褐红色条纹，并有1条明显的暗红色中线	分株

（续）

中名	学名	科属	产地	形态特征	繁殖
康氏十二卷	*Haworthia comptoniana*	百合科 十二卷属	南非	无茎。叶肉质，20片，排列成莲座状；叶开展，尖部内弯，叶长4.5cm，宽2cm，叶上部扁平，下部表面凹，叶面有白斑点，尖部褐绿色有方格斑纹。小花白绿色，总状花序	分株
仙人笔	*Senecio articulatus*	菊科 千里光属	南非	多年生肉质草本，高30～60cm。茎短圆柱状，有节，中间膨大，似笔杆。肉质小叶顶生，叶提琴状深裂，叶柄与叶片等长或更长。头状花序，黄色	扦插
翡翠珠	*Senecio rowleyanus*	菊科 千里光属	西南非	茎极细，匍匐生长。叶肉质，圆如豌豆，直径0.6～1cm，有刺状凸起，绿色，中间有一透明纵纹。小花白色	扦插
大花犀角	*Stapelia grandiflora*	萝藦科 国章属	南非	多年生肉质草本。茎四角棱状，灰绿色，直立向上，高20～30cm，粗3～4cm，基部分枝。花淡黄色	分株或扦插
大叶莲花掌	*Aeonium urbicum*	景天科 莲花掌属	加那利群岛	茎分枝少，具气生根。莲座叶盘直径20～25cm，叶长圆状匙形，蓝绿色。花绿白色到淡粉色	扦插或播种
美丽石莲花	*Echeveria elegans*	景天科 石莲花属	墨西哥	多年生肉质草本，无茎。叶倒卵形，长3～6cm，宽2.5～5cm，排列成莲座状，叶面蓝绿色，被白粉。总状花序，高10～25cm	扦插或播种
玉米石	*Sedum album*	景天科 景天属	墨西哥	茎铺散或下垂，稍带红色。叶为肉质椭圆形柱状，互生，初时直立，后成蔓性，长1～2cm，绿色，湿度低时呈紫红色	扦插
翡翠景天	*Sedum morganianum*	景天科 景天属	墨西哥	原产地为亚灌木，基部抽生分枝，匍匐或平卧。叶披针形，长2.4cm，宽0.8～1cm，浅绿色，急尖，易脱落。花序顶生伞房状，花深红紫色	扦插
燕子掌	*Crassula portulacea*	景天科 青锁龙属	南非南部	茎肉质，多分枝。叶肉质，基部不联合，卵圆形，长3～5cm，宽2.5～3cm，灰绿色。花白或淡粉色	扦插
宝绿	*Glottiphyllum linguiforme*	番杏科 舌状花属	南非	多年生肉质草本。茎短有毛。肉质叶对生2列，舌状，鲜绿色有光泽。花自叶丛中抽出，金黄色，直径4～6cm	分株或扦插

第八章 水生花卉

第一节 概 述

1. 概念与范畴 水生植物指生理上依附于水环境，至少部分生殖周期发生在水中或水表面的植物类群。大型水生植物为除小型藻类以外的所有水生植物类群。水生植物在分类群上由多个植物门类组成，包括非维管束植物，如大型藻类和苔藓类植物；低级维管束植物，如蕨类和蕨类同源植物；以及最高级的维管束植物——种子植物。水生花卉主要是维管束植物，其中被子植物占绝大多数，由沉水植物→浮叶植物→挺水植物→湿生植物演变进化。

典型的水生花卉多为单子叶纲植物，有湿生、挺水、浮叶、沉水等生活型。可以说湿生植物是偶然或不经常的水生植物，挺水植物是根茎水生的水生植物，浮叶植物是叶气生的水生植物，只有沉水植物是完全的水生植物。

（1）挺水型植物（包括湿生、沼生）。茎仅下部或基部沉于水中，植株上部的大部分挺出水面，根扎入泥中生长，有些种类具有根状茎或根有发达的通气组织，生长在靠近岸边浅水处的一类植物。此类水生花卉种类繁多，如荷花、黄菖蒲、欧慈姑等，常用于水景园水池、岸边浅水处布置。

（2）浮叶型植物。茎细弱不能直立，有的无明显地上茎，根状茎发达，植株体内通常贮藏有大量气体，根茎常具有发达的通气组织，叶片甚至植株能平稳地浮于水面，可生长于水体较深处的一类植物。此类水生花卉有王莲、睡莲、芡实等，多用于水面景观布置。

（3）漂浮型植物。地上茎短缩，植株随着水流、波浪四处漂的一类植物。此类水生花卉种类较少，多数以观叶为主，如大漂、凤眼莲等，常用于水面景观布置。

（4）沉水型植物。植株沉没于水中，根系不发达，通气组织特别发达，利于在水下空气极为缺乏的环境中进行气体交换的一类植物。此类水生花卉种类较多，叶多为狭长或丝状，如金鱼藻、黑藻，以观叶为主。沉水型植物在水下弱光条件下也能生长，多生长于水体较中心的地带，植株各部分均能吸收水体中的养分，常用于构筑“水下森林”，以分解腐殖质、净化水质。

2. 繁殖与栽培要点 水生花卉种类繁多，在生态环境中相互竞争、相互依存，构成了多姿多彩的水生植物王国；其花朵各具风韵、艳丽缤纷，茎叶形态奇特、色彩斑斓，是水景园观赏的重要植物组成部分。水生花卉一般通过扦插、分株或种子繁殖。耐旱性弱，生长期间要求经常有大量水分存在，或有饱和的土壤湿度和空气湿度；它们的根、茎和叶内多有通气组织，通过气腔从外界吸收氧气，以供应根系正常生长所需。生长势较强健，耐粗放管理。

第二节　主要种类

(一) 荷花

[学名] *Nelumbo nucifera* Gaertn.

[英名] hindu lotus

[别名] 莲花、芙蕖、水芙蓉

[科属] 睡莲科，莲属

[形态特征] 多年生挺水型植物。叶盾状圆形，全缘或稍呈波状，表面蓝绿色，被蜡质白粉，背面淡绿色，叶脉明显隆起呈辐射状；具粗壮叶柄，被短刺。顶芽之初生叶小、柄细、浮于水面，称钱叶；藕节处初生叶稍大，浮于水面，叫浮叶；后生叶较大，挺出水面，称立叶；花后抽出的最后1片立叶，称后把叶；后把叶前方又生1小而厚的叶片，称终止叶。地下部分具肥大多节的根状茎，通称“莲藕”。节间内有多数孔眼，节部缢缩，生有鳞片、不定根，并由此抽生叶、花梗及侧芽。花单生于花梗顶端，一般挺出立叶之上，花径10～25cm，具清香；花色有红、粉红、白、乳白、黄等；萼片4～5枚，绿色，花后掉落；花瓣多数，倒卵状舟形、端圆钝，具明显纵脉；雄蕊多数；雌蕊多数离生，埋藏于俗称“莲蓬”的倒圆锥形膨大花托内；花托上面平坦，内为海绵质，于花后逐渐膨大；莲室多数，形如蜂窝状，每室内含1粒俗称“莲子”的椭球形小坚果（图2-8-1）。群体花期6～9月；单花期依品种不同而异，通常单瓣品种3～4d，半重瓣品种5～6d，重瓣品种可达10d以上。果熟期9～10月。

图2-8-1　荷　花

依据栽培用途，荷花品种通常分为三种类型，即以观花为目的的花莲、以产藕为目的的藕莲、以产莲子为目的的子莲。花莲系统一般根茎细软，茎和叶均较小，长势弱；但开花多，群体花期长，花型、花色较丰富，品种已达300多个。

[产地与分布] 原产亚洲热带地区及大洋洲。我国是世界上栽培荷花最普遍的国家，除西藏、内蒙古和青海等地外，绝大部分地区均有栽培应用。

[习性] 性喜阳光和温暖环境，通常8～10℃开始萌芽，14℃时藕鞭（藕带）开始伸长，23～30℃为生长发育的最适温度，开花亦需高温；大多数栽培品种在立秋前后气温下降至25℃时转入长藕阶段，以后地上茎叶枯黄，进入休眠。全年生育期为180～190d，从栽种至开花一般约60d。虫媒花既可异花授粉又可自花授粉。喜湿怕干，缺水不能生存；但水过深淹没立叶，则生长不良，严重时遭至覆灭。一般宜生长于静水或缓慢的流水中，水深不超过1.5m。喜肥土，尤喜磷、钾肥，氮肥不宜过多，要求富含腐殖质的微酸性壤土和黏质壤土。在强光下生长发育迅速，开花早、凋谢亦早；弱光或半阴条件下生长发育缓慢，开花晚、凋谢也晚。

[繁殖与栽培] 播种或分株繁殖。播种繁殖主要用于育种，在春、秋季均可进行，莲子生命力强、寿命长，播种前应进行浸种处理，每天换1次水，待长出2～3片幼叶时即可播种，以温室点播最佳；一般月平均气温在15～30℃内均能萌发，以20～25℃为宜。分株繁殖用于优良品

种的栽培，在清明前后挑选生长健壮的根茎，切成带 2～3 个节的藕段，每段必须带顶芽并保留尾节（否则水易浸入种藕引起腐烂），用手指保护顶芽以 20°～30°斜插入土；不能即时栽种的种藕应放置背风的阴处，并覆盖稻草，洒上清水，以保持新鲜。荷花栽培要选择避风向阳处，有充足的基肥，花莲、子莲类的品种喜含磷、钾较多的肥料，一般不追肥。每次灌水不可过多，水位随叶片的生长由浅到深，至夏季达最深。秋末冬初，荷花进入休眠期，行池植的在冰冻前提高水位，防根部结冰；行缸植的可保持浅水，置不结冰处。盆栽养护在降霜后剪掉残枝、清除杂物，移入 3～5℃的冷室内即可；盆内蓄水 1cm 或将盆水倒尽，使盆土保持潮湿状态；不需光照。

［观赏与应用］荷花绿叶清秀、花香沁肺，蕴涵“接天莲叶无穷碧，映日荷花别样红”的诗意，更有“出淤泥而不染”的气质，作为中国十大传统名花之一，是美化水面、点缀亭榭或盆栽观赏、制作插花的重要水生植物，碗莲类微型品种还可美化案头、阳台。荷花是印度的国花，被视为神的象征。莲又称荷，与“和”谐音，意比和合、示以祥和。莲最适合作纯洁、美好爱情的象征，唐初王勃《采莲曲》中“牵花怜并蒂，折藕爱连丝”，便以并蒂莲和藕丝不断表示男女爱情的缠绵。荷花全株各部器官都具重要的经济价值，莲藕、莲子均为营养丰富的滋补食品，叶、梗、蒂、节、莲蓬、花蕊、花瓣都可入药，叶、梗又是包装材料和某些工业原料。

（二）睡莲

［学名］*Nymphaea tetragona* Georgi

［英名］pygmy water lily

［别名］子午莲、水芹花、矮生睡莲

［科属］睡莲科，睡莲属

［形态特征］多年生浮叶型植物。叶丛生，具细长柄，浮于水面；圆形或卵圆形，边呈波状、全缘或有齿，基部深裂呈心脏形或近戟形，近革质、稍厚；叶面浓绿色，具光泽，叶背紫红色。地下具块状根茎，直立不分枝。花较大，单生于细长花梗顶端，浮于或挺出水面；萼片 4 枚，长圆形，外面绿色，内面白色。花瓣多数，色彩有白色、粉色、黄色、紫红色以及浅蓝色等；雄蕊多数，心皮多数、合生，埋藏于肉质花托内，顶端具膨大呈辐射状的柱头。聚合果海绵质，成熟后不规则破裂，内含球形小坚果（图 2-8-2）。花期 6～9 月，单朵花期 3～4d，依种类不同而午间开放、夜间闭合或夜间开放、白天闭合。

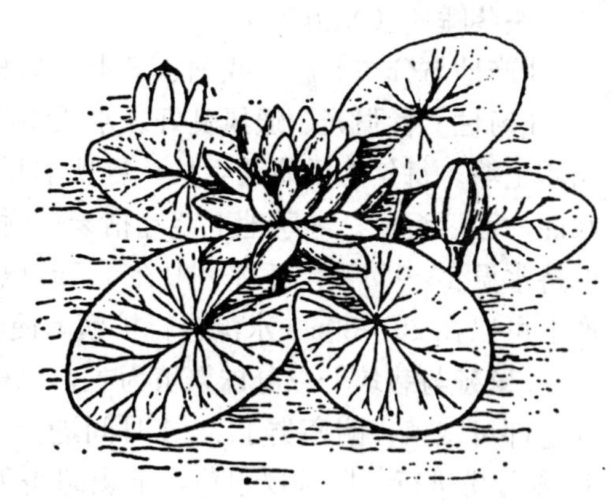

图 2-8-2　睡　莲

本属常见栽培的有 10 多个种或变种，按抗寒力分为两类。

(1) 热带睡莲。

红睡莲（*N. rubra*）　原产印度、孟加拉一带。花瓣 20～25 枚，色桃红，径 20cm，挺水开放，傍晚开花、次日上午闭合；萼片紫红色，脉纹明显；雄蕊70～100 枚，色黄，人工授粉可结实。幼叶叶面紫红，成叶绿色，叶背有柔毛，叶缘波状，有锯齿，叶基深裂。

齿叶睡莲（*N. lotus*）　原产埃及尼罗河。花瓣20～25 枚，色白，径 20～25cm，挺水开放；

萼片绿色，脉纹明显；雄蕊70～100枚，色淡黄，人工授粉可结实。叶面绿色，叶背微红，叶缘波状有锯齿。傍晚开花，次日上午闭合。主要变种有柔毛齿叶睡莲（var. *pubescena*）、凸脉齿叶睡莲（var. *dentata*）。

蓝睡莲（*N. caerulea*） 原产埃及、北非、墨西哥。花瓣16～20枚，色蓝，花径15～20cm，挺水开放，呈星状，傍晚开花、次日上午闭合；雄蕊80～100枚，结实能力不强。叶面绿色，叶背暗红紫色，有紫色小斑块，叶缘略微波状，叶基深裂。

印度蓝睡莲（*N. stellata*） 原产印度及东南亚，在我国分布于云南南部、海南岛。花瓣15～18枚，顶端尖锐、深蓝色，中下部淡蓝色，径15～18cm，挺水开放，呈星状，有香气；雄蕊70～100枚，花丝扁平、端部淡蓝色，结实能力极强。叶面绿色有紫斑，叶背有深紫色斑点，叶缘全缘。

南非睡莲（*N. capensis*） 变种有南非蓝睡莲（var. *azurea*）。

黄睡莲（*N. mexicana*） 原产北美洲南部墨西哥、美国佛罗里达州。花瓣24～30枚，卵状椭圆形，径10～14cm；花色鲜黄，白天午后开花，浮水或稍出水面；雄蕊鲜黄，60～90枚。幼叶叶面密集紫斑，成叶绿色，叶背密集深紫色斑点，叶缘全缘，叶基浅裂。我国引种后未见结实。

厚叶睡莲（*N. crassifolia*）。

（2）耐寒睡莲。

雪白睡莲（*N. candida*）。

白睡莲（*N. alba*） 变种多，主要有大瓣白（var. *candissima*）、大瓣黄（var. *marliaca*）、大瓣粉（var. *rubra*）、娃娃粉（var. *rosea*）等。

香睡莲（*N. odorata*） 变种有红香睡莲（var. *rosea*）。

块茎睡莲（*N. tuberosa*）。

[产地与分布] 原产我国、日本、朝鲜、印度、西伯利亚及欧洲等地。

[习性] 喜强光、通风良好、水质清洁、温暖的静水环境，耐寒性极强；要求腐殖质丰富的黏质土壤。每年春季萌芽生长，夏秋季开花；花后果实沉没水中，成熟开裂散出的种子最初浮于水面，而后沉底。冬季地上茎叶枯萎；耐寒类的种类根茎可在不冻冰的水中越冬，不耐寒类则应保持水温18～20℃。睡莲一般在1.5m以下水深均能生长，部分种类可耐2m以上深度，通常生产上可以在25～30cm水深进行扩繁，便于管理。

[繁殖与栽培] 以分株繁殖为主，也可播种。分株繁殖将根茎挖出，用刀切数块，每块带顶芽，即可栽植；耐寒类于3～4月间进行，不耐寒类于5～6月间水温较暖时进行。播种繁殖宜于3～4月份进行，因种皮很薄，干燥即丧失发芽力，故宜于种子成熟即播或贮藏于水中；播种温度以25～30℃为宜，不耐寒类半个月左右发芽，耐寒类常需3个月甚至1年才能发芽。

睡莲常直接栽于大型水面的池底种植槽内，土壤要求为富含腐殖质的黏土，并施入大量基肥；在生育期间均应保持阳光充足、通风良好，否则易遭蚜虫危害，生长势弱。小型水面，则常栽于盆、缸中后入池：选用装填掺入基肥培养土的大口花盆，将分好的茎段放入，四周用湿泥填实并用铁丝捆扎几道，以防入水后浮出；花盆放入水池中，将水池逐渐放满水，半月后即可展叶生长。浅水缸栽培，选用高约50cm的大口缸，缸内先加入约15cm的培养土及腐熟的基肥，然后将带新芽的地下茎切分成几块植入土中，覆土5cm，浇透水置于阳光充足处；待发芽后随叶柄的生长，逐步增加水的深度至与缸口平，长江流域一般5月份即可开花。池塘栽培，水位应视苗的生长由0.5m逐渐增至0.8m，冬季灌水1m深或修筑低于正常水位的栽植堰；盆栽水位保持在0.2～0.4m，冬季应将不耐寒类移入冷室或温室越冬。池栽者，通常每2～3年挖出分栽1次；而盆栽和缸栽者，可1～2年分栽1次。施肥多在春天盆、缸沉入水中之前进行。

[观赏与应用] 睡莲花、叶俱美，是水面绿化的重要材料，常点缀于平静的水池、湖面，也可盆栽观赏或作切花应用。

（三）王莲

[学名] *Victoria amazonica* J. De C. Sowerby（*V. regia* Lindl.）

[英名] royal water lily

[科属] 睡莲科，王莲属

[形态特征] 多年生浮叶型植物，多作一年生栽培。叶丛生，形状随叶龄大小而变化：幼叶向内卷曲呈锥状，以后逐渐伸展呈戟形至椭圆形，到成叶时变成圆形，叶缘直立（高7～10cm），叶大如盘，径可达1.0～2.5m，浮力可承重50kg以上；叶表面绿色、无刺，背面紫红色并具凸起的网状叶脉，脉上具坚硬长刺，叶肉在网眼中皱缩；叶柄密被粗刺，径2.5～3cm。根状茎短而直立，着生粗壮发达的侧根。花单生，径25～35cm，常伸出水面开放；花期夏秋季，于每日下午至傍晚开放，次晨闭合；花瓣多数，倒卵形，初开为白色，具白兰花之香气，翌日变淡红色至深红色，第三天闭合，沉入水中；萼片4枚，卵状三角形，绿褐色；雄蕊多数，外部雄蕊渐变成花瓣状；子房下位，密被粗刺。果实球形，种子多数，形似玉米，有“水中玉米”之称。

[产地与分布] 原产南美热带水域。不少国家的植物园和公园已有引种，我国许多大型植物园和园林部门也已引种成功。

[习性] 性喜温暖、空气湿度大、阳光充足和水体清洁的环境。通常要求水温30～35℃，室内栽培时，池温需25～30℃，若低于20℃便停止生长。空气湿度以80%为宜。喜肥，尤以有机基肥为宜。

[繁殖与栽培] 我国引种后多用播种繁殖。一般于12月至翌年2月间浸种催芽，30～35℃水中10～21d便可发芽，待锥形叶和根长出后上盆；土宜用草皮土或沙土，将根埋入土中，务必将生长点露出土面，然后使盆浸入水池内距水面下2～3cm处。幼苗生长很快，每3～4d可生长1片新叶；随着植株生长，逐次换盆，并调整距水面的深度，由最初2～3cm调至15cm，后期换盆需施入充足的有机肥作基肥。

温室栽培要保证较高的温度，夏季温度过高时注意通风，幼苗期注意保持光照充足，冬季则需补充灯光照明，否则叶片易腐烂。王莲6月初即可开花，开花受精后即沉入水中发育成果实，花后2个月左右种子成熟；果实开裂后部分种子浮在水中，此时最易采收；部分沉入水底，待植株休眠、清理水池时收取，保存清水中。

[观赏与应用] 王莲叶形奇特硕大，漂浮水面，十分壮观；其花娇容三变，且具芳香，有极高的观赏价值；多用于水景布置，美化水体，营造丰富的园林景观。种子含丰富淀粉，可供食用。

（四）萍蓬草

［**学名**］*Nuphar pumilum*（Hoffm.）DC.

［**英名**］yellow pondlily

［**别名**］黄金莲、萍蓬莲

［**科属**］睡莲科，萍蓬草属

［**形态特征**］多年生浮叶型植物。叶二型，浮水叶纸质或近革质，沉水叶薄而柔软；圆形至卵形，长8～17cm，全缘，基部开裂呈深心形；叶面绿而光亮，叶背隆凸，有柔毛，侧脉细，具数次二叉分枝；叶柄圆柱形。根状茎肥厚块状，横卧。花期5～7月；花单生，圆柱状花柄挺出水面；花蕾球形，绿色；萼片5枚，倒卵形，花瓣状，黄色；花瓣10～20枚，狭楔形，金黄色；雄蕊多数，生于子房基部花托上；上位子房，心皮界线明显，各在先端成1柱头，呈放射形盘状。果期7～9月，浆果卵形，不规则开裂，萼片宿存。种子矩圆形，黄褐色，光亮。

主要栽培种有：

中华萍蓬草（*N. sinensis*）　叶心状卵形，花径5～6cm，柄伸出水面20cm，观赏价值极高。分布于我国江西、湖南、贵州、浙江。

欧洲萍蓬草（*N. luteum*）　椭圆形叶大，厚革质。分布于欧洲，我国新疆、贵州也有分布。

台湾萍蓬草（*N. shimadai*）　叶长圆形或卵形。产于我国台湾省。

［**产地与分布**］分布于我国广东、福建、江苏、浙江、江西、四川、吉林、黑龙江、新疆等地。日本、俄罗斯的西伯利亚地区和欧洲也有分布。

［**习性**］性喜温暖、湿润、阳光充足的环境，对土壤选择不严，以土质肥沃、略带黏性为好。适宜水深30～60 cm，最深不超过1 m。生长适宜温度为15～32℃，休眠期温度0～5℃，1℃以下停止生长；长江流域以南可在露地水池越冬，在北方需保护越冬。

［**繁殖与栽培**］以无性繁殖为主，有性繁殖同睡莲。分根状茎繁殖在3～4月进行，切带主芽的根状茎6～8cm长，或带侧芽的根状茎3～4cm长。分株繁殖在6～7月进行，所分的新株当年便可开花。栽培管理同睡莲。

［**观赏与应用**］萍蓬草为观花、观叶植物，根具有净化水体的功能。花虽小，但颇具田野风韵，是夏季水景园极为重要的观赏植物，多用于池塘水景布置，与睡莲、荷花、荇菜、香蒲、黄菖蒲等配置，形成绚丽多彩的景观；又可盆栽于庭园、建筑物及假山石前，或在居室前向阳处摆放。种子舂米可食用；根状茎入药，健脾胃，有补虚止血、治疗神经衰弱之功效。

（五）芡实

［**学名**］*Euryale ferox* Salisb

［**英名**］gordon euryale

［**科属**］睡莲科，芡实属

［**形态特征**］一年生浮水植物。根茎短肥。叶丛生，浮于水面，圆状盾形或圆状心形，边缘上折成盘状，径可达1.2m；叶表面皱曲、绿色，背面紫色；全株具刺，叶脉隆起，两面具刺；叶柄圆柱状，中空多刺。花单生叶腋，具长梗，挺出水面；花托多刺，状如鸡头，故称“鸡头”；花萼4枚，外绿、内紫；花瓣多数，紫色；雄蕊多数，外部雄蕊常瓣化。花期7～8月，昼开夜闭。浆果球形，径10cm；种子多数，成熟自行脱落，可食用，俗称“鸡头米”。

［产地与分布］广布于东南亚，俄罗斯、日本、印度及我国南北各地湖塘中多有野生。

［习性］适应性强，以气候温暖、阳光充足、泥土肥沃之处生长最佳，深水或浅水中均能生长。

［繁殖与栽培］多为野生，常自播繁衍。人工栽培时，可播种繁殖。因种皮坚硬，播前先用水浸种，然后播于灌水 3cm 深的泥土中，待苗高 15～30cm 时移入深水池中。果实采收应注意提前进行，最好连同花梗一起割下。

［观赏与应用］芡实长势强健，叶形、花托奇特，用于水面绿化颇有野趣。其种子不仅可炒食或煮食，还可酿酒，补脾益肾。全株还能作饲料和绿肥。

（六）香蒲

［学名］*Typha angustata* Bory et Chaub

［英名］great cattail

［别名］水烛

［科属］香蒲科，香蒲属

［形态特征］多年生挺水植物。地下具粗壮匍匐的根茎。地上茎直立，细长圆柱，不分枝，株高 1.5～3.5m。叶由茎基部抽出二列状着生，灰绿色，长带形，向上渐细、端圆钝，长 0.8～1.8m，宽 7～12cm；基部鞭状抱茎，质稍厚而轻，截面呈新月形。花单性，同株；穗状花序浅褐色，呈蜡烛状；雌花序（蒲棒）长约 20cm，雄花序位于花轴上部，雌花序在下部，两者之间相隔 3～7cm 的裸露花序轴；雌花柄上具长或等于柱头的小苞片，较其他种长，故又称“长苞香蒲”。花期 5～7 月。

［产地与分布］广布于我国东北、西北、华北和华东等地区。

［习性］性耐寒，喜阳光，喜深厚肥沃的泥土，最宜生长在浅水湖塘或池塘内，对环境条件要求不甚严格，适应性较强。

［繁殖与栽培］通常分株繁殖，春季将根茎切成 10cm 左右的小段，每段根茎带 2～3 芽。栽植后根茎上的芽在土中水平生长，待伸长 30～60cm 时，顶芽弯曲向上抽生新叶、向下发出新根，形成新株；其根茎再次向四周蔓延，继续形成新株。连续 3 年后根茎交错盘结，生长势逐渐衰退，应再行更新种植。

［观赏与应用］香蒲叶丛细长如剑、色泽光洁淡雅，穗状花序奇特，常用于点缀园林水池、湖畔，构筑水景，也可盆栽布置庭园。香蒲还有较高的其他经济价值，叶丛基部（蒲菜）及根茎先端的幼芽（草芽）可作蔬菜食用；花粉（蒲黄）可加蜜糖食用，或可入药作止血剂；雌花序（蒲棒）常用作切花材料，干后蘸油或不蘸油都可用以照明；叶（蒲草）可编制蒲包等。

（七）菖蒲

［学名］*Acorus calamus* L.

［英名］drug sweetflag

［别名］水菖蒲、大叶菖蒲、泥菖蒲

［科属］天南星科，菖蒲属

［形态特征］多年生挺水植物。株高 50～150cm，全株有特殊香气。根茎稍扁肥，横卧泥中，径 0.5～2cm，上生有多数须根。叶二列状基生，剑状线形，端渐尖，长 50～120cm，中部宽1～

3cm，基部呈鞘状、对折抱茎；中脉明显，两侧均隆起，边缘稍波状；叶片揉碎后具香味。花茎基出，扁三棱形，圆柱状稍弯曲，长20～50cm，短于叶丛；叶状佛焰苞长30～40cm，内具圆柱状长锥形肉穗花序；花色紫；花期6～9月。浆果长圆形，红色，有种子1～4粒。

主要变种有彩色菖蒲（var. *variegatus*），株高60～90cm，叶边缘具白色、米色或金黄色条纹。

[产地与分布] 原产日本，广布世界温带和亚热带地区。我国南北各地均有分布。

[习性] 耐寒性不甚强，最适生长温度为20～25℃，10℃以下停止生长；在华北地区呈宿根状态，冬季地上部分枯死，以根茎潜入泥中越冬。喜水湿，常生于池塘、河流、湖泊岸边的浅水处。

[繁殖与栽培] 通常春季分株繁殖。适应性较强，栽植后保持潮湿或盆面有一定水位即可，不需多加管理。

[观赏与应用] 菖蒲叶丛翠绿，叶形端庄整齐，最宜布置于水景岸边浅水处，表现出初夏的清凉感觉。根茎及叶均可入药，古人认为有益智宽胸、聪耳明目、去湿解毒之效，因而将其看作是治邪之物，我国民间端午节时常将其叶和艾一起编结成束悬挂门上，可以除虫。菖蒲植物体中含有挥发油，全株有香气，可提制香料。

（八）石菖蒲

[学名] *Acorus gramineus* Soland.

[英名] grassleaved sweet flag

[别名] 药菖蒲、水剑草、剑叶菖蒲

[科属] 天南星科，菖蒲属

[形态特征] 多年生挺水植物。株高30cm，全株具香气。根茎质硬，横卧地下或斜上生长。叶常绿，基生，细带状，翠绿色，柔软而光滑，无中肋，边缘膜质。花茎叶状，长10cm，佛焰苞也较短；圆柱状肉穗花序端部渐细而微弯，与佛焰苞等长或稍长；花小型，淡黄绿色。花期4～5月。

常见栽培变种有：金线石菖蒲（var. *pusillus*），叶面具黄色条纹；花叶石菖蒲（var. *variegatus*），叶缘具白色条纹。

[产地与分布] 原产我国长江流域以南各地。日本、越南和印度也有分布。

[习性] 喜阴湿、温暖的环境，适生温度18～25℃，自然界常生于山谷溪流中或有流水的石缝中。具一定耐寒性，在长江流域虽可露地越冬，但叶丛上部常干枯；在华北地区则变为宿根状，地上部分枯死，以根茎在土中越冬。

[繁殖与栽培] 通常早春分株繁殖。适应性强，生长强健，栽培管理粗放简便；生长期间注意松土浇水，保持阴湿环境，切忌干旱。

[观赏与应用] 石菖蒲株丛潇洒，叶色油绿、光亮而芳香；性强健又耐阴、耐践踏，为良好的林下或阴地环境的地被植物。可带状或成片种植，营造夺目的地被景观；也可与宿根花卉、花灌木、观赏草等搭配，营造出不同主题的花境景观；又可盆栽或用于假山石隙、水边栽植，作花坛、花境的镶边材料。

（九）黄菖蒲

[学名] *Iris pseudacorus* L.

［英名］yellow flag iris

［别名］黄花鸢尾、水生鸢尾

［科属］鸢尾科，鸢尾属

［形态特征］多年生挺水植物。植株高大而健壮，宿根、根茎短肥。叶片茂密，基生，绿色；长剑形，60～100cm，中肋明显，且具横向网脉。花单生，从2个苞片组成的佛焰苞内抽出，花茎稍高出于叶，花被片6枚；垂瓣上部长椭圆形，基部近等宽，具褐色斑纹或无，旗瓣淡黄色；花径8cm；花器变化丰富，有大花型，深黄色、白色、斑叶及重瓣品种；花期5～6月。蒴果长形，内有种子多数，种子褐色，有棱角。

同属常见栽培种有：

玉蝉花（*I. ensata*）　又名花菖蒲。花茎稍高出叶片，每茎着花2朵；花色丰富，重瓣性强，花径可达9～15cm。花期6月。

溪荪（*I. sanguinea*）　又名东方鸢尾。叶基红赤色；花茎与叶近等高，苞片晕红赤色，花浓紫色，花径约7cm。花期5～6月。

燕子花（*I. laevigata*）　又名平叶鸢尾。植株挺拔，叶片宽条形剑状，光滑，灰绿色，不具明显中肋。每茎着花3朵左右，蓝紫色，基部带黄色，花径约12cm，花色有红、白、翠绿等变种；旗瓣披针形，直立。花期5～6月。果实椭圆形，种子茶褐色。

马蔺（*I. lactea* var. *chinensis*）　又名紫蓝草。叶基部具纤维状老叶鞘，下部带紫色。花茎与叶近等高，每茎着花2～3朵；花堇蓝色，径约6cm。花期5月。

［产地与分布］原产南欧、西亚及北非等地，世界各地均有引种。

［习性］喜光，耐半阴，在沙壤土及黏土上都能生长，适应性极强；耐旱也耐湿，在水边栽植生长尤好，趋于野生化。生长适温15～30℃，温度降至10℃以下时停止生长；在北京地区，冬季地上部分枯死，以根茎越冬，极其耐寒。

［繁殖与栽培］通常用分株繁殖，于春季花后或秋季进行，分割后的根茎每块带2～3个芽，栽植时将叶上部剪去，留长20cm，栽植深度以7～8cm为好。也可用播种繁殖，于秋季种子成熟后随采随播，2～3年后可开花；若冬季使之继续生长，则8个月即可开花。通常宜栽植于池畔及水边，旺盛生长期尤其不能缺水。土壤要求微酸性，栽植前施以硫铵、过磷酸钙、钾肥等作基肥，并与土壤充分混合。

［观赏与应用］黄菖蒲叶丛秀丽，花色黄艳，花姿秀美，如金蝶飞舞于花丛中，观赏价值极高。适应范围广泛，可在水池边露地栽培，亦可在水中挺水栽培，是水边绿化的优良材料；亦可作切花应用。

（十）千屈菜

［学名］*Lythrum salicaria* L.

［英名］purple loose strife

［别名］水柳、水枝锦、败毒草

［科属］千屈菜科，千屈菜属

［形态特征］多年生挺水植物。全株光滑，茎细长，株高30～100cm。地上茎四棱，基部木质化，直立多分枝。单叶对生或轮生，披针形或宽披针形，叶全缘，无柄。穗状花序顶

生，小花多数密集，玫瑰红色，花瓣 6 枚（图 2-8-3）。花期 7～9 月。

图 2-8-3 千屈菜

同属植物约 27 种，常见栽培的主要变种及同属种有紫花千屈菜（var. *atropurpureum*）、大花千屈菜（var. *roseumsuperbum*）、大花桃红千屈菜（var. *roseum*）、毛叶千屈菜（var. *tomentosum*）和帚状千屈菜（*L. anceps*）。

［产地与分布］ 原产欧洲、亚洲的温带地区。我国南北均有野生。

［习性］ 喜欢强光和潮湿的环境，通常在浅水中生长最好，但也可露地旱栽。对土壤要求不严，极易生长。耐寒性强。

［繁殖与栽培］ 以扦插繁殖为主，也可用分株、播种繁殖。营养生长期保持土壤湿润，生殖生长期保持 5～10cm 的水深。宜水池、水边栽植，可自然越冬。盆栽宜选用肥沃壤土，并施足基肥。

［观赏与应用］ 千屈菜株丛整齐、清秀，花穗多、花期长、花色淡雅，成批栽植或用作花境的背景材料，十分美丽壮观。水陆两栖，最宜池边、溪边露地丛植栽培，也可盆栽观赏，或作切花用。茎叶可入药，性微寒、味苦，具清热解毒、收敛、通瘀之效。

（十一）凤眼莲

［学名］ *Eichhornia crassipes* Solms.

［英名］ common water hyacinth

［别名］ 凤眼兰、水葫芦、水浮莲

［科属］ 雨久花科，凤眼莲属

［形态特征］ 多年生漂浮植物。株高 30～50cm，茎极短缩；须根发达，悬垂水中。叶丛生而直伸，卵圆形或菱状扁圆形，全缘，鲜绿色，有光泽，质厚；叶柄长 10～20cm，中下部膨大呈葫芦形海绵质气囊。花单生，顶生短穗状花序，着花 6～12 朵，小花呈蓝紫色，径约 3cm；花被片 6 枚，上面 1 枚较大，中央具深蓝色斑块，斑中又有鲜黄色眼点，颇似孔雀羽毛，即所谓“凤眼”；花期 7～9 月；花茎在花后弯入水中，花后 1 个月种子成熟。

其变种有大花凤眼莲（var. *major*）和黄花凤眼莲（var. *aurea*）。

［产地与分布］ 原产南美洲。我国引种后在长江流域、黄河流域广为栽种，尤其是西南、华东部分地区已逸为野生。

［习性］ 喜温暖、阳光充足的环境，具一定耐寒性，但在北方需要保护越冬。适富含有机质的浅水、静水，流速不能太大。

［繁殖与栽培］ 分株或种子繁殖。生长期追肥可促花繁叶茂，由于其分蘖迅速、随水漂移，单株一年可布满几平方米水面，需适当打捞。盆栽可用腐殖土或塘泥，并施入基肥，加入 0.3m 深的清水即可。

［观赏与应用］ 凤眼莲叶色光亮，叶柄奇特，花形高雅，花色俏丽，适应性强，有很强的净化污水能力，可以吸收废水中的砷、汞、铁、锌、铜等重金属以及许多有机污染物质，是美化水面、净化水质的良好材料。

（十二）梭鱼草

［学名］*Pontederia cordata* L.

［英名］pickerelweed

［别名］北美梭鱼草

［科属］雨久花科，梭鱼草属

［形态特征］多年生挺水植物。株高 80～150cm。地下根茎粗壮，黄褐色，具多数根毛，有芽眼。地上茎叶丛生，叶片倒卵状披针形，端部渐尖，呈橄榄色；叶柄绿色，圆筒形，横切断面具膜质物。穗状花序顶生，长 5～20cm；小花密集在 200 朵以上，蓝紫色带黄斑点；花被裂片近圆形，裂片基部连接为筒状。果实初期绿色，成熟后褐色；果皮坚硬，种子椭圆形。花果期 5～10 月。

［产地与分布］原产北美，我国引种栽培。

［习性］喜温暖湿润、光照充足的环境条件，常栽于浅水池或塘边，适宜生长发育的温度范围为 18～35℃，18℃以下生长缓慢，10℃以下停止生长，冬季必须灌水或移至室内以安全越冬。

［繁殖与栽培］分株或播种繁殖。分株可在春、夏两季进行，自植株基部切开即可，可直接栽植于浅水中，或先植于缸内再放入水池。播种繁殖一般在春季进行，发芽温度 25℃左右。栽培基质以肥沃为好，有条件时可在春、秋两季各施 1 次腐熟的有机肥；肥料需埋入土中，以免扩散到水域而影响肥效。对水质没有特别要求，但应尽量没有污染。

［观赏与应用］梭鱼草叶色翠绿，花色迷人，花期较长，可用于家庭盆栽、池栽，也可广泛栽植于河道两侧、池塘四周、人工湿地，与千屈菜、花叶芦竹、水葱、再力花等相间种植，每到花开时节，串串紫花在片片绿叶的映衬下，别有一番情趣。

（十三）水葱

［学名］*Scirpus tabernaemontani*（*S. validus*）Vahl

［英名］tabernaemontanus bulrush

［别名］管子草、莞蒲、欧水葱

［科属］莎草科，藨草属

［形态特征］多年生挺水植物。株高 1～2m，茎秆高大通直，秆呈圆柱状、中空。根状茎粗壮而匍匐，须根很多；基部有 3～4 枚膜质管状叶鞘，鞘长可达 40cm，最上面的 1 枚叶鞘具线形叶片，长 2～11cm。圆锥状花序假侧生，花序似顶生；苞片由秆顶延伸而成多条辐射枝于顶端，长达 5cm；椭圆形或卵形小穗单生或 2～3 枚簇生于辐射枝顶端，长 5～15mm，宽 2～4mm，上有花多数；鳞片为卵形，顶端有小凹缺，边缘有绒毛，背面两侧有斑点；雄蕊 3 枚，柱头 2 裂。小坚果倒卵形、双凸状，长 2～3mm。花果期 6～9 月。

主要变种有花叶水葱（var. *zebrinus*），圆柱形茎秆上有黄色环状条斑，更具观赏价值。

［产地与分布］分布于我国东北、西北、西南各地。朝鲜、日本、澳洲、美洲也有分布。花叶水葱主要产地是北美，现国内各地引种栽培较多。

［习性］喜阳，喜温暖潮湿的环境，自然生长在池塘、湖泊边的浅水处、稻田的水沟中。对土壤、气候的适应性很强，较耐寒，在北方大部分地区地下根状茎在水下可自然越冬。

［繁殖与栽培］播种或分株繁殖，以分株繁殖为主。在初春将植株挖起用快刀切成若干丛，

每丛带 3～5 个茎芽；每 3～5 年分栽 1 次。栽种初期宜浅水，以利提高水温促进萌发；生长期和休眠期都要保持土壤湿润，冬季霜冻前剪除上部枯茎。栽培管理与花菖蒲等相似，较为粗放，病虫害少；可露地种植，也可盆栽。

[观赏与应用] 水葱茎秆挺拔翠绿，朴实自然，富有野趣，在水景园中主要作背景材料。茎秆可作插花材料，也用作造纸或编织草席、草包材料。

(十四) 再力花

[学名] *Thalia dealbata* Fraser.

[英名] powdered thalia

[别名] 水竹芋、水莲蕉、塔利亚

[科属] 苳叶科，再力花属

[形态特征] 多年生挺水植物。株高 2m 左右，全株附有白粉。地下根茎发达，根出叶卵状披针形，先端突出，浅灰蓝色；叶鞘大部分闭合，叶柄极长。夏秋季开花，小花紫色，成对排成松散的复总状圆锥花序，可达 2 m 以上；苞片状似飞鸟。

[产地与分布] 原产于美国南部和墨西哥。我国也有栽培。

[习性] 热带植物，好温暖水湿、阳光充足的气候环境，不耐寒，入冬后地上部分枯死，以根茎在泥中越冬。喜微碱性土壤。

[繁殖与栽培] 分株繁殖。初春从母株上切割带 1～2 个芽的根茎，植入盆内，施足底肥，放进水池养护，待长出新株后移植于池中生长。

[观赏与应用] 再力花株形美观洒脱，叶色翠绿可爱，花色奇特美丽，适于水池湿地种植美化，也可作盆栽观赏，为珍贵的水生花卉。

第三节　其他种类

表 2-8-1　其他水生花卉简介

挺水型（含湿生、沼生）

中文名	学　名	科　属	产地与习性	形态与用途
泽泻	*Alisma orientale*	泽泻科 泽泻属	原产日本、朝鲜、印度、蒙古。喜光，怕寒冷，耐高湿，喜生浅水或池塘边缘。播种、块茎分割繁殖	株高 50～100cm，地下茎球形或卵圆形，密生多数须根。叶单生基部，椭圆形，有明显弧形脉 5～7 条。大型轮生状圆锥花序。花期 6～10 月。广泛用于园林水景布置，也可盆栽观赏
花叶芦竹	*Arundo donax* var. *versicolor*	禾本科 芦竹属	原产地中海一带。喜温，较耐寒，在北方需保护越冬。喜光，耐湿，通常生于河旁、池沼、湖边等低洼湿地或浅水。分株、扦插繁殖	秆高 1～3m，地上茎挺直、有节，似竹。叶面具条纹，初春乳白色，仲春至夏秋金黄色。圆锥花序形似毛帚。花期 4～5 月。主要用于水景园背景材料或点缀于桥、亭、榭四周，也可盆栽观赏；花序可用作切花
矮蒲苇	*Cortaderia selloana*	禾本科 蒲苇属	适生于我国华北、华中、华南、华东及东北地区。喜温、喜光及湿润气候，可露地越冬。春季分株繁殖	株高达 180cm，茎丛生。叶极狭，灰绿色，多聚生于基部。花期 9～10 月。雌雄异株；雌花穗长，银白色，具光泽；雄穗为宽塔形，疏弱。庭园栽培或植于岸边，壮观而雅致。也可用作干花

（续）

中文名	学　名	科　属	产地与习性	形态与用途
埃及纸莎草	*Cyperus papyrus*	莎草科 莎草属	原产非洲。喜温暖环境，适生沼泽、浅水湖和溪畔等湿地。以根状茎分株繁殖为主	常绿草本，株高达2m。茎秆三棱形，直立丛生；叶鞘包裹茎秆基部。茎顶密集的伞状苞叶为插花高级叶材，可庭园水池、湿地美化或盆栽
海寿花	*Pontederia cordata*	雨久花科 梭鱼草属	性喜温暖、水湿环境，在偏碱性的水体中也可生长。不耐严寒和干旱，以根茎在泥中越冬。分株繁殖	株高60～80cm，具根状茎。叶绿色，长卵形，全缘。穗状花序，花瓣筒状，花紫蓝色，春末夏初开花。可作为园林水景布置，盆栽观赏
水生美人蕉	*Canna glauca*	美人蕉科 美人蕉属	原产南美洲。喜光，怕强风，不耐寒。喜生浅水池塘、湿地，性强健。块茎分割繁殖	叶片阔椭圆形，叶色为黄绿相间的花叶及紫色叶。顶生总状花序有花约10朵，花色有红、黄、粉色等多种。花期7～10月。适湿地及浅水栽植

浮叶型

中文名	学　名	科　属	产地与习性	形态与用途
菱	*Trapa quadrispinosa*	菱科 菱属	原产欧洲，我国南方尤其以长江流域栽培最多。喜温，不耐霜冻；耐深水。播种繁殖	叶广卵形，多锯齿；叶柄中部肥大，便于浮生。7～10月开白色小花。子房秋熟，成为坚果，角有嫩刺。果肉白嫩，可生食
荇菜	*Nymphoides peltatum*	龙胆科 荇菜属	原产我国华东、华中、华北、东北。喜浅水或不流动的水域。性强健，耐寒、也耐热。播种、分株繁殖	茎细长柔软而多分枝，匍匐生长，节上生根。叶互生，卵圆形。花期6～10月。伞房花序生于叶腋，漏斗状花冠鲜黄色。用作水面绿化材料

漂浮型

中文名	学　名	科　属	产地与习性	形态与用途
大漂	*Pistia stratiotes*	天南星科 大漂属	原产我国长江流域，广布热带、亚热带地区。喜高温，不耐严寒。喜生于水质肥沃的静水、缓流中。分株繁殖	无直立茎。叶无柄，呈莲座状聚生于极度短缩茎上。肉穗状花序贴于佛焰苞上。花期7～10月。净化水体能力强
水鳖	*Hydrocharis dubia*	水鳖科 水鳖属	分布在欧洲、亚洲及大洋洲。喜光线充足；生长适温为18～20℃。繁殖用冬芽，也可播种或分株繁殖	匍匐茎横生，株高8～12cm。叶近基生，圆形或肾形，具长柄；叶背中央部分膨胀成气室。花单性，白色。果卵圆形

沉水型

中文名	学　名	科　属	产地与习性	形态与用途
金鱼藻	*Ceratophyllum demersum*	金鱼藻科 金鱼藻属	广布于全世界。适宜水温18～30℃。喜中至强光，光线不足时会落叶。扦插繁殖	茎梗细嫩，轮叶纤小，枝叶似松针伸展；根扎于泥土，广布于水塘或浅水沟中。多用于水族箱配置，可供观赏鱼产卵附着用
狐尾藻	*Myriophyllum verticillatum*	小二仙草科 狐尾藻属	广布于东半球，我国南北各地池塘、河沟、沼泽有分布。适合细沙质土壤	根状茎生于泥中，茎细长。在露天鱼池或水景区域栽培，比凤眼莲能更好地抑制底泥中总氮、磷的释放和藻的生长；水族箱中栽培观赏价值高
黑藻	*Hydrilla verticillata*	水鳖科 黑藻属	广布于东半球。匐枝顶芽肥大，冬季扦插繁殖易成活	茎分枝，纤细；叶线形，4～8枚轮生。可显著降低沉积物的有机质、阳离子交换量及总磷，水族箱栽培观赏价值高

（续）

中文名	学　名	科　属	产地与习性	形态与用途
苦草	*Vallisneria spiralis*	水鳖科 苦草属	分布于热带及亚热带地区。喜温暖、光照充足环境的水塘	丛生，无茎，有匍匐枝。叶狭长，绿色半透明。在江南一带称为“脚带小草”，为饲养淡水鱼类很好的饲料
眼子菜	*Potamogeton distinctus*	眼子菜科 眼子菜属	广布于我国大多数省区。适水性强。通过根茎和种子繁殖	茎柔软细长，近直立，少分枝；根状茎匍匐。叶线形，翠绿。穗状花序顶生，开花时伸出水面；花小，黄绿色。花期 6～7 月。净化水质
水蕹	*Aponogetn natans*	水蕹科 水蕹属	主产南非。喜温暖、光照充足的环境。节上易生不定根，分株繁殖	地下块茎球形。初期叶细长形，具短柄，沉水；成熟叶长椭圆形，露出水面。控制重污染河道水质效果显著；水族箱、水面观叶
大茨藻	*Najas marina*	茨藻科 茨藻属	原产南美洲，广布于全球。淡水或咸水中均可生长。自播	植株多汁，较粗壮，呈黄绿色至墨绿色；质脆，极易从节部折断。叶对生，无柄，线形，有齿。水族箱、水面观叶

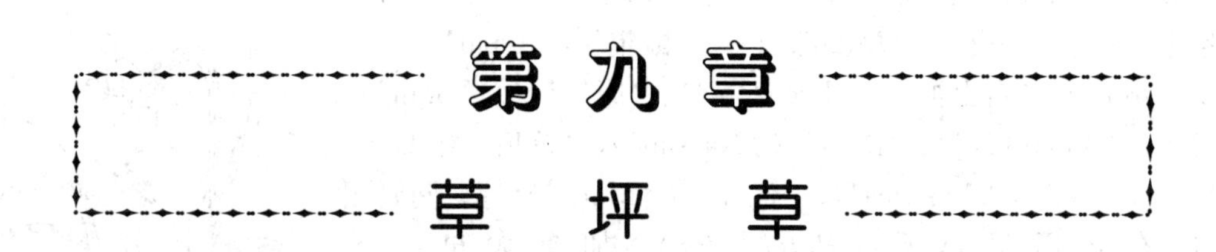

草坪是指多年生低矮草本植物在天然形成或人工建植后经养护管理而形成的相对均匀、平整的草地植被，是人们为了保护环境、美化环境而建植，以及为人们休闲、游乐和体育活动提供优美舒适的场地。

草坪是一类特殊的草地，草坪有时又被称为“草皮”（sod）、“草地”（sward）、“草坪地被”（lawn）等。作为专业术语，“草坪”一词在我国是在1979年北京召开的园林学术会议上才正式确定。实际上，“草坪”与“草地”、“地被”是三个概念并不完全相同的名词。“草皮”是对草坪一种通俗形象的称谓，多指将草坪铲起来用于移栽或作为商品出售；“地被”通常是指密集生长覆盖于地面上的低矮植物，包括矮生草本植物、藤本、攀缘植物和矮生木本植物（含矮生竹类）；“草地”则是指草本地被，特点是具有相对低矮的生长习性和相对连续的地面覆盖。因此，草坪、草地、地被三者既有区别又有联系，其关系如图2-9-1。

地被
- 草本地被（草地）
  - 草坪（地被）
  - 一般草地
- 木本地被

图2-9-1　草坪、草地、地被三者关系

人们通常把构成草坪的植物称为草坪草，草坪植物（或称草坪草）是草坪的主体。草坪草的分类、习性及栽培管理技术详见总论第四章第四节。

第一节　冷季型草坪草

一、常见种类

（一）草地早熟禾

［学名］*Poa pratensis* L.

［英名］Kentucky bluegrass

［别名］六月禾、肯塔基蓝草、蓝草

［科属］禾本科，早熟禾属

［形态特征］多年生草本。根须状，具匍匐根茎。茎秆光滑直立，丛生或疏丛状。叶线形，柔软，长5～10cm，宽2～4mm，基部脊脉明显。花期4～5月；圆锥花序开展，长13～20cm，分枝下部裸露，小穗长4～6cm，含3～5朵小花（图2-9-2）。颖果，种子细小，纺锤形，具三

棱，长1.1～1.5mm，宽0.6mm，千粒重0.37g。

图2-9-2 草地早熟禾

常见品种有‘午夜’（‘Midnight’）、‘欧宝’（‘Opal’）、‘巴润’（‘Baron’）、‘自由神’（‘Freedom’）、‘康尼’（‘Conni’）、‘百老汇’（‘Broadway’）、‘纳苏’（‘Nassau’）、‘蓝鸟’（‘Bluebird’）、‘美洲王’（‘America’）、‘优异’（‘Merit’）等。同属相近种还有普通早熟禾（*P. trivialis*）、加拿大早熟禾（*P. compressa*）、一年生早熟禾（*P. annual*）、林地早熟禾（*P. nemoralis*）等。

［产地与分布］原产欧洲、亚洲北部及非洲北部。在我国黄河流域、内蒙古、江西、新疆、甘肃、青海、宁夏、四川、西藏等地均有野生资源分布，常见于河谷、草地、林边等。

［习性］喜凉爽而湿润的气候，耐寒性极强，但耐旱性较差，在干旱地区如进行灌溉亦能生长良好，但在酷热的夏季，即使灌溉，生长亦停滞。喜疏松、排水良好、富含腐殖质的壤土。其侵占性很强，再生性好，能迅速形成健壮致密的草皮，较耐践踏。

［繁殖与栽培］通常采用播种繁殖，也可进行草块移栽繁殖。成坪后应进行合理的管理，其修剪高度为2～4cm，但低于2.5cm时通常生长较弱。每年修剪3次以上，通常于花前、越夏前、越冬前修剪。在水分不足的条件下要经常灌水，生长4～5年后应运用切断根茎、穿刺土壤的方法进行更新或重新补播，以避免草坪退化。草地早熟禾主要病害有长蠕孢菌病、锈病、白粉病和褐斑病等。

［观赏与应用］草地早熟禾生长年限较长，草质细软，是目前欧美各国城市绿地草坪的主要草种，适宜于公园、公共庭园、居住区等各类绿地的草坪建植，也可用作高尔夫球场、足球场等体育草坪。常与黑麦草、高羊茅等混播建立草坪，效果良好。

（二）高羊茅

［学名］*Festuca arundinacea* Schreb.

［英名］tall fescue

［别名］苇状羊茅、苇状狐草

［科属］禾本科，羊茅属

［形态特征］多年生草本，丛生，须根发达。茎秆直立光滑。叶鞘圆形，开裂，边缘透明，基部红色；叶舌膜质，长0.2～0.8mm，截平；叶环显著，叶耳小而狭窄。花果期4～6月；圆锥花序开张，直立或下垂呈披针形至卵圆形，每一小穗上有4～5朵小花；颖果，千粒重1.98g（图2-9-3）。

图2-9-3 高羊茅

常见栽培品种有‘猎狗’（‘Houndog’）、‘猎狗5号’（‘Houndog5’）、‘爱瑞’（‘Arid’）、‘园里’（‘Wrangler’）、‘凌志’（‘Barlexus’）、‘佛浪’（‘Finelawn’）、‘可奇思’（‘Cochise’）、‘交战’（‘Crossfire’）、‘交战Ⅱ代’（‘CrossfireⅡ’）、‘织女星’（‘Vegas’）等。同属种还有羊茅（*F. ovina*）、紫羊茅（*F. rubra*）等。

［产地与分布］原产欧洲，在我国主要分布于华北、华中、中南和西南，东北中部湿润地区亦有野生。

［习性］适于在气候凉爽湿润的地区生长。较耐寒，1℃时也能继续生长，但易受低温伤害，低温危害后叶尖变黄；较耐炎热，是冷季型草坪草中最耐热的。喜肥沃疏松的土壤。耐旱，耐潮湿，耐酸，耐盐碱（适宜 pH5.5～7.5），耐半阴。叶片坚韧，根系强健，耐践踏。

［繁殖与栽培］通常采用播种繁殖，单播或混播均可，成坪较快。播种量为 6～10g/m^2。也可进行移植草皮建坪。春、秋两季生长较快，但其再生性较差，不耐低剪，修剪高度 6～8cm。作为观赏草坪，生长期需每周修剪 1 次，并适当灌溉和追施氮肥。氮肥的需要量为每个生长月 0.5～1.0g/m^2。在寒冷潮湿地区，高氮水平会使高羊茅更易受到低温的伤害。高羊茅一般不产生芜枝层，耐旱，但适当灌溉更有利其生长。对冠锈病和长蠕孢菌病有较强抗性，但易感染褐斑病、灰雪霉病和镰刀菌枯萎病。

［观赏与应用］高羊茅叶宽株高，属粗草类型，耐践踏，常用作赛马场、飞机场、绿地、路旁等草坪绿化，也可用作足球场草坪和庭园草坪。

（三）匍匐翦股颖

［学名］*Agrostis stolonifera* L.

［英名］creaping bentgrass

［别名］匍茎翦股颖、匍茎小糠草、本特草

［科属］禾本科，翦股颖属

［形态特征］多年生草本。具匍匐茎，长达 8cm，3～6 节，节上可生不定根，直立部分高20～50cm。叶鞘无毛，稍带紫色，叶线形，粗糙，干后边沿内卷。圆锥花序卵状长圆形，老后呈紫铜色，长 11～20cm，宽 2～5cm。小穗长 2～2.2mm，颖果，种子长 1mm，宽 0.4mm，千粒重 0.057g（图 2-9-4）。

图 2-9-4　匍匐翦股颖

常见栽培品种有‘攀可斯’（‘Penncross’）、‘海滨’（‘Seaside’）、‘帕特’（‘Putter’）、‘开拓’（‘Cato’）、‘眼镜蛇’（‘Cobra’）、‘PennA-4’、‘Penn A-1’、‘SR1020’等。同属种还有细弱翦股颖（*A. tenuis*）、绒毛翦股颖（*A. canina*）、小糠草（*A. alba*）等。

［产地与分布］原产欧亚大陆及北美的温带地区。我国东北、华北、西北及江西、浙江等地均有野生分布，多见于河边和较潮湿的草地。

［习性］喜阳光充足、冷凉湿润气候，耐寒、耐热、耐瘠薄、耐低修剪，但不耐冷旱。喜中等酸度、肥沃且持水力强的土壤，耐盐性较好。耐阴性较草地早熟禾稍强，但不如紫羊茅。匍匐翦股颖的匍匐枝横向蔓延能力强，能迅速覆盖地面形成致密的草皮。修剪后再生能力强。耐践踏性及对紧实土壤的适应能力较差。

［繁殖与栽培］通常采用播种或移栽匍匐枝和草皮法繁殖建坪。由于种子特别细小，播种前需严格整地，切忌覆土过深，以轻耙不见种子为度，播种量 3～5g/m^2，春、秋季均可播种。出苗后适当灌溉和注意除草，及时修剪，生长期灌水需较多。一般公园、庭园绿地草坪修剪留茬高度 3～4cm，高尔夫球场果领草坪修剪留茬高度 0.5～0.7cm。抗病虫害能力较差，要求管理精

细，主要病害包括红丝病、褐斑病、灰雪霉病、长蠕孢菌病、条黑粉病等，一般于5～8月喷洒杀菌剂预防病害。

[观赏与应用] 匍匐翦股颖低修剪时能产生美丽、细致的草坪，此草可用于高尔夫球场、公园、庭园及街道绿地草坪。由于具有侵占性很强的匍匐茎，故较少与草地早熟禾等直立生长的冷季型草坪草混播。

(四) 多年生黑麦草

[学名] *Lolium perenne* L.

[英名] perennial ryegrass

[别名] 宿根黑麦草、黑麦草

[科属] 禾本科，黑麦草属

[形态特征] 多年生草本，丛生。具细弱的根状茎，须根稠密。茎直立，具3～4节，高50～100cm。叶狭长，质地柔软，边沿粗糙，具光泽，富弹性；叶舌膜质，小而钝。穗状花序长10～20cm，小穗含小花7～11朵。颖果，棕色，顶端有茸毛，千粒重1.5g（图2-9-5）。

图2-9-5 多年生黑麦草

常见栽培的品种有'德比'（'Derby'）、'曼哈顿'（'Manhattan'）、'首相'（'Premier'）、'托亚'（'Taya'）、'全星'（'All Star'）、'匹克威'（'Pickwick'）等。同属种还有多花黑麦草（*L. multiflorum*）。

[产地与分布] 原产南欧、北非及亚洲西南部。在美国中西部、澳大利亚、新西兰、日本等地广泛种植。我国引种用于城市绿地草坪建植。

[习性] 喜温暖湿润、较凉爽的气候环境，抗寒、抗霜而不耐热，气温35℃以上时生长势变弱，－15℃时则会产生冻害，甚至部分死亡。不耐干旱，较耐湿。喜肥沃湿润、排水良好的土壤，但在黏土中亦能生长良好。不耐阴。耐践踏性较强，优于紫羊茅和匍匐翦股颖。不耐低剪，一般留茬4～6cm为宜。

[繁殖与栽培] 多通过播种建植草坪，也可采用移栽草块法建坪。多年生黑麦草发芽迅速，一般播后5～7d出苗，常作为先锋草种或临时草坪草种。多年生黑麦草虽属多年生，但一般情况下寿命为4～6年，在养护管理精细、经常施肥修剪的条件下，寿命可延长。混播时能成为"保护"草种，在早熟禾、羊茅等草种成坪前可形成较好的覆盖，但多年生黑麦草的混合比例不宜过大，一般为10%～20%，3～4年后则从混播草坪中消失。

[观赏与应用] 多年生黑麦草常用于公园、庭园绿地草坪，也可用作运动场草坪、护坡草坪及放牧草坪等。还可用于狗牙根、杂种狗牙根（'百慕大'）等暖季型草坪的秋冬"复播"，从而使草坪四季常绿。该草能抗二氧化硫等有害气体，故多用于工矿区建造绿地。

(五) 白三叶草

[学名] *Trifolium repens* L.

[英名] white clover

[别名] 白车轴草

[科属] 豆科，车轴草属（三叶草属）

图 2-9-6　白三叶草

［形态特征］多年生草本。株丛低矮，具匍匐枝，枝节着地生根，并萌生新芽。掌状复叶，互生，具长柄；小叶3，宽椭圆形、倒卵形至近倒心脏形；托叶卵状披针形，抱茎。花密集成球形的头状花序。种子成熟期不一，种子细小，荚果卵状长圆形，千粒重 0.5～0.7g（图 2-9-6）。

同属还有红三叶（*T. pratense*）。

［产地与分布］原产欧洲。我国云南、贵州、四川、湖南、湖北、新疆等地有野生种分布，长江流域以南各地都有大面积栽培。

［习性］喜温暖湿润气候，抗寒性较强，不甚耐热。不耐干旱，稍耐潮湿。对土壤要求不严，但喜富含钙质及腐殖质的黏壤土。能耐瘠薄，但耐盐碱能力较差。耐半阴。分蘖能力及再生能力极强。

［繁殖与栽培］主要通过播种繁殖建坪。春播、秋播均可，南方地区以秋播较好。撒播或条播，条播行距 20～25cm。因种子细小，播前需严格整地，播种后保持土壤湿润。幼苗生长缓慢，怕干旱，且易受杂草侵害，应注意及时除草，加强养护。成坪后管理粗放。白三叶不耐践踏，应以观赏为主。

［观赏与应用］白三叶草可用于固土护坡、观赏草坪地被等；也可用作放牧草坪，可以固氮，为与其一起生长的草坪提供氮素营养。

二、其他种类

表 2-9-1　其他冷季型草坪草种简介

中　名	学　名	科　属	主要特性	园林应用	分布地区
普通早熟禾	*Poa trivialis*	禾本科 早熟禾属	多年生，具丛状根状茎。耐寒，耐阴湿	北方寒地混播草坪	华中以北，甘肃、陕西较多
林地早熟禾	*Poa nemoralis*	禾本科 早熟禾属	多年生，具丛状根状茎。耐寒，耐阴湿	疏林及林下草坪	华北、西北
加拿大早熟禾	*Poa compressa*	禾本科 早熟禾属	耐寒，耐瘠薄，适应性强，稍耐阴	混播草坪	国外引进栽培
细弱翦股颖	*Agrostis tenuis*	禾本科 翦股颖属	多年生，细叶，具短根茎。耐旱，耐瘠薄	庭园草坪、运动场草坪	华北、山西
紫羊茅	*Festuca rubra*	禾本科 羊茅属	多年生，细叶，具丛状根茎。耐寒，耐酸，耐强剪	庭园观赏草坪	华北、东北、西北、西南
羊茅	*Festuca ovina*	禾本科 羊茅属	多年生，密丛型。耐践踏，抗旱	庭园草坪、运动场草坪	东北、西北、西南
多花黑麦草	*Lolium multiflorum*	禾本科 黑麦草属	多年生，具丛生根茎。耐寒，耐湿，耐践踏，萌芽快	临时草坪，混播先锋草种	国外引进

（续）

中　名	学　名	科　属	主要特性	园林应用	分布地区
小糠草	*Agrostis alba*	禾本科 剪股颖属	多年生，具根茎，细叶。耐寒，耐旱，耐瘠薄	庭园草坪，混播草坪	西北、华北、东北
冰草	*Agropyron cristatum*	禾本科 冰草属	多年生，细叶，具须状根。耐寒，耐旱，适应性强	公园、飞机场混播草坪	东北、西北
梯牧草	*Phleum pratense*	禾本科 梯牧草属	多年生，具根状茎。耐寒，耐湿，耐酸	与黑麦草、野牛草、白三叶混栽	东北、西北、西南、河南、江西
无芒雀麦	*Bromus inermis*	禾本科 雀麦属	多年生，具根茎。耐寒，耐旱，适应性强	飞机场草坪	华北、东北、西北
白颖薹草	*Carex rigescens*	莎草科 薹草属	多年生，具细长根茎。耐寒，耐瘠薄，耐盐碱	庭园观赏草坪	华北、东北
异穗薹草	*Carex heterostachya*	莎草科 薹草属	多年生，具根状茎。耐寒，耐旱，适应性强	观赏草坪	华北、东北

第二节　暖季型草坪草

一、常见种类

（一）结缕草

［学名］ *Zoysia japonica* Steud.

［英名］ Japanese lawngrass，Korean lawngrass

［别名］ 日本结缕草、老虎皮草、锥子草、延地青

［科属］ 禾本科，结缕草属

［形态特征］ 多年生。须根较深，入土层30cm以上，具发达的地下根茎和匍匐枝，节部易生不定根和新株。具直立茎，秆淡黄色。叶片扁平或稍内卷，革质，长2.5～5cm，宽2～3mm，表面有疏毛，具韧性。总状花序穗状，小穗柄通常弯曲，小穗卵形，淡黄绿色或略带紫色（图2-9-7）。结实率较高，种子表面有蜡质保护物，成熟后易脱落，不易发芽，种子千粒重0.29g。

图2-9-7　结缕草

常见栽培品种有‘梅尔’（‘Meyer’）、‘伊尔·叶蕾’（‘EL Toro’）、‘德·安赞’（‘De Anza’）、‘比莱尔’（‘Belair’）等。同属种还有大穗结缕草（*Z. macrostachya*）、中华结缕草（*Z. sinica*）、沟叶结缕草（*Z. matrella*）、细叶结缕草（*Z. tenuifolia*）等。

［产地与分布］ 原产亚洲东南部，我国、朝鲜半岛及日本等温带地区均有分布，生于平原、山地或海滨草地上。北美有引种栽培。

［习性］喜温暖气候，喜光，耐热。耐寒性较强，草根－20℃条件下亦能安全越冬。抗干旱，耐瘠薄。适宜在深厚、肥沃、排水良好的壤土和沙质壤土中生长，在微碱性土壤中亦能生长良好。不耐阴。长江流域绿色期260d左右。花期5～6月。

［繁殖与栽培］所有结缕草的栽培种都可以通过移栽草块或播种进行建坪。播种建坪时种子通常需要催芽处理，以提高发芽率。出苗后幼苗生长缓慢，需加强养护。结缕草具坚韧的根状茎和匍匐枝，竞争能力强，容易形成纯草层，成坪后管理经济。结缕草与假俭草、天堂草混栽，可提高草坪抗性，弥补单一草坪不足。结缕草在高温潮湿的情况下易感染锈病、褐斑病等。

［观赏与应用］结缕草植株低矮，坚韧耐磨，耐践踏，弹性好，可广泛应用于公园、庭园、运动场等草坪建设，也常用作固土护坡、水土保持草坪。

（二）普通狗牙根

［学名］*Cynodon dactylon* Pers.

［英名］common bermudagrass

［别名］绊根草、百慕大、蟋蟀草、爬根草、地板根

［科属］禾本科，狗牙根属

［形态特征］多年生。须根，具根状茎和细长匍匐枝，并于节部产生不定根和分枝。叶片扁平线形，浓绿色，长3.8～8cm，宽1～2mm，边缘有细齿；叶舌短小，纤毛状。穗状花序，绿色或略带紫色，3～6分支，小穗长3～4cm（图2-9-8）。种子卵圆形，成熟后易脱落，能自播繁衍，种子千粒重0.25g。

图2-9-8　狗牙根

常见栽培品种有‘米瑞格’（‘Mirage’）、‘金字塔’（‘Pyramid’）、‘百慕大’（‘Barmuda’）等。这些品种比普通狗牙根质地细腻、草皮致密，并有大量的商品草子供应。同属种还有杂交狗牙根（*C. dactylon*×*C. transvadlensis*）等。

［产地与分布］原产非洲，广泛分布于热带、亚热带和部分温带地区。我国黄河流域以南的广大地区均有分布，新疆的伊犁、喀什、和田亦有野生种。

［习性］喜温热湿润气候，耐热性极强，但耐低温能力差，通常在气温低于15℃时停止生长。耐干旱，亦耐水湿。喜排水良好的肥沃土壤，能耐轻度盐碱。侵占力强，在适宜的条件下常侵入其他草坪地生长。耐阴性较差。华南地区绿色期约270d，成都地区250d，华东、华中245d左右。

［繁殖与栽培］生长最快、建坪最快的暖季型草坪草，可通过播种、播植草茎或移植草皮繁殖建坪。因种子不易采收，主要通过短枝或草皮建坪。草茎播植后覆土压实，保持土壤湿润，数日内即可生根和萌发新芽，20d左右即能滋生新的匍匐枝，此时应增施氮肥，同时配合修剪，很快就能形成新的草坪。狗牙根草坪一般养护管理粗放，但由于其根系分布较浅，夏季高温干旱缺雨时，应适当灌溉。运动场草坪赛后当晚灌溉，有利于损坏的草坪再生复苏。夏秋季宜施氮、磷肥，施肥量为氮肥8g/m^2，磷肥2g/m^2。

[观赏与应用] 狗牙根草坪植被低矮，侵占性强，较耐践踏，养护管理粗放，常用于公园、庭园游憩草坪、护坡草坪、高尔夫球场球道及障碍区草坪、运动场草坪、机场草坪等，也可用作放牧草坪。

(三) 野牛草

[学名] *Buchloe dactyloides* L.

[英名] buffalo grass

[别名] 水牛草

[科属] 禾本科，野牛草属

[形态特征] 多年生草本。须根性，具细长匍匐茎，秆高5～25cm。叶片扁平线形，叶色绿中透白，长10～20cm，宽1～2mm，两面均疏生细小绒毛。雌雄同株或异株，雄花序2～3枚，长5～15cm，总状排列，小穗含2花；雌花序4～5枚，呈头状花序，小穗含1花（图2-9-9）。种子成熟后易脱落，种子（头状花序）千粒重9g。

图2-9-9 野牛草

近年来培育的品种有'Proirie'、'Comanch'、'Texoka'、'Oasis'等。

[产地与分布] 原产北美洲的干旱、半干旱平原地区，20世纪50年代引入我国，现已成为我国北方地区的"当家"草坪草种。

[习性] 喜温暖、半湿润气候。抗热性极强，耐寒，-34℃条件下仍能安全越冬。耐旱性强。不耐潮湿环境，耐瘠薄，能耐盐碱性土壤，不耐阴。北京地区绿色期180～190d；新疆乌鲁木齐市种植，其绿色期在160d左右。

[繁殖与栽培] 播种和营养繁殖均可，但因结实率低，一般多采用草茎繁殖或铺植草皮建坪。以春、秋季繁殖栽培较好，草茎栽植5～7d即可成活。穴栽株距10cm，25d后成坪；条栽行距25cm，35d后成坪。适当浇水施肥，修剪留茬高度4～5cm，夏、秋两季每月进行1次。野牛草与杂草竞争力强，稍耐践踏，踩踏后再生能力较强。为使叶色浓绿，可适当施用尿素15～20 g/m^2。草坪寿命较长，在一般养护情况下，可维持20年不衰亡。

[观赏与应用] 野牛草为"环境友好"草种，常用作半干旱、半湿润地带的公园、工矿企事业单位、居住区等绿地草坪以及河堤、库坝、墓地、公路等护坡草坪，也可用作飞机场草坪。

(四) 地毯草

[学名] *Axonopus compressus* (Sw.) Beauv.

[英名] carpetgrass, tropical carpetgrass

[别名] 大叶油草

[科属] 禾本科，地毯草属

[形态特征] 多年生。株丛低矮，具匍匐茎，秆扁平，节上密生灰白色柔毛，高8～30cm。叶片短而钝，柔软，翠绿色，长4～6cm，宽8mm。总状花序，长4～6cm，2～3枚指状排列于秆顶。小穗2～2.5mm，排列于三棱形穗轴一侧（图2-9-10）。种子长卵形，千粒重0.4g。

[产地与分布] 原产南美洲，世界各热带、亚热带地区有引种栽培。我国广东、广西、云南、

湖南、四川等地均有分布，常生于荒野、路旁较潮湿处。

图 2-9-10 地毯草

［习性］喜温暖湿润气候。耐寒性较差，遇霜冻后叶尖易变黄。耐践踏，不耐旱和盐碱。喜肥沃的沙质壤土和冲积土，地势高燥处生长欠佳。能耐半阴，再生力强。因其匍匐枝蔓延迅速，每节上都能生根和抽出新植株，植物平铺地面呈毯状，故称"地毯草"。

［繁殖与栽培］由于地毯草的结实率和萌发率均高，故可采用播种、移栽草茎或草皮繁殖建坪。一般于春夏期间，切取匍匐茎或草块埋植土中，即可生根发芽。因不耐旱，夏季干旱无雨时，应及时灌溉，防止叶尖焦枯。修剪留茬高度5cm左右。

［观赏与应用］地毯草侵占性强，容易形成稠密平坦的草坪景观。耐践踏，较耐粗放管理，在华南地区为优良的固土护坡草种，同时也广泛用于庭园、公园休憩活动草坪等。

（五）马蹄金

［学名］*Dichondra repens* Horst.

［英名］dichondra

［别名］马蹄草、黄胆草、小金钱草、小霸王

［科属］旋花科，马蹄金属

图 2-9-11 马蹄金

［形态特征］多年生匍匐小草本。株丛低矮，须根发达，茎纤细，披灰白色柔毛，节部易生不定根。叶片马蹄状圆肾形，具细长叶柄，浓绿色，表面无毛。花小，通常单生于叶腋，花梗纤细，短于叶柄（图 2-9-11）。花期 5～8 月，果期 9 月。结实率不高，种子千粒重 1.4g。

［产地与分布］广泛分布于美国南部、欧洲、新西兰等地，常生长于海拔 180～1 850m 的田边、路边和山坡阴湿处。我国长江流域以南均有分布。作为观赏草坪草，20 世纪 80 年代初广州首先从美国引进种植，后经推广，能适应长江流域以南地区生长。

［习性］喜温暖湿润气候。耐热，耐阴，能耐一定低温。耐干旱。对土壤要求不严，适生于细质、偏酸、潮湿、肥力低的土壤，不耐紧实潮湿的土壤。缺肥时叶色黄绿，覆盖度下降。杭州地区绿色期可达 300d。

［繁殖与栽培］通过播种、移植草茎或草皮繁殖建坪，生产中大面积建坪多采用播种繁殖。马蹄金在保湿条件下生长迅速，侵占性较强，耐粗放管理，但新草未成坪前应注意除草。结合灌溉或利用雨天，适量追施尿素等氮肥可促进生长。修剪留茬高度 2.5～4cm。栽培 2～3 年后，根系密集容易造成土壤板结，影响透气透水，需采取刺孔或切割等措施进行疏松处理，可同时增加肥土、适当浇水，使草坪根系恢复活力。在潮湿气候下，易引起跳甲、蠕虫、线虫和刺蛾等虫害。

［观赏与应用］马蹄金能耐践踏，踩踏或低修剪后叶片更为细小，植株更加低矮，观赏性提高。常用作庭园观赏草坪和小型休憩活动草坪，也可用于公路、街道、居住区绿化。

二、其他种类

表 2-9-2　其他暖季型草坪草种简介

中　名	学　名	科　属	主要特征	园林应用	分布地区
大穗结缕草	*Zoysia macrostachya*	禾本科 结缕草属	多年生，具根状茎和匍匐枝。耐寒，抗热，耐旱，耐湿，耐瘠薄，耐盐碱，不耐阴	盐碱地草坪，海岸、河堤护坡草坪	华北、华东
中华结缕草	*Zoysia sinica*	禾本科 结缕草属	多年生，具地下匍匐茎。耐践踏，耐修剪，耐旱，稍耐阴	护坡草坪、庭园及公园活动草坪、运动场草坪	山东、江苏
沟叶结缕草	*Zoysia matrella*	禾本科 结缕草属	多年生，具根状茎。分蘖性强，耐践踏	庭园观赏草坪、活动草坪、运动场草坪及护坡草坪等	华东、华南、西南引进栽培
细叶结缕草	*Zoysia tenuifolia*	禾本科 结缕草属	多年生，细叶，具匍匐茎。稍耐践踏	庭园观赏草坪	山东、河南以南地区
天堂草	*Cynodon dactylon×C. transradlensis*	禾本科 狗牙根属	多年生，具匍匐茎，叶细。耐践踏，适应性强	运动场草坪、公园及庭园休憩活动草坪、护坡草坪	国外引进栽培
假俭草	*Eremochloa ophiuroides*	禾本科 假俭草属	多年生，具匍匐茎。耐旱，耐践踏，耐修剪，稍耐阴	庭园草坪、护坡草坪	长江流域以南地区
钝叶草	*Stenotaphrum secundatum*	禾本科 钝叶草属	多年生，具根状茎。耐热，耐践踏，耐盐碱	庭园草坪、固土护坡草坪	华中以南地区
巴哈雀稗	*Paspalum notatum*	禾本科 雀稗属	多年生，具根状茎和匍匐茎。极耐旱，耐瘠薄，较耐阴	公园、运动场草坪，护坡草坪	亚热带地区及南美东部地区
双穗雀稗	*Paspalum distichum*	禾本科 雀稗属	多年生，具匍匐茎。耐阴湿，蔓延性强，耐热	湿地草坪、飞机场草坪	华南、云南、长江中下游流域地区
两耳草	*Paspalum conjugatum*	禾本科 雀稗属	多年生，具匍匐茎。耐阴湿，蔓延性强	优良湿地草坪	华中、华东、西南

附录一

观赏植物拉、英、中名对照

学名	英名（详述种）	中名
Abelia chinensis		糯米条
Abies firma	Japanese fir	日本冷杉
Acalypha wilkesiana		红桑
Acanthopanax trifoliatus		白簕
Acer japonicum		日本槭
Acer mono		五角枫
Acer palmatum	Japanese maple	鸡爪槭
Achillea sibirica		蓍草
Achimenes spp.		圆盘花
Aconitum chinensis		乌头
Acorus calamus	drug sweetflag	菖蒲
Acorus gramineus	grassleaved sweet flag	石菖蒲
Actinidia chinensis		猕猴桃
Adenium obesum		沙漠玫瑰
Adenophora tetraphylla		沙参
Adiantum capillus - veneris	maidenhair	铁线蕨
Aechmea fasciata	fasciate aechmea	美叶光萼荷
Aeonium urbicum		大叶莲花掌
Aerides		指甲兰属
Aesculus chinensis	Chinese buckeye	七叶树
Aganosma acuminata		香花藤
Agapanthus africanus		百子莲
Agave americana	common century plant	龙舌兰
Ageratum houstonianum	Mexican ageratum	大花藿香蓟
Aglaia odorata	Chu - lan tree	米兰
Aglaonema modestum	Chinese evergreen	粗肋草
Agropyron cristatum		冰草
Agrostis alba		小糠草
Agrostis stolonifera	creeping bentgrass	匍匐翦股颖
Agrostis tenuis		细弱翦股颖
Ailanthus altissima	ailanthus，tree of heaven	臭椿
Akebia quinata	fiveleaf akebia	木通
Albizzia julibrissin	silktree albizzia，pink siris	合欢

Alchornea davidii	david chrismasbush	山麻杆
Alisma orientale		泽泻
Allium giganteum		花葱
Alocasia macrorrhiza		海芋
Aloe vera var. *chinensis*	Chinese aloe	芦荟
Alpinia zerumbet	shell flower	艳山姜
Alpinia zerumbet var. *variegata*		花叶艳山姜
Alstromeria aurantiaca		六出花
Alternanthera bettzickiana	garden alternanthera	锦绣苋
Althaea rosea	hollyhock	蜀葵
Amaranthus tricolor	Josephs - coat	雁来红
Amaryllis vittata (*Hippeastrum vittatum*)	Amaryllis	朱顶红
Amorphophallus rivieri		魔芋
Anacampseros arachnoides		回欢草
Anemone coronaria	anemone，windflower	欧洲银莲花
Angraecum		风兰属
Anthurium		花烛属
Antirrhinum majus	common snapdragon	金鱼草
Aphelandra squarrosa 'Dani'		金脉单药花
Aponogeton natans		水蕹
Aporocactus flagelliformis		鼠尾掌
Aquilegia yabeana		华北耧斗菜
Arachnis		蜘蛛兰属
Araucaria cunninghamia		南洋杉
Ardisia japonica	Japanese ardisia	紫金牛
Aristolochia manshuriensis		木通马兜铃
Artabotrys hexapetalus		鹰爪
Arundina		竹叶兰属
Arundo donax var. *versicolor*		花叶芦竹
Ascocentrum		鸟舌兰属
Asparagus plumosus	asparagus fern	文竹
Aspidistra elatior	common aspidistra	一叶兰
Aster novi - belgii	New York aster	荷兰菊
Aster tataricus		紫菀
Astilbe chinensis	Chinese astilbe	落新妇
Aucuba japonica	Japanese aucuba	日本桃叶珊瑚
Axonopus compressus	carpetgrass，tropical carpetgrass	地毯草
Babiana stricta		狒狒花
Bambusa chungii		粉单竹
Bambusa glaucescens	hedge bamboo	孝顺竹
Bambusa ventricosa	buddha belly bamboo，buddha bamboo	佛肚竹

Bauhinia championii		龙须藤
Bauhinia hupehana		湖北羊蹄甲
Bauhinia purpurea	purple bauhinia	羊蹄甲
Begonia		秋海棠属
Begonia hemsleyana		掌叶秋海棠
Begonia semperflorens	Hooker begonia	四季海棠
Begonia tuberhybrida	tuberous begonia	球根秋海棠
Belamcanda chinensis		射干
Bellis perennis	English daisy	雏菊
Berberis thunbergii	Japanese barberry	小檗
Beta vulgaris var. *cicla*		红叶甜菜
Betula platyphylla		白桦
Bischofia polycarpa	Java bishopwood，Java bishop-wood，katang，autumn maple tree，red cedar，Chinese bishopwood	重阳木
Bletilla		白芨属
Blossfeldia liliputana		松露玉
Bougainvillea spectabilis	Brazil bougainvillea，beautiful bougainvillea	叶子花
Brassavola		巴索拉兰属
Brassica oleracea var. *acephala* f. *tricolor*	kales，borecole	羽衣甘蓝
Bromus inermis		无芒雀麦
Buchloe dactyloides	buffalo grass	野牛草
Buxus sinica	Chinese littleleaf box	黄杨
Caesalpinia sepiaria		云实
Caladium bicolor	caladium，angel-wing	花叶芋
Caladium hortulanum		彩叶芋
Calamus platyacanthoides		省藤
Calanthe		虾脊兰属
Calathea crocata		金花冬叶
Calathea insignis	rattlesnake plant	红背竹芋
Calathea ornata	prayer plant	肖竹芋
Calathea roseopicta		玫瑰竹芋
Calathea zebrina	zebra plant	绒叶肖竹芋
Calceolaria herbeohybrida	common calceolaria	蒲包花
Calendula officinalis	potmarigold calendula	金盏菊
Callicarpa japonica	Japanese beautyberry	紫珠
Callistephus chinensis	China-aster	翠菊
Camellia japonica	Japanese camellia	山茶花
Camellia oleifera		油茶
Camellia reticulata		云南山茶花
Camellia sasanqua		茶梅

Campanula carpatica		丛生风铃草
Campanula medium	bellflower，canterbury bells	风铃草
Campsis grandiflora	Chinese trumpet - creeper	凌霄
Camptotheca acuminata	common camptotheca	喜树
Canna generalis	canna	大花美人蕉
Canna glauca		水生美人蕉
Caragana rosea		金雀儿
Carex rigescens		白颖薹草
Carex heterostachya		异穗薹草
Cassia surattensis	largeanther senna	黄槐
Catalpa bungei		楸树
Catalpa ovata		梓树
Catharanthus roseus	madagascar periwinkle	长春花
Cattleya	cattleya	卡特兰属
Cedrus deodara	deodar cedar	雪松
Celastrus angulatus		苦皮藤
Celastrus orbiculatus		南蛇藤
Celosia cristata	common cockscomb	鸡冠花
Celtis sinensis		朴树
Centaurea cyanus	cornflower	矢车菊
Cephalocereus senilis	old - man cactus	翁柱
Ceratophyllum demersum		金鱼藻
Cercis chinensis	Chinese redbud	紫荆
Cereus monstrosus		山影拳
Chaenomeles sinensis		木瓜
Chaenomeles speciosa	Japan quince，common flowering quince	贴梗海棠
Chamaecyparis obtusa		日本扁柏
Chamaecyparis pisifera		日本花柏
Chamaedorea elegans	parlor palm	袖珍椰子
Changnienia		独花兰属
Cheiranthus cheiri		桂竹香
Chimonanthus praecox	wintersweet	蜡梅
Chimonobambusa quadrangularis		方竹
Chlorophytum comosum	spider plant	吊兰
Chrysalidocarpus lutescens	Madagascar palm	散尾葵
Cineraria cruenta	florists cineraria	瓜叶菊
Cinnamomum camphora	camphor tree，camphor wood	香樟
Cissus rhombifolia		白粉藤
Citrus grandis		柚子
Citrus medica var. *sarcodactylis*	finger citron，fingered citron	佛手
Citrus reticulata		柑橘

Citrus sinensis		甜橙
Clematis florida		铁线莲
Clematis macropetala		大瓣铁线莲
Cleome spinosa	giant spider flower	醉蝶花
Clerodendrum trichotomum		海州常山
Clivia miniata	scarlet kafirlily	大花君子兰
Cocculus trilobus		木防己
Codiaeum variegatum var. *pictum*	variegated leaf croton	变叶木
Coelogyne		贝母兰属
Colchicum autumnale		秋水仙
Coleus blumei	skullcaplike coleus	彩叶草
Convallaria majalis		铃兰
Cordyline fruticosa	tiplant	朱蕉
Coreopsis grandiflora	big flower coreopsis	大花金鸡菊
Cornus alba		红瑞木
Cortaderia selloana		矮蒲苇
Corylopsis sinensis		蜡瓣花
Cosmos bipinnatus	common cosmos	波斯菊
Cotinus coggygria	common smoke-tree，smoke bush	黄栌
Cotoneaster horizontalis		平枝栒子
Crassula portulacea		燕子掌
Crataegus pinnatifida		山楂
Crinum asiaticum		文殊兰
Crocosmia crocosmifolra		火星花
Crocus sativus	crocus	番红花
Cryptanthus acaulis		姬凤梨
Cryptomeria fortunei	Golden-larch	柳杉
Cunninghamia lanceolata		杉木
Cupressus funebris		柏木
Cycas revoluta	sago	苏铁
Cyclamen persicum	cyclamen	仙客来
Cymbidium ensifolium	swordleaf cymbidium	建兰
Cymbidium faberi	faber cymbidium	蕙兰
Cymbidium goeringii	goering cymbidium	春兰
Cymbidium hybrida		大花蕙兰
Cymbidium kanran	cymbidium kanran	寒兰
Cymbidium sinense	Chinese cymbidium	墨兰
Cynodon dactylon	common bermudagrass	狗牙根
Cynodon dactylon × *C. transradlensis*		天堂草
Cyperus alternifolius		旱伞草
Cyperus papyrus		埃及纸莎草
Cypripedium		杓兰属

Cyrtomium fortunei		贯众
Dahlia pinnata	dahlia	大丽花
Davidia involucrata	dove tree	珙桐
Daphne genkwa		芫花
Daphne odora	frangrant daphne, winter daphne	瑞香
Delphinium grandiflorum	bouquet larkspur	翠雀花
Dendranthema morifolium	chrysanthemum	菊花
Dendrobenthamia japonica var. *chinensis*		四照花
Dendrobium	dendrobium	石斛兰属
Deutzia scabra		溲疏
Dianthus caryophyllus	carnation	香石竹
Dianthus chinensis	Chinese pink, rainbow pink	石竹
Dianthus deltoides		少女石竹
Dianthus plumarius		常夏石竹
Dianthus superbus		瞿麦
Dicentra spectabilis	common bleeding heart, showy bleeding heart	荷包牡丹
Dichondra repens	dichondra	马蹄金
Dieffenbachia picta	spotted dumb cane	花叶万年青
Digitalis purpurea		毛地黄
Dionaea muscipula		捕蝇草
Diospyros kaki	persimmon, kaki, kaki persimmon, Japanese persimmon	柿树
Diospyros rhombifolia		老鸦柿
Distylium racemosum		蚊母树
Dracaena fragrans 'Assangeana'	lucky bamboo	'金心'香龙血树
Dracaena sanderiana		富贵竹
Drosera peltata var. *lunata*		茅膏菜
Echeveria elegans		美丽石莲花
Echeveria glauca	gray echeveria	石莲花
Echinacea purpurea	purple coneflower	松果菊
Echinocactus grusonii	golden barret, golden ball cactus	金琥
Echinopsis tubiflora		仙人球
Edgeworthia papyrifera		结香
Eichhornia crassipes	common water hyacinth	凤眼莲
Elaeagnus glabra		蔓胡颓子
Elaeagnus pungens	thorny elaeagnus	胡颓子
Elaeocarpus sylvestris	common elaeocarpus	山杜英
Emilia sagittata		一点缨
Epidendrum		树兰属
Epiphyllum oxypetalum	Dutchman's pipe, queen of the night	昙花

Eremochloa ophiuroides		假俭草
Eriobotrya japonica	loquat	枇杷
Ervatamia divaricata		狗牙花
Eschscholtzia californica	California poppy	花菱草
Eucharis grandiflora		亚马孙石蒜
Eucommia ulmoides		杜仲
Euonymus alatus		卫矛
Euonymus bungeanus		丝棉木
Euonymus fortunei	fortune euonymus	扶芳藤
Euonymus japonicus	Japanese spindle - tree, evergreen euonymus	大叶黄杨
Eupatorium japonicum		泽兰
Euphorbia marginata	snow on the mountain euphobia	银边翠
Euphorbia pulcherrima	common poinsettia	一品红
Euphorbia tirucalli		光棍树
Euryale ferox	Gordon euryale	芡实
Eustoma grandiflorum	Andrew prairie gentian	草原龙胆
Excoecaria cochinchinensis		红背桂
Exochorda racemosa		白鹃梅
Fatsia japonica	Japanese fatsia	八角金盘
Festuca arundinacea	tall fescue	高羊茅
Festuca ovina		羊茅
Ficus tikoua		地石榴
Ficus benjamina 'Variegata'	variegated mini - rubber	花叶垂榕
Ficus carica		无花果
Ficus pumila		薜荔
Ficus pumila 'Variegata'	creeping fig	斑叶薜荔
Firmiana simplex	Phoenix - tree, Chinese parasol - tree	梧桐
Fissistigma oldhamii		瓜馥木
Fittonia verchaffeltii var. *argyroneura* 'Minima'		姬白网纹草
Fokienia hodginsii		福建柏
Fontanesia fortunei		雪柳
Forsythia suspense		连翘
Forsythia viridissima	golden - bell	金钟花
Fortunella margarita	oval kumquat, nagami kumquat	金柑
Fraxinus americana		美国白蜡
Freesia refracta	freesia	香雪兰
Fritillaria imperialis	crown imperialis, fritillaria	花贝母
Gaillardia pulchella	rosering gaillardia	天人菊
Galanthus nivalis		雪花莲
Gardenia jasminoides	cape jasmine	栀子花
Gazania rigens	treasure flower	勋章菊

Gerbera jamesonii	gerbera，transvaal daisy	非洲菊
Ginkgo biloba	ginkgo，maidenhairtree，silver apricot，white fruit	银杏
Gladiolus hybridus	gladiolus，sword lily	唐菖蒲
Gleditsia sinensis		皂荚
Gloriosa superba	glory - lily，gloriosa	嘉兰
Glottiphyllum linguiforme		宝绿
Glottiphyllum uncatum	glottiphyllum linguiforme	佛手掌
Glyptostrobus pensilis		水松
Gnetum montanum		买麻藤
Godetia amoena	godetia，satin flower	古代稀
Gomphrena globosa	globeamaranth	千日红
Guzmania lingulata	guzmana	果子蔓
Gymnocalycium mihanovichii var. *friedrichii*		绯牡丹
Gymnocladus chinensis		肥皂荚
Gypsophila elegans		霞草
Gypsophila paniculata	babysbreath，panicle gypsophila	锥花丝石竹
Haemanthus multiflorus		网球花
Hamamelis mollis		金缕梅
Hatiora salicornioides		念珠掌
Haworthia comptoniana		康氏十二卷
Haworthia cymbiformis var. *translucens*		水晶掌
Hedera nepalensis var. *sinensis*	Chinese ivy	常春藤
Hedychium coronarium	butterfly ginger	姜花
Helenium bigelovii		堆心菊
Helianthus annus	sunflower	向日葵
Helichrysum bracteatum	strawflower	麦秆菊
Heliconia	heliconia	蝎尾蕉属
Heliconia rostrata		垂花火鸟蕉
Hemerocallis citrina		黄花菜
Hemerocallis fulva	common orange daylily	萱草
Hibiscus coccineus		红秋葵
Hibiscus mutabilis	cottonrose hibiscus	木芙蓉
Hibiscus syriacus	shrubby althaea	木槿
Holboellia coriaceae		鹰爪枫
Holboellia fargesii		五叶瓜藤
Homalocladium platycladum		扁竹蓼
Hosta plantaginea	fragrant plantainlily	玉簪
Hosta ventricosa		紫萼
Hovenia dulcis		枳椇
Hyacinthus orientalis	hyacinth，hyacinthus	风信子

Hydrangea macrophylla		八仙花
Hydrilla verticillata		黑藻
Hydrocharis dubia		水鳖
Hylocereus undatus		量天尺
Hymenocallis americana	spider lily	蜘蛛兰
Hypericum chinensis	Chinese hypericum	金丝桃
Hypericum patulum		金丝梅
Ilex cornuta	horned holly	枸骨
Ilex crenata	Japanese holly	波缘冬青
Ilex purpurea	purple - flowered holly	冬青
Illicium henryi		红茴香
Impatiens balsamina	garden balsam	凤仙花
Impatiens hawkeri	New Guinea impatiens	新几内亚凤仙
Indocalamus latifolius		阔叶箬竹
Ipheion uniflorum		春星花
Ipomoea nil		牵牛花
Iris pseudacorus	yellow flag iris	黄菖蒲
Iris tectorum	roof iris	鸢尾
Iris xiphium	tuberous iris	球根鸢尾
Ixia maculata		鸟胶花（燕嬉花）
Ixiolirion tataricum		鸢尾蒜
Jasminum floridum		探春
Jasminum nudiflorum	winter jasmine	迎春
Jasminum officinale		素方花
Jasminum sambac	jasmine	茉莉
Juniperus chinensis (*Sabina chinensis*)	'Kaizuca' Chinese juniper	龙柏
Juniperus chinensis (*Sabina chinensis*)	Chinese juniper	圆柏
Juniperus formosana		刺柏
Kadsura longipedunculata		南五味子
Kalanchoe blossfeldiana	Christmas kalanchoe	长寿花
Kalanchoe pinnata	air plant，life plant，floppers	落地生根
Kalopanax septemlobus		刺楸
Kerria japonica	Japanese kerria	棣棠
Kniphofia uvaria	common torchlily，poker plant，torchflower	火炬花
Kochia scoparia	belvedere，broom cypress	地肤
Koelreuteria paniculata	goldenrain tree，golden - rain tree，varnish tree	栾树
Kolkwitzia amabilis		猬实
Laelia		蕾丽兰属
Lagerstroemia indica	crape myrtle	紫薇

Lantana camara		五色梅
Lathyrus odoratus	sweet pea	香豌豆
Leucojum vernum	spring snowflake	雪滴花
Liatris spicata	blazing star, button snakeroot	蛇鞭菊
Ligustrum lucidum	glossy privet	女贞
Ligustrum × *vicaryi* (*L. ovalifolium* var. *aureo - marginatum* × *L. vulgare*)	hybrida vicary privet, goldleaf privet	金叶女贞
Lilium spp.	lily	百合类
Limonium	statice	补血草属
Lindera glauca		山胡椒
Linum grandiflorum		大花亚麻
Linum perenne		宿根亚麻
Liquidambar formosana	beautiful sweetgum	枫香
Liriodendron chinense	Chinese tulip - tree	鹅掌楸
Liriope spicata	creeping liriope	麦冬
Lithops pseudotruncatella	living stone, stoneface	生石花
Lobelia erinus	lobelia	六倍利
Lobularia maritima		香雪球
Lolium multiflorum		多花黑麦草
Lolium perenne	perennial ryegrass	多年生黑麦草
Lonicera japonica	Japanese honeysuckle, gold - and - silver flower	金银花
Lonicera maackii		金银木
Loropetalum chinense var. *rubrum*	red flower jimu, Chinese loropetalum	红花檵木
Ludisia		血叶兰属
Lupinus polyphylla	Washington lupine	羽扇豆
Lychnis senno		剪秋罗
Lycium chinensis		枸杞
Lycoris radiata	lycoris, spider lily	石蒜
Lythrum salicaria	purple loose strife	千屈菜
Magnolia denudata	magnolia	玉兰
Magnolia grandiflora	evergreen magnolia, southern magnolia	广玉兰
Magnolia liliflora	lily magnolia	紫玉兰
Mahonia bealei		阔叶十大功劳
Mahonia fortunei		十大功劳
Malus spectabilis	Chinese flowering crabapple	海棠花
Manglietia insignis	redflower manglietia	红花木莲
Maranta bicolor	bicolor arrowroot	花叶竹芋
Masdevallia		细瓣兰属
Matthiola incana	common stock violet, gilliflower	紫罗兰

Melia azedarach		苦楝
Menispermum dauricum		蝙蝠葛
Mesembryanthemum chrytallinum		冰花
Metasequoia glyptostroboides	Dawn redwood, water larch, water fir	水杉
Michelia alba		白兰花
Michelia figo	banana shrub	含笑
Millettia reticulate		鸡血藤
Miltonia		米尔顿兰属
Mimosa pudica		含羞草
Mirabilis jalapa	four-o' clock, marvel of Peru, beauty of the night	紫茉莉
Mucuna sempervirens	evergreen mucuna	油麻藤
Murraya paniculata		九里香
Muscari botryoides	grape hyacinth	葡萄风信子
Myrica rubra	Chinese waxmyrtle, Chinese bayberry	杨梅
Myriophyllum verticillatum		狐尾藻
Najas marina		大茨藻
Nandina domestica		南天竹
Narcissus tazaetta var. *chinensis*	Chinese narcissus, daffodil	水仙
Nelumbo nucifera	Hindu lotus	荷花
Nemesia strumosa		龙面花
Neottopteris nidus	bird-nest fern	鸟巢蕨
Nephrolepis acuminata	tuberous sword ferm	尖叶肾蕨
Nerine bowdenii		尼润
Nerium indicum	sweetscented oleander	夹竹桃
Nicotiana sanderae	red tobacco	烟草花
Nolina recurvata		酒瓶兰
Nopalxochia ackermannii	red orchid cactus	令箭荷花
Nuphar pumilum	yellow pondlily	萍蓬草
Nymphaea tetragona	pygmy water lily	睡莲
Nymphoides peltatum		荇菜
Oenothera biennis		月见草
Oncidium	dancing lily	文心兰属
Ophiopogon japonicus	dwarf lilyturf	沿阶草
Opuntia ficus-indica	Indian fig, spineless cactus	仙人掌
Opuntia microdasys		黄毛掌
Opuntia robusta		仙人镜
Ormosia hosiei		红豆树
Ornithogalum caudatum	whiplash, star of Bethehem	虎眼万年青
Osmanthus fragrans	sweet osmanthus	桂花
Oxalis rubra	windowbox oxalis	红花酢浆草

Pachira macrocarpa	money tree, Malabar chestnut	马拉巴栗
Paeonia lactiflora	common peony	芍药
Paeonia suffruticosa	subshrubby peony	牡丹
Papaver rhoeas	corn poppy	虞美人
Paphiopedilum	paphiopedilum	兜兰属
Parthenocissus tricuspidata	Japanese ivy, Boston ivy	爬山虎
Paspalum conjugatum		两耳草
Paspalum distichum		双穗雀稗
Paspalum notatum		巴哈雀稗
Paulownia fortunei		白花泡桐
Paulownia tomentosa		紫花泡桐
Pelargonium hortorum	fish pelargonium	天竺葵
Pereskia aculeate		叶仙人掌
Periploca sepium		杠柳
Petunia hybrida	common petunia	矮牵牛
Phaius		鹤顶兰属
Phalaenopsis	phalaenopsis, moth orchid	蝴蝶兰属
Philadelphus incanus		山梅花
Philadelphus pekinensis		太平花
Philodendron erubescens	spade leaf phillodendron	长心叶喜林芋
Phleum pratense		梯牧草
Phlox drummondii	drummond phlox	福禄考
Phlox paniculata	summer perennial phlox.	宿根福禄考
Phoebe sheareri		紫楠
Phoenix roebelenii		软叶刺葵
Photinia serrulata	photinia	石楠
Phyllostachys arcana f. *luteosulcata*		黄槽石绿竹
Phyllostachys aurea		罗汉竹
Phyllostachys aureosulcata		黄槽竹
Phyllostachys bambusoides f. *lacrima-deae*		斑竹
Phyllostachys bambusoides var. *castillonis*		黄金间碧玉竹
Phyllostachys glauca		淡竹
Phyllostachys nigra	black bamboo	紫竹
Phyllostachys propinqua		早园竹
Phyllostachys heterocycla var. *pubescens*	moso bamboo, giant hairysheath edible bamboo	毛竹
Phyllostachys viridis		刚竹
Phyllostachys vivax		乌哺鸡竹
Phyllostachys sulphurea f. *houzeauana*		碧玉间黄金竹
Phyllostachys sulphurea		金竹
Physostegia virginiana	physostegia virginiana, Virginia false dragonhead	随意草

Pieris polita	pieris	马醉木
Pileostegia viburnoides		冠盖藤
Pinus armandii		华山松
Pinus bungeana	lace - bark pine	白皮松
Pinus densiflora		赤松
Pinus elliottii		湿地松
Pinus koraiensis		红松
Pinus massoniana		马尾松
Pinus parviflora	Japanese white pine	五针松
Pinus tabulaeformis		油松
Pinus taeda		火炬松
Pinus taiwanensis		黄山松
Pinus thunbergii	Japanese black pine	黑松
Piper nigrum		胡椒
Pistacia chinensis		黄连木
Pistia stratiotes		大漂
Pittosporum tobira		海桐
Platanus hispanica (*P. acerifolia*)	London planetree，London plane	二球悬铃木
Platycerium bifurcatum	staghorn fern	二叉鹿角蕨
Platycladus orientalis	Chinese (orientalis) arborvitae	侧柏
Pleione		独蒜兰属
Poa compressa		加拿大早熟禾
Poa nemoralis		林地早熟禾
Poa pratensis	kentucky bluegrass	草地早熟禾
Poa trivialis		普通早熟禾
Podocarpus macrophyllus		罗汉松
Podocarpus nagi		竹柏
Polianthes tuberosa	tuberose	晚香玉
Poncirus trifoliate		枸橘
Pontederia cordata		海寿花
Pontederia cordata	pickerelweed	梭鱼草
Populus alba		毛白杨
Portulaca grandiflora	largeflower purslane	半支莲
Potamogeton distinctus		眼子菜
Primula obconica	top primrose	四季报春
Prunus armeniaca		杏
Prunus cerasifera 'Atropurpurea'	redleaf cherry plum	红叶李
Prunus japonica		郁李
Prunus mume	Japanese apricot，mume plant，mei flower	梅花
Prunus persica	ornamental peach	桃

Prunus pseudocerasus	falsesour cherry	樱桃
Prunus salicina		李
Prunus serrulata	ornamental cherry	樱花
Prunus triloba.	flowering almond	榆叶梅
Pseudolarix kaempferi (*P. amabilis*)	golden larch, Chinese goldenlarch	金钱松
Pseudosasa amabilis	Tonkin cane	茶秆竹
Pseudosasa japonica		矢竹
Pterocarya stenoptera	Chinese wing - nut	枫杨
Pueraria lobata		葛藤
Pulsatilla chinensis		白头翁
Punica granatum	pomegranate	石榴
Pyracantha fortuneana	fortune firethorn	火棘
Pyrostegia ignea		炮仗花
Quercus acutissima		麻栎
Quercus aliena		槲栎
Quercus fabri		白栎
Quercus variabilis		栓皮栎
Quisqualis indica		使君子
Ranunculus asiaticus	buttercup, Ranunculus	花毛茛
Renanthera		火焰兰属
Rhapis excelsa	broad - leaf lady palm	棕竹
Rhipsalidopsis gaertneri		假昙花
Rhododendron spp.	rhododendron	杜鹃花
Rhus chinensis	Chinese sumac	盐肤木
Rhus typhina	staghorn sumac	火炬树
Rhynchostylis		钻喙兰属
Robinia pseudoacacia		刺槐
Rohdea japonica	omoto nipponlily	万年青
Rosa banksiae	banksia rose	木香
Rosa chinensis	Chinese rose	月季
Rosa hybrida		藤本月季
Rosa multiflora		多花蔷薇
Rosa odorata		香水月季
Rosa roxburghii		刺梨
Rosa rugosa	rugose rose	玫瑰
Rosa xanthina		黄刺玫
Rubus reflexus		锈毛莓
Rudbeckia laciniata	cutleaf coneflower	金光菊
Sabia japonica		清风藤
Sabina chinensis	Chinese juniper	圆柏
Sabina procumbens		铺地柏
Sabina virginiana		铅笔柏

Saintpaulia ionantha	common African violet	非洲紫罗兰
Salix babylonica	weeping willow, Babylon weeping willow	垂柳
Salvia splendens	scarlet sage	一串红
Sansevieria trifasciata	snake sansevieria	虎尾兰
Sansevieria trifasciata var. *laurentii*		金边虎尾兰
Sapindus mukorossi	Chinese soapberry, soap - nut - tree	无患子
Sapium sebiferum	Chinese tallow - tree	乌桕
Saponaria officinalis		石碱花
Sargentodoxa cuneata	sergeant glory vine	大血藤
Sasa auricoma		菲黄竹
Sasa fortunei		菲白竹
Sassafras tsumu		檫木
Schefflera octophylla		鹅掌柴
Schisandra chinensis		北五味子
Schima superba		木荷
Schizophragma integrifolia		钻地风
Schlzanthus × *wisetonensis*	butterfly flower	蛾蝶花
Scilla sinensi		绵枣儿
Scindapsus aureus	ivy arum	绿萝
Scirpus tabernaemontani (*S. validus*)	tabernaemontanus bulrush	水葱
Sedum album		玉米石
Sedum morganianum		翡翠景天
Sedum sarmentosum		垂盆草
Sedum spectabile	common stonecrop	景天
Senecio articulatus		仙人笔
Senecio rowleyanus		翡翠珠
Sequoia sempervirens		北美红杉
Serissa foetida		六月雪
Sarracenia purpurea		瓶子草
Shibataea chinensis		鹅毛竹
Silene armeria		高雪轮
Silene pendula		矮雪轮
Sinningia speciosa	gloxinia	大岩桐
Sinofranchetia chinensis		串果藤
Sinojackia xylocarpa		秤锤树
Sinomenium acutum		防己
Sophora japonica	Chinese scholar tree, Japanese pagoda tree, scholars tree	槐
Sophronitis		丑角兰属
Sorbaria kirilowii		珍珠梅
Sparaxis tricolor		三色魔杖花

Spathiphyllum floribundum 'Sensation'	peace lily	绿巨人
Spathiphyllum floribundum	peace lily, snow flower	白鹤芋
Spiraea spp.		绣线菊
Spiraea prunifolia	spiraea prunifolia, bridal wreath	笑靥花
Sprekelia formosissima		火燕兰
Stapelia grandiflora		大花犀角
Stauntonia chinensis		七叶莲
Stemona tuberosa		大百部
Stenotaphrum secundatum		钝叶草
Stephania cepharantha		金线吊乌龟
Stephania japonica		千金藤
Strelitzia reginae	bird of paradise	鹤望兰
Syngonium podophyllum		合果芋
Syringa oblata	lilac	丁香
Tagetes erecta	Aztec marigold	万寿菊
Taiwania cryptomerioides		台湾杉
Taiwania flousiana		秃杉
Tamarix chinensis		柽柳
Taxodium ascendens	pond cypress	池杉
Taxodium distichum	bald cypress	落羽杉
Taxus cuspidate		东北红豆杉
Taxus mairei		南方红豆杉
Tecomaria capensis		硬骨凌霄
Telosma cordata		夜来香
Ternstroemia gymnanthera		厚皮香
Thalia dealbata	powdered thalia	再力花
Thalictrum aquilegifolium		唐松草
Thuja occidentalis		北美香柏
Thujopsis dolabrata		罗汉柏
Tigridia pavonia		虎皮花
Tilia miqueliana		南京椴
Tillandsia cyanea		铁兰
Torenia fournieri	blue torenia, blue wing, wishbone flower	夏堇
Trachelospermum jasminoides	star jasmine, confederate jasmine	络石
Trachycarpus fortunei	fortunes windmill palm, hemp palm	棕榈
Trapa quadrispinosa		菱
Trifolium repens	white clover	白三叶
Triglochin palustre		水麦冬
Trillium tschonoskii		延龄草
Tritonia crocata		观音兰

Trollius chinensis		金莲花
Tropaeolum majus		旱金莲
Tulipa gesneriana	tulip, tulipa	郁金香
Typha angustata	great cattail	香蒲
Ulmus parvifolia		榔榆
Ulmus pumila		白榆
Uncaria rhynchophylla		钩藤
Vallisneria spiralis		苦草
Vanda		万带兰属
Vandopsis		假万带兰属
Verbena hybrida	common garden verbena	美女樱
Veronica linariifolia		细叶婆婆纳
Viburnum odoratissimum	Japanese viburnum	珊瑚树
Viburnum dilatatum	linden viburnum	荚蒾
Viburnum macrocephalum f. *keteleeri*	wild Chinese viburnum	琼花
Viburnum macrocephalum		木绣球
Viburnum plicatum		雪球荚蒾
Viburnum sargentii		天目琼花
Victoria amazonica (*V. regia*)	royal water lily	王莲
Viola odorata		香堇
Viola tricolor	garden pansy, johnny-jump-up	三色堇
Vitis vinifera	European grape, wine grape, grape vine	葡萄
Vriesea splendens	vriesea	虎纹凤梨
Weigela coraensis		海仙花
Weigela florida		锦带花
Wisteria sinensis	Chinese wisteria, bean tree	紫藤
Yucca gloriosa		凤尾兰
Zantedeschia aethiopica	calla	马蹄莲
Zebrina pendula		吊竹梅
Zelkova schneideriana	schneider zelkova	榉树
Zephyranthes candida	vainflower, zephyr lily	葱兰
Zinnia elegans	common zinnia	百日草
Zizyphus jujuba		枣
Zoysia japonica	Japanese lawngrass, Korean lawngrass	结缕草
Zoysia macrostachya		大穗结缕草
Zoysia matrella		沟叶结缕草
Zoysia sinica		中华结缕草
Zoysia tenuifolia		细叶结缕草
Zygocactus truncatus	crab cactus, Christmas cactus, claw cactus, yoke cactus	蟹爪兰

附录二

英、中专业名词对照

英文	中文
acid flower, acidophilic flower	喜酸性花卉
adventitious bud	不定芽
after - ripening	后熟
aggregation	群集性
aggregate culture	基质栽培
agricultural control	农业防治
air layering	空中压条
air shipment	空运
alkaline flower, alkalophilic flower	喜碱性花卉
allelopathy	他感作用
ancymidol	醇草定（嘧啶醇）
annual and biennial flower	一二年生花卉
apical bud, terminal bud	顶芽
apical dominance, terminal dominance	顶端优势
aquatic flower	水生花卉
artificial seed	人工种子
asexual propagation, vegetative propagation	无性繁殖，营养繁殖
autointoxication	自毒
axillary bud, lateral bud	腋芽，侧芽
bark budding	贴皮芽接
bark grafting	皮下接
base manure, base fertilizer	基肥
bed seeding	苗床播种
biological control	生物防治
biological resistance	生物学抗性
bridge grafting	桥接
British Flower Industry Association, BFIA	英国花卉产业协会
bud dormancy	芽休眠

英文	中文
budding	芽接
bulb	鳞茎，球茎，球根
bulb dormancy	种球休眠
bublet	珠芽，子鳞茎
bulbous flower	球根花卉
bulbous plate	鳞茎盘
cacti	仙人掌类
carbohydrate	碳水化合物
cation exchange capacity, CEC	土壤阳离子置换容量
chemical control	化学防治
chewing mouthparts pest	咀嚼式口器害虫
chilling requirement	需冷量
chip budding	嵌芽接
circular planting	环植
class（拉，classis）	纲
clay	黏土
cleft grafting	劈接
clone	无性系
clump planting	丛植
cluster bed	盛花花坛
CO_2 injection	二氧化碳施肥
coated seed	包衣种子
coat - imposed dormancy	种皮限制性休眠
cold non - tolerance flower	不耐寒花卉
cold tolerance flower	耐寒花卉
cold - season turfgrass	冷季型草坪草
cold semi - tolerance flower	半耐寒花卉
cold storage	冷藏
cold storehouse, cold storage warehouse	冷库
Commission Nomenclature and Cultivar Registration, CMNR	命名与登录委员会

英文	中文
compound layering	多段压条
contractile root	收缩根
controlled atmosphere，CA	气调
cooling chain	冷链
corm	球茎
cormel	小球茎
correlation of growth	生长相关性
coverin	覆盖法
crown division	分根颈
cultivar	栽培品种
cultivation	中耕
cut flower	鲜切花
cut foliage	切叶
cutting propagation	扦插繁殖
day night temperature difference，DIF	昼夜温差
day - neutral plant	日中性植物
deep flow technique，DFT	深液流技术
depressure	减压
deterioration	降解
die away habit	假死性
disbudding	剥芽
division	分生繁殖，分株
domestication	驯化
dormancy	休眠
drought flower	旱生花卉
drought semi - tolerance flower	半耐旱花卉
dry storage	干藏
easten style of flower arranging	东方式插花
electrical conductivity，EC	电导度
embryo dormancy	胚休眠
embryoid	胚状体
Engler & Prantl System	恩格勒系统
ethylene climacteric type	乙烯跃变型
ethylene inhibiter	乙烯抑制剂
ethylene insensitive	乙烯不敏感型
ethylene non - climacteric type	乙烯非跃变型
ethylene sensitive	乙烯敏感型
etiolation	黄化
failure or injury by continuous cropping	连作障碍
family（拉，familia）	科
farmland preparation	整地
ferns	蕨类
fertilization	施肥
field planting，field setting	定植
floral induction	成花诱导
flower bed	花坛
flower border	花境
flower bud differentiation	花芽分化
flower bud stage	花蕾期
flower bud thinning	疏蕾
flower cluster	花丛
flower initiation	花的发端
flower preservative agent	花卉保鲜剂
flower terrace	花台
foliage plant	观叶植物
food habit	食性
forced dormancy	强迫休眠
forced - air cooling	强制风冷
forcing culture	促成栽培
forest planting	林植
form（拉，forma）	变型
generation	世代
genus	属
germicide	杀菌剂
germplasm resource	种质资源
grading	分级
grafting	嫁接
grafting affinity	嫁接亲和力
grand period of growth	生长大周期
granular structure	团粒结构
gravel culture	砾培
greenhouse	温室
greenhouse flower	温室花卉
groundcover plant	地被植物
group planting	群植
hardening	硬化
hardwood cutting	扦插硬枝
harvest for cut flower	切花采收

英文	中文
heat endurance	耐热性
herbaceous flower	草本花卉
herbicide, weed killer	除草剂
hibernation	休眠
hydrated seed	水化种子
hydroponics	水培
I - budding	I形芽接
ice precooling	加水预冷
inarching , approach grafting	靠接
inclined plane flower bed	斜面花坛
incubation period, latent period	潜育期
indicate plant	指示植物
individual planting	单植
indoor plant	温室花卉
indoor foliage plant	室内观叶植物
inorganic salt	无机盐
International Cultivar Registration of Ornamental Plant Cultivars	观赏植物品种国际登录
International Society for Horticultural Science, ISHS	国际园艺学会
invasion period	侵入期
inverted T - budding	倒T形芽接
in - vitro propagation	组织培养
irrigation	灌水，灌溉
J. Hutchinson System	哈钦松系统
kingdom	界
laminate bulb	层状鳞片
layering	压条繁殖
lawn bed	坪床
lawn	草坪植物，草坪地被
leaf cutting	叶插
leaf - bud cutting	芽叶插
level flower bed	平面花坛
life history	生活史
light culture	电照栽培
light compensation point	光补偿点
light saturation point	光饱和点
light seed	需光性种子
light - inhibited seed	嫌光性种子

英文	中文
light treatment	电照处理
listing	作畦
loam	壤土
long day plant, LDP	长日植物
long - day treatment	长日照处理
long - life seed	长寿种子
low pressure storage, LPS	低压贮藏
low temperature storage, sealed dry storage	低温干藏，密封干藏
middle - life seed	中寿种子
modified atmosphere, MA	限气
moisture equilibrium	水平平衡
morphogenesis	形态建成
morphological and anatomical resistance	形态解剖抗性
mosaic flower bed	模纹花坛
mound layering	埋土压条
mowing	刈剪
nastic movement	感性运动
neutrophilous flower	中生花卉
naked bulb	无皮鳞茎
nutrition - organ propagation, NFT	营养液膜技术
nutrient solution	营养液
nutrition - organ propagation	营养器官繁殖
offset	吸芽
opening solution	催花液，花蕾开放液
optimum light requirement	最适需光量
orchids	兰花，兰科花卉
order (拉，ordo)	目
organic acid	有机酸
ornamental horticulture	观赏园艺（学）
ornamental tree	观赏树木
orthodox seed	正常种子
packing, package	包装
peat culture	泥炭培
perennial flower	宿根花卉
period of disease	发病期
pest	害虫
photochemical smog	光化学烟雾
photoperiod induction	光周期诱导

英文	中文	英文	中文
photoperiod response	光周期反应	room precooling	冷室预冷
photoperiodicity	光周期现象	root cutting	根插
phylum (拉，divisio)	门（植物）	root grafting	根接
physical control	物理防治	root top ratio	根冠比
physiological resistance	生理学抗性	rosette	莲座枝
pinching	摘心，打尖	runner	走茎
plant growth regulator	植物生长调节剂	sand culture	沙培
plant growth retardant	植物生长延缓剂	sand soil	沙土
plant quarantine	植物检疫	sawkerf grafting	锯缝接
planting	种植	sawdust culture	锯末培
planting in rows	列植	scale	鳞片
plastic - covered shed，plastic house	塑料大棚	scaly bulb	片状鳞茎
		scion	接穗
plug propagation	穴盘育苗	scion grafting	枝接
postharvest loss	采后损失	sea shipment	海运
postharvest chain	产后链	secondary salinization	次生盐渍化
pot seeding	盆播	section	组
potted flower	盆花	seed dormancy	种子休眠
potted foliage plants	盆栽观叶植物	seed propagation	种子繁殖
potted plant	盆栽植物	semihardwood cutting	半硬枝扦插
potting	上盆	series	系
precooling	预冷	sexual propagation	有性繁殖
pretreatment solution	预处液	shade foliage plant	阴生观叶植物
propagation coefficient	繁殖系数	shade plant，sciophyte	阴性植物，阴地植物
protocorm like body，PLB	原球茎	shaded house	荫棚
pulsing solution	脉冲液	shield budding	盾形芽接
pulsing treatment	脉冲处理	short day plant，SDP	短日植物
purity	纯净度	short - day treatment	短日照处理
quality evaluation	质量评估	short - life seed	短命种子
recalcitrant seed	顽拗种子	side grafting	腹接
rectangular planting	长方形栽植	signal transmission	信号转导
regulation of blooming period	花期调控	silver thiosulfate，STS	硫代硫酸银
rejuvenation	更新复壮	simple layering	单干压条
repotting	换盆	slow and control release fertilizer	缓释型颗粒肥料
retarding culture	抑制栽培		
reversing light and dark treatment	光暗颠倒处理	Society of American Florists，SAF	美国花卉栽培者协会
rhizome	根茎	sod	草皮
ring budding	环形芽接	softwood cutting	软枝插
rock flower	岩生花卉	soil acidity and alkalinity	土壤酸碱度
rockwool culture	岩棉培	soil aeration	土壤通气

英文	中文
soil porosity	土壤孔（隙）度
soil volume weight	土壤容重
soilless culture	无土栽培
solar greenhouse	日光温室
solitary planting	孤植
species（拉，species）	种
spherical seed	球形种子
splice grafting	切接
spore propagation	孢子繁殖
spray culture	雾培
square budding	方形芽接
square planting	正方形栽植
standard type（或 uni - floral type）	标准型（或单花型）
stem cutting	枝插（茎插）
stem tubers	块状茎
stereoscopic flower bed	立体花坛
stock	砧木
storage	贮藏
stratification	层积
subclass（拉，subclassis）	亚纲
subfamily（拉，subfamilia）	亚科
subforma（拉，subforma）	亚变型
subgenus（拉，subgenus）	亚属
suborder（拉，subordo）	亚目
subphylum（拉，subdivisio）	亚门
subspecies（拉，subspecies）	亚种
subtribe（拉，subtribus）	亚族
subvariety（拉，subvarietas）	亚变种
succulents	多肉多浆植物
suckers divisions	分根蘖
sucking mouth parts pest	刺吸式口器害虫
sun plant，heliophyte	阳性植物
sward	草地
symmetry planting	对植
taxis	趋性
taxon	分类阶层
T - budding	T 形芽接

英文	中文
temperature coefficient，Q_{10}	温度系数
temperature three cardinal points	温度的三基点
thermoperiodicity	温周期现象
thinning	间苗
tieing	束缚，绑扎
top dressing，top application	追肥
training and pruning	整形修剪
transplantation	移植
triangular planting	三角形种植
tribe（拉，tribus）	族
truck shipment	卡车装运
tuber	块茎
tubercle	零余子，小块茎
tuberous root	块根
tunic	膜质鳞片
tunicated bulb	有皮鳞茎
turf	草坪，草皮
turf grass	草坪草，草坪植物
vacuum precooling	真空预冷
variety（拉，varietas）	变种
vase solution	瓶插液
vegetable kingdom	植物界
vermiculite culture	蛭石培
vernalization	春化作用
viability	生活力
virus - free seedling	脱毒苗
wall greening	垂直绿化
warm - season turfgrass	暖季型草坪草
water re - sorption	复水
wedge grafting	楔接
weeding，weed clearing	除草
wet storage	湿藏
wetland flower	湿生花卉
wetting agent	湿润剂
whip grafting	舌接
woody ornamental	木本观赏植物

主要参考文献

安志信等．1994. 蔬菜节能日光温室的建造及栽培技术．天津：天津科学技术出版社
包满珠．2003. 花卉学．第 2 版．北京：中国农业出版社
北京林业大学园林系花卉教研组．1998. 花卉学．北京：中国林业出版社
蔡仲娟等．1993. 艺术插花指南．上海：上海辞书出版社
曹家树，秦岭．2005. 园艺植物种质资源学．北京：中国农业出版社
[德] 卡尔路德维格著．付天海，刘颖译．2004. 攀缘植物．沈阳：辽宁科学技术出版社
陈发棣，房伟民．2004. 城市园林绿化花木生产与管理．北京：中国林业出版社
陈国元．1999. 园艺设施．北京：高等教育出版社
陈俊愉，程绪珂．1991. 中国花经．上海：上海文化出版社
陈俊愉．1996. 中国农业百科全书·观赏园艺卷．北京：中国农业出版社
陈俊愉．2001. 中国花卉品种分类学．北京：中国林业出版社
陈其兵．2007. 观赏竹配置与造景．北京：中国林业出版社
陈树国等．1991. 观赏园艺学．北京：中国农业科技出版社
陈有民．1990. 园林树木学．北京：中国林业出版社
陈植．1984. 观赏树木学．北京：中国林业出版社
程金水．2000. 园林植物育种学．北京：中国林业出版社
崔引安等．1994. 农业生物环境工程．北京：中国农业出版社
戴志棠等．1994. 室内观叶植物及装饰．北京：中国林业出版社
董丽．2003. 园林花卉应用设计．北京：中国林业出版社
杜乃正，张凤英．1984. 攀缘植物．北京：中国林业出版社
冯权坚．1996. 保护地蔬菜优质高产栽培新技术．北京：中国农业出版社
高俊平．2002. 观赏植物采后生理与技术．北京：中国农业大学出版社
高俊平，姜伟贤．2000. 中国花卉科技二十年．北京：科学出版社
葛红英，江胜德．2003. 穴盘种苗生产．北京：中国林业出版社
郭维明，毛龙生．2001. 观赏园艺概论．北京：中国农业出版社
鹤岛久男．1996. 新编花卉园芸ハンドブック．东京：养贤堂株式会社
胡长龙．2003. 城市园林绿化设计．上海：上海科学技术出版社
胡林等．2001. 草坪科学与管理．北京：中国农业大学出版社
胡绪岚．1996. 切花保鲜新技术．北京：中国农业出版社
黄敏展．1990. 花卉园艺栽培技术．台湾："台湾行政院"青年辅导委员会编印
姬君兆等．1985. 花卉栽培学讲义．北京：中国林业出版社
贾梯．2004. 现代花卉．北京：中国农业科技出版社
李方．1999. 插花与花艺．杭州：浙江大学出版社
李哖．1996. 观叶植物．台北：财团法人七星绿化环境基金会

李鸿渐.1993. 中国菊花. 南京：江苏科学技术出版社
李式军.2002. 设施园艺学. 北京：中国农业出版社
黎佩霞，范燕萍.2002. 插花艺术基础. 第2版. 北京：中国农业出版社
林晃等.1983. 庭园花卉病虫害及其防治. 北京：农业出版社
林弥荣等.1987. 日本の树木. 东京：山と溪谷社出版（日）
刘海涛.2001. 花卉栽培基础. 广州：广东人民出版社
刘金，谢孝福.1999. 观赏竹. 北京：中国农业出版社
刘庆华.2003. 花卉栽培学. 北京：中央广播电视大学出版社
刘燕.2004. 园林花卉学. 北京：中国林业出版社
鲁涤非.1999. 花卉学. 北京：中国农业出版社
卢思聪.1991. 室内盆栽花卉. 北京：金盾出版社
马太和.1985. 无土栽培：北京：北京出版社
毛春英.1998. 园林植物栽培技术. 北京：中国林业出版社
孟庆武等.1995. 花卉繁殖与病虫害防治. 北京：中国青年出版社
穆天民.2004. 保护地设施学. 北京：中国林业出版社
南京中山植物园.1982. 花卉园艺. 南京：江苏科学技术出版社
农业大辞典编辑委员会.1998. 农业大词典. 北京：中国农业出版社
潘瑞炽，董愚得.1995. 植物生理学. 北京：高等教育出版社
彭春生. 1994. 盆景学. 北京：中国林业出版社
施振周，刘祖祺.1998. 园林花木栽培新技术. 北京：中国农业出版社
施振周，刘祖祺.1999. 园林花木栽培手册. 北京：中国农业出版社
深圳市人民政府城市管理办公室.2001. 首届中国国际插花花艺博览会作品精选集. 北京：中国林业出版社
孙吉雄.2003. 草坪学. 第2版. 北京：中国农业出版社
孙可群等.1985. 花卉及观赏树木栽培手册. 北京：中国林业出版社
孙卫邦.2005. 观赏藤本及地被植物. 北京：中国建筑工业出版社
谭文澄，戴策刚.1991. 观赏植物组织培养技术. 北京：中国林业出版社
王其超，张行言.1989. 中国荷花品种图志. 北京：中国建筑工业出版社
王意成，王翔等.2001. 仙人掌及多浆植物的养护与欣赏. 南京：江苏科学技术出版社
汪劲武.1984. 种子植物分类学. 北京：高等教育出版社
韦三立. 2004. 水生花卉. 北京：中国农业出版社
武三安. 2007. 园林植物病虫害防治. 第2版. 北京：中国林业出版社
吴涤新.1999. 花卉应用与设计. 北京：中国农业出版社
吴国兴.1992. 保护地蔬菜生产实用大全. 北京：农业出版社
吴少华，李房英.1999. 鲜切花栽培和保鲜技术. 北京：科学技术文献出版社
吴毅明等.1992. 温室塑料棚环境管理. 北京：农业出版社
夏宝池等.1985. 花卉病虫害及其防治. 南京：江苏科学技术出版社
熊济华，唐岱.2000. 藤蔓花卉. 北京：中国林业出版社
向其柏，刘玉莲.2008. 中国桂花品种图志. 杭州：浙江科学技术出版社
向其柏，臧德奎等译.2006. 国际栽培植物命名法规. 第7版. 北京：中国林业出版社
徐明慧.2003. 园林植物病虫害防治. 北京：中国林业出版社
余树勋，吴应祥.1993. 花卉词典. 北京：中国农业出版社
余志满，胡松华.2004. 藤蔓及悬垂花卉. 北京：中国林业出版社
臧德奎.2002. 攀缘植物造景艺术. 北京：中国林业出版社

曾我部泰三郎著．刘醒群译．1983. 花卉无土栽培．北京：农业出版社
赵庚义等．1997. 草本花卉育苗新技术．北京：中国农业大学出版社
赵梁军．2002. 观赏植物生物学．北京：中国农业大学出版社
张福墁．1995. 日光温室与黄瓜栽培．北京：中国林业出版社
张培新，汪奎宏等．2004. 浙江效益农业百科全书·观赏竹．北京：中国农业科学技术出版社
张宜河．1989. 花卉栽培技术．北京：高等教育出版社
张真和．1995. 高效节能日光温室园艺．北京：中国农业出版社
章镇，王秀峰．2003. 园艺学总论．北京：中国农业出版社
郑万钧等．1983. 中国树木志（第一卷）．北京：中国林业出版社
郑万钧等．1985. 中国树木志（第二卷）．北京：中国林业出版社
中国花卉协会，广州市花卉行业协会．2006. 花艺盛典——第四届亚洲杯插花花艺大赛作品集．广州：世界图书出版公司
中国科学院中国植物志编辑委员会．2005. 中国植物志中文名和拉丁名总索引．北京：科学出版社
庄雪影．2002. 园林树木学（华南本）．广州：华南理工大学出版社
邹志荣．2002. 现代园艺设施．北京：中央广播电视大学出版社
Steven M. Still. 1994. Manual of herbaceous ornamental plants. 4nd ed. USA：Stipes Publishing Company

图书在版编目（CIP）数据

观赏园艺学/陈发棣，郭维明主编．—2版．—北京：中国农业出版社，2009.6（2022.5重印）
普通高等教育“十一五”国家级规划教材
ISBN 978-7-109-13804-9

Ⅰ．观… Ⅱ．①陈…②郭… Ⅲ．观赏园艺－高等学校－教材 Ⅳ．S68

中国版本图书馆CIP数据核字（2009）第058726号

中国农业出版社出版
（北京市朝阳区农展馆北路2号）
（邮政编码100125）
责任编辑 戴碧霞 田彬彬

中农印务有限公司印刷 新华书店北京发行所发行
2001年8月第1版 2009年11月第2版
2022年5月第2版北京第5次印刷

开本：820mm×1080mm 1/16 印张：32
字数：760千字
定价：69.50元